JN440058

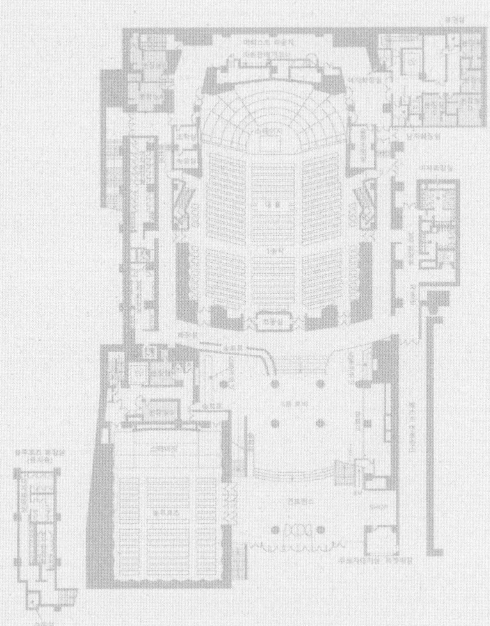

공연장 4_ JAPANESE AUDITORIUM 1

TOKYOBUNKAKAIKANNEWNATIONALTHEATRETOKYOTOKYOMETROPOLITANT
HEATERNHKHALLSUMIDATRIPHONYHALLTOKYOOPERACITYSUNTORYHALLB
UNKAMURAORCHARDHALLSUGINAMIPUBLICHALLZA-KOENJIPUBLICTHEAT
RESHIBUYA-KUCULTURALCENTEROWADATOKYOINTERNATIONALFORUMME
GUROPERSIMMONHALLSHINJUKUBUNKACENTERTOKYOUNIVERSITYOFTHEA
RTSBUNKYOCIVICHALLMUZAKAWASAKISYMPHONYHALLSAI-NO-KUNISAITAM

건축음향설계 공연장 순례 / 일본 I

AUDIUM TORIUM

ARCHITECTURAL ACOUSTICS FOR THE AUDITORIUM

김 남 돈 지음

공간예술사

ARCHITECTURAL ACOUSTICS FOR THE AUDITORIUM

건축음향설계 공연장 순례 / 일본 I

저 자	김 남 돈
출 판	공간예술사 신 창 근
주 소	서울시 종로구 사직로9가길 6 (필운동, 3층)
TEL	(02) 737-1020
FAX	(02) 737-1500
홈페이지	www.spacearts.co.kr
e-mail	spacearts@korea.com
등 록	제 9-315 호
ISBN	978-89-7799-102-6 93540
발 행	2018. 6. 10
정 가	37,000원

건축음향설계/공연장 순례-일본 I

머 리 말

AUDIUM TORIUM
건축음향설계/공연장 순례-일본 I

" 좋은 소리의 공연공간을 찾아서...."

가지 끝에 이어져서 둥근 원(圓)과 같은데
색은 벽옥(碧玉)같고 크기는 주먹만 하네
하나하나 영롱(玲瓏)한 기를 방출하니
불이문(不二門) 앞에서 모두 선정(禪定)에 들었네

- 박윤묵 / 불두화를 읊다(詠佛頭花) -

2010년 2월에『공연장 건축음향설계.사례 -일본편-』을 발간하면서...
"세계 유명 공연장에 대한 가이드 북을 집필하기로 마음을 가지면서, 우선 우리와 정서적으로 유사한 사고를 갖는 일본의 공연장에 대해 먼저 집필을 추진하기로 하고, 수 년에 걸쳐 수십 번을 오가며 일본의 유수 공연장을 탐방하며 소중한 자료를 모아 집필, 수정과 보완작업을 통하여 오늘에 이르게 되었습니다. 아직도 자료 보완 등 많은 부분에서 미비한 점이 있어 아쉽고 또 부족하지만 계획한『세계 유명 공연장 리뷰』중에서 일본의 공연장을 금번에 먼저 발간하게 되었습니다" 라 말씀 드린 바 있습니다.

이렇게 말씀드린 것에 따라, 기 발간한『공연장 건축음향설계/사례-일본편』에서의 부족한 부분과 공연장 사례를 보다 다양하고 최신의 정보를 추가하여 일본의 공연장 80여곳을
분석한『건축음향설계/ 사례-일본(Ⅰ, Ⅱ, Ⅲ)』을 2018년 1년 동안에 발간하려 합니다.

이 계획에 따라 우선 오늘 여러분께 Ⅰ편인 일본 동경(東京)중심의 공연장을 대상으로 한『건축음향설계/ 사례-일본(Ⅰ)』의 발간을 보고드립니다.
좋은 공연공간에 대한 간절함과 부러움은 행동을 유발(誘發)하는 것일까요...

INTRODUCTION

우리도 이제는 좋은 공연공간을 가질 수 있다는 확신(確信)과 시기(時期)가 도래했다는 바람은 취재(取材)의 어려움과 몸의 피곤함을 이겨내는 소망과 의무감을 제게 함께 갖도록 하였습니다.

다시한번 처음 책을 내면서 말씀드렸던 각오(覺悟)를 생각하려 합니다.
이 책이 『건축음향』, 『공연장』 등에 관심이 있는 학생들에게 건축음향(建築音響)에 대한 시작의 첫걸음으로 하는 계기(契機)를 제공하는 디딤돌의 역할과 공연공간의 설계를 담당하는 설계자 및 실무자께도 가장 기본적인 자료로 활용될 수 있는 조그만 역할을 하였으면 하는 소망이 있습니다.

모든 것이 부족하고, 미비함에도 최선을 다하고 있는 정성을 이해하여 주실 것을 다시한번 말씀드립니다.
칠팔월 한여름의 햇살이 눈을 부시게 할 때, 공원이나 화단 여기저기서 선명하고 매혹적인 파란색 꽃의 무리인 수국(水菊)이 가득할 때...
『건축음향설계/사례-일본(Ⅱ)』의 추가 발간을 보고드리도록 하겠습니다.
언제나 여러분의 많은 관심과 성원을 기대하면서...

2018. 06.

여름이 오는 길목에서... **金 南 暾**

ERBERATION CHAM

ORGAN

목차

AUDIUM TORIUM
건축음향설계/공연장 순례-일본 I

AUDIUM
TORIUM
건축음향설계/공연장 순례-일본 I

TOKYOBUNKAKAIKANNEWNATIONALTHEATRETOKYOTOKYOMETROPOLITANT
HEATERNHKHALLSUMIDATRIPHONYHALLTOKYOOPERACITYSUNTORYHALLB
UNKAMURAORCHARDHALLSUGINAMIPUBLICHALLZA-KOENJIPUBLICTHEAT
RESHIBUYA-KUCULTURALCENTEROWADATOKYOINTERNATIONALFORUMME
GUROPERSIMMONHALLSHINJUKUBUNKACENTERTOKYOUNIVERSITYOFTHEA
RTSBUNKYOCIVICHALLMUZAKAWASAKISYMPHONYHALLSAI-NO-KUNISAITAM

건축음향설계 공연장 순례 / 일본 I

AUDITORIUM

ARCHITECTURAL ACOUSTICS FOR THE AUDITORIUM

도쿄문화회관 01

東京文化会館 / TOKYO BUNKA KAIKAN

회관 전경 |

1 도쿄문화회관 개요

도쿄문화회관이 개관한 1961년의 일본은 본격적인 고도성장 시대를 맞이하려던 무렵이었다. 1964년에 개최될 도쿄올림픽을 대비하여 건설 러시가 시작되었고, 이에따라 도쿄의 모습이 극적으로 변화해가는 시대가 도래하고 있었다. 오오타 도우칸(太田 道灌)의 에도성(江戸城) 축성 500주년을 맞이하기 위한 문화회관으로, 「도쿄문화회관」을 정식 명칭으로 개관하였다.

1953년부터 시작된 문화시설로서의 음악 홀을 도쿄에 건설하고자 하는 여론의 형성은 도쿄도, 기업, 음악가, 애호가들의 교류 속에서 결실을 맺게 된 장대한 프로젝트였다. 일본의 콘서트홀 건설은 도쿄문화회관이 완성된 후 크게 변화하게 되는데, 콘서트홀 건축의 분기점으로서의 도쿄문화회관은 매우 큰 의미를 가지고 있다. 산토리 홀(SUNTORY HALL)이 1986년에 개관하기까지 25년간, 음악연주의 중심으로 계속 군림해 온 도쿄문화회관은 그러한 점만으로도 일본 클래식 공연문화에 큰 영향을 미쳤다고 말할 수 있다.

일본의 현대건축의 선구자인 마에카와 구니오(前川 國男)가 설계한 도쿄문화회관은 거대한 노출 콘크리트 건축물로「장려한 위용은 우리를 깜짝 놀라게 만들기에 충분한 건축」이라는 평가를 받았다.

1961년의 이른 봄, 우에노역 공원출구 정면에 도쿄문화회관이 그 모습을 드러냈다.

회관의 형태는 묵직하게 안정감을 가지고, 향수를 풍기게 하는데, 50년이 지난 지금도 구시대적 느낌을 주지 않는다. 홀의 음향제조건도 지난 시간동안 익숙지 않던 잔향에 당초 있었던 비판은 잠잠해지고, 따뜻한「문화회관의 소리」로 전파되어 일본의 팬들뿐 아니라, 해외의 음악가에게도 일본의 유일무이한 홀로서 평가를 받았다.

음악전용의 공연공간으로 좋은 잔향을 가진 음악 홀의 역할과 함께, 문화적인 즐거운 분위기를 자아내는 「음악의 전당」을 지향한 시설이었다.

개관 공연은 지휘자 빌헬름 쉬히터(Wilhelm Schüchter)의 지휘로 「에그먼트(Egmont) 서곡」과 바흐 「관현악 조곡 제 3번」이 NHK 교향악단의 연주로 이루어졌다.

대 홀은 오페라극장 양식을 기본으로 하고 있으며, 객석은 5층으로 구성되어 있고, 개관 처음부터 전 세계의 저명한 아티스트에 의한 명연주가 계속되어 왔다. 소 홀에서는 솔로 리사이틀 및 실내악 공연 등이 개최되고 있다.

두 홀 모두, 벽면의 반사판이 독창적인 디자인으로 눈길을 끌고 있으며, 그 음향은 「기적적」이라고도 평가되고 있다. 회관 내의 음악자료실은 음악전문 도서관으로서 역할을 하고 있으며, 도쿄도 교향악단(東京都交響楽団 : Tokyo Metropolitan Symphony Orchestra)이 상주단체로 있다.

계속된 대규모 시설, 설비 근대화사업으로 부대장지, 조명시설의 전체 리노베이션 등을 실시되었으며, 그 중에서 대규모 공사는 오페라 및 발레공연에 충분히 대응할 수 있는 무대로 만들기 위해 홀의 무대반사판을 무대지하에 수납할 수 있도록 한 것이다.

| 건축물의 개요

구분	내용
소재지	도쿄도 다이토구 우에노공원 5-45(東京都台東区上野公園5-45)
설계	주식회사 마에카와건축설계사무소(前川建築設計事務所) 마에카와 구니오(前川 國男) 음향설계 : 일본방송협회 기술연구소
시설규모	건축면적 : 7,459㎡ / 연면적 : 21,234㎡
건축구조	철근콘크리트구조
시설종류	대 홀 : 오페라, 발레, 오케스트라 등(총 객석수 : 2,303석) 소 홀 : 실내악이나 리사이틀 등(총 객석수 : 649석) 음악자료실 : 음악전문도서관(1961. 10 개설) 클래식음악을 중심으로 민속음악, 국악, 무용 등의 자료를 무료로 열람·시청 리허설실, 회의실 등 Cafe HIBIKI : 대 홀 테라스에 있는 셀프스타일의 카페
위치	

2 외관 및 로비

설계자인 마에카와 구니오(前川 國男)는 우에노공원(上野公園) 내의 동경도 개도(開都) 500년 기념 문화회관 건설을 단순한 콘서트홀이나 국제회의장으로서의 시설이 아니라, 동경도민의 문화적인 생활에 크게 기여할 환경도 포함한 공간으로 구상하였다.

지붕의 주위에는 처마에서 나와 완만하게 곡선을 그리고, 거기서 단숨에 높이 오버행(overhang)하는 대처마가, 우에노를 찾는 사람들의 눈길을 끌고 있다… 대처마에는 군데군데 틈새와 같은 슬릿이 구성되어, 조명을 비추는 시간이 되면, 내부 문화의 화려함이 상상될 것 같은 빛이 새어나온다. 손짓하는 형태를 띤 처마는 화려한 음악문화 세계로 사람들을 유혹하고 있다. 외관의 네모진 콘크리트의 듬직한 모습은 안도감과 친근함을 가져다주는 듯하다.

외관에서는 실제로는 그리 높지 않음에도 불구하고, 그곳만 크고 높게 솟아 있는 것처럼 보이는 플라이에 의한 외벽, 내부에는 돌담풍의 벽면과 슬로프에서 넓게 느껴지는 포이어 이외의 각 실과 홀을 완만하게 연결하는 요새와 같은 풍경이 보인다. 마치 절벽을 이용하여 돌담을 쌓고, 해자(垓字)를 둘러 파내서, 문과 다리로 연결한 요새처럼 보이는 것이다.

| 외관 및 전경

로비 및 휴게공간 |

대 홀 입구 앞의 큰 포이어는 그곳에서 돌출되어 있는 테라스로 연결되어, 그것이 외부의 「중정(中庭)」과 하나로 느껴지도록 되어 있다. 설계자가 「포이어를 밖으로 꺼내 설계」한 이유이기도 하다.

문화회관의 외부 창을 구성하는 창틀의 구성 패턴은 우에노공원에 함께 위치한 서양미술관 전정의 포석의 구성 패턴과 일치하고 있다. 이렇게 외부의 느낌을 동조시켜 서로 마주하는 건축물인 문화회관과 서양미술관을 서로 같은 중정을 공유하도록 설계되어 있다.

포이어의 천장에는 전등이 램덤으로 매입되어 있고, 「크기로 1등성, 2등성으로 밝기의 차이가 나오는」는 것처럼 「은하수」가 만들어져 있었다.

외부와 내부가 일체가 되는 공간을 연출하는 포이어의 시도 중 한 방법으로, 돌담을 연상시키는 「벽」이 일어서는 「경치」를 묘하게 느낄 수 있다.

3 대 홀(Main Hall)

별빛 아래에서 대 홀 안으로 들어서면, 붉은색이 바탕색조인 좌석 안에 노란색과 초록색이 불규칙하게 흩어진「꽃밭」구성이 이루어져 있다. 홀 밖의 복도의 벽은 새먼 핑크의 채색으로, 옥상의 정원에서 창문을 통해 복도를 보면 홀의 화려함이 돋보이도록 되어 있는 것이다.

청중을 소리로 감싸고, 공명시키는 것이 음악 홀의 역할이다. 홀이 음악을 즐기기 위한「거대한 악기(巨大한 樂器)」라 불리는 이유이기도 하다. 그「궁극(窮極)의 악기」를 완성시키기 위한 노력이 공간 어디에서나 나타내지고 있다.

대 홀의 육각형 형태는 최초 구상된「부채꼴(扇形)」에서 무대 옆에서 뻗어 가는 두 변의 벽을 도중에 잘라낸 형태로 하고, 객석 후방을 향해 비스듬하게 벽을 만든 것이다. 즉 선형(부채꼴)의 양측을 삼각형으로 잘라 버린 것이다. 이는 홀 자체를 최대한 콤팩트하게 만들기 위한 고안이었다. 한편, 오페라, 발레를 감상하는 데 발코니에 앉은 관객의 시점을 최대한 무대에 가깝게 두고자 하는 의도가 있었다.

이러한 의도 하에서도 시공 도중에 3~5층석 시점의 위치가 의외로 낮은게 발견되어, 각각 2열째 이후의 객석 단의 높이가 조정되었다. 발레, 오페라 공연자의 표정이 보이도록 하는 것을 필수로, 이를 위해 높이를 올려 어려움을 극복한 것이다.

대 홀 내부 전경 |

반사판도 확산체도 물론 음향을 좋게 만들기 위한 것인데, 음악 홀 건축에는 보다 근본적인 과제가 있다. 먼저, 음악을 즐기기 위해서는 음악 이외의 소리, 즉 소음(騷音)을 차단해야 한다. 문화회관 구상 시절부터 NHK 기술연구소가 주도하여, 이 문제의 조사 및 연구가 계속되어 왔다.

음악 홀의 음향컨설턴트가 음악 홀 건설에 이러한 근본 문제에서부터 철저히 관여하는 방법은 일본의 음악시설 건설에 있어서 최초의 일이었다. 홀에 영향을 주는 소음차단에 있어서 난제는 우에노역을 통과하는 도호쿠(東北)·조반선(常磐線)의 운행 기차가 발생시키는 소음이었다.

NHK 기술연구소는 홀에 영향을 주는 소음 차단을 위하여 기차의 발생소음의 스펙트럼, 거리를 고려해 홀의 방향을 현재의 위치로 90도 바꾼 배치를 선정하였다.

또한 냉난방 설비소음의 차단을 요청받아 설비 기술팀과 NHK 기술연구소는 냉난방 가동에 따른 소리와 진동을 내지 않도록 모든 기술력과 노력을 경주하였다. 차음에 의해 「정적도(靜寂度)」를 실현하여 마침내 「좋은 소리」, 「좋은 잔향(울림)」으로 나아갈 수 있었다고 음향설계자는 회고하였다. 문화회관 건설은 정적도를 실현하는 기초 과제를 해결하여, 반사판과 확산체에 적용하였다.

좋은 소리, 좋은 잔향에 대한 도전은 NHK 기술연구소에게 있어서도 미지의 부분이 많았다. 이러한 어려움을 음향설계를 담당했던 음향학자는 다음과 같이 말하고 있다.

「큰 원리를 알고 있었지만, 그것을 현실적으로 적용해서 좋은 잔향으로 만들어 간다고 하면, 진정으로 알고 있는 사람은 아무도 없는 것 입니다. 일류 홀에 대해서 건축적으로 이해하고 있는 것도 마에카와씨 뿐… 그래서 바로 이 홀이 훌륭하게 완성되었습니다. 기적처럼 말입니다.」

도쿄문화회관 대 홀의 울림을 결정하고 있는 잔향시간은 1.80초(만석 시/500㎐)이다. 잔향시간이란 울린 소리가 100만분의 1 크기가 될 때까지의 시간을 나타낸다. 도쿄문화회관은 저음이 길게 울려, 중후하고 온기가 있는 소리가 난다고 한다.

| 대 홀의 개요

구분	내용
객석수	총 객석수 : 2,303석 1F : 1,282석(그 외 휠체어용) 2F : 238석 3F : 355석 4F : 268석 5F : 160석
건축음향	• 실용적 : 17,300㎥ • 잔향시간 : 1.80초(만석시/500Hz) • 주용도 : 오페라, 발레, 오케스트라 등 • 형식 : 프로시니엄 형식
기타	무대 : 너비 18.0m×안길이 24.0m×높이 1.10m 무대 면적 : 1,290㎡(오케스트라 피트와 무대윙을 포함)

| 내부 전경

내부 전경 |

| 대 홀의 음향확산체 – 아름다움과 기능을 함께

• 콤팩트한 형태의 홀에 소리를 울리게 하고, 좋은 소리를 가득 채우기 위해, 무대 후방과 천장의 반사판 설치, 무대 양옆의 벽에 확산체 설치를 계획하였는데, 설계된 확산체의 두께로 인한 중량으로 공중에 매단 음향반 확산체가 홀 무대 측면에 설치되어 있다.
• 벽에 설치되는 확산체는 최대한 음원에 가까운 곳이 좋다고 판단하여 무대의 양옆에 설치하기로 되어 있었는데, 그곳은 또 모든 관객의 눈에 들어오는 장소로 일본의 추상조각을 대표하는 작가 중 한 사람인 무카이 료키치(向井良吉)에 의해 만들어졌다.(대 홀의 음향확산체는 텐도목공(天童木工)의 직인들이 모형에 따라 손수 만들었다.)
• 계획은 좌우의 벽에 「일출과 일몰의 구름 형태의 이미지」의 추상적인 작품을 두는 것이었다. 실제 제작물은 큰 것은 1톤의 중량에 이르렀다. 너도밤나무 무구재를 겹쳐 형태를 만들고 그 표면을 요면(凹面)으로 깎아 마감하였다.

| 주천장 – 음의 확산 반사를 얻기 위한 부드러운 곡면으로 설계

주천장 상세 모습 |

| 대 홀 단면도

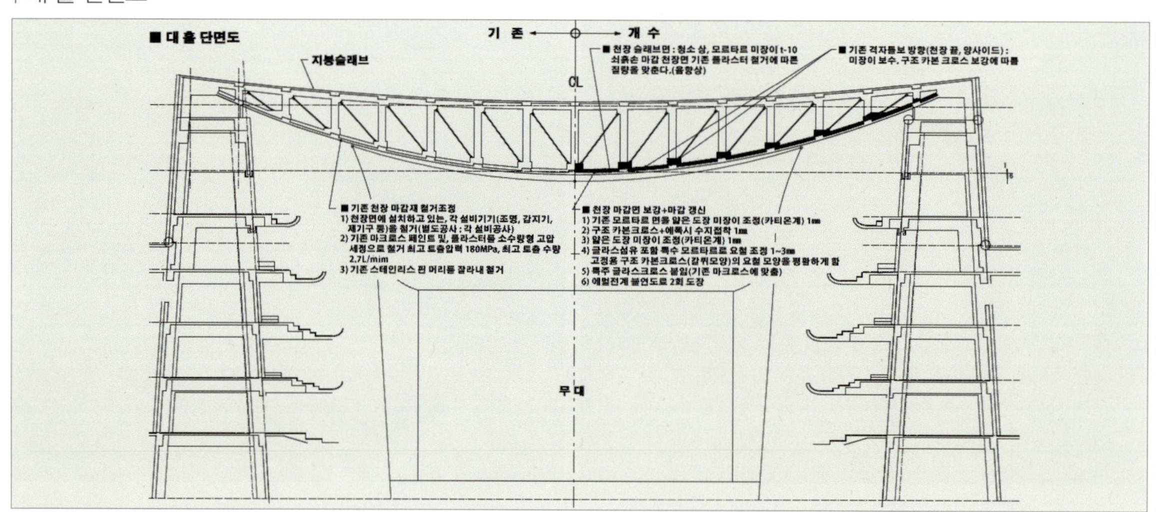

| 대 홀 천장 탄소섬유 보강상세도 (천장·트러스빔 하현재 구성)

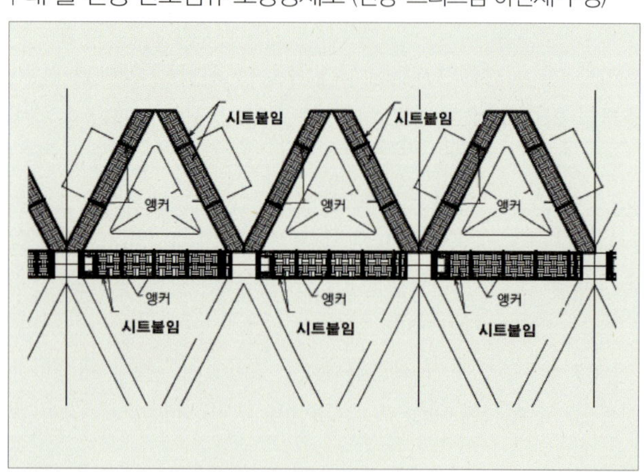

| 대 홀 천장 앵커 배치 상세도

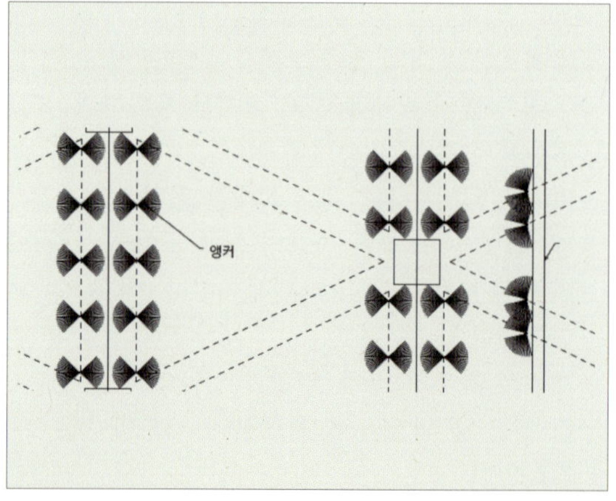

| 개수 전·후의 천장 슬래브 디테일 비교

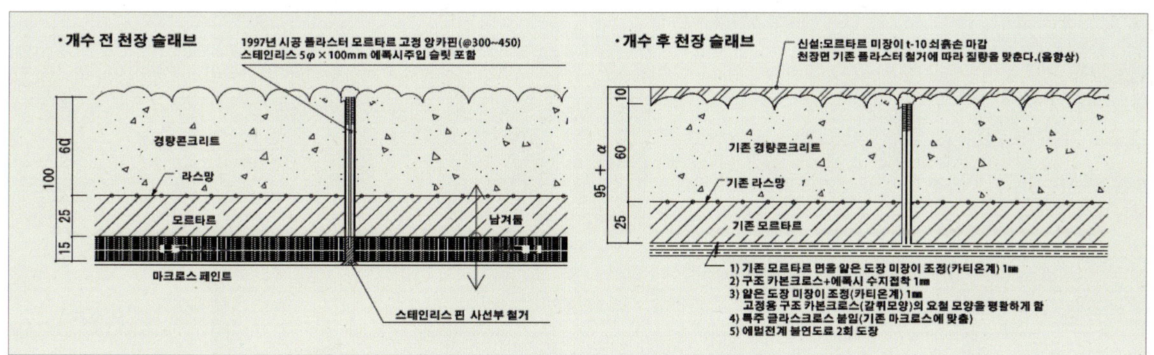

대 홀은 슈박스형 홀의 경우처럼 측방에서의 반사음으로 잔향을 만드는 방식이 아니라 하스효과(Haas effect)의 이론으로 음향설계가 이루어져 있다. 하스효과(선행음효과/先行音效果)란 가장 먼저 도달한 소리가 감지된다는 효과의 개념으로 직접음에 대해 50ms까지의 반사음은 직접음을 강화하지만 50ms 이상 시간지연의 반사음은 분리되어 에코가 되어 버린다는 것이다. 따라서 50ms 이내의 주된 잔향을 만드는 반사음을 무대 후방에서 객석 깊이 천장으로 확장시킨 가동식 반사판으로 만들고 있다. 50ms 이상의 반사음과 관련된 벽면에는 확산체 및 흡음면을 설치하고 있다. 스테이지 양측에 만든 운형(雲形) 너도밤나무 목재로 만든 확산체는 그것을 위한 용도이다.

| 하스효과(선행음효과)[1]

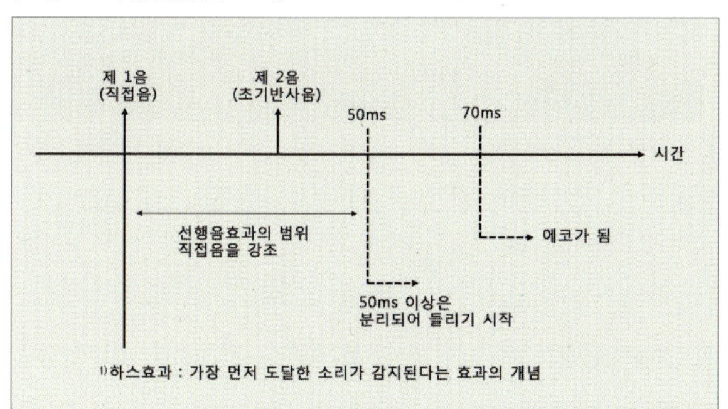

| 도쿄문화회관의 반사음처리

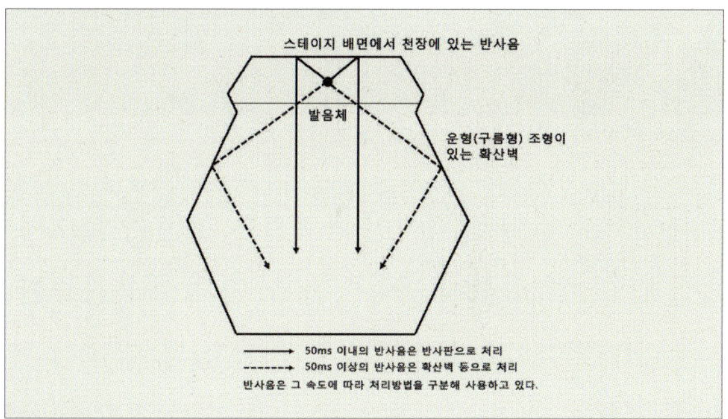

☞ 1) 하스효과 : 가장 먼저 도달한 소리가 감지된다는 효과의 개념

4 소 홀(Small Hall)

리사이틀 및 콘서트가 열리는 소 홀은 649석, 소 홀은 국제회의장 겸용으로서의 설계였는데, 음향이 좋다고 평가받아 주로 콘서트홀로 사용된다. 대 홀과 함께 세계에서 활약하고 있는 아티스트에게 유명한 홀인데, 소 홀은 화려한 미를 극대화시킨 대 홀과 또 다른 면모를 보여준다.

소 홀 내부 전경 |

푸른색으로 통일된 객석이 콤팩트한 무대를 둘러싸고, 아름다운 조명이 차분한 분위기로 실내를 감싼다. 동굴을 이미지화해서 만들어진 소 홀의 울퉁불퉁한 바위와 같은 벽면은 내장을 담당한 조각가 나가레 마사유키(流政之)가 담당한 것이다. 천장과 벽에서 독특한 반사음이 생기기 때문에 다른 곳에서는 맛볼 수 없는 독특한 소리의 잔향을 즐길 수 있는 홀로도 유명하다. 그리고 무엇보다 눈길을 끄는 것은 무대 위에 설치되어 있는 음향반사판으로, 이것도 나가레 마사유키 작품으로 「올라가는 병풍(昇り屛風)」으로 불리고 있다. 선형(부채꼴) 객석의 시선 끝에 있는 이 「올라가는 병풍(昇り屛風)」은 스테이지에 에너지가 모두 모이는 모습을 구현한 것처럼 보인다. 소 홀의 확산체는 콘크리트 조각에 의해 요철을 벽에 만든 것이다. 벽에 콘크리트로 복잡한 형상을 어떻게 만들지, 예산 면에서도 고민을 하고 있던 관계자에게 조각가는 즉각 형태를 만들고, 콘크리트를 붓는 방법으로 벽에 멋진 조각 작품이 나타나게 하였다.

| 소 홀의 개요

구분	내용
객석수	총 객석수 : 649석 / 하단 : 338석(그 외 휠체어용 84석) / 상단 : 311석
건축음향	실용적 : 6,180㎥ 잔향시간 : 1.30초(만석시/500㎐) 주용도 : 실내악이나 리사이틀 등 / 홀 형태 : 선형(부채꼴)
기타	무대 : 너비 4.50m×안길이 5.40m / 무대면적 : 57㎡(고정)

5 부속시설

도쿄도교향악단(東京都交響楽団 : Tokyo Metropolitan Symphony Orchestra)

1964년의 도쿄올림픽 기념문화사업으로서 1965년 도쿄도가 재단법인으로서 설립(통칭 : 도향(都響)), 그 후 2011년부터 공익재단법인이 된다.

본부는 도쿄문화회관에 설치되어 있어 도쿄문화회관과 산토리 홀을 정기연주회 연주장으로 사용하고 있는 것 외에 도쿄예술극장 시리즈 및 다마지구(多摩地区)·인근 현에서의 공연 등을 개최하고 있다. 도쿄문화회관이 주최하는 「울림의 숲(響の森)」콘서트 및 La Folle Journée au JAPON에서 정기적으로 연주하고 있다. 1977년 핀란드·동유럽 연주여행 이후 종종 해외공연도 실시하고 있다.

역대 음악감독으로 모리 다다시(森 正), 와타나베 아케오(渡邉 暁雄), 와카스기 히로시(若杉 弘), Gary Bertini 등이 있다. 현재 오노 가즈시(大野 和士)가 음악감독, 고이즈미 가즈히로(小泉 和裕)가 종신 명예지휘자, Eliahu Inbal이 계관지휘자, Jakub Hrůša가 수석 객연 지휘자를 지낸다.

또 솔로·콘서트마스터를 야베 다쓰야(矢部 達哉), 시카타 교코(四方 恭子), 콘서트마스터를 야마모토 도모시게(山本 友重)가 맡고 있다.

정기연주회 등을 중심으로 초·중학생을 대상으로 한 음악 감상교실(약 60회/연), 청소년 대상 음악보급 및 프로그램, 다마·도서지역(島嶼地域)에서의 방문연주, 핸디캡을 가지신 분을 위한 「만남 콘서트(ふれあいコンサート)」 및 복지시설에서의 출장연주 등 다채로운 연주활동을 전개하고 있다.

CD 발매는 와카스기 히로시, Bertini, Inbal에 의한 각 『말러 교향곡집』 외에 다케미쓰 도루(武満徹) 작품집 등의 현대 일본 관현악곡 및 인기 게임음악 『드래건 퀘스트』까지 다양하다.

「수도 도쿄의 음악대사」로서 지금까지 유럽·미국 및 아시아에서 공연을 성공시켜 국제적인 평가를 얻고 있다. 2015년 11월에는 베를린, 빈 등 5개국 6도시를 순회하는 유럽 투어(지휘 / 음악감독·오노 가즈시)를 하며 각지에서 열렬한 갈채를 받았다.

전통적으로 구스타프 말러의 작품을 중요한 레퍼토리로 하고 있으며, 와카스기 히로시 및 인발이 각각 「말러·사이클」을 실시하였다. 베르티니도 쾰른방송교향악단과의 전곡 녹음에 이어 두 번째의 전곡 연주를 실시하였고, 일부는 FONTEC로부터 CD 발매되었다. 또 2008년부터 Principal Conductor로 취임한 인발이 지휘하는 연주회의 대부분이 라이브녹음 되고 있으며 베토벤, 브루크너, 말러, 차이콥스키 등이 주로 옥타비아레코드로부터 발매되고 있다.

1974년 와타나베 아케오의 지휘로 시벨리우스의 쿨레르보 교향곡을 일본에서 초연하였다. 또 리하르트 바그너의 교향곡 마장조의 세계 초연 녹음을 실시한 것도 와카스기 히로시 지휘의 도향이다.

Jean Fournet의 통솔 하에서는 프랑스 음악에서도 실력을 보여주었다.

나아가 최근에 이사로 취임한 이와시로 다로(岩代 太郎)와 함께 수많은 영화음악 및 NHK 대하드라마 『요시쓰네(義経)』 등의 사운드트랙 연주에도 참여하며 클래식곡 이외에서도 활동 범위를 넓히고 있다.

6 주요 도면

| 평면도-1층

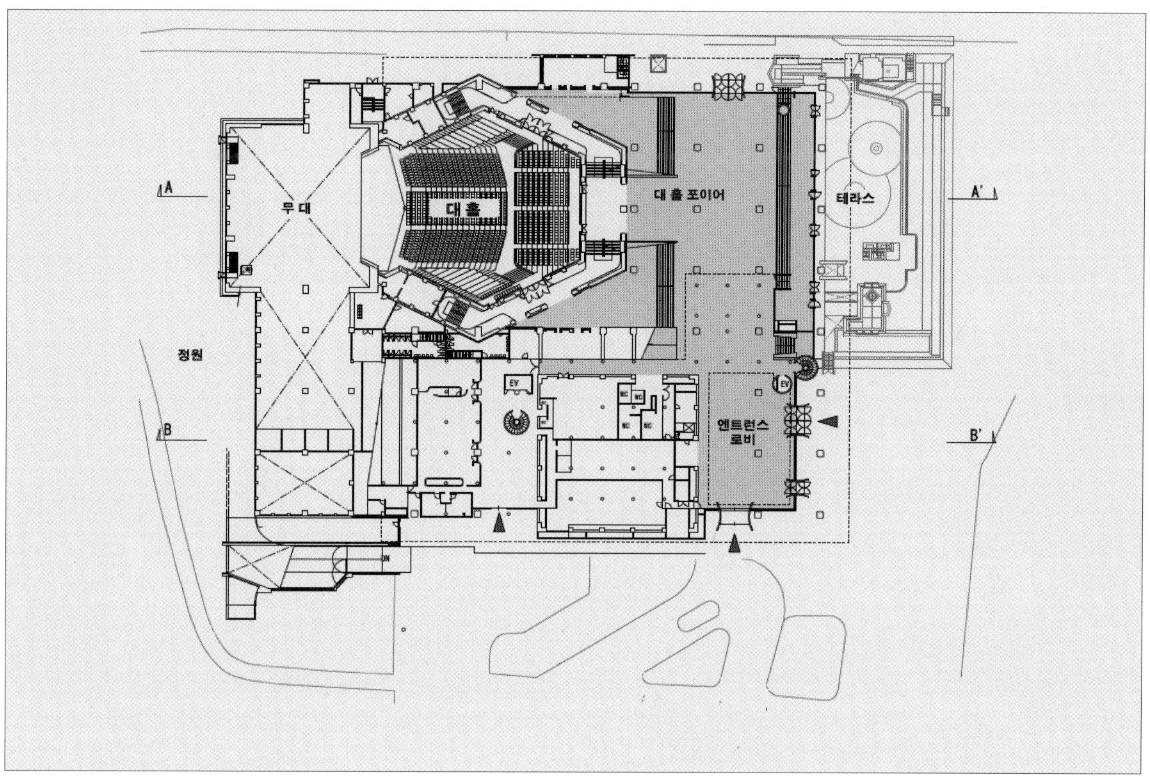

| 평면도-2층

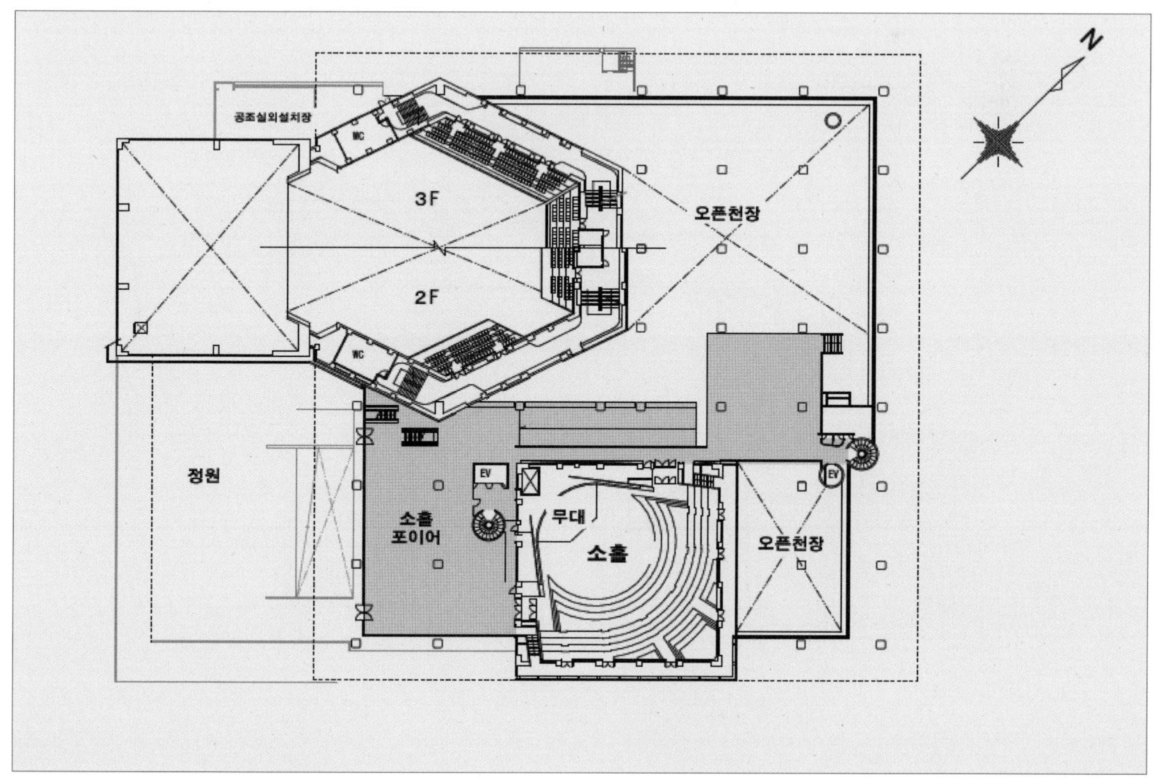

| 평면도-4층

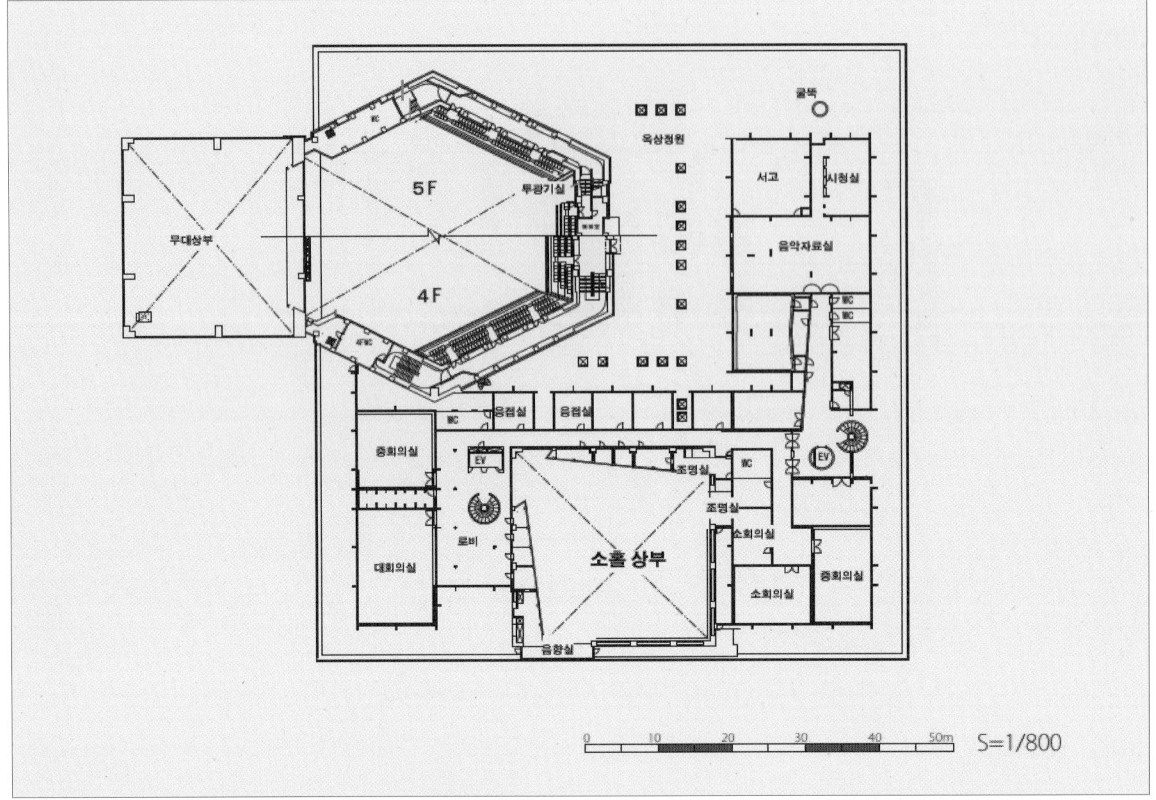

굴뚝
옥상정원
서고
시청실
음악자료실
5F
4F
투광기실
무대상부
WC
응접실
응접실
중회의실
대회의실
로비
EV
소홀 상부
조명실
조명실
소회의실
소회의실
중회의실
음향실
0 10 20 30 40 50m
S=1/800

| 단면도

음악자료실
반사판
가동석
무대
대홀
대홀 포이어
테라스
GL
리허설실
UP · DN
무대지하
회의실
소홀
회의실
소홀 포이어
엔트런스
로비
정원
GL
하수측무대

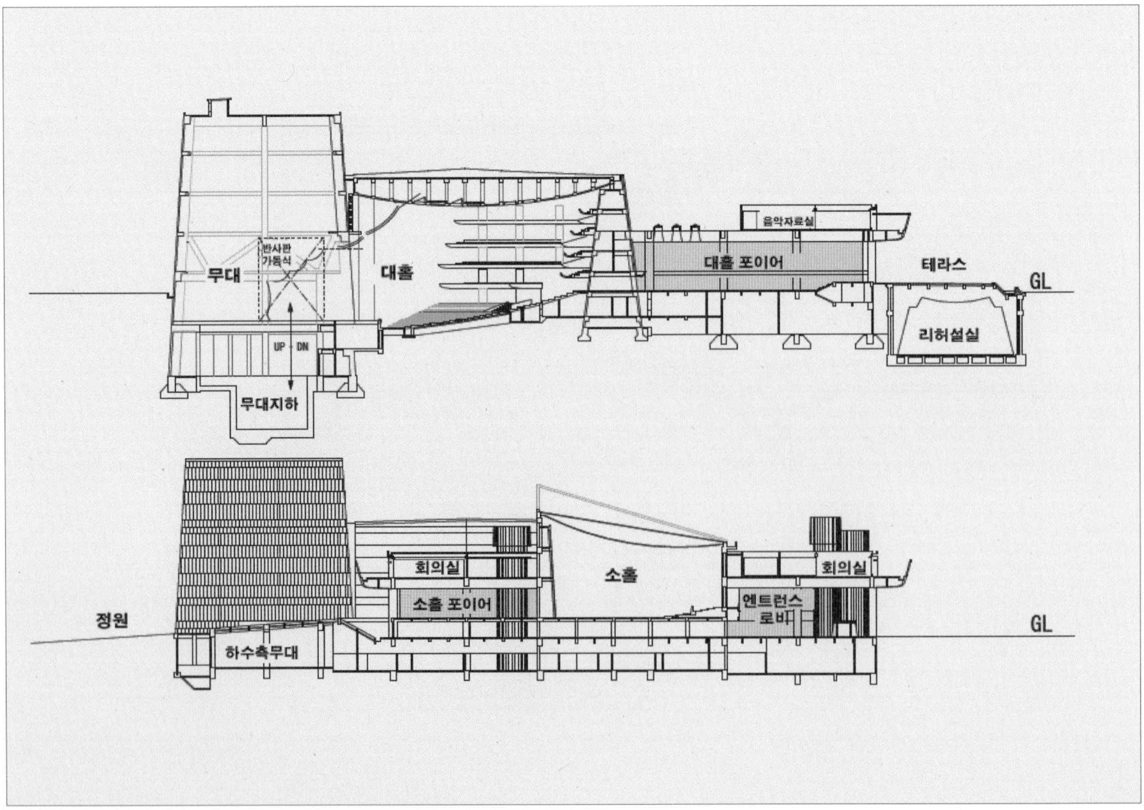

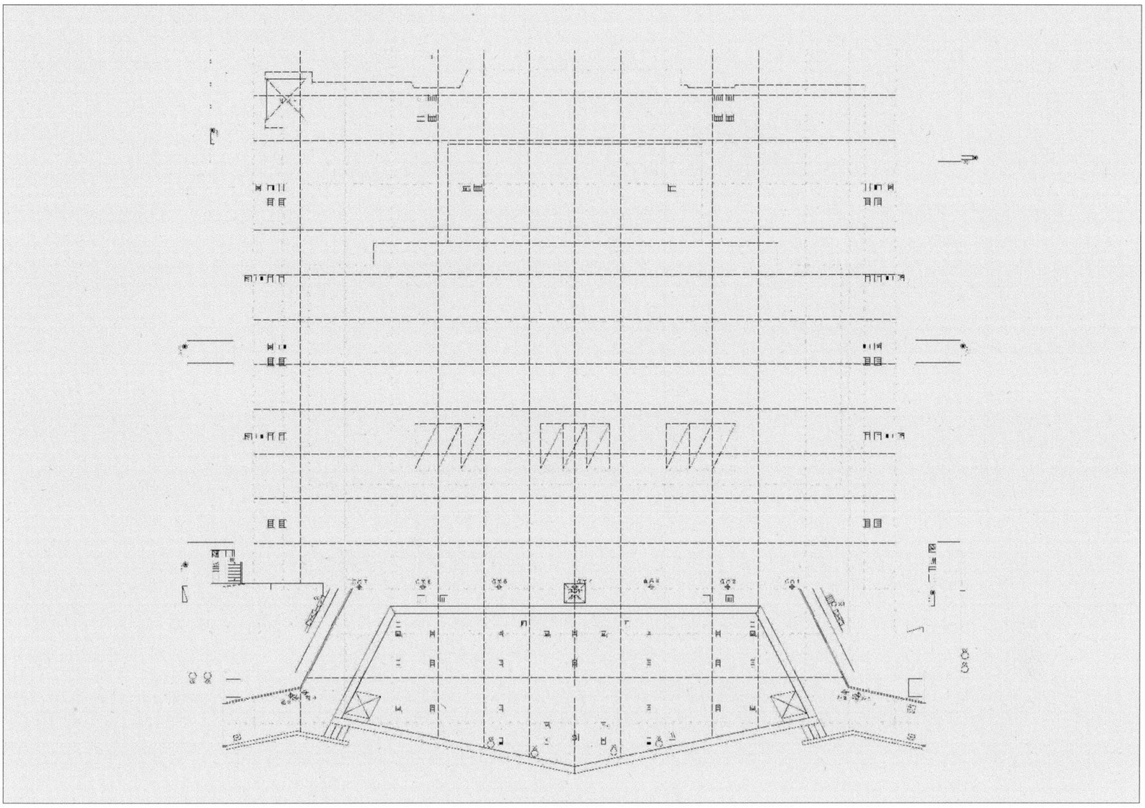

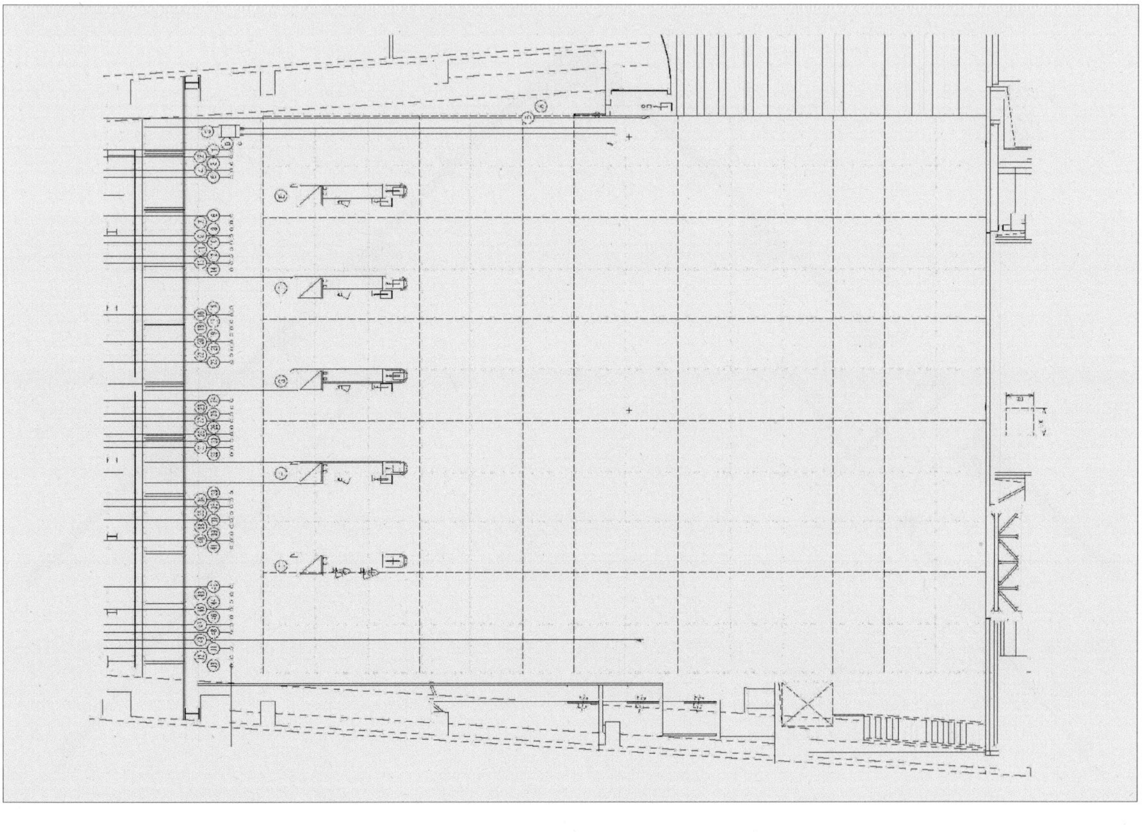

| 대 홀 무대평면도(오케스트라 피트 포함)

| 대 홀 무대단면도

| 소 홀 무대평면도(객석구역 포함)

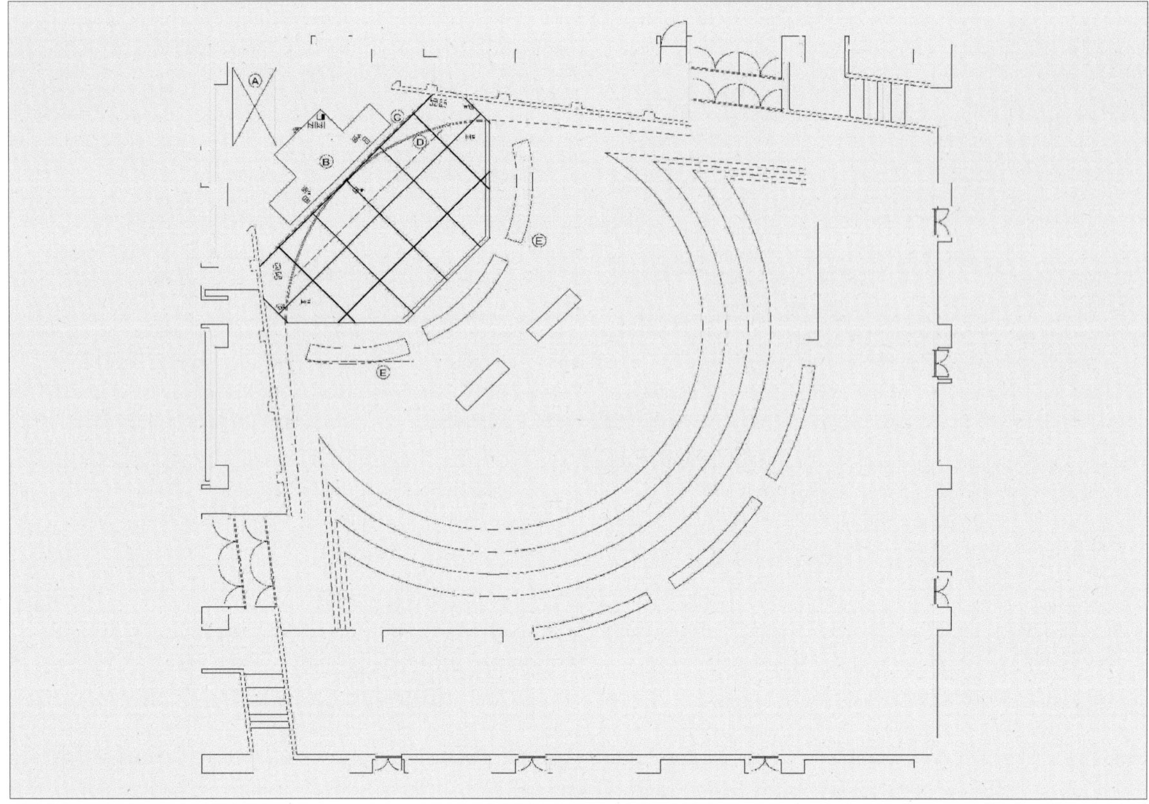

| 소 홀 무대단면도

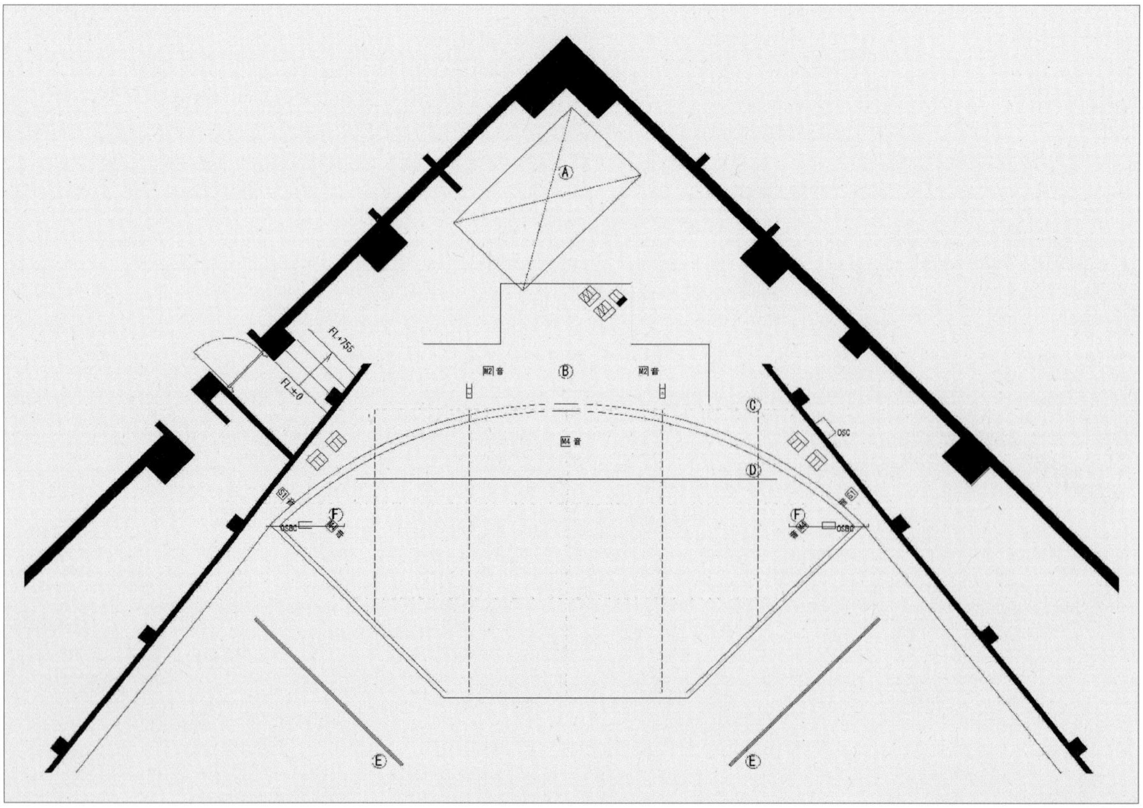

신국립극장 02

新国立劇場 / NEW NATIONAL THEATRE TOKYO

(신국립극장 사진제공) 극장 내부 전경 |

1 신국립극장 개요

신국립극장(New National Theatre)은 일본이 국제적으로 문화적 공헌을 위한 거점역할을 수행할 목적으로 이러한 역할을 충실하게 수행할 수 있는 공간을 확보하기 위한 공연장의 설계시 국제설계공모를 시행하여 공연공간에 대한 각종 신기술 등을 반영하여 건립하였다.

도쿄의 중심지인 신주쿠(新宿)에 위치하고 있으며 1997년 10월 10일 단 이쿠마(團 伊玖磨)의 오페라 『建·TAKERU』를 초연하면서 개관하였다. 일본 최초의 오페라, 발레 전용극장으로 객석에서 보이지 않는 좌우 안쪽에 무대를 가지고 있어 대규모 장면전환이 가능한 4면 무대와, 3층 발코니석을 보유하는 거대한 오페라극장「오페라하우스」와 오페라극장과 마찬가지로 4면 무대를 갖춘 연극전용의「중극장」,「실험극장」 및 연습시설, 부속시설 등으로 구성되어 있다.

설계공모시 심사위원들의 요구사항인 공연공간과 주변환경의 연계성 창출의 포인트를 반영하여 콘서트홀 및 각종 편의시설이 입주하는 고층 건물인 "도쿄오페라시티"가 함께 들어섰다.

이러한 복합건물은 국립극장운영재단이 보유, 운영하는 신국립극장(NNT)과 민간기업 공동체가 보유하고 도쿄오페라시티문화재단이 운영하는 도쿄오페라시티(TOC)로 구성되어 있다.

신국립극장은 오페라·발레·연극 및 새로운 타입의 무대예술 등의 상연을 주축으로 현대 무대예술의 다채로운 공연사업을 비롯해 연수, 무대예술 자료의 수집·보존·공개, 여러 외국과의 교류 및 지역문화 진흥 등의 각종 사업을 목표로 하는 일본 최초의 국립극장이다.

신국립극장은 오페라를 중심으로 한 연극을 즐길 수 있는 최고의 종합예술극장으로서 시민들로부터 널리 사랑받고 있다. 특히 오페라하우스는 선형(부채꼴)으로 퍼지는 메인플로어와 직사각형 형태의 상부 공간, 3층의 사이드 발코니로 이루어진 현대 오페라극장의 형태상의 특징을 자랑하고 있으며, 음향적인 목표는 무대에서 공연하는 가수의 소리를 전통적인 오페라하우스보다도 큰 음량으로 객석 전역에 균일하게 전달하고자 하는 것으로, 이러한 건축음향목표를 감안하여 설계하였다.
극장 전속합창단·발레단을 소유하여 오페라, 발레, 댄스, 연극 등의 공연이 이어져 일본을 대표하는 복합문화공간으로 자리매김하고 있다.

| 건축물의 개요

구분	내용	위치
소재지	도쿄도 시부야구 혼마치 1-1-1(東京都渋谷区本町1丁目1番1号)	
공사발주	건설성 관동지방건설국	
설계	(주)TAK 건축·도시계획연구소	
시설규모	• 부지면적 : 약 28,688㎡ • 연면적 : 약 69,474㎡	
건축구조	철골철근콘크리트조	
시설종류	오페라극장 : 주로 오페라, 발레 등의 공연 중극장 : 연극, 현대무용 등의 공연 소극장 : 오픈 스테이지 상연형식을 가지는 현대무대예술의 공연 극장 관련시설 : 리 허설실, 조립장, 레스토랑, 창고 등 연수 관련시설 : 강의실 및 강사 대기실 조사·정보 관련시설 : 비디오 부스·비디오 시어터, 정보코너, 서고, 컴퓨터실 관리 관련시설 : 사무실, 지하주차장 등	

2 외관 및 로비

주변 소음 속에서 정적도(靜寂度)를 유지하고 시각적인 질서를 만들어 가는 건축구성은 수도고속도로인 고슈 가도(甲州街道)를 따라 배치된 벽면에 고스란히 표현되어 있다. 이러한 구성은 벽면의 또 다른 기능인 차음성능의 역할을 전면도로를 보행하는 사람들에게 살짝 보여주고, 포이어에서는 건축 내면의 새로운 깊이를 느끼게 해준다.
벽 내측의 물과 돌로 이루어진 정원이 가지는 고요함은 극장을 찾아오는 사람들의 마음을 사로잡을 것이다. 혼재하는 도시환경 속에서 한순간이라고도 말할 수 있는 야나기사와(柳澤)풍의 공간이 내재하는 정신적인 표현이 효과적이며, 관객을 입구에서 대계단으로 인도한다. 대계단은 3개의 홀을 연결하는 형태로 「물의 중정에서 계단으로」, 「계단에서 포이어로」 처럼 투명감이 느껴지는 공간의 구성이 신국립극장 건축의 내부공간이 가진 특징이다.

외부 전경 |

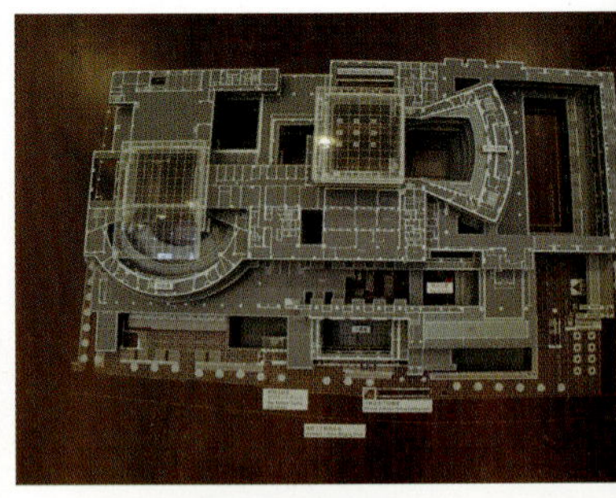

외부 전경 |

돌과 나무, 그리고 콘크리트라는 비교적 우리에게 친숙한 소재에 의한 내부모습은 소소하지만 편안하다. 특히 대계단의 공간과 일체로 만들어진 발코니에 설치된 갤러리는 건축 속에서 시가지(市街地) 조성의 한 장면을 보는 것 같다.

외부와 유리벽을 통해 이중으로 구성 – 내부공간 |

3 오페라극장(Opera House)

오페라극장은 일본에서 최초로 실현하는 오페라·발레의 전용극장으로서 부채형(선형)으로 퍼지는 메인플로어와 직사각형의 내곽을 구성하는 상부공간과 3개층의 사이드발코니로 이루어져 있다.

음향설계상의 목표는 관객들에게 선명하고 충분한 음량이 전달되도록 하고, 무대의 음량이 객석 전역으로 균일하게 전파하는 것이다.

무대는 정면·안·좌·우 합쳐서 4개의 무대를 가지는 프로시니엄 형식으로, 대규모 공연과 다양한 연출을 하기에 충분한 크기와 장치를 겸비하고 있다. 유럽의 극장건축에서 오랜 세월 확립되어 온 무대형식을 적용함으로써 본격적인 대규모 오페라공연이 가능해졌다.

극장 내부는 객석의 벽, 천장 모두 두꺼운 목재로 마감되어 오페라 가수의 육성이 이상적으로 울리도록 설계되었다. 마치 극장 자체가 하나의 악기와 같은 역할을 하는 모양새다.

내부의 벽면과 객석은 차분한 색조의 오크재가 적용되어 있어 오페라하우스로서 요구되는 적당한 어둠감이 유지되고 있으며 벽면은 음향효과를 위한 형태를 그대로 디자인으로서 적용하였다.

오케스트라 피트는 120명의 풀 편성 오케스트라가 연주할 수 있으며 피트 내에 설치가능한 객석은 무대와의 일체감을 높이는 일본 최초의 연속 20석 배열로 꾸며졌다.

| 오페라극장 개요

구분	내용
객석수	총 객석수 : 1,814석 →1F : 868석(휠체어석 8석 포함) →2F : 354석 →3F : 292석 →4F : 300석 →좌석 : 폭 52.5cm →앞뒤 길이 : 95cm
건축음향	• 실용적 : 14,500㎥(8.0㎥/명) • 잔향시간 : 1.40~1.60초(만석시) • 초기잔향시간 : 1.60초(공석시) • 명료도(C80) : 2.4dB(공석시) • 저음비(BR) : 1.10(만석시) • 입체감(I-IACC) : 0.65
기타	① 우드플로어링 바닥 신국립극장 객석바닥과 통로 모두 우드플로링으로 마감되어 있으며, 중앙좌석 20열을 연속 배치한 대신 중간 통로를 넓게 확보하고 있다. ② 슬리트 흡음구조 음원대면벽인 뒷벽의 경우 슬리트 흡음구조를 적용하여 오페라공연시의 가사전달을 원활하게 할 수 있다. ③ 오케스트라 피트 오케스트라 피트 레일은 반사성의 우드마감으로 무대의 오케스트라 연주음을 무대로 지향하도록 설계하여 연주음과 무대 위 배우들의 소리를 서로 잘 들을 수 있도록 설계하였다. 오케스트라 피트는 120명의 연주자가 동시연주 가능하다.

신국립극장은 동경의 중심지인 신주쿠(新宿)에 위치하여 전면에는 수도고속도로와 지하에는 각 노선의 지하철이 교행하는 등 매우 소음에 취약한 지역인 관계로 공연공에서 절대적으로 요구되는 정적도를 유지하기 위한 각종 차음방식을 설계에 적용하였는데, 신국립극장에 적용된 대표적인 차음이론은 다음과 같다.

흡음력은 차음의 주요소가 아니라 흡음력만으로는 일반적으로 충분히 조용해지지 않는다. 하지만 흡음력은 무용지물이 아니라, 흡음력이 필요한 만큼 없으면 벽체의 차음력은 충분히 성능을 발휘하지 못한다. 이러한 의미에서 차음상 흡음력의 역할을 명확하게 인지하여 신국립극장 건립에 적용되어 있음을 신국립극장건립지(新國立劇場建立誌)를 통하여 확인할 수 있다.

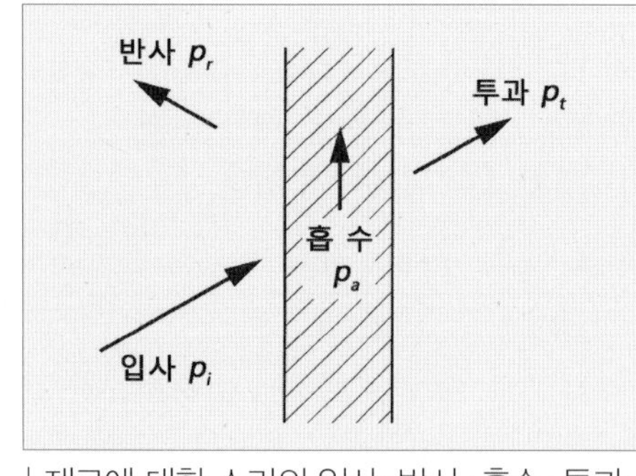

| 재료에 대한 소리의 입사·반사·흡수·투과

재료에 대한 공기음의 입사·반사·흡수·투과의 관계를 [왼쪽 그림]과 같이 나타낼 수 있는데, 입사음의 에너지(P_i)에 대한 투과음의 에너지(P_t)의 비 P_i/P_t를 음향투과율τ라고 한다. 음향투과손실 R은 $R=10\log_{10}(1/\tau)$로 구할 수 있다. 흡음률 α는 1에서 입사음의 에너지(P_i)에 대한 반사된 소리의 에너지 비(P_r/P_i)를 뺀 값으로, 내부에 흡수되는 에너지(P_a)와 투과한 에너지(P_t)가 포함된다.

따라서 $\alpha=1-(P_r/P_i)=(P_a+P_t)/P_r$로 나타낼 수 있다.

소음방지설계의 주역이 되는 차음재료는 재료선정 및 사용방법이 적정하다면 그 차음성능이 나타내는 만큼 대상으로 하는 소음을 줄일 수 있다. 일반적인 벽구조의 차음성능은「실험실에서의 건축부재의 공기음 차단성능 측정방법」에 따라 측정되며 음향투과손실로서 표시된다. 또, 단순한 균질단판의 차음성능 주파수특성은 질량법칙(質量法則)과 코인시던스(Coincidence) 한계주파수에 의해 대략 파악할 수 있다. 질량법칙이란 균질단판재료의 음향투과손실 R이 면밀도 m과 소리의 주파수 f의 곱에 비례하는 법칙을 말한다. 소리가 재료에 수직으로 입사한 경우의 수직입사 음향투과손실 R_0는, $R_0=20\log_{10}(m\cdot f)-43$으로 구해진다.

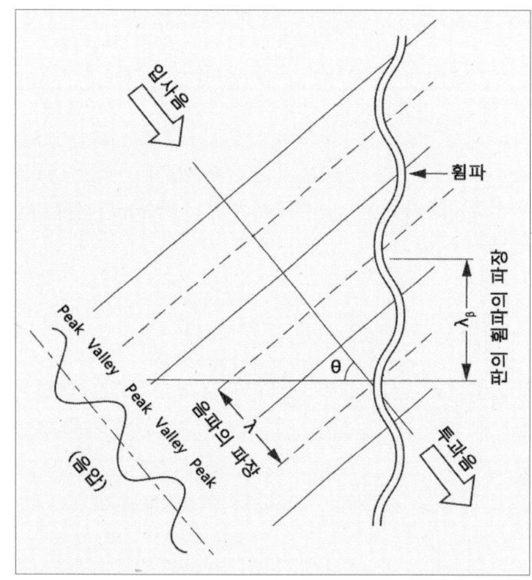

| 코인시던스(Coincidence) 현상의 개념도

이는 면밀도 또는 주파수가 2배 될 때마다 음향투과손실이 6㏈ 증가하는 것을 보여주고 있다. 한편 실측값과의 대응이 좋은 음향투과손실 R_f는, $R_f=R_0-5$로 구할 수 있다.

코인시던스(Coincidence) 한계주파수는, 질량법칙이 벽은 일정하게 피스톤 운동을 한다고 가정하여 유도하고 있는데, 어느 크기를 가지는 평면판은 굴곡진동을 동반하기 때문에, 음향투과손실이 질량법칙의 값보다 저하되는 원인이 된다.

[옆의 그림]에서 나타내듯 평면파가 각도 θ로 평판에 입사한 경우 판 위에서 입사음파 음압의 Peak·Valley이 일치할 때 판의 굴곡진동이 발생해 소리의 투과가 급격하게 커진다.

이러한 현상을 코인시던스(Coincidence) 현상이라 하고, 입사각도 $\theta=90^\circ$ 경우의 주파수를 코인시던스 한계주파수 f_c라고 한다. 주요재료의 두께 t[㎜]별 f_c를 아래 표에 나타낸다.

| 각종 균질재료의 두께별 코인시던스 한계주파수 f_c

균질재료	두께 [㎜]	코인시던스 한계주파수 f_c[Hz]	균질재료	두께 [㎜]	코인시던스 한계주파수 f_c[Hz]
유리	3	4000	합판	6	3600
	5	2400		12	1800
	10	1200		24	900
보통 콘크리트	100	200	석고보드	9.5	3300
	150	140		12.5	2500
	200	100		21	1500

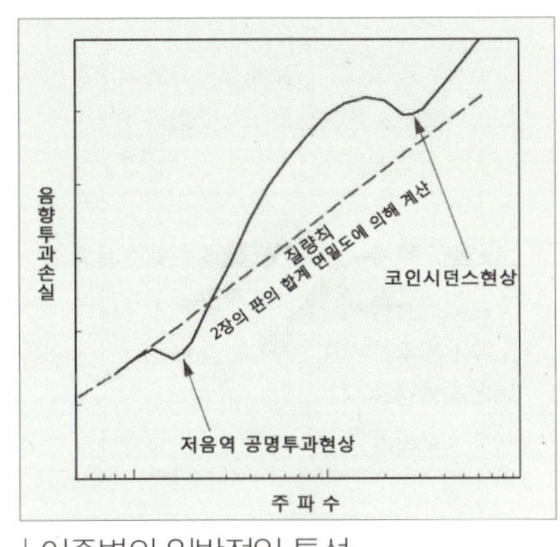

| 이중벽의 일반적인 특성

질량법칙에 따르면, 단일벽으로 차음성능을 향상시키기 위해서는 벽의 질량을 늘릴 필요가 있다. 그러나 벽의 질량을 늘리는데는 한계가 있기 때문에 이중벽 구조로 해서 차음성능의 향상을 도모하는 방법이 있다. 2장의 판을 충분한 간격을 두고 독립적으로 설치할 수 있다면, 전체적인 음향투과손실은 각각의 판의 음향투과손실의 합과 가까워지기 때문에 높은 차음성능을 얻을 수 있다. 그러나 실제로는 중공부의 간격은 그리 크게 잡을 수 없기 때문에 음향적인 결합이 생기고, 또 2장의 판을 지지하기 위한 구조적인 결합도 있으므로 차음성능의 향상에는 한계가 있다. 이러한 조건하에서 이중벽의 차음성능을 높이기 위해 2장의 판을 지지하는 구성틀을 독립시키거나 중공층에 흡음재료를 삽입하는 등 여러 가지 방법이 신국립극장의 각 공연공간에 적용되고 있다.

이중벽의 음향투과손실은 [위 그림]에서 나타내듯 2장의 판의 합계 면밀도에 의해 계산되는 질량법칙에 따라 저음역에서 고음역을 향해 상승하는데, 저음역에서 공명투과현상이 발생하여 중고음역에서 질량법칙을 상회하는 이중벽으로서의 효과가 나타나고, 고음역에서는 각 보드의 코인시던스(Coincidence) 현상이 나타난다.

| 오페라극장 내부 전경 (신국립극장 사진제공)

| 무대에서 바라본 객석

발코니 벽면 반사벽 |

| 주천장 및 발코니 천장 – 음의 확산 반사를 얻기 위한 부드러운 곡면으로 설계

오페라극장 무대시설

구분	내용
무대형상	• 4면 무대 – 프로시니엄 개구 : 폭 16.4m 높이 12.5m – 포털 개구 : 폭 14.6m~18.8m 높이 1.4m~15.0m
주무대	바닥 승강기구 : 18.20m×3.64m×5기 바닥 승강기구의 이동범위 : +4.50m~–15.70m 높이 : 무대면으로부터 그리드까지 30.50m 무대면으로부터 무대 하부공간까지 15.7m
측무대	트래킹왜건 : 18.20m×3.64m×좌우 각 5기
안무대	슬라이딩스테이지 : 18.20m×18.20m 회전원반 직경 : 16.40m
오케스트라 피트	• 넓이 : 147m² • 승강범위 : ±0m~–2.65m • 수용연주자수 : 4관편성(120인 정도)

무대평면도 및 단면도

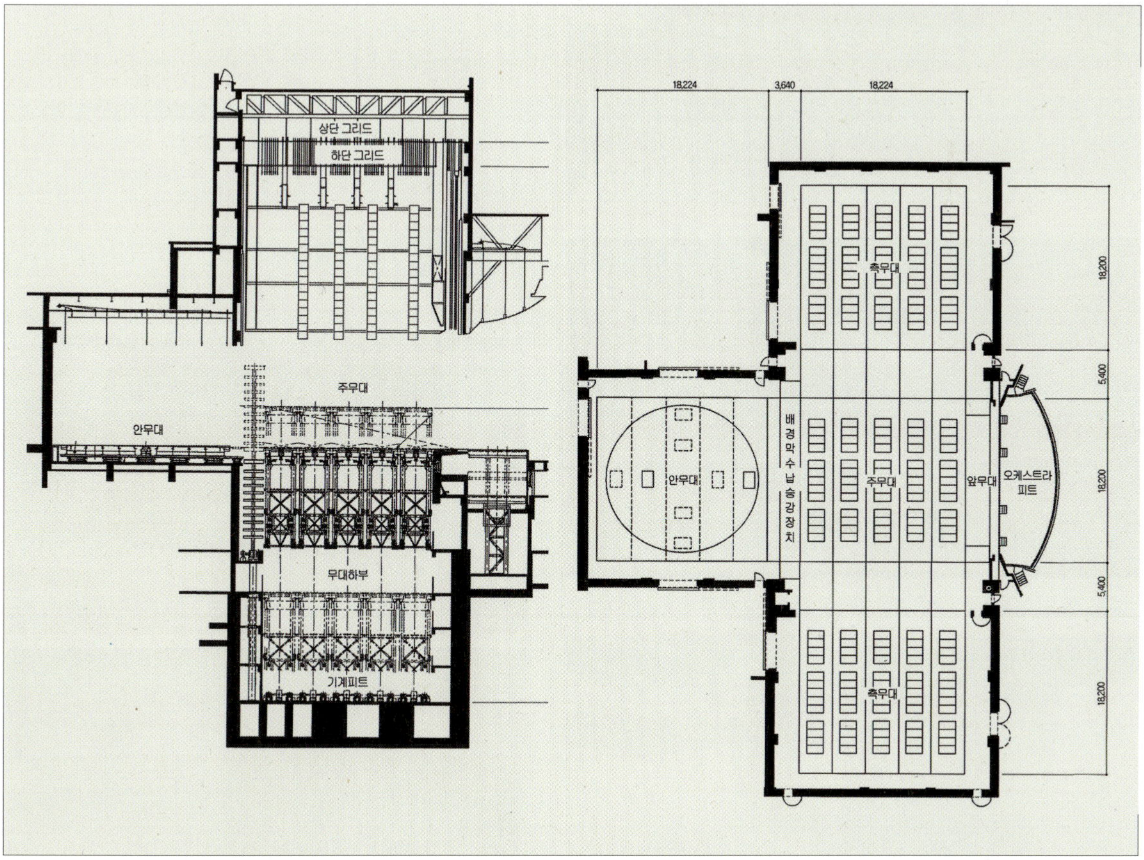

상단 그리드
하단 그리드
주무대
안무대
무대하부
기계피트
18,224
3,640
18,224
18,200
5,400
18,200
5,400
18,200
측무대
배경막수납승강장치
안무대
주무대
앞무대
오케스트라 피트
측무대

4 중극장(中劇場)

중극장은 4면 무대를 가지는 정통적인 프로시니엄 형식이 기본이지만 오픈 형식으로도 변환할 수 있는 유연한 극장으로 공연자의 요구에 따라 능동적으로 대처할 수 있는 무대구성을 가지고 있다.

프로시니엄 무대구성과 오픈 에이프런 무대로 꾸밀 수 있어 두 가지의 표정을 가지는 공간연출은 새로운 극장 스타일을 창출하며, 관객에게 신선한 인상을 준다. 서로 다른 무대형식과 함께 가동벽체를 이용한 객석의 변화도 가능, 관객은 방문할 때마다 새로운 모습을 즐길 수 있다. 프로시니엄 형식에서는 슬라이딩스테이지에 의해 신속한 장면전환이 가능하며 또한 무대 앞의 바닥 승강기구는 오케스트라 피트로서 활용할 수 있다.

(신국립극장 사진제공) 중극장 내부 전경 |

| 무대에서 바라본 View (신국립극장 사진제공)

| 오픈 형식의 무대 전경 – 앞무대, 가동벽, 가동천장을 통한 가변구성

| 중극장 개요

구분	내용
객석수	• 프로시니엄 형식 – 총 객석수 : 1,038석 – 1F : 851석(휠체어석 8석 포함) – 2F : 187석 • 오픈 형식 – 총 객석수 : 1,010석 – 1F : 761석(휠체어석 8석 포함) – 2F : 249석 – 좌석공간 : 폭 52.5cm – 앞뒤 길이 : 95cm
건축음향	잔향시간 : 1.0~1.3초 (만석시)

(신국립극장 사진제공) 프로시니엄 형식의 무대 전경 |

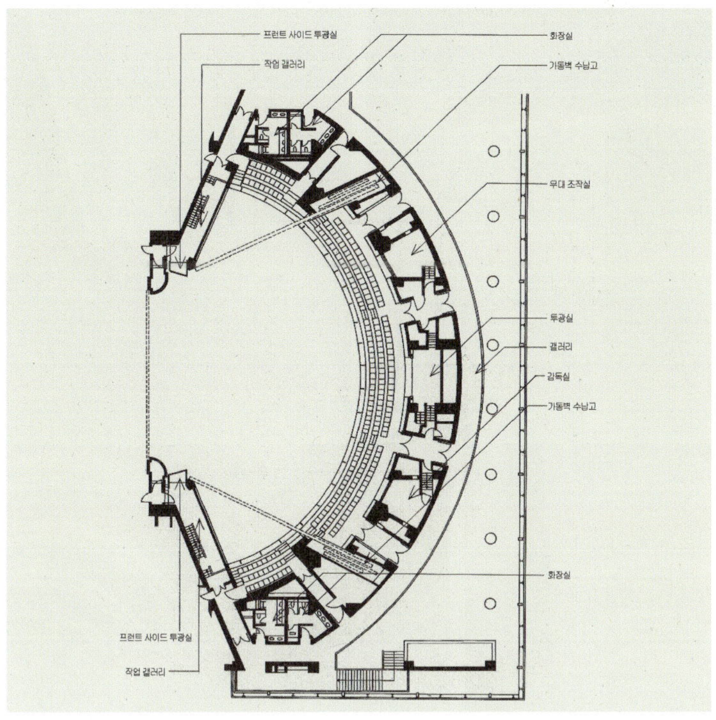

프로시니엄 형식의 무대 전경 |

5 소극장(小劇場)

소극장은 실험극장으로서 상연하는 작품에 맞춰 자유자재로 무대와 객석을 변환시켜 다양한 연출에 대처할 수 있는 개방평면형의 형태를 취하고 있다. 공연공간에서 개방평면형 구성은 연출계획에 맞춰 다양한 공간을 창조할 수 있는 오픈 스페이스 극장으로 소극장의 바닥기구는 무대와 객석 양방으로 사용될 수 있는 가동바닥으로 이루어져 있다.

이 가동바닥을 상하 이동시킴으로써 연출계획에 맞춰서 자유롭게 극장공간을 창조할 수 있는 가변형태 극장의 특성을 보유한다. 주요 무대형식으로 엔드스테이지, 트러스트스테이지, 센터스테이지, 아리나스테이지에 대응 가능하고 객석수도 340석~468석까지 변화할 수 있다. 벽면에는 2층의 발코니가 있고 하단의 제 1발코니는 독립된 객석으로 이용 가능하다. 또한 객석 전체를 제1발코니를 최상단으로 하는 계단식 바닥으로도 배치할 수 있다. 상단의 제2발코니는 조명·음향 등의 기술 및 연출을 위한 공간으로 사용한다.

| 무대 가변에 따른 모습

ⓐ엔드스테이지(End Stage)

ⓑ센터스테이지(Center Stage)

ⓒ트러스트스테이지(Thrust Stage)

ⓓ아리나스테이지(Arena Stage

연결통로 모습 |

갤러리아(Galleria)라 불리는 도쿄오페라시티와의 사이에 설치된 계단 형상의 공공공간은 도쿄오페라씨티 음악홀로 향하는 통로가 되고 있는데, 두 시설을 연결하는 공간이기도 하다.

다만 신국립극장과 도쿄오페라씨티 계획의 타임래그(Time-Lag)의 결과이지만 두 시설이 벽으로 구분되어 있어 공연공간으로 특성을 가진 신국립극장과 도쿄오페라씨티의 연계성을 확보하는데 한계점이 있다.

| 소극장 개요

구분	내용
객석수	• 엔드스테이지 : 440석, 376석, 340석(무대의 앞뒤간격에 따라) • 트러스트스테이지 : 416석 • 센터스테이지 : 420석 • 아리나스테이지 : 468석 • 좌석공간 : 폭 50cm • 앞뒤 길이 : 91cm
건축음향	잔향시간 : 0.8~1.0초(만석시)

6 주요 도면

| 오페라극장 평면도

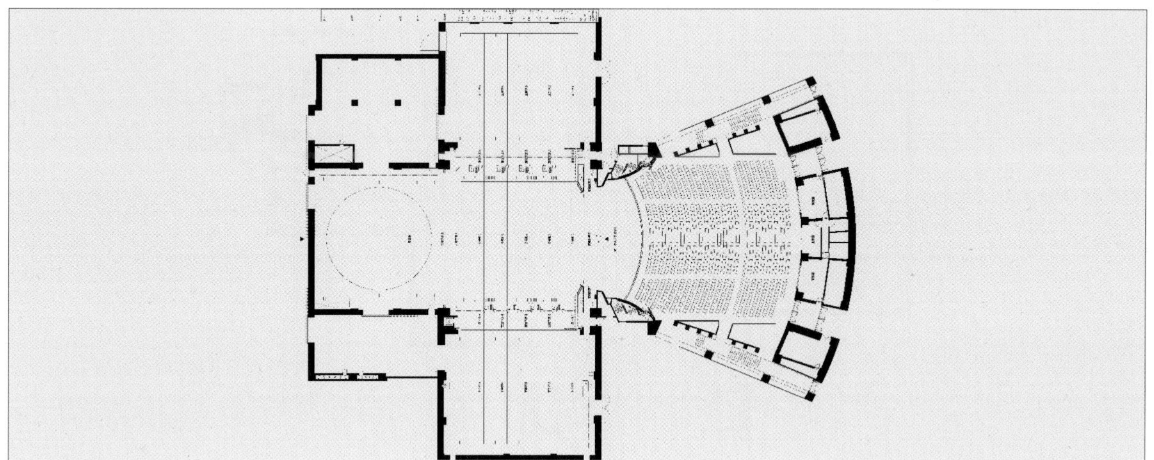

| 오페라극장 단면도

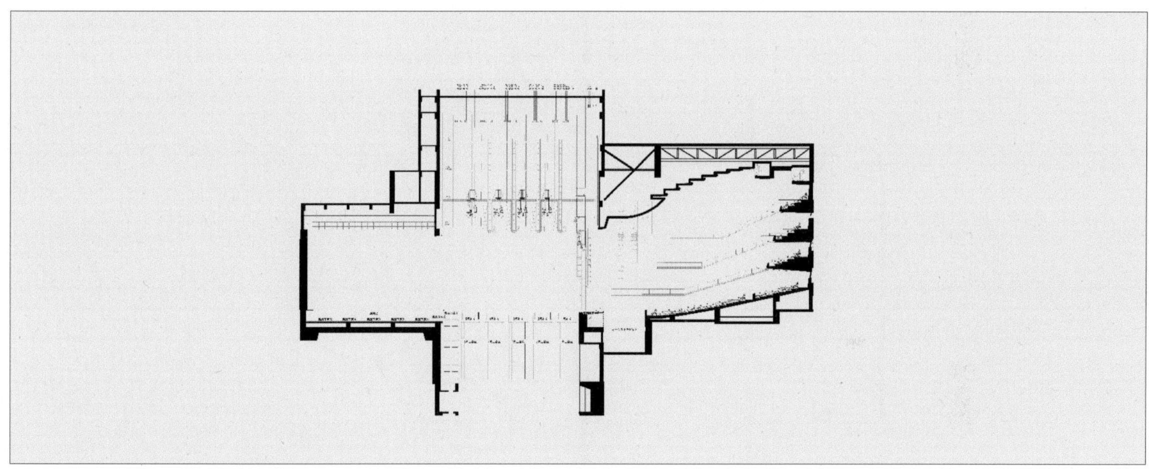

| 중극장 평면도 (오케스트라 Pit)

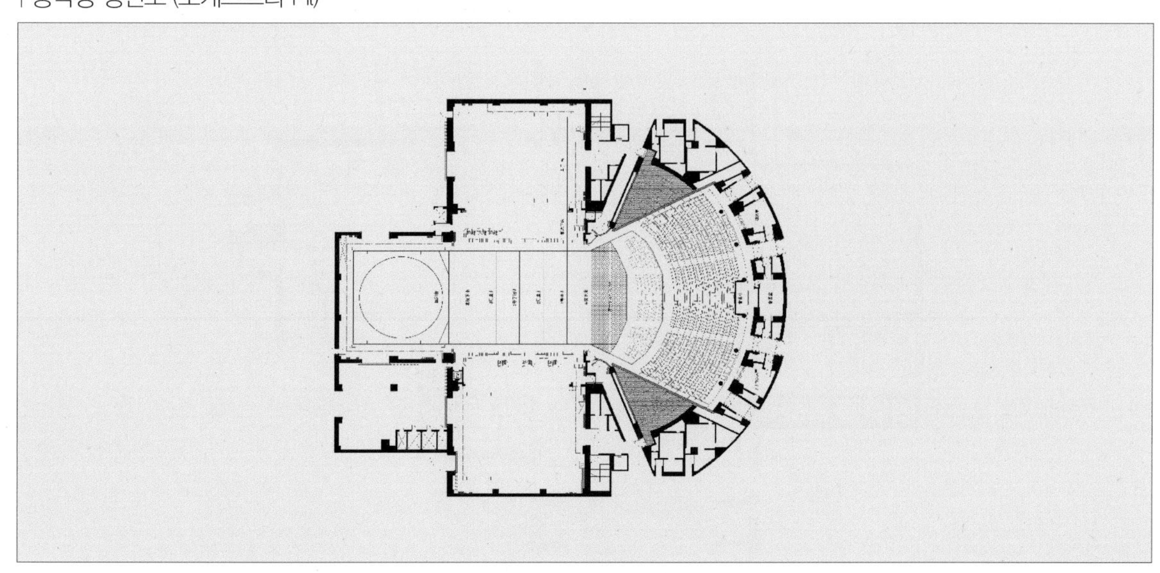

| 중극장 단면도 (오케스트라 Pit)

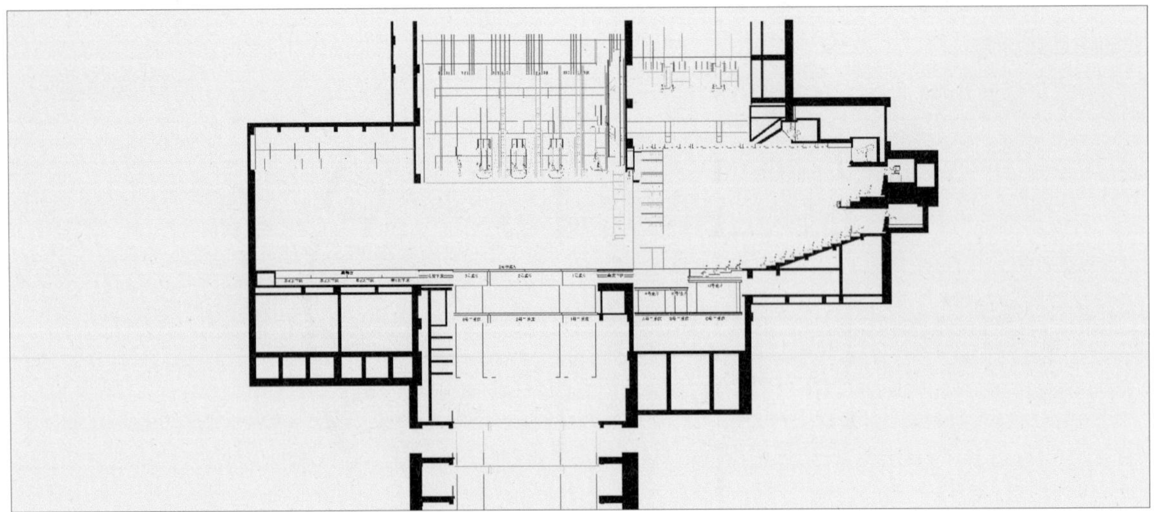

| 중극장 평면도 (프로시니엄)

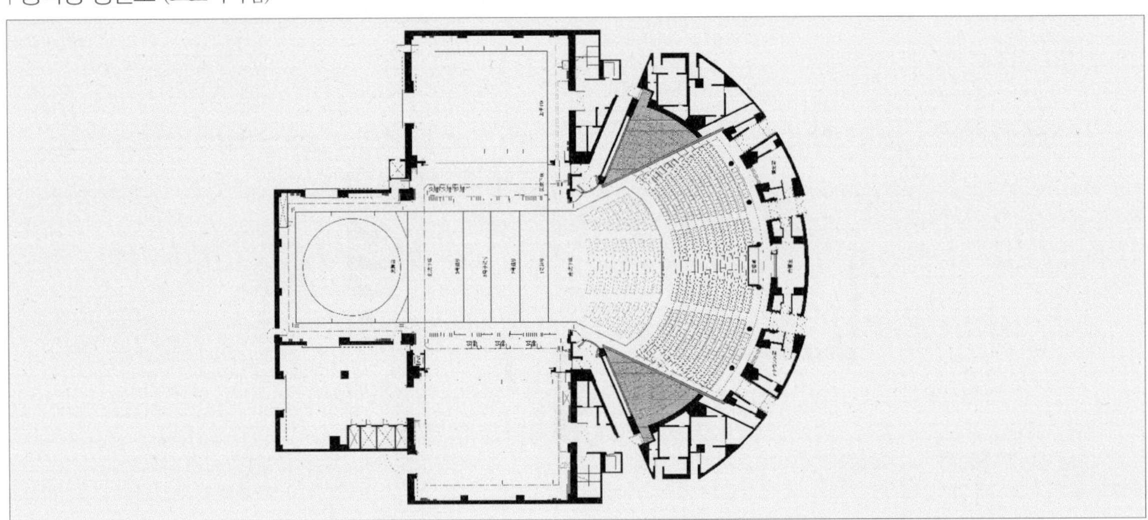

| 중극장 단면도 (프로시니엄)

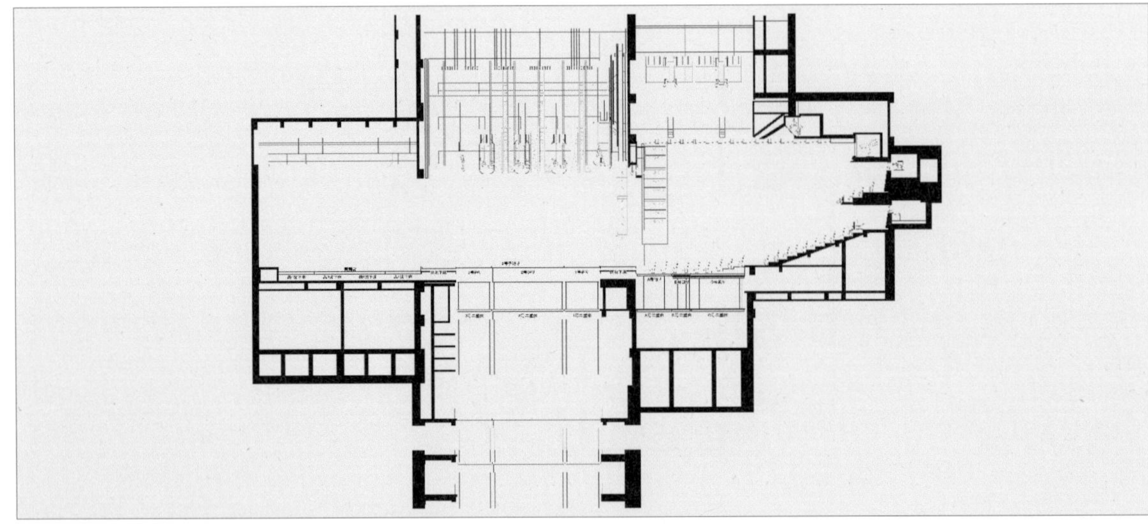

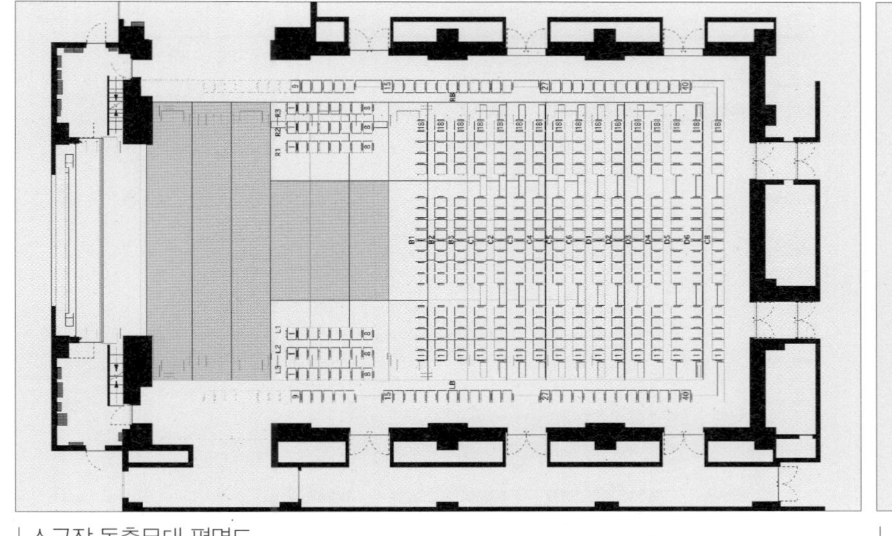

| 소극장 돌출무대 평면도

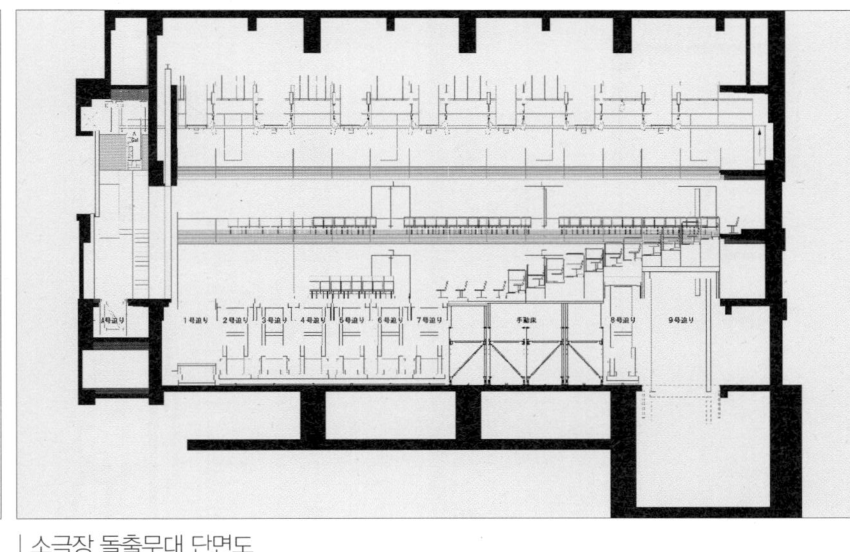

| 소극장 돌출무대 단면도

| 소극장 센터스테이지 평면도

| 소극장 센터스테이지 단면도

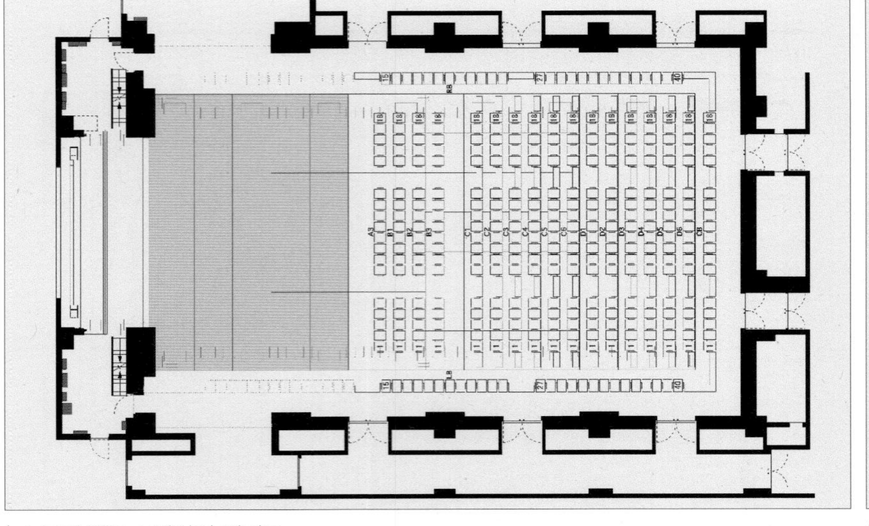

| 소극장 엔드스테이지 평면도

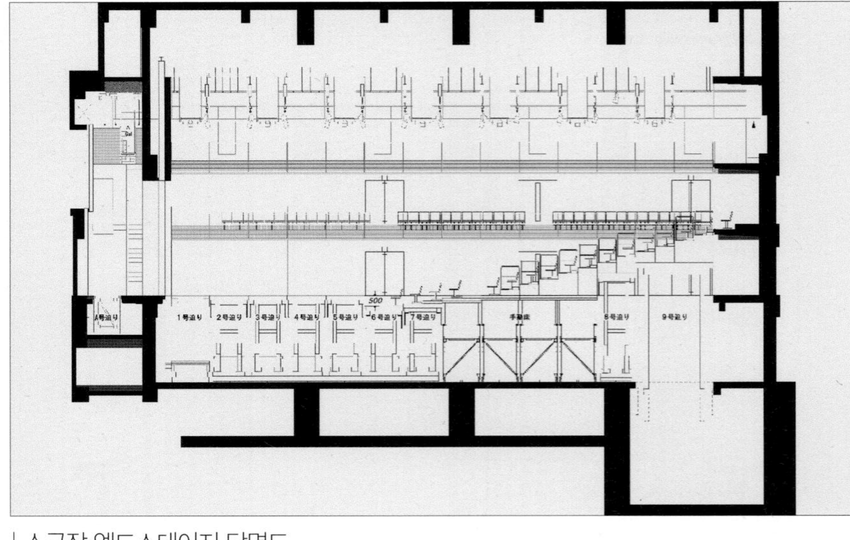

| 소극장 엔드스테이지 단면도

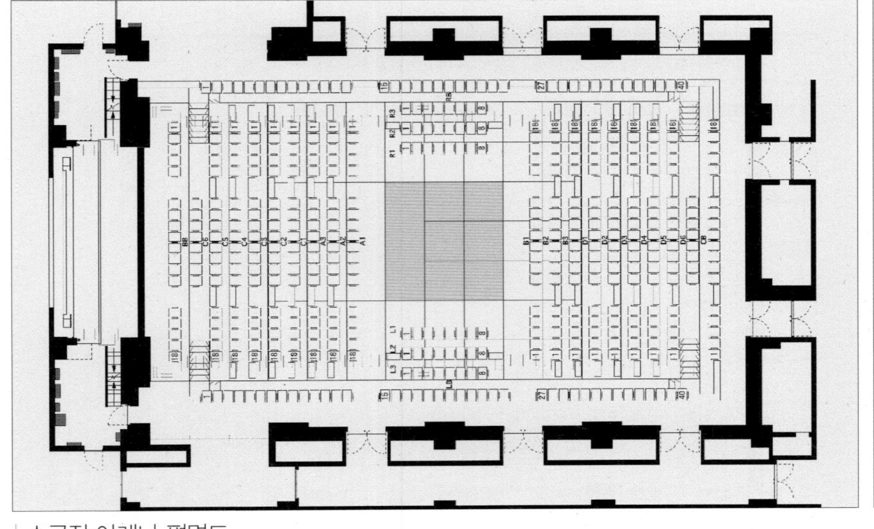

| 소극장 아레나 평면도

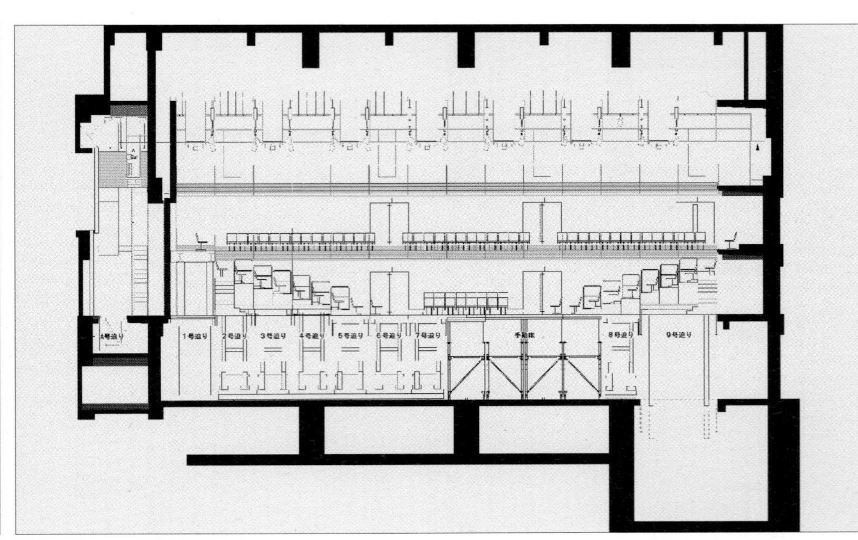

| 소극장 아레나 단면도

도쿄예술극장 03

東京芸術劇場 / TOKYO METROPOLITAN THEATER

1 도쿄예술극장 개요

도쿄의 부도심(副都心)으로 신주쿠 다음으로 유동인구가 많은 이케부쿠로(池袋)에 1990년에 오픈한 도쿄예술극장은 JR 3호선, 사철 2호선이 출발하는 이케부쿠로역 서측에 위치한 지상10층 지하4층의 종합문화시설이며, 대·중·소(2개) 총 4개의 공연공간과 리허설실, 전시갤러리, 회의실 등의 시설 및 레스토랑, 커피숍, 주차장 등의 편의시설을 한데 모은 복합문화시설이다. 도쿄예술극장은 〈문화도시·도쿄〉를 세계에 알림과 동시에 새로운 문화환경 조성을 목표로 도쿄르네상스사업의 일환으로 도쿄도가 기획하였다.

대 홀은 도쿄에 있는 4개의 대형 홀 중의 하나로 오케스트라 연주를 주목적으로 설계된 클래식콘서트홀로 200인 편성의 합창단과의 연주가 가능하며 계획단계의 최대 과제는 부지의 한 쪽과 근접하여 주행하는 지하철의 소음 및 진동의 유입에 대한 차음, 방진계획이었다.

대·중 홀의 동시사용을 감안한 차음대책도 고려하여 현재의 홀배치가 되었으며, 중 홀은 객석 800여석 및 60인 규모의 오케스트라 피트가 설치, 연극·뮤지컬·오페라·발레 등의 용도로 사용하며, 그 외에 2개의 연극용 소 홀, 전시갤러리, 회의실 등이 있다.

극장은 2011년 4월부터 2012년 8월까지 리뉴얼 공사를 실시하였는데, 각 홀에 대한 공통사항을 음향컨설턴트는 다음과 같이 설명하고 있다.

「도쿄 이케부쿠로의 도쿄예술극장이 1년 반의 대규모 개수공사를 마치고 2012년 9월 1일 리뉴얼 오픈하였

극장 내부 전경 |

다. 우리 극장은 1991년 준공 당초부터 숱한 화제를 뿌렸으며 그만큼 주목하도 높고 새로운 시도 등도 포함하고 있어 조명을 받아 왔다. 이번 개수(改修)에서는 설비의 갱신을 중심으로 보다 안전하고 사용하기 편리한 고품질의 시설로 재탄생하는 것을 목표로 하였다.」

| 건축물의 개요

구분	내용
소재지	도쿄도 토시마구 니시이케부쿠로 1-8-1(東京都豊島区西池袋1丁目8-1)
공사발주	• 시공 : 다이세(大成) · 하자마(間) · 안도 · 세이부 · 일본국토 · 치사키 · 고쿠네(古久根) · 조호쿠(城北) JV • 전기공사 : Toenec · 후지(富士) · 다이쿄(大興) · 고요(向陽) · 오쓰보(大坪) JV
공사발주	• 설비공사 : 도네쓰(東熱) · 긴덴(近電) · 아카쓰키(暁) · 하쓰미(初見) JV • 에스컬레이터공사 : 일본 오치스 엘리베이터 • 승용 승강기공사 : 후지테크 화물용 승강기공사, 일본 엘리베이터 공업 • 대 홀 무대조명공사 : 마쓰무라 전기(松村電機) • 대 홀 무대음향공사 : 토와 엔지니어링 • 파이프오르간 : 마쓰오 악기 ※ 공사기간 : 1987년 7월 ~ 1990년 8월
설계	설계 · 관리 : 아시하라(芦原) 건축설계연구소 구조설계 : 오리모토 다쿠미(織本 匠) 구조설계연구소 설비설계 : 건축설비설계연구소 무대음향컨설턴트 : 나가타음향설계 무대조명컨설턴트 : 요시이 스미오(吉井 澄雄) 무대기구컨설턴트 : 시미즈 히로유키(清水 裕之) 설계기간 : 1985년 3월 ~ 1987년 3월
시설규모	• 부지면적 : 약 12,440.9㎡ • 연면적 : 약 49,739.0㎡
건축구조	철골철근콘크리트구조, 일부 철골조
시설종류	대 홀 : 클래식음악 전용홀 중 홀 : 연극, 오페라, 발레 등 소 홀 : 실험극장 등
위치	

전면 광장으로부터 본 북동쪽의 외관 - 도쿄예술극장 외부 전경 |

2 외관 및 로비

전면광장의 조형물에서 바라본 외관은 대형 삼각유리벽으로 구성된 특이한 형태를 지니고 있으며, 광장으로부터 내부로 들어서면 5층까지 뚫린 아트리움(Atrium) 내의 에스컬레이터가 보인다.
이 에스컬레이터를 타고 객석 각 플로어(1~3층)로 이동이 가능하며, 올라가면서 지하층의 휴게공간을 내려다볼 수 있다. 클래식음악 전용 콘서트홀인 대 홀과 연결된다.

| 건축물 입구 및 아트리움으로 향하는 길

| 중앙 홀 – 유리로 구성

에스컬레이터를 타고 올라간 층에 위치 – 홀 로비 |

| 콘서트홀(대 홀) 입구

3 콘서트홀(대 홀)

콘서트홀은 홀 내의 음향조건으로 음량감, 음의 명료도, 공간감, 잔향감 등 양(量)과 질(質)의 울림을 추구하였으며, 벽면에는 봉 형상의 목제 리브를 넣어 부드러운 반사음이 객석에 울리도록 고안하였다.

좌석수 1,999석(별도 휠체어용 8석)의 Main 콘서트홀(대 홀)로 무대는 오픈스테이지이다. 120명 편성의 오케스트라와 200명의 합창단이 동시에 연주할 수 있는 넓이로 소편성부터 대편성의 오케스트라에 이르기까지 다양한 연주형태에 적합한 음향공간을 창출한다.

홀의 무대 중앙 상부에는 콘서트홀로서는 세계 최대규모의 파이프오르간이 설치되어 있다. 이 파이프오르간은 180도 회전하며 시대나 국가에 따라 각기 다른 오르간을 하나로 정리하여 통합해 보자는 발상으로 프랑스의 Garnier社가 제작하였고, 총 126스톱, 8268봉의 파이프로 구성된다.

도쿄예술극장은 2011년 4월부터 2012년 8월까지 리뉴얼 공사를 단행하였는데, 대 홀의 건축음향에 관계하는 개수(改修)항목은 크게 3가지이다.

① 무대 위 가동반사판을 바람직한 높이와 형상으로 근접한다.

② 무대 주변의 목질 벽에 소리의 확산체(리브)를 설치한다.

③ 무대바닥재를 졸참나무재에서 히노키(노송나무)재로 교체한다.

3가지 중 ① 무대 위 가동반사판에 대해서는 지금까지 파이프오르간 전체가 보이는 높은 위치(약 19m)의 설정과 오케스트라에 적합하다고 판단되는 높이(약 15m)의 2종류를 설정하고 있었다. 하지만 파이프오르간을 사용하지 않는 클래식연주회에서도 반사판을 높은 위치에 세트한 상태에서 사용하는 일이 거의 대부분이었다. 그 이유로는, 파이프오르간이 보이는 높은 위치가 더욱 콘서트홀다운 본래의 설정이라고 여겨지고 있고, 무대 위의 반사판이 가동식으로 낮은 위치의 설정이 가능하다는 점을 알리지 않았다는 등의 이유가 있다. 지금까지 연주회를 감상해 오면서 대형 오케스트라에서는 반사판이 높은 설정에서 공간의 여유를 느끼는 경우도 많았고 오케스트라의 연주자로부터도 높은 위치를 선호한다는 얘기도 많았지만, 이번 개수를 계기로 아래 사진에서 나타나는 바와 같이 파이프오르간을 노출하면서도 반사판을 오케스트라에 적합한 높이가 되도록 설정하였다.

개수항목 중 ②와 ③은 이 시설의 당초계획에 음향을 전보다 좋게 하기 위한 조건으로서 검토·제안한 내용이었다. 이번 개수에서 더욱 이미지를 일신하는 방법으로 새롭게 제안하여 구현되었다.

개수(個數) 후의 음향에 대한 평가로서 지휘자인 시모노 다쓰야(下野 竜也)는「원래 훌륭한 음향(音響)이었지만, 더욱 소리가 마일드(Mild)해졌다.」는 코멘트를 남겼다. 오케스트라의 현(絃)악기 연주자로부터는 이전보다 연주하기 편해졌다는 의견이 있는 반면, 관(管)악기 연주자로부터는 현악기의 소리가 잘 안들린다는 평도 있었다.

| 콘서트홀의 무대 위 반사판의 설정 – 「높이」는 무대 선단에서 3.0m 정도 무대 내측으로 들어간 위치에서의 높이 규격

(나가타음향설계뉴스(2012) 출처)

오케스트라 연주형식(높이 약 15.0m)

파이프오르간 연주형식(높이 약 19.0m)

개수 후에 추가된 형식(높이 약 16.0m)

| 콘서트홀(대 홀) 개요

구분	내용
개요	• 총 객석수 : 1,999석 →1층 : 676석(휠체어용 공간 8석) →2층 : 683석 →3층 : 640석 • 무대 : 너비→약 21.0m/안길이→약 13.4m/높이→약 20.0m • 음향반사판 : 천장(각도 가변)+정면 • 음향설비 : 상설스피커 1식, 확성용조정탁 1식, 녹음용조정탁 1식(녹음실 있음), 매달기 마이크기구 18기, 무대측 음향용 가설전원 하수 12kW · 상수12kW, 객석 내 음향용 가설전원 9kW, 대분장실1 녹음용 가설전원 12kW • 조명설비 : 수전용량 3상4선 750kVA/단상3선 120kVA, 무대조광 336회로/객석조광 56회로, 이동형 조광기 2kW×회로 46대, 조광조작탁 디지털 제어방식 Parallel Running, 최대제어수 4096ch 최대 기억장면수 4000 신(Scene), 출력신호 DMX-512/Ethernet 출력(sACN), 폴로 핀 스폿 2kW 크세논 핀 스폿 4대 • 분장실 : 지휘자용(응접실 포함)→1실 솔리스트용→6실 중분장실→3실 대분장실→1실
건축음향	• 실용적 : 25,300㎥ • 잔향시간 (RT) : 2.20초(만석시/500㎐) (개수 후) • 음악명료도(C80) : –0.9㏈(공석시) • 전에너지레벨(G) : 3.9㏈(공석시) • 측면반사음(LF) : 0.22(공석시) • 주용도 : 클래식음악 전용홀 • 형식 : 아레나 형태
기타	① 컴퓨터시뮬레이션 실시 홀의 설계프로세서에는 우선 CAD 모델을 사용한 컴퓨터시뮬레이션을 진행하였으며 컴퓨터에서 모델화한 홀 중에서 발생한 음선을 추적해 모델 내의청중의 귀 위치에 도달하는 소리를 추적하여 구하였다. ② 1/10 음향모형 제작 초기반사음, 측방반사음의 확보, 음압분포, 잔향시간과 그 주파수특성, 유해 에코의 제거 등 많은 사항을 체크해서 홀 내 측벽의 기울어진 각, 대리석벽면의 요철, 2층 정면객석의 바닥높이 등을 조정함으로써 설계당시부터 목표로 삼았던 「풍부하고 중후한 울림」이라는 특성의 음질을 완성할 수 있었다. ③ 천장 대반사판 정면반사판(수직으로 이동하는)과 천장반사판(자유롭게 기울기를 설정할 수 있는)으로 되어 있고 총중량은 55톤. 연주의 규모와 스타일에 따라 여러 각도로세팅할 수 있도록 설계했으며 파이프오르간도 덮을 수 있는 크기로, 반사판을 내림으로써 홀 내의 이미지를 전환할 수 있도록 고안했다. ④ 이동반사판 오르간 무대의 아래에 위치해 있으며 음향의 반사와 흡음의 양쪽 기능을 가진이동 이중벽으로 설정되어 있다. 이동벽을 좌우로 열면 옥외 정원이 보이도록 유도해서 휴식시간 등의 퍼포먼스 공간으로서, 21세기를 여는 새로운 연주 스타일 장치로서도 높이 평가받고 있다.

| 콘서트홀 내부 전경

| 천장 대반사판 – 수직이동이 가능하며 자유롭게 기울기의 조절 가능

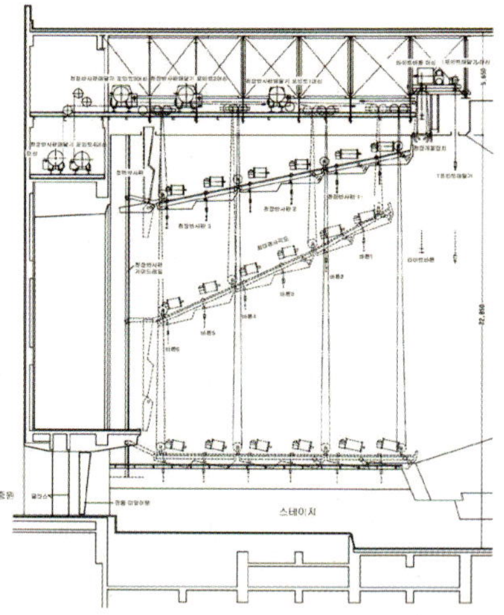

무대 주변 단면상세도 |

| 측벽 구성 상세

| 객석

| 이동이중벽 구성 – 파이프오르간 하부는 반사와 흡음의 역할을 하는 이중벽으로 구성
개방시 배후의 옥외정원 조망 가능

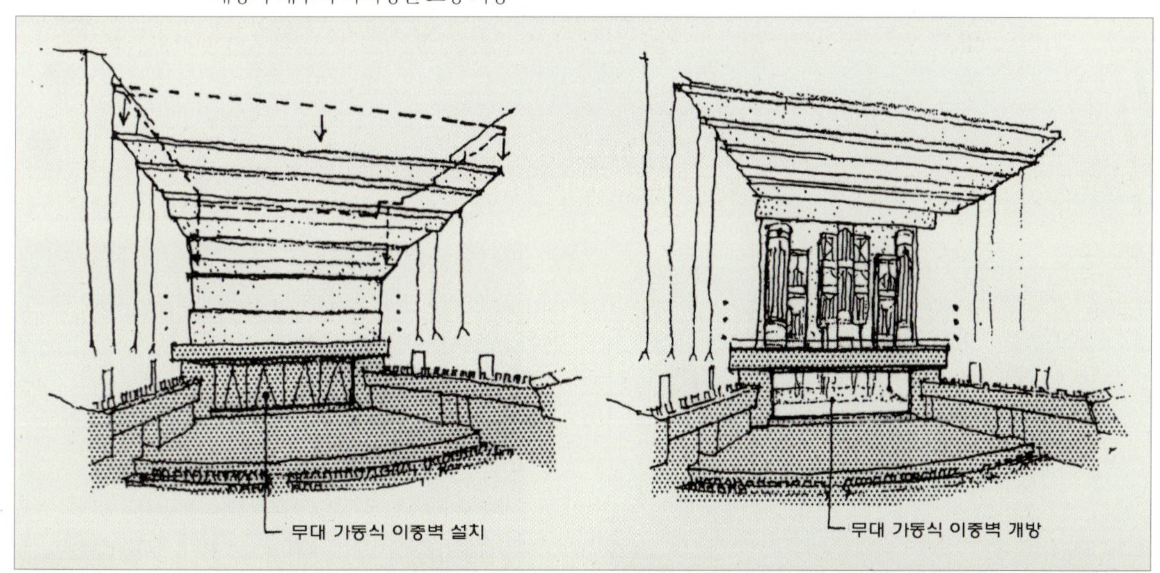

| 파이프오르간 설치

- 126스톱 · 8268봉 (마이크 가르니에社 제작)
- 파세계최대급의 규모를 자랑하는 파이프오르간은 르네상스 · 바로크면, 모던면의 2면으로서 180도 회전하며, 역사적으로 다른 스타일의 오르간을 2개 오르간 케이스에 수납하여 시대의 조율법에 따른 연주가 가능하다.

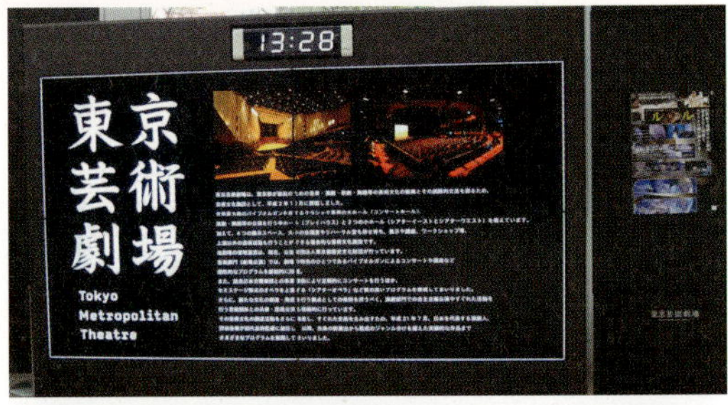

4 플레이하우스(Playhouse ; 중 홀)

연극·무용 등의 Performing·Arts에 적합한 객석수 834석의 중극장. 약 60명 규모의 오케스트라 피트도 갖추고 있어 오페라 외에 연극, 발레, 무용 등의 공연에 적합한 형식으로 만들어져 있다. 벽 한면에 배치된 벽돌은 인상적인 분위기를 자아낼 뿐만 아니라 연기자의 목소리를 잘 들리게 하는 음향효과도 겨냥한다. 객석배치를 통해 서서 관람이 가능한 공간을 마련하는 등 어느 위치에서도 무대가 잘 보여 무대와의 일체감·친밀감을 얻을 수 있는 극장공간이다.

플레이하우스에 대한 리뉴얼 공사의 평가내용은 다음과 같다.

– 준공 당시 연극관계자 등으로부터 사용상의 편리성에 대해 비판받은 적이 있었던 문제에 대해, 극장 예술감독을 두고 자체기획으로 어필할 것을 제언했다. 현재는 노다 히데키(野田 秀樹)가 예술감독으로 취임, 감독이 직접 연출하는 자체기획을 주체로 하는 극장으로 변모했다. 음향컨설턴트인 나가타의 제언(提言)대로 본래 극장으로서의 바람직한 모습을 갖추고 있다. –

중 홀의 음향에 대해서는 말굽형을 기본으로 하고 있기 때문에 벽으로부터 소리의 집중 등으로 인해 지금까지는 소리가 잘 들리지 않는다는 의견이 있었다. 이번 리뉴얼(Renewal)에서는 객석의 내장(內裝)에 있어서 디자인성과 소리의 확산을 추구, 벽돌조로 하고 후방에는 틈새가 보이도록 쌓은 벽돌에 의한 흡음을 마련하였다. 이것으로 반사음의 위화감은 모두 없어졌다.

| 플레이하우스 개요

객석수	총 834석 : 최후열(V열) 중앙 13석은 휠체어용 7석으로 이용 가능+입석 90명 →1F 631석 : 오케스트라 피트 사용시 A~E열(116석) 철거 가능 →2F 203석
프로시니엄	너비 : 약 14.1m 높이 : 약 9.0m
건축음향	실용적 : 5,300㎥ 잔향시간 : 1.0초(만석시/500㎐)
주무대	• 너비 : 약 14.1m • 안길이 : 약 17.0m • 무대 바닥면에서 그리드까지 : 약 20.0m • 무대 바닥면에서 무대지하까지 : 약 6.5m • 승강무대 4기 : 1기/너비 약 12.7m/안길이 약 2.7m • 4기 동시운전시 : 너비 약 12.7m/안길이 약 10.8m
오케스트라 피트	너비 : 약 14.2m/안길이 : 약 4.7m (승강무대 2분할 구성)
라이트브리지	4기(승강만, 각 너비 19.5m×승입면 안길이 55㎝)
매달기물 바튼	31봉(각 너비 19.5m)
사이드래더용 점 매달기 머신	12기
분장실	11실

플레이하우스 내부 |

| 발코니석 및 측벽

| 객석

내부 모습

5 시어터이스트(Theatre East ; 소 홀1)

지하에 있는 두 개의 소 홀은 지금까지 하나는 다목적 이용을 전제로 하고 있었지만, 개수 후에는 예술감독의 취향을 반영, 두 홀 모두 블랙박스 전용극장이 되어 연일 공연이 치러지고 있다. 이처럼 적극적인 자체기획공연이 이루어지며 도쿄문화발신 프로젝트의 메인공연장으로 다양한 이벤트가 예정된다.
목조의 1층 바닥은 동자기둥을 세운 구조로 형성되어 있으며, 엔드스테이지·트러스트스테이지·센터스테이지 등 자유자재의 창조형식이 가능한 플랫과 자유도가 높은 소극장으로 연극, 무용공연에 적합하다.

시어터이스트 개요

객석수	272~324석 ※ 무대의 형상에 따라 좌석수가 바뀜
무대	• 쓰카타테바닥(東立て床)(약 14.50m×약12.70m의 구역, 6×6, 3×6 사이즈의 스틸데크에 의한 구성) ※ 액팅구역은 무대형상에 따라 바뀜 • 기본바닥면 (+0㎜)에서 천장까지 약 6.30m • 기본바닥면 (+0㎜)에서 그리드 천장까지 약 7.65m
잔향시간	만석시 0.78초 ※ 수치는 개수 전 측정값. 개수 후의 잔향시간은 미측정
음향설비	상설스피커 1식, 확성용조정탁(디지털) 1식, 무대 안쪽(분장실측) 음향용 가설전원 6kW, 무대지하 집중반 음향용 가설전원 6kW, 갤러리음향용 가설전원 18kW, 무대상수측 음향용 가설전원 7.5kW
분장실	4실

6 시어터웨스트(Theatre West ; 소 홀2)

기존의 승강바닥을 고정시켜 객석에서 무대가 잘 보이도록 고안된 너비 9.0m, 안길이 5.20m의 소 홀이다. 가설 프로시니엄 패널이 있으며 승강기구를 사용한 트러스트스테이지로도 이용 가능하다.
전통예능 및 연극을 포함 폭넓은 공연상연이 가능하다.

시어터웨스트 내부

| 시설개요

객석수	195~270석 ※ 무대의 형상에 따라 좌석수가 바뀜
기본 너비(폭)	너비 약 9.0m/높이 약 4.5m
주무대	너비 약 9.0m/안길이 약 7.0m/무대바닥면에서 그리드까지 약 9.2m
돌출무대 승강장치	너비 약 5.4m/안길이 약 5.4m (약 1.8m×약 5.4m× 3 기) 높이 750㎜~+0㎜
각종 막류	장면막, 암전막, 중할막, 대흑막
서스펜션 라이트 바튼	무대측 4봉(각 너비 12.0m), 객석측 3봉(각 너비 8.5m)
매달기 바튼	8봉(각 너비 12.0m, 2 배튼만 11.9m)
잔향시간	만석시 0.72초 ※ 수치는 개수 전 측정값. 개수 후의 잔향시간은 미측정 상태
음향설비	상설스피커 1식, 확성용조정탁(디지털) 1식, 무대측 음향용 가설전원 하수 9kW · 상수 9kW, 객석후방 음향가설전원 4.5kW, 갤러리음향용 가설전원 하수 4.5kW · 상수 4.5kW
분장실	4실

| 오픈스테이지 타입의 소 홀 전경

| 프로시니엄스테이지 타입의 소 홀 전경

| 입구 모습

7 부속시설

○ 아트리움(Atrium)

도쿄예술극장의 각 시설과 연결되는 오픈천장의 대공간으로 벽면·천장의 대형 유리면이 자연스러운 채광을 확보한다. 각 시설로 연결되는 에스컬레이터는 고저차(高低差)를 제한하는 등 안전면에서도 세심한 배려를 하고 있다.

□ **리허설룸**(Rehearsal Room B2F)

오케스트라, 실내악, 합창, 무용, 댄스, 연극 등의 연습에 이용할 수 있다.

| 리허설룸 개요

시설명	넓이	정원
리허설룸 L	18.0m×9.0m	100명
리허설룸 M1	10.0m×8.0m	40명
리허설룸 M2	10.0m×5.0m	30명
리허설룸 M3	10.0m×10.0m	50명
리허설룸 S1	6.0m×4.0m	10명
리허설룸 S2	6.0m×4.0m	10명

□ **심포니스페이스**(Symphony Space ; 5F)

오케스트라, 실내악 외 회의실로도 이용할 수 있다.

| 심포니스페이스 개요

시설명	넓이	정원
심포니스페이스	170.8㎡	100명

□ **미팅룸**(Meeting Room ; 5F · 6F)

회의, 연수, 강연회 등에 적합하다. 미팅룸5와 7은 실내악 등의 연습에도 사용할 수 있다.

| 미팅룸 개요

시설명	넓이	정원
미팅룸1	39.7㎡	20명
미팅룸2	35.4㎡	12명
미팅룸3	41.2㎡	12명
미팅룸4	42.3㎡	12명
미팅룸5	78.3㎡	28명
미팅룸6	34.8㎡	12명
미팅룸7	79.2㎡	28명

8 주요 도면

| 배치도

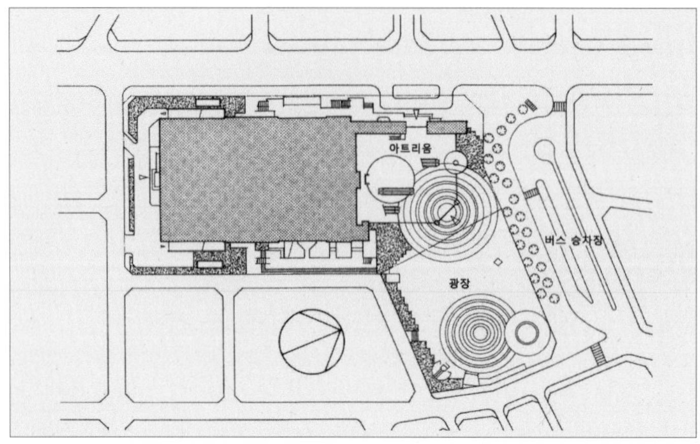

| 평면도-1층

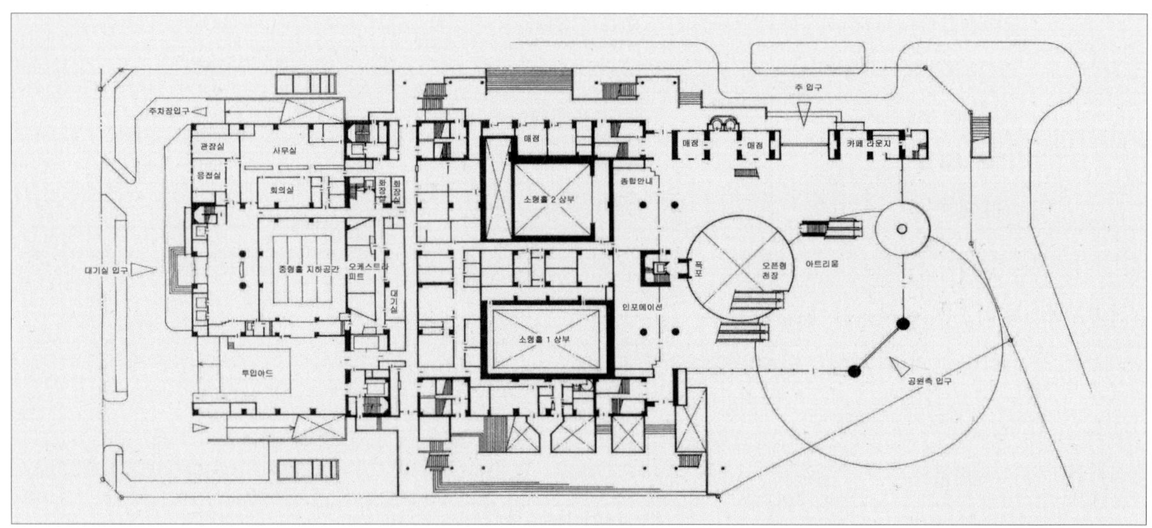

| 평면도-5층

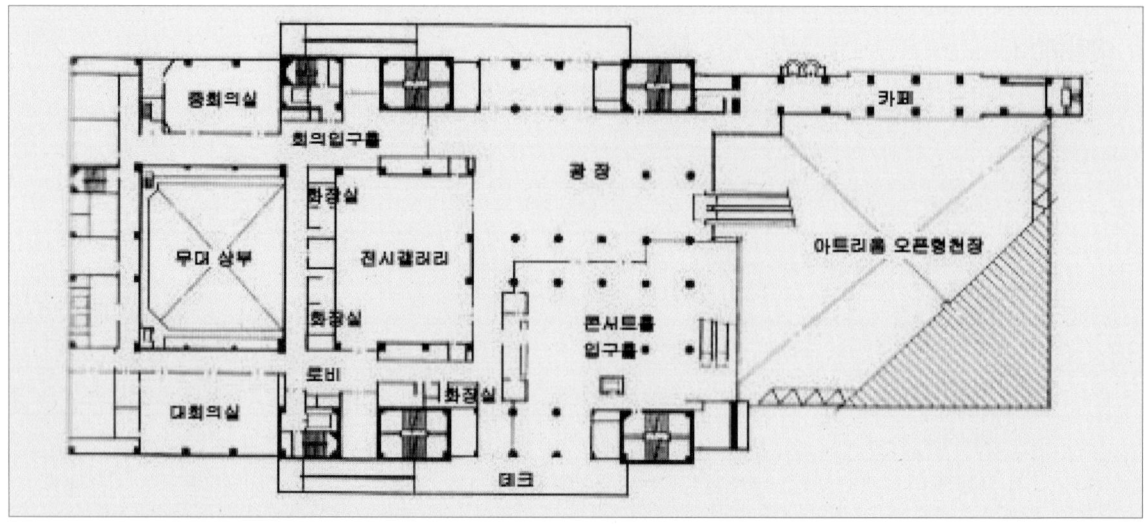

| 평면도–7층

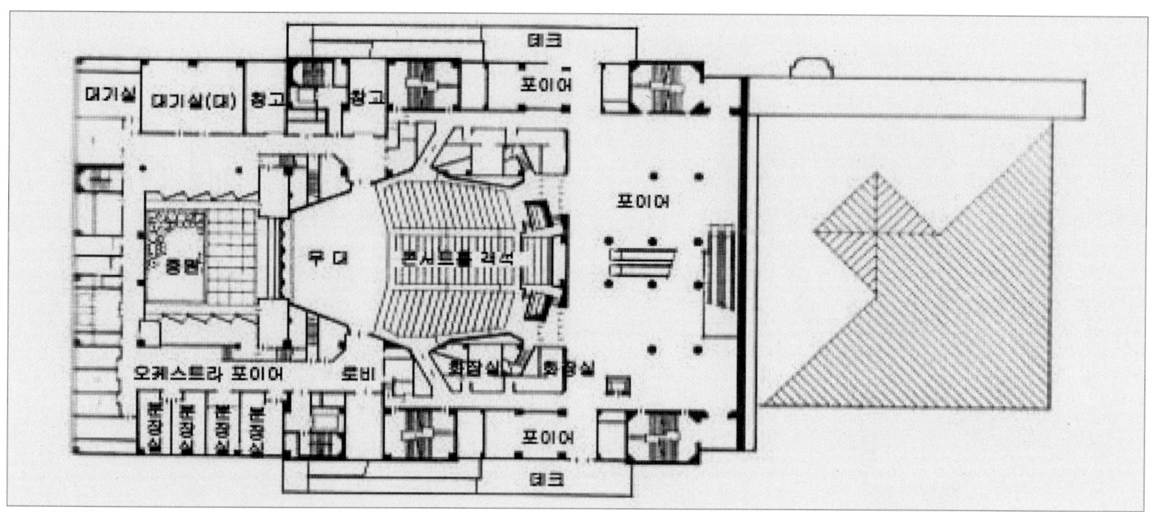

| 평면도–8층

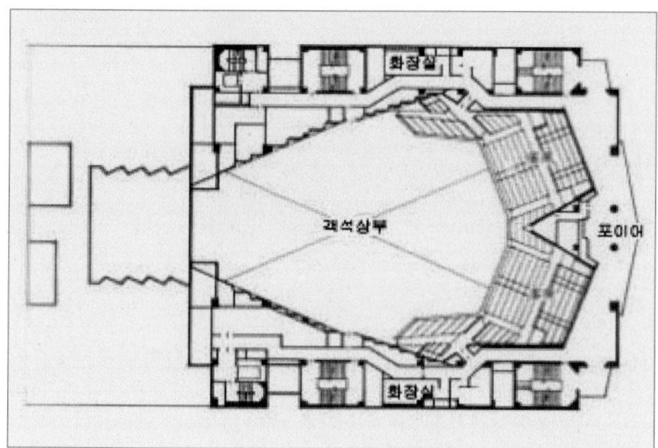

| 평면도–9층

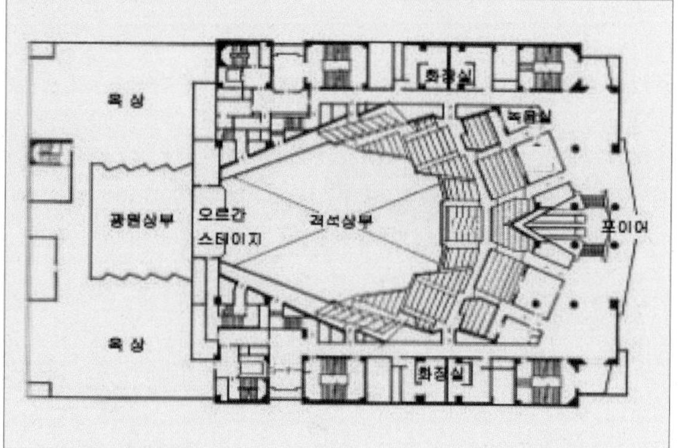

| 단면도

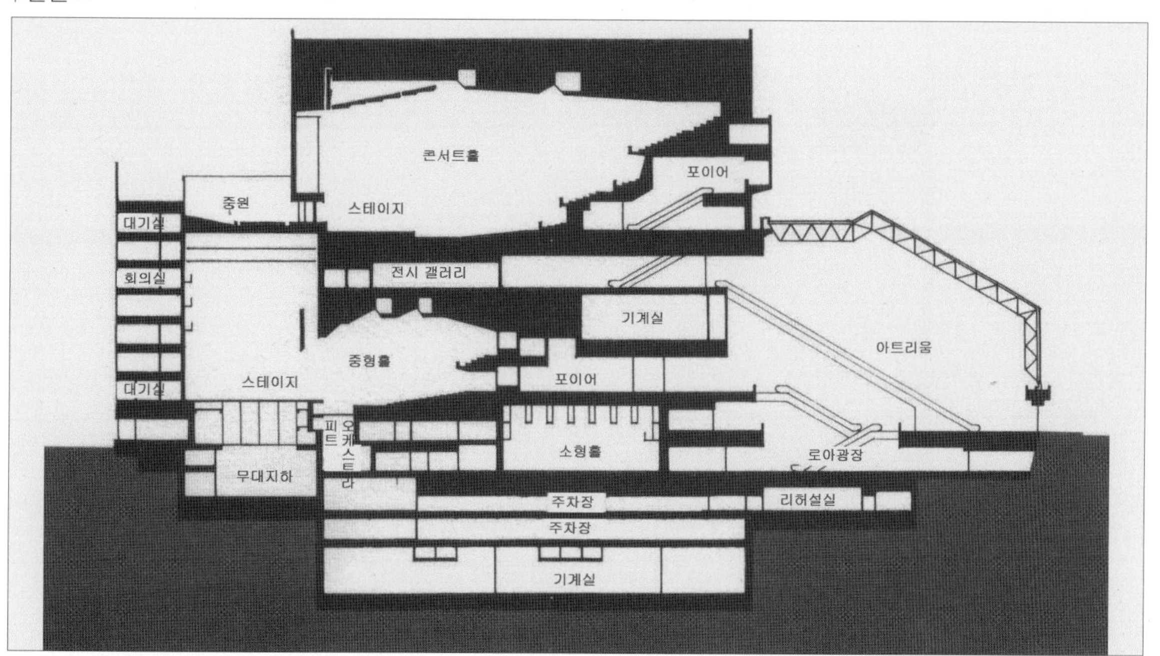

| 콘서트홀 무대평면도

| 콘서트홀 무대단면도(패턴1)

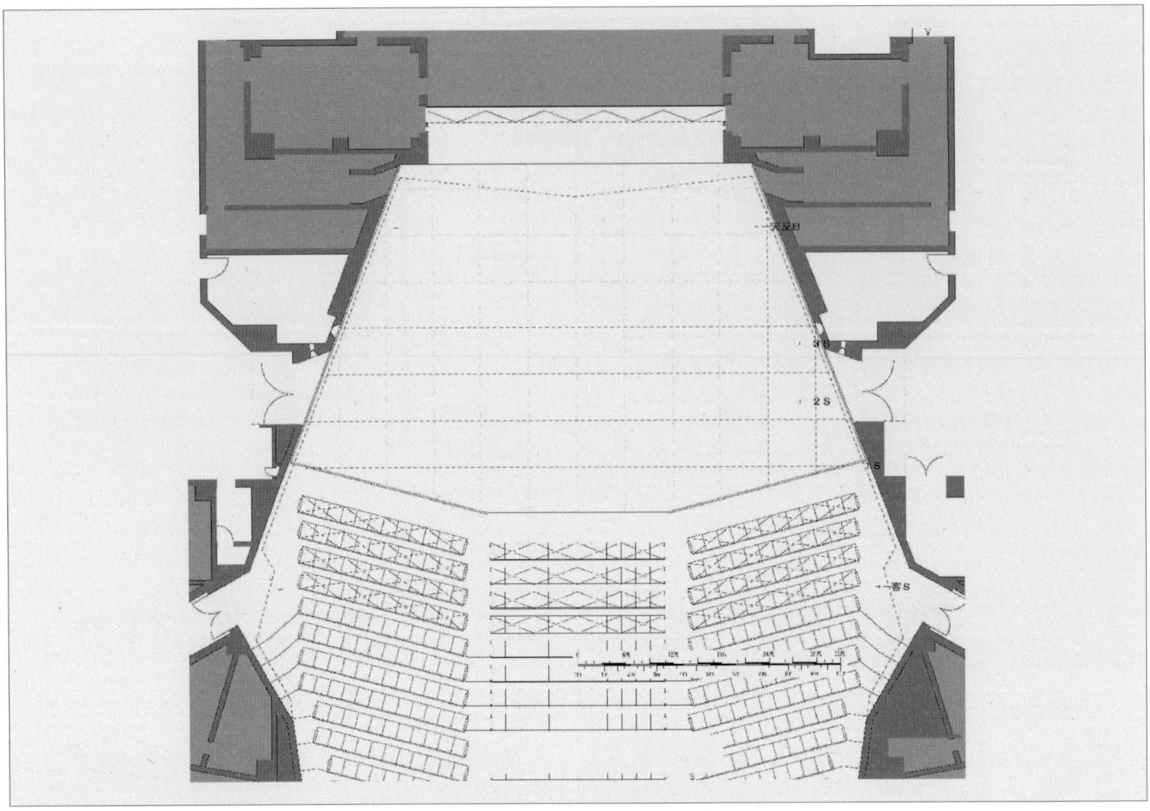

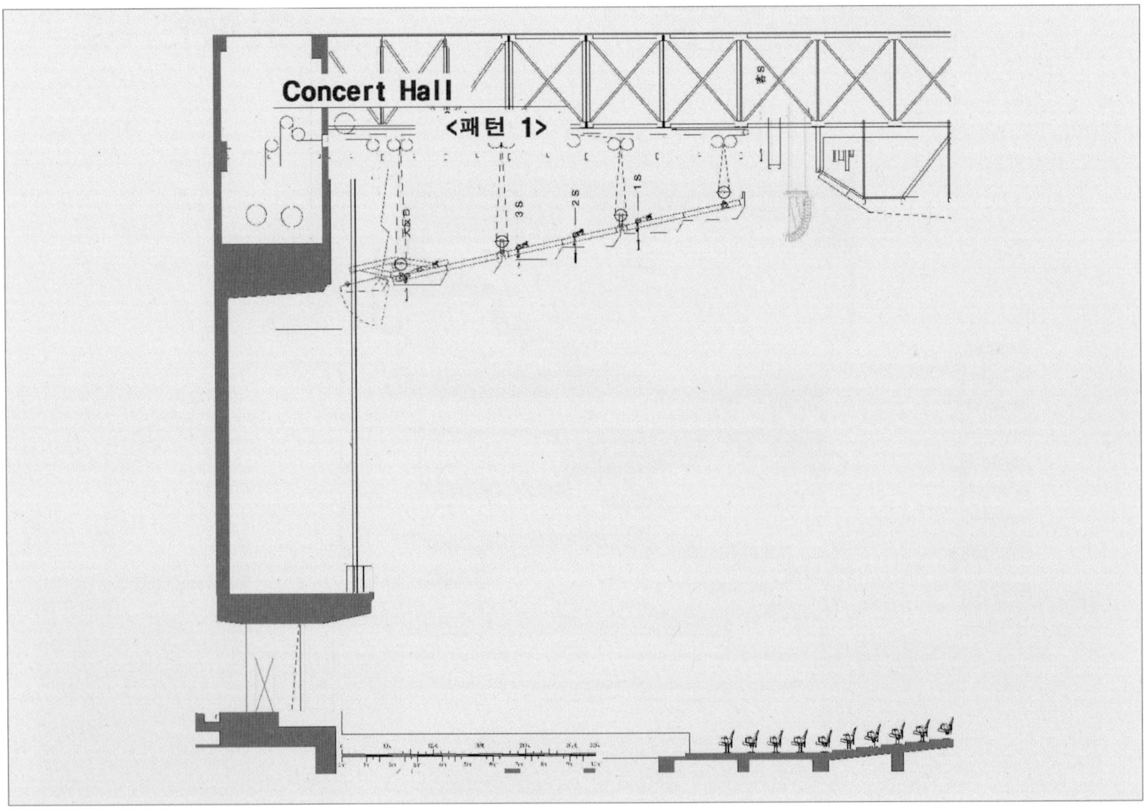

| 콘서트홀 무대단면도(패턴2)

| 콘서트홀 무대단면도(패턴3)

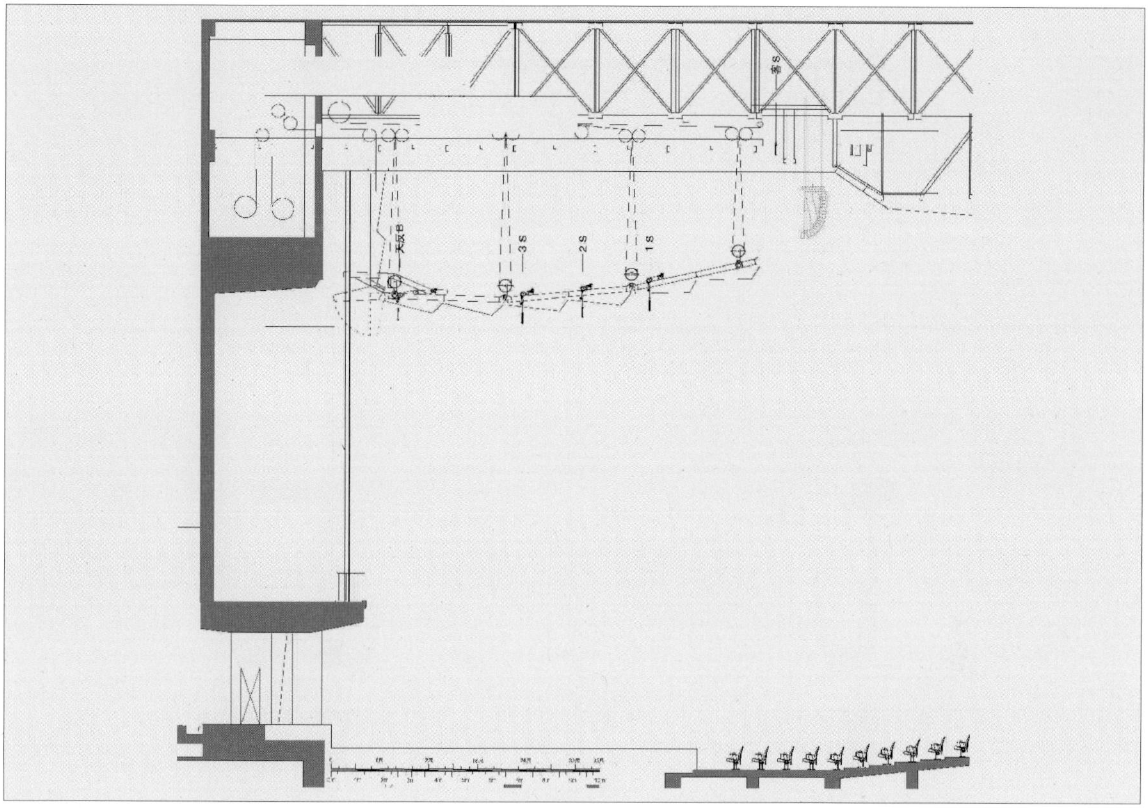

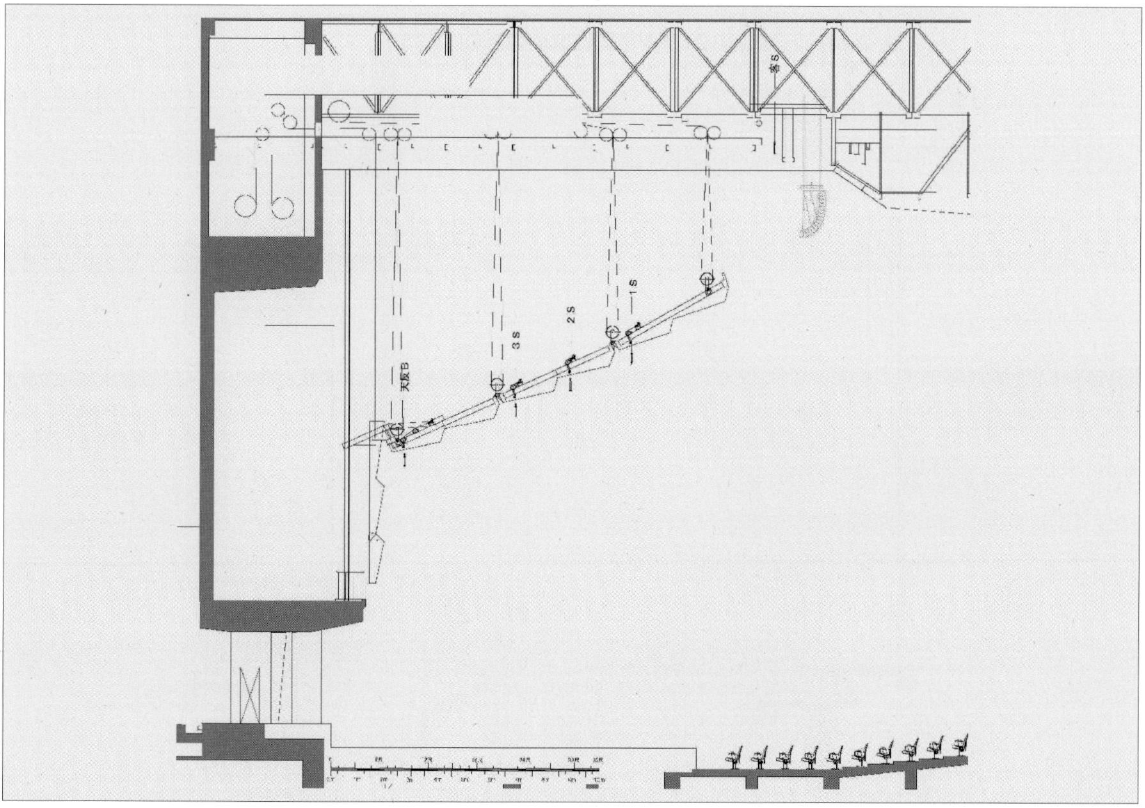

| Playhouse 부대평면도

| Playhouse 무대단면도

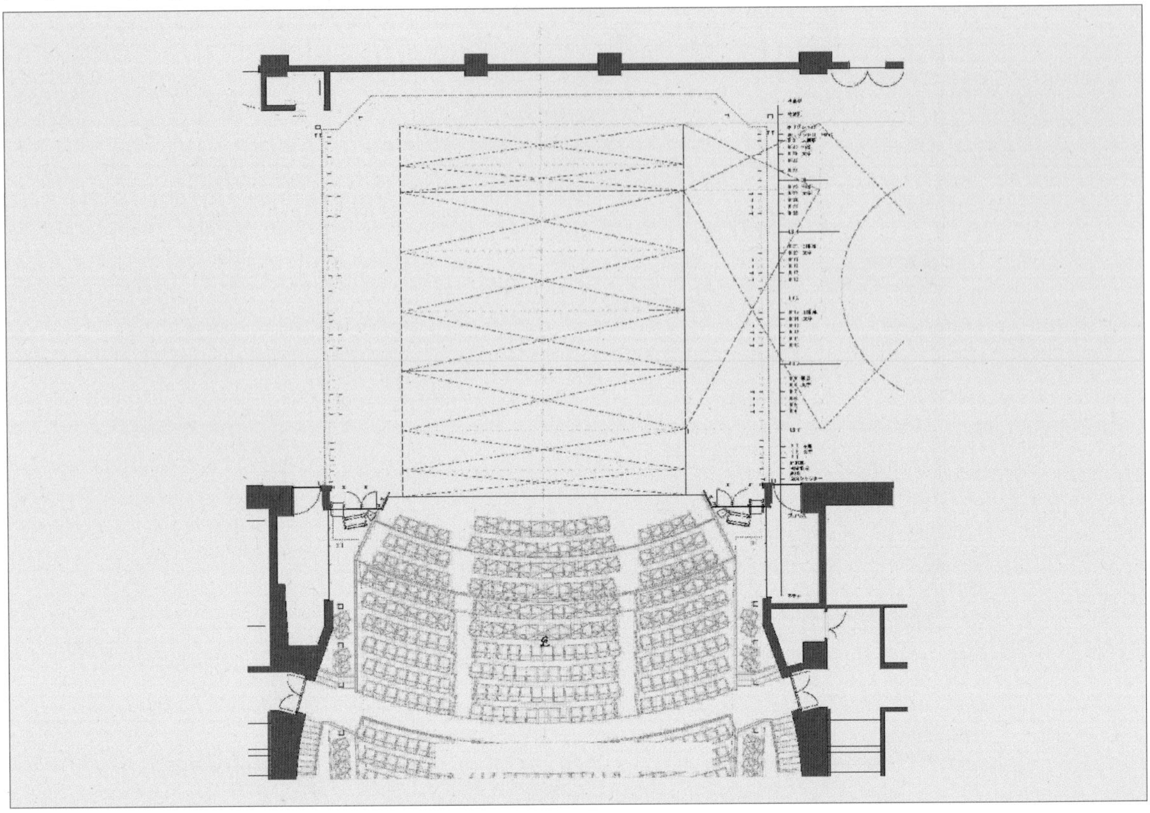

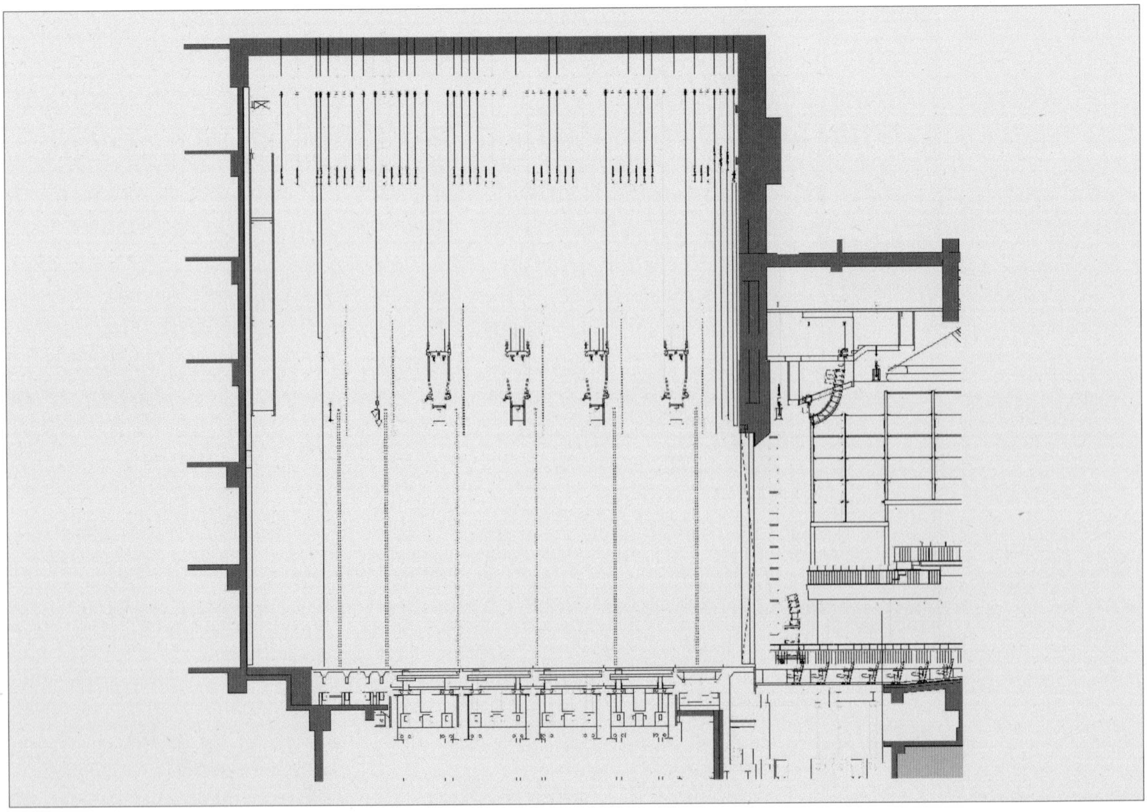

| Theater East 무대평면도(패턴A)

| Theater East 무대단면도(패턴A)

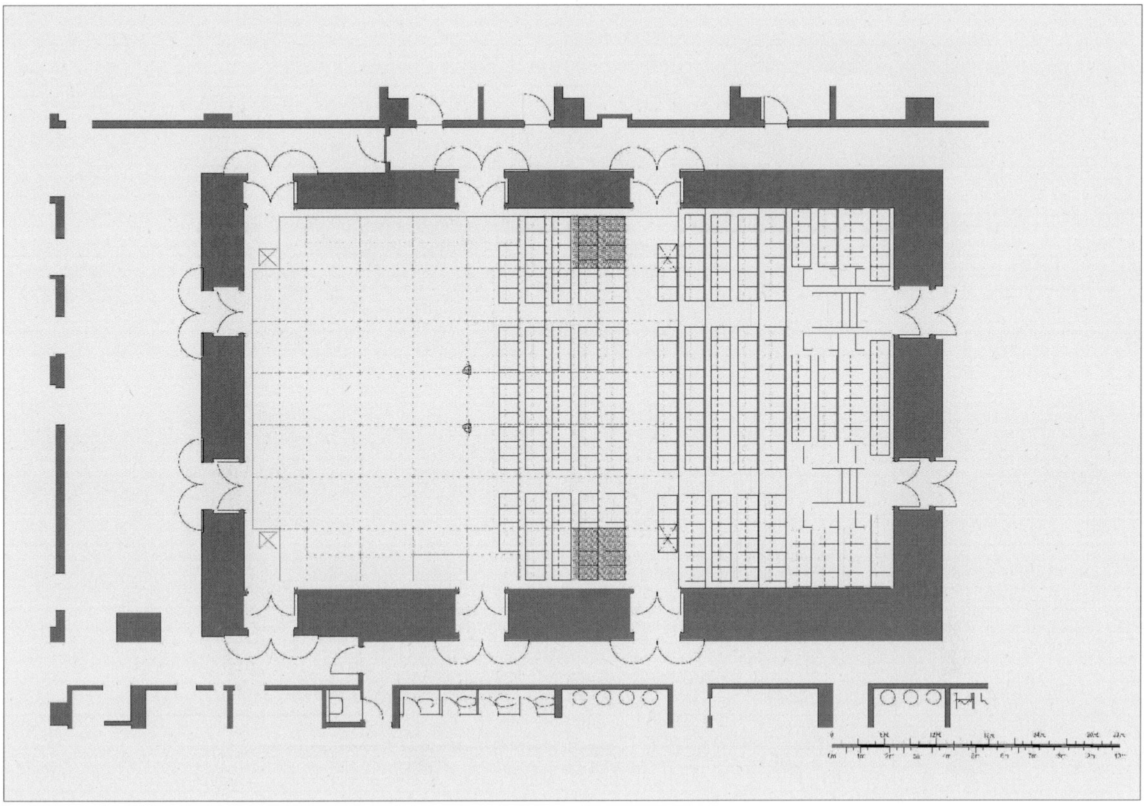

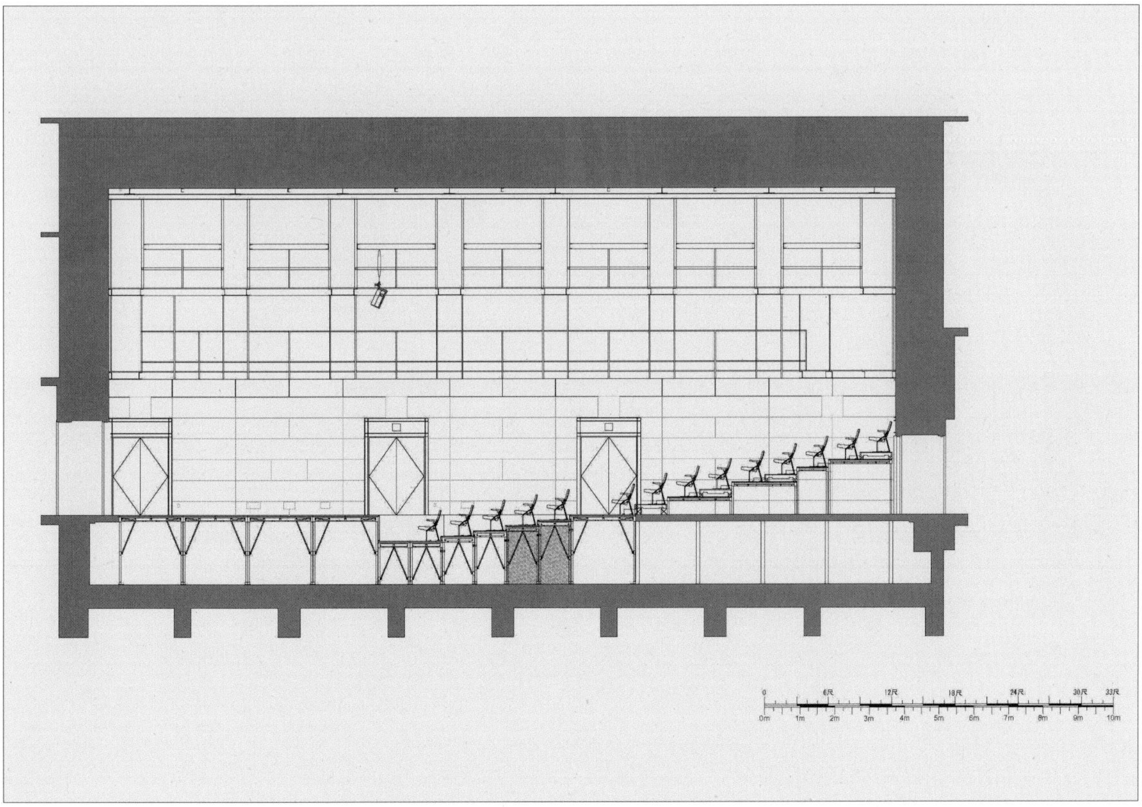

| Theater West 무대평면도(패턴A)

| Theater West 무대단면도(패턴A)

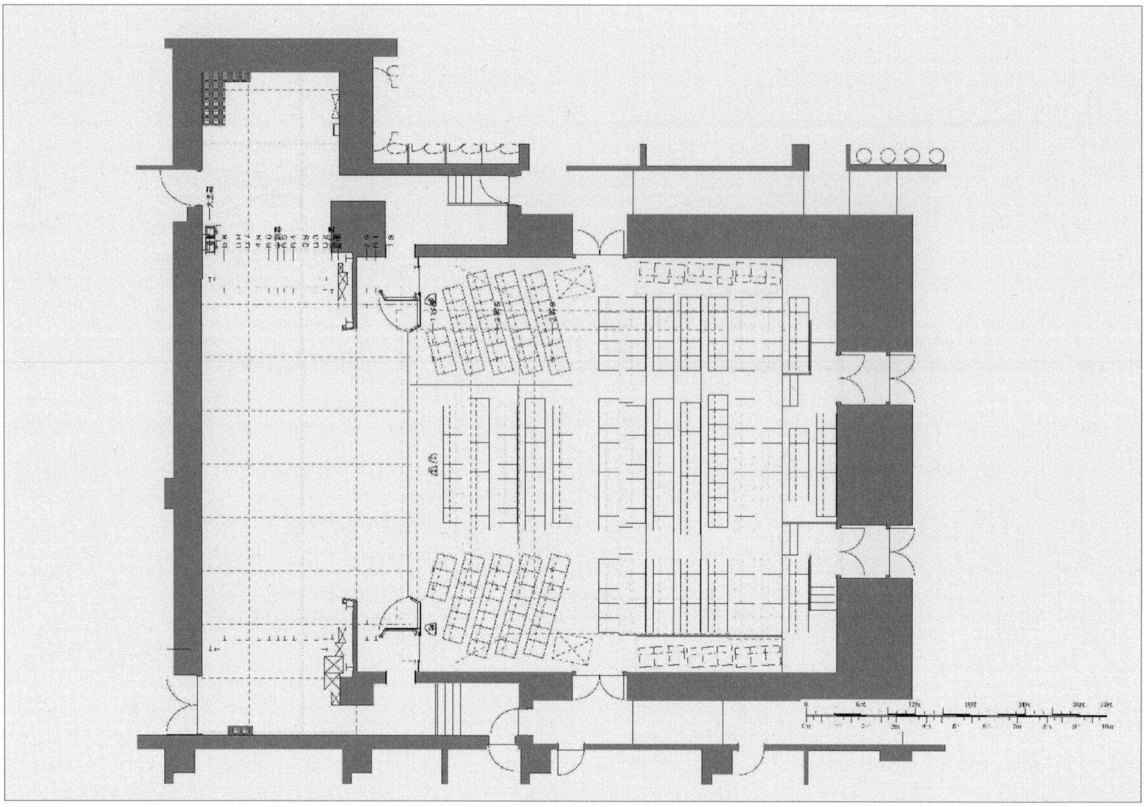

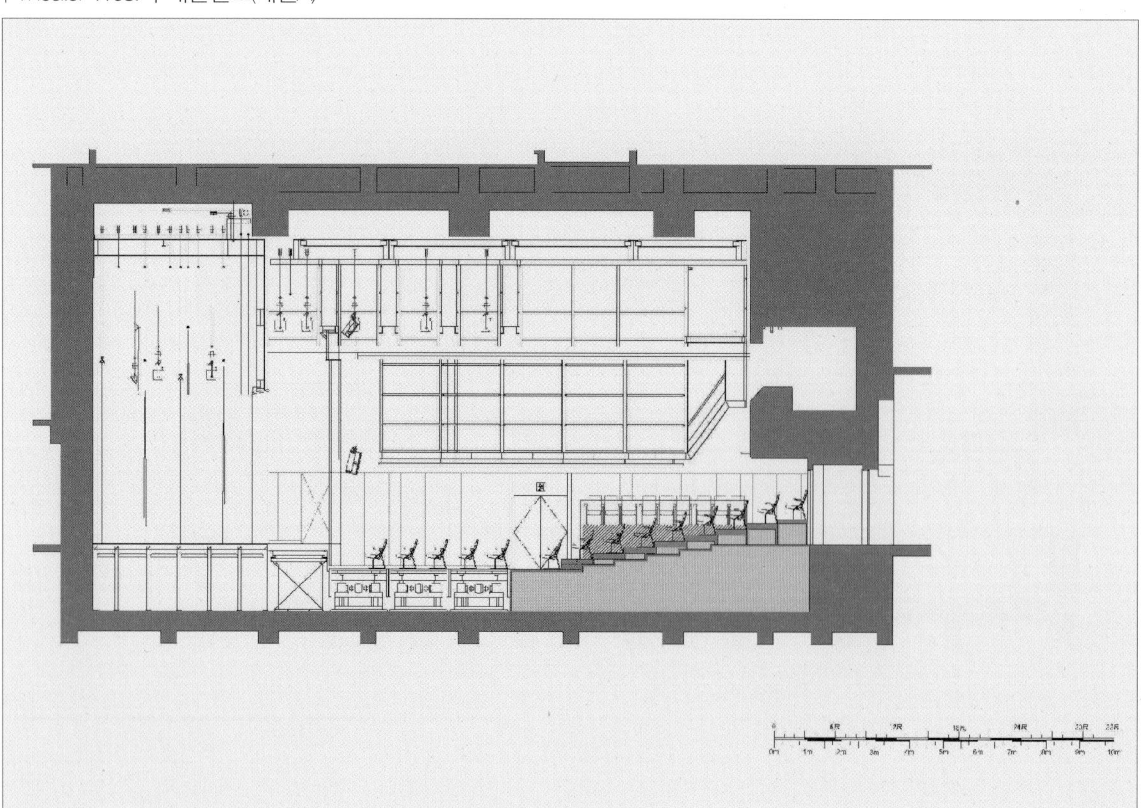

04 NHK홀

NHKホール / NHK HALL

홀 전경 |

1 NHK홀 개요

NHK홀은 도쿄도 시부야구 진난(東京都 渋谷区 神南)의 NHK방송센터 내에 위치하며 방송용 홀로서 문을 열었다. 개관 이래 다수의 관객을 수용할 수 있는 객석, 우수한 음향·조명장비 및 무대기구, 본격적인 콘서트용 파이프오르간 등을 보유하고 있는 방송문화의 전당으로 널리 사랑받아 왔다.

홀은 도쿄도 안에서 최대의 면적을 자랑하는 요요기공원(代々木公園)에 인접한 방송센터부지 동북쪽의 일면에 위치, 메이지신궁(明治神宮), 요요기공원 및 인접하는 국립 실내경기장과 함께 동경도내에 있어서 유수의 종합적인 문화센터를 이루고 있다. 부근 일대는 풍치지구(風致地区)로 방송센터의 건물과 홀은 주변환경과의 조화를 고려하면서 건립하였다.

NHK공개방송 프로그램의 녹화 및 생방송을 비롯 NHK교향악단의 정기연주회, 클래식, 오페라, 발레, 팝 등의 각종 콘서트, 고전예능의 상연, 강연회, 국제회의, 각종 행사 등에 널리 쓰이고 있는 NHK홀은 3,500명 이상의 인원을 수용할 수 있음에도 불구하고 스테이지와 객석과의 거리가 멀게 느껴지지 않는 것이 특징이다.

객석의 측벽 상부에는 Karl Schuke社제(독일)의 파이프오르간이 설치되어 있다. 파이프수 7,640봉, 스톱수 92로 완성 당시에는 일본 최대급의 파이프오르간이었다(최대 파이프 길이 약 11.0m, 직경 45㎝). 대·소 승강장치를 비롯해 풀 디지털 제어의 조명설비 등 풍부한 연출을 가능케 하는 고도의 기능을 갖춘 홀로 평가되며, 우수한 음향과 편안한 감상을 확보하기 위해 구조적으로도 각층의 넓이, 객석수, 바닥의 구배 등을 충분히 고려했다.

| 건축물의 개요

구분	내용	위치
소재지	도쿄도 시부야구 진난 2-2-1 (東京都渋谷区神南2丁目2番1号)	
설계	사토 다케오(佐藤 武夫) · 야마시타 도시로(山下 寿郎) 건축설계사무소(현 야마시타설계) · 무토(武藤) 구조역학연구소 · 일본기술개발 · 아즈사설계(梓設計) · 닛켄설계(日建設計)	
개관	1973년 6월 20일	
시설규모	건축면적 : 7,022㎡ 연면적 : 21,080㎡	
건축구조	철골철근콘크리트 및 철근콘크리트 지상5층 · 지하2층	
시설규모	객석수 : 3,601석 오케스트라 피트, 파이프오르간, 부조정실, 로비카페, 부속시설 등	
용도	• NHK의 공개방송 녹화 • 클래식콘서트(NHK교향악단), 음악콘서트, 고전예능, 강연 등	

대형오페라 상연이 가능하도록 규모가 크게 설정된 스테이지는 오페라「내일(来日)」공연에 이용되는 것 이외에 NHK교향악단의 연주회 및 전통예능의 상연 등을 정기적으로 개최한다.

NHK홀의 객석은 1, 2, 3층석으로 나뉘어 있는데 1, 2층석 사이에 약 2.5m의 단차(段車)가 있어 이 부분에 TV카메라 및 조정실 등을 설치한다. 따라서 1층석의 안길이를 최대한 짧게 설정했다. 보통 객석의 바닥구배는 클수록 감상하기 편한데, 관중이 내려보는 각(시야각)이 커지는 것은 바람직하지 못하고 건축법규상의 제약도 있어 대규모홀에서는 한계가 있다. 이 홀에서도 이는 단점으로 지적되고 있다.

홀의 객석은 1열을 띄운 바닥구배로, 최후부(最後部)의 객석에서 스테이지까지의 시거리(視距里)는 약 50m, 시야각은 20°이다. 객석 일부에 신체장애인용 휠체어석을 마련하고 있으며 필요에 따라 가동의자를 철거함으로서 상당수의 휠체어를 수용할 수 있도록 배려하고 있다.

NHK가 운영하는 홀 시설로는 도쿄의 NHK홀과 함께 NHK 오사카홀(NHK오사카 방송회관에 병설, 2001년 오픈), NHK플래니트(NHKプラネット近畿総支社 운영)가 있다.

2 로비 및 휴게공간

외관 및 전경 |

| 로비 및 휴게공간

3 NHK홀

대·소형 승강무대를 시작으로 컴퓨터를 도입한 조명설비 등 풍부한 연출력을 가능하게 만드는 고도의 기능이 갖춰져 있다. 우수한 음향과 관람의 편이성을 확보하기 위해 구조적으로도 각층의 넓이, 객석수, 바닥의 구배 등에 노력을 응집했다. 또 TV카메라 및 마이크, 스피커 등 방송에 필요한 기기를 효율적으로 배치, 원활한 방송제작이 가능하다. 「가요홍백전」 및 「팝 잼」 등의 NHK 방송수록 외에 NHK교향악단연주회, 고전예능감상회 등을 정기적으로 촬영한다.

| NHK홀 개요

구분	내용
객석수	• 총 객석수 : 3,601석 –1F : 890석 –2F : 1,335석 –3F : 1,175석
건축음향	• 실용적 : 25,000㎥(콘서트시) • 잔향시간 : 1.60초(만석 시) / 2.00초(공석 시) –문형(門型) 주행반사판으로 만석시 1.60초, 막 설비시 1.30초로 가변(可變) • 주용도 : NHK의 공개방송 녹화, 클래식콘서트(NHK교향악단), 음악콘서트, 고전예능, 강연 등
무대	• 슬라이딩 스테이지 1기, 소형 승강무대 3기 –고정 프로시니엄 : 폭 20.0m, 높이 10.0m –가동 프로시니엄 아치 : 폭 22.3m~14.3m · 높이 10.7m~7.5m –플라이스(flies) 높이 : 24.3m – 무대 지하 깊이 : 9.5m –메인스테이지 : 폭 25.0m · 안길이 20.0m · 면적 500㎡ –사이드스테이지 : 면적 800㎡, 백 스테이지 : 면적 185㎡ –에이프런스테이지 : 면적 105㎡ (오케스트라 피트) –오케스트라 피트 승강장치 : 40.5m×5.4m 3기 –에이프런스테이지 상부 가동천장 1기 –가동음향반사판 1식, 매달기물 1식 –금속무대막(면막), 오페라커튼, 미술 바튼 41봉
기타	–오케스트라 피트, 파이프오르간, 부조정실 –객석 최대폭 : 48.0m –객석 최대 안길이 : 48.0m(프로시니엄에서) –객석면적 : 7,800㎡

내부 전경 – 객석에서 무대를 바라본 View |

| 객석 구성 상세

NHK홀은 4,000여명을 수용하는 다목적홀로서 대용적를 지니고 있다. 일반적으로 홀의 음향설계는 1,500~2,500명 정도 수용의 홀이 좋다고 알려져 있다. 그 이상의 대용적을 소유하는 홀이 되면 구조상 여러 어려움이 발생하기 때문에 음향제조건이 이상적인 성능의 홀을 기대하기 어렵다.

대용적 홀의 문제점으로서는 소리의 평균에너지 밀도의 저하와 최적 잔향시간 확보의 어려움, 직접음레벨이 저하되는 부분의 증대, 반사음 밀도의 저하 등이 거론된다.

많은 관객을 수용하는 대용적의 홀은 필연적으로 흡음력이 커지는 경향이 있다. 평균에너지 밀도는 소리가 완전히 확산한 상태에서는 전체 흡음력에 반비례하므로 에너지밀도가 저하하는 경향이 있다는 뜻이다. 이를 해결하기 위해서는 실내의 전 흡음력을 줄여야 한다.

잔향시간(RT)은 V/S에 비례한다. 용적 V는 대용적이기 때문에 일반 홀에 비해 커지지만 표면적 S의 증대가 현저하여 최적잔향시간을 확보하기 어려워진다. 특히 콘서트홀과 같이 잔향시간을 길게 설정하고자 하는 경우 많은 관객을 수용하기 위해 적지 않은 수의 발코니 방식을 적용하면 S의 증대가 현격하여 최적잔향시간을 확보하기 어려워진다는 말로, 앞서 언급한 전 흡음력의 증대와 함께 해결을 할 필요가 있다.

대용적이 되면 당연히 객석 안길이가 길어지는 동시에 후면부 객석 스테이지에 대한 시야각 또한 필연적으로 커진다. 따라서 직접음레벨을 저하시키는 객석면적이 증대하는 현상이 벌어진다.

객석면적이 넓어지면 벽체천장면으로부터의 거리가 멀어져 자연히 반사음밀도가 저하되는 경향이 있다. 특히 초기반사음 밀도를 확보하기 위해서는 무대주변 반사벽면의 위치를 중요하게 검토해야 한다.

NHK홀은 대표적인 다목적홀로서 이 다목적이라는 것은 자칫 어중간하고 완전한 결과물을 만들지 못할 수도 있다. 따라서 다목적홀을 계획할 때에는 기본적인 방침을 명확히 정해야 한다.

(1) 건축음향조건을 가변(可變)으로 하여 상황마다 목적에 맞는 성능의 홀로서 사용하도록 하는 방법. 이는 원리적으로 좋은 방법이지만 대 홀에서 잔향가변방법을 채택하기는 어렵다.

(2) 주체가 되는 성격을 명확히 하여 그 성능을 유지하면서 다른 목적에 대한 필요성을 수용하는 방법

(3) 전기음향설비의 활용을 통해 사용목적에 따른 음향조건을 합성하여 사용하는 방법

이상의 방법은 모두 장, 단점이 있으므로 홀의 사용목적을 검토한 후 기본방침을 정하고 계획을 진행할 필요가 있다.

NHK홀은 주사용목적을 콘서트홀로 하여 음향설계를 실시하였다. 건축음향설계에서는 무대 위의 음향반사판으로 둘러싸인 부분을 완전한 콘서트홀이 되도록 설계하였다. 홀의 형상, 객석의 배치, 구배, 벽면마감 등 극단적으로 표현하자면 건축음향상의 요구를 의장적으로 다룬 기능적 디자인의 홀이라 할 수 있다. 콘서트홀로서 사용하는 경우의 용적은 약 25,000㎥, 잔향시간은 중음역에서 만석시 1.6초, 공석시 2.0초이다.

무대 주위의 제반설비로는 전통적인 오페라상연이 가능한 스테이지 면적을 갖추고 있다. 상수 및 하수 양측에 메인스테이지와 거의 같은 면적의 사이드스테이지를 갖추고 있는 것 외에, 약간의 백 스테이지를 보유하고 있다. 무대 프로시니엄은 폭 20.0m, 높이 10.0m인데 가동프로시니엄의 사용으로 폭 14.0m, 높이 7.5m까지 변화할 수 있다.

콘서트공연시에 사용하는 음향반사판은 3분할로 해서 스테이지 위를 주행하는 방식으로, 백스테이지 부분에 접어 수납할 수 있기 때문에 다른 목적으로 사용할 때의 매달기 조형물, 조명 등에 지장이 생기지 않도록 배치되어 있다.

오케스트라 피트 부분은 4관 편성 약 100명을 수용할 수 있을 만큼의 면적을 가지고 있다. 이 부분은 3분할한 승강무대에 의해 필요에 따라 에이프런스테이지로서 스테이지의 액팅구역을 확장하는 동시에, 출연자와 관객을 일체화하는 연출도 가능하다.

홀에서 상연하는 장면을 방송에 내보내기 위한 특별한 시설 또한 구비하고 있다. 일반 홀의 경우 방송중계차를 통해 그때마다 중계설비를 설치하여 방송하기 때문에 큰 TV카메라를 객석내에서 운용하는 것은 관객의 입장에서는 매우 불편하다. NHK홀에서는 이런 시설을 고정하여 운용하고 있으므로 특별한 경우를 제외하고는 종래와 같이 관객에게 불편을 끼치지 않도록 배려한다.

객석배치는 콘서트홀로서의 음향적 배려와 함께 대용적 홀로서의 문제점을 최소화하기 위해 원슬로프 방식과 다단발코니 방식을 조합하는 방법으로 하고, 평면형도 쐐기형 벽을 조합시킨 준 선형(부채꼴)이다.

천장면에서의 초기반사음 분포 검토 |

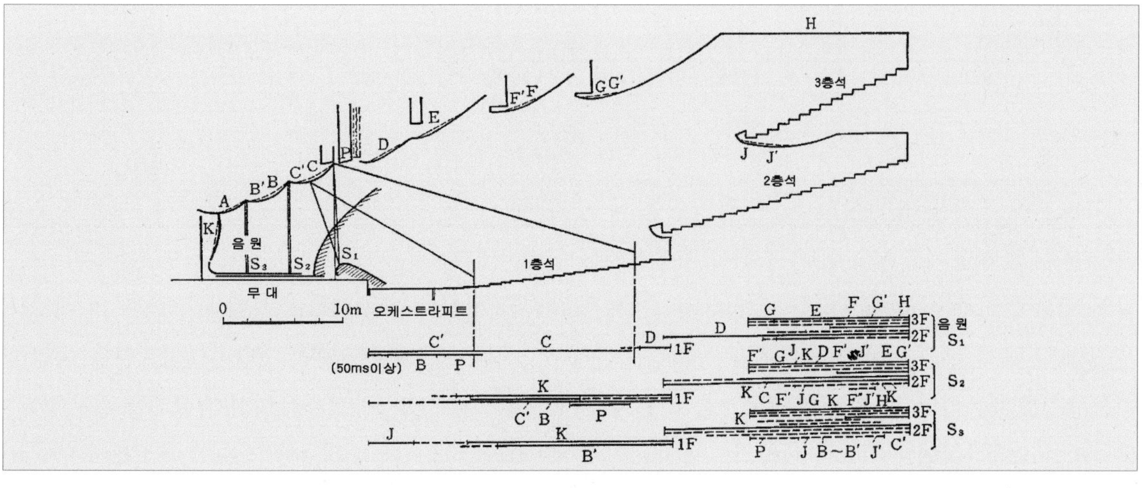

NHK홀은 건립시 결정한 평면형의 1/100 모형을 제작하여 벽면 반사상황을 검토하였다. 객석에 대한 반사음을 증대시키고 나아가 분포를 균일하게 하기 위해 각종 측벽확산면의 실험을 실시한 결과, 가장 유효한 확산벽으로 [아래 그림]에서 보여주는 것을 채택하였다.

| 벽면반사음의 검토

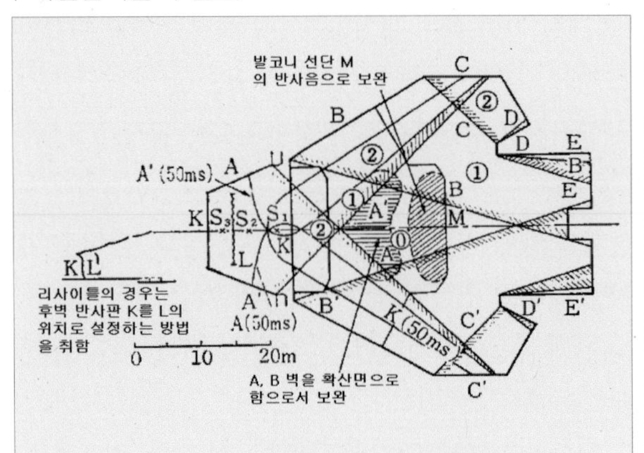

| 확산벽

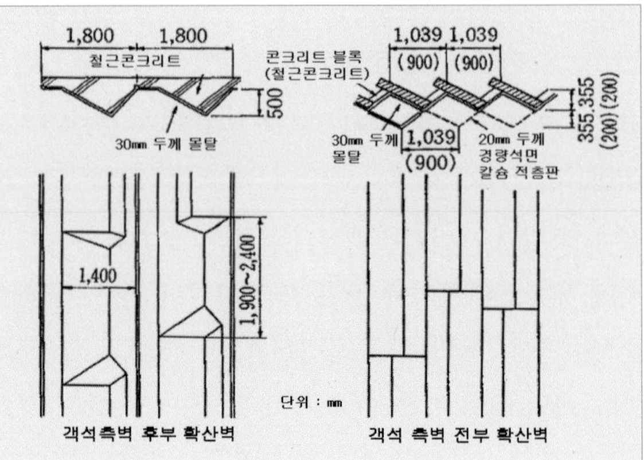

각 부분의 설계내용을 체크하기 위해 1/15 축척모델을 제작하여 이 모델테스트를 통해 잔향시간, 에코타임패턴, 반사음의 지향성분포, 음압분포 등을 확인하고 세부설계를 진행했다.

이상의 검토를 통해 NHK홀의 잔향시간 값으로는 중음역에서 만석시 1.6초, 공석시 2.0초로 설정하였다. 잔향시간 주파수특성은 [아래 그림]과 같다.

| 잔향시간 주파수특성

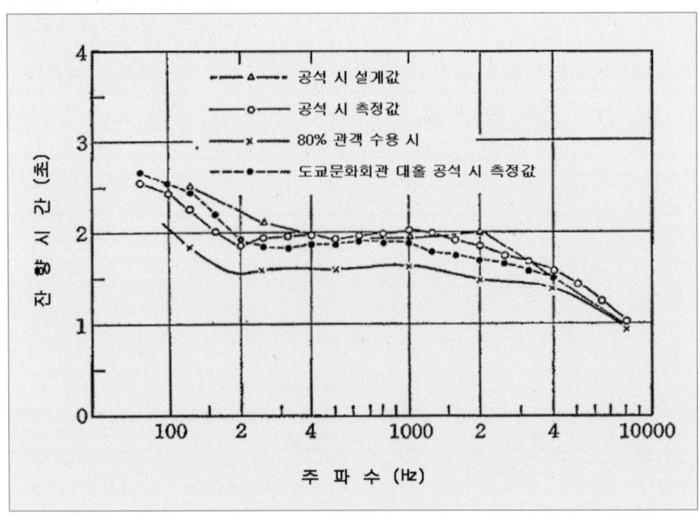

NHK홀에 영향을 미치는 외부소음은 상공을 나는 헬리콥터 및 주변의 자동차소음이 있다. 이들 소음에 대한 홀 내의 허용치를 NC-20으로 하고 차음설계를 실시하였다.

직접 외부에 면하는 벽면은 15㎝ 두께의 콘크리트 블록벽을 설치한 이중구조로 하였다. 객석부의 대지붕은 12㎝ 두께의 콘크리트 슬래브 위에 공기층을 두고, 그 상부에 10㎝ 두께의 경량콘크리트판을 나열한 이중구조를 채용하였다. 홀 내의 공조소음 허용치를 NC-20으로 설정, 공조소음의 방지설계를 실시했다.

본격적인 오페라상연에 필요한 이상적인 스테이지로서는 메인스테이지와 비슷한 정도의 백스테이지가 요망되는데, 부지의 제약으로 인해 NHK홀의 백스테이지는 약 185㎡ 정도이다. 따라서 스테이지의 전체면적은 약 1,500㎡이다.

스테이지 부분에 설치한 무대장치로는 대승강장치(5.4m吋.0m) 1대 외 슬라이딩스테이지(5.4m吤.5m)가 메인스테이지를 중심으로 하여 양 사이드 스테이지에 걸쳐 슬라이드되도록 구성되어 있으며 별도로 스테이지 전면에는 소승강장치가 3대 있다.

콘서트홀로 사용할 때의 음향반사판은 대문형벽, 소문형벽 및 후벽에 3분할되어 있고 모두 전동으로 스테이지 위를 주행하며 조립, 격납할 수 있도록 설계되어 있다.

대편성 콘서트시에는 이 3장을 조립한 스테이지로 사용하는데 소편성 또는 리사이틀 등의 경우에는 소문형벽과 후벽을 조합시킨 소형스테이지로서 사용할 수 있으며, 무대 지하는 스테이지 아래로 깊이 9.5m이다.

메인스테이지 상방의 플라이스는 스테이지면으로부터 그리드면까지 24.3m이다. 일반적으로 플라이스의 높이는 오페라공연시 프로시니엄 높이의 약 3배가 필요하다고 알려져 있어 NHK홀에서 오페라상연시 프로시니엄의 폭 약 16m, 높이 약 8m로 설정하여, 플라이스의 높이를 결정하였다. 스테이지 내장(內裝)은 흡음성으로 하여 스테이지를 오픈한 경우 홀 전체가 데드(dead)해지도록 유도하였다.

오케스트라 피트는 폭 5.5m, 길이 약 20.0m로 3분할한 승강장치(무대)에 의해 임의의 깊이로 사용할 수 있다. 특히 대편성으로 필요한 경우에는 스테이지 전면의 하부로 확장해서 사용할 수 있도록 설계되어 있다.

홀 내부모습 |

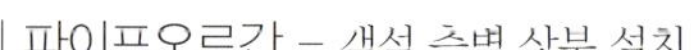

| 파이프오르간 – 객석 측벽 상부 설치

| 무대 파이프오르간

구분	내용
설계/ 제작/조립	Karl Schuke社 오르간 제작소(독일)
파이프 총 수	7,640봉
스톱수	92스톱
연주대	• 5단 건반, 페달 설치 • 콘솔 2대 (고정식과 이동식)

파이프오르간 설치에 대한 내용을 살펴보면 먼저 독일어인 Disposition(영어 : Specification)이라는 단어가 나오게 된다. 단순히 스톱리스트와 같이 해석하기 쉬운데, 실제로는 더 넓은 의미가 있고 파이프오르간의 음향설계라는 식으로 바꿔 풀이할 수 있다.

교회당이나 음악홀의 건축과 연계하여 설계하는 오르간의 외적인 디자인에 비해 이것은 내적인 요소라고 말할 수 있다.

이 두가지는 항상 평행하게 인식해야 하는 것으로 쌍방 모두 항상 새로운 시도가 이루어지고 있으며, 완전히 동일한 파이프오르간은 존재하지 않는다는 점이 다른 악기에서 볼 수 없는 특징이다.

NHK홀의 경우 음향설계 분야에서 음향컨설턴트 관계자가 참여하여 연구한 결과, 90스톱(손잡이의 수는 총 109개 있는데 그 중 19개는 트레몰로 및 커플러 등의 보조적인 요소로 엄밀한 의미에서의 스톱수에는 들어가지 않는다)과 5단 건반이라는 조건이 먼저 나왔다. 페달은 32ft의 오픈파이프(실제 길이 11.0m, 16.2㎐)를 사용했다. 객석 우측전면의 측벽이라는 현재 오르간의 위치 및 12.0×10.0×5.0m를 전유하는

홈페이지 출처

오르간실의 공간은 이들 조건을 만족시키기 위해 검토 한 후 결정하였다.

통상 콘서트홀에서는 스테이지 정면에 오르간을 설치하는 것이 일반적인데 다목적홀에서는 스테이지 정면에 설치하는 것은 어렵다. (국내의 경우 세종문화회관의 사례가 있다)

파이프오르간 설치도 |

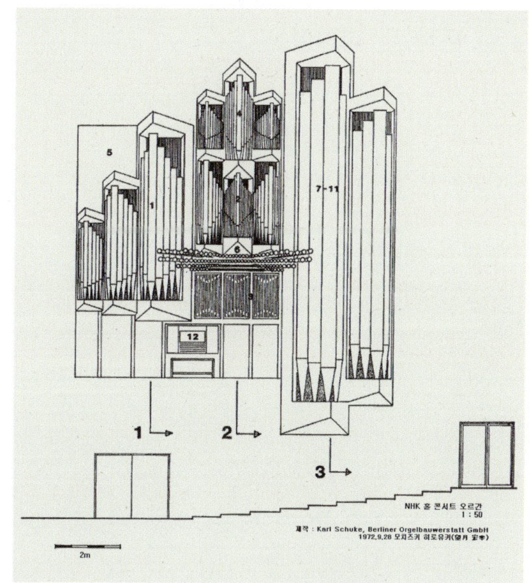

파이프오르간의 설치장소에 대해서는 여러 사례가 있는데, 다목적홀로서 흥미로운 사례는 스테이지 위의 승강장치에 설치하여 평소에는 무대지하의 창고에 보관하고 콘서트공연시에 반사판의 안쪽 정면에 끌어올려 사용하는 방법이 있지만, 이와 같은 대규모 파이프오르간을 이동시키는 것은 좋지 않다고 판단된다. 오케스트라와의 협연을 고려하면 스테이지에서 멀어지는 것은 좋지 않으므로 NHK홀에서는 객석벽면의 스테이지에 인접한 부분에 파이프오르간을 설치하였다.

NHK홀과 같이 규모가 큰 연주공간에서 바흐가 작곡한 복잡한 푸가의 각 성부를 명료하게 들려주고 나아가 장엄한 전주곡을 풍부하게 울리기 위해서는, 먼저 오르간의 전체 스톱이 각각의 성격을 분명하게 내야 한다. 특히 오르가노 플레노(Organo Pleno ; 이른바 Full Organ과 다른 선택된 스톱의 조합)를 구성하는 프린시팔 그룹, 거기에 리드관 안의 주로 트럼펫군(群)이 중요하다. 오르가노 플레노의 정점이 되어 오르간 소리에 빛을 더하는 것이 믹스추어라 불리는 혼합스톱이다. NHK홀 오르간의 90스톱 중 오르가노 플레노를 구성하는, 즉 오르간의 음량과 관계가 있는 스톱은 약 절반밖에 없다.

NHK홀의 오르간은 본격적인 콘서트오르간으로서 이와 같이 대 홀 내에서 빈약한 잔향이 되지 않도록 면밀히 계산하고 설계하였다. 또 잡음(雜音)을 피하여 심야에 이루어진 4개월간의 정음을 통해 대 오케스트라에도 뒤지지 않는 음량을 가지고, 동시에 각 스톱도 충분히 그 성격을 드러낼 수 있는 매우 폭이 넓고 개성이 강한 오르간이 되었다.

4 부속시설

▫ 분장실 / 리허설실

개인실 9실, 대형분장실 4실

리허설실 1실(분장실 겸용)

샤워실·메이크업실·의상실 등

| 주요 부속시설 모습

◇ NHK교향악단(NHK 交響楽団, NHK Symphony Orchestra)

오케스트라 공연모습 |

NHK교향악단의 역사는 1926년 10월 5일 프로·오케스트라로서 결성된 신교향악단(新交響楽団)으로 거슬러 올라간다. 그 후, 일본교향악단의 명칭을 거쳐 1951년에 일본방송협회(NHK)의 지원을 받게 되어 NHK교향악단으로 개칭하였다.

최근 독일에서 요제프 로젠슈토크(Joseph Rosenstock)를 전임지휘자로 맞아 일본을 대표하는 오케스트라로서의 기초를 구축하였다. 연주활동의 근간이 되는 정기공연은 1927년 2월 20일 제1회 예약연주회로 시작하여 제2차세계대전 중에도 중단하지 않고 계속되었다.

그 이래 현재에 이르기까지 헤르베르트 폰 카라얀(Herbert von Karajan), 에르네스트 앙세르메(Ernest Ansermet), 요제프 카일베르트(Joseph Keilberth), 로브로 폰 마타치치(Lovro von Matačić) 등 세계 일류의 지휘자를 잇달아 초빙, 유명 솔리스트들과 공연하며 역사적 명연을 남기고 있다.

최근 NHK교향악단은 연간 54회의 정기공연을 비롯해 전국 각지에서 약 120회의 콘서트를 열고, 그 연주는 NHK TV, FM방송에서 일본 전역에 방송되는 동시에 국제방송을 통해 유럽, 미국 및 아시아에도 소개되고 있다. 2013년 8월에는 잘츠부르크음악제에 첫 출연하였고, 2017년 봄에 베를린, 빈을 시작으로 유럽 주요 7개 도시에서 공연을 개최하는 등 그 활동영역과 연주는 국제적으로도 높은 평가를 얻고 있다.

현재 NHK교향악단이 거느린 지휘자로는 수석지휘자 파보 예르비(Paavo Jarvi), 명예음악감독 샤를 뒤투아(Charles Dutoit), 계관 명예지휘자 헤르베르트 블롬슈테트(Herbert Blomstedt), 계관지휘자 블라디미르 아슈케나지(Vladimir Ashkenazy), 명예 객연지휘자 앙드레 프레빈(AndréPrevin), 정지휘자 도야마 유조(外山 雄三), 오타카 다다아키(尾高 忠明)가 있다.

5 주요 도면

| Entrance층 평면도

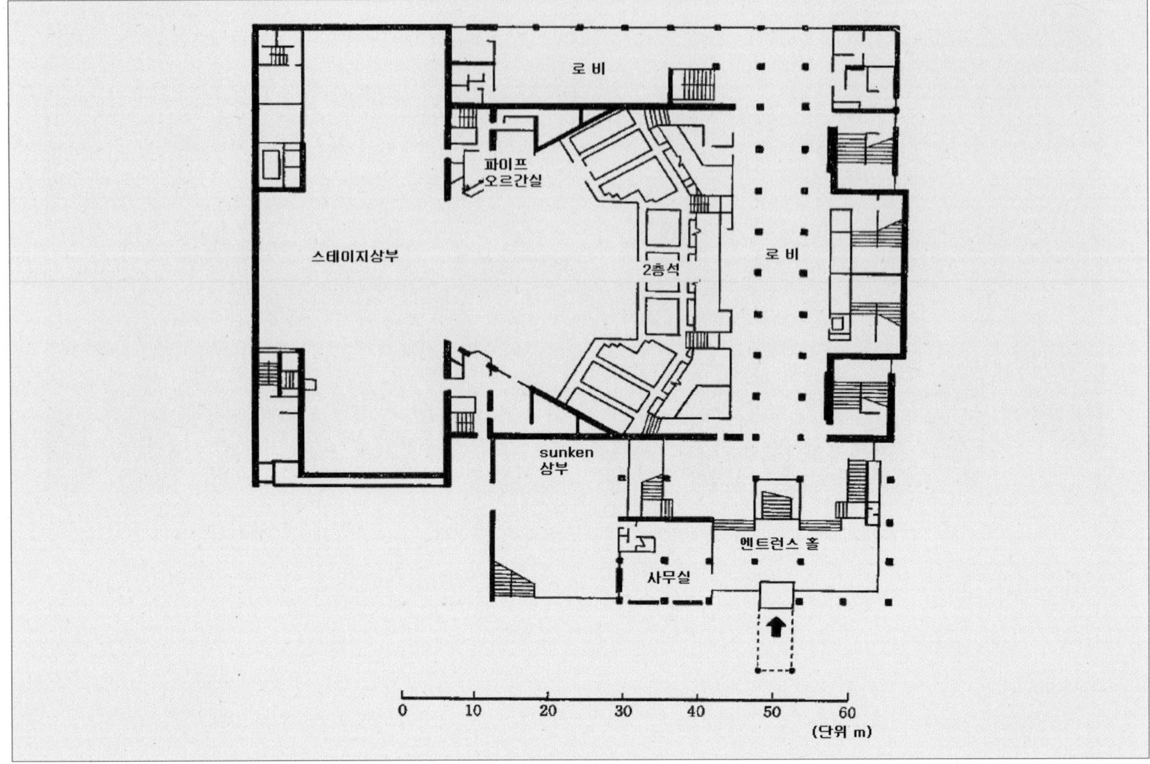

| Stage층(1층석) 평면도

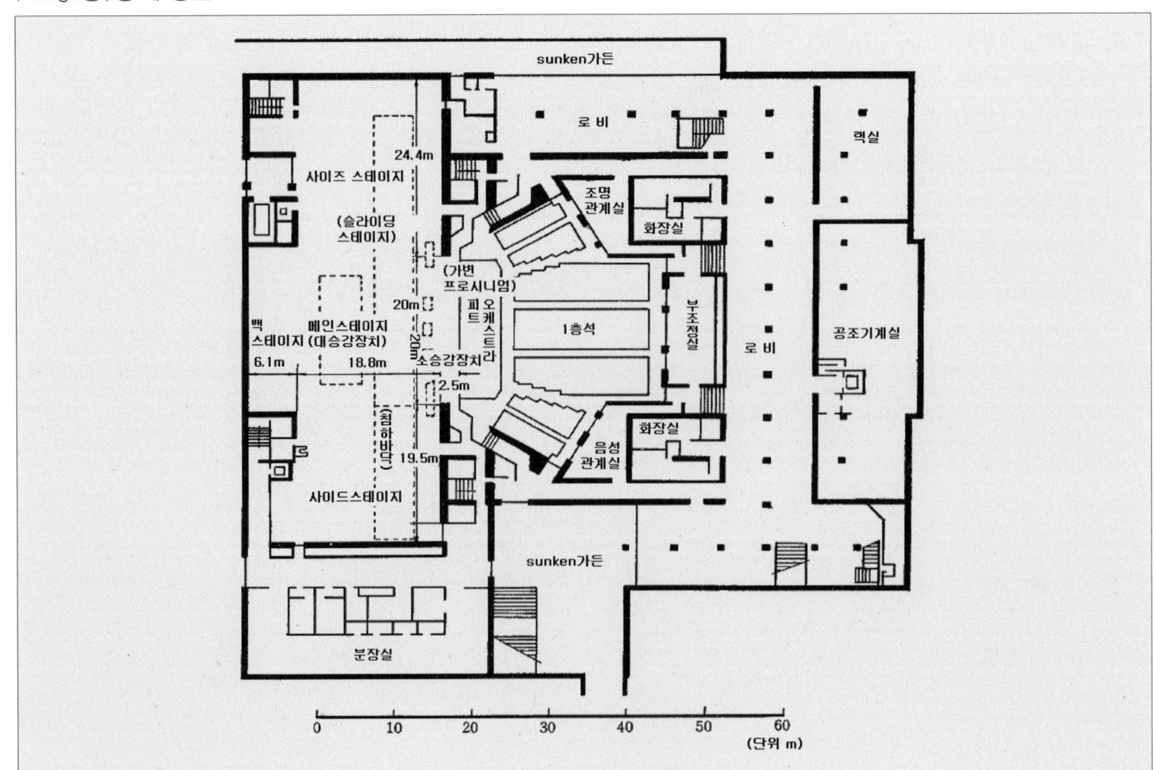

| Stage층 평면도(콘서트시)

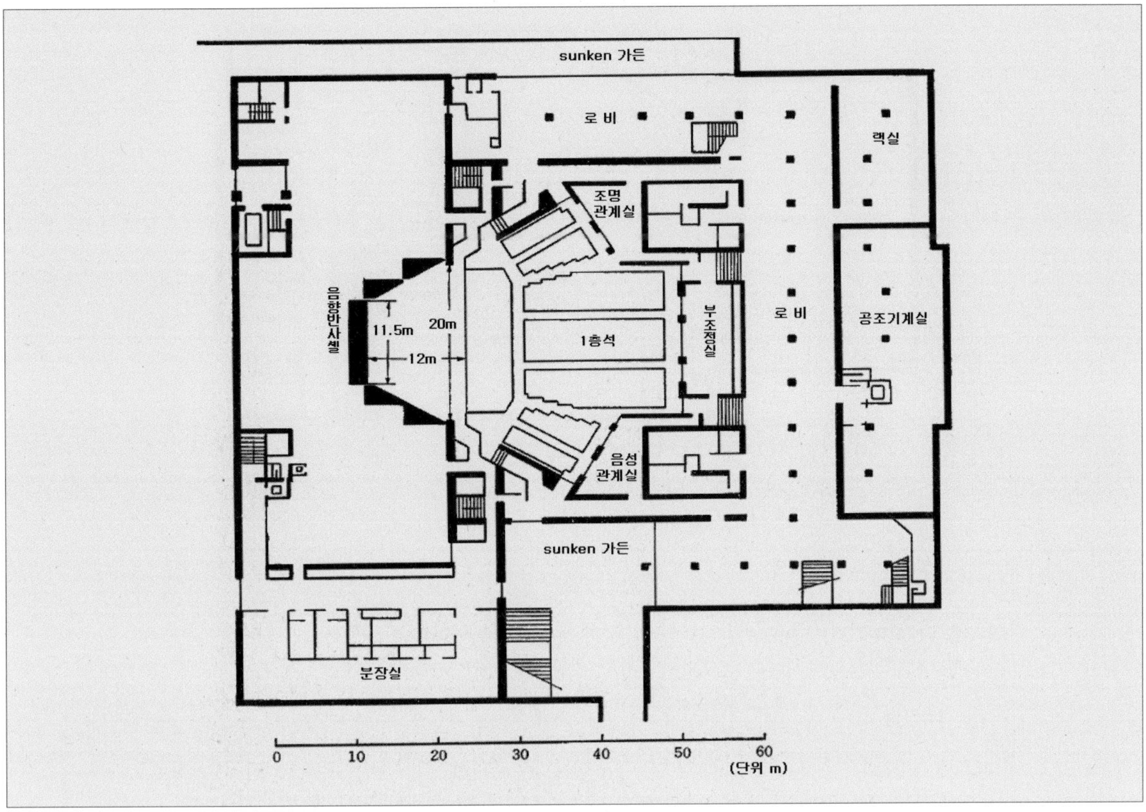

sunken 가든
로 비
객실
조명 관계실
음향반사셀
11.5m
20m
12m
1층석
부조정실
로 비
공조기계실
음성 관계실
sunken 가든
분장실
0 10 20 30 40 50 60
(단위 m)

| 2층석 평면도

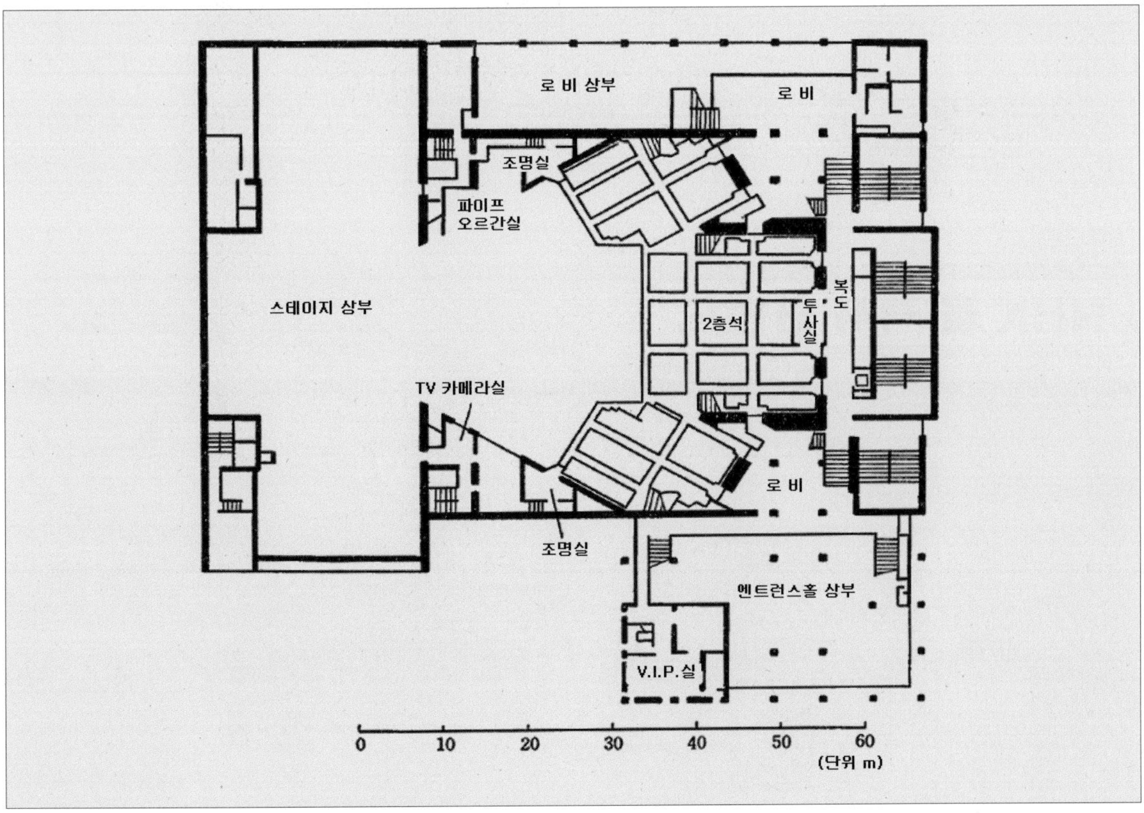

로 비 상부
로 비
조명실
파이프 오르간실
스테이지 상부
2층석
투사실
복도
TV 카메라실
로 비
조명실
엔트런스홀 상부
V.I.P.실
0 10 20 30 40 50 60
(단위 m)

| 3층석 평면도

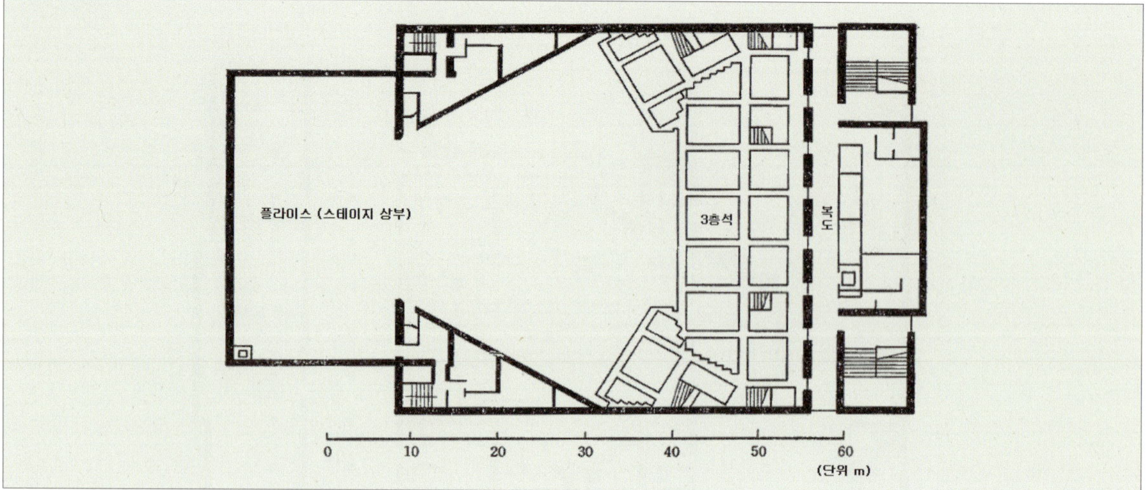

| 단면도(1)

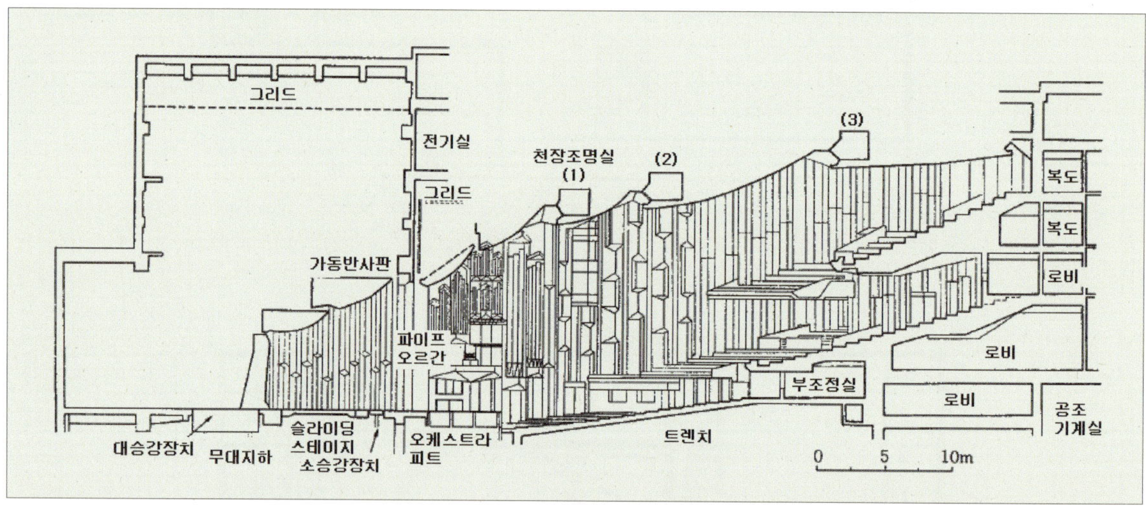

| 단면도(2)

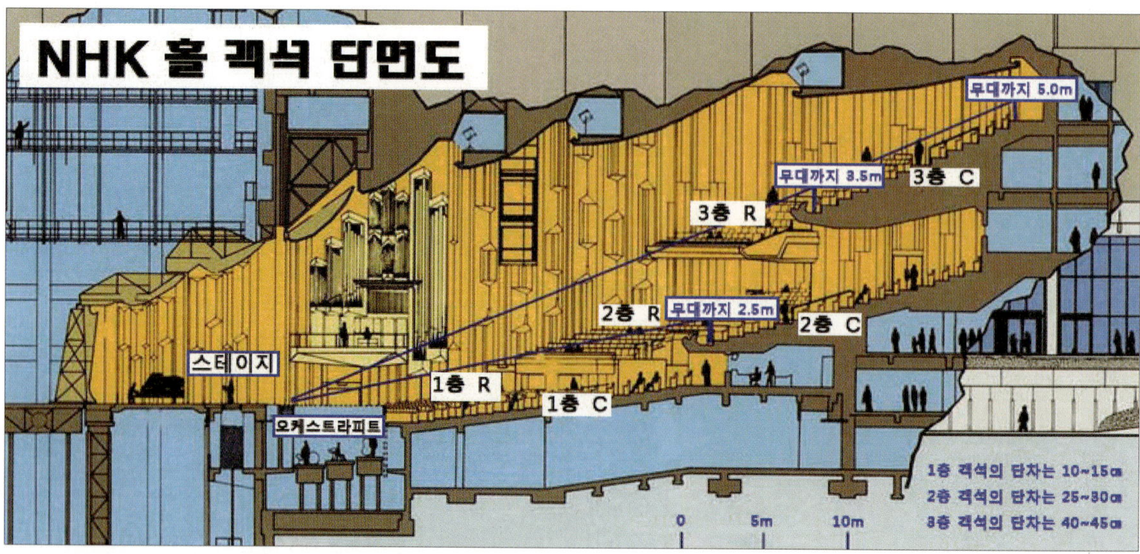

05 스미다 트리포니홀

すみだトリフォニーホール / TSUMIDA TRIPHONY HALL

홀 외관 전경 |

1 스미다 트리포니홀 개요

사람·예술가·홀이 하나가 되어 멋진 하모니를 연주하고 이런 3가지 요소가 동시에 울려 퍼져 커다란 감동을 일으키는 것, 바로 그것이 「Triphony」에 담겨진 의미이다. 1997년 도쿄의 동쪽 부도심·긴시초(錦糸町)의 새로운 거리 「ARCATOWERS 錦糸町」에 탄생한 스미다 트리포니홀은 스미다구(墨田区)에 있어서 중핵적인 문화시설로서, 도쿄 동부지역에 있어서의 예술 문화활동의 거점으로서 음악에 새로운 감동을 더하고 21세기에도 계속 예술문화를 창조하는 것을 목표로 건설되었다.

스미다 트리포니홀은 오케스트라 등의 음악 연주를 주목적으로 한 대 홀과 구민들의 발표회, 감상에 이용할 수 있는 소 홀로 이루어졌다. 1997년 10월 22일에 오픈 기념식이 열렸고, 이어 10월 26일에 오자와 세이지(小澤 征爾) 지휘 新일본필하모니 교향악단의 말러 교향곡 제 3번으로 개막을 하였다.

「신일본필하모니 교향악단(新日本フィルハーモニー交響楽団)」(음악감독 : Christian Arming / 계관 명예 지휘자 : 오자와 세이지(小澤 征爾))이 스미다구(墨田区)와의 프랜차이즈 제휴를 기반으로 스미다 트리포니 홀을 거점으로 연주활동을 펼치고 있다.

신일본 필하모니 교향악단의 공연활동을 홀에서 실시하는 것은 물론이고 모든 리허설도 같은 무대에서 하여 일관된 소리 만들기를 목표로 하고 있다. 일본 최초의 본격적인 프랜차이즈 오케스트라로서 스미다 트리포니홀의 얼굴이 되고 있으며 소편성으로 구성되는 앙상블의 연습에도 대응할 수 있는 3개의 연습실, 대·소 홀 합쳐서 총 17실의 분장실 등이 있는 개성적이고 선진적인 홀이다. 세계 최고의 음향을 가진 콘서트홀인 동시에, 스미다구(墨田区)에 있어서 중심적인 문화시설로 홀 내의 곳곳에 일본을 대표하는 현대 아티스트들의 작품이 설치되어 세계적인 예술의 감상도 가능하다.

스미다 트리포니홀 건설의 계기는 료고쿠(両国)에 오픈한 Kokugikan(国技館)에서의 『5000명의 제 9 콘서트』이다. 이 이벤트성의 콘서트가 스미다 구민에게 정착하는 것을 발판삼아 발안된 "음악을 통한 마을 만들기, 음악도시 구상"(1988년)에서 그 일환으로서 계획하였다.

때마침, 긴시초 북쪽 출구 역 앞의 재개발 계획이 시작되어 이곳에 2000명 수용 규모의 콘서트홀 계획이 구체화된 것이다. 음악도시 구상에 있어서 그 구상의 중심이 되는 가장 큰 특징은 오케스트라의 프랜차이즈 계획이다. 여기서의 프랜차이즈란, 본 공연은 물론이고 연습도 홀의 스테이지에서 실시하고, 사무국과 교향악단원의 대기실, 악기창고 및 라이브러리 등 오케스트라가 활동하기 위해 필요한 전 시설이 홀 내에 설치되어 있는 것을 말한다. 여기서 홀의 구성은 유럽의 경우에는 극히 당연한 일이지만 일본에서는 전례가 없던 획기적인 사건이다. 이러한 계획과 함께 「Kokugikan(国技館) 5000명의 제 9 콘서트」와 깊은 관련이 있던 新일본필하모니 교향악단과의 프랜차이즈 계약이 성립된 것이다. 新일본 필하모니 교향악단은 연간 180여 차례 홀을 사용하고 40회 정도 콘서트를 공연하고 있다.

스미다 트리포니홀을 홈그라운드로 사용하는 오케스트라가 결정되었다는 것은 홀의 주인이 명백해 졌다는 것을 의미하며, 기본 구상의 초기 단계부터 그들의 의견을 들을 수 있다는 것은 이 프로젝트의 최대 장점이다. (국내 사례로는 현재 건립중인 부천필하모니를 위한 부천문화예술회관이 있다)

이와 같이 컨셉이 명쾌한 스미다 트리포리홀에서도, 기본구상 초기 단계에는, 공공홀로서 피할 수 없는 다목적 이용을 우선한 「음악을 중심으로 한 다목적 홀」이라는 의견도 있었지만, 점차 콘서트홀로 중점을 두게 되어 현재에 이르렀다. 그러나 어떠한 소리를 지향할 것인지에 대해서는 기본구상 초기 단계에서부터 명확하게 내세우고 있고 홀 형상으로는 슈박스 형으로 갈 것을 결정하였다.

다목적 이용의 방안으로는 홀의 무대와 객석 전방부의 개폐천장과 내부에 설치되어 있는 조명 및 막, 스피커로 알 수 있다. 천장을 열어 이것을 세트하면 클래식 콘서트 이외의 공연에도 충분히 대응할 수 있는 만큼의 설비를 갖추고 있다.

| 외관 및 전경

| 건축물의 개요

구분	내용
소재지	도쿄 스미다구 긴시 1-2-3 (東京都墨田区錦糸1-2-3)
공사발주	스미다구(墨田区) · 긴시초역 북쪽 출구지구 시가지재개발조합
설계	닛켄설계(日建設計)
음향설계	나가타 음향설계
좌석수	대 홀 1,801석 / 소 홀 252석
시설종류	대 홀 : 클래식음악 콘서트를 주목적 소 홀 : 소규모 실내악연주, 피아노 등의 콘서트 연습실, 분장실 등
건축구조	SRC조, 일부 S조 / 지상9층, 지하3층
규모	부지면적 : 18,100㎡ / 건축면적 : 3,600㎡ / 연상면적 : 20,066㎡
위치	

2 외관 및 로비

| 로비 및 휴게공간

3 대 홀(Main Hall)

대 홀의 객석수는 1,801석으로 무대 정면에 Jehmlich社가 제작한(독일, Dresden시) 66스톱의 파이프오르간이 설치되어 있으며 홀의 기본 형상은 슈박스형이다. 단, 천장이 바닥의 경사에 거의 평행한 경사각도(약 12.5°)를 가지고 있는 것이 형상에서는 큰 특징이라 할 수 있다. 이것은 무대 위에서 연주하기 쉽도록 하기 위해 무대의 천장 높이는 최대 15.0m로 하고자 했던 점과 시선 면에서 바닥의 균등한 구배를 확보하지 않으면 안 된다는 점이 두 조건의 해결책으로 제안된 것이다. 또 사이드발코니석의 돌출을 적게 하기 위하여 사이드발코니석의 객석은 1열로 배열하고 있다. 이는 슈박스 형상에서는 사이드 발코니석에서 무대가 잘 안보이는 문제점을 고려한 배열이다.

콘서트 공연시에는 무대천장에 목재 판재로 제작된 24장으로 구성된 음향반사판이 내려온다. 이것은 홀 완성 후에 新일본필하모니의 명예 예술감독인 오자와 세이지(小澤 征爾)와 교향악단원의 요청으로 설치된 것으로 무대 위에서 연주의 편이성을 돕고자 하는 취지이다.

설치에 앞서, 테스트용으로 음향반사판을 제작하고 실제로 홀에 임시 설치 후 효과를 확인하는 과정을 거쳤다. 음향반사판 설치 직후에는 공사 관계자의 도움으로 오자와 세이지 지휘 하에, 新일본필하모니 교향악단의 연주로 착석시의 음향테스트가 진행되어, 음향반사판의 높이 설정 등 각종 음향제조건에 대한 확인을 실시하였다. 또한 음향반사판을 세트한 상태에서는 개폐천장을 오픈하여 조명과 막을 설치할 수 없어 이를 제거하지 않으면 안되는데, 설치 및 제거가 번거로우면 실제로 사용하기 불편하기 때문에 설치방법을 고안하여 최소 1시간 정도로 설치 또는 제거가 가능하게 되었다.

| 대 홀 개요

구분	내용
객석수	총 객석 수 : 1,801석 1F : 1,040석　2F : 233석　3F : 528석 오케스트라 피트 사용시 200석 감소 / 휠체어석 (4석분)
건축음향	실용적 : 18,500㎥ 잔향시간 : 약 2.0초(만석시), 약 2.1초(공석시) 주용도 : 음악연주 형식 : shoe–box
최대 시거리	약 42.0m
무대	형식 : 오픈스테이지 크기 : 너비 약 20.0m×안길이 약 13.5m 높이 : 약 14.0m (무대 중앙부)
오케스트라 피트	크기 : 너비 약 19.4m×안길이 약 5.6m
기타	분장실 15실 (그 중 1실은 소 홀과 공용) 관계 설비 : 조광실, 음향조정실(1·2), TV 중계용 커넥터

음악연주를 주목적으로 한 홀로서 구조적으로는 소리의 질을 최대한 끌어내는 슈박스형과 무대와 객석이 일체가 된 오픈스테이지를 채택하여, 홀의 생명이라고도 할 수 있는 소리 창출을 위해 노력하였다. 우수한 음향성능과 어쿠스틱한 음악을 감상하는데 최적인 임장감(臨場感) 넘치는 공간이다. 내장재로 나무를 사용하여 차분한 분위기 속에서 부드러운 잔향이 느껴진다. 세계적으로도 자부심을 가질 수 있는 홀은 일본 및 해외의 일류 아티스트들에게도 사랑받아 국제성을 갖춘 홀이 되었다.

스미다 트리포니홀이 슈박스형으로 결정된 것은 스미다구와 신일본필하모니로부터 클래식 음악에 적합한 형상으로서 제시되었다고 한다. 홀 형상에서 특징적인 것은 천장이 메인플로어의 바닥과 거의 평행하게 경사져 있다는 점으로 객석에서 스테이지가 잘 보이도록 설계되어 있다. 이런 모든 조건들을 검토하고 수정 보완하여 결과적으로 연주자에게 유효한 반사음을 확보한다.

신일본필하모니와의 음향조정 작업 결과 완성된 홀의 평가에 대해 지휘자 오자와 세이지는 녹음을 위해서는 이 홀이 가장 좋다고 말하고 있고, 다른 연주가로부터도 연주자가 가장 연주하기 편한 홀이라는 평가를 받았다. 이는 음향반사판을 미세 조정한 결과로, 스테이지에서 연주할 때 연주자에게 되돌아오는 반사음의 타이밍이 가장 적정 좋은 설계로서, 설계 후의 조정효과가 나타나 연주자에게 연주하기 편하도록 완성되어 있는 것이다.

스미다 트리포니홀의 건설에 앞서, 부지의 남쪽을 통과하는 JR전철의 주행 진동을 차단하는 것도 홀 건립에 있어 큰 과제였다. 대책으로 JR전철 궤도 측 사이의 지하 연속벽에는 100㎜ 두께의 고무시트를 붙이고 대 홀은 전체적으로 강성을 증가시킨 구조로 하여 내장 벽면을 방진 지지로 하고 있으며, 소 홀은 방진고무에 의한 플로팅 구조로 되어 있다. 외부에서의 진동이나 소음을 배제하여 "정적도(靜寂度)"를 확보하는 것은, 음향설계를 담당한 음향컨설턴트의 큰 과제이다. 플로팅 구조나 고무시트의 방진은, 통상의 콘서트의 소리에도 큰 영향을 미치고 있다. 객석에 대해서도 너무 흡음되지 않도록 설계되어 있는 것 또한 최근 홀의 특징으로, 등받이 부분 쿠션의 면적을 작게 하거나, 의자의 배후는 판재마감처리로 하여 반사면이 되도록 하는 점도 소리를 너무 흡수하지 않도록 하기 위한 배려이다.

「스미다 트리포니홀」의 소리는 다음과 같이 표현할 수 있다. 악기의 잔향은 적은 편으로 단순하고 콤팩트한 잔향, 그 결과, 악기의 소리는 혼탁하지 않고, 각 악기가 분리되어 명료하게 들려 악기 간의 흐름이 좋다. 그로 인해 악기의 음색을 알기 쉬어 세부까지 잘 들린다. 홀의 기본 구조인 슈박스 홀의 소리는, 전 주파수 대역에서 잔향이 풍부하고, 저음도 풍부하다. 임장감으로서의 공간감(둘러싸인 느낌)도 좋다. 그러나 잔향이 풍부하기 때문에 악기가 겹쳐지는 패시지(passage /경과구)나 투티(tutti / 악보에서 다 같이 부르거나 다 같이 연주하라는 말)에서는 개개의 악기 소리가 불명료해져서 악기 간의 분리가 나빠진다는 특징이 있다. 한편, 「스미다 트리포니홀」은 일반적인 슈박스형 홀과 달리 잔향의 양이 적어, 악기의 음색 표현이나 악기의 음상이 명쾌하다. 「스미다 트리포니홀」 잔향의 양을 컨트롤 하고 있는 비밀은 스테이지 위 측벽에 있다. 홀에 입장하면 제일 먼저 눈에 띄는 것이 스테이지 위의 측벽 상부가 안쪽으로 기울어져 있는 점이다. 이 기울기로 반사음의 양을 조절하고 있는 것이다.

일반적인 슈박스형 홀에는 좌우로 평행한 측벽이 있어, 그 벽 사이에서 반사음이 교차하여 두꺼운 잔향이 형성되는데, 스미다 트리포니 홀에서는 벽이 안쪽으로 기울어져 있어 반사음에도 각도가 생기기 때문에, 그 경로가 길어지거나 교차하는 반사음의 양이 감소됨으로서 조절되는 것이다.

슈박스형 콘서트홀의 반사음의 특징은 측벽에서의 반사음을 이용하고 있다는 점이다. 거의 대부분의 반사음이 측벽에서 만들어지므로 스미다 트리포니홀에서는 그것을 조절함으로서 홀 전체의 소리를 결정짓고 있다. 종래 홀에서의 반사음은, 스테이지 위에서 객석의 천장에 걸친 거대한 반사판을 통해 객석으로 보내고 있다. 「스미다 트리포니홀」은, 부가적으로 천장에서의 뜬구름형(부운형/浮雲形) 반사판을 통해서도 반사음을 얻고 있다. 그러므로 평가가 높은 슈박스형에 반사음을 얻기 위한 종래의 수법을 병용하고 있는 것이다. 최근의 슈박스형 홀에서는 이와 같이 반사판으로도 반사음을 확보할 수 있도록 한 경우를 많이 볼 수 있다.

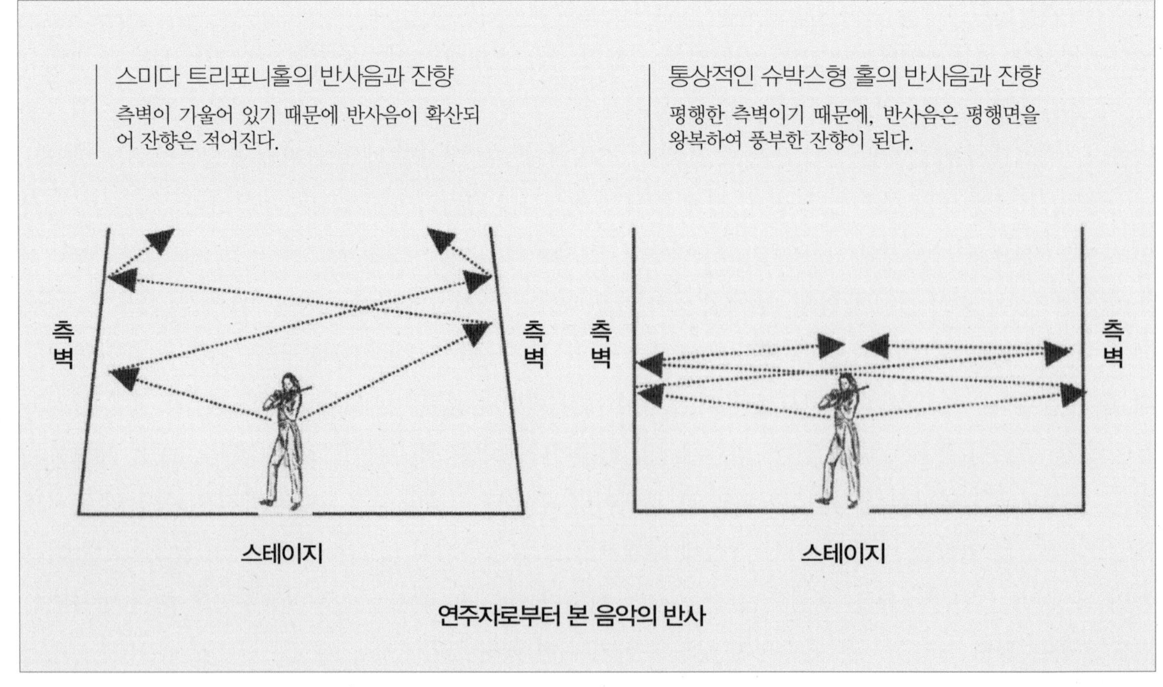

연주자로부터 본 음악의 반사

| 대 홀 내부 전경

| 무대 상부에 파이프오르간 설치

스미다 트리포니홀의 파이프오르간은 18세기 독일 바로크 시대 오르간의 특징을 기본으로 한 타입이다. 제작한 곳은 독일 작센(Sachsen)지방의 고도 드레스덴의 Jehmlich社이다.

Ehrlich社는 오르간 음악의 최대 거장으로 일컬어지는 바흐(Johann Sebastian Bach)와 관계가 깊은 오르간 제작의 전통을 계승하고 있으며, 그 특색이 스미다 트리포니홀의 파이프오르간에 나타나고 있다.

| 파이프오르간 개요

구분	내용
설계/제작/조립	Jehmlich Orgelbau Dresden(Jehmlich 오르간 공방 드레스덴), 야마하 주식회사
키 액션	메커니컬 방식
스톱 액션	더블 액션
파이프 총 수	4,735봉
스톱수	66 스톱
연주대	3단 손건반, 발건반
보조 장치	커플러 II/I, III/I, III/II I/P, II/P, III/P 콤비네이션 256 메모리카드 시스템
조음	Friedrich Kunze / Eberhard Dobberkau

| 파이프오르간 구조

1) 손건반
2) 발건반
3) 스톱
4) 모터 스위치
5) 악보대
6) 메모리 버튼
7) 메모리 카드
8) 모니터
9) 스웰 페달
10) 크레센도 페달
11) 커플러 버튼

(출처 – 홈페이지)

| 무대

| 대 홀 무대상세도

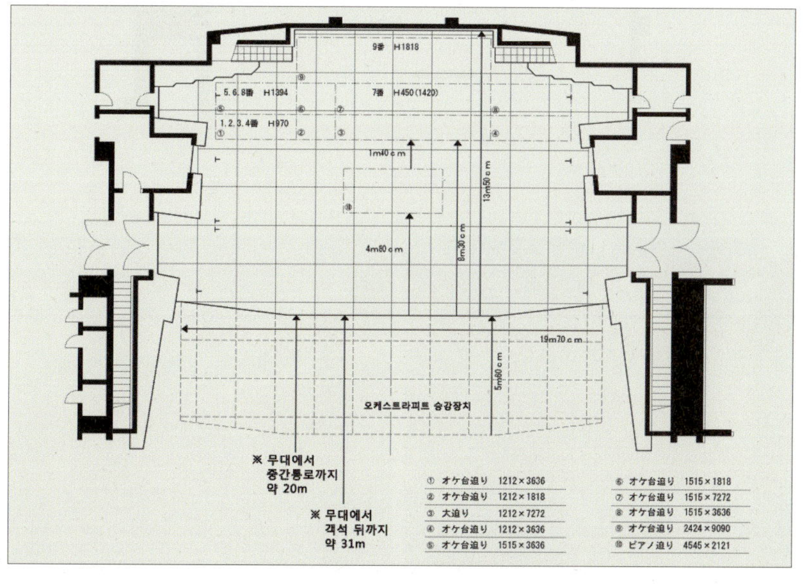

4 소 홀(Small Hall)

스미다 트리포니홀에는 252석 규모의 소 홀, 각 규모별 연습실(대,중,소) 3실이 마련되어 있다.
소 홀도 대 홀과 마찬가지로 슈박스형 콘서트홀로 실내악, 피아노 등의 콘서트 공연을 주사용 목적으로 계획되었으며 구민들의 다양한 이용에 적합한 규모이다.
소 홀 및 연습실은 대 홀과의 동시사용에 지장이 없도록 각각 방진구조로 되어 있다. 또 홀의 남쪽은 집합주택을 끼고 JR 철도선에 면해 있기 때문에 전철 주행 시 소음·진동의 유입방지도 음향설계에 큰 과제였다. 이에 대해서는 연속 지중벽과 구체 사이에 방진층을 설치한다는 대책을 세웠다.
음향조정실, 조명조정실, 영사실 등을 갖추고 있으며 전용 로비, 포이어, 바 코너, 클로크도 완비하여 프로부터 아마추어까지 합리적인 요금으로 이용할 수 있다.

| 소 홀의 개요

구분	내용
객석수	총 객석수 : 252석
건축음향	크기 : 너비 약 8.5m×안길이 5.2m, 높이 약 6.5m(무대 중앙부) 잔향시간 : 약 1.0초(만석시) 형식 : 오픈스테이지
기타	분장실 3실(그 중 1실은 대 홀과 공용) 막류 2(인할막, 롤식 스크린), 배턴 4봉(도구용·라이트용·좌석용) 그 외 설비 : 조광실·음향조정실·휠체어 대응(가동석)

| 소 홀 무대상세도

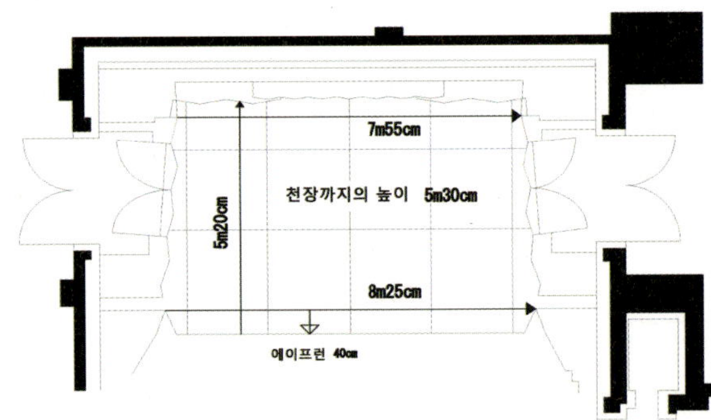

| 소 홀 내부 전경

◇ 음악에 이용되는 소리의 범위

독일의 음악학자 F. Winckel은 음악이나 성악에 있어서 소리의 주파수와 음압레벨의 범위에 대해 [그림1]과 같은 관계를 부여하고 있다. 이것을 보면 음악은 음성에 비해 훨씬 넓은 영역의 소리가 이용되고, 음압레벨에 대해 살펴보면 등감곡선의 35phon 부근에서 불쾌감의 역치 가까이 이르고 있다.

이는 오케스트라나 실내악을 감상하는 경우의 정황을 해설적으로 나타낸 것이라고 판단된다.

| 음악이나 음성에 이용되는 소리의 영역과 청감의 제 특성 [그림1]

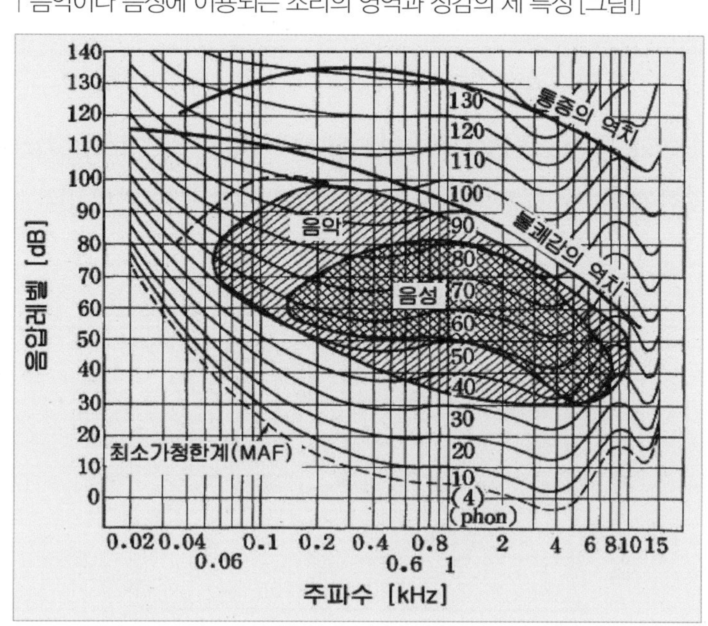

연주음의 음량에 대해서는 악보에는 아주 대략적인 지시밖에 기록되어 있지 않다. 이는 소리의 높이 및 지속시간에 대해서 엄밀한 지시가 있는 것과는 대조적이지만, 음량에 관한 문제가 경시되어 있다는 것은 아니다. 작곡가는 각 악기의 실제 효과에 대해 숙지하고 있고, 그것을 염두에 두고 악보를 쓴다. 또 연주가에게 있어서 음악적인 내용에 적합한 음량으로 청중에게 소리가 도달하는지 아닌지는 작곡가가 가장 신경을 쓰는 부분으로, 첫 연주회장에서의 연습에서는, 주요 체크포인트가 된다.

악보에 적혀 있는 강약의 지시는 음악 연주의 실제 경험을 토대로 한 약속이다. 사용되는 악기의 종류 및 편성, 음악적인 양식에 따라 강약의 표현의 범위가 한정되기 때문에 강약 신호로 나타낼 수 있는 것은 소리의 상대적인 강도로, 절대적인 강도는 아니라고 보는 견해도 있지만 역시 소리의 강도가 불러일으킬 긴장관계로서 공통된 효과를 얻기 위해서는 음량의 절대치에 대해 전제가 되는 경험적인 조건이 있다.

P. R. Farnworth에 따르면, 지휘자 스토코프스키(L. Stokowski)의 강약 기호에 대한 해석에는 [표1]에서 나타내는 라우드니스와의 대응을 볼 수 있었다. 호화롭고 다채로운 연주효과에 독자의 경지를 열었다고 알려진 명지휘자가 오케스트라의 기능을 충분히 활용한 넓은 다이내믹 렌지에 걸친 음량의 대비를 추구하고 있었다는 것을 알 수 있다.

동일한 주파수의 소리라 하더라도 음압레벨이 변화하면 다른 느낌이 난다. [그림2]는 소리의 감각이 주파수나 음압레벨에 의해 어떻게 달라지는지를 조사한 실험결과이다.

| 스토코프스키에 의한 강약 기호의 해석 (Farnworth) [표1]

강약 기호	라우드니스 (phon)
fff	95
ff	85
f	75
mf	65
p	55
pp	40
ppp	20

즉 [그림1]과 [그림2]를 겹쳐 보면 [그림 1]에서의 음악 영역의 바로 바깥쪽에 "가능하다"와 "압박감이나 진동감이 있다"의 영역이 접하고, "신경이 쓰인다", "시끄럽다"의 두 영역은 "음악"의 영역 안에 들어간다.

| 소리에 의해 발생되는 각종 감각과 그 주요영역 [그림2] – 용어선택 테스트에서 피험자의 50% 이상이 지적한 영역

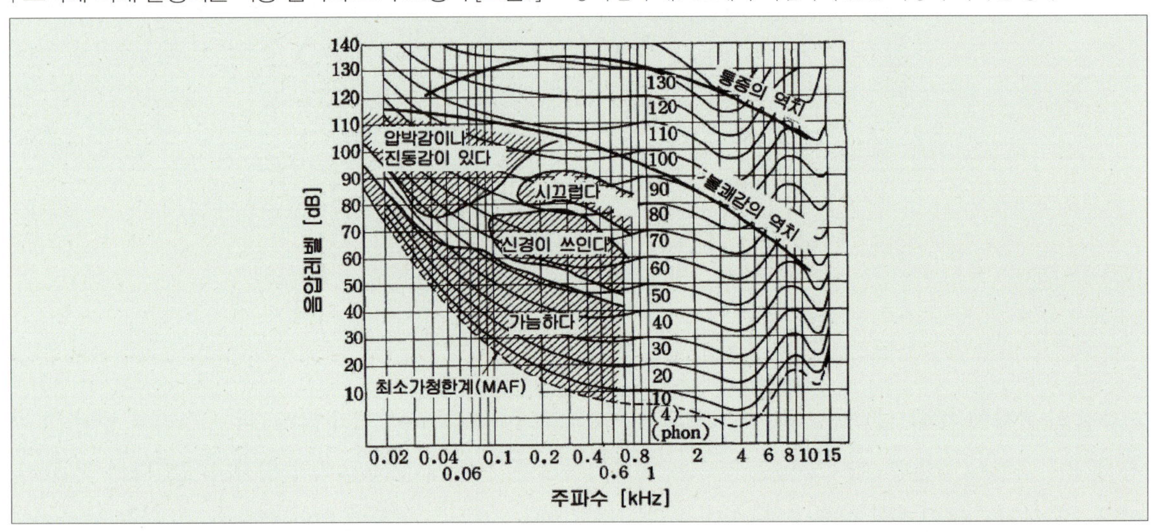

여기서 "가능하다"라는 조건은 피험자에게 시험음이 들리기는 하지만 소리가 작기 때문에 소음으로서의 문제는 되지 않는다는 의미를 가지고 있다. 이는 소리를 들으려고 하는 음악의 입장에서 보면, 들리기는 하지만 뭔가 미덥지 않다고 받아들일 수 있는 조건이라고 말할 수 있을 것이다.

스토코프스키의 해석에 따르면, 와 는 이 영역에 속한다. 잘 들리지 않는 작은 소리를 듣는 사람의 의식을 집중시켜 음악적으로 강한 긴장감을 만들어 낼 수 있기 때문에 이와 같은 음악 표현의 기법에서는 중요한 영역이기도 하다.

음압레벨이 올라가면 "신경이 쓰이는" 소리가 되지만 이것은 반면에 잘 들리는 소리, 파악하기 쉬운 소리이기도 하며 중용의 소리라고 알려진 와 대응하고 있다.

한편 음압레벨이 올라가면, "시끄러운"소리가 되지만, 입장을 달리하면 이 소리도 반응이 확실한 소리, 박력이 있는 소리가 된다.

앞서 Winckel의 그림들은 음악에서 이용되는 소리의 상한이 불쾌감의 발생과 관계가 깊다는 것을 보여주고 있다. 그러나 낮은 주파수에 대해서 살펴보면 "압박감이나 진동감이 있다"고 지적되는 영역과의 관계에 주목할 만한 점이 있다. 즉, "압박감이나 진동감이 있다"고 지적되는 영역에서는 소리의 감각과는 별개로 "압박감"이나 "진동감"도 있고, 심지어 그들이 더 우위로 느껴진다. 또 등감곡선을 따라 저음역으로 연장되어 온 다른 영역을 가로막듯이 그 영역은 펼쳐져 있다.

음악의 연주나 청취에서는 소리의 절대적인 크기를 바꾸는 것은 무시할 수 없는 조건의 차이가 되는 것이다.

5 주요 도면

| 지하1층 평면도

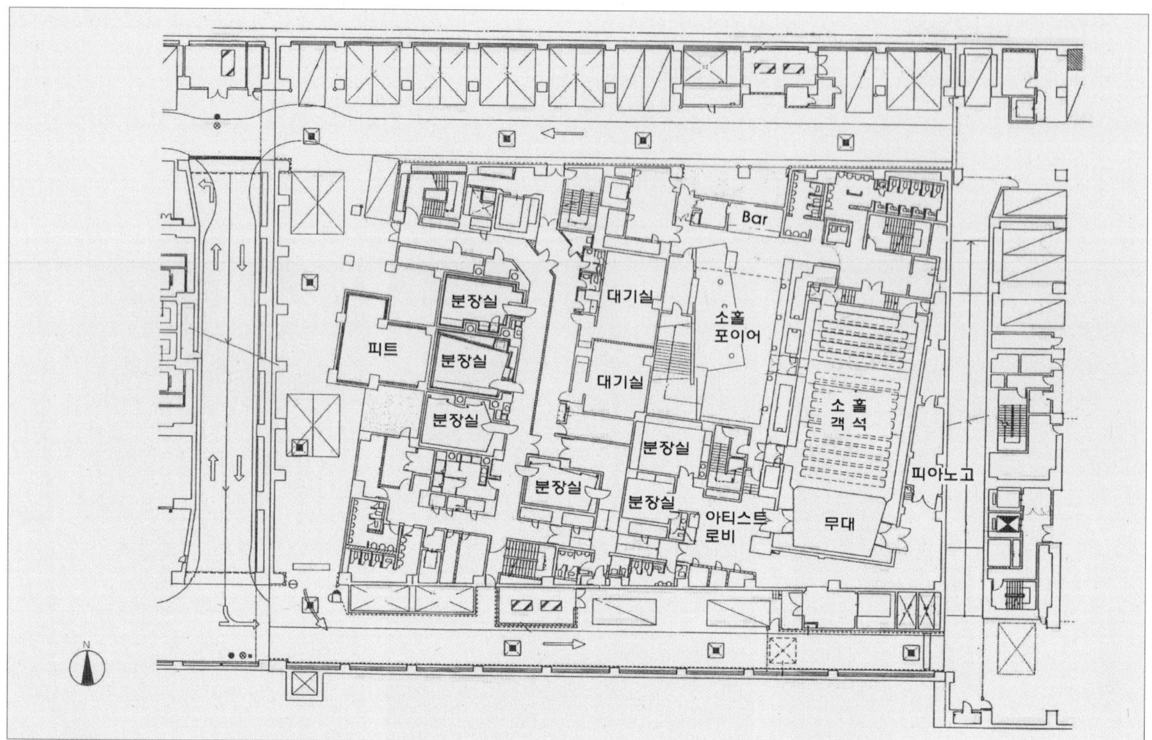

| 2층 평면도

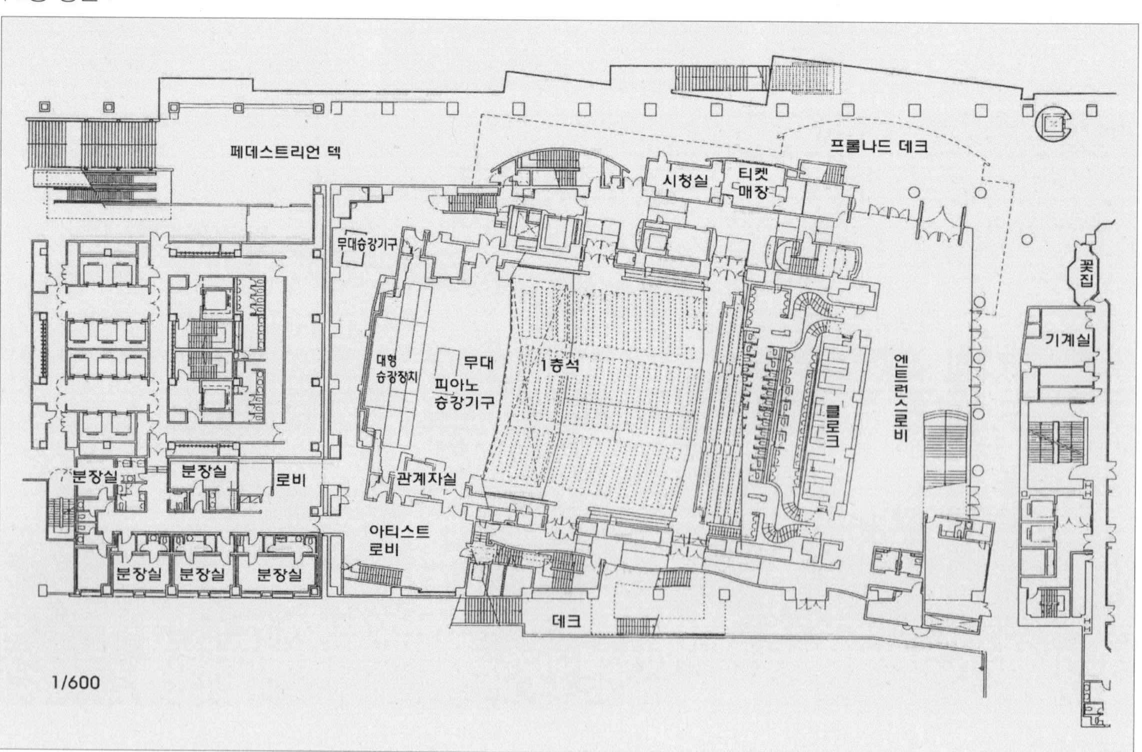

1/600

| 4층 평면도

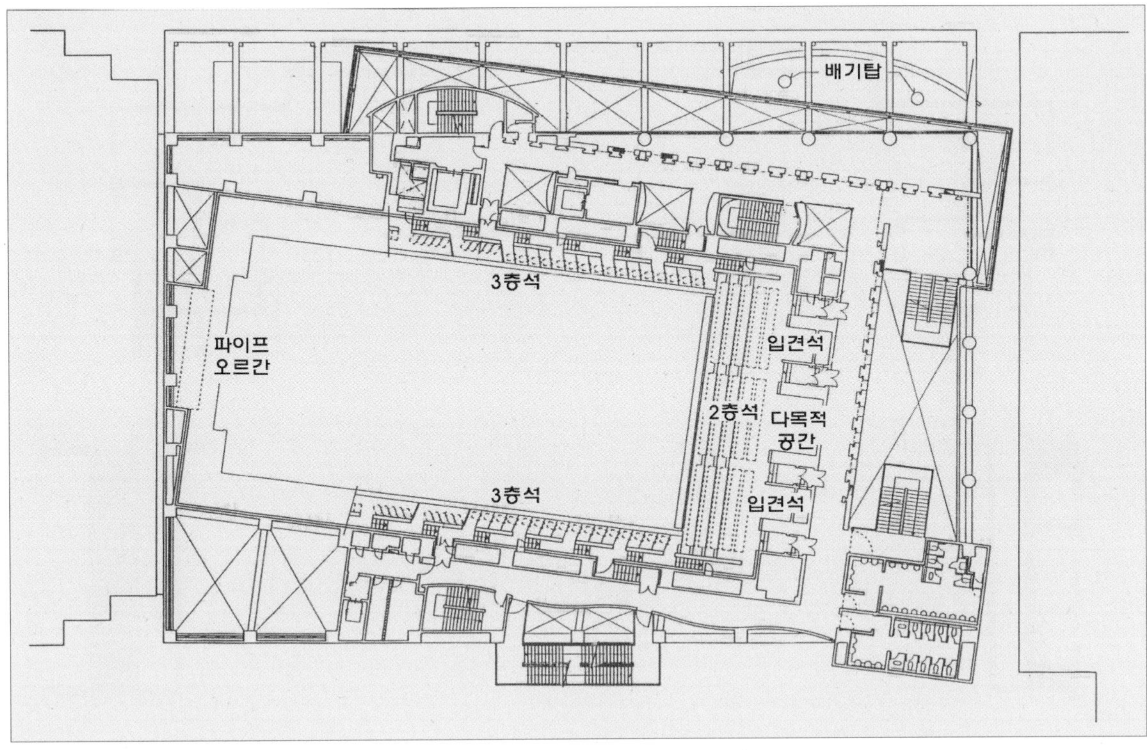

| 단면도(1/600)

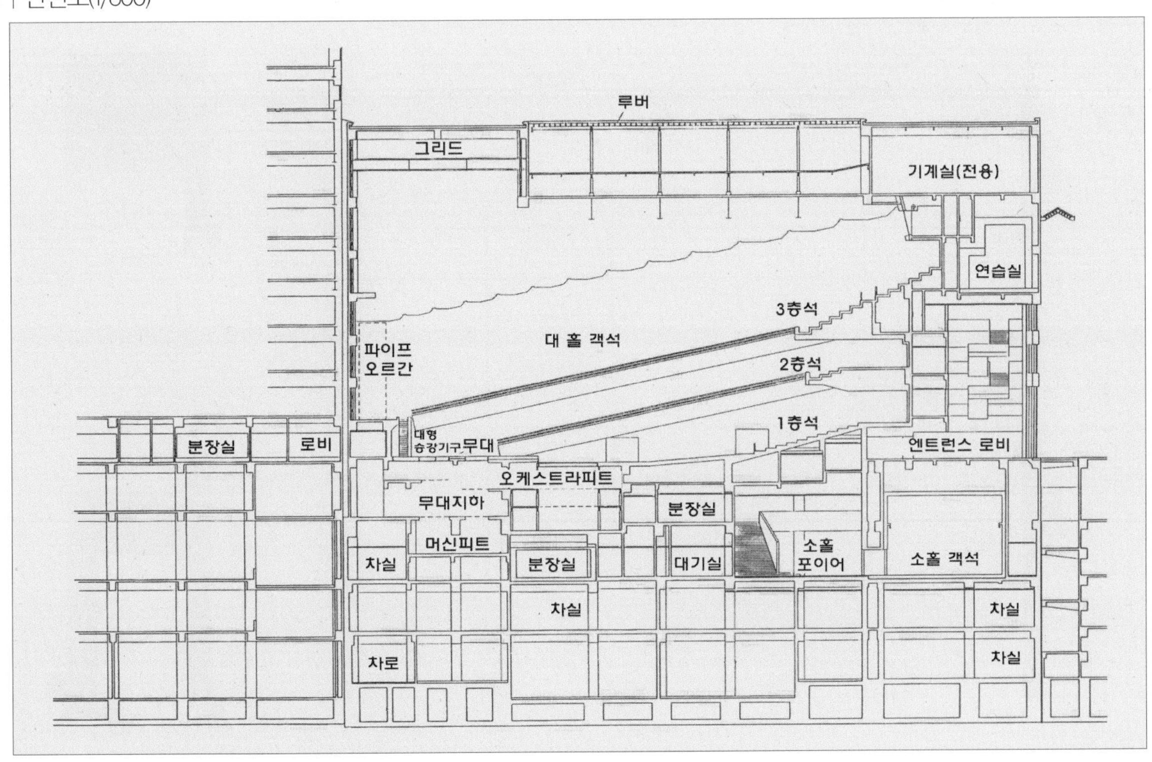

| 대 홀 무대평면도

오케스트라피트 승강무대

| 소 홀 무대도면

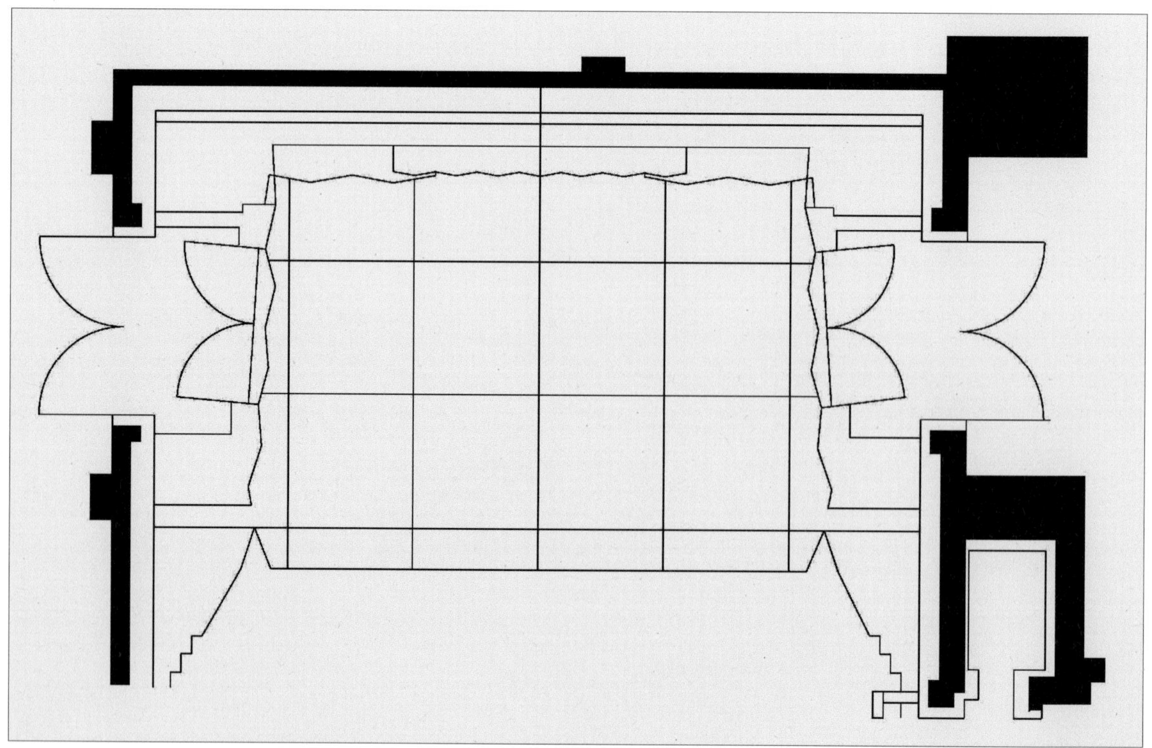

06 도쿄오페라시티

東京オペラシティ / TOKYO OPERA CITY

| 콘서트홀 내부 전경

1 도쿄오페라시티 개요

「21세기형 극장도시」는 도쿄 오페라시티의 기본이념이라 할 수 있다. 이는 예술문화시설, 상업시설, 업무시설 등 3개의 기능을 유기적으로 결합한 종합공연예술센터를 의미한다. 문화공간을 방문하는 관객뿐만 아닌 빌딩을 방문하는 모든 사람이 관객이며 공연자인 것이다. 즉 도쿄오페라시티 프로젝트팀이 고안한 캐치프레이즈인 BTAT(Before Theatre, After Theatre)인 것이다.

콘서트홀, 리사이틀홀, 전시실의 운영은 빌딩 공간의 10% 이상을 문화시설로 사용하는 조건으로 니혼세이메이(日本生命), NTT도시개발 등 6개 회사가 공동 출자해 설립한 문화재단이 맡았다.

음악연주용 공간으로 이용되는 도쿄오페라시티 콘서트홀은 1997년 9월 10일 오자와 세이지(小澤 征爾) 지휘, saito kinen orchestra가 연주하는 바흐의 '마태수난곡' 으로 개관했다. 초대 예술 감독을 지낸 작곡가 다케미쓰 도루(武滿 徹, 1930~96)를 추모하는 뜻에서 최근 '다케미쓰 메모리얼 홀' 로 명명됐다. 故 다케미쓰 도루(武滿 徹)가 홀의 설계단계부터 깊이 참여했기 때문에 콘서트홀에 그의 이름이 붙어 있다.

콘서트홀은 목표로 하는 음향특성을 달성하기 위해 홀의 설계과정에는 우선 CAD 모델을 사용한 컴퓨터 시뮬레이션을 실시하였으며, 컴퓨터 시뮬레이션에서 모델화를 실시한 후 홀에서 발생한 음선을 추적해 결과에 의거해서 가상의 '소리'를 최적화하려고 하였다. 또한 1/10 음향모형을 제작하여 목표로 하는 잔향시간, 저음비, 홀 내 음압의 균일성, 오케스트라 상부의 오픈부 위치, 에코 방지대책에 대한 내용을 검토하였다. 홀의 형상은 음향적으로 가장 좋다고 알려져 있는「슈박스형」으로, 진동체·공명체로서 우수한「천연목」으로 내장 마감을 하였다.

공연공간의 최적음향상태를 구현하기 위한 최적의 형태라 할 수 있는 "잘 울리는 거대한 악기통"을 설계목표로 한 도쿄오페라시티의 형태는 무엇보다도 새롭다는 느낌이다. 홀의 단면이 공연공간의 역사에 있어 새로운 변형 피리미드형의 공간을 보여주고 있기 때문이다. 변형 피라미드형의 도입으로 천창에서 흘러넘치는 자연광이 공연 시작의 순간을 조용히 전한다.

콘서트홀은 무대에서의 소리를 객석으로 보내기 쉬운 구배가 복합된 형태로서, 면밀한 설계 과정에서 몇가지 중에 선택한 것이다. 천장의 저변부에서 한 번에 최상부의 한 점을 향해 경사지는 홀의 공간은 참으로 다이내믹하고 그곳에 있는 사람들의 마음을 사로잡을 것이 틀림없다. 천공을 향해 상승하는 강한 방향성을 가지는 공간성과, 연이어 새로운 소리를 발전시키는 음악의 시간성이 교차하는 새로운 흥감(興感)의 장을 만들고자 한 것이 설계에 충분하게 반영되고 있다.

무대를 둘러싼 디자인도 특징적으로, 그 중 하나는 무대 바로 위에 매달려 있는 피라미드형 음향반사판이다. 소리의 초기반사를 강력하게 하는 기능과 함께 무대 후방 상부에 배치된 파이프오르간과도 어우러져 홀 정면의 디자인에 강한 인상을 주고 있다.

두 번째 특징으로는 피라미드 천장 최정상부의 스카이라이트이다. 안으로 들어가 설치된 창문을 통해 들어오는 자연광은 공간성을 더욱 더 활기차게 만든다. 음악과 빛의 교차도 역시 시공(時空)에 새로운 감성을 부여하고 있다.

음악 홀은 무대와 관객의 예술적인 교감은 물론이고, 관객 상호가 시공을 공유하는 일종의 연대의식도 충분히 갖게 하는 것이 중요하다. 관객은 극장의 흥감을 만들어내는 공연자이다.

도쿄오페라시티 콘서트홀에 2층 발코니를 사방으로 둘러싼 장방형의 평면구성을 적용한 것도 그러한 이유 때문으로, 무대를 둘러싸면서 관객끼리도 친근하게 마주볼 수 있는 공간 형태로 되어 있다.

무대와 관객, 관객과 객석 같은 다원적인 의식의 결합이 극장의 흥분을 더욱 기폭시킨다고 생각하고 있기 때문이다.

순수 목질로 구성된 내장은 자연스러운 나뭇결을 살려, 눈에도 귀에도 자연의 관용을 느끼게 하여 준다. 그리고 이 홀의 공간이 풍기는 나무의 정령으로 둘러싸인 깊은 숲속에서 소리를 듣고 있는 듯한 정밀함은 심금을 울리는 잔향에 귀를 기울이게 만드는 일종의 위엄을 숨기고 있다.

| 건축물의 개요

구분	내용
소재지	도쿄도 신쥬쿠쿠 니시신주쿠 3-20-2 (東京都新宿区西新宿3-20-2)
공사 발주	일본 생명보험, NTT 도시개발, 오다큐 전철, 케이오 전철, 다이니치생명보험, 쇼와 쉘 석유, 야마다이 철제 상회, 데라다 고타로(寺田 小太郞), 상호 물산, 일본예술문화진흥회
설계	도쿄오페라시티 설계 공동기업체 (주)NTT FACILITIES·1급 건축사사무소 (주)도시계획설계연구소 (주)TAK건축·도시계획연구소
음향설계	음향설계 협력 : 다케나카 기술연구소(竹中技術研究所) / 음향컨설턴트 : LEO BERANEK(콘서트홀)
시설규모	대 홀 1,801석 / 소 홀 252석
건축구조	SRC, RC, S
시설종류	콘서트홀 : 음악전용홀 / 기타 홀 : 리사이틀홀, 리허설룸
위치	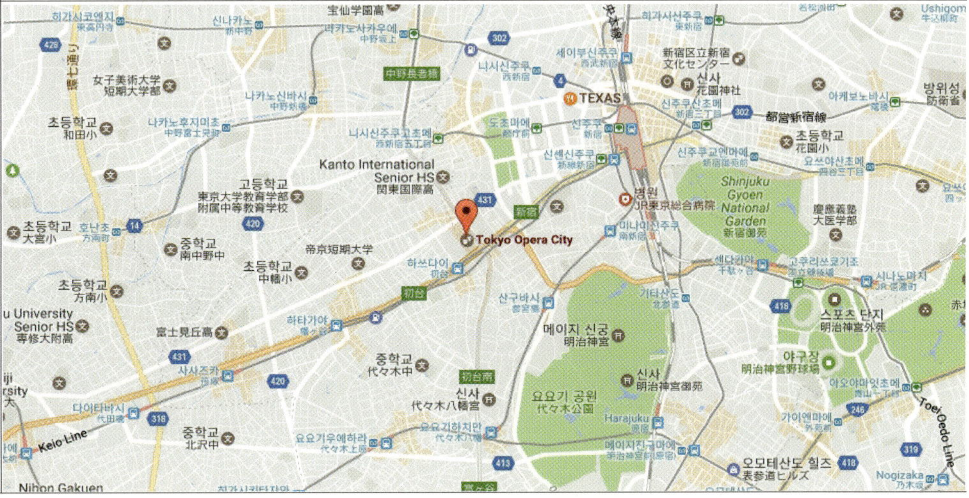

2 외관 및 로비

도쿄오페라시티에는 연극·콘서트 관람 전후에 전시를 감상하거나 식사, 쇼핑을 하면서 대화를 나눌 수 있는 공간이 마련되어 있다.

○ 포이어 (콘서트홀) 1

크리스찬 마클레이 (Christian Marclay) 작품인 《amplification》가 매달려 있는 포이어는, 1층부터 3층까지 개방적인 오픈천장으로 되어 있고 천장높이는 11.30m이다. 1층과 2층에는 뷔페로 구성하여, 여유 있는 공간이 펼쳐져 있다. 또 포이어 중앙에는 다케미스 도루(武満 徹)의 릴리프(우사미 케이지 (宇佐美 圭司)작품)를 배치하고 있다.

○ 아트 워크

「AMPLIFICATION」 – Christian Marclay[1)]

☞ 1) **Christian Marclay** 현재 뉴욕에서 활약 중. 1995년도 베네치아 비엔날레에 출품된, 「amplificaion」을 비롯해, 수많은 음악을 테마로 한 작품을 제작하였다. 갤러리 등에서의 발표 외에, DJ로서 현대음악을 모색하는 등 다기에 걸친 재능을 가졌다. 회화 및 조각과 같은 미디어에 의해서만 표현되는 미술이 아닌 획기적인 무브먼트를 리드하는 작가라 할 수 있다.

6장의 확대사진이 이음매 없는 대형 면 비단에 인쇄되어 매달려 있다. 비치는 확대사진은 프리 마켓 등에서 발견한 익명의 흑백 혹은 컬러의 작은 가족사진을 바탕으로 만들어져 있다.

이들 스냅에는 사적인 분위기 속에서 음악을 연주하는 사람들이 비춰지고 있고, 콘서트홀에서 연주되는 포멀한 음악에 대해 각별히 「무대 공간의 것이 아니다」라는 것을 지향하고 있다.

도쿄오페라시티 로비 전경 |

| Galleria – 신국립극장과 도쿄오페라시티 빌딩의 사이에 있는 공간

3 다케미쓰 메모리얼(タケミツメモリアル) 콘서트홀

다케미쓰 도루(武満 徹)는 콘서트홀의 기본 콘셉트를 비롯해 설계단계부터 깊이 관여하며 예술 감독으로서 오프닝 기획을 감수해 왔지만, 오프닝을 앞두고 타계하였다. 그에 대한 감사와 존경의 뜻을 담아 콘서트홀 이름에 「다케미쓰 메모리얼」을 붙였다.

콘서트홀은 「극장 도시」를 콘셉트로 한 도쿄오페라시티 빌딩의 얼굴로, 1,632석의 음악전용홀이다. 잘 울리는 거대한 악기를 목표로 한 홀로, 순목조로 구성된 내부는 관객이 언제나 자연의 나뭇결을 느끼게 한다.

무대로부터의 음을 객석에 전달하기 쉽도록 구배가 복합된 형태로서, 치밀한 설계 과정에서 여러 가지 안(案)을 통해 선정한 것이다. 또한 천장의 저변부에서부터 최고부의 정점을 향해 모아진 홀의 공간은 실로 역동적이어서, 공간에 임하는 사람들의 마음을 흔들어 놓을 것임에 틀림없다. 하늘을 향해 상승하는 강한 벡터를 가진 공간성과 차차 새로운 음을 발전시키는 음악의 시간성이 교착하는 새로운 감각의 장을 만들고자 하는 설계의 의도가 들어가 있다.

연주자 및 평론가들은 홀에 대하여 항상 다음과 같이 말하고 있다.

"홀의 울림은 따뜻하고 소리에 둘러싸이는 느낌은 잔향감이 있고, 우수한 앙상블을 실현할 수 있다. 음향 수준은 세계 최고수준이다."

| 콘서트홀의 개요

구분	내용
객석수	총 객석수 : 1,632석 1F : 970석　2F : 356석　3F : 302석 좌석 공간 : 폭 52.5cm / 전후간격 95cm
건축음향	실용적 : 15,300㎥(8㎥/명) 잔향시간 : 1.96초(만석시) 주용도 : 음악전용홀 형식 : 슈박스형(평면) 변형 피라미드형 천장(단면) NC값 : NC-20
홀 규격	홀 사이즈 : 20.0m×41.4m (1층석 평면) 천장높이 : 27.60m (최상부) 무대 : 면적 : 162.6㎡, 너비 : 19.5m~17.1m, 안길이 : 9.0m 스테이지 높이 : 0.80m, 재질 : 카바자쿠라(樺桜) (버치) 돌출무대 : 객석측으로 1.9m 돌출 가능(3열째가 최전열이 됨)
악기	파이프오르간 : Kuhn社 (54스톱 3단 손건반 플러스 발건반) 피아노 : Steinway D274형 4대 Bösendorfer 290 임페리얼 1대 쳄발로 : Von Nagel社제 1대 포지티브 오르간 마르크 가르니에 4스톱 1대
기타	① 우드플로링 바닥 콘서트홀의 객석바닥과 통로 모두 우드플로링으로 마감되어 있다. ② 컴퓨터 시뮬레이션 실시 홀의 설계프로세서에는 우선 CAD 모델을 사용한 컴퓨터 시뮬레이션이 진행되었으며, 컴퓨터에서 모델화한 홀 중에서 발생한 음선을 추적해 모델 내의 청중의귀 위치에 도달하는 소리를 추적하여 구하였다. ③ 1/10 음향모형 제작 음향모형을 제작해 목표로 하는 잔향시간, 저음비, 홀 내의 음압의 균일성, 에코 방지대책이 검토되었다.

| 콘서트홀 내부 전경 – 피라미드 형태의 매달기 음향반사판 설치 : 음의 초기반사음 확보

| 무대에서 객석을 바라본 형태 – 2개 층의 발코니를 4방으로 둘러싼 장방형의 평면 구성

무대 위 매달기 음향반사판 설치 및 무대 구성 형태

피라미드 천장 꼭대기 부분의 톱라이트 – 자연광 유입

| 리브 형태의 벽면 구성 – 풍부한 초기반사음 확보를 위한 확산면 구성

| 목재로 구성된 객석의자 설치
흡음면적을 최소화하기 위한 목재 의자 구성, 의자 하부에 환기그릴 설치

□ 파이프오르간

오페라시티 콘서트홀에는 솔로 연주회 및 오케스트라와의 협연, 다양한 공연에 연주되는 스위스의 오르간 제조사인 Kuhn社의 파이프오르간이 설치되어 있다. 오르간은 솔로는 물론이고 오케스트라와의 공연, 나아가 폭넓은 음악에 대한 대응을 가능하게 한다. 현대를 대표하는 오르간 연주자 Guy Bovet의 감수에 의해 1997년 3월에 설치되었다.

| 파이프오르간 개요

설계 · 제작 · 조립	Kuhn社(스위스) · 야마하주식회사
크기	높이 10.0m×안길이 4.0m×폭 9.0m
파이프 · 스톱	파이프 총수 : 3,826봉 / 스톱 총수 : 실동 54스톱
연주대	제1손건반 : Hauptwerk C–a3 15스톱 / 제 2 손건반 : Positive C–a3 13스톱 제3손건반 : Schwellwerk C–a3 14스톱 / 발건반 : Pedal C–g1 12스톱
보조장치	크레센도, 스웰(Swell) 기구, Tutti 버튼
키 액션	메커니컬(Mechanical)
스톱액션	일렉트릭(Electric)
메모리 시스템	256 메모리

| 무대 후방 상부에 파이프오르간 설치

| 무대 측벽에 연주자 및 피아노 등의 이동을 위한 출입구 구성

관객용 출입문 |

| 객석의 위치에 따른 무대

□ **콘서트홀 음향설계 가이드라인**

도쿄오페라시티 콘서트홀과 같은 명성을 얻기 위해서는 콘서트홀의 설계 특히 유의해야 하는 몇 가지 사항 중에 1) 초기반사면의 설정, 2) 확산반사면의 설정, 3) 음향반사면의 구성과 재료의 선택, 4) 소음에 대한 제어·평가, 5) 모형과 음향모형 실험, 6) 시공 중, 준공 후 음향측정 평가·보정이 필수적이라 할 수 있다.

1) 초기반사면의 설정

오케스트라의 각 악기에서 청중으로의 음의 전달은 크게 나누어 직접음, 초기반사음, 다차(多次) 반사음이라는 시간적인 순서로 행해진다. 초기반사음은 직접음의 도착 후 대략 50ms, 즉 1/20초 이내에 도달하는 것을 말하고, 이것의 충실도가 청감상 매우 중요하다.

직접음의 확보는 크게 봤을 때 시선의 체크가 충분히 이뤄져 있다면 앞서 말한 악기의 지향성에 관련된 문제는 별개로, 그 외에는 별로 문제가 없다고 생각해도 좋다.

다음으로 초기반사음을 확보하기 위해서는 직접음의 바로 뒤에 가능한 한 빨리, 짧은 시간차로 도달하도록 계획하기 때문에 가령 20ms 이내로 한다면, 직접음이 전달되는 음의 경로와 반사음의 경로의 길이의 차를 음속의 1000분의 20, 즉 약 7.0m 이하로 하는 것을 의미한다.

이와 같은 수치는 슈박스형에서는 오케스트라에 가까운 좌석을 제외하고는 간격이 좁은 양 측벽으로부터의 반사음에 의해 비교적 용이하게 달성할 수 있지만, 아레나형·선형(부채꼴)에서는 용이하지는 않아 여러 가지의 연구가 필요하다.

2) 확산반사면의 설정

좋은 음향효과를 만들어 내기 위해서는 직접음과 초기반사음만이 아니라, 그 후에 귀에 도달하는 이른바 다차 반사음을 가능한 한 풍부하게 할 필요가 있다. 그렇게 하기 위해서는 오케스트라의 주변을 시작으로 홀 전체에 이르기까지 즉 벽과 천정, 발코니 선단부 등에 적절한 스케일의 요철을 주어 홀 내에서 반사하는 음을 여러 방향으로 확산시켜 잘 혼합하고, 더욱이 미묘한 시간차를 두고 청중의 귀에 전달되도록 하는 것이 중요하다.

고전적인 홀에서는 이러한 다차 반사음이 각종 조각상과 열주, 박공벽 등의 건축 양식적인 디테일에 의해서 의도적이 아니라 자연히 확보되었다. 이에 해당하는 것을 현대 시대에 어떠한 형태로 건축화해 갈지에 대해 설계자는 충분히 고찰하지 않으면 안 된다. 이것은 현대의 콘서트홀을 건축하는 건축가에게 부여된 큰 과제라고 할 수 있다.

3) 음향반사면의 구성과 재료의 선택

오케스트라의 전체 합주시의 음압은 강대하고 그 주파수범위도 기음으로 16Hz에서 8000Hz 정도까지 실로 크다.

음을 받아 최소한의 진동, 공명흡수가 일어나도록 반사면의 강성(剛性)을 높이고, 또한 그 하지에도 충분한 강성을 주어 설계해야 한다.

또한 반사면 그 자체에 사용하는 재료는 충분한 두께와 중량을 갖는 것으로 하는 것이 중요하다.

얇은 보드류의 반사면은 그 배후의 공기층이 공명흡수를 함으로써 특정 주파수의 음을 약하게 만드는 위험성이 있다. 이런 이유로 면밀도로서는 적어도 50kg/㎡ 이상의 수치를 확보해야 한다.

이 수치는 비중 1.0의 재료일 때 50㎜ 이상의 두께에 해당한다. 반대로 콘크리트, 돌, 타일과 같이 극단적으로 단단하고 무거운 재료는 특히 그 표면이 평평하고 미끄러운 경우 반사음이 귀에 자극적이기 때문에, 연주가에게도 청중에게도 선호되지 않아 큰면적에 사용하는 것에는 주의를 기울여야 한다.

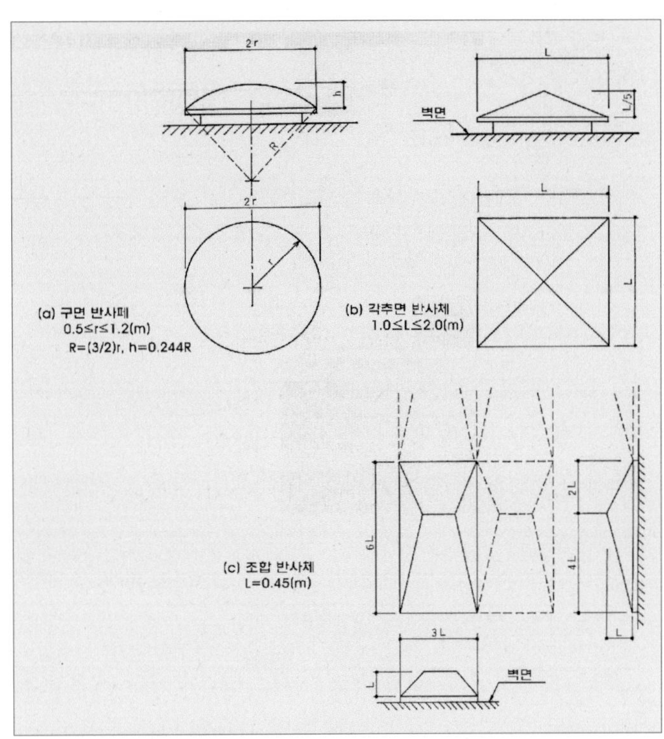

벽면에 설치되는 반사체의 예. 반사체는 유닛으로서 벽면에 설치된다. 확산 반사의 목적이 만족되는 한 그 형태는 다양하게 표현 될 수 있으며, 실내공간과 조화되게 디자인 할 수 있다. 모티브는 대개 밸런스를 나타낸다.

이 점에서는 고전적인 홀에 많이 사용된 두꺼운 목질계의 벽재와 바닥재, 또한 석고계의 벽재와 천정재에 주목할 필요가 있다. 그리고 최근 경향에서 흡음성의 재료는 에코 방지 등의 특수한 목적 이외에는 거의 사용되지 않고 있다. 좌석의 쿠션은 그 예외라 하겠다.

4) 소음에 대한 제어 /평가

소음제어를 기술적으로 다룰 필요로부터 소음평가를 고안하고 그 허용수치에 대해 다양한 근거를 바탕으로 제안이 이루어졌다. NC곡선은 회화나 Noise 및 거리의 관계를 나타내는 SIL(Speech Interference Level)을 고려하여 제안된 허용 소음의 기준곡선, 즉 Noise Criteria이다.

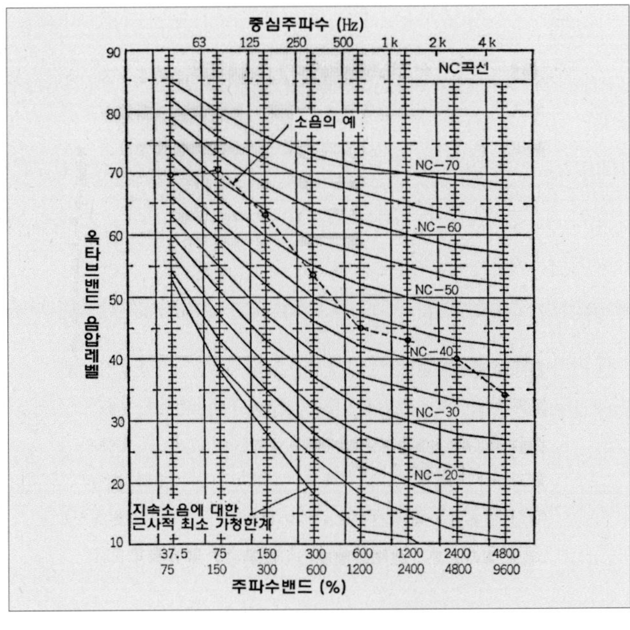

실내허용 소음의 기준레벨을 위한 NC곡선. 파선은 소음의 일례로 이 소음은 NC–57이다. 가장 높은 값으로 NC곡선에 맞춘다.

콘서트홀의 소음제이 설계에 있어서 벽체, 천장, 바닥을 구성하는 부위에 대한 차음성능은 ISO에서 STC(Sound Transmission Class)로 평가하며 기준곡선상 500Hz에서의 투과손실을 STC(Sound Transmission Class)라고 한다.

측정결과를 평가하기 위한 차음지수(STC) 산정은 STC 기준곡선을 수직이동하여 기준곡선과 측정 Data 간의 주파수별 편차의 합계가 측정 주파수의 전체개수, 즉 1/3 옥타브 대역(100~3,150Hz)의 주파수 개수 16으로 나누어 계산한 평균편차가 2㏈ 이하로, 특정주파수에서 기준곡선과 측정데이터 간의 최대편차는 8㏈을 초과하지 않도록 한다.

이와 같은 방법에 의해 STC 기준곡선의 수직이동이 완료되었을 때 500Hz에서의 투과손실이 차음지수 값으로 평가된다. STC 기준곡선 125~400Hz까지는 15㏈, 400~1,250Hz까지는 5㏈ 증가하며 1,250Hz 이상에서는 평탄한 특성을 보인다. 효과적인 차음을 위해서는 다음에 유의하여 차음 재료를 선정하여야 한다.

① 차음이란 흡음과는 달리 음에너지의 반사율이 효과가 좋다는 점을 감안할 때 질량법칙에 의하여 벽체의 면밀도 m이 큰 재료를 선택한다.

② 차음에서 가장 취약한 곳은 간극이므로 틈이나 파손된 곳이 없도록 해야 한다.

③ 서로 다른 재료가 혼용된 벽의 차음에 많은 도움이 되므로 음원측에 흡음재를 붙인다.

④ 차음만이 아니라 흡음 또한 차음에 많은 도움이 되므로 차음재의 음원 방면에 흡음재를 붙인다.

⑤ 벽체에 진동이 생길 경우 현저히 차음효과가 저하되므로 진동이 큰 곳에서는 차음벽의 탄성 지지, 방진처리 및 제진처리가 필요하다.

⑥ 큰 차음효과를 얻기 위해서는 단일 벽보다는 중공을 갖는 2중벽을 사용하는 것이 훨씬 더 효과적이나 일치주파수와 공명주파수에 유의하여야 한다.

⑦ 콘크리트 블록을 차음벽으로 사용하는 경우에는 표면에 모르타르 마감을 함으로써 더욱 높은 차음효과를 기대할 수 있다. 한 면의 모르타르 마감은 약 5dB 정도의 투과손실 증가를 얻을 수 있다.

5) 모형과 음향모형 실험

콘서트홀의 공간은 거대하면서 복잡하므로 설계단계에서 평면, 단면, 입면, 천장면 등의 도면으로부터 성격을 파악하는 것은 어렵다. 이른 단계에서부터 모형을 작성하는 것이 중요하고 1:200에서 시작해서 설계의 진행에 따라 차츰 스케일을 2배씩 높여 가고 있다.

1:25 정도가 되면 사람의 머리를 모형 속에 넣을 수 있을 정도가 되어 공간의 성격을 잘 이해할 수 있으며 디테일의 구성 검토에도 효과적이다.

모형에 의한 공간파악과 병행해서 음향전문가에 의한 컴퓨터시뮬레이션을 사용한 체크도 효과적이다. 다만 초기반사음의 체크는 비교적 용이하지만, 반사차수가 많아질수록 방대한 계산시간이 필요하다. 예산상의 여유가 있다면 음향전문가의 손으로 1:20 내지는 1:10의 음향 모형실험을 실시해서 홀의 각 부분의 잔향시간, 음압분포, 잔향파형, 명료도 등에 대해 많은 사전정보를 얻을 수 있다.

또한 무향실에서 녹음한 테이프를 모형 내에서 고주파 스피커로, 1:10의 모형이라면 10배의 속도로 재생시키고 그것을 소정의 좌석위치에서 특수한 마이크로폰으로 테이프에 녹음, 다시 그 테이프를 10분의 1 속도로 재생해 보면 음질의 문제는 있지만 홀 내에서의 잔향이 부가되는 현황을 어느 정도 청각적으로 확인할 수도 있다. 최근에는 무향실에서 디지털 녹음된 음악과 모형 내에서의 임펄스(충격)응답을 컴퓨터로 기록, 연산해서 합성하는 방법이 개발되어 그 음질도 개선되었다.

라이프치히의 제 3대 게반트하우스의 설계에서는 1:20의 모형실험을 몇 차례나 반복함으로써 실로 효과적인 천장 반사판의 형상을 결정했다. 더 심포니홀, 산토리홀에서는 1:10의 모형실험이 행해져서 귀중한 데이터를 얻을 수 있었다고 한다.

오차드홀에서는 도큐 건설기술연구소의 협력을 받아 1:10 모형실험을 행함으로써 무대상의 음향 셸터의 이동에 의한 연주공간의 구조변화라는 새로운 실험에 있어서도 자신을 가지고 시공에 임할 수 있었다. 이 모형은 지금도 도큐건설기술연구소에 가면 볼 수가 있다. 필자는 이 모형을 보고는 한국에서 음향설계 분야의 한계점과 부러움을 지금도 가지고 있다.

이 때 모형의 무대상에 음원 스피커만을 놓은 경우와 스피커 주위에 오케스트라에 해당하는 80체의 흡음체를 배치한 경우에서는 측정결과에 큰 차이가 생기는 것을 알 수 있었다. 음원에 가깝고 한 사람당 점유면적이 넓은 오케스트라 멤버는 청중의 약 3배의 흡음력을 가지고 있는 것이다.

이상 서술한 바와 같이 컴퓨터시뮬레이션도 음향 모형실험도 유력한 설계 보조방법이지만, 현재 단계에서는 양쪽 모두 지향성이 없는 점음원을 가정한 위에 성립되었다. 실제로 콘서트홀에서 울리는 음원은 100명 가까운 오케스트라의 20종 이상의 악기로, 그것이 무대 위에서 넓게 분포되어 지향성 있는 강약의 서로 다른 음을 내는 것이므로 무지향성의 점 음원이라는 것은 극단적으로 단순화된 가정이고 당연히 정밀도에는 한계가 있다. 따라서 한계와 실제 음악과의 차이는 대폭적으로 경험적 판단에 의해 메워 줄 필요가 있다.

이런 점이 콘서트홀 설계의 어려운 점이기도 무서운 점이기도 하며, 또한 동시에 즐거운 점이라고 말할 수 있겠다.

| 컴퓨터시뮬레이션을 위한 모델링

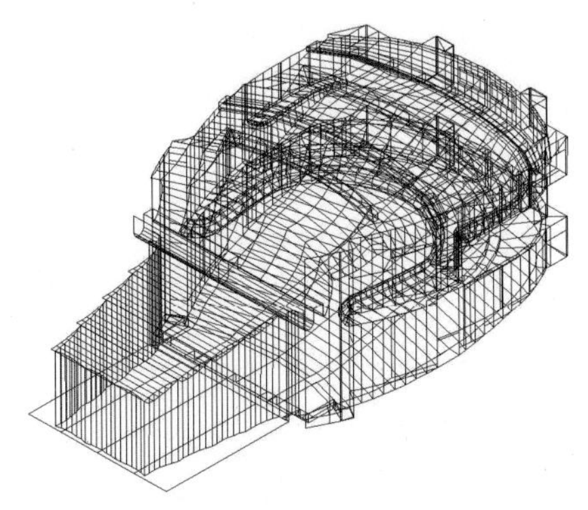

a) 무대반사판 설치시

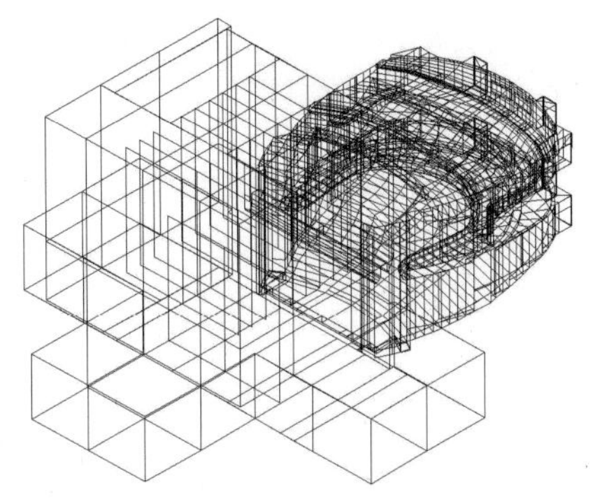

b) 무대반사판 미설치시

c) autoCAD 3D 모델링 실시

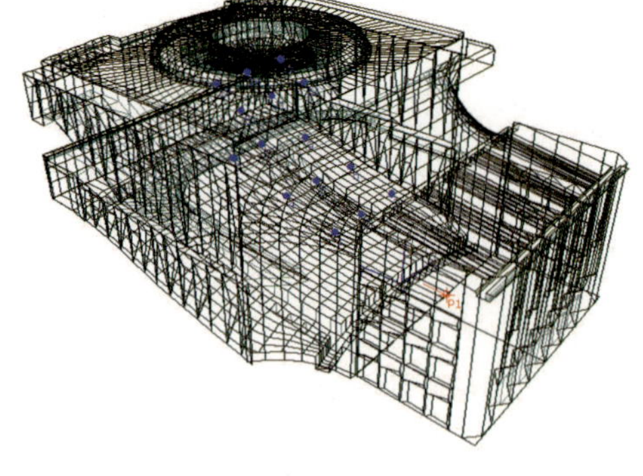
d) Odeon Inport

6) 시공 중, 준공 후 음향측정 평가·보정

설계완료 후 시공단계에서는 각 단계별 진행정도에 따라 음향측정(건축음향, 소음, 진동)을 실시하고음향특성을 확인하여 설계값과 비교 평가를 실시, 이를 차후 시공에 반영하여 보정하여 나간다. 준공 후에는 잔향시간, 임펄스응답, 에코타임 패턴, 음향분포 등을 측정하여 정량화하고 잔향감, 소리의 명료성, 소리의 확산감 등의 주관적인 인상에 관련되는 음향환경의 특징을 확인한다.
이와 함께 홀과 연관된 소음, 홀 내부의 공조소음, 무대음향설비의 성능을 측정하여 설계시 설정한 음향환경인자와 비교, 확인한다. 필요에 따라 시험연주를 통한 음질의 인상을 확인하는 단계가 필요하다.

□ 준공 후 청취음향 평가사례

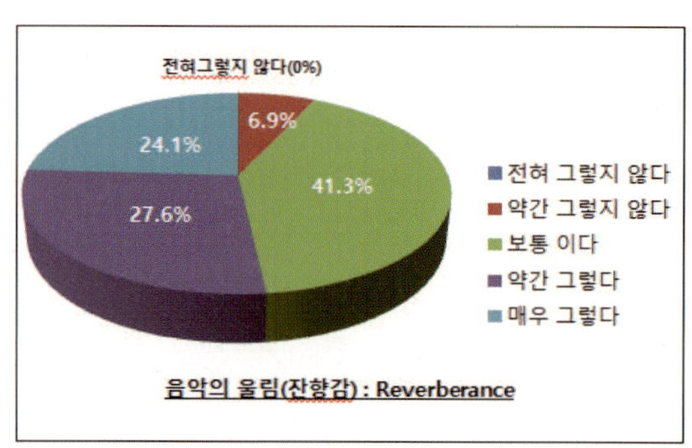

음악의 울림(잔향감) : Reverberance

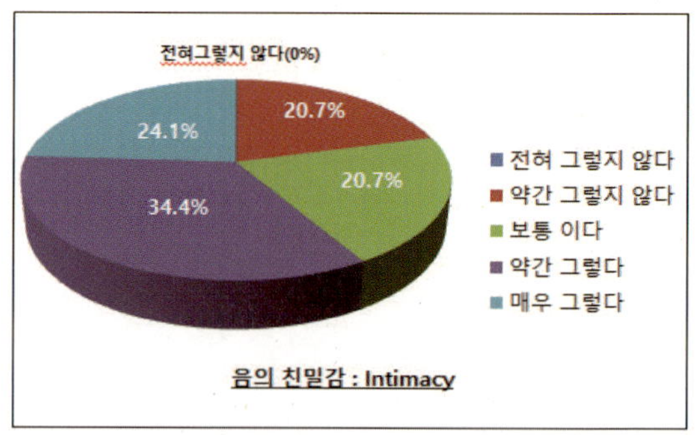

음의 친밀감 : Intimacy

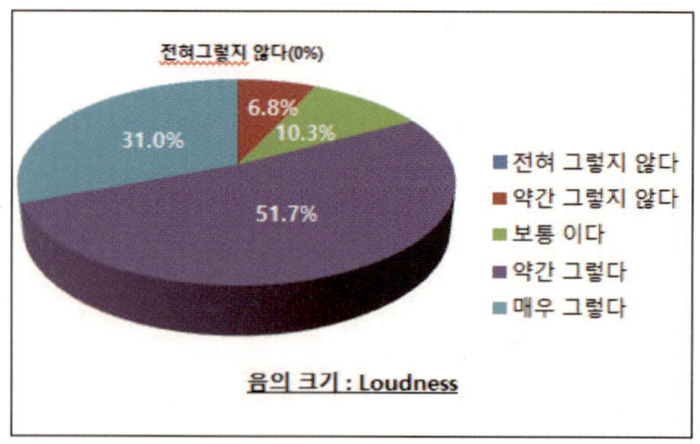

음의 크기 : Loudness

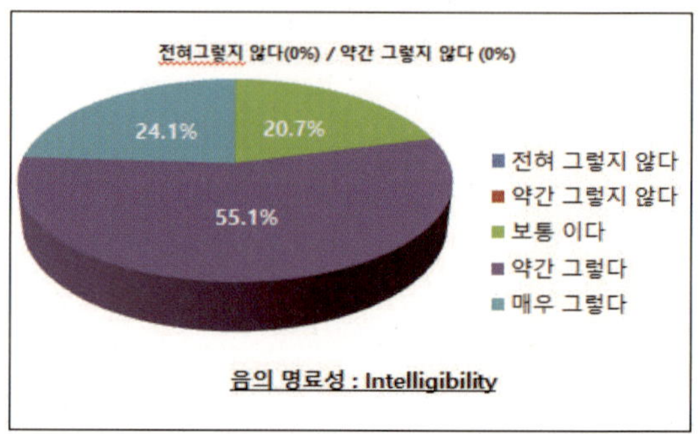

음의 명료성 : Intelligibility

4 리사이틀홀

리사이틀홀은 286석으로 음향적이 매우 뛰어난 형태인 슈박스 형태의 홀로서, 홀의 크기는 객석 부문이 13.80m(w)×19.60m(d)×8.0m(h), 무대는 10.80m(w)×5.40m(d)×0.25m(h)의 크기이다. 리사이틀, 실내악 콘서트, 솔로 공연 등에 이용되며 주요 부분 마감구성을 살펴보면 바닥은 오크 플로어링, 벽면은 오크 소재의 판재를 사용하였으며 천장은 격자형식의 반사판재로 처리하였다.

| 리사이틀홀의 개요

구분	내용
객석수	총 객석수 : 265석(무대, 의자는 이동 가능)
건축음향	잔향시간 : 1.20초(만석시) 주용도 : 솔로나 리사이틀, 실내악 콘서트에 적합 형식 : 슈박스 형태
기타	홀 사이즈 : 19.60m×13.80m 무대사이즈 : 5.40m×10.80m×0.25(최대) 천장높이 : 8.0m 부대시설 : 영사스크린(7.5m×2.8m) 대기실 : 3실(1실 피아노 구비), 주최자대기실 1실

| 홀 내부 전경 – 플로터에코 방지를 위한 벽면반사판 구성

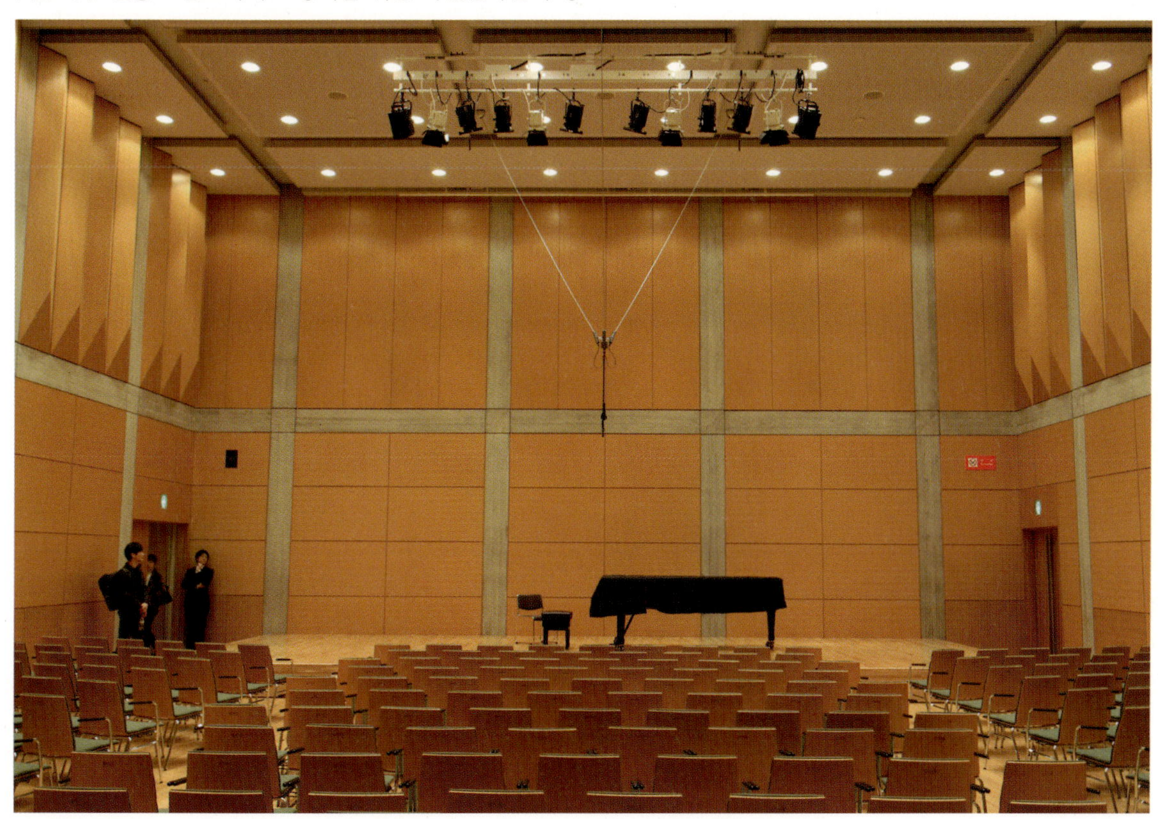

리사이틀홀 내부 |

□ 포이어 (리사이틀홀)

리사이틀홀의 포이어는 화이트를 기조로 한 여유 있는 공간이다. 공연시작 전, 휴식시간을 느긋하게 보낼 수 있다.

□ 대 리허설룸

오케스트라, 오페라의 연습(리허설), 합창의 연습 등에 이용할 수 있다.

정원	100명 정도
높이	267.0㎡
천장높이	3.20m
바닥	플로어링
피아노	Steinway D274형
부대시설	휴게실, 로커 룸, 거울 벽

□ 소 리허설룸

솔로, 앙상블, 소규모 합창의 연습 등에 이용할 수 있다.

정원	40명 정도
면적	90.0㎡
천장높이	3.0m
바닥	플로어링
피아노	야마하 세미그랜드 피아노

| 대 리허설룸 – 음악, 합창연습 등에 이용

- 주용도 : 클래식음악, 합창연습장
- 면적 270.0㎡
- 천장높이 : 3.20m
- 정원 : 100명 정도
- 바닥 : 플로어링(졸참나무)
- NC값 : 25
- 피아노 : 야마하 세미그랜드 S6
- 휴게실 : 남녀 로커, 샤워실 있음
- 로커실 : 2실

| 소 리허설룸 – 음악, 합창연습 등에 이용

- 주용도 : 실내악, 합창 등의 연습
- 면적 : 86.0㎡
- 천장높이 : 3.00m
- 정원 : 40명 정도
- 바닥 : 플로어링 (졸참나무)
- NC값 : 25
- 피아노 야마하 세미그랜드 S4

▫ 분장실

분장실 A를 포함한 8개실 있다. 전 실에 소파세트, 드레서, 클로젯, 화장실을 완비하고, 분장실 2실에 샤워실, 3실에 피아노를 설치하고 있다.

분장실 1과 분장실 2는 오케스트라, 합창단 등의 이용에 대응할 수 있는 큰 룸으로, 모두 50명 정도 수용 가능하다.

5 주요 도면

| 지하1층 평면도

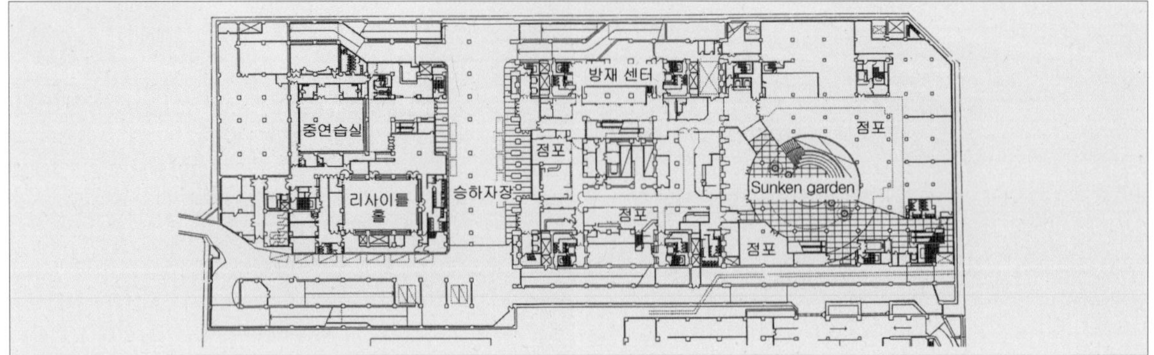

| 1층 평면도

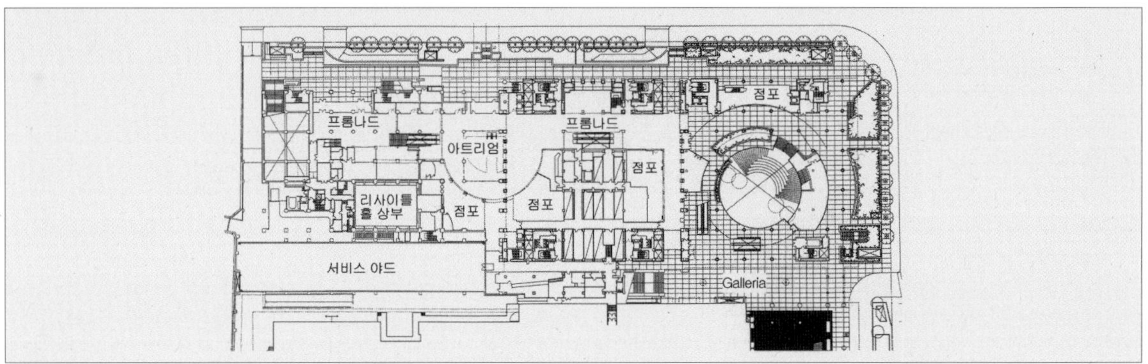

| 2층 평면도

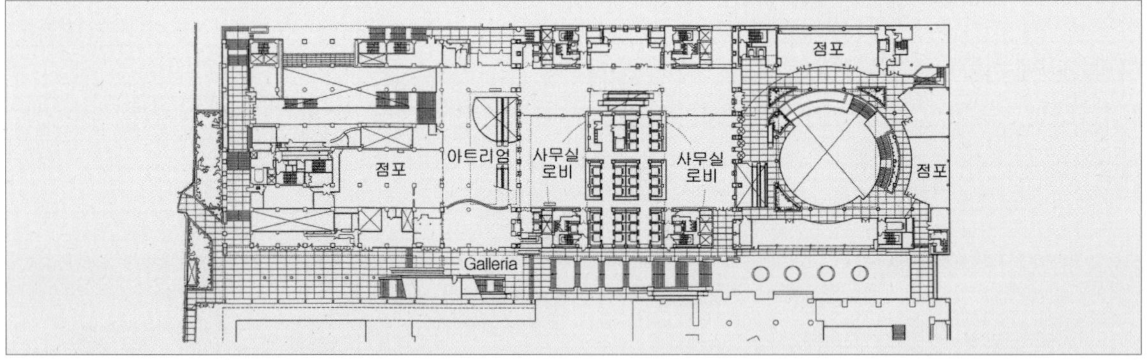

| 3층 평면도

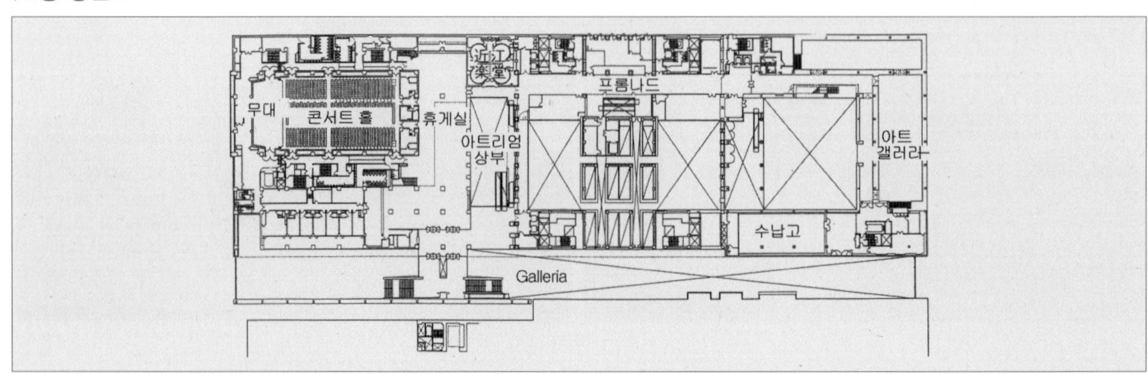

산토리홀

07

サントリーホール / SUNTORY HALL

홀 내부 전경 |

1 산토리홀 개요

산토리홀은 일본의 대기업 음료메이커인 SUNTORY HOLDINGS(주)(당시는 SUNTORY(주))가 위스키생산 60주년, 맥주발매 20주년 기념사업으로서 계획된 도쿄 최초의 콘서트홀로 「일본에 본격적인 음악홀을」이라는 열정을 담아 「세계에서 가장 아름다운 울림」을 목표로 설계되었다.

산토리홀은 도쿄에서 최초의 콘서트 전용 홀로서 「세계에서 가장 아름다운 잔향」을 콘셉트로 1986년 가을에 탄생하게 되었다. 당시 산토리(SUNTORY) 주식회사의 사장이었던 사지 게이조(佐治 敬三)의 오랜 꿈의 실현이기도 했다.

산토리 그룹이 세대를 뛰어 넘어 문화·사회 공헌활동을 계속해온 원점은 창업자 도리이 신지로(鳥井 信治郎)가 신념으로 여겼던 『이익삼분주의(利益三分主義)』로 거슬러 올라간다. 사업으로 얻은 이익은 「고객에 대한 서비스」, 「사업의 확대」 그리고 「사회에 대한 환원」에도 도움이 되었으면 하는 신념이다. 산토리홀도 이러한 정신을 계승하여 활동에 임하고 있다.

1986년 10월에 개관하였으며 20주년을 기점으로 대규모 개수공사를 실시해 2007년 9월 1일에 리뉴얼 오픈하였으며 2017년도에도 리뉴얼공사를 실시했다.

산토리홀은 도쿄에서 가장 인기있는 콘서트홀인데, 이는 세계 일류의 연주단체가 공연공간으로 이 홀을 선택하는 경우가 많다는 뜻이다. 이와 같이 좋은 공연공간은 소비자인 관객은 물론이고 생산자인 연주자에게도 좋은 평가를 받는 것을 의미한다.

고객을 안내하는 리셉셔니스트 및 클로크, 드링크 코너도 도입하여 성인의 사교장으로서의 새로운 즐거움을 창조했다. 또 개연 당초부터 음악의 정보 발신기지로서 오리지널 기획의 주최공연을 개최해 왔다.

2011년에는 개관 25주년을 맞이하여 지금까지 카네기홀과의 제휴프로그램 및 해외 음악대학과의 교류 프로젝트 등 세계를 시야에 담은 다채로운 차세대 육성프로그램을 전개하고 있다. 2012년에는 동일본 대재해로 인한 부흥 지원을 위해「빈 필 & 산토리음악 부흥기금」을 설립, 조성사업과 콘서트사업을 개시하였다.

산토리홀은 매년 약 550여 공연에 60만명 규모의 관객을 맞이하고 있다. 앞으로도 창조적이고 매력있는 기획을 제공함으로써 음악이 더욱 생활에 정착되는 것을 목표로 활동하고 있다.

개관 21주년이 되는 2007년도에 대규모 개수공사를 실시한 후 음향컨설턴트회사 나가타음향설계의 사내지인「나가타음향 설계뉴스」237호에 발표한「산토리홀 리뉴얼오픈」이라는 내용의 기고문을 통하여 산토리홀의 음향적 성격을 알 수 있다.

산토리홀의 설계에 앞서「세계에서 가장 아름다운 잔향」을 기본컨셉으로 하여 일선에서 활약하는 지휘자 및 연주가는 물론 음악을 사랑하는 각계 사람들의 의견을 폭넓게 수용했다.

대 홀은 일본에서는 최초의 와인야드(포도밭) 형식이다. 총 2,006석이 포도밭의 계단식 형태로 무대를 향하고 있기 때문에 음악의 잔향은 태양의 빛처럼 모든 좌석에 쏟아진다.

음향적으로도 시각적으로도 연주자와 청중이 일체가 되어 서로 임장감 넘치는 음악체험을 공유할 수 있는 형식이다. 측벽을 삼각추로 하고 천장은 내측으로 만곡시켜 객석의 구석구석에 이상적인 반사음을 전달하는 구조다. 객석은 블록으로 나눠져 있는데 측벽도 반사벽으로 해서 유효하게 활용하고 있다. 측벽의 내장재에는 위스키 저장통에 사용되는 화이트오크재를, 바닥과 객석의 등판에는 오크(졸참나무)재를 효과적으로 사용하여 온기있는 잔향을 실현하였다. 음향적인 효과와 함께 시각적으로도 차분한 분위기를 자아낸다.

산토리홀은 그 자체가 훌륭한 악기(공명 Box)이다. 끊어질 듯한 피아니시모의 아름다운 잔향을 홀의 구석구석까지 전달하기 위해 객석배치를 Vineyard(포도밭) 형식으로 하고 바닥, 벽, 천장, 좌석 등의 형상 및 재질을 꼼꼼하게 검토, 모형을 이용한 다양한 음향테스트를 여러 번 반복하면서 이상적인 모습을 추구하였다.

| 기념비「響」

Entrance 앞에는「響(울림)」을 테마로 한 금색의 기념비가 있다. 잔향의 울려 퍼짐을 방불케 하는 반원이 나열되어 있다. 작자는 산토리홀의 상징 마크도 만든 세계적인 그래픽 디자이너이자 조각가인 이가라시 타케노부(五十嵐 威暢)다. 기념비를 바로 위에서 내려다 보면 상징마크「響(울림)」의 형상이 떠오르게 만들었다.

| 파이프오르간

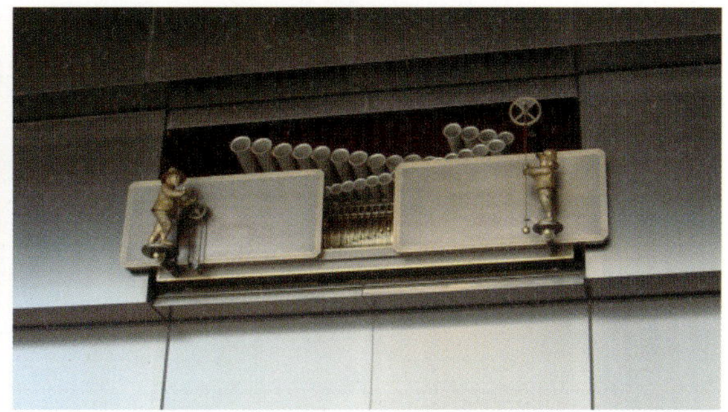

산토리홀 정면 현관 상벽에는 파이프오르간이 설치되어 있다.

정오 외에 개장시간이 되면 벽이 열리고 포도밭의 파수꾼을 형상화한 노인과 소년의 인형이 오르간을 돌린다. 오르간은 대 홀에 설치된 파이프오르간과 같은 소재로 만든 37개의 파이프에서 소리가 나온다.

| 건축물의 개요

구분	내용
소재지	도쿄 미나토구 아카사카 1-13-1(東京都港区赤坂1-13-1)
공사시공	가지마건설 주식회사
설계	사노 세이치 (佐野　正一) : 주식회사 야스이 건축설계사무소 미야케 신 (三宅　晋) : 주식회사 이리에 미야케 설계사무소 나가타 미노루 (永田　穂) : 주식회사 나가타음향설계 · **리뉴얼 프로젝트(2007년)** 다케다 요타로(竹田 洋太郎) : 총괄매니져 설계 : 야스이 (安井) 건축설계사무소 시공 : 시카지마(鹿島) 건설 전기음향설비 : 후지(不二) 음향
시설규모	• 건축면적 2,909㎡ • 연면적 12,027㎡
건축구조	철골철근콘크리트조 지상3층, 지하2층
시설종류	대 홀 : 콘서트전용 브론즈(소 홀) : 리사이틀 · 실내악 외에 강연회에도 대응 소극장 : 오픈 스테이지 상연형식을 가지는 현대무대예술 공연 기타 : 리허설룸/음향조정실/조광실/무대조작실/중계녹음실/촬영실/클로크/샵/드링크코너
악기	파이프오르간(대홀)/오스트리아, RIEGER社제, 74스톱/파이프오르간 리모트 콘솔 포지티브(continuo) 오르간/오스트리아, RIEGER社제 피아노 : Steinway D형 (풀 콘서트)/Bösendorfer · Imperial (풀 콘서트) 쳄발로/William Dowd . 파리社제
위치	

2 외관 및 로비

다메이케-롯폰기를 연결하는 도로에서 에스컬레이터를 올라가면 폭포가 있는 광장이 나온다. 정면 홀 입구 오른쪽에는 TV센터, 카라얀광장에 이어 주변에 몇 개의 레스토랑과 호텔로 가는 통로등이 있다. Entrance Hall 왼쪽이 블루로즈(소 홀)이며 정면의 계단을 2, 3칸 내려가면 대 홀로 통한다. 그리고 오른쪽의 에스컬레이터를 타고 올라가면 2층의 Foyer이다.

○ 아크 카라얀 광장

산토리홀 앞의「아크 카라얀 광장」은 산토리홀의 설계에 어드바이스를 해준 왕년의 명지휘자 故 헤르베르트 폰 카라얀의 이름을 붙이고 있다.

광장의 명칭은 카라얀의 탄생 90주년을 기념한 1998년에 명명했다. 이 이름을 딴 광장은 카라얀의 고국 오스트리아의 빈 국립 가극장 앞의 광장과 잘츠부르크 축제대극장의 광장의 3곳밖에 없다. 광장에는 카라얀 재단으로부터 기증받은 플레이트가 장식되어 있다.

| 산토리홀 외부 전경

○ 포이어

리셉셔니스트의 밝은 미소를 맞으며 엔트런스에서 한 걸음 들어서면 그곳에는 다른 시간이 흐르고 있다. 콘서트의 가슴 설레는 시간을 느긋이 즐기기 위해 포이어(로비)는 마호가니와 대리석의 질감을 살려 차분한 분위기를 연출한다.

클로크를 비롯 드링크코너, Shop을 갖추어 즐거운 환담을 나누는 사교장으로서의 시끌벅적함이 끊이지 않는다. 많은 관객들이 쾌적한 시간을 보낼 수 있도록 유니버설 디자인 대응의 설비도 충실히 갖춘다.

Foyer |

| 샹들리에

• 포이어의 천장을 보면 빛의 심포니 「울림(響)」이라는 타이틀의 거대한 샹들리에가 찬연하게 빛난다.

작가는 세계적으로 활약하는 조명 디자이너 이시이 모토코(石井 幹子)다. 폭 3.8m, 안길이 3.3m, 높이 2.4m의 30면체를 형성하고 있는 이것은 프레임 사이에 6,630개의 오스트리아제 크리스탈글라스가 있다. 이들은 증유된 알코올의 한 방울 한 방울을 표현한다.

3 대 홀(Main Hall)

공연공간에서 음향특성을 구성하는 주요 요소는「잔향감」,「밸런스」,「저음·고음의 특성 유지」등 여러 가지가 있으나, 산토리홀이 지향하는 음향특성은 다음과 같다.

✍ 산토리홀이 지향하는 음향 특성

① 여유 있는 풍부한 울림
② 중후한 저음에 기초한 안정감이 있는 울림
③ 명료하고 섬세한 울림
④ 입체감이 있는 울림

산토리홀의 설계에 있어서는 세계적인 지휘자, 연주자, 극장관계자들에게 폭넓은 의견을 수렴하였고, 특히 "카라얀"의 조언이 많은 영향을 주었다.「음악은 연주자와 관객이 하나가 되어 만드는 것이다. 연주자와 관객이 입체감이 있는 음악체험을 공유할 수 있는 콘서트홀 형태인 Vineyard는 그 목적에 적합하다」는 조언에 따라 객석이 스테이지의 주변을 감싸 각각의 객석에서 청취가 가능하도록 설계가 되어 있다.

2007년에 실시된 리뉴얼 프로젝트에 의해 대 홀은 벽면의 나무 부분을 변경을 도모하여 천장도장, 의자 소재의 교체, 쿠션 교환 등을 실시했으나 건설 당시와 동일한 재료, 동일한 공법으로 하여 음향적 변화가 생기지 않도록 배려했으며 최근의 홀 운영 경향인 강연회 등과 같은 교육프로그램 기획이 증가했다. 그리고 스피치 음질이 중요한 포인트로 인식되어 이에 대한 대응으로 스피커시스템 보완에 대해 특히 세밀한 검토를 실시했다.

실현목표로서 순조롭게 스피치가 잘 들리는 명료함과 고품격이 느껴지고 홀의 울림을 좋게 매치하는 확성음의 확보를 목표로 하였으며, 우선 홀의 창설자인 사지 게이조(佐治敬三)가 각 회사의 스피커를 실제로 대 홀에 가져와 비교청취 평가회를 반복했다.

최종적으로는 음향적인 중심을 최대한 한 점에 집중시켜 양호하고 깨끗한 음질을 갖는 동축 타입인 미국 EAW사의 AX시리즈와 음원이 선의 상태로 되도록 유닛을 결합시켜 명료함이 높아지게 하는 라인어레이(Line-Array) 타입인 미국 E. V사의 XLVC 시리즈가 최종 결정단계에 올라왔다. 수십명의 관계자 앙케이트에서 대부분의 사람들이 라인 어레이 타입이 좋다는 의견과 명료함 확보를 우선시한다는 본래의 목적에 따라 라인 어레이로 결정했다.

대 홀에서는 메인 클러스터를 천장에 수납한 상태에서도 사용하기 위해 실링 스포트부와 후부(後部) 천장에 보조스피커를 증설했다.

이번에 실시된 리뉴얼 프로젝트는 개관 이래 처음으로 실시한 개수공사로 5개월간 홀을 휴관하고 실시했다. 중요한 포인트는 지금까지와 마찬가지로 온기(따스함)가 있는 소리의 잔향 및 홀 자체의 분위기를 잃지 않는 것이었다. 기본적인 부분을 지키면서 보다 쾌적하게 음악을 즐길 수 있도록 개수하는 것이다.

메인이 되는 대 홀의 개수작업은 전 객석의 철거부터 시작하였다. 그 후 홀 내부의 바닥부터 천장까지 비계를 설치, 천장, 벽의 개수를 진행했다. 비계의 높이는 18m나 되어 고소에서의 작업은 안전에 중점을 두어 진행했다. 세계 이목이 집중된 자랑하는 홀 내부공사는 소위 귀중한 문화재 복원사업과 동일한 긴장감이 있다. 특히 파이프오르간의 양생과 습도관리에 세심한 주의를 요하였다.

파이프오르간은 급격한 습도나 온도변화에 약한 섬세한 악기이기 때문에 항상 습도는 50% 전후로 유지해야 한다. 개수공사를 위해 홀 내부의 공조 설비가 정지되어, 그 동안의 습도관리가 중요한 작업이 되었다. 비닐시트로 파이프오르간 전체를 덮고, 송풍기와 제습기를 풀가동시켜 습도관리를 철저히 했다. 비닐시트 내의 습도의 계측은 매일 빠짐없이 실시되었다.

홀 내부에서의 양중(揚重) 작업에도 여러 제약이 존재한다. 무대 플로어의 승강기구 및 화장실의 석재의 이동에는 소형 플로어 크레인을 사용하였다. 개수공사만의 어려움이 곳곳에서 나타났다.

꾸준한 작업의 연속이지만, 개수작업에는 세계적으로 평가가 높은 소리의 퀄러티 및 홀 전체의 분위기를 잃지 않도록 세심한 배려를 기울였다.

리뉴얼 프로젝트가 완료된 후 홀에 대한 평가는 관객 상부 공간에 중고역의 잔향시간이 긴 잔향이 풍부하게 감돌고 있는 점이었다. 홀의 천장이 높아, 관객 상부에서 천장까지의 공간이 일본의 홀치고는 상당히 크기 때문에 그곳의 대항면 등에서 중고역의 잔향이 만들어져, 풍부하게 울리고 있는 것이다. 사람의 목소리도 고역에 강조감이 없고 화려하긴 하지만, 높은 주파수까지 자연스럽게 뻗어 있으며, 그 다음 주파수는 완만하게 감쇠되고 있는 것을 알 수 있다. 대부분의 홀에 있을법한 고역의 강조감은 없다. 자연스러운 현의 울림을 기대할 수 있었다. 저음은 풍부하고 탄력이 있으며, 저음 공기 덩어리의 볼륨이 느껴져, 그것이 약동하는 느낌이 매우 좋다. 이 저음의 두께와 공기의 덩어리감은 일본의 홀에서는 좀처럼 체험할 수 없는 것이다.

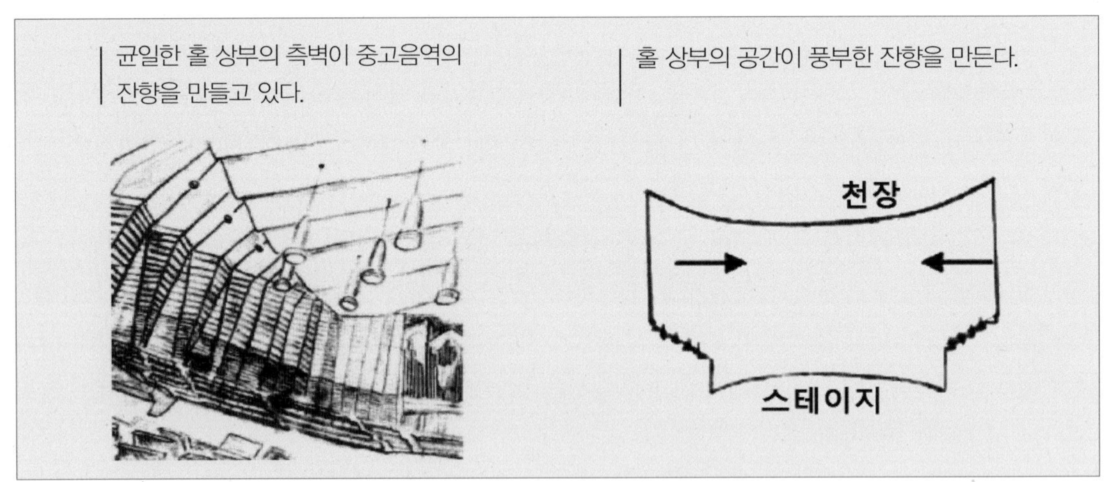

균일한 홀 상부의 측벽이 중고음역의 잔향을 만들고 있다.

홀 상부의 공간이 풍부한 잔향을 만든다.

약음의 풍부하고 표현력이 넘치는 저음은 많은 사람들의 평가를 받는 부분으로, 이 홀의 훌륭한 특징이다. 중고음의 강조감이 없기 때문에 청각이 특정 대역으로 끌려가지 않는다. 명(明)에서 암(暗)으로, 중간의 어두워지는 표현이 좋고, 소리의 흐름을 느낄 수 있다. 풍부한 공간감과 스테이지와의 일체감을 느끼면서 음악을 들었다는 만족감과 충실감을 맛볼 수 있다.

산토리홀의 소리는 음악을 연주가와 청중이 일체가 되어 만드는 것에 있다. 이는 설계 착수 시점에 카라얀이 추천한 와인야드형 콘서트홀 형식이 가져온 결과이다.

산토리홀은 앞으로도 더욱 발전해 갈 것이라고 생각하지만, 카라얀이 처음이자 마지막으로 이곳에서 연주한 후「이 홀은 소리의 보석상자이다」라는 말을 남겼다.

"소리의 보석상자"에 감춰진 소리를 찾는 작업은 산토리홀에 사용된 소재의 소리에 있다. 이곳의 소리에는 아주 미세함과 품위를 느낄 수 있다. 벽면의 내장재로 사용하고 있는 화이트오크 및 바닥 등의 오크재, 또 홀 전면 사이드 벽의 이탈리아산(産) 트래버틴이라는 대리석 등은 이곳의 소리로 나타나고 있을 것이다.

소리나 음악뿐만 아니라, 예술의 즐거움은 거기에 숨겨진 미의 요소를 하나하나 발견하여 맛보는 것에 있다. 산토리홀을 이해하고 음미하는데도 카라얀이 말한「소리의 보석상자」라는 말에는 이들 요소가 포함되어 있을 것이다. 그것과 함께 이 홀에 구성된 많은 장치를 소리와 음악이라는 최종 형태로 어떻게 표현되는지 음미하는 것이 이 홀을 찾는 즐거움에 될 것이다. 카라얀은 이곳에서의 마지막 연주를 한 후 이 말을 남기고 1년 후 세상을 떠났다.

| 대 홀(콘서트홀)의 개요

구분	내용
객석수	총 객석수 : 2,006석(휠체어석 4석 외에 최대 14석의 유니버설 디자인 대응좌석을 포함) 1층 : 858석 2층 : 1,148석
건축음향	실용적 : 21,000㎥(10.5㎥/명) 잔향시간(RT) : 2.1초(만석시) 2.6초(공석시) 형식 : Vineyard 형식 [그래프] 잔향시간 (s) / 1/1 옥타브밴드 중심주파수 (63, 125, 250, 500, 1000, 2000, 4000, 8000) — 공석 시, 만석 시 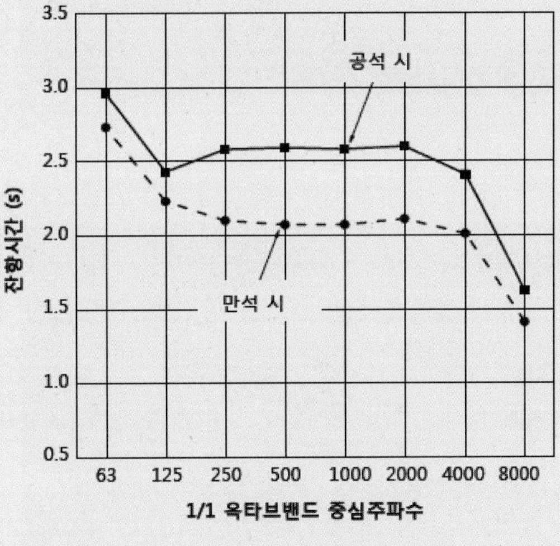
무대	면적 : 250.0㎡ 너비 : 21.0m 안길이 : 12.0m
기타	① 음의 확산구조 측벽면의 수직과 기울어진 벽면으로 만들어지는 요철로 확산효과를 높이고 있다. 1층 측벽은 면을 나누어 반사음의 지향각을 설정함으로써 초기반사음을 객석으로 보내고 있다. ② 무대 위 매달기반사판 9매의 곡면형 유리재질(폴리카보네이트)의 요철형(凸形) 반사판이 연주자에게 초기반사음을 공급한다. ③ 내부마감 실내부는 전체적으로 목재와 대리석으로 이루어져 있으며 뒷벽의 흡음구조는 유공판이다. ④ 기타 – 분장실 : 10실 270.0㎡(개실 6실, 대형 4실) – 아티스트라운지 : 130.0㎡ – 피아노창고 : 70.0㎡

| 대 홀 내부 전경 – 청중들이 여러 높이의 각 객석에서 청취가 가능하도록 설계

| 대 홀 측벽 형태 – 음의 측면반사음 및 전체적인 고른 확산을 위한 반사면 구성

| 천장은 넓은 패널이 포개져 여러 겹이 덧댄 것처럼 구성 – 객석의 유효반사음 고려

| 무대반사판과 조명 설치 – 투명한 폴리카보네이트를 개별적으로 설치

| 무대 매달기천장 상세도

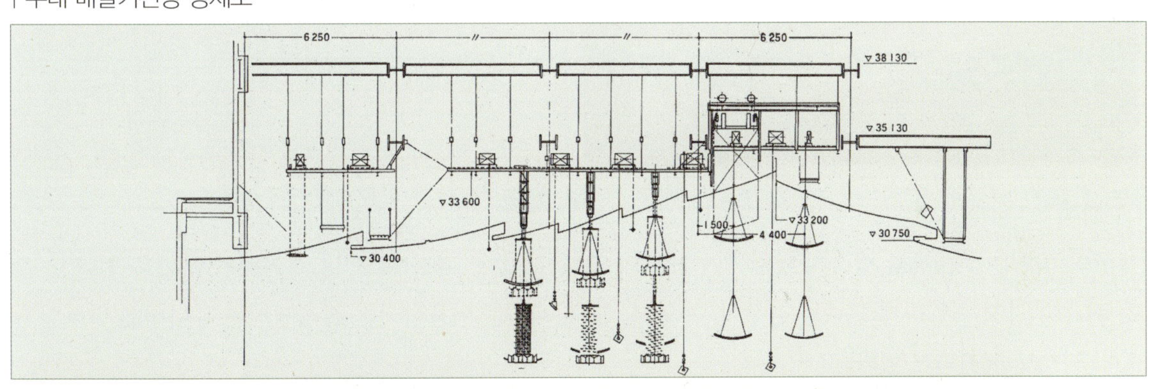

○ 무대

스테이지 기구 및 음조, 조광 시스템에는 최신기술을 도입하여 다양한 오케스트라 편성에 적합한 스테이지를 신속하게 구성할 수 있다. 스테이지의 상부에 있는 음향반사판은 높이를 조정함으로써 최적의 음향효과를 얻을 수 있다. 또, 스테이지의 승강기구는 합리적이고 아름다운 선형(부채꼴)으로 하여 37분할된 각 파트를 1㎝ 파서 바닥면으로부터 1.0m의 높이까지 상하로 움직일 수 있다.

계단형 승강무대 – 무대 승강장치는 반원형으로 구성되어 있으며 각 단별로 높낮이조절이 가능

| 무대승강장치 상세도

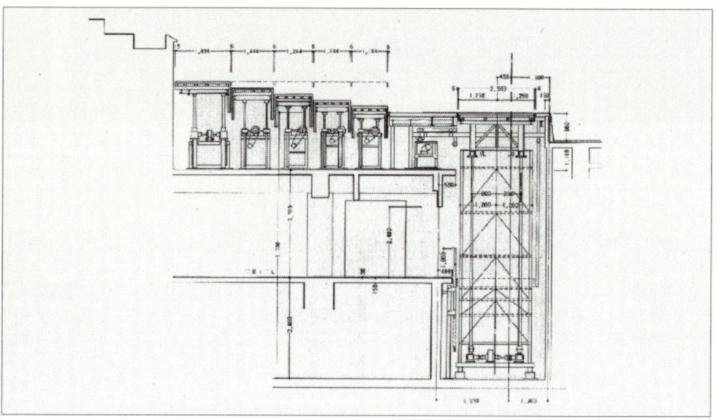

○ 객석

객석의 의자는 Vineyard 형식에 맞춰 와인레드의 포도 무늬다. 의자 폭도 넓고 좌석간에 발을 뻗을 수 있는 여유를 가져 편안하게 연주를 감상할 수 있다. 또 휠체어를 이용하시는 관객에게는 유니버설 디자인 대응의 좌석도 마련되어 있다.

○ 마에스트로 카라얀으로부터의 메시지

산토리홀 건설시, Vineyard 형식을 적극 추천하고 음향실험에도 참여한 세계적인 지휘자 故 헤르베르트 폰 카라얀은 홀 완성 후의 공연에서「우수한 잔향에 감동했다. 마치 소리의 보석상자와 같다.」고 감상평을 하며 이같은 메시지를 초대 관장인 사지 게이조(佐治 敬三)에게 보냈다.

8년 5월, 나는 커다란 기쁨을 가지고, 이 아름다운 산토리홀에서 연주하였다. 이 홀은 많은 면에서, 내가 사랑하는 홀, 베를린 필하모니를 연상시켰다. 부디 다시 한 번 이 수준 높은 홀에 왔으면 좋겠다고 생각한다. 나의 벗, 사지 게이조씨에게 진심으로 깊이 감사한다. 그는 이 건물로, 일본의, 그리고 세계의 음악생활에 커다란 공헌을 하였다. 마음을 담아 …

○ 파이프오르간

대 홀 정면에 위치하는 파이프오르간은 스톱수 74, 파이프 총수 5,898봉을 가진 세계에서도 최대급이라 할 수 있다.

오스트리아의 명문 Rieger社의 마이스터가 홀의 음향특성에 어울리는 부드럽고 온기 있는 잔향을 추구하여 파이프 하나하나, 리드 하나하나에 이르기까지 수작업으로 제작, 홀에 설치한 후에도 미세조정을 거쳐 완벽한 정음(整音)을 구현하였다. 오르간은 스톱수[1]가 많고 콘서트홀의 오르간으로서 폭넓은 레퍼토리로 대응할 수 있다.

☞ 1) 스톱수 – 음색을 구분해 사용하는 기구의 수

연주는 오르간에 편성된 메인 콘솔(연주대) 이외 스테이지 위에서 리모트 콘솔을 이용해 연주할 수도 있다. 좌측이 메인 콘솔이다. 4단의 손건반과 발건반을 갖추고 있다.

손건반의 좌우에 있는 둥근 노브가 스톱이다. 오르간 음악에는 오케스트라 등 무대와 함께 연주하는 것도 있다. 그러한 경우 오르간 연주자는 무대에 등지고 있으므로 모니터 화면으로 지휘자를 비추고 있다. 우측에 있는 리모트 콘솔을 연주하면 전기신호가 오르간에 흘러, 사진 안쪽의 파이프오르간에서 소리가 나온다.

산토리홀 정면에 설치된 악기, 파이프오르간. 그 역사는 기원전까지 거슬러 올라간다.

고대 로마에서는 원형 투기로 큰 소리를 울려 경기를 고조시켰고, 유럽의 긴 역사 속에서는 교회를 하나님에 대한 신앙과 찬미의 찬란함으로 채웠다.

오늘날 파이프오르간은 오케스트라에 비견하는 풍부한 잔향으로 콘서트홀에 모인 사람들의 마음을 매료시키시고 있다.

단 1대의 오케스트라라고까지 일컬어지는 오르간의 잔향은 어떻게 탄생되는 것일까.

악기의 「바깥측」과 평소 거의 볼 수 없는 「안측」까지 통틀어 그 구조를 알아보자.

파이프오르간에는 피아노와 같이 건반이 있다. 하지만 그 소리가 나오는 기본은 리코더 등의 관악기와 같은 원리이다.

오르간의 바깥 측에 빛나고 있는 파이프는 안쪽에도 배열되어 있어, 거기에 공기가 들어가 소리가 만들어지는 것이다.

단, 파이프에는 리코더와 같은 구멍은 없으므로, 한 높이의 소리밖에 낼 수 없다. 산토리홀의 오르간에는 전부 5,898봉이나 되는 파이프가 있고, 각각이 하나의 소리 높이, 하나의 음색을 가져, 건반을 누르면 안쪽에 있는 바람통으로부터 특정 파이프에 공기가 들어가 소리를 발하는 것이다.

ㅁ 오르간의 바깥측

산토리홀의 파이프오르간은 4단의 손건반(매뉴얼)과 발건반(페달)을 갖추고 있다.

각각의 건반은 독립된 바람통과 파이프 열에 연결되어 있고 각각이 하나의 완결된 오르간으로 간주되므로 「5개의 오르간으로 구성되어 있다」고도 말할 수 있다.

손건반의 좌우에 있는 둥근 노브는 스톱(레지스터)으로 각각 특정 파이프군을 발음 가능케 한다.

이 스톱에 의해 다양한 재질, 형상의 파이프를 조합시킨 연주함으로써 부드러운 약음부터 화려하고 강렬한 음까지 울릴 수 있는 것이다.

연주시에 오르간 연주자는 양손으로 손건반을, 양발로 발건반을 친다. 또 필요에 따라 연주 중에 신속하게 스톱을 조작하는 경우도 있다.

그를 위한 보조장치로서 스톱의 조합을 프로그램 해서 사전에 기억시켜 두고, 스위치 혹은 피스톤으로 호출하는 전자적인 제어기구가 개발되어 산토리홀의 오르간에도 채용되었다.

▫ 손건반

음역은 5옥타브이지만 스톱조작에 의해 실제로 발음가능한 음역은 9옥타브 이상이다. 오르간의 건반은 파이프를 울릴지 울리지 않을지를 제어할 뿐으로 건반을 강하게 누르든 약하게 누르든 음량과 음색은 일정하다. 타건(打鍵)과 이건(離鍵)의 스피드가 다소 소리의 시작과 여운에 영향을 미치는 경우는 있지만 기본적으로 건반은 온오프 스위치라 할 수 있다.

그만큼 연주시에 언제 건반을 누르고 언제 떼는가 하는 타이밍이 중요한 의미를 가진다. 오르간은 누가 치던 음색은 동일하다고 생각하기 쉽지만, 이 타이밍에 따라 같은 오르간이라 하더라도 또렷하게 들리는 경우도 있고 촉촉한 느낌이 들기도 하여 음색이 다른 것이다.

▫ 발건반

2옥타브 반의음역을 가지고 양발로 연주한다. 통상은 베이스의 성부를 연주하지만 곡에 따라서는 알토를 발로 연주하거나 드물게 2개의 선율을 발로 연주하는 경우도 있다.

오르간에서는 파이프에 보내진 바람의 강도는 일정하여 강약의 변화를 줄 수 없다. 이 결점을 보완하기 위해 18세기 이후, 한 무리의 파이프를 상자(Swell Box) 안에 넣고 셔터를 개폐하여「음량을 조절하는 기구」를 도입했다.

산토리홀의 오르간은 연주대의 좌우에 셔터가 있다.

▫ 오르간의 내부

외측에서 보이는 파이프는 오르간 파이프의 극히 일부에 지나지 않는다. 내부에는 수천 봉의 파이프와 그것을 울리기 위한 복잡한 메커니즘으로 구성되어 있다.

오르간의 파이프는 오르간 페달(주석과 납의 합금)에 의한 금속파이프와 각종 목재로 만들어지는 목제파이프로 나눠진다. 발음원리는 리코더와 동일한 원리로 소리가 나오는 플루파이프(Flue Pipe)와 리드의 리드파이프(Reed Pipe)로 대별된다.

플루파이프는 오르간의 기본적인 잔향을 만들어 내는 것으로 파이프 상단의 형상이 개관, 폐관, 반폐관이 있으며 이들 형상의 차이와 재질의 차이에 따라 다양한 음색이 창출된다. 리드파이프의 음색은 기본적으로는 리드의 성질로 결정되는데, 공명파이프의 형상과 길이도 영향을 미친다. 선이 가는 음색이 있다면, 리드 특유의 강한 소리를 내는 것도 있다. 또 리드파이프는 종종 솔로로 주선율을 연주하기 위해 이용하거나 포르테를 증강시키기 위해 쓰인다.

| 무대 상부에 파이프오르간 설치

| 대 홀 무대 및 파이프오르간 개요

	구분	내용
무대	무대형식	아레나형식
	무대규격	정면너비 21.0m, 안길이 12.0m
파이프오르간	특기사항	파이프오르간 설치 오스트리아의 명문 리가社 (Rieger社)의 파이프오르간 스톱수 : 74 파이프수 : 5,898봉 연주대 : 2대 (조립식, 이동식), 4단 손건반, 발건반

3 블루로즈(소 홀–Blue Rose)

현관 입구를 들어가 왼쪽에 있는 블루로즈(소 홀)는 주로 독주 및 실내악공연을 주목적으로 음향설비가 마련된 리사이틀홀로서 목재를 사용하여 마감하였으며 소편성연주를 위한 공간으로 설계했다.

블루로즈(소홀)는 리뉴얼 프로젝트 실시에 의해 무대 측벽의 일부를 수동개폐식으로 하여 무대 축에 공간이 만들어지도록 했으며, 임의의 각도에서 설정할 수 있는 음향반사판으로도 사용할 수 있도록 고려했다. 또한 젊은 층 타깃의 프로그램을 추진하기 위해 자료 제시에 필요한 비디오 프로젝터는 풀 하이비전 타입으로 하고 5.1채널 서라운드 재생이 가능토록 스피커를 대량으로 증설했다. 블루로즈(소 홀)의 차분한 내장디자인에 맞춰 음질도 업그레이드 시키고 스피커는 독일제 D&B Audio Technik사의 Ci, E 시리즈로 준비했다.

소 홀은 2007년 개수로 다양한 음악장면에 대비해 스테이지를 확장함과 동시에 영상·음향설비를 도입하여 새로이 「Blue Rose」라는 이름을 내걸었다. 대 홀과 마찬가지로 나무재료를 효과적으로 활용함으로써 풍부한 잔향과 분위기를 자아낸다.

객석은 가동식, 무대는 7개로 분할된 승강무대로 구성, 각각이 20㎝ 파여 최고 6.0m까지 상하로 움직인다. 플로어도 연주자가 바로 옆에서 느껴지는 넓이다. 때문에 자유로운 발상으로 새로운 음악공간을 연출한다. 연주회 외에 강연회 등으로 다양하게 이용할 수 있다.

| 블루로즈

- 영어 Blue Rose는 개량 불가능의 대명사가 되어 왔지만 SUNTORY의 바이오기술에 의해 2004년에 신품종 「파란 장미」를 개발했다. 소 홀은 많은 아티스트들에게 새로운 도전의 무대로서 활용되었으면 하는 바람에서 「Blue Rose」라 이름지었다.

| 블루로즈(소 홀) 개요

구분	내용
객석수	가동식 384석(24석×16열), 432석(24석×18열)
건축음향	잔향시간 : 1.1초(만석시), 1.3초(공석시)
객석형식	슈박스형식
무대	62.5／98.0㎡ (7분할 승강무대)
기타	무대치수 : 정면너비 16.9m, 안길이 최대 5.8m 공연형태에 따라 무대와 객석의 형태를 변환할 수 있음 객석 뒷면에는 지하창고와 리프트로 연결하여 의자의 반출입이 가능 분장실 : 4실(개실 2실, 대형 2실)

| 블루로즈(소 홀) 내부 전경 – 무대와 객석의 위치 변환가능

| 객석의자를 수납하기 위한 하부 승강장치 및 입구

| 무대와 무대후면 라운지와의 연결통로

대 홀의 무대 뒤에는 카운터가 있는 아티스트라운지를 설치하여 연주 전후 휴식시간에 편안하게 쉴 수 있다. 또한 여기는 산토리홀에 출연한 수많은 아티스트의 사인이 장식되어 있다. 라운지 옆 락커는 전세계 오케스트라 및 앙상블이 산토리홀을 방문했을 때 자신들의 스티커를 붙이고 가는 것이 관례처럼 이어져오고 있다.

| 산토리홀에서 연주한 세계 유명 연주단체의 기념스티커

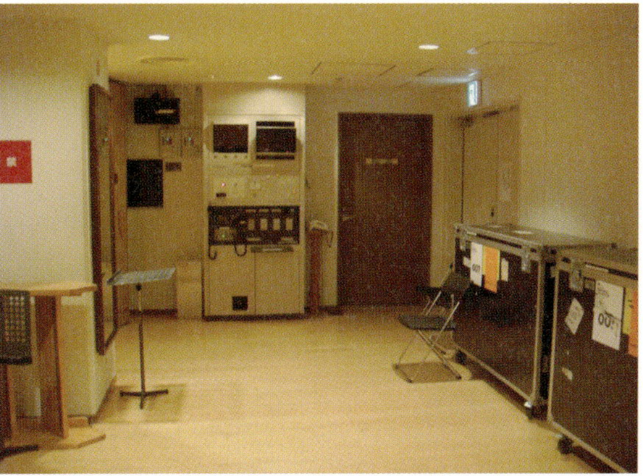

| 산토리홀에서 연주한 유명연주자의 싸인

○ 분장실

아티스트들이 최고의 컨디션으로 연주에 임할 수 있도록 제반설비시설에 상쾌한 여유를 담아 세심한 배려를 하고 있다.

분장실은 대 홀용으로 10실이 있는데 그 중 6실이 개인실로 플로어링으로 마감된 소리가 울리는 실과 카펫 마감의 조용한 실 그리고 피아노를 상비한 실, 샤워실 등 다양한 타입을 겸비했다.

블루로즈(소 홀)용 분장실은 4실(그 중 2실이 개인실)이 있고, 대 홀용과 마찬가지로 적당한 긴장의 완화와 휴식을 취할 수 있는 공간으로 구비되어 있다.

| 벽화와 스탠드글라스

- Entranve 위의 내벽에는 「울림(響)」을 테마로 한 모자이크 벽화가 있다. 이는 일본을 대표하는 추상화의 거장 故 우지야마 뎃페이(宇治山 哲平) 화백 말년의 작품이다.

  벽화의 양단과 대 홀 2층 복도에는 해외에서도 높은 평가를 받고 있는 유리예술가 미우라 게이코(三浦 啓子)의 「律」이라는 타이틀의 스탠드글라스가 부드러운 빛을 포이어에 끌어들인다.

5 주요 도면

| 지하1층 평면도

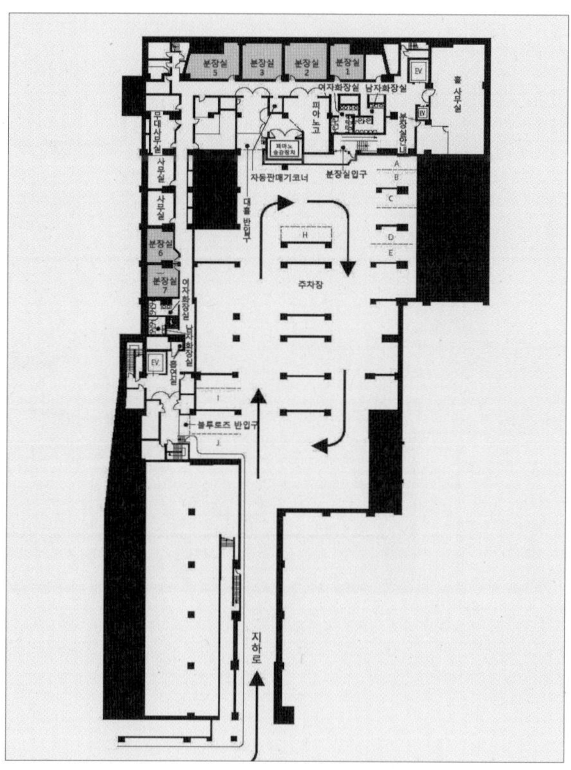

| 1층 평면도

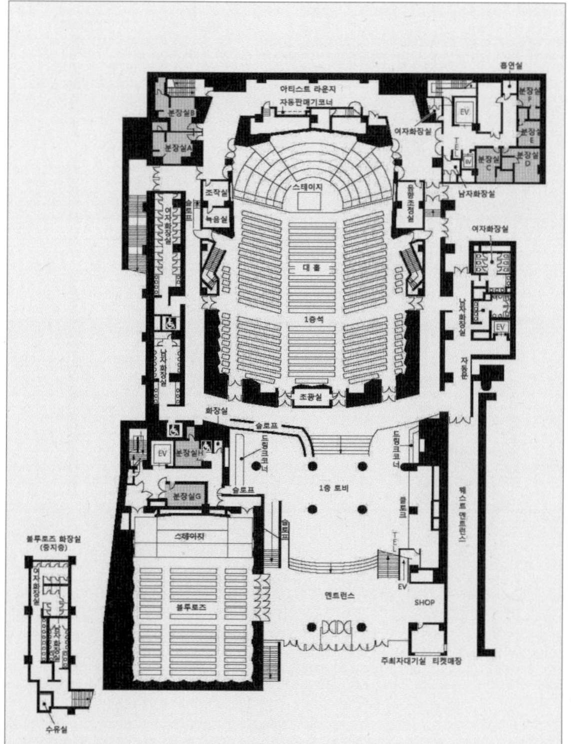

| 2층 평면도

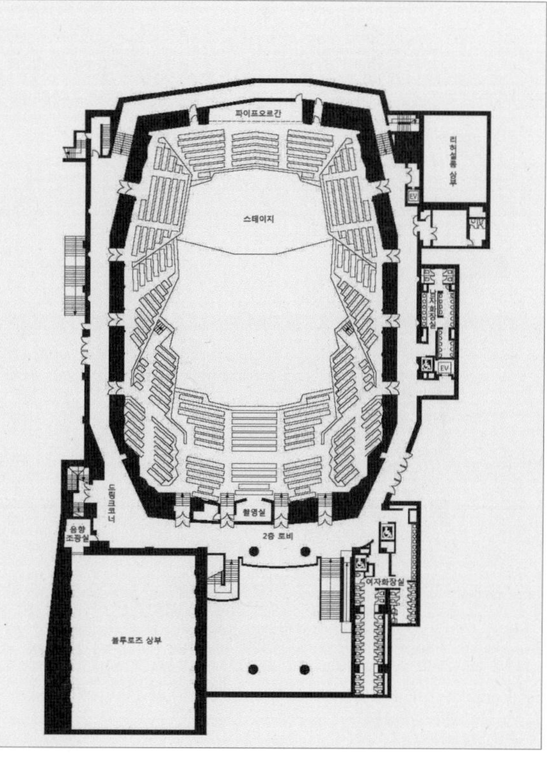

| 대 홀 단면도

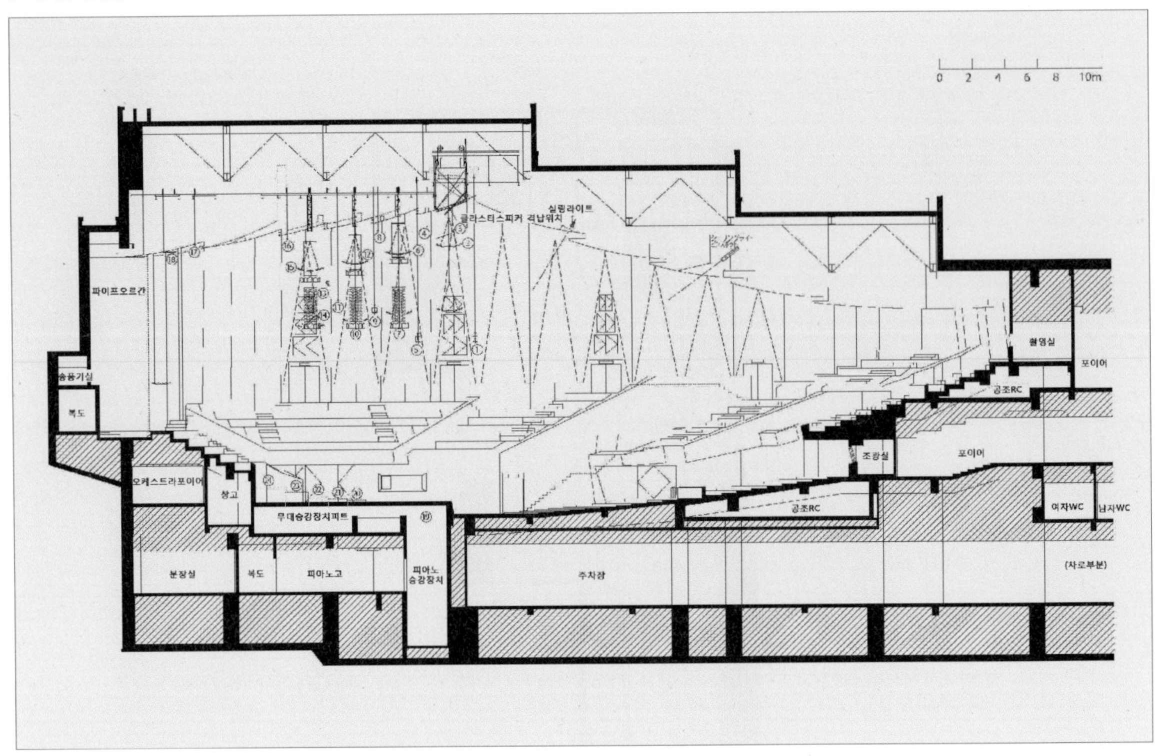

| 대 홀 무대평면도

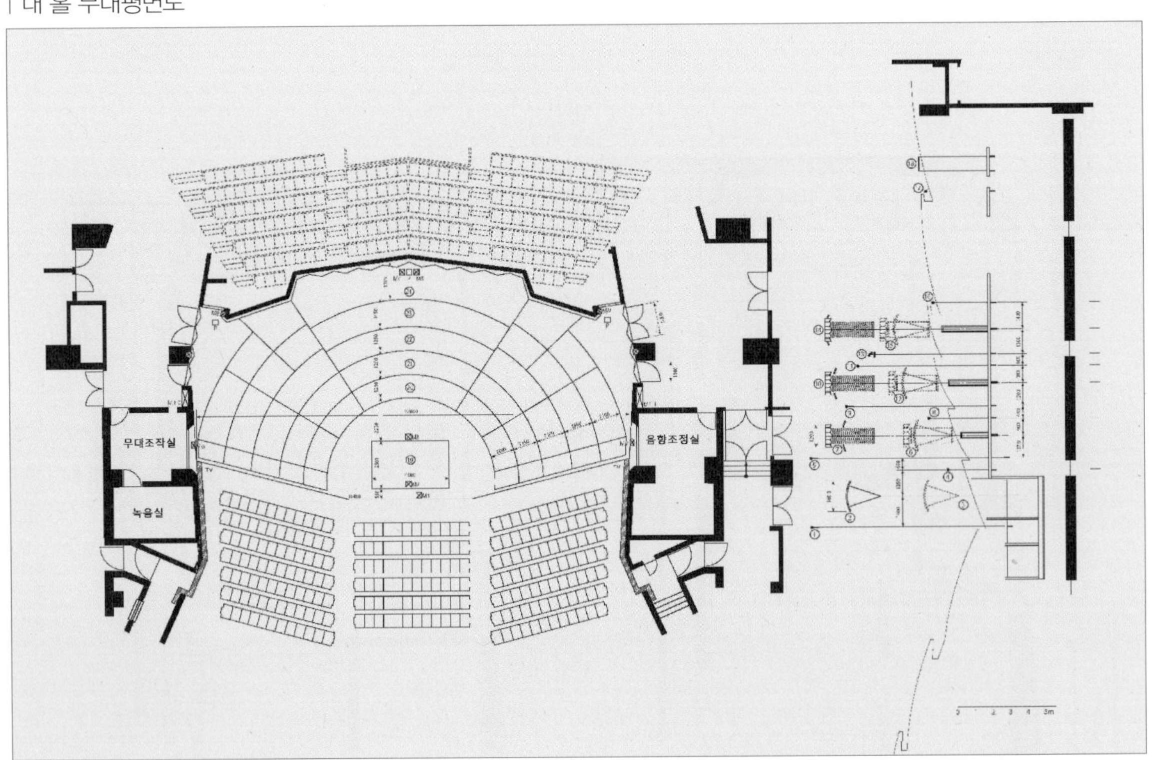

| 블루로즈(소 홀) 평면도

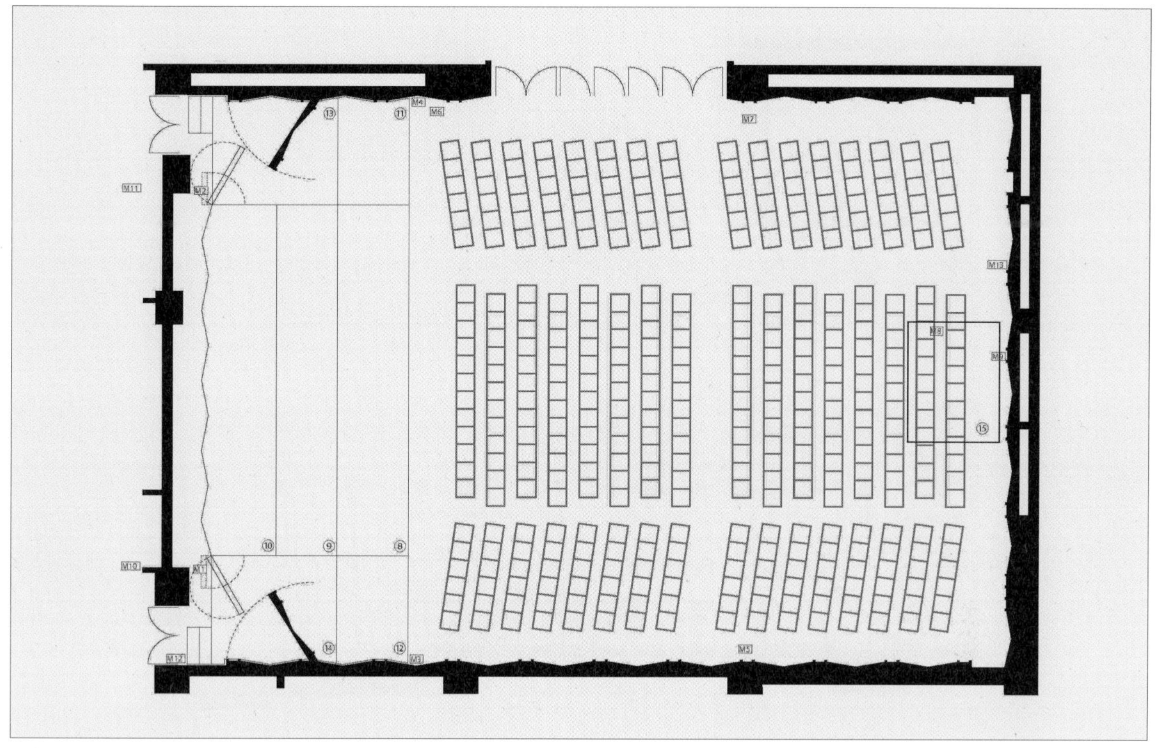

| 블루로즈(소 홀) 단면도

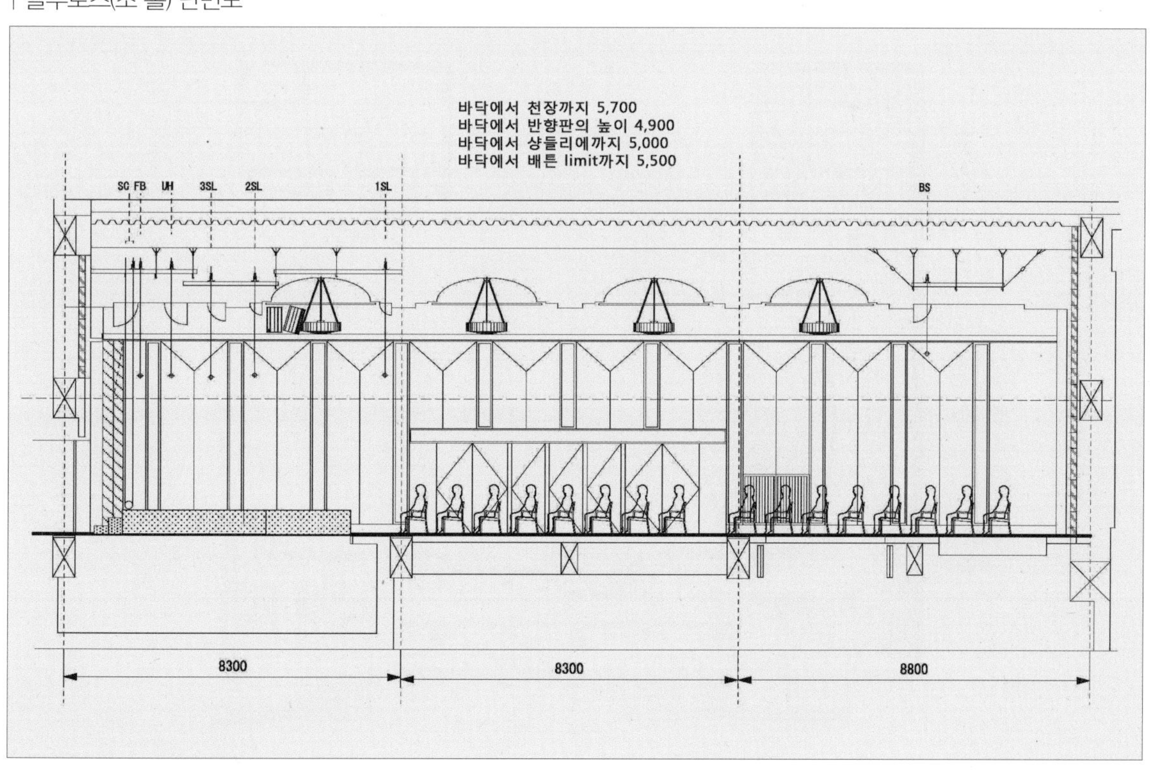

통로
홀 사무실
EV
EV
TEL
남자WC
여자WC
분장실입구
①
②
③
⑤
피아노고
자동판매기코너
급탕실
대 홀 반입구
통로
블루로즈 반입구
여자WC 남자WC
흡연실2
TEL
흡연실1
무대사무실
⑥
⑦
EV
B1F

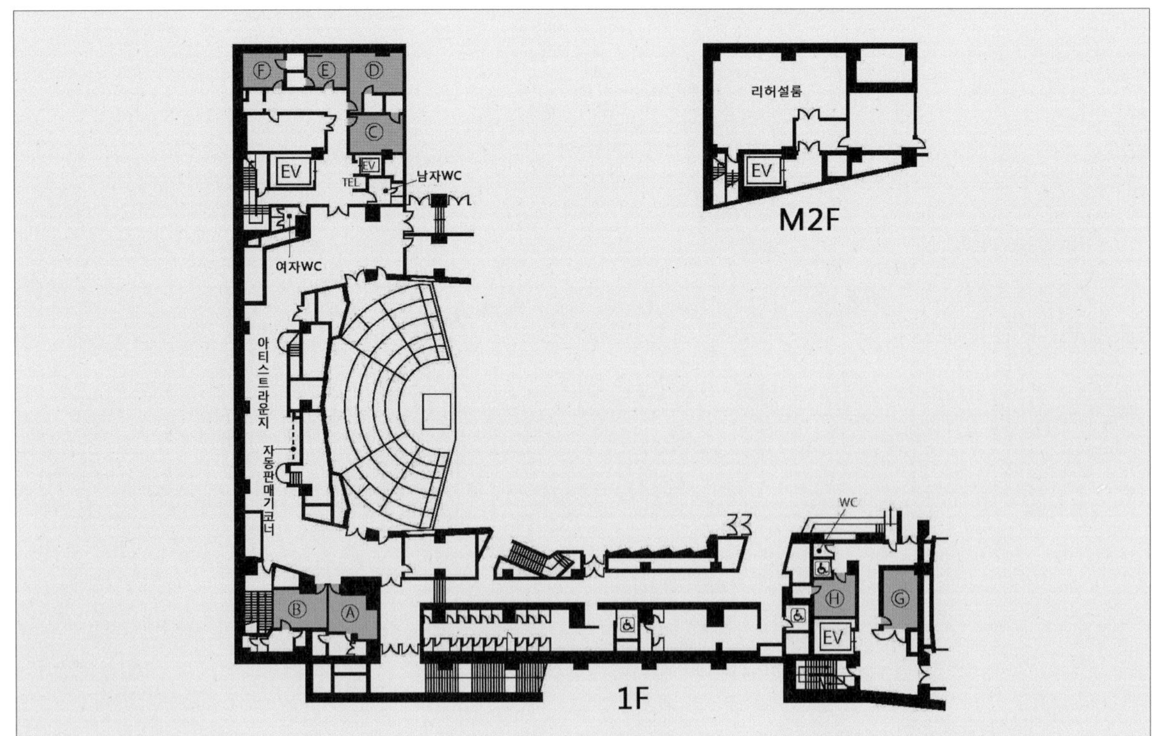

08 오차드홀

ーチャードホール / BUNKAMURA ORCHARD HALL

1 오차드홀 개요

홀 내부 전경 |

"시부야(渋谷)"는 JR 야마노테선, 사이쿄선, 도큐 도요코선, 덴엔도시선, 게이오 이노가시라선, 지하철 긴자선, 한조몬선이 연결되는 교통 및 교류의 터미널로서, "긴자", "신주쿠", "아사쿠사"와 함께 동경의 중심, 번화가이며 도쿄 젊은이들의 문화와 개성적인 문화시설이 집결된 지역이다.

이러한 지역적 특성이 있는 "시부야"에 위치한 일본 최초의 대형 복합문화시설인 「Bunkamura」는 도큐 백화점 본점과 연결되어 있으며 음악홀과 공연장, 갤러리, 카페 및 아트숍 등이 함께 있어 다양한 이벤트를 즐길 수 있다. 이러한 복합문화시설과 같은 구성은 「Bunkamura」 이후 일본 문화공간의 하나의 유형으로 자리하여 가와사키 심포니홀이 있는 〈Muza 가와사키〉, 요코하마의 미나토미라이홀이 있는 〈미나토미라이 21〉, 〈도쿄오페라시티〉 등이 있다.

「Bunkamura」 내에 있는 오차드홀은 2,150석 규모의 대형 홀로서 가동형(可動形) 음향 셀터 및 매달기반사판 등의 구성을 가지고 있으며 무대는 관현악, 오페라, 발레, 소편성 앙상블 등 공연 종목에 대응하여 규모가 변경 가능한 가변형(可變形) 구조를 가지고 있다.

높고 평평한 천장이 특징적인 오차드홀은 슈박스형을 채택한 홀로서는 일본 최대 규모로, 스테이지에 설치된 3중 구조의 가동식 음향셸터에 의해 클래식 및 대중음악 콘서트, 오페라 및 발레까지 폭넓은 장르의 음악에 대응한 음향공간을 실현하고 있다.

무대에 설치된 가동식 가변형 무대 구조는 129톤에 달하며, 바닥에 설치된 철도레일을 따라서 구동된다. 홀의 형태는 직사각형의 슈박스 타입으로 횡폭과 안길이의 비율은 보스턴 심포니홀과 거의 동일하며 디자인은 간결하고 현대적으로 구성되어 있다. 포이어는 차분한 구조로, 공연이 시작하기까지 시간을 여유롭게 보낼 수 있다.

| 건축물의 개요

구 분	내용		
소 재 지	도쿄 시부야구 도겐자카 2-24-1 (東京都渋谷区道玄坂2-24-1)	위치	
공사발주	도큐전철, 도큐백화점		
설 계	• 미카미 유조(三上 祐三)+MIDI 종합설계연구소(음향 포함) • 이시모토 건축사무소 • 도큐 설계컨설턴트 • 이시이 기요테루(石井聖光), 니혼대학 기무라 연구실		
시설규모	• 건축면적 : 6,268.0㎡ • 연면적 : 33,023.0㎡		
건축구조	철골철근콘크리트조		
시설종류	오차드홀 : 클래식, 콘서트, 발레, 오페라, 일반콘서트 등 다목적 기타 홀 : 음악실, 대기실, 리허설룸 등		

2 외관 및 로비

오차드홀이 있는 Bunkamura는 경사면에 위치하지만 외관 및 로비에 형태상 특별한 특징은 없다. 하지만 이로 인해 대지면적이 많이 제한되어 있어 일반적으로 출연관계자의 공간이 좁고 무대와 같은 층이 아니라 사용하기 불편한 단점이 있다.

| 외관 전경 – 도쿄 부도심의 번화가에 위치한 복합문화시설

| 오차드홀 입구(주변)

3 오차드홀

홀의 기본형은 고전적인 슈박스형인데, 무대 부분에 새로운 공법을 추가해서 중규모까지의 오페라, 발레 상연이 가능하도록 설계되어 있는 것이 특징이다. 이것을 「컨버터블(Convertible) 홀 컨셉」이라 부르고 있다. 이 시스템의 도입으로 오케스트라 콘서트, 오페라, 발레, 실내악, 리사이틀 등 다양한 장르의 음악을 혼합한 다채로운 프로그램을 편성할 수 있게 되어, 홀의 가동률을 높이는 커다란 역할을 하고 있다. 슈박스형 홀이라는 「전통」과 컨버터블 홀이라는 「혁신」의 두가지의 장점을 겸비하고 있는 것이 이 홀의 특색이라 할 수 있겠다.

| 측면에서 바라본 홀 내부 – 반사음 확산을 위한 측벽 매달기반사판 설치

| 오차드홀 개요

구 분	내용
객 석 수	총 객석수 : 콘서트 2,150석(휠체어석 4석 포함) 오페라, 발레 1,928석(오케스트라 피트 사용시)
건축음향	실용적 : 21,040㎥(9.8㎥/명)-쉘터 규모 최대의 경우 잔향시간 : 1.80초~2.00초(만석시) 형식 : 슈박스 형식 + 컨버터블 형식
기 타	① 가동식의 삼중구조 음향쉘터 높은 강성의 철골 일부로서 설계, 내부의 반사면은 면밀도 36Kg/㎡를 확보하고 있으며 공간의 변형에 따라 다양한 장르의 공연을 할 수 있다. ② 매달기반사판 설치 발코니 상부 측벽에 매달기반사판을 설치하여 반사음의 확산을 유도하였다. ③ 내부마감 발코니 측면은 반사성의 마감재료를 사용, 형태와 마감재료를 통해 반사음의 확산을 이용하였고 후면에는 흡음재를 장착한 단단하고 얇은 슬릿을 사용하여 저음 흡수를 하였다.

| 측면 발코니층 구성을 통한 소리의 측면반사음 유도

◇ 공연공간의 음향설계모형

컴퓨터 하드웨어의 비약적인 발전과 그것을 이용하기 위한 소프트웨어 개발로, 대규모 시스템에서 일어나는 복잡한 현상을 수치실험(수치 시뮬레이션)을 통해 예측하는 사례가 늘고 있다. 실내음향설계 분야에서도, 1970년 전후에 소리의 전반을 기하학적으로 다루는 시뮬레이션 기술의 연구개발이 시작되어, 현재는 비교적 단순한 실 형상(경계조건)이라면 파동방정식을 수치적으로 해석하는 것도 가능해졌고, 또 디지털음장 합성기술을 이용해 시뮬레이션 결과를 실제로 소리로 듣는 것(가청화)도 가능하다.

홀 등의 복잡한 공간을 설계할 때에 이용되던 음향모형 실험을 컴퓨터상의 수치 시뮬레이션으로 치환하는 것이 가능해졌다고는 하지만 그 형상(경계조건)의 복잡 등으로 인하여 현 단계에서는 아직 불가능 혹은 어렵지 않나 판단된다. 예를 들어 객석의 사양에 대해 모형에서는 축척·흡음특성을 맞춘 의자를 배열하면 되지만, 컴퓨터상에서 의자를 하나씩 모델화하지는 못하는 것이다.

1985년에 기하음향이론에 근거한 음선법 컴퓨터시뮬레이션 수법을 실내음향설계 기술 중 하나로 도입하였다. 그보다 이전에는 도면상에서의 음선추적 및 광학 혹은 음향모형실험을 이용해 음향설계를 해 왔다. 그 이후에도 현재에 이르기까지 필요하고 상황이 허용되는 경우에는 음향모형실험을 거쳐 설계를 정리하는 과정을 진행하고 있다.

음향설계에 있어서 컴퓨터시뮬레이션과 음향모형실험은 각각 강점으로 내세우는 기능과 실시 타이밍이 오버랩 되면서도 서로 달라, 수치 시뮬레이션과 디지털 음장합성이 음향모형실험을 대신한다고는 생각할 수 없다. 그동안 실내음향설계에서 이용된 모형실험 및 컴퓨터시뮬레이션의 역사와 설계기법을 구분하면 다음과 같다.

실내에 있어서 소리의 반사경로를 조사하는 방법으로 도면상에서의 반사음선 작도 및 광선 추적이 있다. 이것은 오래전부터 사용되어 온 실형의 검토방법으로 소리의 파동성질을 무시한 원시적인 방법이기는 하지만, 에코발생 경로의 탐색 및 손이 닿지 않는 높은 위치에 있는 면에서의 소리의 반사 방향을 확인하는 데 지금도 이용되고 있다.

20세기 초에는 단면 모형에 물을 장파의 전반 상황을 관측하는 Ripple Tank법 및, 역시 단면 모형 내에서 스파크 펄스를 발생시켜 그것이 전반할 때 발생하는 공기 밀도의 변화를 화상으로 관측하는 Spark Photography법이 시도되었다.

실내음향학의 선구자 W. C. Sabine도 몇몇 극장을 설계할 때 Spark Photography법을 이용하였다.

이들은 어느 정도 파동현상을 파악할 수 있지만 아쉽게도 관측할 수 있는 것은 2차원(단면)의 현상에 한정되고 있었다.

1934년 Spandöck가 1:5의 3차원 축척모형 안에서 음파를 사용한 실험을 최초로 시도하였는데, 목표는 최대한 정밀하게 음장을 시뮬레이트 해서 "잔향"의 주관적 평가를 실시하면서 설계를 진행한다는 것이었다. 모형 내에서 수록한 소리를 실제로 듣기 위해서는 주파수 변형이 필요한데 그들은 최초 왁스드럼을, 이후 테이프레코더를 사용하고 있다. 당시 과연 청감평가에 견딜 수 있을 정도의 음질의 재생음을 얻을 수 있었는지 의문이고, 또 실용적 관점에서 모형실험에 부정적인 의견도 있었지만 이 시도가 그 후의 모형실험 기술발전의 계기가 된 것은 확실하다.

이후, 유럽과 미국 그리고 일본에서도 음향모형실험에 관한 다양한 연구·검토가 고조를 이루었다. 예를 들면 적합한 축척·모형재료·공기흡수의 시뮬레이트 방법의 검토, 음원·수음 장치·기록 장치의 개발, 관측파형의 평가방법 및 평가에 적합한 물리지표의 연구 등이다.

그리고 1970년 전후에는 음향모형실험에 관한 심포지엄이나 학회지 특집이 기획되었다. 이 사이 시드니 오페라하우스(축척 1/10) 및 베를린 필하모니 (축척 1/9) 등 지금까지 많은 홀의 설계에 있어 음향모형실험이 진행되었다.1980년대 일본에서는 콘서트홀 건설 붐이 찾아왔다. 더 심포니홀(오사카), 산토리홀(도쿄)을 비롯한 많은 프로젝트의 음향모형실험이 보고되어 왔다. 산토리홀의 모형실험에서는 청취을 위한 주파수변형에 테이프레코더가 사용되었는데, 80년대 후반에는 모형 내에서 임펄스응답을 측정하고, 후에 드라이소스를 집어넣어 청감평가를 위한 음원을 작성하는 하이브리드·시뮬레이션 수법이 발표되었다. 컴퓨터 레벨에서 임펄스응답 측정과 합성 신호처리가 가능해진 것이다. 이 시기에 기하음향이론을 베이스로 한 컴퓨터시뮬레이션의 연구개발도 활발해졌다.

| 음향모형 관련

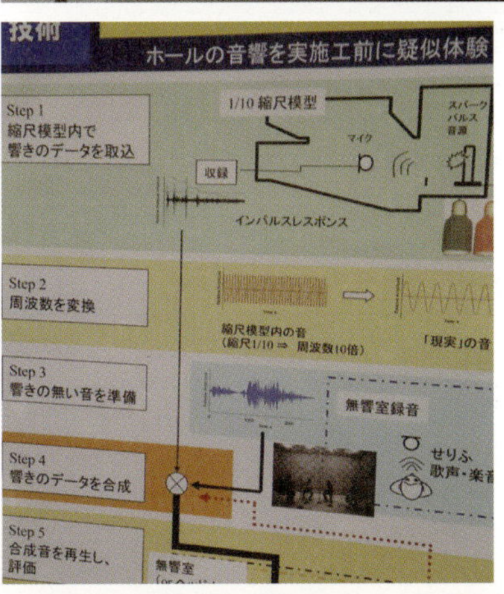

| 홀 실내음향설계를 위한 모델화 기법의 특징과 역할

구분	컴퓨터시뮬레이션*	음향모형실험
실시시기	계획 · 설계 초기단계	설계 종반 or 시공 초기단계
주용도	기본적인 실형상의 검토	에코 체크, 상세 형상의 검토
비용 · 시간	저렴함 · 단기간	고가 · 장기간
형상 변경	용이	대규모 : 어려움, 부분적 : 비교적 용이
파동성의 고려	△(어려움)	◎(자동적으로 실현됨)
공간의 시각화	○	◎
가청화	○	○
출력	반사음분포, 음압분포, 반사음 시계열	임펄스응답, 음향물리지표

* 실내음향설계를 위한 모델화 기법의 특징과 역할주로 기하음향 이론에 근거한 시뮬레이션을 지칭

1990년 이후에는 음향모형실험기술에 관한 보고는 줄어들었다. 상기의 하이브리드·시뮬레이션 수법의 개발로 실험기술이 일단 완성을 이루었다고 말할 수 있을 것이다.

한편 컴퓨터시뮬레이션 기법의 연구·개발은, 가청화(Auralization) → 기하음향모델로 파동요소를 도입하는 시도 → 차분법·유한요소법·경계요소법의 실용화로 진보되어 현재에 이르고 있다.

콘서트홀의 음향설계에 있어서 중요한 검토과제는 유효한 초기반사음을 충분히 얻는 것, 동시에 음향적인 장애가 발생하지 않는 것에 목표를 둔 실형상의 검토이다. 컴퓨터시뮬레이션과 음향모형실험은 모두 실형상(室形像)의 검토를 하기 위한 기술이다. 이들은 각기 강점으로 내세우는 기능과 실시 타이밍이 다르다는 점에서 두 기법을 병용하는 것이 이상적이라고 판단된다.

컴퓨터시뮬레이션과 음향모형실험 각각의 특징과 역할 분담을 [상기 표]에 나타내었다. 대략 표 내용과 같이 정리할 수 있을 것이다. 컴퓨터상에 가상모델을 구축하는 것은 비교적 간단하고 실형상의 자유로운 변경도 용이하다는 점에서, 컴퓨터시뮬레이션은 설계 초기에 다양한 형상을 시험하는데 적합하다.

한편 모형의 제작에는 시간과 비용이 들어 대대적인 형상 변경도 어렵지만, 소리의 파동성은 자동적으로 포함되기 때문에 음향모형실험은 기본적인 형상을 컴퓨터시뮬레이션으로 진행 후의 상세한 형상의 검토에 적합하다. 또 특수한 부위에 대해서 파동성을 고려한 검토가 필요한 경우에는 부분 모형을 이용한 실험이 적합하다.

음향모형을 계획할 때 모형의 바닥·벽·천장 및 객석·청중은 실물의 흡음특성을 시뮬레이션하는 재료로 제작하는 것이 좋다. 음향모형실험에 관한 연구가 활발해지기 시작한 1950년대에는 임피던스, 즉 위상정보까지 시뮬레이트할 필요가 있다고 알려졌지만 현재는 대부분의 경우 흡음특성이 시뮬레이트되어 있으면 충분하다는 인식으로 바뀌었다. 단, 예컨대 주기적인 리브구조 벽에서의 반사와 같이 파동현상을 파악할 필요가 있는 경우에는 정확한 축척모형이 필요하다.

1/10 축척의 모형에 대해서는 지금까지 다양한 구조 및 모형 의자·인형의 흡음특성이 보고되고 있다.

◇ 소리가 좋은 콘서트홀의 조건

□ 주파수대역의 확보

– 저음이 풍부하고 저역에 적합한 고음이 나올 것, 음향적으로 균형감이 필요

- 풍부한 저음역을 위해서는 적절한 잔향시간이 필요하다. 고전파 이후의 음악에는 2초 이상이 필요하다. 고전파 이후의 화성적 단선율 음악의 경우, 저음은 화성의 근본이 되는 대역이다. 저음은, 화성상의 공명음이 충실하다. 또한 저음은 중후감이나 생리적 쾌감을 주어 저음이 풍부하면 매우 훌륭한 음악을 들은 것 같은 기분이 들고 종교공간에서는 신앙심을 고양시키는 효과가 있다.
- 고역감은 반사음이 관계하고 있는데, 반사음은 직접음을 강조하는 효과가 있다. 연주된 직접음에 시간차가 짧은 반사음이 부가됨으로서 고역까지 대폭(Wide Range)으로 느끼게 된다.(직접음과 제1차 반사음의 시간차가 짧을 것, 초기 시간지연이 짧을 것)
  즉, 연주자의 근처에 반사벽이 있으면 효과적이다. 좁은 스테이지나 홀의 폭이 좁으면 유리하다. 이를 위해서는 음악전용홀로 필요 이상으로 스테이지가 넓지 않을 것, 따라서 슈박스형의 콘서트홀이 적합한데 너무 크지 않아야 한다. 참고로 높은 평가를 받고 있는 무지크페라인 잘은 홀의 폭이 19.0m이다. Vineyard형의 홀에서는 청중의 근방에 반사벽을 설치하여 반사음과 직접음의 시간차를 적게 함으로서 고역까지 청감 주파수대역을 넓히고 있다.

□ 공간감 확보

전방의 스테이지에서 음악이 들리고 측면이나 후방, 천장에서도 반사음이 도달하여 소리에 둘러싸이는 감각이 있는 것은 좋은 홀의 중요한 요건이다.

- 중고역은 머리 위의 공간에서 풍부한 잔향이 만들어질 것, 그 잔향으로 청중이 둘러싸일 것, 나아가 측벽이나 바닥, 주위 사람의 의자로부터 오는 반사음에 의한 잔향이 있어야 한다. 특히 바닥과 좌석 상부로부터 오는 반사음은 놓치기 쉽다. 의자는 천 쿠션, 바닥은 융단으로 인해 흡음성이 되기 쉬운데, 이와 같은 부분도 배려하여 듣는 사람의 주위를 반사성으로 인해 풍부한 잔향으로 둘러싸이게 해야 한다.

□ 각 좌석간 밸런스 및 명료도 확보

스테이지 바로 밑의 좌석에서 좋은 소리를 기대하는 것은 무리라 하더라도, 어느 좌석이든 흐릿하지 않고 주선율을 확실히 들을 수 있어야 한다. 이러한 관점에서 도쿄문화회관의 경우 높은 평가를 받고 있다. 스테이지 상방에서 홀의 후방에 이르러 반사판이 설치되어 효과를 주고 있다. 이 효과로 최상층의 스테이지에서 가장 떨어진 좌석에서도 주선율이 확실히 들린다.

□ 스테이지와 객석에서 일체감 확보

스테이지에서의 소리, 즉 연주음과 객석측 반사음의 소리는 동일한 질을 확보하여야 한다. 양자가 벽면구조가 다르다는 등의 이유로 일체감이 없는 경우, 청중은 일방적으로 주어지는 감각으로 음악을 듣게 되어 연주자와 음악을 공유하는 느낌을 얻을 수 없다.

| 잔향음의 감쇠특성

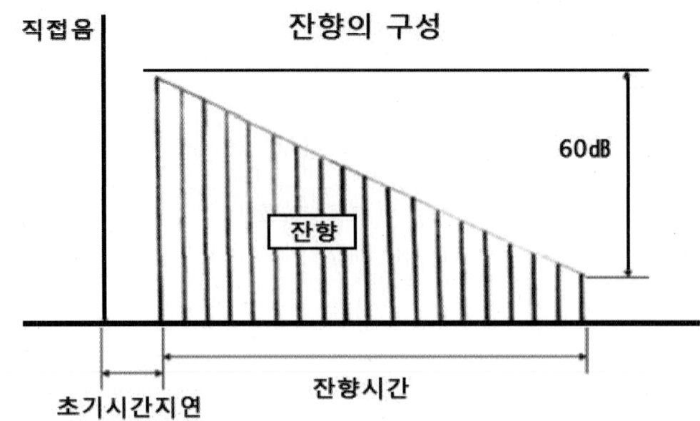

이는 다목적 홀이나 극장형의 홀의 경우에서 볼 수 있다. 스테이지는 넓고 연주기법이나 연주를 위해 객석과 다른 벽면과 무대 막 등이 있기 때문에 스테이지에서의 연주음과 객석측의 반사음이 달라지기도 한다.

무지크페라인 잘과 암스테르담 콘세르트헤보는 음악전용홀이기 때문에 스테이지도 좁고 측벽과 같은 구조로 스테이지 배후의 벽면이 구성되어 있다.

베를린의 필하모니홀과 산토리홀 등의 Vineyard형의 경우에는 연주자와 청중의 일체감을 컨셉으로만들어졌다. 무대를 중앙으로 하여 관객들이 음악을 공유하는 공동체를 형성하는 공간을 만드는 것을 목표로 한 것이다.

□ 소리의 이탈감과 가볍게 감도는 공기감 → 품위 있는 소리 확보

음악은 저음이 공기의 덩어리가 되어 튕기듯 가볍게 공간 속을 떠돌고, 반사음으로 만들어진 잔향이 감도는 실내에 소리 하나 하나가 돋아나 악기의 존재를 느끼고자 하는 것이다.

소리가 알알이 솟아나 떠도는 이탈감과 벽면으로부터 분리되어 건조된 공기의 존재를 느끼며 악기의 소리가 감도는 공기감은 오디오에서도 콘서트홀에서도 얻기 힘든 소리 중 하나이다. 바꿔 말해 품위 있는 소리라고 할 수 있는데, 바이올린 등은 음정의 이동에도 매끄럽게 연결되는 좋은 소리가 된다.

| 콘서트홀에 있어서 직접음과 간접음

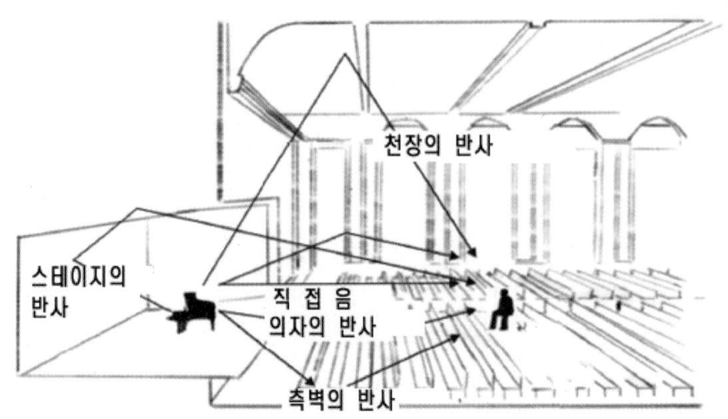

| 오차드홀의 무대시설

구분	내용
무대형식	3기의 가동음향쉘터에 의해 넓이와 용적의 조정이 가능한 컨버터블(가동) 무대
무대치수	개구부 높이 : 16.38m 콘서트 용도 / 개구부 폭 : 18.0m 최소 앞뒤간격 : 6.50m 최대 앞뒤간격 : 17.30m 오페라 용도 / 높이 : 24.60m 앞뒤 간격 : 22.75m 폭(중간) : 32.3m
특기사항	음향쉘터 3단의 총중량은 129톤으로 각각이 철제바퀴에 지지된 채 바닥에 설치된 철도용 레일 위에서 좌우 각 1기의 모터에 의해 홀의 앞뒤 방향으로 구동된다. 쉘의 이동속도는 2.0m/분이다.

| 가동음향쉘터의 형태 – 연주공간의 3면도

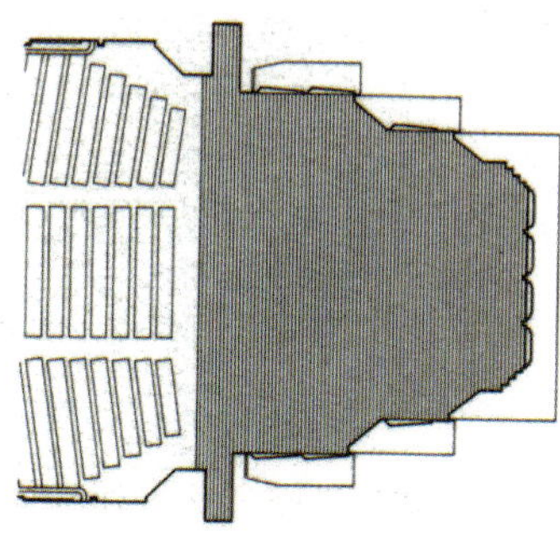

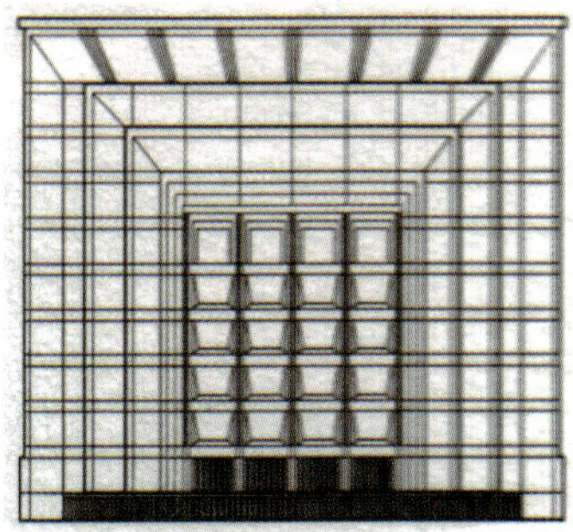

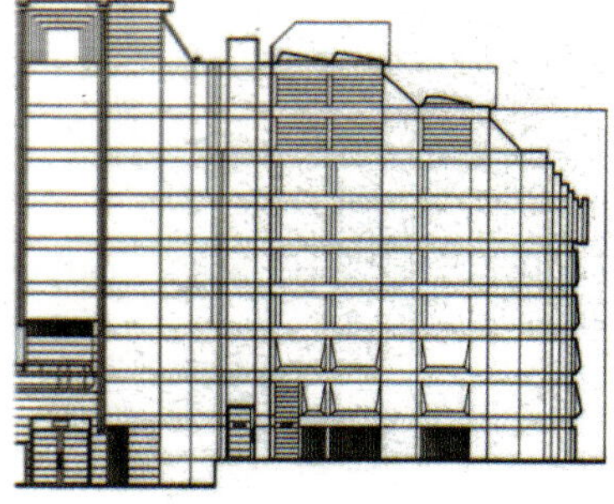

| 가동음향쉘터의 형태에 따른 무대사용 예

| 오페라의 경우(오케스트라 피트 사용)

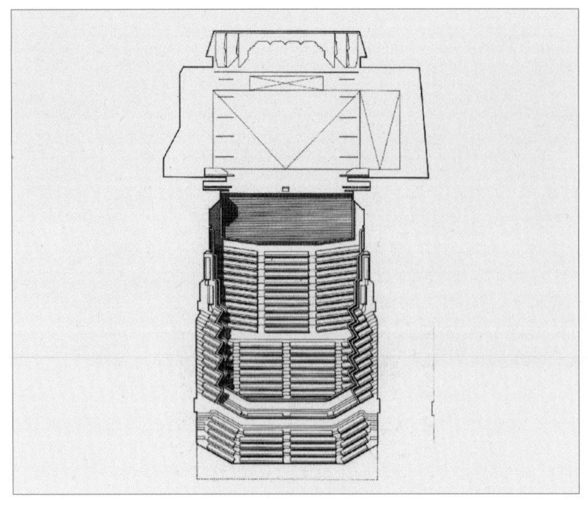

| 합창 / 대규모 오케스트라의 경우

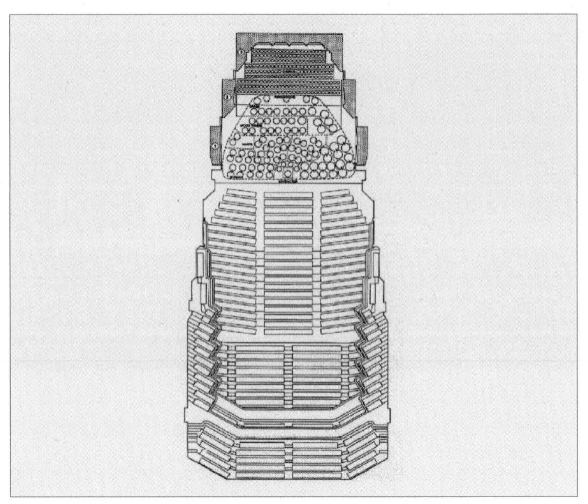

| 콘서트 규모에 따른 가동음향쉘터의 사용법

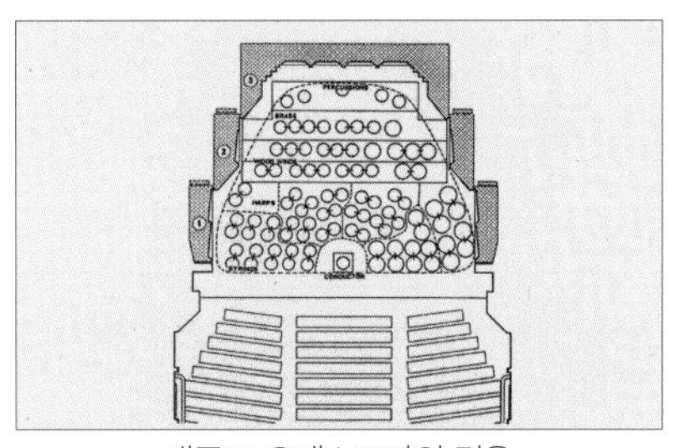

대규모 오케스트라의 경우

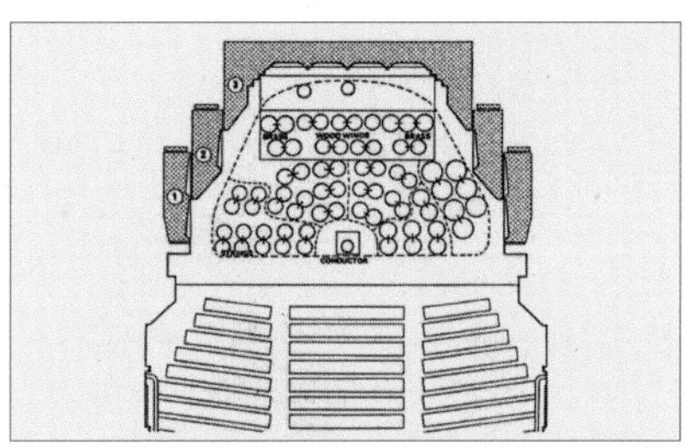

중규모 오케스트라의 경우

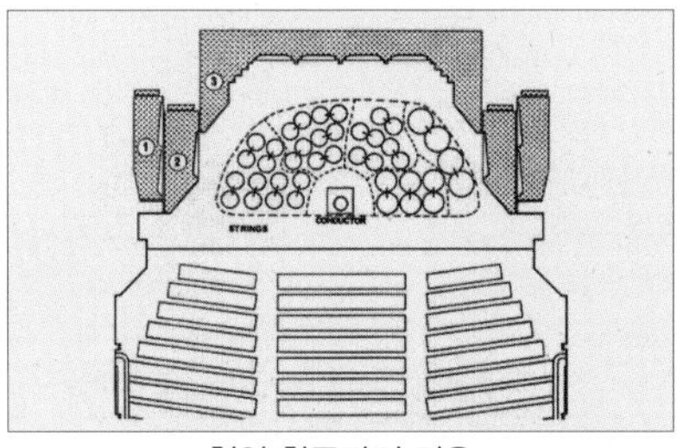

현악 합주단의 경우

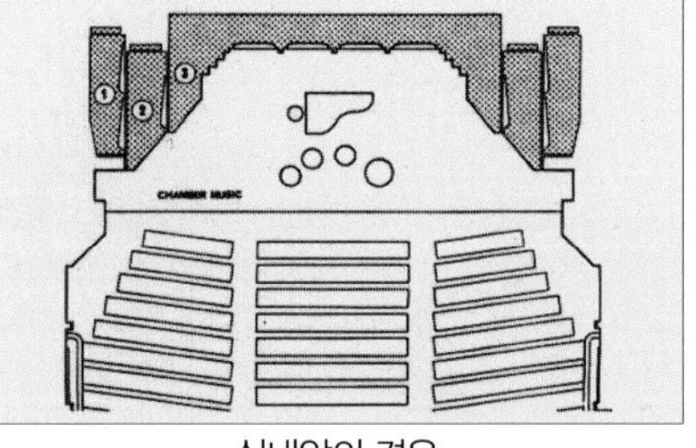

실내악의 경우

| 오페라 / 발레용

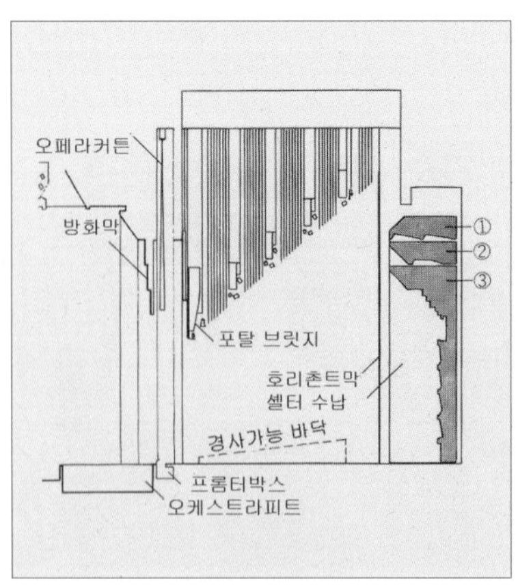

| 대규모 오케스트라용
쉘터를 최대한 늘렸을 경우

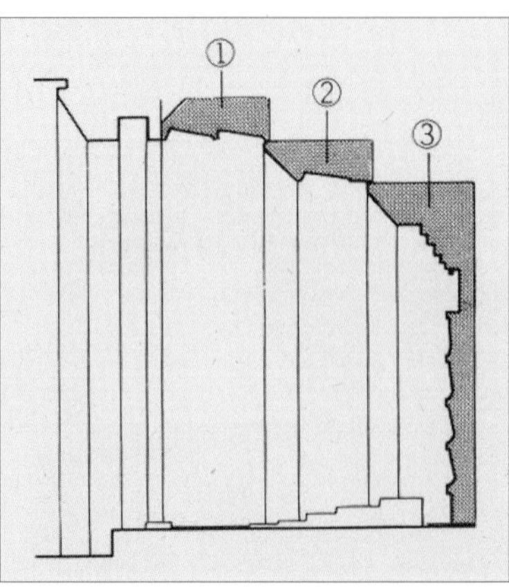

| 실내악 리사이틀용
쉘터를 최대한 줄였을 경우

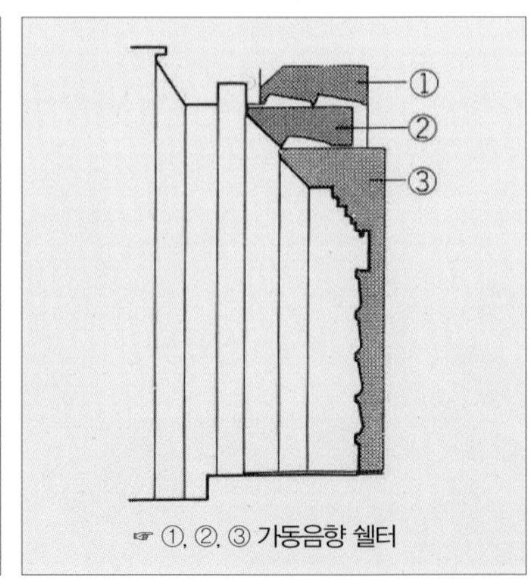

☞ ①, ②, ③ 가동음향 쉘터

제 1셸터
제 2셸터
제 3셸터
18,100
A
4,800 측면
13,100
16,300
19,400 단면

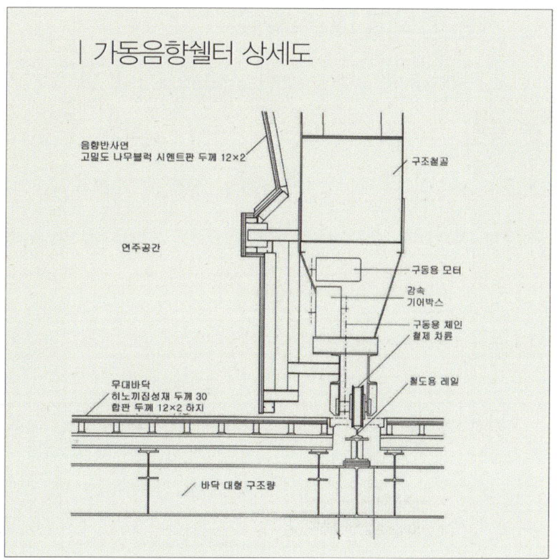

| 가동음향셸터 상세도

가동음향셸터는 두께가 18.0mm, 비중이 1.0의 고밀도 나무블록 시멘트판을 이중으로 붙여 36kg/㎡의 면밀도를 확보하였다.

반사면의 형태 및 각도는 연주자로부터의 소리의 반동, 오디토리움으로의 반사 등의 복잡한 요소를 고려하여 결정된 것으로 [위의 상세도]와 같다.

연주공간 내의 용적은 최대 3,500㎥~최소 1,500㎥까지 변화 가능하며, 그 차인 2,000㎥는 전체 용적 20,500㎥의 약 10%에 해당하고, 이것의 이동만으로 만석시의 잔향시간을 풀 오케스트라용의 2.0초에서 실내악, 리사이틀용의 1.80초까지 변화시킬 수 있다.

| 사용목적에 따른 잔향시간

용도	객석수(석)	실용적(㎥)	1좌석당 용적(㎥)	평균잔향시간(초) – 500Hz 만석시 –
1) 대규모 오케스트라 콘서트	2,150	20,500	9.53	2.0
2) 중규모 오케스트라 콘서트	2,150	19,700	9.16	1.9
3) 실내악 · 리사이틀	2,150	18,500	8.60	1.8
4) 오페라 · 발레	1,928	17,150*1	8.89	1.6*2
5) 대중음악(전기음향)	2,114	17,050*1	8.06	1.4*3

☞ *1 : 객석 부분만의 용적 *2 : 평균적인 무대장치의 경우 *3 : 부가 흡음면을 사용

◇ 가변형식에 대한 자료

오차드홀과 같이 홀의 기본형은 고전적인 슈박스 형태인데 무대에 가변형 형식을 적용함으로서 중규모까지의 오페라, 발레 상연이 가능하도록 설계하는 것을 무대가변형식이라 한다. 이러한 가변형식에 의해 오케스트라 콘서트, 오페라, 발레, 실내악, 리사이틀 등의 다양한 장르의 음악을 혼합한 다채로운 프로그램을 편성할 수 있게 되어 홀의 가동률을 높이는 역할을 한다. 이와 같은 무대가변형식과 함께 홀의 음향상태를 공연목적에 적정하도록 변화시킬 수 있는 방식을 잔향시간 가변형식이라고 하며, 잔향시간 가변형식에 대한 설명은 다음과 같다.

잔향시간 가변장치는 홀의 잔향시간을 공연목적이나 연주규모, 악기의 종류에 따라 변경할 수 있도록 한 장치이다. 다시 말해 대부분의 홀은 공연목적에 적합하도록 일정한 잔향시간을 요구하고 있으며 특히 다목적홀로 설계할 경우 오페라, 콘서트, 강연 등 다양한 공연을 수용해야 하므로 잔향시간을 조절할 필요가 있다.

이러한 잔향시간을 조절하는 방법으로 다음과 같이 크게 4가지 방법을 들 수 있다.

① 가동 칸막이벽이나 가동 칸막이커튼을 이용하여 잔향시간 조절

② 천장의 크기를 조절하여 잔향시간 조절

③ 챔버를 이용한 잔향시간 조절

④ 가변 흡음장치를 이용한 잔향시간 조절

□ **(ex) 잔향가변시스템을 이용한 공연장(국내)** – 00 아트센타 잔향가변시스템

① 개폐 가능한 커튼 설치

② 천정 부분에 모형 막 설치

③ 주천장 앞부분에 매달기흡음판 설치

| 잔향가변장치 설치 천장도

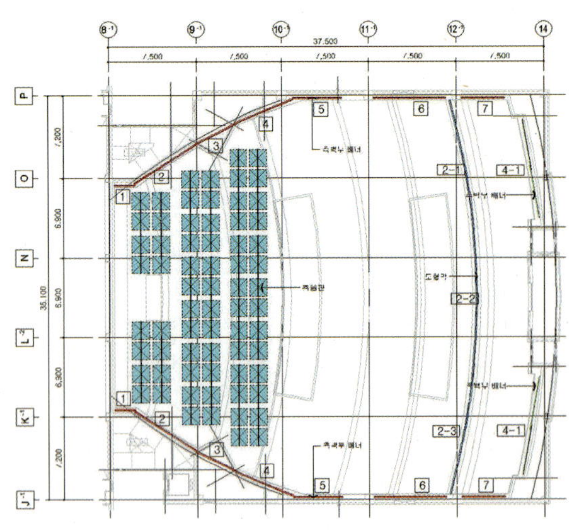

– 배너 설치구간
: T=30 합성목(MDF) 유공판(φ5, 12P)리브/도장
– 배너 설치 제외구간
: T=30 합성목(MDF) 리브/도장

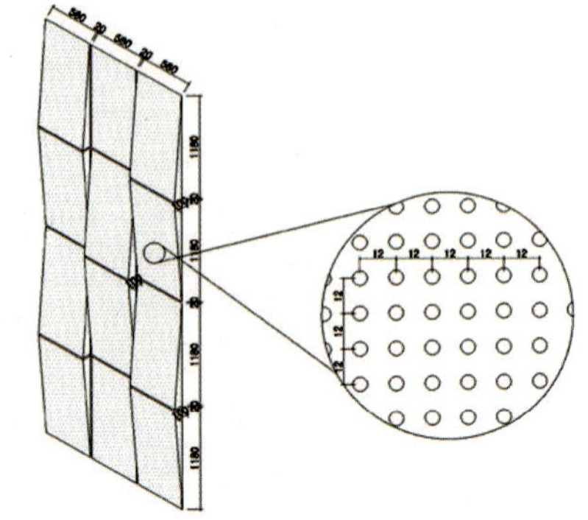

| 잔향가변장치 설치 측면도

| 잔향가변장치 설치 배면도

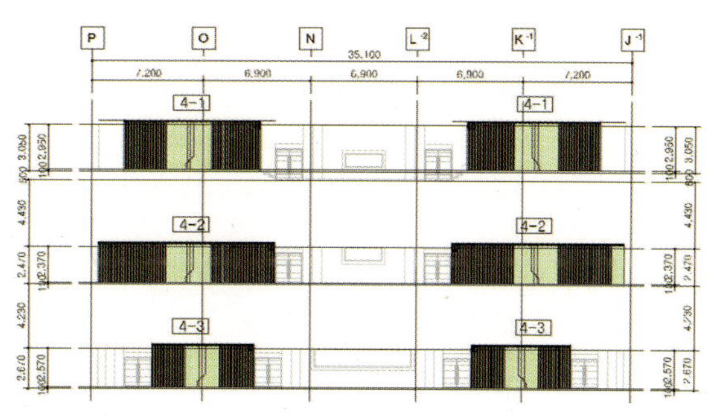

ㅁ 잔향가변장치의 범위에 따른 잔향시간 가변(①~②가변)

| ① 잔향가변장치 범위

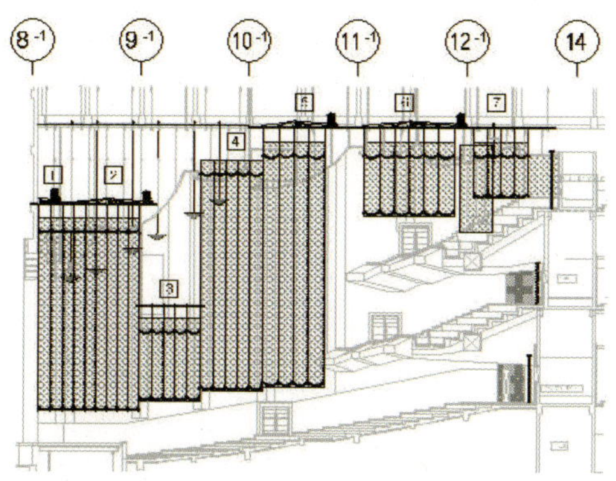

| ② 잔향가변장치 범위

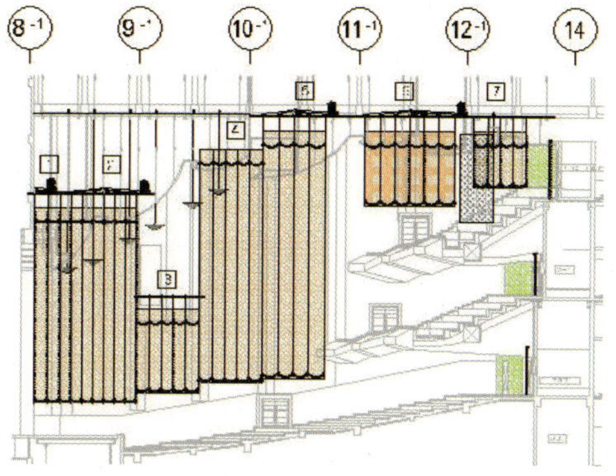

ㅁ 가변음향시스템 설치를 위한 음향시뮬레이션 검토

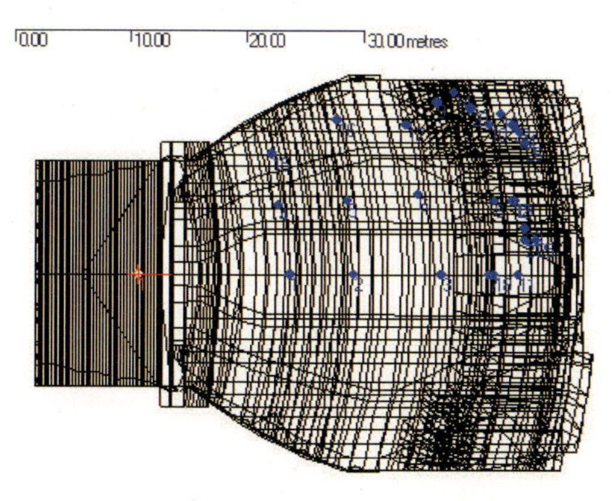

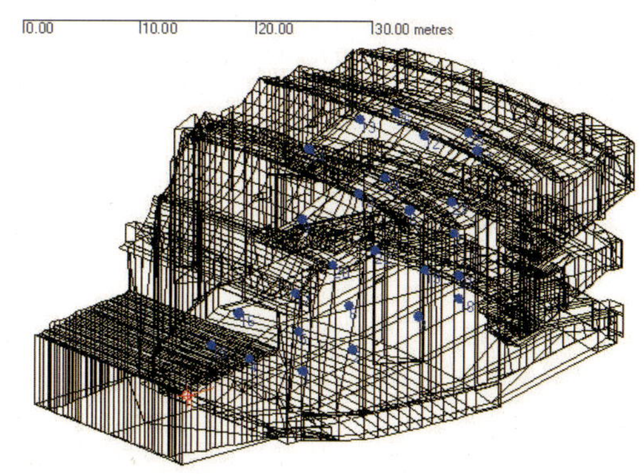

| 가변음향시스템에 의한 잔향시간 가변폭(시뮬레이션 예측치)

대상공간 이용목적	커튼 0%	커튼 6~7 +후벽	커튼 5~7 + 후벽	커튼 4~7 + 후벽	커튼 1~7 + 후벽	커튼 0% + 모형막	커튼 100%	커튼 100% + 모형막	커튼 100% + 모형막 + 매달기흡음체
	오케스트라		실내악		오페라	오케스트라	오페라		뮤지컬
	무대반사판 설치					무대반사판 미설치			
T30(잔향시간)	1.99초	1.81초	1.71초	1.62초	1.53초	1.88초	1.41초	1.40초	1.31초

| 계명아트센터 가변 사례

삼성전자 콘서트홀 가변 사례 |

| 롯데콘서트홀 가변 사례

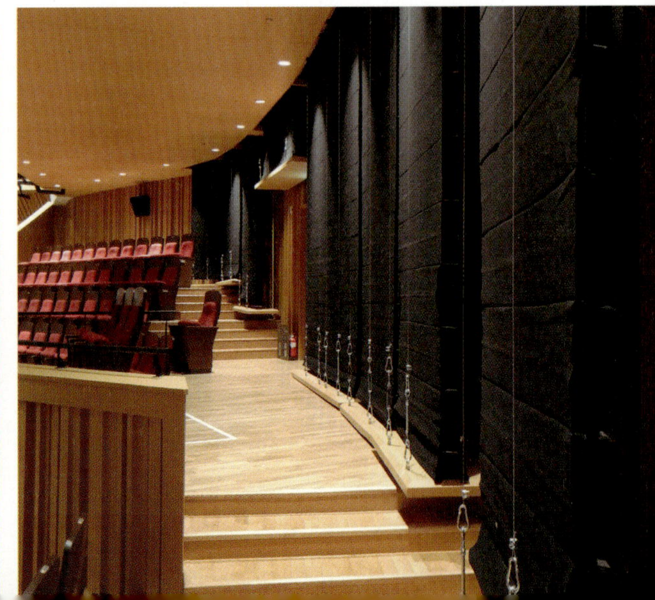

4 주요 도면

| 3층 평면도

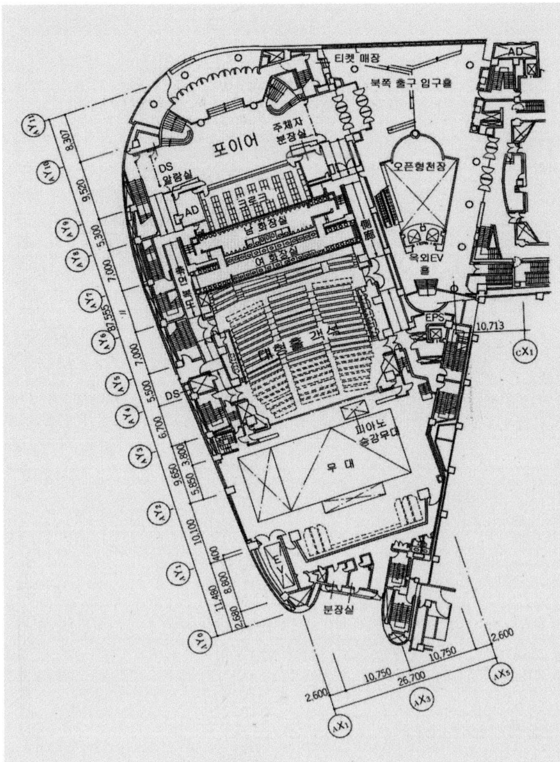

| 4층 평면도

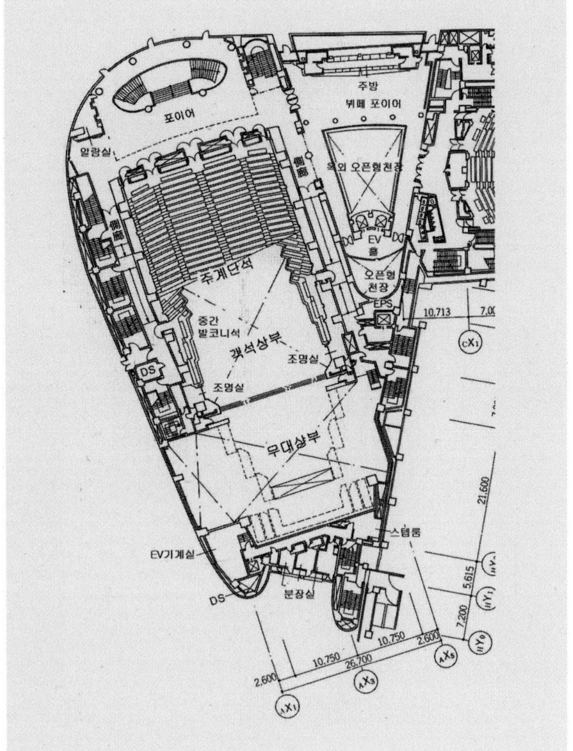

| 5층 평면도

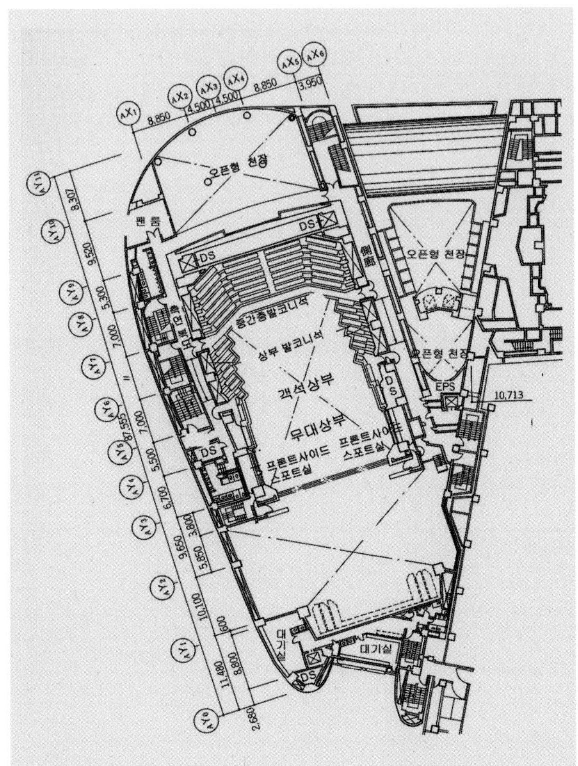

| 6층 평면도

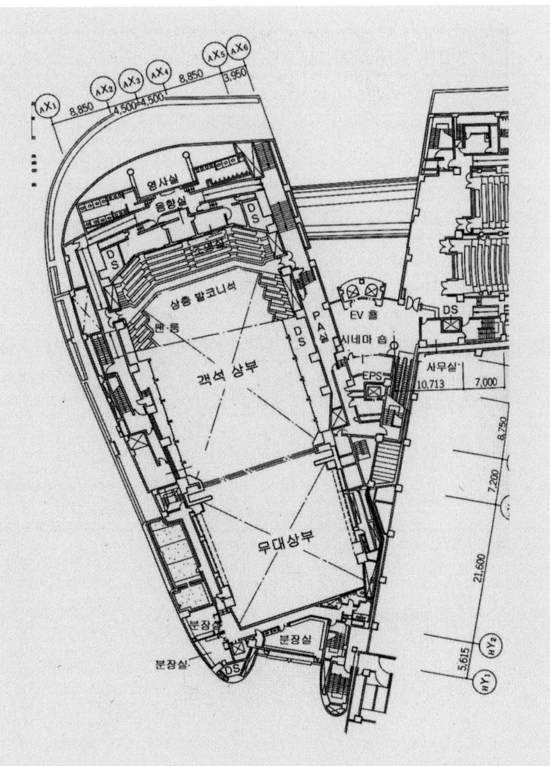

| 상층 평면도

전실
전실
상층 프런트사이드 스포트실 (하수)
상층 토멘탈라이트 (하수)
제 1 프로시니엄 토멘탈라이트실 (하수)
객석
객석 상부 오픈천장
스테이지 상부
제 1 프로시니엄 토멘탈라이트실 (상수)
상층 프런트사이드 스포트실 (상수)
상층 토멘탈라이트실 (상수)
전실
전실
상층 평면도

| 중층 평면도

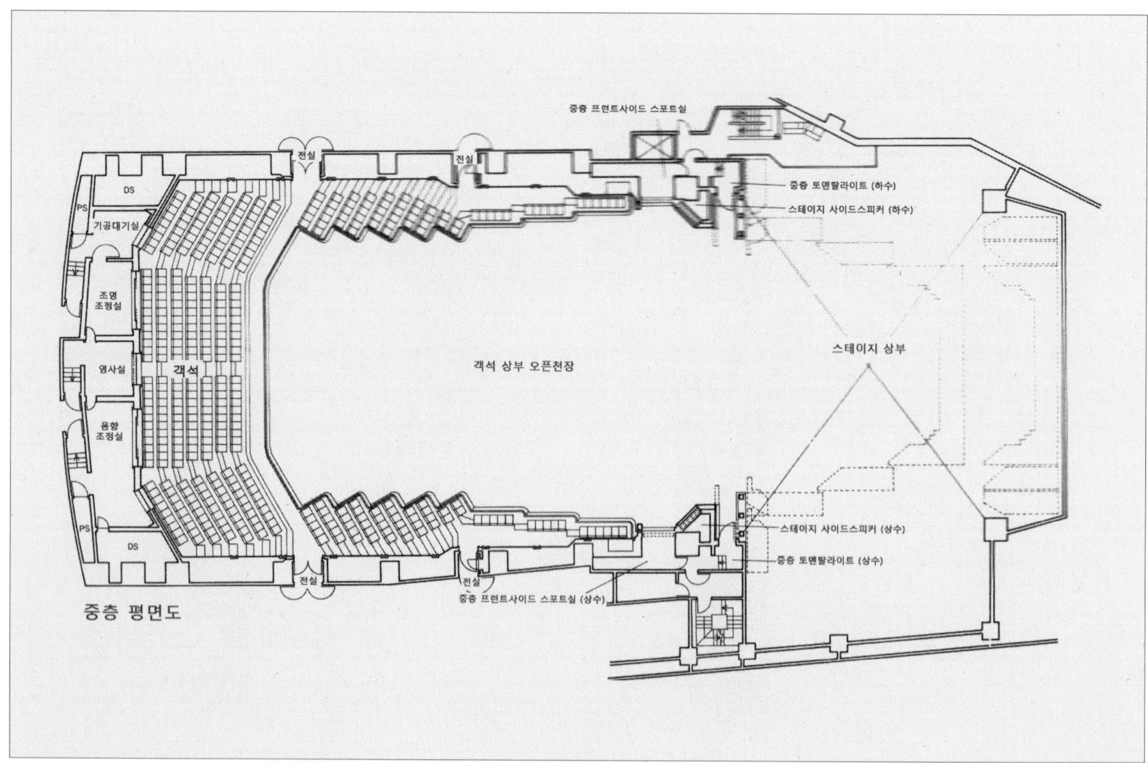

주층 평면도

주층 평면도 1/400

특별석 (하수)
전실
무대전실
포탈 타워 (하수)
하수 윙무대
스테이지 사이드 스피커 (하수)
피아노 승강장치
가동 셀터
대형 승강무대
객석
스테이지
스테이지 사이드 스피커 (상수)
포탈타워 (상수)
윙무대 개장장소
상수 윙무대
특별석 (상수)

발코니 상세도

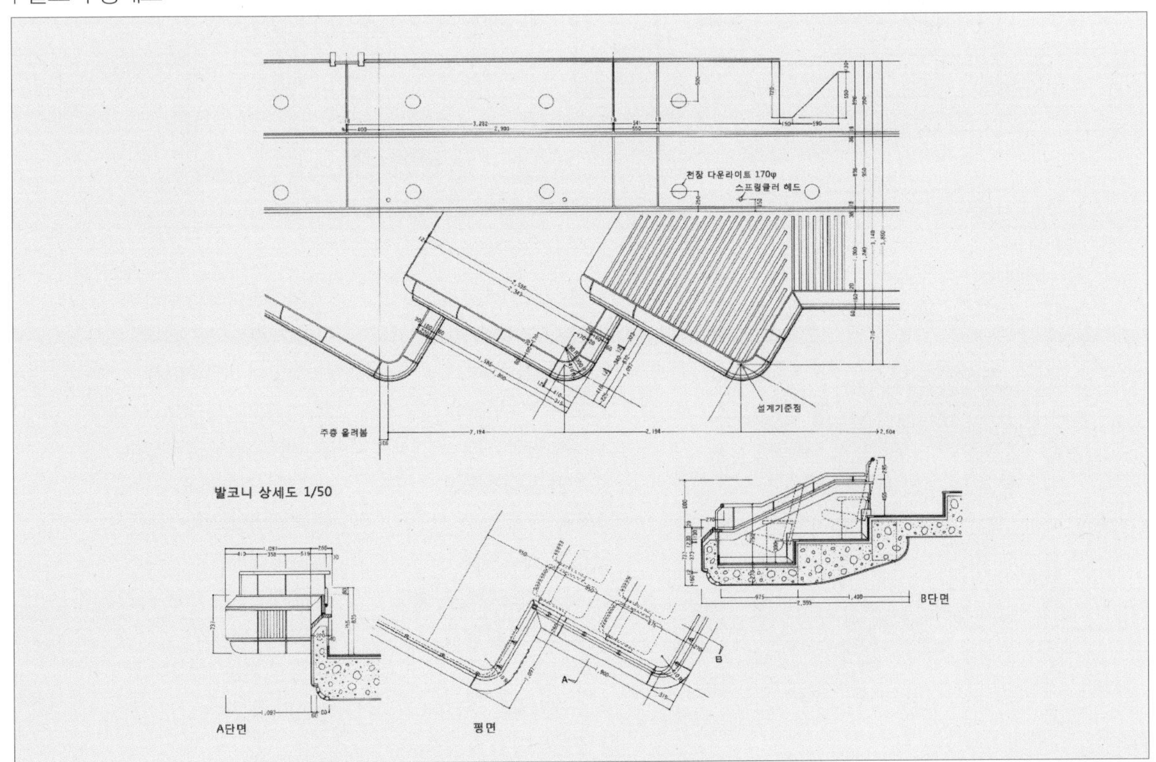

| 단면도

톱스피커
객석브리지
제3 실링스포트실
제2 실링스포트실
제1 실링스포트실
포탈 브리지
핀 스포트실
가동음향 쉘 1
가동음향 쉘터 2
가동음향 쉘터 3
객석
영사실
객석
스테이지
객석
클로크
오픈 컨트롤부스 승강장치 (의자격납고)
오케스트라 승강장치
프롬프터박스

단면도 1/400

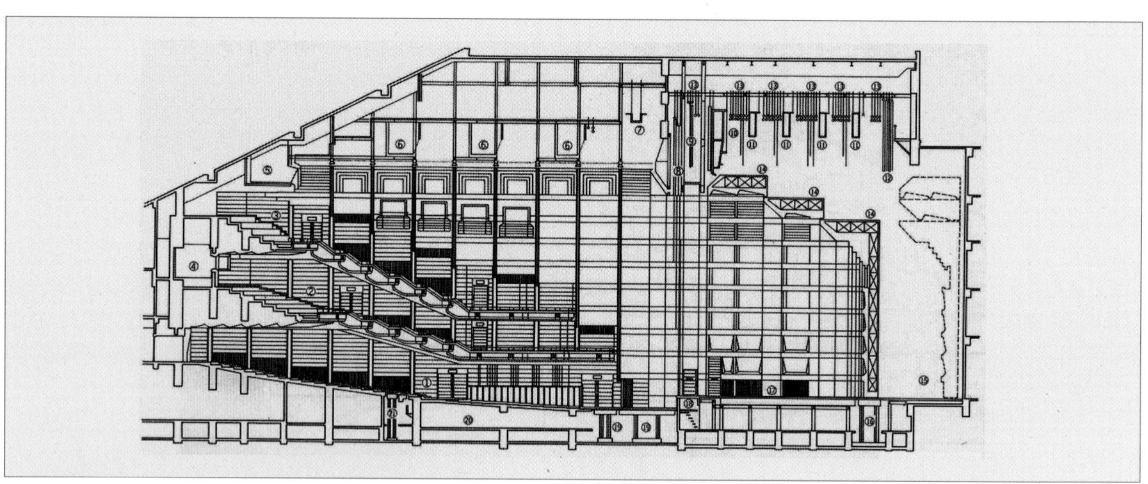

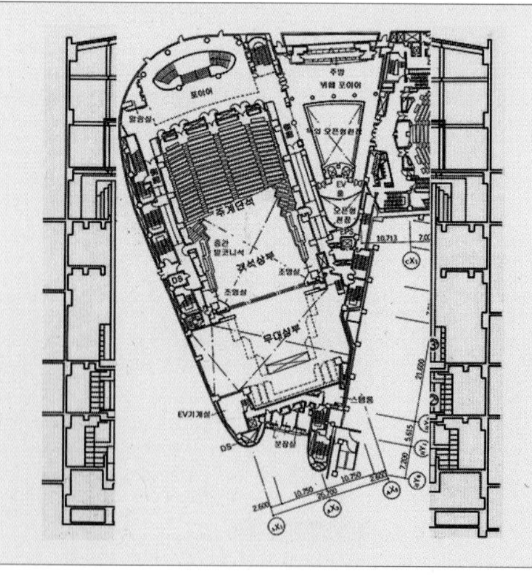

① 1층 객석(1,424석)
② 2층 객석(410석)
②' 2층 발코니석
③ 3층 객석(316석)
③' 3층 발코니석
④ 조명 음향조정실
⑤ 핀 스포트실
⑥ 실링 스포트실
⑥' 실링 스포트실측 복도
⑦ 보조조명 브릿지
⑧ 방화문
⑨ 오페라커튼 수납부
⑩ 포탈브리지 수납부
⑪ 라이트브리지 수납부
⑫ 호리존트막 수납부
⑬ 매달기 바튼(36봉)
⑭ 가동음향쉘터(No.1~3)
⑮ 가동음향쉘터 수납부
⑯ 대형 승강무대
⑰ 무대바닥(경사 가능)
⑱ 프롬터박스
⑲ 오케스트라 피트 승강무대
⑳ 좌석수납 공간
㉑ 오픈 콘솔 리프트
㉒ 설비용 공간

09

스기나미공회당

杉並公会堂 / SUGINAMI PUBLIC HALL

공회당 내부 전경 |

1 스기나미공회당 개요

도쿄 중심부에서 30분 거리에 있는 스기나미구(杉並区)는 도쿄도에서 8번째로 큰 자치구이며 인구는 약 50만명 정도이다. 자연환경이 매우 좋아 주택도시로서 중산층이 주류를 이루는 안정적인 자치구다. 도쿄 서쪽 끝에 위치한 스기나미구에 있는 스기나미공회당(杉並公会堂)은 매우 깊은 역사를 가지고 있다.

도쿄 주오선(中央線) 오기쿠보역(荻窪駅)에서 도보로 약 5분 거리에 1957년 오픈한 구(舊) 스기나미공회당은 당시 동경도내에서도 보기 드문 클래식 연주회가 가능한 홀로서, 잔향가변장치도 있어 화제가 되었다. 구(舊) 공회당의 굿바이 콘서트가 열린 후 약 3년, 개축된 스기나미공회당이 다시 오픈하였다.

5월 14일의 오프닝 기념식에서는 일본 필하모니 교향악단과 도립 스기나미고교 취주악부의 연주, 시인 다니카와 슌타로(谷川 俊太郎)와 그의 아들이자 피아니스트 다니카와 겐사쿠(谷川 賢作), 스기나미구의 학생과 아동에 의한 "스기나미(杉並)"를 주제로 공모된 시의 낭독에 영상·음악을 더한 퍼포먼스가 열렸다. 많은 구민들이 방문하여 매우 성대한 잔치가 되었다.

스기나미공회당 개축 프로젝트는 구 공회당의 노후화에 따른 "문화도시" 조성을 추진하는 스기나미구의 문화거점에 어울리는 시설정비를 목적으로 해서 계획되었다. 스기나미구는 일본필하모니와 1994년부터 우호제휴관계를 맺어, 구내에서 일본필하모니의 공연·연습 등 다양한 활동이 이루어지고 있다. 스기나미공회당은 일본필하모니의 프랜차이즈가 되어, 그 활동의 중심이 되는 시설이다.

본 프로젝트는 일본 최초가 되는 홀 시설의 BOT(Build Operate Transfer) 방식에 의한 PFI 사업이다.

2002년 말에 사업주의 선정, 2003년 4월~2006년 1월의 설계 건설 기간을 거쳐 오픈 후 30년간 SPC (특정 목적 회사)에 의해 유지관리·운영이 이루어진다.

사업자로서 선정된 곳은 오바야시(大林) 그룹(오바야시구미(大林組), 사토종합계획(佐藤総合計画), 게오설비서비스(京王設備サービス))인데 오바야시구미와 게오설비서비스의 출자로 SPC인 「PFI 스기나미공회당 주식회사」를 설립하였다. 설계·감리는 사토종합계획, 시공은 오바야시구미가 맡았으며 나가타음향설계는 설계·감리·측정 등 일련의 음향관련 업무를 담당하였다.

스기나미공회당에는 구민의 문화·예술 활동 및 다종다양한 집회·활동의 장을 제공하는 시설로서 PFI 사업의 요구 수준서를 토대로 본격적인 클래식콘서트를 개최할 수 있는 슈박스형의 대 홀(약 1,200석) 및 그랜드살롱이라 불리며 오케스트라 연습 등을 목적으로 하고 연극·연주회부터 파티까지 다목적으로 이용할 수 있는 평면(피트) 형식의 소 홀, 그리고 스튜디오라 불리며 코러스 및 연극, 댄스 등 다양한 활동을 주목적으로 하는 연습실 5실이 병설되어 있다. 최적의 음향환경과 잔향가변장치 등의 기기를 갖추어 발군의 음향성능을 자랑하는 일본 유수의 본격적인 홀로서 신뢰를 얻고 있다.

스기나미구(杉並区)와 우호 제휴를 맺고 있는 일본필하모니교향악단의 베이스이며, 「일본필스기나미공회당 시리즈」 및 스타인웨이(Steinway), 뵈젠도르퍼(Bösendorfer), 베히슈타인(Bechstein)에 의한 3대 피아노 공연 등을 실시하고 있다.

음향설계에서는 ▷구 스기나미공회당의 전통을 계승하는 대 홀의 클래식콘서트홀로서 어울리는 잔향의 실현, ▷ 한정된 부지 내(건축면적 약 2,300㎡)에 계획된 대·소 홀, 그랜드살롱, 다양한 활동에 사용할 수 있는 연습실 5실의 차음성능 확보를 비롯한 과제가 있었다.

대 홀의 잔향은 클래식콘서트에 어울리는 저음이 충실한 따뜻하고 풍부한 잔향이면서 무대 위의 연주가가 앙상블하기 쉬운 잔향을 목표로 하였다. 컴퓨터시뮬레이션에 의한 실 형상의 검토를 토대로 실의 기본적인 천장높이 및 홀의 폭, 또 확산을 유도하는 요철 등에 대해서 의장설계와의 검토를 거듭하였다. 천장높이는 무대 위 약 15.0m, 홀의 폭은 약 20.0m, 실용적은 12,000㎥이다.

메인플로어 측벽의 요철은 중고음역의 확산을 의도한 것으로, 큰 주름판 형상에 더 작은 요철이 있는 것으로 했으면 좋겠다는 음향설계 측의 요청이 디자인적으로 발현되었다. 시공의 초기단계에 오바야시구미 기술연구소의 협력으로 1/10 축척모형 음향실험도 실시하여 청감상의 확인을 포함한 검증 결과를 시공에 반영시켰다. 내부마감에 대해서는 저음역까지 뚜렷한 반사음 특성을 얻기 위해 중량성의 재료를 사용하였다.

메인플로어의 벽은 콘크리트 벽에 나무 마감을 밀착시킨 구조이다. 대 홀은 콘서트홀로서의 역량을 갖출 뿐 아니라, 구민 홀로서 많은 구민의 이용을 고려한 다기능화가 요구 수준서에 명시되어 있었다.

따라서 무대천장 및 무대 하부 측벽은 90도 회전 계폐가 가능하고, 천장 안쪽에 수납된 배튼을 사용하여 막 설비에 의한 프로시니엄 형식의 공간도 구성할 수 있다.

음향부분에서는 다양한 사용목적을 수용하기 위하여 잔향가변장치가 있다. 가변장치는 넓은 가변폭을 얻기 위해 설치면적을 크게 확보하였으며, 저음역까지의 효과를 고려하여 배후공기층을 둔 글라스 울 재료로 하였다. 잔향가변폭은 만석시 약 0.30초(500㎐)로, 이는 거의 공석시와 착석시의 차이에 상응한 수치이다.

외관과 로비는 도심의 문화공간으로서 주변이 모두 도시의 일부와 연결된 형태이며 지하부분을 최대한 이용하도록 계획하고 중앙부분에 외부의 빛을 끌어들여 〈빛의 중정〉을 구성하였다.

외부공간은 거리에서 연계가 되도록 하는 한편 2층 이상은 반투명의 소재의 개구부를 이용하여 주변 건축물의 프라이버시를 지키게 하였다.

따라서 스기나미공회당은 공연공간이 일반시민과 격리된 별개의 공간이 아닌, 〈언제나 선뜻 다가서 즐길 수 있다〉라는 공용의 개념을 도입하는데 역점을 두고 탄생하였다.

| 건축물의 개요

구분	내용
소재지	도쿄 스기나미구 가미오기 1-23-15 (東京都杉並区上荻1-23-15)
공사발주	스기나미공회당 SPC
설계	사토종합계획(佐藤総合計画)
시설규모	부지면적 : 약 2,829.52㎡ 건축면적 : 약 2,303.06㎡ 연면적 : 약 8,921.40m2
건축구조	철골철근콘크리트조(SRC / 콘크리트조(RC) / 철골조(S) 지하2층 / 지상4층 / 옥탑2층
시설종류	대형 홀 : 1,190석(이 중 휠체어용 좌석 4석), 소형 홀 : 194석(휠체어용 좌석 4석) 주요 부대시설 : 앞무대 승강리프트, 계단식 단상(이상, 대형 홀), 피아노, 영상설비, 각종 조명설비, 각종 음향설비 등 홀 안의 시설 : 커피숍, 매점, 자동판매기, 코인로커, 크로크룸, 휠체어용 설비, 점자안내
위치	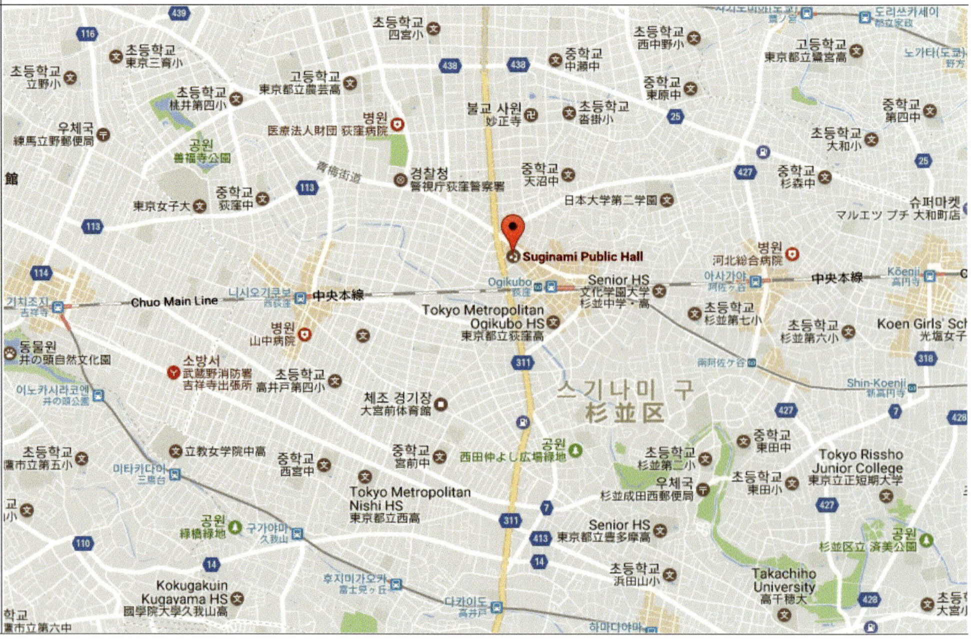

2 외관 및 로비

| 스기나미공회당 외부 로비 출입구

3 대 홀(심포니홀)

대 홀의 바닥은 목재플로어링, 벽면은 불연나무 성형판, 천장은 유리섬유강화보드(FG-Board)로 마감되어 있다. 객석수는 1,190석으로서 울림이 좋은 콘서트홀을 목표로 하여 홀의 내부에 고밀도 소재를 적용, 악기의 울림에 적정한 실내음향 성능을 확보하였으며 가족실, 소분장실(4실), 중분장실(4실), 음향조정실, 조명조정실 등이 있다.

| 대 홀 개요

구분	내용
객석수	총 객석수 : 1,190석(휠체어석 4석 포함)
건축음향	실용적 : 12,000㎥ 잔향시간 : 1.90초(만석시 / 500㎐)

| 대 홀 객석에서 바라본 View

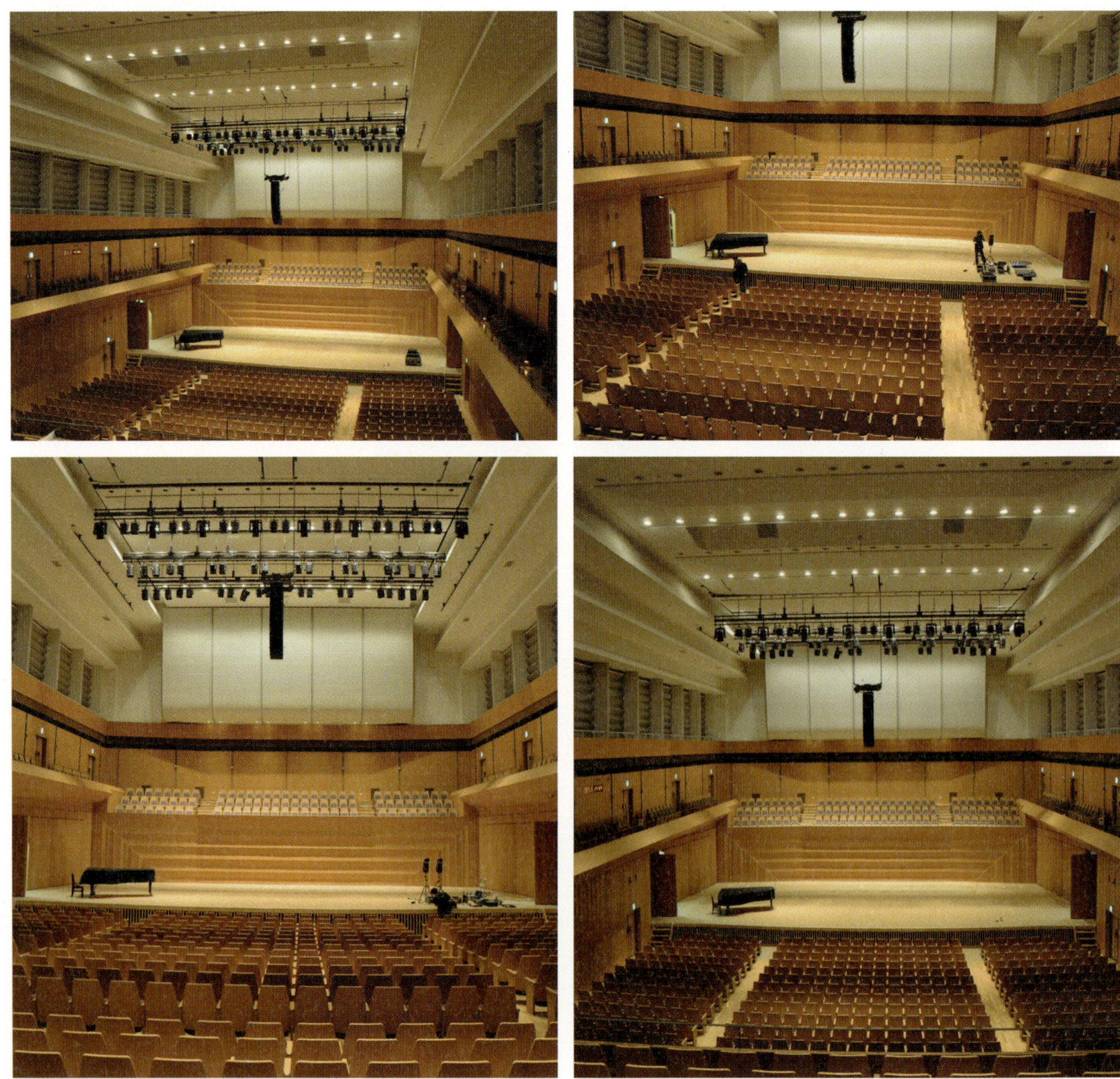

| 무대 상부부분에 곡면형 1차 천장볼륨 구성

후벽유공형 흡음마감 구성 |

○ 공연공간의 실내음장을 나타내는 제조건

ㅁ 잔향시간

잔향감은 실의 음향효과를 좌우하는 중요한 요소인데, 이는 직접적으로 잔향의 우수성에 관계하고 있다. 잔향시간은 잔향의 크기를 나타내는 양으로 음원정지 후 실내의 소리에너지 밀도가 정상상태의 1/100만, 즉 60㏈ 감쇠하기까지 걸리는 시간을 말하며, 초로 나타낸다.

실내 소리의 확산성이 만족되고 게다가 소리가 공기 속을 전반할 때의 공기흡수를 고려하면 잔향시간 T는 다음의 크누센(Knudsen)의 잔향식으로 주어진다.

$$T = \frac{0.161\,V}{-S\ln(1-\overline{\alpha})+4mV}$$

단, V는 실용적(㎥), S : 실의 전표면적(㎡), $\overline{\alpha}$: 실의 평균흡음률이다.

여기서 m은 평면 음파가 공기 속을 단위 길이 전반할 때의 흡수에 의한 흡음률로 주파수와 습도의 관수이다. 이 값은 상대습도가 60%일 때 2, 4, 8㎑에서 각각 0.002, 0.007, 0.02정도이며 주파수가 1㎑ 이하일 때나 실용적이 작은 실에서는 m은 무시된다. 상기 식에서 m=0 라고 한 것을 아이링(Eyring)의 잔향식이라 부르고 있다.

ㅁ 초기잔향시간

홀이나 스튜디오 등의 잔향감은 기본적으로 잔향시간에 의해 결정되는데, 같은 실(室)이라 하더라도 장소에 따라 잔향감이 달라지는 경우가 있다. 따라서 잔향시간을 보완하는 양으로서 실내의 소리의 초기감쇠상태를 나타내는 양이 다양하게 제안되고 있다.

초기잔향시간은 그런 종류의 양의 하나로서 음원정지 후의 실내 소리의 에너지 밀도가 정상상태에 비해 10~15㏈정도 감쇠할 때까지의 초기감쇠시간을 잔향시간으로 환산한 값을 말한다.

일반적으로는 10㏈ 감쇠를 취하고 있다. 이 양은 잔향시간에 비해 잔향감과 더 밀접한 관계에 있는 것으로 받아들여지고 있다.

ㅁ 직접음성분 대(對) 전에너지 비(比)

실내에서 직접음에서의 지연시간이 50ms 정도까지의 소리는 그 이후의 소리에 비해 청감에 미치는 효과가 달라 직접음을 보강하는 효과가 있다. 직접음성분 대 전에너지 비는 이 현상을 토대로 한 양으로 시간폭이 짧은 단음을 음원으로 한 경우에 직접음으로부터 50ms 이내에 도래하는 소리의 에너지, 즉 직접음성분과 모든 소리의 에너지의 비로 정의할 수 있다.

$$D=\int_0^{50ms} p_i^2 dt / \int_0^{\infty} p_i^2 dt$$

단, P_i 는 순시음압을 나타낸다. 이 양은 소리의 명료도에 관계하는 양으로 통상 독일어로 명료도를 의미하는 Deutlichkeit의 머리글자를 따서 D값이라 불리고 있는데, 확산음장에서는 잔향시간과 일의적인 관계에 있다.

ㅁ 시간중심

시간중심은 D값과 마찬가지로 실내의 초기반사음의 감쇠지표 중 하나로서 잔향의 길이를 소리가 감쇠하는 구간의 평균시간으로 나타내기 위해 제안된 것으로 단음을 음원으로 한 경우, 순시음압을 라고 하면 다음의 식으로 나타낼 수 있다.

$$t_s=\int_0^{\infty} t p_i^2 dt / \int_0^{\infty} p_i^2 dt$$

이 양은 실내반사음 군의 시간적인 중심을 나타내는 것이라고 말할 수 있는데, 소리의 감쇠가 수치적인 경우는 잔향시간을 라고 하면 의 관계에 있다.

$$d=1-\frac{m}{m_0}$$

$$m=\frac{\Delta M}{M},\ M=\frac{\Sigma E_i}{n},\ \Delta M=\frac{\Sigma|M-E_i|}{n}$$

ㅁ 확산도

실내에서의 반사음의 확산도를 나타내는 양으로서 실내의 어느 점에서 소리에너지의 흐름을 나타내는 지향성분포 및 지향성분포의 요철(凹凸) 정도를 수치화 한 양이 일반적으로 이용된다.

지향확산도는 그런 종류의 일종으로 완전 확산음장에서 1, 자유음장에서 0의 값을 나타내도록 다음의 식로 정의되고 있다.

단, E_i 는 협지향성 마이크로폰으로 측정한 i 방향의 에너지 크기, M은 그 평균값, ΔM은 M에 대한편차의 평균, m_0는 자유공간에서의 m의 값이다.

지향성분포를 직접 눈으로 확인할 수 있도록 고안한 것으로 [그림 1]에서 나타내는 "고슴도치"가 있다. 등위입체각별로 구멍을 뚫은 구체에 각각의 방향으로부터 도래하는 소리의 에너지 E_i 에 비례하는 봉을 찌른 것으로, 반사음의 방향성을 잘 알 수 있다.

Beranek에 의한 음악홀의 각종 음향특성의 척도와 평점

그림 속 화살표는 설계 당초의 뉴욕 필하모니홀의 값

속성	음향조건, 그 외	척도와 평점
친밀감 또는 임장감 Intimacy or Presence	초기반사음의 시간지연	평점 0 10 20 30 40 / 70 60 50 40 30 20 0 / 23 / *tI* : 시간지연(ms)
잔향감 Liveness	만석시 중음역의 잔향시간	평점 0 2 4 6 8 10 12 14 15 14 12 10 8 6 / 낭만파 음악 1.4 1.5 1.6 1.7 1.8 1.9 2.0 2.1 2.2 2.3 2.4 2.5 2.6 2.7 / 전형적오케스트라 1.1 1.2 1.3 1.4 1.5 1.6 1.7 1.8 1.9 2.0 2.1 2.2 2.3 2.4 / 고전음악 0.9 1.0 1.1 1.2 1.3 1.4 1.5 1.6 1.7 1.8 1.9 2.0 2.1 2.2 / 바로크음악 0.7 0.8 0.9 1.0 1.1 1.2 1.3 1.4 1.5 1.6 1.7 1.8 1.9 2.0 / *T* : 만석 시 500~1,000Hz의 잔향시간
온기 Warmth	125Hz와 250Hz의 잔향시간 평균값에 대한 중음역 잔향시간의 비	평점 1 3 5 7 9 11 13 15 13 11 9 / 0.85 0.90 0.95 1.00 1.05 1.10 1.15 1.20 1.25 1.30 1.35 1.40 1.45 / $(T_{125}+T_{250})/2T_{500-1000}$=저음역과 중음역의 잔향시간 비
직접음의 크기 Loudness of the Direct Sound	발코니석에 대해서는 아래의 A표 참조	평점 0 1 2 3 4 5 6 7 8 9 10 9 8 7 / 160 150 140 130 120 110 100 90 80 70 60 50 40 30 / 콘서트마스터로부터 청중까지의 거리(m)
잔향음의 크기 Loudness of the Reverberant Sound	$T= T_{500-1000}$ Hz, V=실용적(㎥)	평점 2 3 4 5 6 5 4 3 2 / 0 10 20 30 40 50 60 / $L = (T / V) \times 1{,}000{,}000$
확산 Diffusion	벽면 및 천장면의 불규칙성	평점 0 1 2 3 4 / 없음 약간 충분
밸런스와 융합 Balance and Blend	오케스트라 악기 간의 밸런스	평점 2 3 4 5 6 / 떨어짐 나쁘지 않음 양호
앙상블 Ensemble	연주자간의 각 악기음 청취의 용이성	평점 0 2 4 / 곤란 좋음
그 외 other factors	에코, 소음, 왜곡(변형)	(아래 표 참조)

에코, 소음, 왜곡(변형)의 보정값

결함의 양	보정값
없음	0
약간	−5
상당	−10
좋지 않음 B40	−15 ～ −50

발코니에서의 직접음 크기의 보정(A표)

35m초 이하 시간지연의 바람직한 반사음에 대해	
2개의 발코니 면으로부터	+2
2개의 측벽으로부터	+4
천장에서의 강한 반사	+4
최대점	+8
직접음 크기에 대한 최대점	10

| 측벽 그릴 가변 전 / 후

객석 측벽 하부 요철형 마감 |

| 무대 프로시니엄

| 무대부 천장1 볼륨형태 – 천장볼륨은 음의 확산 반사를 얻기 위한 부드러운 곡면으로 설계

4 소 홀(Play house)

소 홀은 연극공연을 주목적으로 하여 음악발표회, 소규모의 집회 등 다양한 행사에 사용할 수 있도록 계획되었다. 매달기 타입의 천장반사판은 조명 및 음향반사판의 기능을 담당한다. 가동석 구조의 객석은 194석이며 소분장실(1실), 중분장실(2실), 음향조정실, 조명조정실로 이루어져 있다

| 소 홀 개요

구분	내용
객석수	194석 (휠체어용 좌석 4석)
기타	연극 및 미니콘서트에 적합한 조용한 공간 세미나 또는 파티

매달기천장에 의한 곡면반사

측벽(확산체인 리브로 구성)

5 다목적홀(그랜드살롱) 및 스튜디오실

구분	내용
다목적홀	오케스트라, 프레젠테이션, 파티의 리허설용으로 가능 면적 : 245㎡
스튜디오 A	코러스 및 앙상블 연습용 면적 : 46㎡ 수용인원 : 최대 50명(코러스용) 악기 : 그랜드 피아노
스튜디오 B	대중음악 연습용 면적 : 24㎡ 수용인원 : 10명 악기 : 이동식 SR 시스템, 드럼세트, 키보드, 증폭기(앰프), 스피커
스튜디오 C	코러스, 앙상블 및 기타 고전음악 연습용 면적 : 32㎡ 수용인원 : 최대 30명(코러스용) 악기 : 그랜드 피아노
스튜디오 D	연극, 댄스, 발레 연습용, 코러스 및 앙상블 연습용 면적 : 58㎡ 수용인원 : 20명(댄스 연습) 악기 : 발레 바, 거울
스튜디오 E	소규모 밴드로 대중음악 면적 : 15㎡ 수용인원 : 5명 악기 : 이동식 SR 시스템, 드럼세트, 증폭기(앰프), 스피커악 연습용

| 다목적홀(그랜드살롱)

스튜디오 |

◇ 일본필하모니교향악단 (日本フィルハーモニー交響楽団 / Japan Philharmonic Orchestra)

1956년 6월 창립, 악단 창설의 중심이 된 와타나베 아케오(渡邊 曉雄)가 초대 상임지휘자를 역임하였다. 당초부터 폭넓은 레퍼토리와 참신한 연주스타일로, 독일·오스트리아계를 중심으로 하던 당시의 악단에 새바람을 불어넣어 큰 센세이션을 불러일으켰다. 1962년에는 세계 최초의 시벨리우스교향곡 전집(와타나베 아케오 지휘)을 녹음하였으며 또 이고르 마르케비치(Igor Markevich), 샤를 뮌슈(Charles Munch) 등 세계적 지휘자가 연이어 객연, 1964년에는 미국·캐나다 공연으로 대성공을 거두어 창립 10년도 안 된 사이에 비약적인 발전을 이루었다. 또 2008년부터 8년간에 걸쳐 수석지휘자를 역임한 러시아의 거장 알렉산드르 라자레프(Alexander Lazarev)와 함께 2011년에는 홍콩예술제에도 참가, 아시아로 활동의 장을 넓혀 연주면에서도 비약적으로 연주력이 향상되었다고 각 방면으로부터 높은 평가를 얻고 있다.

창립기부터 시작된 「일본필하모니·시리즈」는 폭넓은 층의 일본인 작곡가에 대한 위촉 시리즈로 현재까지 40작이 세계 초연되고 있으며, 이미 "고전"이라 부르기에 걸맞는 대중성을 확보한 것도 적지 않다. 일본의 음악 역사상에서도 유례 없는 위촉 제도로서 널리 평가받고 있다.

도쿄(東京)·요코하마(横浜)·사이타마(さいたま)·사가미오노(相模大野)에서 정기연주회를 개최, 연간 공연수는 150회 전후다. 2016년 9월 수석지휘자로 핀란드의 기예 피에타리 인키넨(Pietari Inkinen)을 맞이하였고, 계관 지휘자겸 예술고문으로 알렉산드르 라자레프(Alexander Lazarev), 계관 명예지휘자 고바야시 겐이치로(小林 研一郎), 정지휘자 야마다 가즈키(山田 和樹), 그리고 뮤직·파트너 니시모토 도모미(西本 智実)와 같은 충실한 지휘자들을 중심으로 개성적이면서 매력적인 기획을 제공하며 더 나은 연주력 향상을 목표로 하고 있다.

오랜 세월에 걸쳐 전국 각지에서 지역과의 협동을 실현하여 음악을 통해 커뮤니티의 활성화와 지역문화의 발전에 기여해 왔다. 규슈 전역에서 이루어지는 규슈공연은 1975년부터 그 역사를 새기고 있다. 현지의 자원봉사자들과 프로그램부터 판매까지 논의하는 실로 지역과 함께 만들어 가는 공연이다.

또 1994년부터 도쿄도 스기나미구와 우호제휴를 맺어, 「스기나미공회당 시리즈」 및 「60세부터 시작하는 악기교실」 등 지역과 밀접한 활동을 펼치고 있다.

6 주요 도면

| 지하1층 평면도

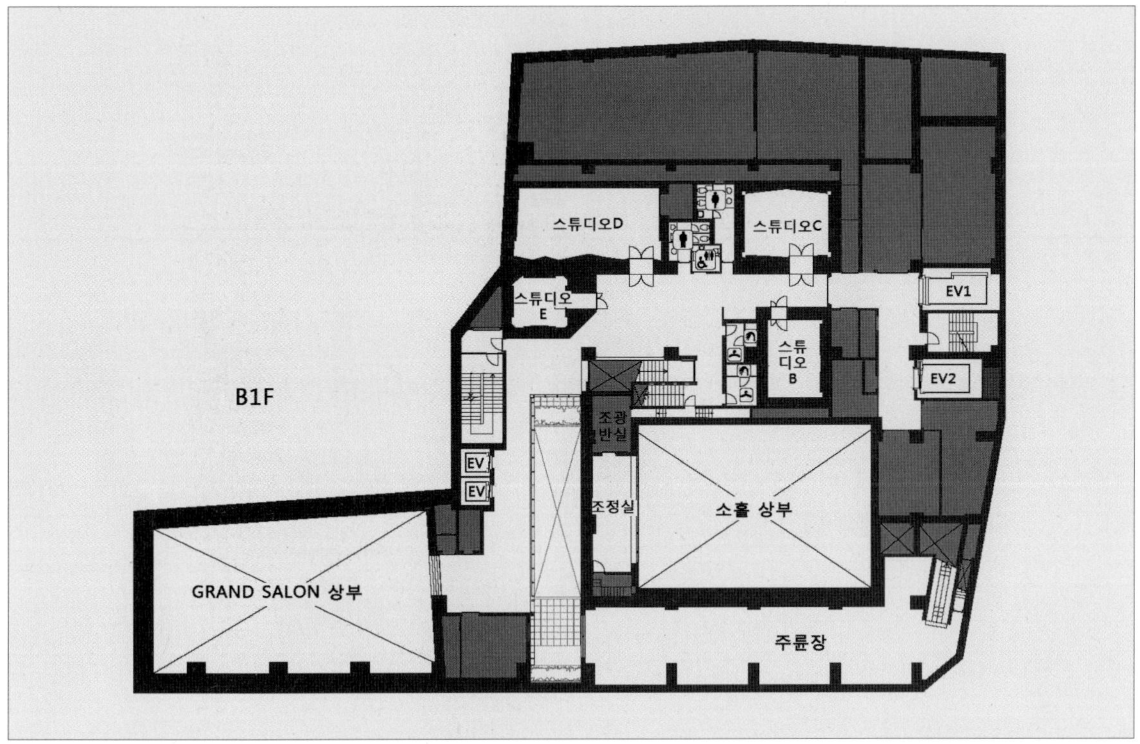

| 지하2층 평면도

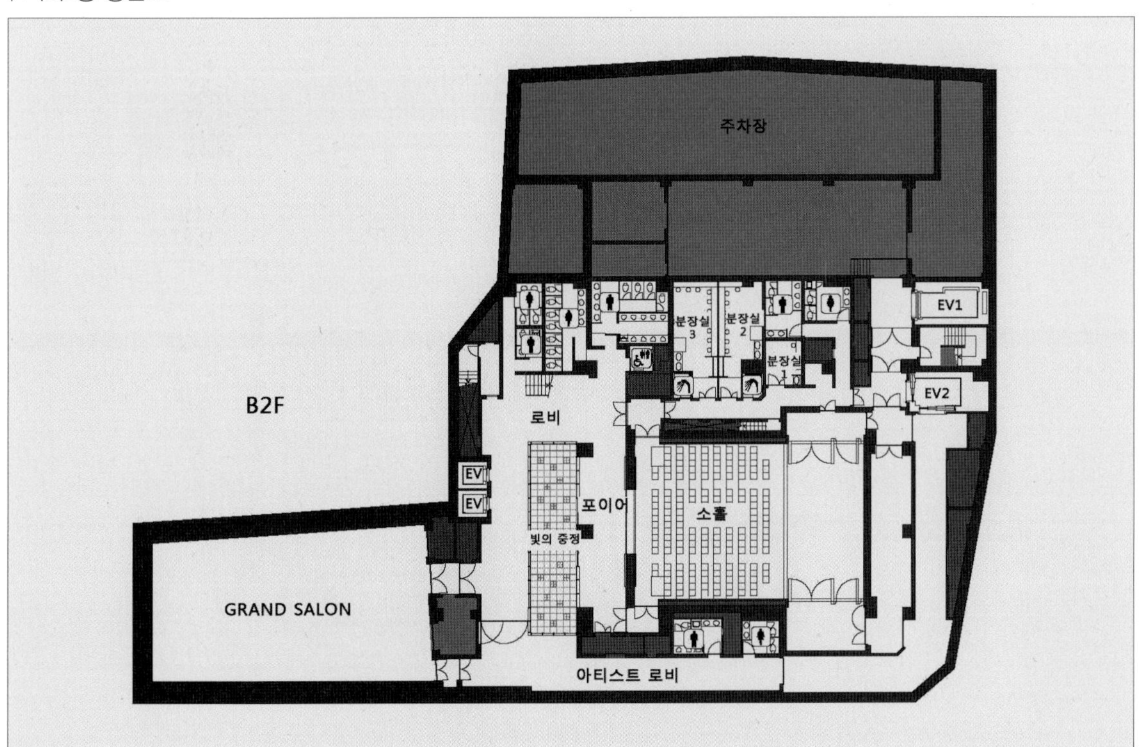

| 1층 평면도

1F
대홀 분장실입구
분장실 6
분장실 7
분장실 8
EV
분장실 라운지
안내
장애인용 주차공간
반입야드
반입구
공회당관리사무실
EV1
EV2
매점
주차장으로
바이크 주륜장
하모니플라자
스튜디오 A
EV
EV
오메가도(青梅街道)
어프로치광장
엔트런스

| 2층 평면도

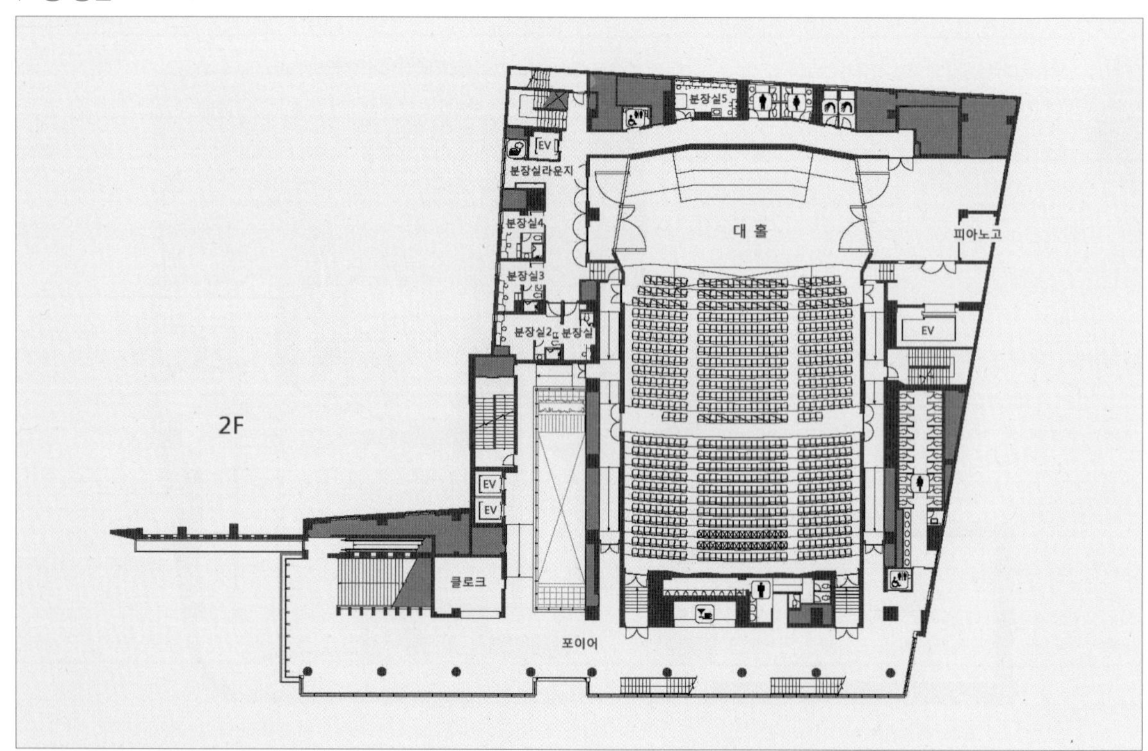

| 3층 평면도

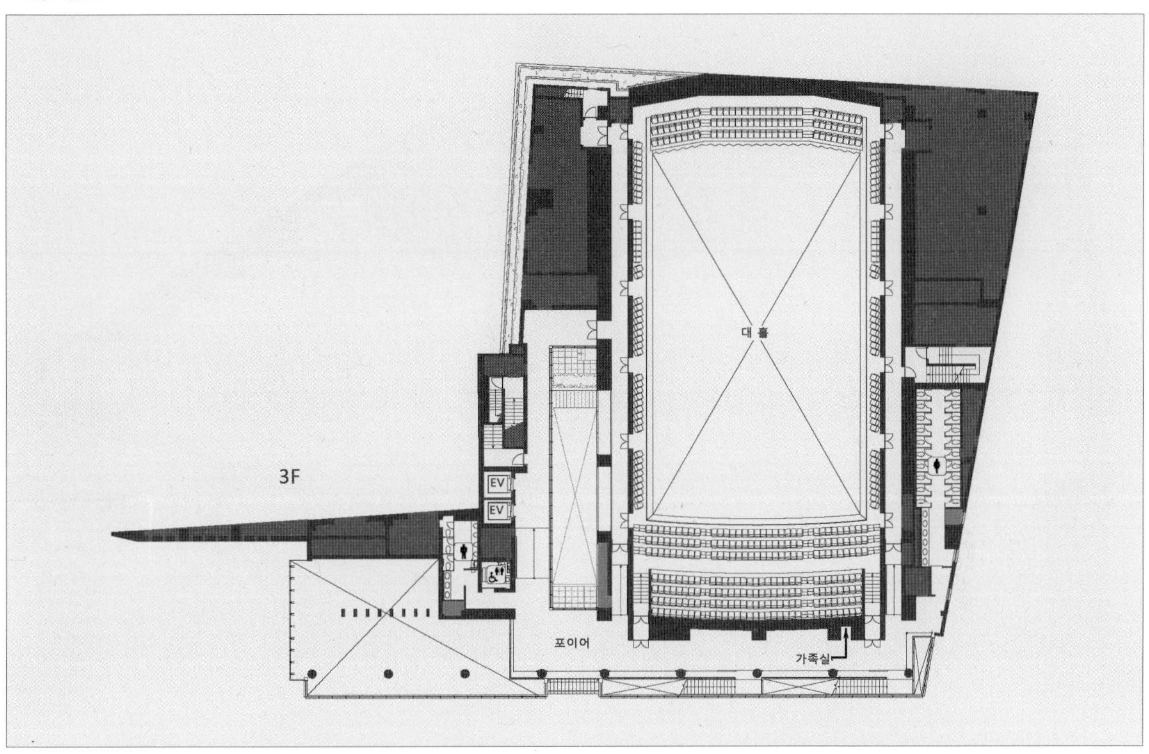
대 홀
3F
EV
EV
포이어
가족실

| 단면도

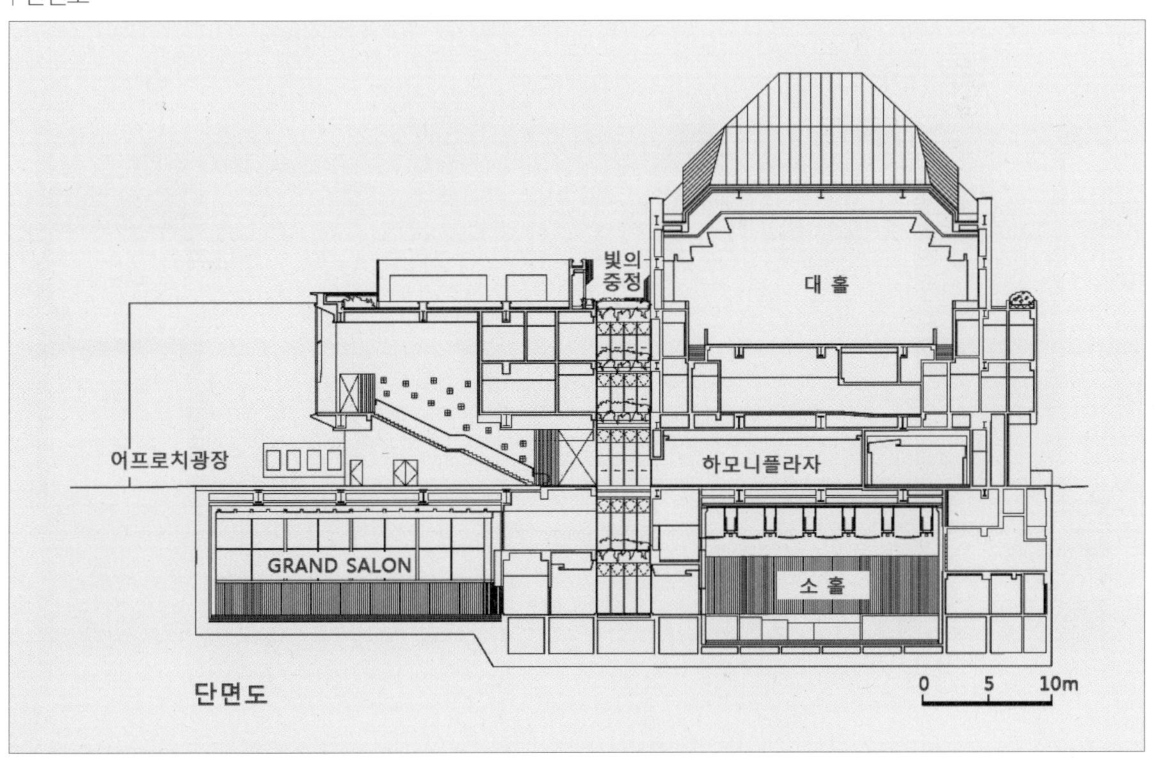
빛의
중정
대 홀
어프로치광장
하모니플라자
GRAND SALON
소 홀
단면도
0
5
10m

| 대 홀 단면도 1 : 200

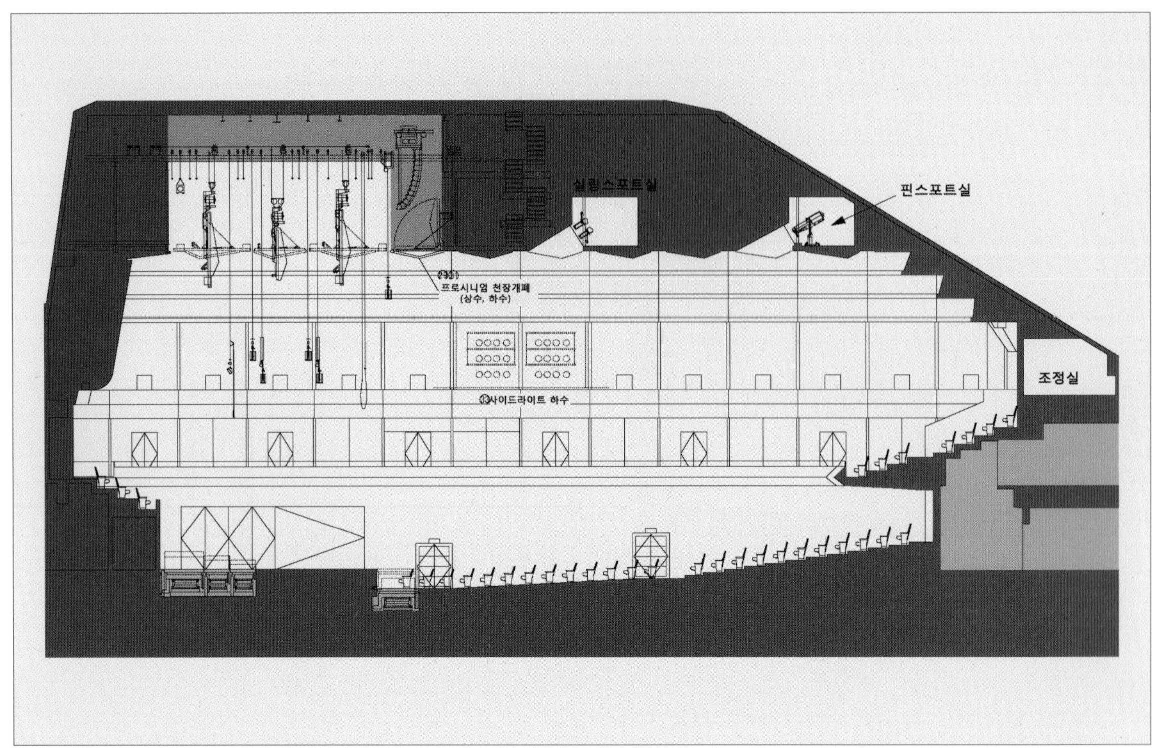

| 소 홀 무대단면도 1 : 100

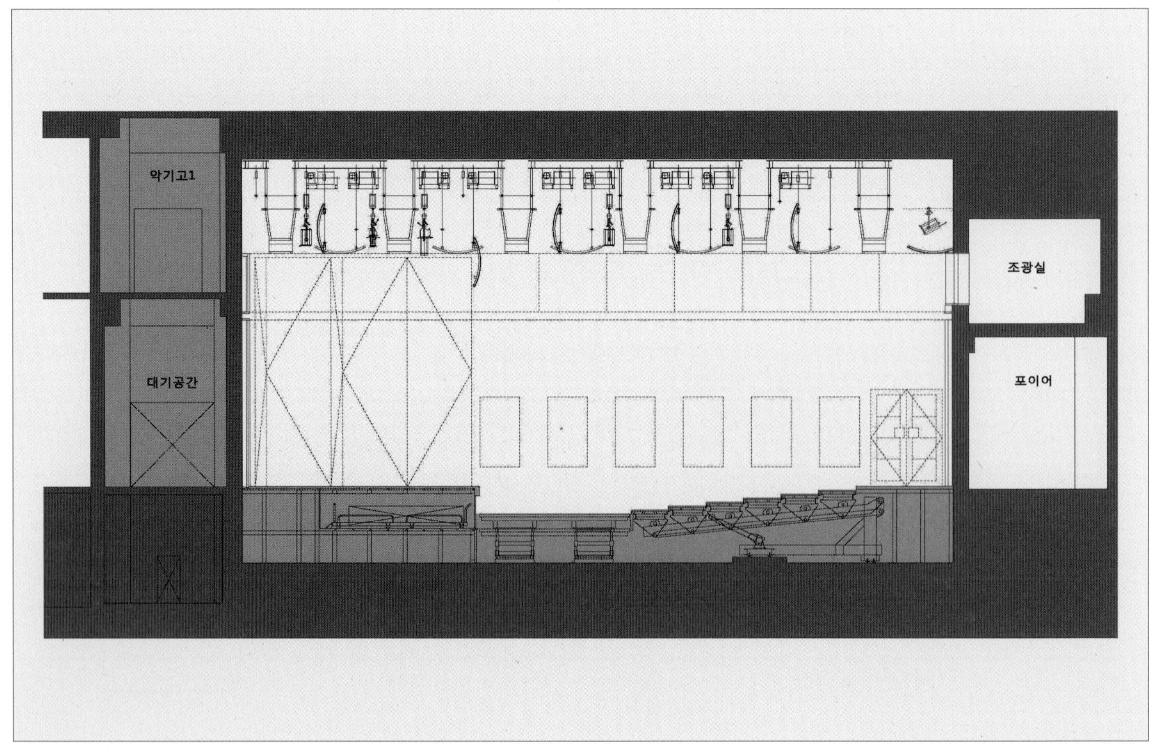

19 극장·고엔지

座・高円寺 / ZA-KOENJI PUBLIC THEATRE

극장 외관 전경 |

1 극장·고엔지 개요

"베어 먹은 초콜릿" 혹은 "짙은 갈색의 텐트 오두막" JR 주오선(中央線) 차창너머로 보이는 이 신기한 건물은 고엔지역 북쪽 출구에서 도보로 5분 정도, 주오선의 선로와 간죠 7호선(環状7号線)이 교차하는 구역에 탄생한 스기나미구립 스기나미예술회관(杉並区立杉並芸術会館), 「극장(座)·고엔지(高円寺)」다.

같은 부지에 건설되어 있던 고엔지회관을 개축한 극장복합체로 설계는 이토 도요오(伊東 豊雄) 건축설계사무소, 시공은 다이세건설(大成建設)이 맡았다.

필요한 모든 공간을 넣기에는 좁고 높이의 제한도 있었기 때문에 대부분의 시설을 지하에 배치하고, 지상부분은 메인 소극장(극장·고엔지1)과 카페·사무실 정도로 하였다. 주변환경 상황 및 차음문제로 일부러 「닫힌」 텐트 오두막을 제안하여 외벽과 지붕은 가능한 한 얇고 강한 강철판 콘크리트 구조를 선택하였다. 또 각 홀을 세로로 적층하는 계획이었기 때문에 홀 간 차음성능에 신경을 기울여 바닥·벽·천장이 모두 구체에서 분리된 플로팅 구조를 채택하였다.

이 건축물은 전체 규모의 절반 이상이 지상에, 나머지 부분이 지하에 있다. 따라서 건축물 내로 들어가면 외관을 보고 상상한 것 이상으로 넓은 규모에 놀라게 된다.

우선 지상층에 공연에 따라 자유롭게 무대·객석형상을 바꿀 수 있는 새로운 형태의 소극장 「극장·고엔지1」, 지하1~2층에 고정석을 갖춘 사용하기 편리한 구민 홀 「극장·고엔지2」, 「도쿄 고엔지 아와오도리(東京高円寺阿波おどり)」의 보급 진흥과 댄스, 퍼포먼스의 상연도 가능한 「아와오도리홀(阿波おどりホール)」이라는 3개의 개성적인 홀이 있고 지하3층에 극장에서의 작품 창조를 뒷받침하는 복수의 연습실, 아틀리에 제작실, 의상실과 효과음·영상 제작실 등이 마련되어 있다.

2, 3층에는 현대극의 희곡을 수집·보존하는 아카이브 및 드라마·리딩 및 강연 등 캐주얼한 좌학(座学)의 공간으로서도 즐길 수 있는 카페·Henri Fabre 등 다방면으로 개방적인 공간을 갖추고 있다. 연극을 중심으로 함으로서 2006년에 오기쿠보(荻窪)에 오픈한 스기나미공회당과 공존하고 있다.

홀 내부도 객석과 무대를 가설로 하여 이벤트에 따라 자유롭게 재편성된다. 이를 전부 철거하여 평지로 할 수도 있다. 이 회관이 기획한 이벤트 및 연극을 상연하는 소위 말하는 프로 사양의 홀로서 오기쿠보(荻

窪)에 있는 스기나미공회당(杉並公会堂)과 구분하기 위해 콘서트는 상정하고 있지 않다.

지하3층은 연습장과 의상 및 대도구 등을 제작하기 위한 작업장이다. 복수의 연습장은 연극의 전문가를 양성하는 「극장 창조 아카데미」의 교실로도 이용한다. 거의 같은 규모로 성질이 다른 2개의 홀을 병렬로 갖추고 있다는 점이 최대 특징이다. 「구민들 중에 연극관계자가 많고, 문화 및 예술에 대한 조예가 깊은 성숙한 자치체이기에 실현할 수 있었던 극장」으로 평가받는다.

본 시설은 오픈하기 약 3년 전 실시설계의 완료시기에 지정관리자로서 NPO 법인 극장창조 네트워크가 제안한 설계경기, 히어링을 거쳐 결정되었다. 시공단계에서는 지정관리자의 의견을 도입하면서 일부 설계에 변경이 더해졌다. 공공홀의 건설 중에는 사용자측의 얼굴을 보통 보기 힘든데, 빠른 단계에서 시설의 관리·운영자가 결정된 것은 이 시설의 큰 장점이다.

| 건축물의 개요

구 분	내 용
소 재 지	도쿄도 스기나미구 고엔지 키타 2-1-2(東京都杉並区高円寺北2-1-2)
공 사 발 주	스기나미구(杉並区)
설 계	·이토 도요오 건축설계사무소 (伊東豊雄建築設計事務所) –음향설계 : 나가타 음향설계(永田音響設計) –건축 : 구조 – 사사키 무츠로(佐々木 睦朗)구조계획 연구소 설비 – 환경 엔지니어링 무대기술 – 마노 준(真野 純) / 조명 – Light Design 가구 – 후지에 카즈코(藤江 和子) 아틀리에 / 커튼 – Nuno 사인 – 여자미술대학 / 방화계획 – 아타카(安宅) 방재계획 적산 – 토와 프로스페리(東和プロスペリ)
시 설 규 모	부지면적 : 약 1,649.26㎡ 건축면적 : 약 1,108.00㎡ 연면적 : 약 4,977.74㎡
건 축 구 조	철골조(일부 철근콘크리트조) 지하3층/지상3층 건축 : 다이세 건설 / 전기 : 케이오(京王) 설비서비스·신메(神馬) 전기공사 JV 공조 : 코이즈미 주산(小泉住産)·야코설비 JV / 위생 : 카츠아키(克明) 공업 승강기 : 츄오(中央)엘리베이터 공업 / 무대기구 : Sanseiyusoki(三精輸送機) 무대조명 : 마루모(丸茂) 전기 / 무대음향 : 야마하 사운드테크
시 설 종 류	극장 고엔지1 : 연극 등 자유로운 소극장 극장 고엔지2 : 강연회, 발표회, 소규모 콘서트 아와오도리홀 : 연습 및 리허설, 소규모 음악회, 콘서트
위 치	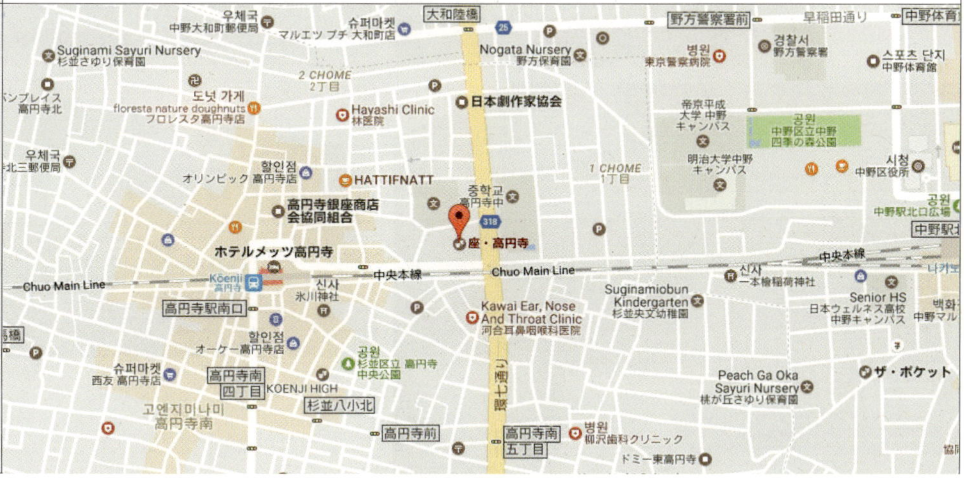

2 외관 및 로비

1층을 들어서면 메인로비가 있고, 우측에 홀「극장·고엔지(座·高円寺)1」, 안쪽에는 각층을 연결하는 계단이 있다. 이 로비와 홀은 미닫이문을 열면 하나로 연결된다. 게다가 반입 야드를 열어 홀과 연결하면 외부의 광장으로부터 로비, 홀을 빙빙 회유하도록 사용할 수도 있다. 이를 위해 광장과 로비에는 단차(段車)가 없다.

「극장·고엔지」의 구조를 살펴보면 벽은 철골 들보(梁), 철골기둥을 내포하는 편측 철판콘크리트, 지붕은 FB 리브로 강화된 강판콘크리트로 구성되어 있다. 벽은 PL-9㎜의 강판을 포함하여 225㎜의 두께로 1.82m 핀치에 H-125×125㎜의 기둥(코너 부분에는 □-125×125㎜), C-125×65㎜의 들보(梁), FB-12×125㎜의 지주 등의 부재가 콘크리트에 내장되어 있다. 내화피복의 문제로 강판은 기둥과 40㎜의 클리어런스를 설치하고 있다.

내측은 재래의 형틀을 세우고, 그 사이에 콘크리트를 넣은 지붕은 PL-12㎜로 FB-12×100㎜를 표준으로 하는 리브가 455~910㎜ 간격으로 늘어서 있다. 지붕 패널은 공장에서 리브·스터드 볼트를 용접한 패널(최대 2.30×11.0m)로 현장에서 와이어메시, 콘크리트 형틀(PL-2.3㎜)을 세트하고 크레인으로 소정의 위치에 설치, 용접, 콘크리트를 타설하였다.

외부의 광장으로부터 단차 없이 들어갈 수 있는 메인로비, 원형의 빛이 떨어지는 조명은 쇼지 히로야스(東海林 弘靖)의 디자인으로 제작되었다.

| 외관

| 내부 연결계단

| 로비

3 극장 · 고엔지1(Za · Koenji-1)

극장 · 고엔지1 내부 |

1층의 극장 · 고엔지1은 전문성이 높은 소극장으로 다양한 무대형식에 대응할 수 있는 정방형의 「블랙박스」이다. 전면광장에서 엔트런스를 통해 로비, 극장 안, 반입 야드로 전혀 단차가 없이 이동할 수 있다. 보통 극장과는 달리 정방형(正方形)의 평면을 가진 이 극장은 가설바닥을 개조하여 일반관람석 형태로도 단상 형식의 극장으로 가변한다. 상부의 기술 갤러리 하부에는 10장의 가동패널이 매달려 있으며 그 앞뒤를 반사 / 흡음 조합함으로서 플러터 에코의 방지와 공연목록에 맞춘 잔향의 조정을 가능케 했다.

21.0×21.0m 정방형의 평면으로 바닥 레벨은 외부와 동일한 높이다. 전체를 평평하게 하여 광장과 같은 개념으로도 사용할 수 있을 뿐만 아니라, 수납이 가능한 계단 형상의 객석을 조작하여 다양한 무대형식에 대응할 수 있다.

「극장 · 고엔지」는 객석도 무대도 가설로서 이벤트 및 공연목록에 맞춰 재편성이 자유롭게 이뤄지며 양끝의 흡음패널도 이동할 수 있다. 홀의 형태는 정방형이므로 정면이 없고 천장높이는 11m로 높기 때문에 시야를 가리지 않는다. 메인로비 및 외부광장으로도 연결되며, 객석을 계단식 형상으로 세팅했을 때는 238석이 된다.

| 극장 · 고엔지1 개요

구 분	내용
객 석 수	총 객석수 : 238석
건 축 음 향	실용적 : 5,300㎥ 바닥면적 440.0㎡ 잔향시간 : 0.90초(만석시)
기 타	① 플로팅 구조 각 홀간의 차음성능 향상을 위해 바닥, 벽, 천장이 모두 구체에서 분리된 플로팅 구조를 적용하였다. 이에 따라 각 홀간의 동시사용이 가능하다. ② 블랙박스 형태 무대 = 너비×기본 안길이 = 16.20m×7.20m 그리드 높이 = 11.35m 무대설비 = 전동 배튼 1기, 이동식 점 매달기 16대, 고정브리지 4열

○ 시설 전체의 차음계획

이 건축물은 좁은 부지 속에 극장이 2실, 아와오도리홀, 연습장 등이 겹겹이 배치되어 있다.

각 공간의 동시사용을 가능하게 하여 회관이 유효하게 이용될 수 있도록 각 공간간에 높은 차음성능 확보가 요구되었다. 차음계획은 이 시설의 음향설계 중에서 중요한 과제였고, 기본적으로 모든 극장 및 홀, 부속공간에 차음성능의 확보와 철도소음에 대한 대책으로서 방진차음구조를 채택하였다. 지하2층에 배치된 「극장 · 고엔지2」(구민 홀)는 상하층에 「극장 · 고엔지1」(소극장)과 연습장1이, 같은 층에 아와오도리홀이 배치되어 있어서 콘크리트의 방진고무 플로팅구조 바닥에 철골로 이루어진 독립 프레임을 구축하여, 그

프레임으로 방진차음층을 지탱한다는 고성능 차음구조를 선택하였으며, 지하2층에 배치된 아와오도리홀에 대해서도 동일한 구조를 적용하였다.

지상층의 「극장 · 고엔지1」에 대해서는 다른 공간이 모두 지하에 위치하기 때문에 마치 주발과 같이 천장을 제외하고 바닥 · 벽만을 방진 차음구조로 하였고, 벽의 차음층에 대해서는 내장마감과 겸해서 철판 배후에 글라스 섬유보강시멘트를 타설한 구조를 채택하였다.

ㅁ 철도소음에 대한 차음설계

철도 궤도에 면하는 부지에 건설되는 경우 철도소음에 대한 차음설계의 고안은 도로교통소음의 경우와 동일한데, 먼저 철도소음의 대표치과 설계목표치를 설정하고 소음의 측정, 실내소음레벨 예측 산정 등의 과정으로 차음설계를 진행한다. 철도소음의 대표치를 구하는 방법은 실제로는 열차 통과시 소음의 최대값을 20개 이상 측정한 후 그 상위 10개의 에너지 평균값을 대표치로 하며, 실내허용소음의 설계목표값은 별도의 각 실(室) 허용소음기준치를 따른다. 철도소음도 도로교통소음과 마찬가지로 계획부지에서 소음측정을 한 후, 소음 데이터를 취득하는 것이 기본이 된다. 소음측정에서는 시간 가중치 특성 [illegible]로 열차 통과시의 소음레벨 최대값을 측정한다. 측정점은 도로교통소음과 동일한 방법으로 설정한다. 철도소음의 레벨과 주파수특성은 열차의 종류 및 진행방향에 따라 크게 다르기 때문에 소음레벨이 큰 열차의 필요수 충족이 되도록 측정할 필요가 있다. 일본의 경우 복수노선이 있는 계획부지에서의 소음의 주파수특성 측정 결과의 예를 [그림1]에 나타내었다.

| 복수노선의 철도소음 주파수특성의 측정 예 [그림1]

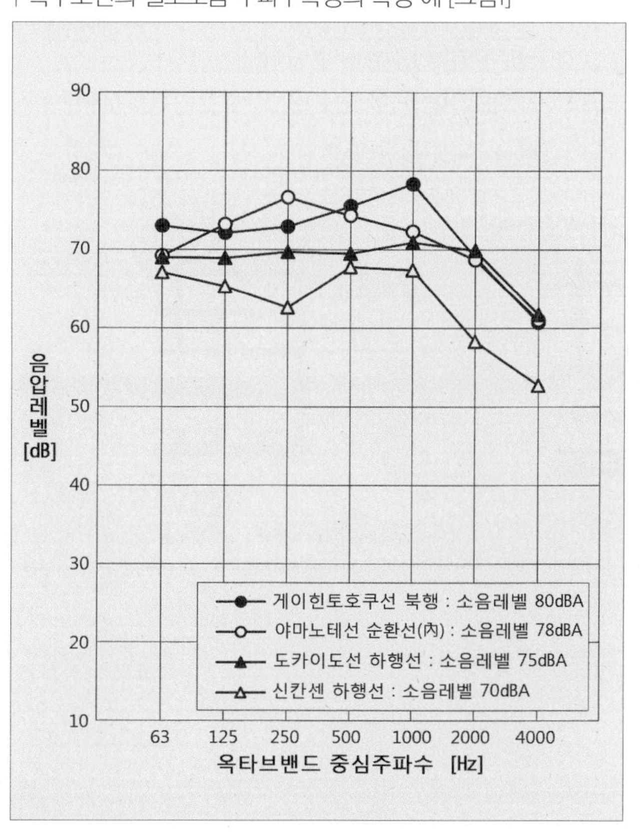

□ 지하철 소음에 대한 차음설계

지하철이나 철도 궤도 터널에 근접해 건설하는 경우 열차 통과시의 진동이 지반을 전반하여 건축물에 전달되고 구체를 전반해 바닥, 벽, 천장 등의 내장재로부터의 소리로 방사되는 고체음이 문제가 되는 경우가 있다.

소음저감대책은 진동 절연이 기본으로, 지반으로부터 건물에 전달되는 진동을 차단하는 방법과 건축물의 내장을 플로팅구조로 하는 방법이 있다.

진동 절연대책의 필요성을 검토하기 위해서는 계획부지에서의 지반의 진동 성상을 파악할 필요가 있다. 진동측정에서는 시간가중치 특성 *S*로 지하철 통과시의 진동가속도 레벨의 최대값을 측정한다. 계획부지에 기존 건축물이 있는 경우에는 참고로서 바닥·벽·기둥 등의 진동과 실내소음을 측정하는 것이 일반적이다.

① 지반진동 측정값 } (건축물에 입사하는 진동가속도 레벨) ② 지반거리 감쇠 ③ 방진재에 의한 감쇠 ④ 지반에서 건물에 입사할 때의 감쇠 ⑤ 건축물 내 거리 감쇠 ⑥ 내장재의 증폭 ⑦ 내장재의 면적 ⑧ 내장재의 방사계수 (소리 방사의 용이성 정도) ⑨ 실내흡음력

지하철 소음에 대한 실내소음레벨 예측 계산에 관계하는 요인 |

진동저감 대책안	저감량 [dB]
판상방진재	3~5
판상방진재+지중벽 · 저반중후화	5~10
면진고무	15~20

[표1] 지하철 진동저감 대책안의 진동가속도 레벨 저감량 (63Hz 대역) |

지하철 진동을 저감시키는 대책안은 전술한 바와 같이 지반에서 건물에 전해지는 진동을 저감하는 방법이 일반적이다. 진동저감 대책안의 예를 [그림2]에 나타내고 있다.

지하철 진동의 탁월 주파수는 63Hz 대역인 경우가 많고, 진동저감 대책안의 예에서 그 주파수대역의 대략적인 진동 가속도레벨의 저감량을 [표1]에 나타낸다.

| 지하철 진동을 저감시키는 대책안의 예 [그림2]

a) 판상 방진재

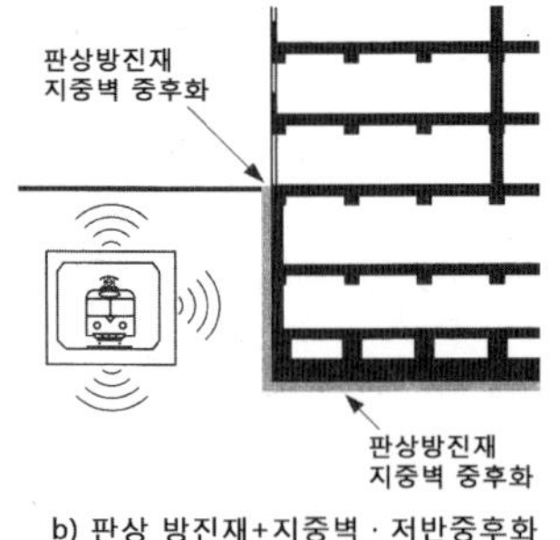

b) 판상 방진재+지중벽 · 저반중후화

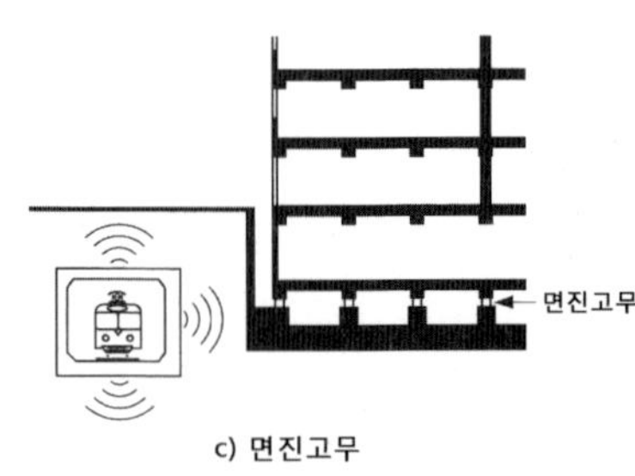

c) 면진고무

○ 플로팅구조의 홀을 세로로 겹친 차음구성

극장·고엔지는 그리 넓지 않은 부지 안에 지하3층의 연습장과 3개의 홀을 쌓아 올려 있다. 「이것이 차음에 고심한 최대의 요인」이라고 음향을 담당한 나가타 음향설계의 설명이다.

「극장·고엔지(Za·Koenji)1」, 「극장·고엔지(Za·Koenji)2」, 「아와오도리홀」, 「연습장1」은 모두 동시에 사용하는 것을 상정하고 있다. 동시사용의 경우라 하더라도 각 홀에 소리가 새어나오거나 진동이 전달되지 않도록 하기 위해 어떻게 할 것인가. 홀은 모두 플로팅구조로 방진하고 있다. 구조 구체 속에 또 하나의 방을 만들고 이중으로 차음하여 방진고무로 지지하는 형태이다.

「아와오도리홀」은 일본식 북(和太鼓)을 사용한다. 북의 저음은 특히 차음하기 힘든 성질이 있기 때문에 북소리가 다른 홀에서 들리지 않도록 하는 것이 목표 중 하나였다.

또 「극장·고엔지(Za·Koenji)2」는 구민 홀이기 때문에 콘서트를 열 가능성이 높으므로 아와오도리홀과 마찬가지로 8㎜의 FG보드(섬유혼입석고보드)를 3장 겹쳐 마감하여 2차 차음층으로 형성하고 있다.

한편 「극장·고엔지(Za·Koenji)1」은 철판 마감이 홀 내부까지 연속되도록 2차 차음층에 철판을 사용, 철판의 진동이 전달되지 않도록 하기 위해 GRC(글라스섬유강화 시멘트)를 배접한 패널을 이용하였다. 메인로비와의 사이에 거대한 미닫이문도 플로팅구조를 취하고 있다.

1층에 있는 이 홀의 흡음과 관련해서는 벽의 하부는 가동식 패널을 흡음판으로 하여 적당히 배치한 구성으로 한다. 한편 일부는 벽면에 고정흡음부를 설치하고 있다.

잔향시간은 계단식 형상 객석의 경우 공석시에 0.90초이다.

음향은 구조에도 영향을 받기 때문에 실(室)의 사용형태를 알지 못하면 사양을 결정하기 어렵다. 여기서는 초기단계부터 지정관리자가 결정되어 있었기 때문에 「가능한 것」과 「불가능한 것」을 정리하기 쉬웠다고 한다. 「차음이 나쁘면 그 홀은 점점 사용하지 않게 된다. 수익에 직결되는 중대한 문제」이다. 사용상에 있어서 자유도(自由度)는 높은 극장이지만 소리에 최대한 배려를 하고 있다.

「아와오도리홀」은 플로팅구조에다 수직벽이 하나도 없다. 때문에 소리의 감쇠효과가 높아져, 큰 소리를 내거나 심한 스텝을 밟거나 해도 다른 영향이 나오기 힘든 구조로 되어 있다.

4 극장 · 고엔지2 (Za · Koenji-2)

지하2층의 극장 · 고엔지2는 대관사업을 주로 시행하는 정형 엔드 스테이지 형식이고, 처음 방문하는 사람도 이용하기 쉬운 구민 홀로서 존재한다. 자유도(自由度)가 높은 「극장 · 고엔지1」에 비해 전문성이 있으며 무대연출을 위한 다양한 설비가 갖추어져 있다. 「극장 · 고엔지2」는 전용 웹사이트에서 신청하면 일반인들도 이용 가능하다. 무대와 객석 모두 고정되어 있다. 객석수는 256~298석으로 공석시의 잔향시간은 0.7초이다.

| 극장 · 고엔지2 개요

구 분	내용
객 석 수	총 객석수 : 256~298석(고정석 : 189석 + 이동석 109석)
건 축 음 향	바닥면적 330.0㎡ 잔향시간 : 0.70초(공석시)
기 타	① 플로팅구조 각 홀 간의 차음성능 향상을 위해 바닥, 벽, 천장이 모두 구체에서 분리된 플로팅구조를 적용하였다. 이에 따라 각 홀간의 동시사용이 가능하다. ② 정형 엔드 스테이지 형식 무대 = 너비×기본 안길이 = 14.90m×7.20m 그리드 높이 = 6.30m 무대설비 = 전동 배튼 10

| 극장 · 고엔지2 내부모습

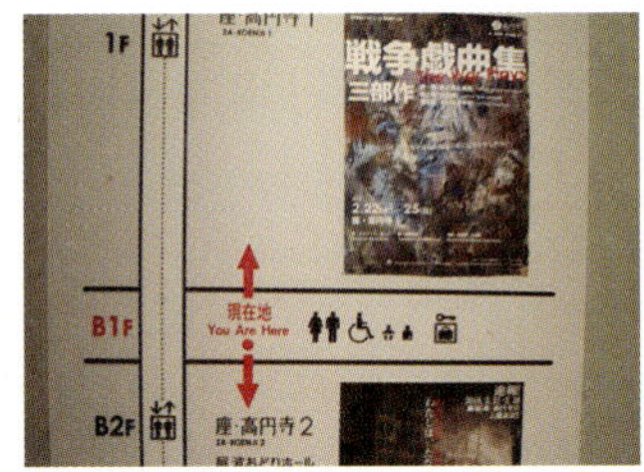

5 아와오도리홀

지하2층에는 아와오도리(阿波踊り) 연습실을 주목적으로 한 아와오도리홀이 마련되어 있다. 충분한 용적을 살린 음악의 발표회 및 콘서트 공연 등이 가능한 홀이다.

| 아와오도리홀 내부

| 아와오도리홀 개요

구 분	내용
건 축 음 향	바닥면적 160.0㎡
기 타	① 연습실 주목적 주목적을 연습실로 설정하여 설계하였으며 충분한 용적을 갖춰 음악발표회 및 콘서트 등에도 대응할 수 있다. ② 1층 관람석(평면) 형식 무대 = 너비×기본 안길이 = 9.20m~11.0m×15.90m 그리드 높이 = 5.30m~6.60m 무대설비 = 전동 배튼 5

아와오도리홀 내부 |

6 기타 실

| 극장 · 고엔지1 분장실

분장실 ① : 11.50㎡
분장실 ② : 11.50㎡
분장실 ③ : 18.20㎡
분장실 ④ : 29.40㎡

| 극장 · 고엔지2 분장실

분장실 ① : 약 23.0㎡(화장대 8대)
분장실 ② : 약 22.0㎡(화장대 8대)

| 카페

| 사무실 / 티켓오피스

7 주요 도면

| 배치도 (1 : 1000)

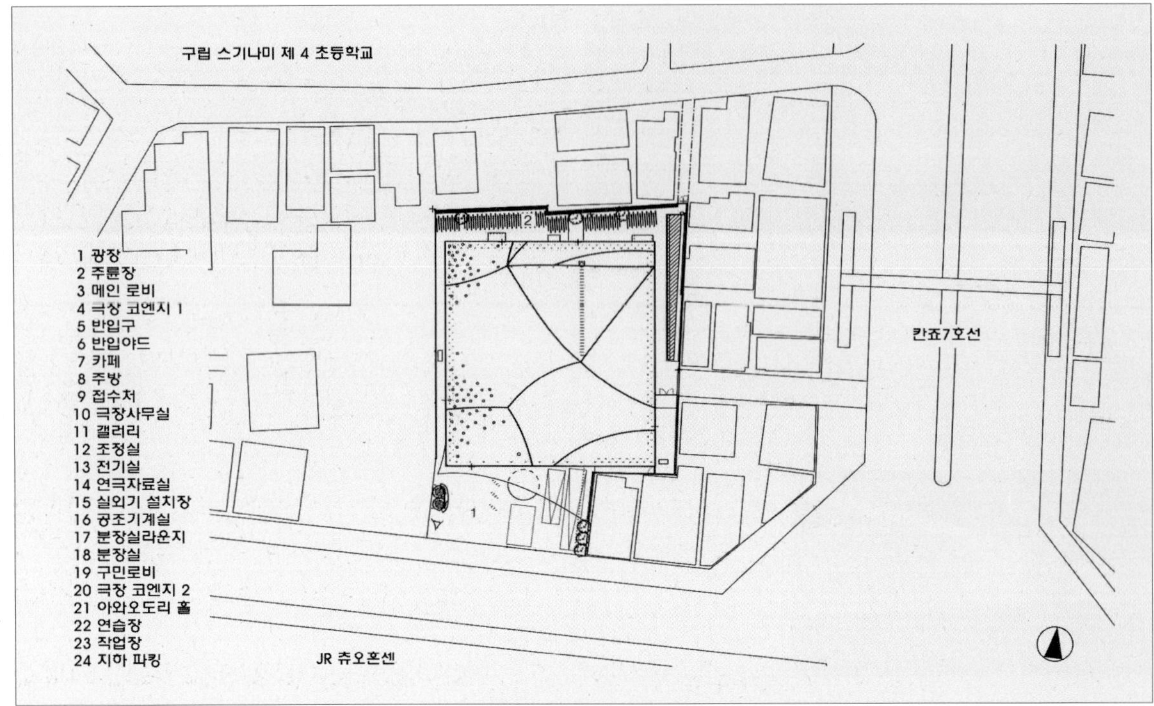

| 각 층 평면도

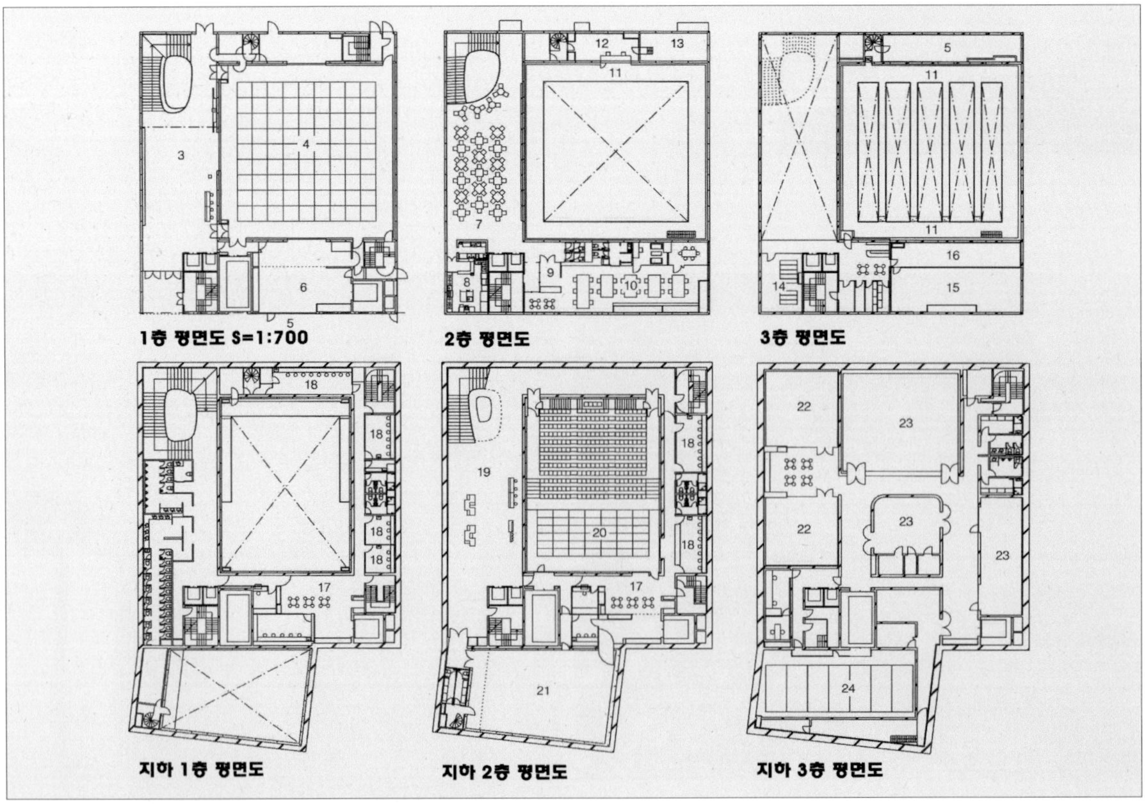

1층 평면도 S=1:700

2층 평면도

3층 평면도

지하 1층 평면도

지하 2층 평면도

지하 3층 평면도

| 단면도 (1 : 350)

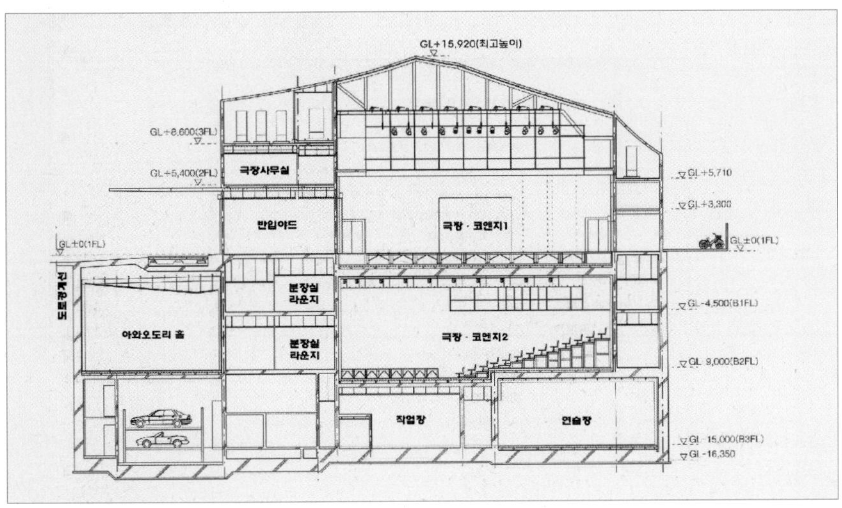

| ZA-KOENJI1(홀 1) 기본무대 서측단면도

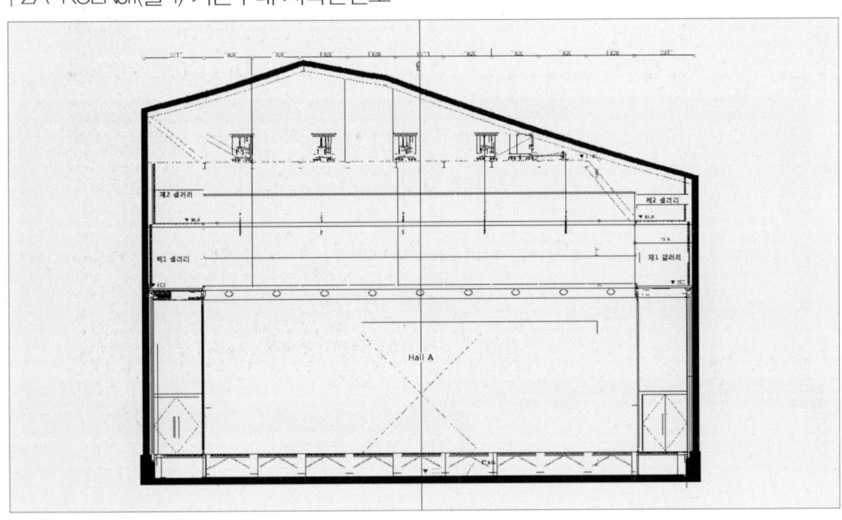

| ZA-KOENJI1(홀 1) 기본무대 단면도

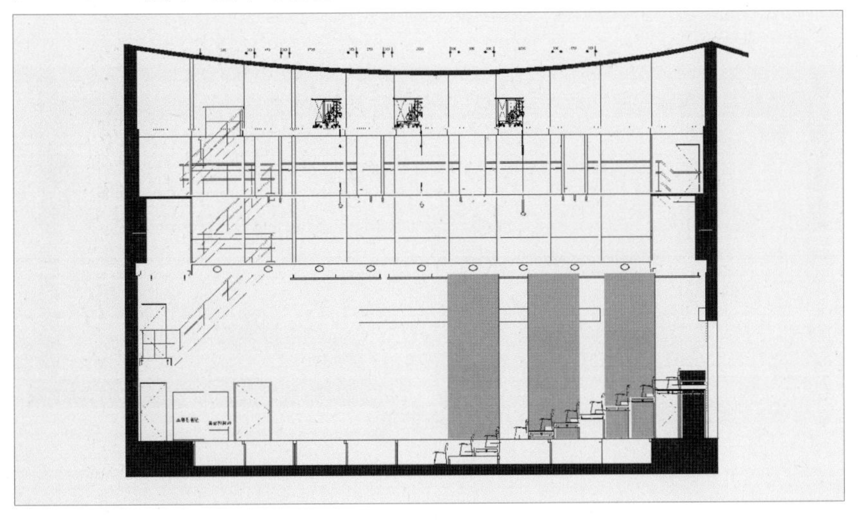

| ZA-KOENJI1(홀 1) 기본무대 평면도

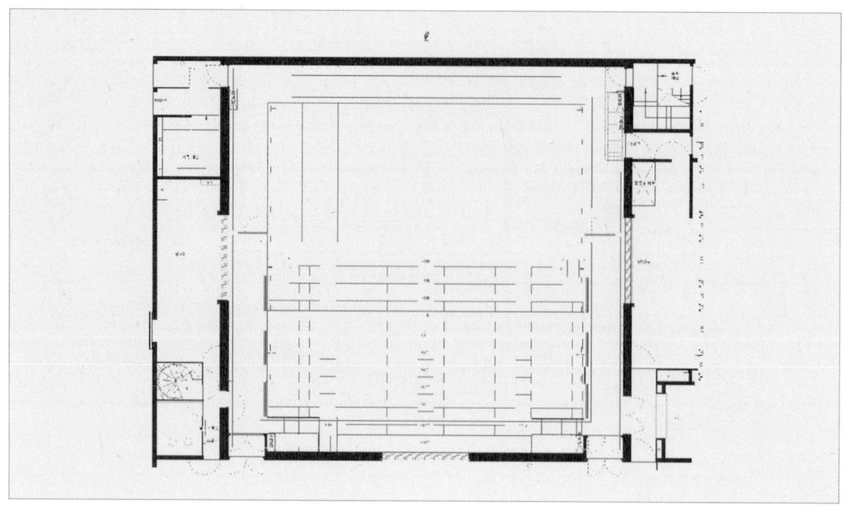

| ZA-KOENJI2(홀 2) 기본무대 하수측 단면도 (1 : 100)

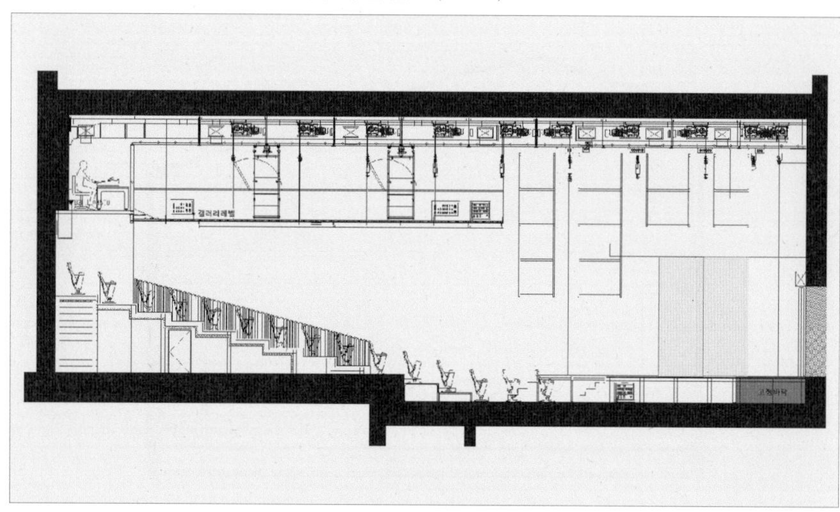

| ZA-KOENJI2(홀 2) 기본무대 상수측 단면도 (1 : 100)

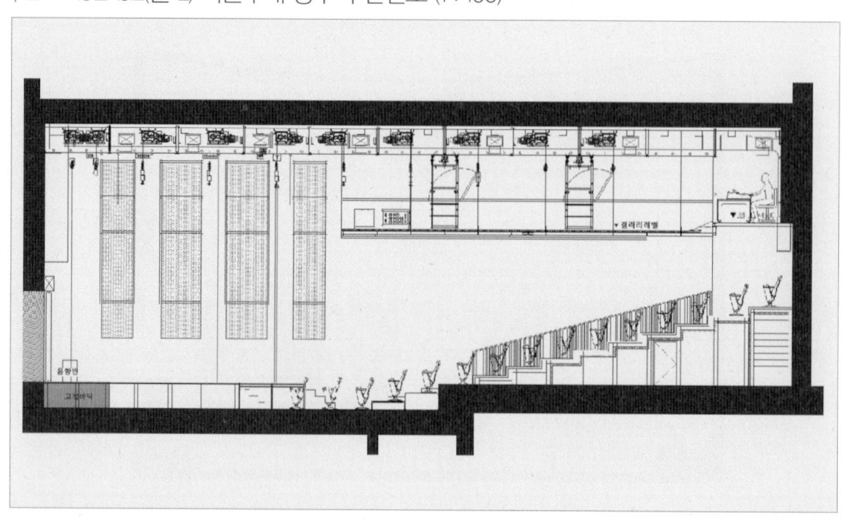

| ZA-KOENJI2(홀 2) 기본무대 무대안길이 4間(7.27m) 평면도 (1 : 100)

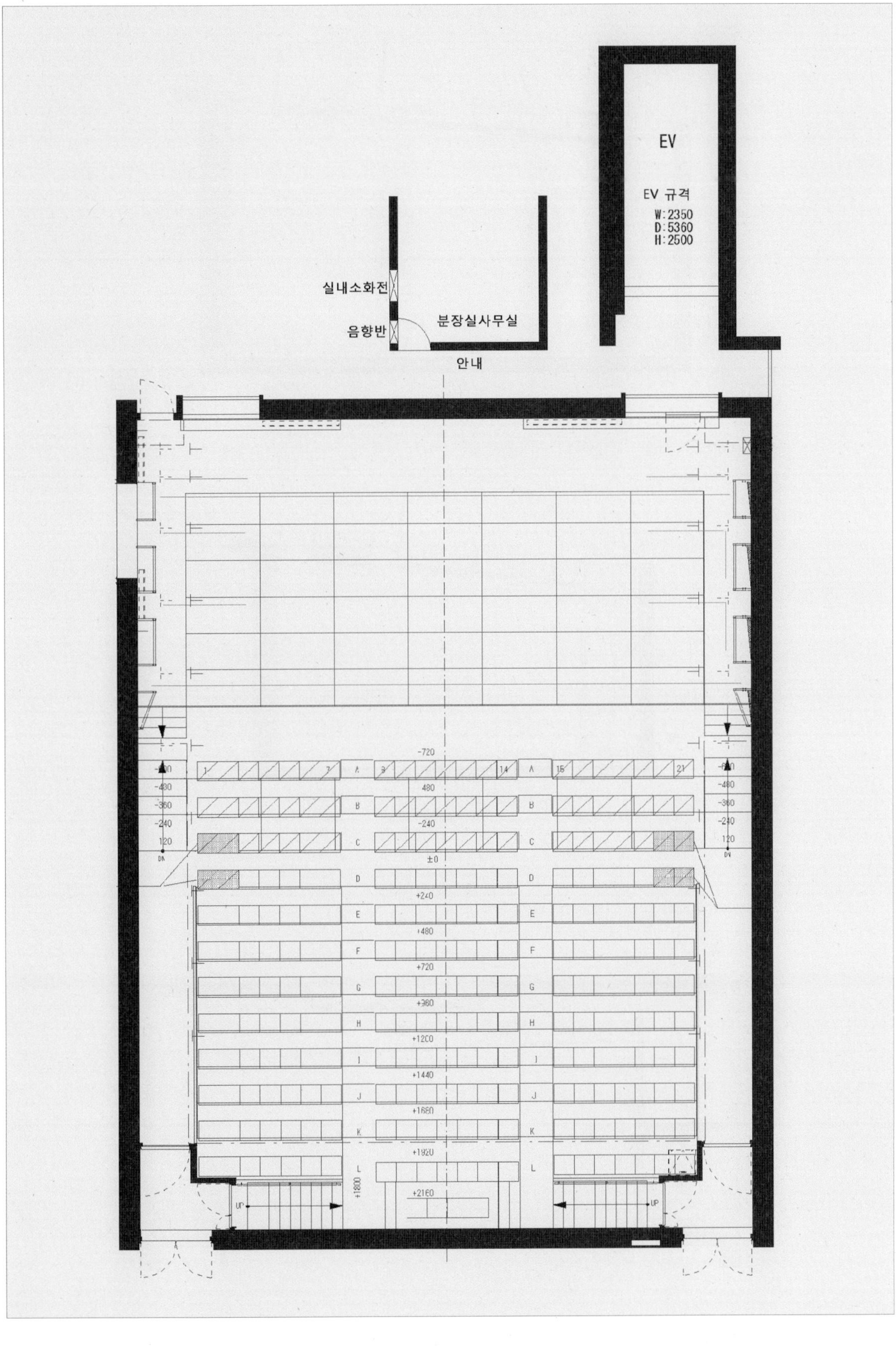

EV
EV 규격
W:2350
D:5360
H:2500
실내소화전
음향반
분장실사무실
안내

| 단면도 (1 : 350)

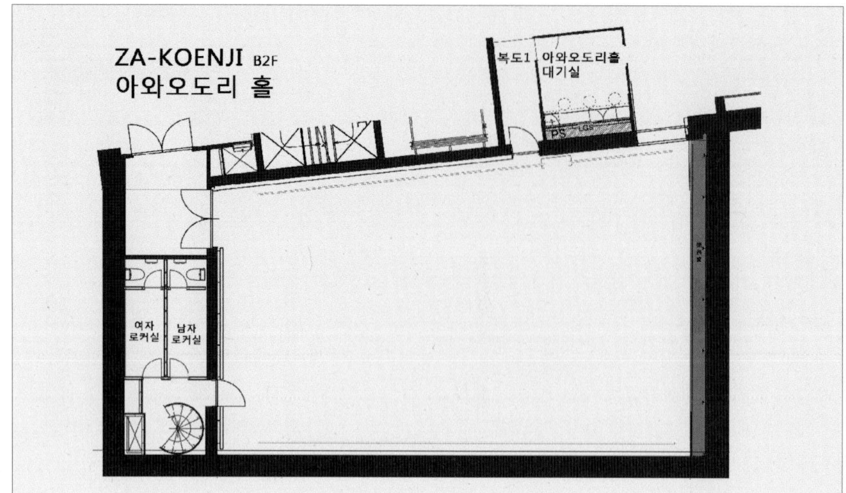

| ZA-KOENJI1(홀 1) 기본무대 서측단면도

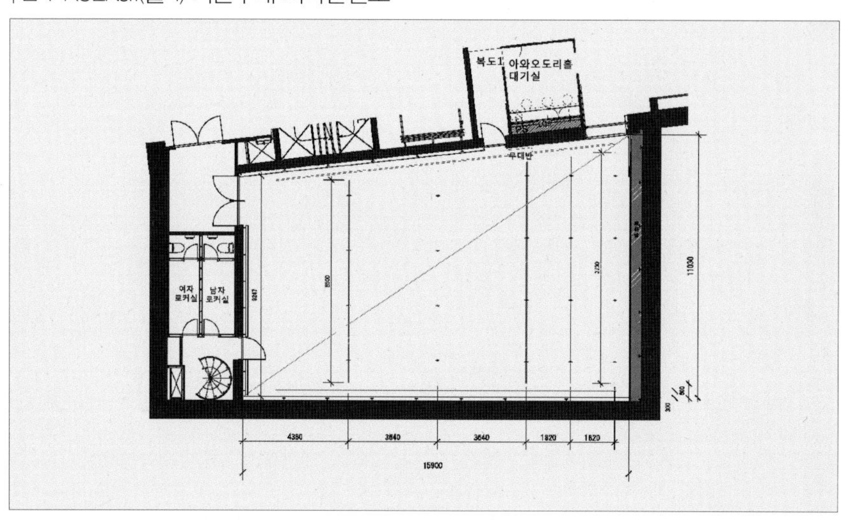

| ZA-KOENJI1(홀 1) 기본무대 서측단면도

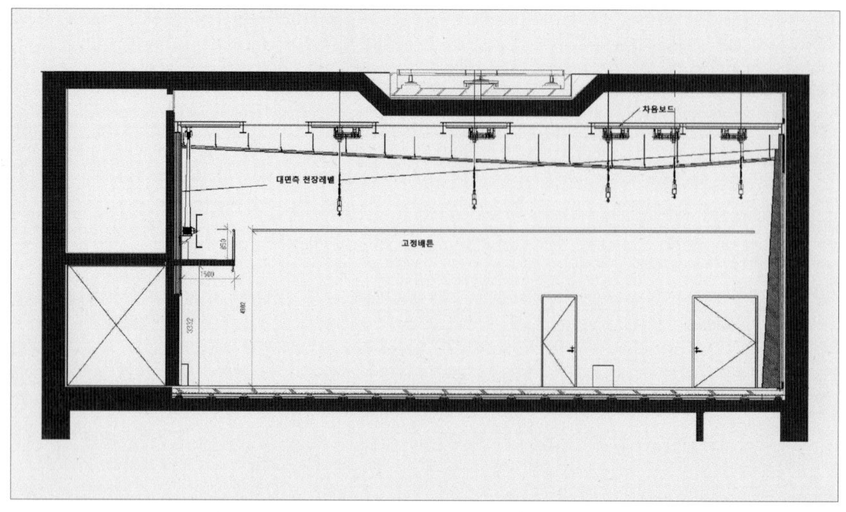

시부야구 문화종합센터 오와다 11

渋谷区文化総合センター大和田 / SHIBUYA-KU CULTURAL CENTER OWADA

1 시부야구 문화종합센터 오와다 개요

2010년 11월 시부야구(渋谷区)에 복합시설 「문화종합센터 오와다(大和田)」가 문을 열었다. 본 시설은 시부야구의 문화·학습·복지의 거점으로서 시부야구에 의해 건립됐다.

시부야라 하면 젊은이들의 거리라는 이미지가 있지만 이 시설은 용도가 다른 2개의 홀을 비롯하여 간호학교, 구민건강센터 등을 보유하고 있으며 문화시설뿐만 아니라 교육, 건강, 복지시설로서 폭넓은 세대에 의한 이용이 기대되고 있다. 또 예전 고토 플라네타륨(五島プラネタリウム)이 있던 시부야역 근처에 있는 본 시설 12층에 코스모 플라네타륨 시부야가 설치되었다. 참고로 명칭에 있는 오와다(大和田)는 1970년까지 존재했던 당시 이 지역의 지명에서 유래한다.

본 시설은 지하3층, 지상12층 건물로 음악을 주목적으로 하는 사쿠라홀(Sakura Hall), 전통예능을 주목적으로 하는 Densho Hall(伝承ホール) 외에 음악연습실(전체 5실), 플라네타륨, 패션·디자인 지원시설, 간호학교, 건강센터, 도서관, 보육원 등으로 구성되어 있다.

설계는 NTT Facilities·닛소켄(日総建)의 건축설계공동체, 시공은 다이세건설(大成建設), 음향설계는 나가타음향설계가 맡았다.

1997년에 이전한 오와다(大和田) 초등학교의 터에 건립되었다는 인연이 있어 개관식에는 시부야구(渋谷区) 관계자 외에 오와다초등학교의 많은 졸업생들도 참석했다.

| 사쿠라홀 내부 전경

2 외관 및 로비

건물은 시부야역의 남측 Cerulean Tower와 Infoss Tower 사이에 위치하고 있고 최상층에 있는 구체(球体)의 플라네타륨이 눈길을 사로잡는다.

개관 이래 시설에서 하나의 상징이기도 한 플라네타륨이 큰 주목을 끌어 홀에서는 오프닝기획으로 시부야구의 어린이들이 참가하는 무용 및 시부야구에 거주하는 전통음악 연주자에 의한 공연이 펼쳐진다. 휴일에는 도서관에서 여가시간을 보내는 어른이나 체험형 어린이 대상 학습센터에서 시간을 보내는 가족들의 모습도 관찰할 수 있다.

본 시설은 폭넓은 세대에 의한 구민 참가형 복합시설로 시작했지만 앞으로의 홀 활용형태에 주목하고 있다. 기획공연보다는 홀 대관을 주체로 하는 운영방침이라고 하지만, 홀 이외의 시설과 관련된 기획 및 "시부야"라는 높은 편이성을 살려 구민 이외의 많이 사람들이 모이도록 하는 적극적인 기획이 예상되는 도쿄 중심부의 홀이다.

| 건축물의 개요

구분	내용
소재지	도쿄도 시부야구 사쿠라가오카쵸 23-21 (東京都渋谷区桜丘町23-21)
공사발주	시부야구(渋谷区)
설계	NTT Facilities
시설규모	지상12층, 지하3층, 높이 68m(플라네타륨 정상부) 부지면적 : 4,967.43㎡ / 건축면적 : 3,020.27㎡ / 연상면적 : 27,402.60㎡
건축구조	철골철근콘크리트조(일부 철골조), 면진구조
시설종류	사쿠라홀 : 클래식콘서트 등의 라이브음악 연주용 홀 전승홀 : 일본 전통예능 및 전통예술을 주목적으로 하는 다목적홀 코스모 플라네타륨 시부야, 구민학습센터, 연습실, 여성센터, 아이리스, 어린이과학센터, 하치라보, 도서관 등
위치	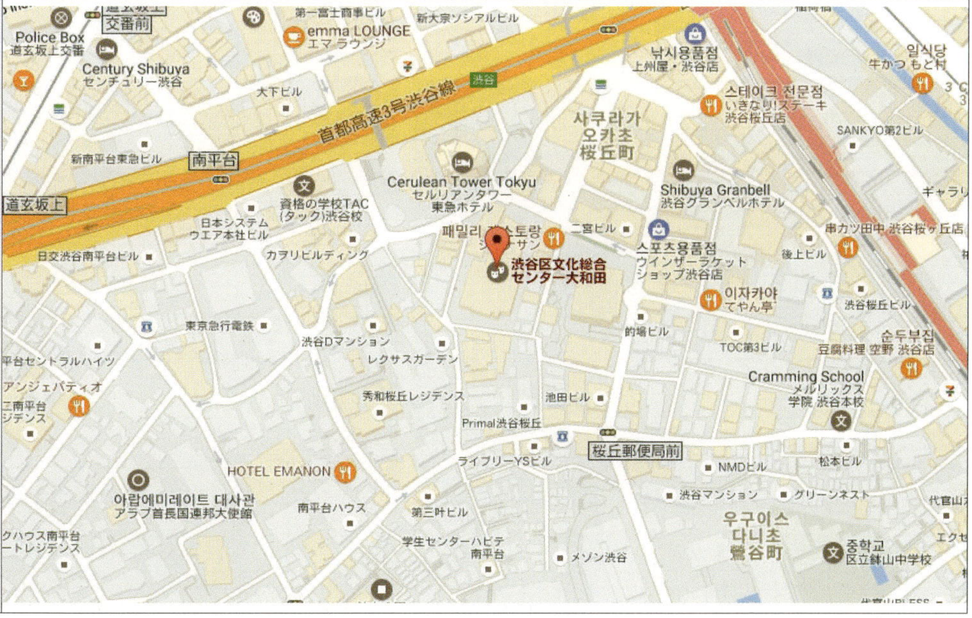

| 외부 및 전경

3 사쿠라홀(さくらホール) [4층]

사쿠라홀(735석)은 클래식콘서트 등의 라이브음악 연주를 주목적으로 한 다목적홀로서, 높은 수준의 음향 성능과 사용의 편리성을 최대로 확보한 홀이다. 무대 음향반사판 및 오케스트라 피트, 가동 프로시니엄을 갖추어 무대 가변에 따른 오페라, 발레, 연극 등의 퍼포먼스도 가능하다. 슈박스형을 기본으로 한 본 홀은 천장높이 15.0m, 객석폭 17.0m, 1층 발코니석을 가지고 있으며 1층석 측벽에는 랜덤 배치로 이루어진 세로형 리브에 의한 확산성 마감구성, 2층석 측벽 상부에는 2차 반사음을 반사시키기 위한 캐노피 형상의 반사면을 배치했다. 건축디자인적 요소도 겸한 캐노피는 무대부터 객석 후방에 걸쳐 연속되어 있어 홀 전체가 음향적으로도 디자인적으로도 일체화된 공간이다. 무대 음향반사판 구성 중 측면반사판은 천장 수납방식이며, 정면반사판은 방진, 차음층의 기능적 요소와 함께 고정식 기능으로 공조흡출구도 설치되어 있다.

측면과 정면반사판의 상부는 L자형 주름형상으로 천장반사판과의 이격부분이 최소화되도록 고안했다. 잔향시간은 반사판 설치시 1.9초(만석시, 500㎐), 무대막 설치시 1.2초로 무대조건에 따라 0.7초라는 큰 가변폭을 보인다.

| 사쿠라홀 개요

구분	내용
객석수	총 객석수 : 735석(2층 발코니 형식) (휠체어석 2석, 가족관람실 4석) 1F : 535석(오케스트라 피트 사용시 421석) 2F : 194석
건축음향	잔향시간 : 반사판 설치시 1.9초 / 무대막 설치시 1.2초(만석시, 500 Hz) 주용도 : 클래식음악 등 라이브음악 연주 형식 : 슈박스형
기타	무대 : 너비 16.7m~14.6m (슬라이드윙) / 안길이 10.0m / 높이 14.4m~11.0m 주요 부대설비 : 음향반사판, 가설 오케스트라 피트(오케스트라 피트 사용시에는 객석이 114석 감소)

| 내부 전경-객석에서 바라본 Veiw

내부 전경–무대에서 객석를 바라본 Veiw |

| 객석 측벽 및 무대 주변

4 전승홀(伝承ホール) [6층]

Densho Hall(345석)은 일본 전통악기를 사용하는 전통음악이나 무용 등 전통예술을 주목적으로 하는 다목적홀이다. 무대 폭은 약 9.0~11.0m의 가변식이며 무대 안길이는 약 11.0m로 소형승강장치 및 무대음향반사판도 갖추고 있다.

객석측은 폭 12.0m, 안길이 18.0m의 콤팩트한 실 형상으로 원슬로프의 객석과 측면부분의 관람석을 가지고, 가설 하나미치(무대 왼편에서 객석을 건너질러 마련된 통로)도 설치할 수 있다.

앞무대의 하나미치(花道) 설치 외에 객석에는 사지키(桟敷席 ; 판자를 깔아서 높게 만든 관람석)를 설치하여 무대와의 일체감을 연출한다.

전통음악이라 하더라도 공연목록이나 사용악기에 따라 원하는 음향조건은 각각에 따라 변화하도록 하여, 예를 들어 나가우타(長唄)-가부키 무용의 반주음악으로 발전한 샤미센(三味線) 음악 등 라이브로 연주되는 공연목록에서는 잔향 및 반사음이 중시되며, 또 발현악기의 연주자로부터는 후벽에서 무대로 소리의 반사가 있도록 하는 등 각각의 공연에 적절한 음향조건을 제공할 수 있다.

따라서 천장과 측벽뿐만 아니라 일부의 흡음개소를 제외하고 후벽도 반사면으로서 이용했다. 특히 객석레벨의 측벽과 후벽에 대해서는 반사음이 날카로워지지 않도록 배려하여 미늘을 단 판자벽용 판자를 붙인 확산형상으로 하였다.

홀의 잔향시간은 무대막 설치시 1.0초(만석시, 500㎐), 반사판 설치시 1.2초이다.

(홀측 사진제공) 내부 전경 |

| 전승홀의 개요

구분	내용
객석수	총 객석수 : 735석 92석 포함(앞무대, 하나미치 등 사용시에는 객석수 감소) 휠체어석 2석, 가족관람실 4석
건축음향	잔향시간 : 무대막 설치시 1.0초 / 반사판 설치시 1.2초(만석시, 500㎐) 주용도 : 일본 전통음악 및 전통예술을 주목적으로 하는 다목적홀 형식 : 원슬로프 형식
기타	무대 : 너비 11.6m~9.8m(슬라이드윙) 안길이 : 10.8m, 높이 : 6.0m 주요 부대설비 : 소형승강무대, 앞무대, 하나미치, 음향반사판, 앞무대 사용시(하나미치 사용시에는 객석 축소)

◇ 차음계획

복합시설인 본 시설은 하층부에 학습센터 및 도서관 등의 어린이를 위한 학습시설이 있고, 상층부에는 교실 및 회의실 등이 배치되어 있다. 이들 시설들 사이 중층부에 위치하는 2개의 홀에 대해서는 상하층과의 차음성능을 높이기 위해 방진고무 플로팅바닥과 석고보드 12.5㎜×3에 의한 방진차음구조를 적용하였다. 또한 공사비 제약 때문에 Densho Hall(伝承ホール)의 방진차음구조는 무대에만 한정하고 Densho Hall 상층실을 GW 플로팅바닥, 하층의 5개의 연습실에 방진차음구조를 채택함으로서 홀과의 차음성능을 높이고 있다.

건물 혹은 그 일부 벽 등의 차음에 관해서 부위별 차음특성을 특정할 수 있다면 차음 개선대책을 고려하는데 있어서 매우 유용한 정보를 얻을 수 있다. 또 건물의 개구부에 이용되는 건축재료 또는 기계의 방음커버 등의 개발시에도 부위별 소리의 투과특성을 정량적으로 파악할 수 있다면 종합적인 차음성능을 높이기 위한 유효한 검토수단이 된다.

현재는 음향강도(Intensity) 계측법이라 불리는 새로운 음향계측기술이 개발되어 차음설계에 쓰이게 되었다. 이 방법에 따르면 소리의 파워 흐름의 강도(음향 인텐시티)를 벡터량으로 직접 측정할 수 있으므로 주로 각종 음원의 음향파워레벨 측정에 대한 응용이 활발하게 시도되고 있는데, 같은 원리로 차음의 측정에도 이용할 수 있다.

음향 인텐시티(강도) 계측법에 따른 음향투과손실의 측정원리에 따르면 재료의 차음성능을 나타내는 경우 음향투과손실(Sound transmission loss : TL)이 이용된다. 측정하는 방법으로는 일반적으로 잔향실–잔향실법이라 불리고 있는 방법이 표준측정법(ISO 140, JIS A 1416)으로서 규격화되어 있다.

이 방법에 대해서 [그림1]에서 나타내듯이 잔향실의 개구부에 시료를 설치한 후 잔향실 내부가 확산음장이라고 한다면 단위면적당의 시료면에 입사하는 소리의 파워는 $cE_1/4$(단, E_1 : 잔향실 내부의 음향에너지밀도, c : 음속)이므로, 시료면(면적 S)을 투과하는 전 음향파워 P는 다음과 같이 나타낼 수 있다.

$$P = \frac{cE_1}{4}\tau S$$

단, τ : 시료의 음향투과율

이 투과력을 직접 측정하기 위해 음향강도계측법을 응용한다. 즉 시료 외측을 몇 개의 부분(면적 : I_i)으로 분할하고, 각각의 부분을 수직으로 투과하는 음향강도(I_i)를 측정함으로서 전 투과력이 다음 식과 같이 구해진다.

$$P = \sum(I_i \cdot S_i)$$

따라서 시료의 음향투과손실 TL은 다음 식에 의해 주어진다.

$$TL = 10\log\left(\frac{1}{\tau}\right) = 10\log\frac{cE_1 S}{4\sum(I_i \cdot S_i)}$$
$$= \overline{L_1} - 10\log\left\{\sum\left(10^{L_I/10} \cdot S_i\right)\right\} + 10\log S - 6$$

단, $\overline{L_1}$:잔향실 내·평균음압레벨(=음향에너지밀도 레벨)

L_{I_i} : i 번째 측정점에서의 음향강도레벨(측정면에 수직방향)

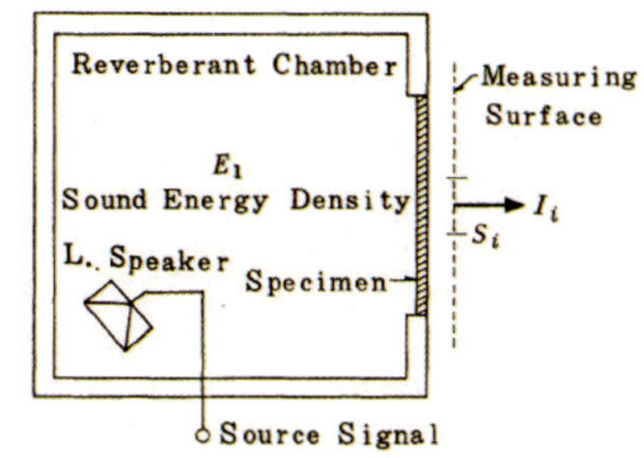

[그림1] 음향강도계측법에 의한 재료의 투과손실 측정 |

여기서 시료가 몇 가지 다른 재료·구조 등으로 구성되는 경우에는 다른 부분별로 음향강도와 분할면적의 적합을 취함으로서 부위별 투과력 혹은 음향투과손실을 구할 수 있다.

사례로 보면 콘크리트와 같은 단일벽의 차음성능(음향투과손실)은 질량법칙에 의존하기 때문에 200㎜에서 400㎜로 두께를 2배로 해도 5~6㏈밖에 향상되지 않는다.

또한 두께 200㎜의 콘크리트벽에 두께 1㎜의 납시트를 직접 붙인 경우 면밀도의 증가분을 콘크리트로 환산하면 5㎜의 두께가 되고, 전체적으로 두께 205㎜의 콘크리트(두께는 1.02배)에 해당, 음향투과손실의 증가분은 0.2㏈로 차음성능은 개선되지 않는다.

차음성능을 개선하기 위해서는 보드를 콘크리트벽으로부터 공기층을 두고 설치하는 이중벽 구조로 하는 것이 효과적이다. 이중벽에 의한 개선효과량은 보드의 질량이 클수록, 공기층이 두꺼울수록 커지고, 또 중공부에 글라스 울과 같은 흡음재를 삽입하면 개선량이 증가한다.

5 기타 실

| 분장실

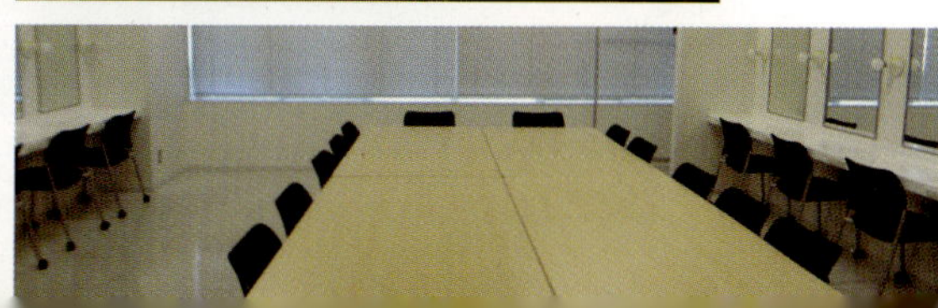

| 코스모 플라네타륨

| 시부야 남녀평등 · 다이버시티센터 〈아이리스〉

| 어린이과학센터 · 하치라보

6 주요 도면

| 사쿠라홀 4층 평면도

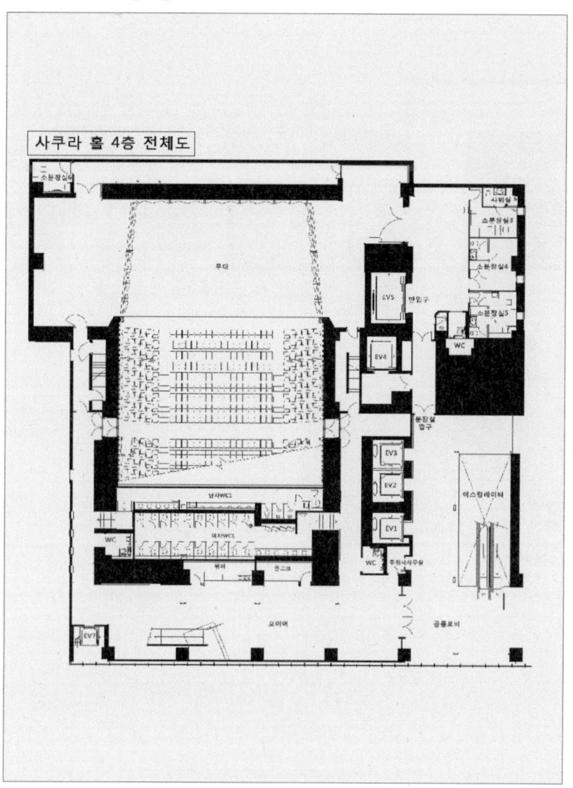

| 사쿠라홀 5, 6층 평면도

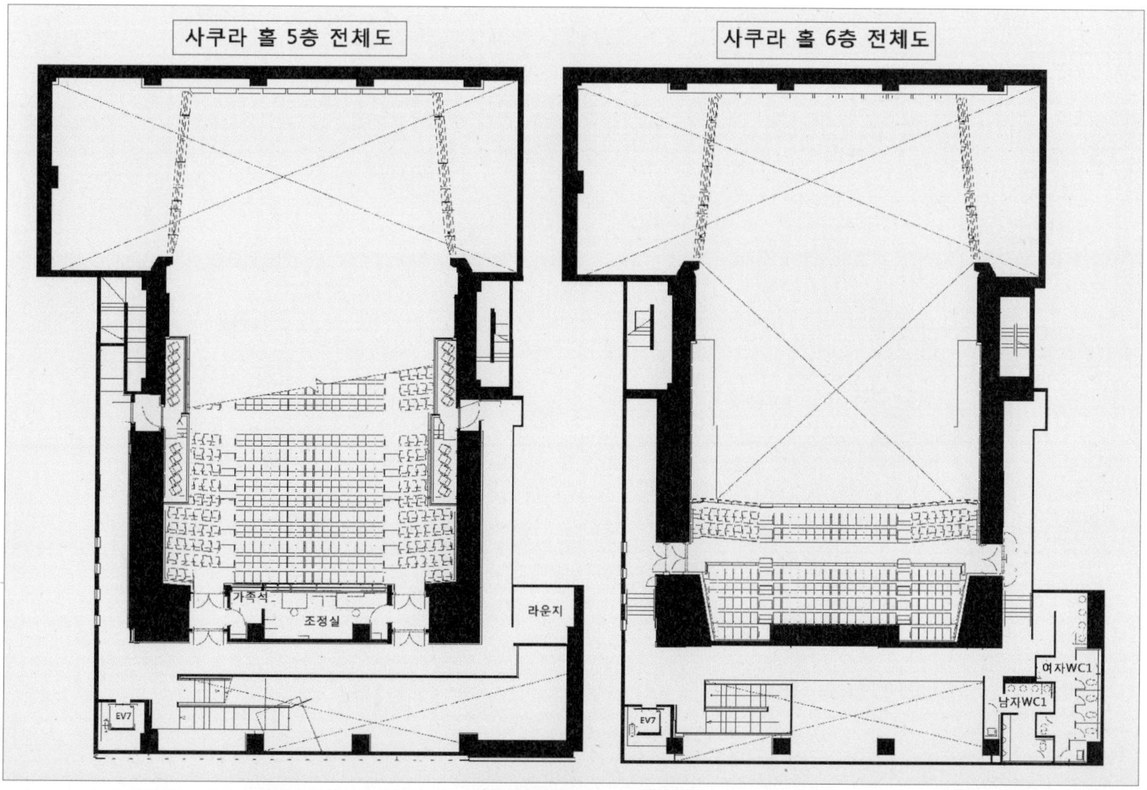

사쿠라 홀 5층 전체도

가족석

조정실

라운지

EV7

사쿠라 홀 6층 전체도

여자WC1

남자WC1

EV7

| 전승홀 6층 평면도

| 사쿠라 홀 무대 평면도 1/100

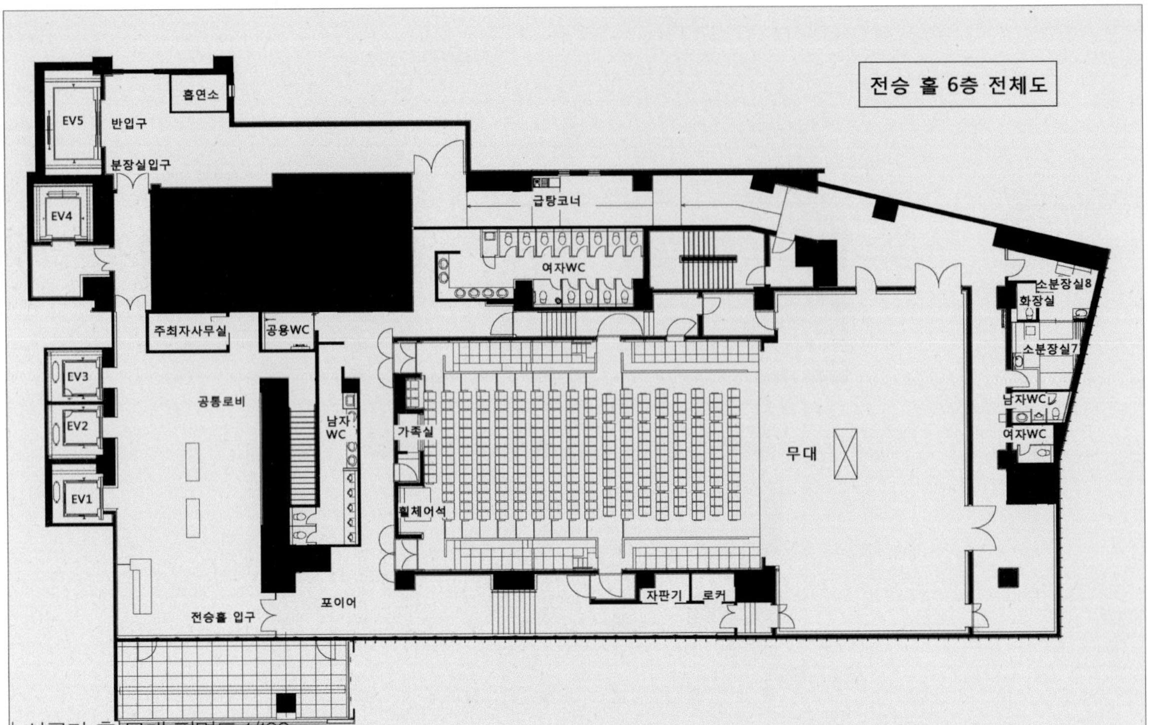

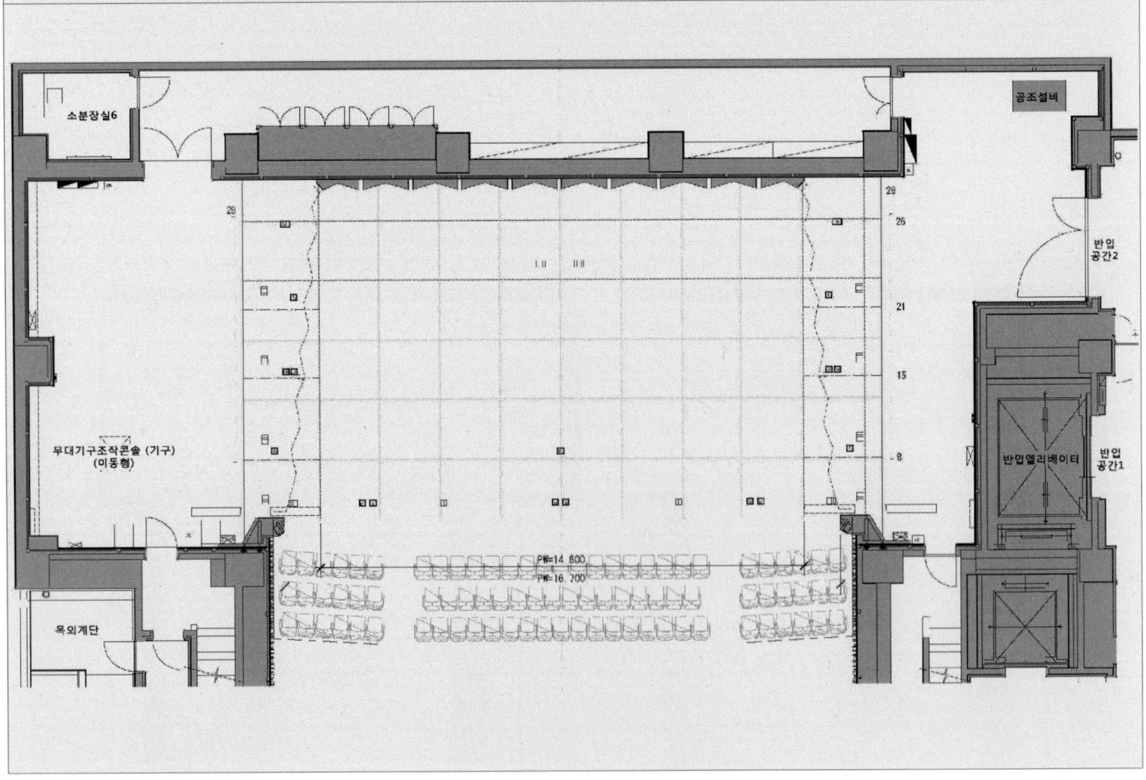

사쿠라홀 무대단면도 1/100

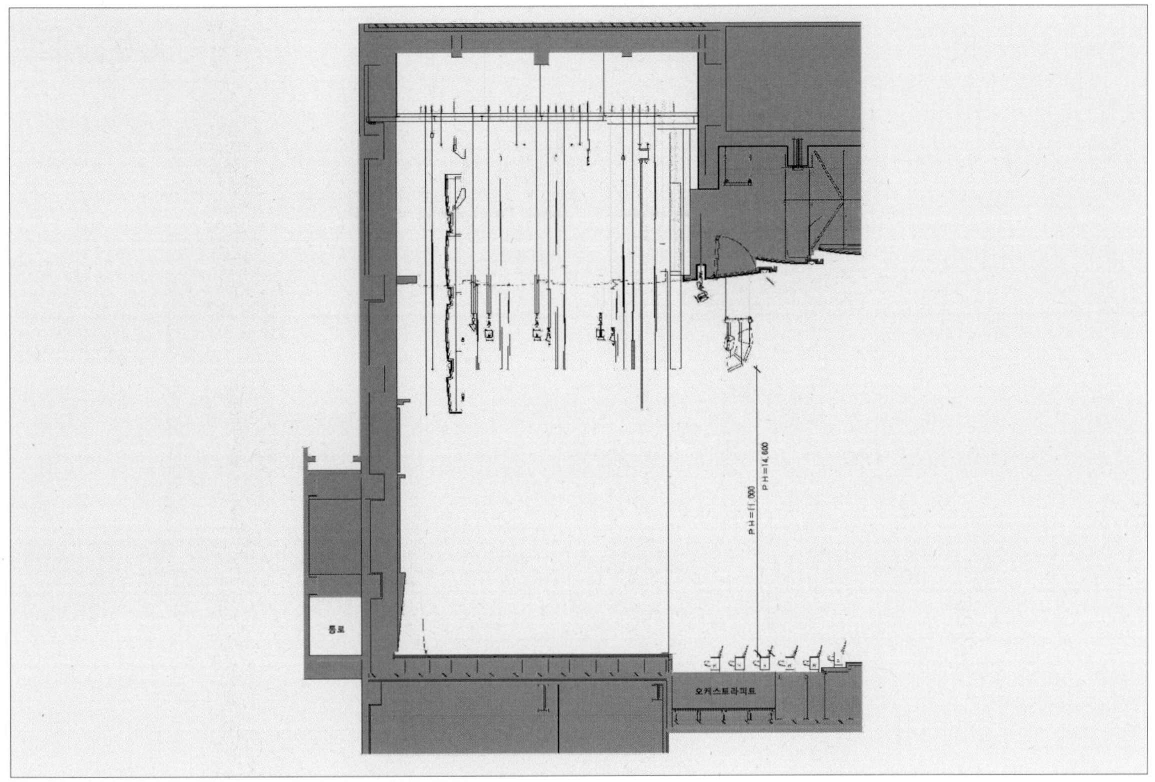

전승홀 무대평면도 1/100

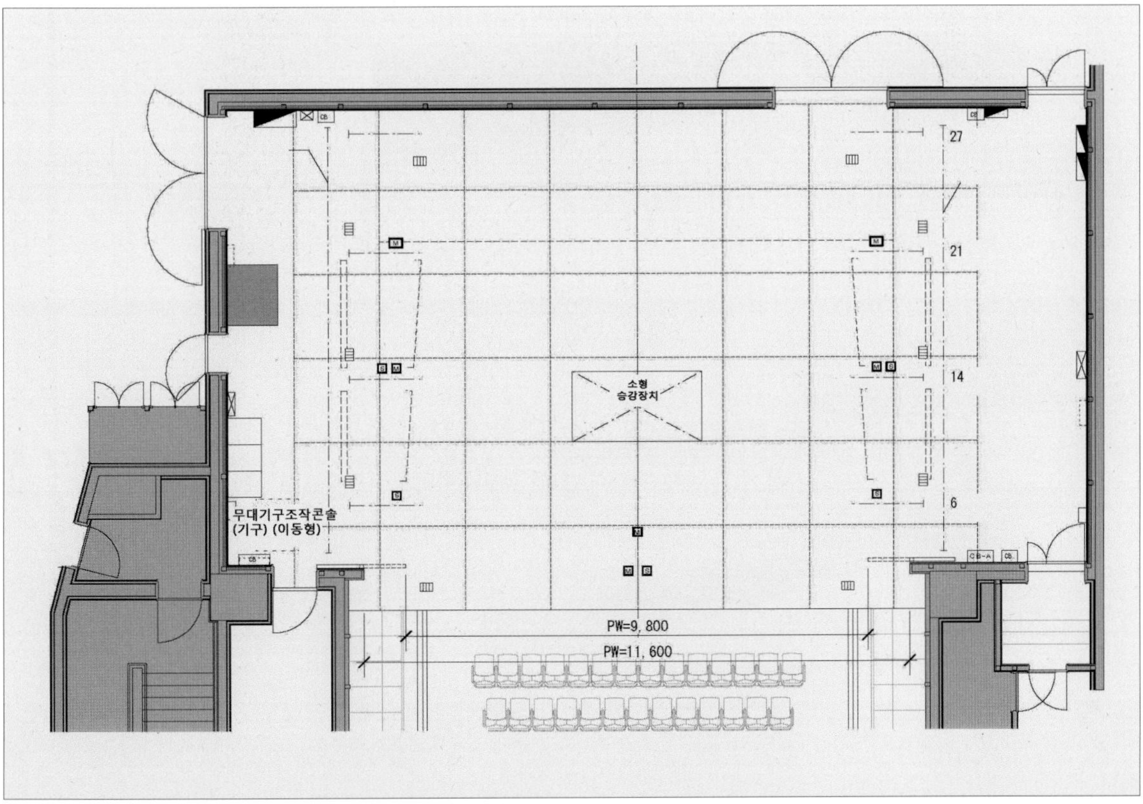

27
21
14
6
소형 승강장치
무대기구조작콘솔 (기구) (이동형)
PW=9,800
PW=11,600

| 전승홀 무대단면도 1/100

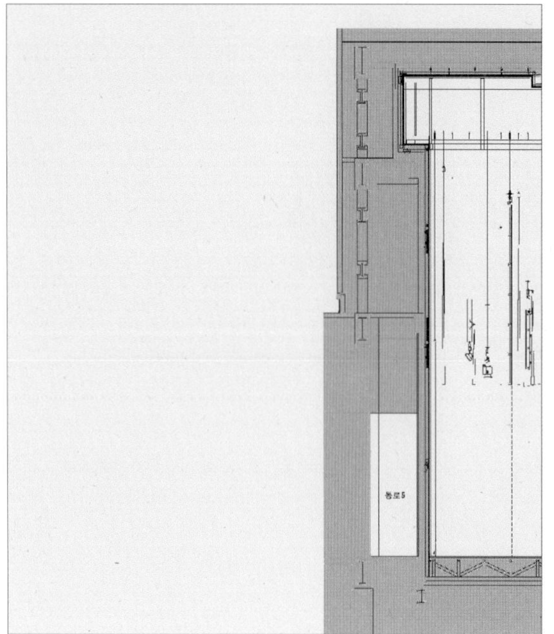

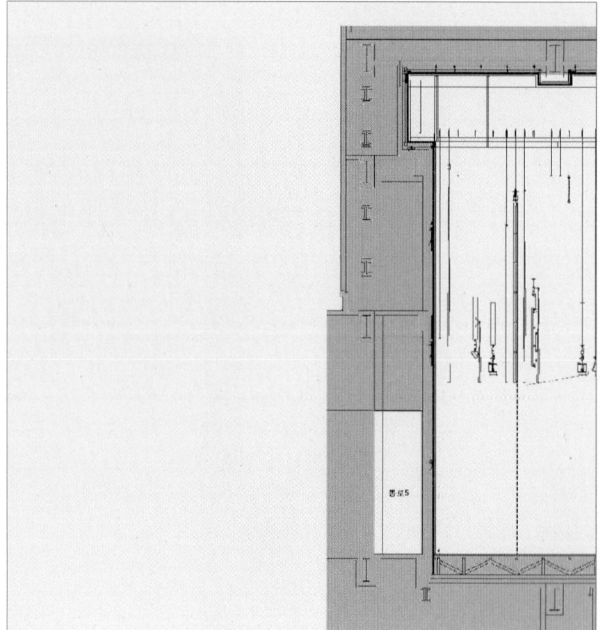

| 사쿠라홀 전체단면도 1/150

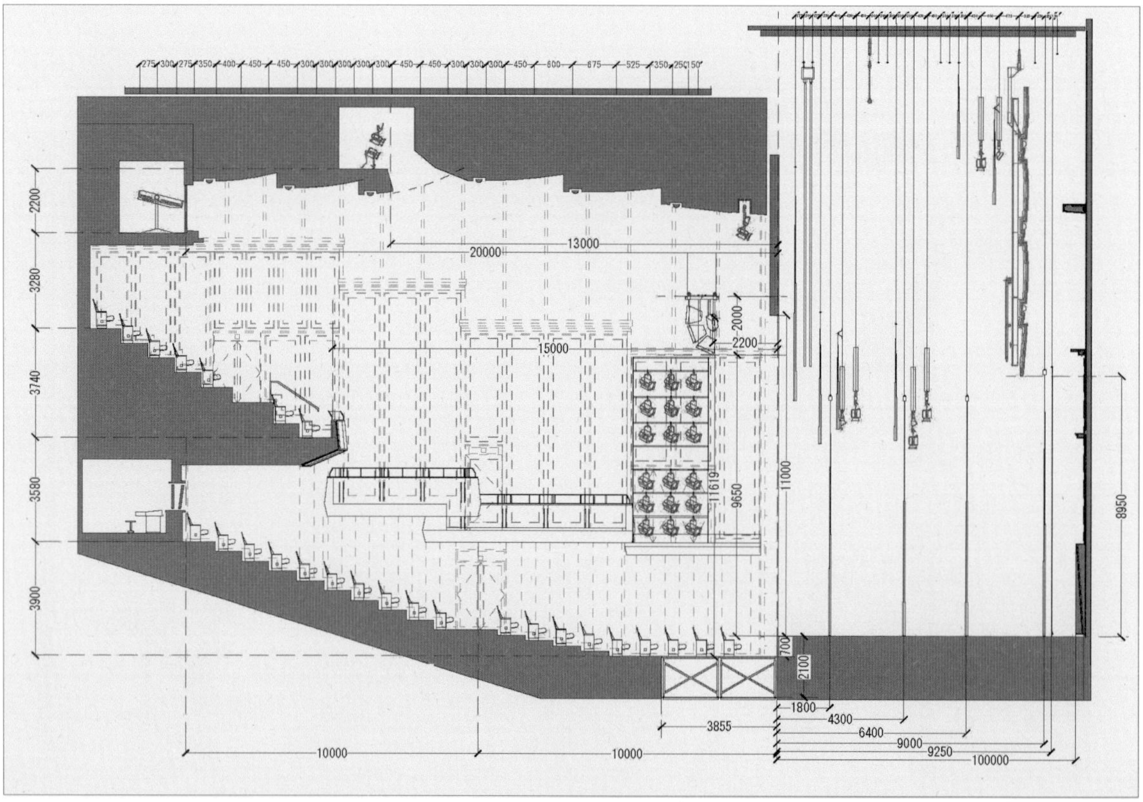

전승홀 평무대단면도 1/100

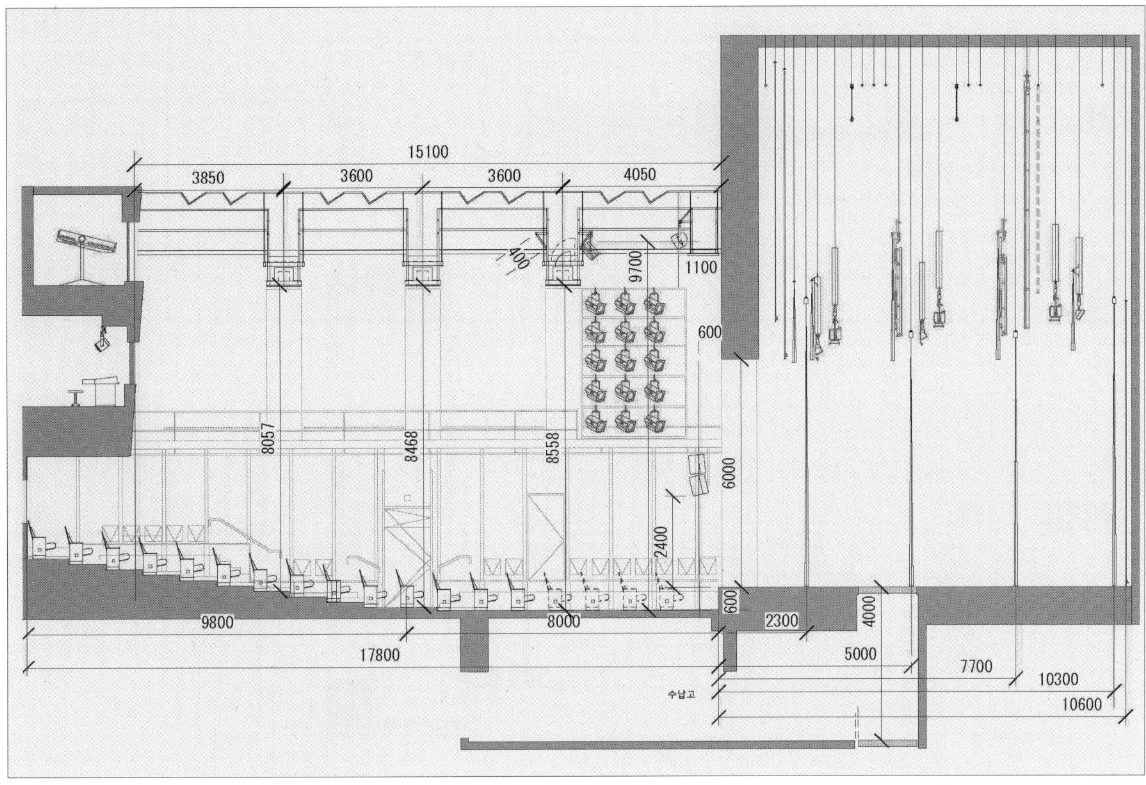

사쿠라홀 분장실(3층) 평면도

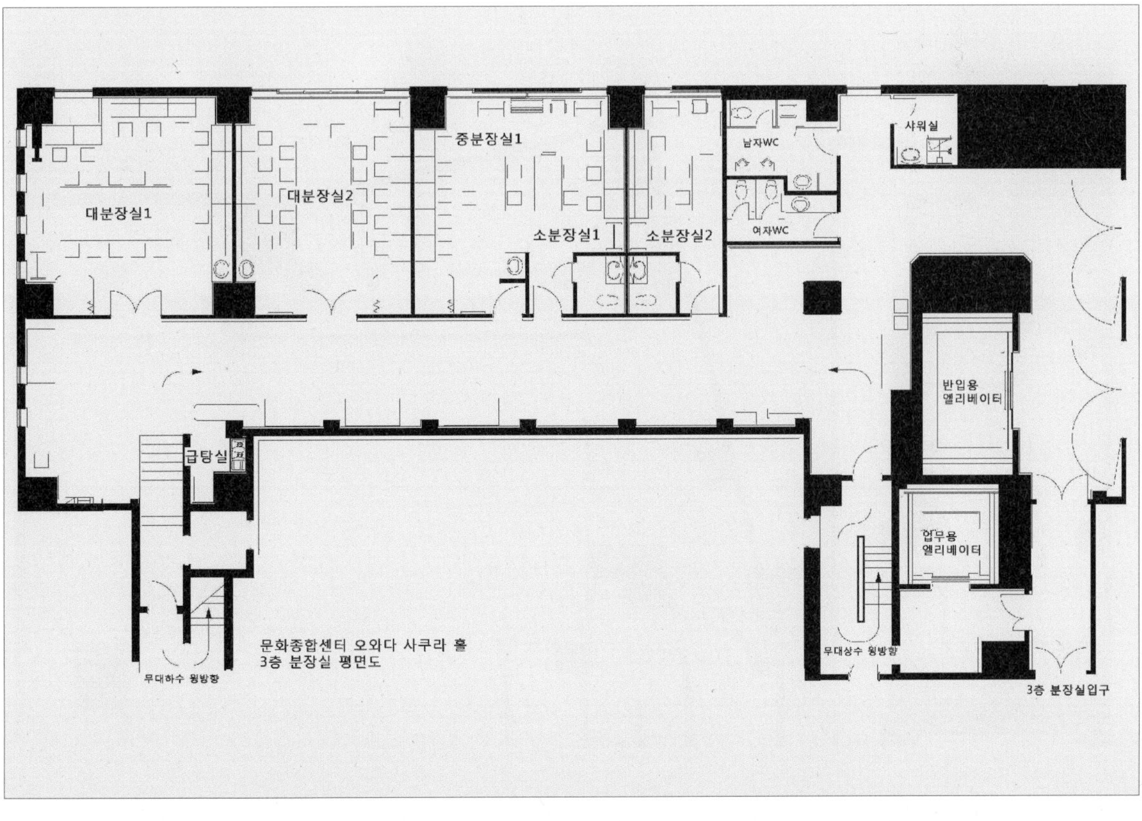

대분장실1
대분장실2
중분장실1
소분장실1
소분장실2
남자WC
여자WC
샤워실
반입용 엘리베이터
업무용 엘리베이터
급탕실
문화종합센터 오와다 사쿠라 홀
3층 분장실 평면도
무대하수 윙방향
무대상수 윙방향
3층 분장실입구

| 사쿠라홀 분장실(4층) 평면도

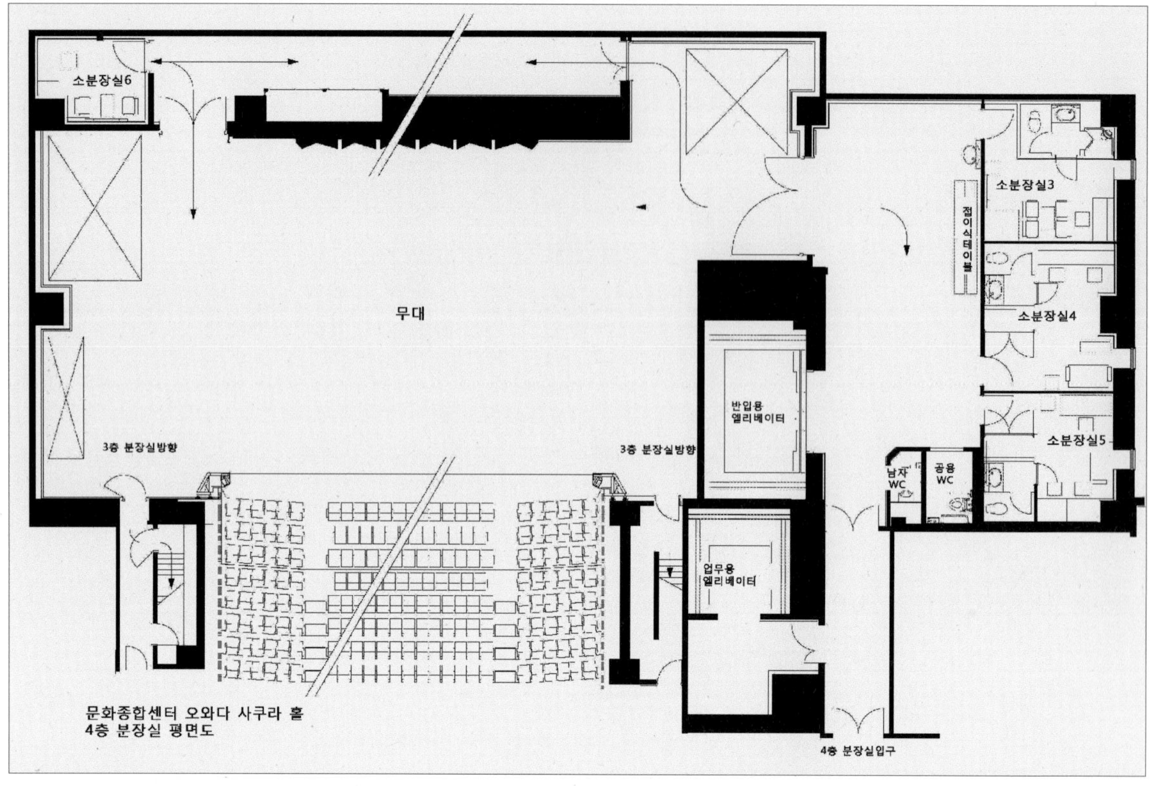

| 전승홀 분장실 평면도(6, 7층)

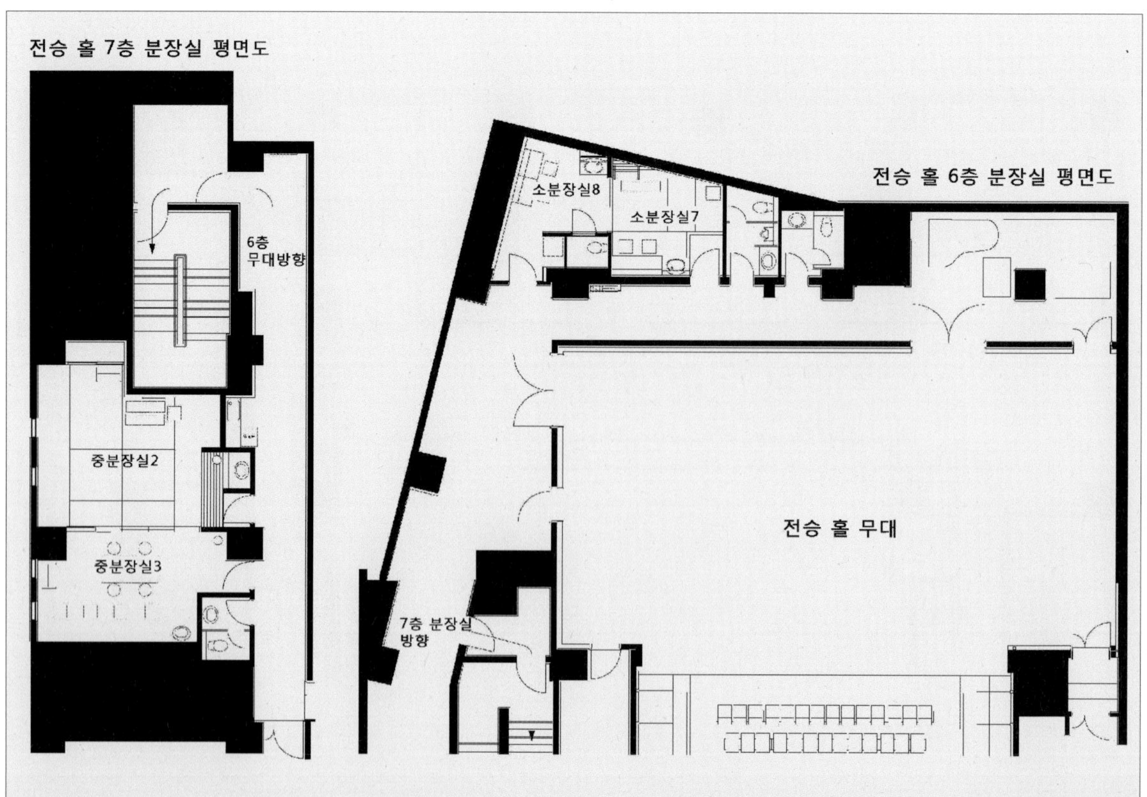

도쿄국제포럼 12

東京国際フォーラム / TOKYO INTERNATIONAL FORUM

| 센터 전경

1 도쿄국제포럼 개요

일본의 수도 도쿄의 중심·마루노우치(丸の内) 내에 위치하는 컨벤션 및 아트센터 「도쿄국제포럼」은 대·소 8개의 홀, 34개의 회의실 등으로 구성된 복합정보발신거점이다. 개성이 넘치는 홀 및 회의실 등에서는 국제회의, 행사, 학회, 전시회, 콘서트, 뮤지컬, 패션쇼 등 폭넓은 장르의 이벤트가 일년내내 펼쳐져 많은 사람들이 모여 교류하며, 다양성 넘치는 문화와 정보를 발산하고 있다.

도쿄국제포럼 부지는 1894년 도쿄부청(東京府庁)의 이전 이래 1991년 도청의 신주쿠 이전까지 약 1세기에 걸쳐 도쿄도청사가 존재하였으며 근·현대 도쿄행정의 중심지였던 장소이다. 동시에 이 지역은 주변의 오테마치(大手町)·마루노우치·유락초(有楽町)를 포함하여 현재에 이르기까지 꾸준히 일본의 경제, 문화를 리드하는 역할을 해 온 곳이라 말할 수 있다.

도쿄국제포럼은 세분화되어 있던 구(舊)도청사 부지에 신축을 시행하여 1997년 1월에 완공, 오픈하였다.

건축적 구상은 스즈키·이치(鈴木俊一)의 도정(都政) 하에, 방대한 인구와 거대한 기능을 떠안고 21세기를 맞이하는 상황에서 어울리는 새로운 역할의 City·Hall을 목표로 하여, 1985년 「도쿄도 City·Hall 건설계획기본구상」이라는 형태로 공표하고 구현화를 지향하였다. 도쿄도는 행정기능적 측면에서 신청사이자 부도심으로서 성장이 기대되는 신주쿠에 건립하고, 문화·정보기능상 집객성이 우수한 마루노우치에는 도쿄국제포럼을 건설하기로 결정하였다.

도쿄국제포럼은 담당해야 할 기본적 역할로서 도쿄도가 필요로 하는 시티센터의 기능 중,

- 종합적인 문화활동 장(場)으로서의 기능
- 정보의 교류와 창조의 거점(據點)으로서 기능
- 국제교류상 요충지로서의 기능 등 3가지를 충족할 수 있는 여건으로서 건설한 시설물이다.

| 건축물의 개요

구분	내용
소재지	도쿄 치요다구 마루노우치 3-5-1 (東京都千代田区丸の内3-5-1)
공사발주	도쿄도
시설규모	• 부지면적 : 약 27,375㎡ • 건축면적 : 약 20,951㎡ • 연상면적 : 약 145,076㎡ • 높이 : 약 60.0m
설계	• 건축설계 : 라파엘 비놀리(Rafael Vinoly), (주)시이나마사오(椎名 政夫) 건축설계사무소, (주)현대건축연구소(現代建築研究所), 도쿄도재무국 영선부 국제시설건축실 • 구조설계 : 와타나베 구니오(渡辺 邦夫) • 설비설계 : 모리무라설계(森村設計)
시공	다이세 · 도다 · 시미즈 · 하자마 · 뎃켄(鉄建) · 닛산(日産) · 미쓰비시(三菱) · 오오키(大木) · 오다큐(小田急) · 고쿠네(古久根) 건설공동기업체(홀동)
건축구조	• 철근콘크리트조/철골철근콘크리트조/철골조 – 홀동 : 지하3층/지상11층/옥탑1층 – 글라스동 : 지하3층/지상7층/옥탑1실(室)
시설종류	콘서트홀 : 음악전용홀 기타 홀 : 리사이틀홀, 리허설룸, 전시
위치	

건축물로서도 높은 평가를 받아 도쿄를 대표하는 랜드마크 중 하나로 손꼽히고 있다. 상징적인 유리로 마감한 아트리움「글라스(Glass)동」등 건물 뿐 아니라 주위경관 및 시설에도 볼거리가 많다.

홀이 있는 동(棟)은 홀A, B, C, D의 박스를 크기순으로 배치하였으며 디자인의 공통화를 꾀하여 얼핏 보면 비슷하게 보인다. 그러나 내부는 각 홀의 성격에 따른 각각의 특성을 가지고 있다. 총 4개의 공간으로 구분되는데 다목적홀로 설계된 A홀은 5,000여명을 수용할 수 있으며 가부키 공연부터 록음악, 콘서트 등 다양한 활동이 가능하고, B홀은 가변적인 전시가 가능하도록 계획하였다. 또한 C홀은 콘서트, 무용 등을 위한 공연장으로 가동패널에 의해 잔향을 조절하며, 가동천장과 반사패널에 의하여 다양한 공연이 가능한 1,502석의 좌석을 가진 공연장이다. D홀은 600석 규모로서 소규모 실험극 또는 회의실로 이용되고 있다. G블록을 제외한 각 블록은 다시 A, B7, B5, C, D7, D5, D1 7개의 홀로 나누어진다.

도쿄국제포럼에서 가장 상징적인 건축물인 글라스동은 전체길이 약 207m, 지상높이 57.5m, 최대폭 약 32m의 거대한 선형(舟形) 아트리움 공간이다. 시설 전체의 로비 기능과 31개의 회의실, 라운지 및 레스토랑이 마련되어 있다. 건축에 사용된 유리는 벽면에만 약 2,600장으로서 투명감이 돋보이며 지상1층에서 최상층인 7층까지 슬로프로 일주(一周)할 수 있고, 4층~6층 부분의 공중브리지로 연결되어 홀동과 크게 이분화된 시설군을 기능적으로 연결한다.

대지진 발생시(최대속도 진폭 50㎝/sec를 상정)에도 견딜 수 있도록 내진성능을 상정하여 설계하였으며 화재발생시에도 거대한 공간을 살린 자연 배연루트를 설치, 글라스동 독자적인 방수설비를 갖추는 설비에도 만전을 기했다. 유례없는 거대한 글라스동 로비에서 압도적인 아트리움 경관을 바라보며 세계도시 도쿄의 「랜드마크」를 꿈꾸는 이시대 일본의 예술미(藝術美)가 느껴지는 당대의 대표적 건축이라고 할 수 있다.

또다른 특징 중 하나로, 건축물의 공용부 및 회의실 전용부에 전세계 50명 작가의 작품 134점의 아트워크가 수집·전시되어 있다. 마치 건물 자체가 하나의 미술관이라고 해도 과언이 아닐 정도의 규모와 품위를 자랑한다. 예술작품은 전체적으로 통일된 테마인 「다양성의 배」를 토대로, 선정위원회로부터 지정받은 전문위원 시노다 다쓰오(篠田達夫)와 건축가 라파엘 비놀리의 열의 속에 결집되어 현재도 전시중이다.

위치는 JR 도쿄역이나 유락초역, 지하철 긴자(銀座)역에서 도보로 이용할 수 있으며 국제회의뿐만 아니라 다채로운 이벤트들이 매일 펼쳐진다. 건축물 안에는 미술관을 비롯한 다양한 문화시설이 마련되어 있고 각종 공연 및 공공프로그램 등이 세계적 도시인 도쿄의 수준을 보여주고 있다.

2 외관 및 로비

유리로 둘러싸인 외관이 매우 인상적인 도쿄국제포럼은 각종 회의시설, 연회시설, 전시공간, 문화정보센터, 서비스시설 등을 갖춘 대형 컨벤션센터이다.

구 도청사 부지에 입지한 「도쿄국제포럼」은 UIA(국제건축가연합) 공인(公認)의 국제경기설계로 출범하여 1989년 10월 미국의 건축가 라파엘 비놀리(Rafael Viñoly)가 당선, 1996년 5월 준공하였다. 4개의 대규모동(A, B, C, D)으로 지어진 복합시설이다. 도쿄역에서 직결된다는 편리성과는 별개로 주위가 철저히 철도 노선으로 둘러싸인 입지조건은 공연장으로서 실로 가혹하다. 동시에 5,000석 규모의 홀A는 「클래식 음악공연」이라는 수준높은 레벨의 음향제조건을 요구한다. 이러한 조건을 충분히 만족시키기 위해 Box-in-Box(플로팅구조) 및 AFC(Active Field Control ; 음장제어) 등의 새로운 기술을 개발·도입하였다. 홀 자체를 「닫힌 상자(inner-box)」 개념으로 방진지지하는 내용과, 신호처리에 따라 건축음향에 의한 제어와 동등한 자연스러움으로, 잔향감이나 음량감을 향상시키는 기술을 함께 적용하였다.

| 외관 – 유선형(流線型)아트리움과 4동의 건물로 이루어진 4각 매스 형태(강철트러스와 유리로 지어진 건물로 길쭉한 배 모양)

로비 및 부속시설 |

로비 및 부속시설 |

도쿄국제포럼은 마루노우치(丸の内)의 복합문화정보시설이다. 수도 도쿄의 중심에 위치하고 교통의 액세스가 용이하므로 입지조건은 우수하다고 말할 수 있다. 그러나 홀의 음향적 관점에서 보면 [다음 그림]에서 보여지는 바와 같이 부지 주위 사방으로 지하철, JR이 달리고 있기 때문에 매우 불리한 상황이라고 할 수 있다. 또한 철골조 건축물이기 때문에 차음(遮音)이나 방진(防振) 면에서도 불리하다.

지하철 고체전반음의 저감과 동시사용시 유효한 홀간의 차음성능 확보가 음향상 특히 중요시된다. 여기서는 그 대책으로 Box-in-Box 구조, 프리캐스트콘크리트 차음벽, 방진지하벽, 블로킹매스(blocking-masses) 등의 공법을 사용하였다.

| 도쿄국제포럼의 입지조건

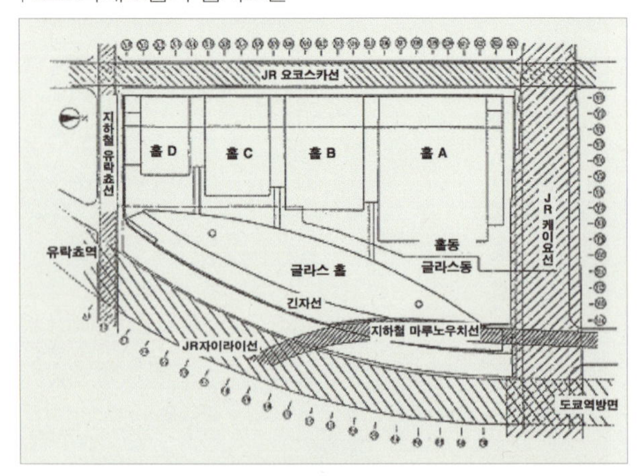

도쿄국제포럼 홀동(棟)은 [옆의 그림]과 같이 대·소 4개의 홀을 직렬로 배열한 평면구성이다. 홀A는 5,000석 규모의 극장형식홀로 회의, 집회, 대규모 음악이벤트에 이용된다. 홀B는 면적 1500m²의 피트형식으로 회의, 집회, 리셉션, 전시회에 이용한다. 홀C는 1,500석 상당의 극장형식홀로서 회의, 집회, 클래식콘서트에 사용한다. 홀D는 면적 400m²의 피트형식홀로 연극, 전시회, 토크쇼 등에 이용할 수 있다.

| 각 홀(A, B, C, D)의 주용도 및 소음제어설계 기준과 측정결과

홀명	주용도	목표값	필요저감량	기준관측점	대책효과 (63Hz)	암(暗)소음레벨 (실측)	홀간 차음 (실측)
홀A	락/클래식콘서트	NC-25	약 13dB	S1/Center	12~17dB	NC-20 이하 (*철도통과시) (*공조가동시)	D-80~85 (*인접 홀간)
홀B	각종 전시 · 리셉션	NC-25	14~16dB	S1/West.S5	15~20dB		
홀C	클래식콘서트 · 국제회의	NC-20	14~16dB	S1/West.S5	15~20dB		
홀D	소연극 · 영화 · 공개녹음	NC-20	18~20dB	S1/West.S5	15~20dB		

도쿄국제포럼 건설에 적용한 Box-in-Box 구조란 홀 전체를 이중구조로 하여 홀 내부에 외부로부터의 소음·진동이 전달되지 않도록 처리한 것이다. 홀 구체로 구성한 1차차음층을아우터박스, 방진고무로 진동·절연시킨 2차차음층을 이너박스라 한다.

방진설계에서는 Box-in-Box 구조를 질점계모델로 하여 이너박스는 질점에, 아우터 박스는 기반에, 또 지하철 고체전반음의 주파수성분을 충분히 감쇠시키기 위해 방진계의 고유진동수는 10(㎐) 이하로 설정하였다. Box-in-Box 구조에서 소정의 진동 차단효과를 얻기 위해서는 방진고무를 강성이 높은 부재에서 지지할 필요가 있다.

이너박스와 아우터박스 사이에 음향적인 브리지(Bridge)가 생기면 효율적인 방진효과를 기대할 수 없다. 계획단계에 있어서 사운드브리지(Sound Bridge)의 방지책으로서 본 공사에서는 시공도에 사운드브리지 위험개소를 표시하였다. 시공도에는 이너와 아우터의 절연선(Expansion Joint)을 명시하고 위험개소에는 B.B.(Bridge Breaker)라 표시했다.

설비공사의 관통부 처리는 건축공사의 차음폐쇄와 마찬가지로 차음성능에 크게 관여한다. 설비공사의 시작은 건축공사 이후가 되기 때문에 설비공사의 차음폐쇄가 건축공사의 공정에 비해 늦어지게 되는데, 내장재에 의한 차음벽이 내부에 매설되기 전에 건축과 설비 전체의 차음폐쇄 상황을 검사해야 한다.

차음층 시공 후에는 설계사무소의 음향컨설턴트인 야마하(주) 음향연구소로부터 각 홀의 지하철 고체전반음 측정 및 홀간 차음성능을 측정하였다. 그 결과, 지하철 주행시의 실내소음은 홀A와 홀C가 NC-20 이하, 홀B와 홀D가 NC-15 이하임을 알 수 있었다. 홀간 차음성능에 대해서는 D-85 전후의 차음성능을 가짐을 알 수 있었으며, 측정결과로부터 각 홀은 지하철 고체전반음과 차음성능에 관하여 설계목표치를 만족하고 있음을 확인하였다.

| 지중연속벽과 Exp. Joint

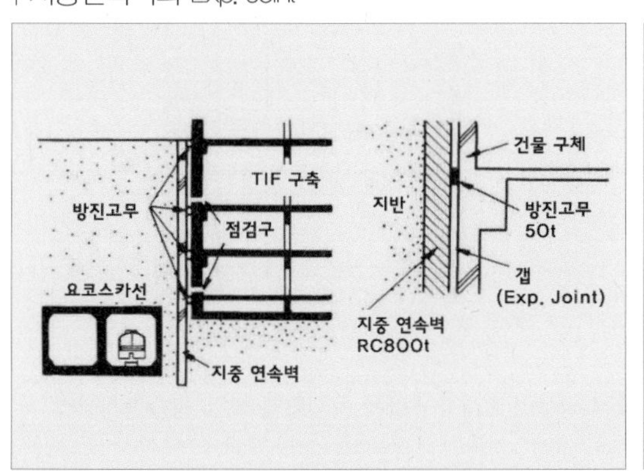

| Box-in-box(플로팅구조)의 기본모델

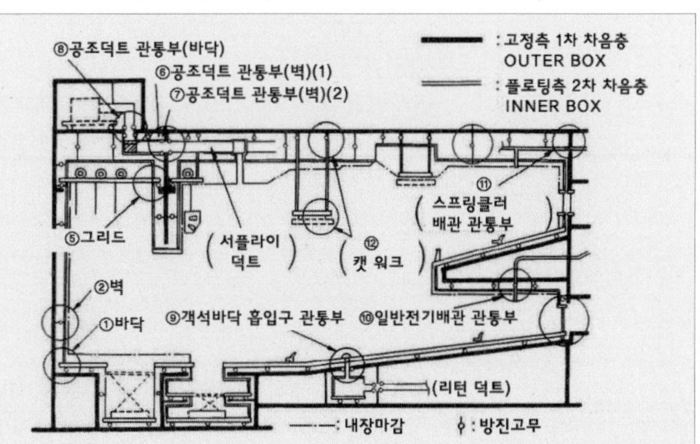

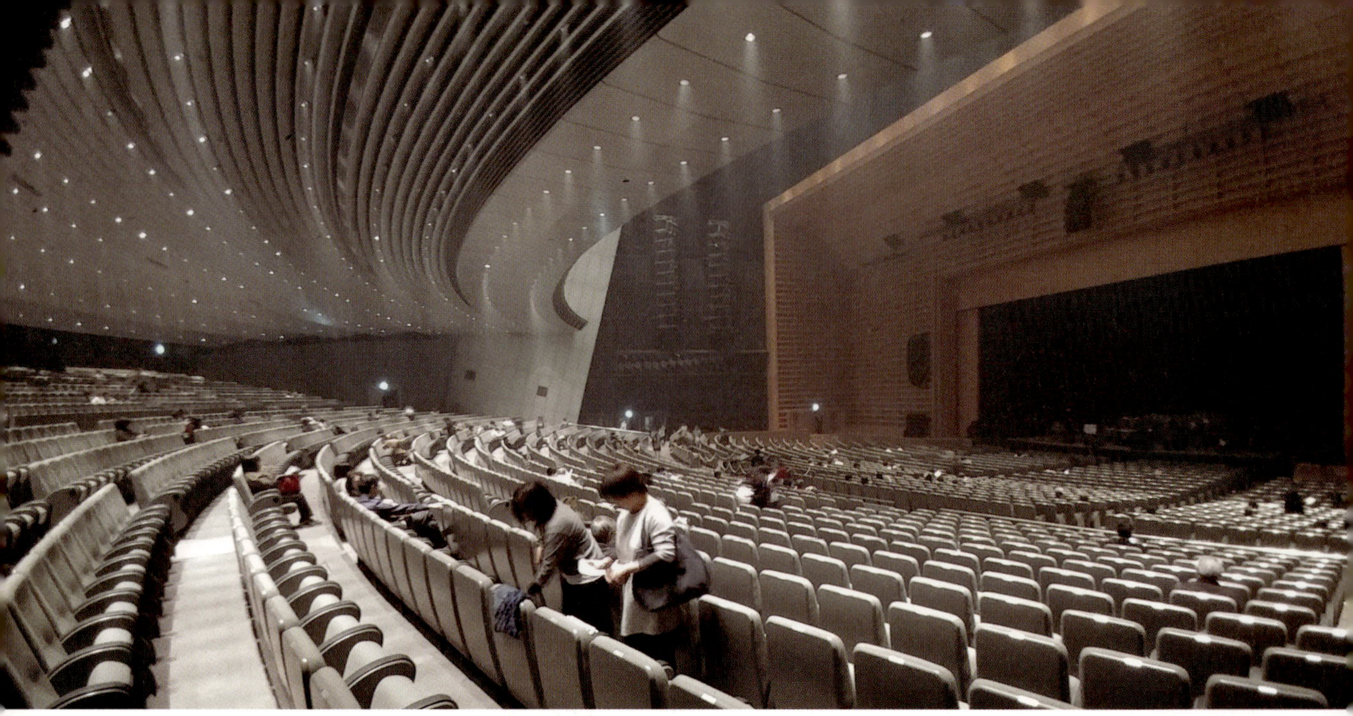

대 홀 전경 |

3 대 홀(홀A) :「세계 유수(有數)의 대규모홀」

다양한 문화활동 및 국제교류를 추진하는 "도쿄국제포럼"의 중심이 되는 시설물로 도쿄국제포럼에서도 가장 대규모의 홀이 바로「홀A」이다. 2층구조로 만든 극장형식으로 좌석수는 세계에서도 보기 드문 5,012석이며 8개국어 동시통역시스템을 겸비, 국제회의 및 각종 대회 등 여러 대규모이벤트에 사용한다. AV네트워크를 이용한 공연장간의 생중계를 통해 복수(複數)의 공연공간을 연계한 일체감 있는 이벤트도 연출 가능하다. 음악이벤트에도 대응할 수 있는 설비와 무대기구를 완비하여 인기 대중음악(大衆音樂)의 콘서트를 비롯 클래식콘서트, 댄스, 발레 등의 공연 외에도 대형 행사 및 국제회의 무대로 이용 가능하다.

| 대 홀(홀A) 개요

구분	내용
블록/층	A블록/1~7층 (무대면 4층)
객석수	총 객석수(N) : 5,012석(휠체어용 좌석 약 40석) −1F : 3,025석(오케스트라 피트 사용시 2,926석) −2F : 1,987석
홀 내부	• 무대 : 폭 57.7m, 안길이 16.0m, 그리드 높이 24.5m • 프로시니엄 너비 : 24.0~18.0m, 높이 : 12.0~9.0m
건축음향	• 실용적(V) : 54,971㎥ • 표면적(S) : 14,873.1㎡ • V/S : 3.70m • V/N : 11.0㎥ • 잔향시간 −반사판형식 : 1.9~2.9초(AFC:OFF~ON최대) −막설비형식 : 1.8~2.8초(AFC:OFF~ON최대) 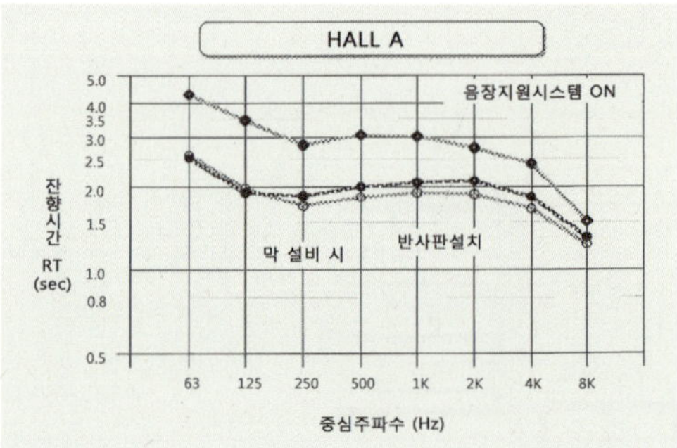HALL A 음장지원시스템 ON 막 설비 시 반사판설치 잔향시간 RT (sec) 5.0 4.0 3.5 3.0 2.5 2.0 1.5 1.0 0.8 0.5 63 125 250 500 1K 2K 4K 8K 중심주파수 (Hz)
기타	대형 비디오프로젝터, 음향반사판, 돌출무대, 비디오 수록설비, 8개국어 대응 동시통역 설치, 방송중계설비, 매달기 바튼, 오케스트라 피트 난청자 보조설비 등

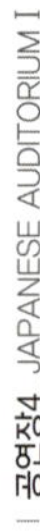

| 대 홀 내부 전경 – 측벽면이 유리로 이루어져 있음

| 객석에서 바라본 무대

객석 전경 |

4 대 홀(홀C) :「스테이지와 객석의 일체감 확보」

대 홀 전경 |

음악홀의 이상적인 형태를 추구한「홀C」. 객석은 3층구조로 좌석수는 1,502석이다. 최후열에서 무대까지의 거리가 약 35m로 관객과 연주자의 일체감이 조성되는 장소다. 콘서트홀 쉐이퍼라 불리는 특수한 음향반사판 및 홀 내 잔향시간을 조정할 수 있는 잔향가변장치 등 최신음향설비를 비치하여 공연내용에 가장 적합한 음장을 만들어낸다.

정통 클래식콘서트부터 뮤지컬, 국제회의까지 폭넓은 용도에 대처한다. 홀 내부는 시크한 색조로 정리하였으며 벽면에는 바이올린을 이미지한 모과나무재를 폭넓게 사용했다. 2층에는 휴식시간에 편리하게 이용할 수 있는 카페 카운터도 마련되어 있다.

| 홀C의 개요

구분	내용
블록/층	C블록/1~6층 (무대면 4층)
객석수	객석수(N) : 1,502석(휠체어용 좌석 8석) −1F 739석(오케스트라 피트 사용시에는 653석) −2F 363석 −3F 400석
홀 내부	• 극장형식 : 3층식 • 무대 : 폭 43.0m/안길이 15.0m/그리드 높이 24.0m • 프로시니엄 너비 : 18.0m/높이 : 8.75m
건축음향	• 실용적(V) : 15,279.1㎥ • 표면적(S) : 5,050.8㎡ • V/S : 3.03m • V/N : 10.2㎥ • 잔향시간 : 1.86초(음향반사판 사용시, 만석시 250㎐~2㎐의 평균값, 흡음셔터 전체 개방) • 평균흡음률 : 23%(음향반사판 사용시, AFC-ON, 만석시 250㎐~2㎐의 평균값, 흡음셔터 전체 개방) HALL C 반사판설치 막 설비 시 잔향시간 RT (sec) 3.0 2.5 2.0 1.5 1.0 0.8 0.5 0.3 0.2 0.1 63 125 250 500 1K 2K 4K 8K 중심주파수 (Hz)
기타	주요설비 : 음향반사판, 잔향가변장치, 오케스트라 피트, 대형 비디오프로젝터, 비디오 수록설비, 방송중계 설비, 영사스크린, 8개국어 동시통역설비, 동시통역부스, 돌출무대 등

| 내부 전경 – 객석에서 바라본 View

객석 |

5 홀B7 :「다양하고 유연한 사용환경 지향」

면적 1,400㎡의 「홀B7」은, 자유도(自由度) 높은 평면(피트)형식의 오픈공간. 약 37m 사방의 정방형으로 무대 및 객석을 자유롭게 배치할 수 있는 다목적홀이다. 8개국어 동시통역시스템 등을 갖추고 차음성이 훌륭한 칸막이를 이용 2분할로의 변경도 가능하다. 국제회의 및 전시회, 파티, 패션쇼 등 다채로운 이벤트에 대응할 수 있다. B블록 최상층인 7층에 위치하며 에스컬레이터를 타고 올라가면 크게 개방된 창문을 통해 황궁외원(皇居外苑)을 조망할 수 있다. 로비에서 바라보는 아름다운 전경 또한 매력포인트 중 하나다.

| 홀B7 개요

구분	내용	기타
블록/층	블록/7층	주요설비 : 입체 승강트러스(48 그리드), 매달기 배튼, 가동칸막이, 동시통역부스, 영사스크린, 16개국어 대응 동시통역설비, 방송중계설비, 난청자 보조설비 등
규모	• 면적 : 1,400㎡ ※ 2분할 이용 가능(670㎡/670㎡) • 평면(피트)형식 : 37.5m×37.5m×7.10m(천장높이) • 용적 : 15,457.4㎥ • 표면적 : 4,534.8㎡	

| 내부 모습

6 홀D7 :「새로운 시도가 펼쳐지는 장소」

영화, 연극, 콘서트, 전시회 그리고 이들의 영역를 뛰어넘은 새로운 시도에 도전해볼 수 있는 장소로 만든 것이「홀D7」이다. 서랍식 좌석을 채용하는 등 사용자의 아이디어를 자유롭게 살릴 수 있는 유연한 방식으로 이루어졌다.

내부디자인도 실험극장적으로, 장식을 배제한 형식이다. 스피커 및 조명기구를 설치할 수 있는 천장의「입체 승강트러스」는 사람이 올라탈 수도 있어 준비작업이 용이하다. 잔향가변장치 및 음장제어설비도 완비하고 있고 나아가 조명조작은 디지털메모리로 1,000장면까지 기억 가능하다. 홀 전체를 무대화할 수 있는 다양한 장치를 설비하고 있다.

| 홀D7의 개요

구분	내용	건축음향
블록/층	D블록/7층(전용로비가 6층에 있음)	HALL D 롤백스탠드 형식 잔향시간 RT (sec) / 중심주파수 (Hz) 커튼 미사용 / 커튼 분산 흡음 / 커튼 사용 HALL D 평면(피트)형식 잔향시간 RT (sec) / 중심주파수 (Hz) 커튼 미사용 / 커튼 분산 흡음 / 커튼 사용
규모	• 면적 : 340㎡ • 용적(V) : 4,578.7㎥ • 표면적(S) : 1,920.9㎡ • V/S : 2.38m	
기타	주요설비: 서랍식 수납석(100석/180석) 입체 승강트러스(25 그리드) 매달기 배튼/ 잔향가변장치 8개국어 대응 동시통역시스템 동시통역부스/ 프런트 영사스크린 방송중계설비/ 난청자 보조설비 등	

홀D7 내부 전경 |

7 그밖의 홀

| 홀D5

화강암과 나무를 기조로 한 조화로운 장식. 정면은 전면 유리마감으로 상쾌하고 개방감 넘치는 분위기다. 100~200명 규모의 세미나를 비롯해 각종 파티, 전시회 등 다양한 이벤트에 대응 가능하다. 인접하는 회의실 D502, D503을 사무국 및 대기실로서 이용하면 일체감 있는 이벤트 운영을 할 수 있다.

- 블록/층 : D블록/5층
- 규모: 285㎡(16.5m×17.2m×천장높이6.35m)
- 주요설비: 매달기 배튼, 8개국어 대응 동시통역설비, 동시통역부스, 방송중계설비, AV컨트롤 콘솔 등

| 홀D1

JR 유락초역에서 가장 가까운 D블록 1층에 위치하고 있으며 접근용이성이 매력적인 평면시설. 80~150명 규모의 세미나에 적합하다. 같은 블록의 D5, D7과 복합적으로 이용하면 원활한 동선으로 일체감 있는 이벤트를 운영할 수 있다.

- 블록/층 : D블록/1층
- 규모: 137㎡(13.7m×10.0m×천장높이4.7m)
- 수용인원: 스쿨형식 약 79명/시어터형식 약 140명
- 주요설비: 인양식 포터블스테이지, 8개국어 대응 통역설비, 동시통역부스, 롤 스크린, 방송중계설비 등

| 홀 로비

각종 행사에 최적인 「홀B5」. 내부공간은 일본풍과 미래지향적인 세련된 이미지. 한층 여유 있는 로비와 주최자 및 귀빈객용 대기실도 완비했다. 홀 옆에는 서브주방이 구비되어 지하2층의 메인주방과 연계함으로서 다양한 연회용 서비스를 제공할 수 있다.

- 블록/층 : B블록/5층
- 규모: 600㎡ ※ 2분할 이용가능(280㎡/300㎡)
  - 평면형식: 25.0m×24.0m×6.8m(천장높이)
- 주요설비: 매달기 배튼, 16개국어 대응 통역설비, 동시통역부스, 방송중계설비, 가동칸막이 등

| 홀E

5,000㎡이라는 광활한 면적의 「홀E」는 유리와 화강암의 벽으로 둘러싸인 천장 9m의 2층 오픈 천장구조이다. 지하1층의 콩코스에서 홀 내부를 들여다볼 수 있어 지나가는 사람들에게 전시내용을 자연스럽게 어필하는 효과도 노린다. 2분할 이용 또한 가능하며 이에 따른 세미나실도 2실 준비중이다. 각종 전시회 및 견본전시, 발표회, 파티 등 다양한 이벤트에 유연하게 대처할 수 있다.

- 블록/층 : E블록/지하2층
- 규모: 5,000㎡ ※2분할 이용가능(3,000㎡/2,000㎡)
  - 평면형식: 천장높이 9.0m/바닥하중 1.0t/㎡
- 주요설비: 바닥배선, 배관, 고정후크, 매달기 배튼, 가동칸막이, 방송중계설비, 세미나실, 주최자대기실 등

8 주요 도면

| 위치

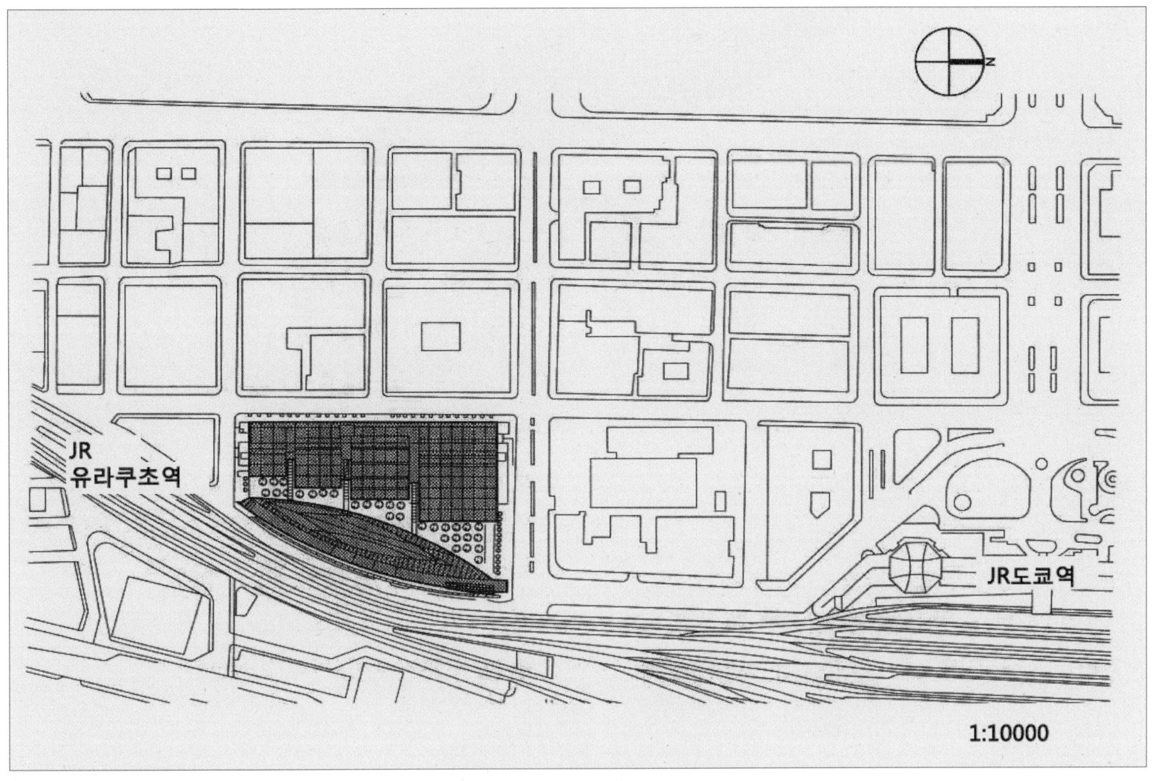

| 입면도

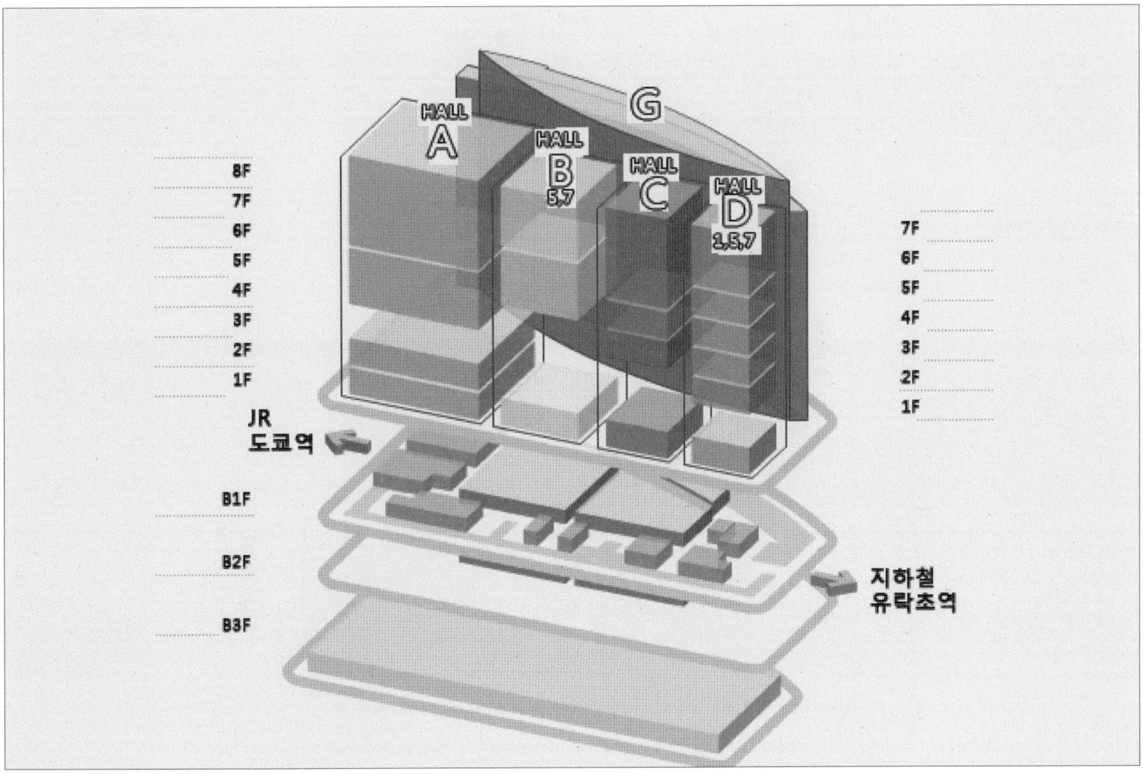

HALL A
HALL B 5,7
HALL C
HALL D 1,5,7
G
8F
7F
6F
5F
4F
3F
2F
1F
JR
도쿄역
B1F
B2F
B3F
7F
6F
5F
4F
3F
2F
1F
지하철
유락초역

| 평면도

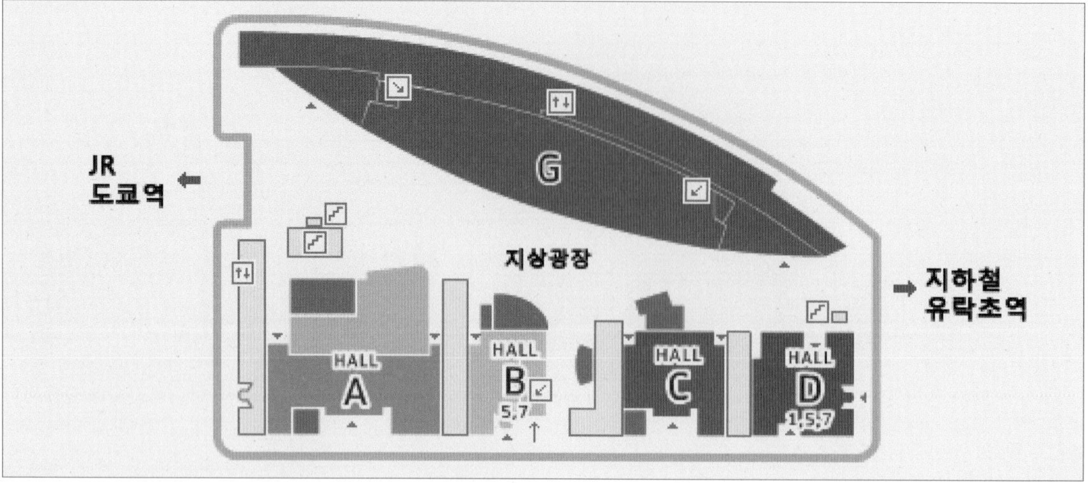

| 지하1층 평면도

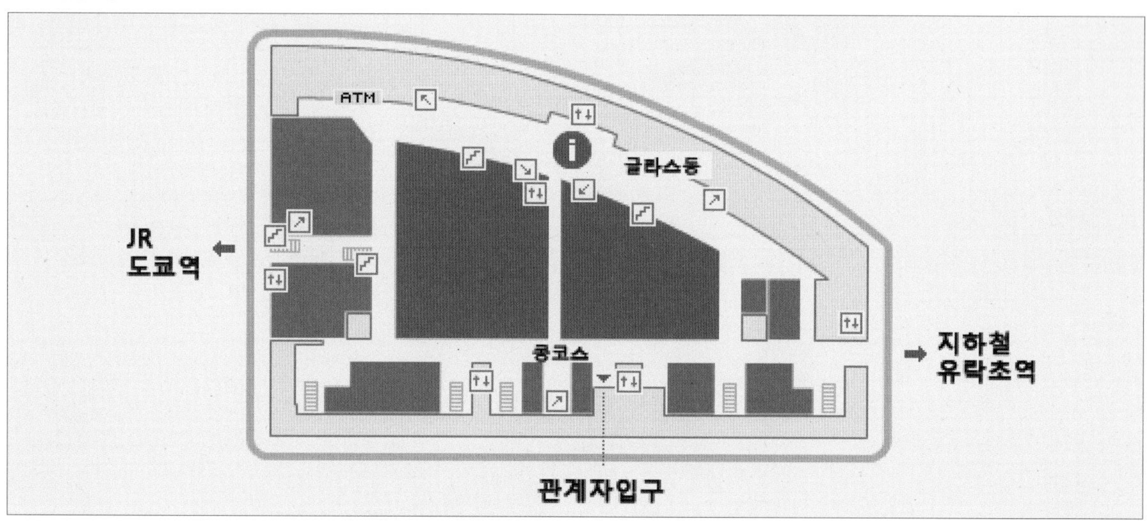

| 지하3층 평면도

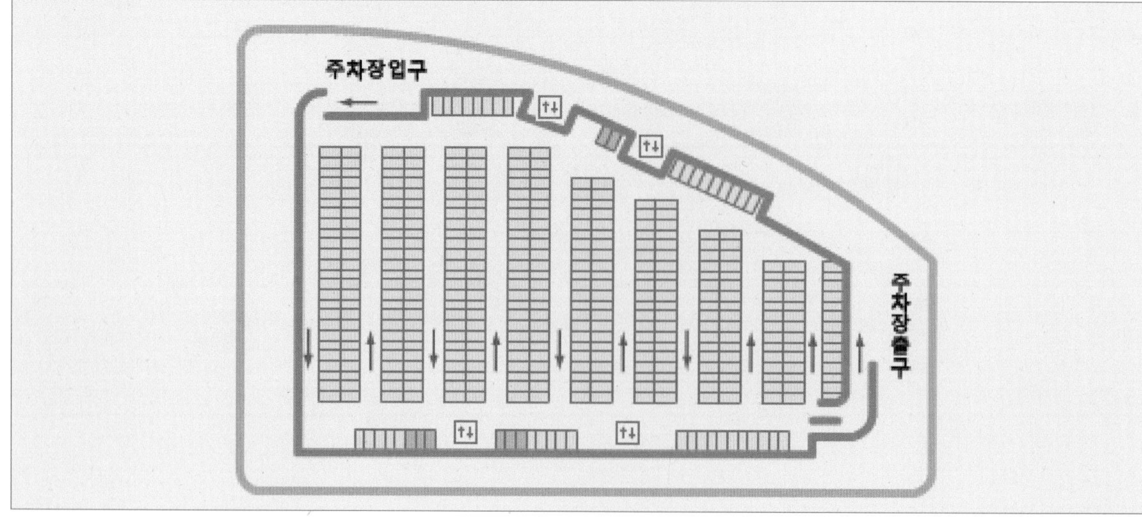

| 4층 평면도

홀 C
무대
회의
라운지
객석
로비
대기실
리허설
창고
창고
홀 A 무대
객석
플라자상부
로비
4층
회의
회의
회의
회의
글라스 홀
로비 상부
회의
팬트리
클로크
회의
회의
회의
회의
회의

| 5층 평면도

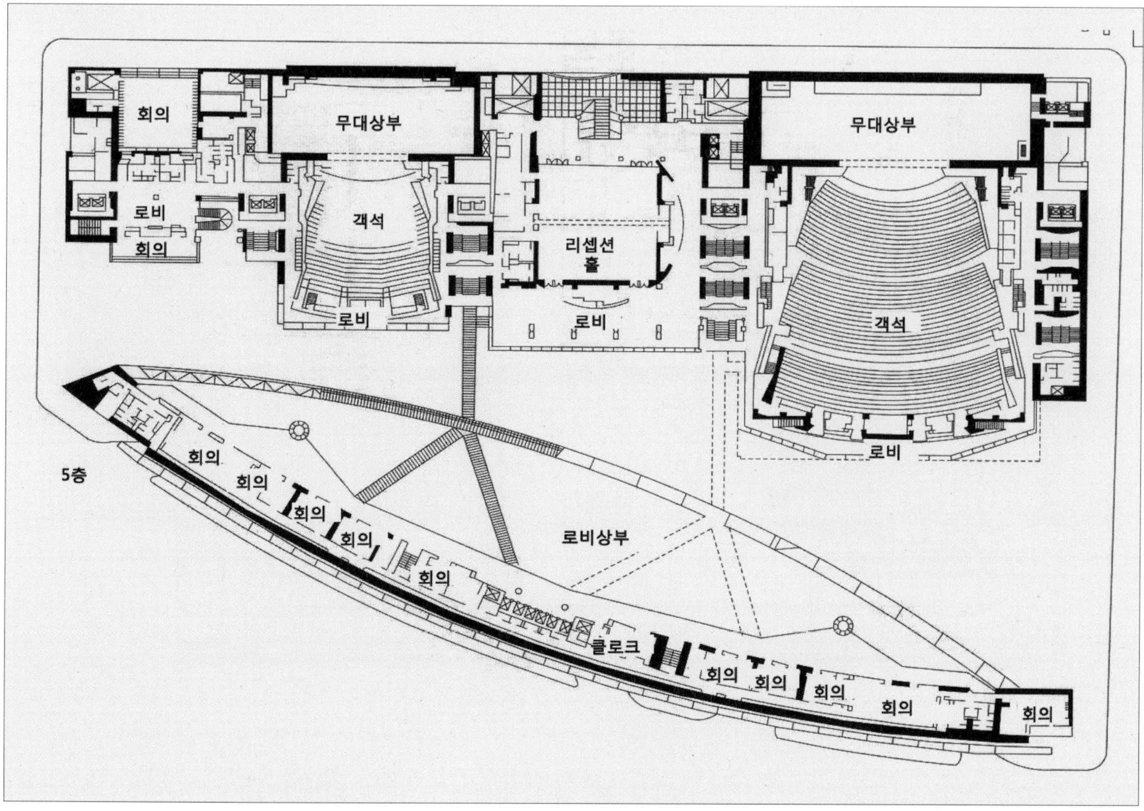

| 전체 구성도

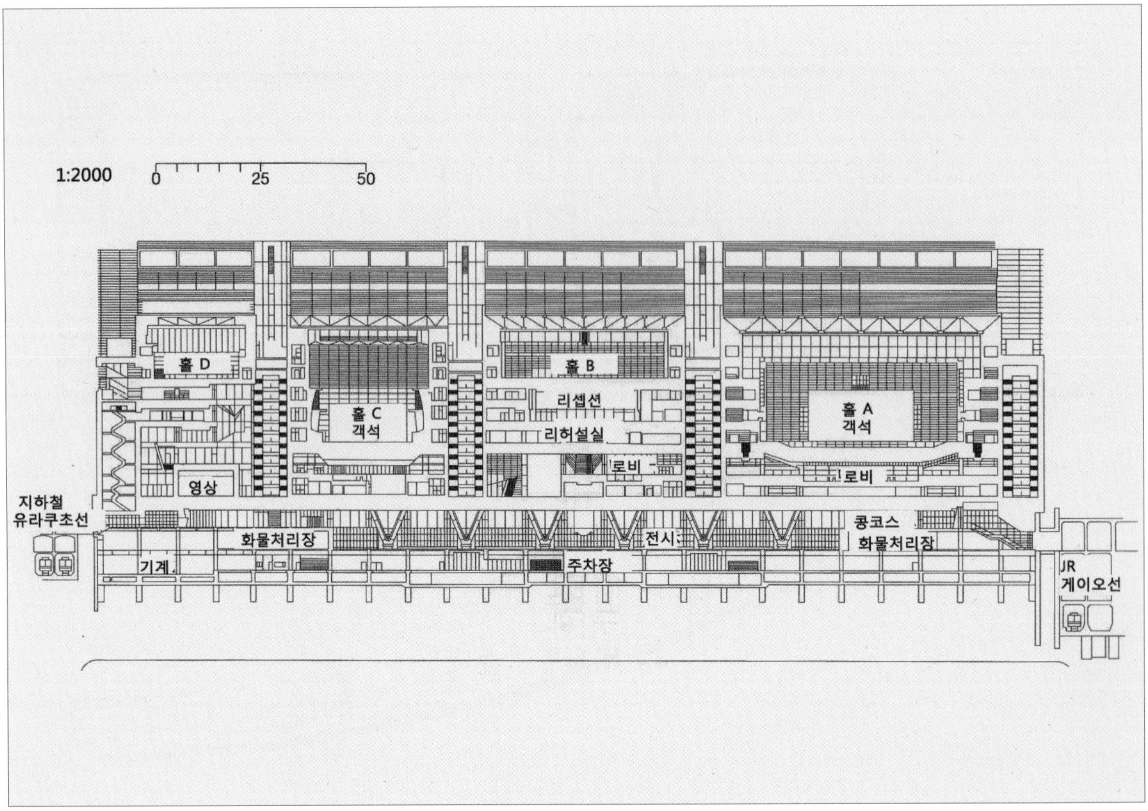

1:2000
0
25
50
홀 D
홀 C
객석
홀 B
리셉션
리허설실
홀 A
객석
로비
영상
로비
지하철
유라쿠초선
콩코스
화물처리장
전시
화물처리장
기계
주차장
JR
게이오선

| 단면도

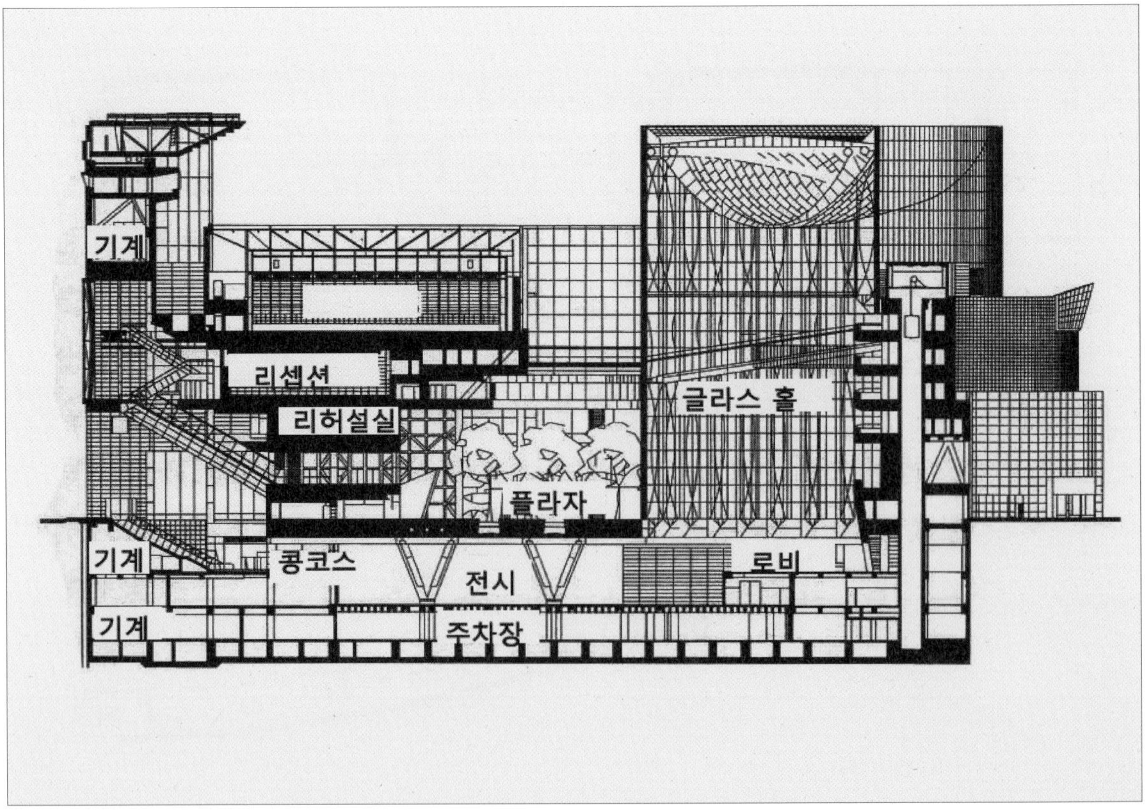

기계
리셉션
글라스 홀
리허설실
플라자
기계
콩코스
로비
전시
기계
주차장

메구로 퍼시먼홀

13

めぐろパーシモンホール / MEGURO PERSIMMON HALL

1 메구로 퍼시먼홀 개요

도큐덴테쓰 도요코선(東急電鉄 東横線)의 도립대학역(都立大学駅)에서 가키노키자카(柿の木坂)를 올라가면 역 앞에서 이어지는 밀집된 상점가가 나타나고 잔디광장이 눈에 들어온다. 바로 2002년 봄에 오픈한 「메구로 구민캠퍼스(めぐろ区民キャンパス)」다.

메구로 구민캠퍼스 부지는 1991년까지 도쿄도립대학(東京都立大学) 캠퍼스가 있었던 곳으로 철거 후 도쿄도(東京都)와 메구로구(目黒区)에 의해 정비되어 광장을 둘러싸듯 메구로구의 시설〈메구로 퍼시먼홀, 야구모(八雲) 체육관 야구모 도서관, 세리머니 메구로(장례식장), 신체장애자센터 아이아이칸(あいアイ館)〉과 도영주택(都營住宅)을 완성했다. 전체 설계 및 감리는 니혼설계(日本設計)가 맡았으며 메구로 퍼시먼홀의 음향설계, 감리 및 공사완료 후 음향검사·측정은 나가타음향설계가 담당하였다.

메구로 퍼시먼홀(めぐろパーシモンホール)은 1,200석 규모의 대 홀과 200석 규모의 소 홀 및 5실의 연습실과 회의실로 구성된 복합시설이다. 명명의 유래는 물론 감나무 목판의 "감 (柿)Persimmon"이다. 광장에서 보면 우측에 홀, 대각선 좌측에 체육관+도서관이 배치되어 있고, 두 개의 건물군은 엔트런스·플라자 공간을 끼고 있는 형태로 연결되어 있다. 플라자의 1층이 대 홀로 들어가는 입구로, 지하 1층이 소 홀 입구이며 소 홀은 대 홀 포이어 바로 아래에 위치하고 있다. 주택지역 내에 있다는 점에서 홀을 지하 10m에 위치하도록 한 특수구조가 독특하다. 대 홀과 소 홀 모두 콘서트를 주체로 한 다목적홀인데, 소리가 아름답고 외부소음의 영향을 받지 않는다는 면에서 공통성이 있다.

대 홀은 다른 홀에서는 볼 수 없는 재미있는 특징이 몇가지 있다. 먼저 무대 위에 8개의 구름을 이미지화한 샹들리에를 설치하고 있는데, 이것은 주변의 지명에 유래가 있다. 그리고 객석 천장에는 음향적인 효

대 홀 내부 전경 |

과를 얻기 위해 인공위성에도 적용하고 있는 「Miura－Ori(三浦折り)」를 채택하고 있고, 그 외 객석 상부에도 잔향가변장치를 설치했다. 좌석은 절반만 위로 올리는 형태로 프로그램을 놓기 쉬운 이점이 있고, 나아가 리클라이닝 방식으로 편안하게 음악을 즐길 수 있도록 하고 있다. 또한 일부 보청기용 장치도 갖추어져 있는데 여기서 흥미로운 것은 휠체어석 자리이다.

객석의 중앙 부분에 정상인과 휠체어가 나란히 앉을 수 있도록 14석이 준비되어 있는데, 이 아이디어는 배리어프리를 주장하기 이전부터 구상했다는 점에서 놀랍다. 이처럼 현지의 음악팬이 참여하기 쉬운 환경을 곳곳에 마련하고 있어 가동률이 높다는 점을 참고할 만하다.

| 건축물의 개요(메구로 구민캠퍼스)

구분	내용
소재지	도쿄도 메구로구 야쿠모 1-1-1 (東京都目黒区八雲1-1-1)
공사발주	메구로구(目黒区)
설계	• 설계 : 니혼설계(日本設計) • 음향설계 : 나가타 음향설계 • 감리 : 사토공업주식회사(佐藤工業株式会社)
시설규모	• 부지면적 18,425㎡ • 건축면적 5,839㎡ • 연상면적 : 16,943㎡ • 최고높이 : 21.0m
건축구조	S조, RC조, SRC조/지하1층, 지상2층
시설종류	대 홀 : 클래식 및 대중음악의 콘서트 외 다양한 무대예술에 대응, 강연회나 심포지엄에 이용 가능 소 홀 : 극장형식으로 파티나 공연, 발표회장으로 이용
위치	

2 외관 및 로비

외관 및 건물 입구 |

내부 전경 |

| 로비 및 구민캠퍼스 플라자(B1F)

3 대 홀(Main Hall)

일본 최초의 매달기식 음향반사판을 채택, 라이브음의 풍부한 잔향을 중시한 홀이다. 오케스트라 피트를 갖추고 있어 오페라, 발레, 뮤지컬 등 다양한 무대예술에 이용할 수 있다.

휠체어용 공간을 중앙에 배치하고 일부 좌석에는 보청기 사용자를 위한 설비도 갖추어져 있다. 좌석은 여유 있는 리클라이닝식으로 되어 있어 편안함을 추구하는 홀이다.

대 홀은 객석 천장의 요철면, 객석 측벽 하부의 리브, 가동 프로시니엄, 객석 측부의 천장면에 설치된 잔향가변장치, 매달기형 무대음향반사판이 음향면에서 큰 특징이다.

객석 천장은 인공위성의 전개식 태양전지 패널에 사용한 "미우라 오리(Miura Ori)"에서 따온 1,500㎜×750㎜×깊이300㎜의 산형이 연속된 요철형상이다. 이는 설계자측으로부터 「벽은 깔끔하게 처리하고 싶다」는 요청이 들어왔는데 음향컨설턴트가 「그렇다면 천장에 확산면을 설치하면 좋겠다.」고 하여 적용하게 된 것이다.

객석 하부의 리브는 역시 확산을 의도한 것인데 리브 특유의 에코를 방지하기 위한 목적으로리브의 길이를 랜덤으로 하고 있다. 가동프로시니엄은 무대와 객석이 일체가 되는 것이 좋은 클래식콘서트와, 프로시니엄의 형성이 필요한 그 외의 공연장르에 대한 대응이 가능하도록 하기 위해 설치하였다.

대 홀의 사용목적상 음악을 주목적으로 하는 다목적홀이라는 조건을 만족시키는 수단으로서 중요한 역할을 한다. 컴퓨터시뮬레이션에 의해 무대음향반사판 설치시 프로시니엄의 높이는 14.5m로 설정하였다.

마찬가지로 잔향가변장치도 다목적 이용의 틀을 넓히기 위한 수단으로서 계획하였다. 객석 후벽의 양 모퉁이에 수납한 10㎜ 두께의 글라스 울 패널이 약 50㎝ 간격으로 전방을 향해 돌출하는 형태로 설치했다. 설치위치가 무대로부터 멀다는 점과 적용면적이 적다는 면에서 가변효과의 예측이 어려웠지만, 측정결과 약 0.1초의 변화가 확인되어 청감(聽感)적으로도 그 차이를 확인할 수 있었다.

무대음향반사판은 무대바닥 위의 레일을 주행하는 타입이 아니라 매달기형 주행식을 채택하였다. 이는 레일 수납 부분의 개판(蓋板)이 공연물에 따라 문제가 되는 경우가 있기 때문이다.

무대반사판 내부에는 '야구모(八雲)'라는 지명에서 유래, 8개의 뜬 구름 모양의 샹들리에를 설치했는데 이것은 연주목록에 맞춰 탈착이 가능하며 정면반사판도 편성의 대소에 따라 앞뒤로 움직인다. 이외에 객석 천장과 측벽의 무대조명용 개구부는 모두 개폐식이다.

잔향시간(공석시, 500㎐)은 무대음향반사판 설치시(조명용 개구 : 닫힘) 2.0초이며, 무대 막 설치시(조명용 개구 : 열림, 잔향가변장치 : 설치) 1.3초이다.

| 대 홀 내부

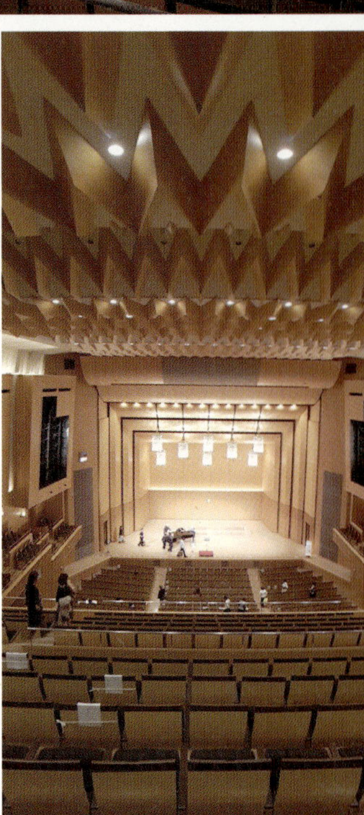

대 홀 내부 |

| 대 홀 개요

구분	내용
객석수	총 객석수 : 1,200명 (고정석 1,186석) – 1층석 : 658석(오케스트라 피트 사용시 512석, 휠체어용 공간 14석) – 개호자석 : 7석 – 2층석 : 429석 – 발코니석 : 92석
건축음향	• 음향반사판 설치시 : 2.0초/미설치시 : 1.4초(공석시, 500Hz) • 무대막 설치시 : 1.3초(공석시, 500Hz) • 실용적 : 12,800㎥
기타	• 홀 형식 : 슈박스형/너비 18.0m • 무대 : 프로시니엄 아치 높이 9.0~15.0m/안길이 14.0m/그리드 높이 22.0m • 면적 : 객석 1,055㎡/무대(무대 축 제외) 252㎡ • 기타 제실 – 대분장실 : 2실(D5 · D6), 화장대 16 (샤워실 · 탈의부스 有) – 중분장실 : 2실(D2 · D4), 화장대 4 (세면대 · 탈의부스 有) – 소분장실 : 2실(D1 · D3), 화장대 2(유닛욕조 有) – 분장실대기실/주최자 대기실

무대 및 객석 천장 |

| 음향반사판 및 잔향가변장치

◇ 잔향가변장치(殘響可變裝置)

대부분의 공연장은 공연목적에 적합하도록 일정한 잔향시간을 요구하고 있다. 그러나 다목적홀로 설계할 경우 오페라, 콘서트, 강연 등 다양한 공연을 수용해야 하므로 잔향시간을 조절할 필요가 있다.

ㅁ 가변흡음장치를 이용한 잔향시간 조절

가변흡음장치는 아주 다양하며 이러한 장치를 천장, 벽 등에 설치하여 홀의 목적에 적합한 잔향시간을 조절할 수 있다. 다음은 가변흡음장치를 이용한 공연장 내의 잔향가변장치 설계사례이다.

| 가변흡음장치를 이용한 공연장 사례

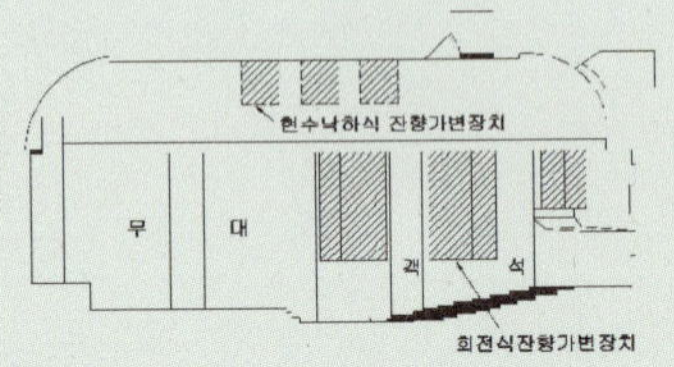

ⓐ 마쓰에시(松江市) 문화센터홀

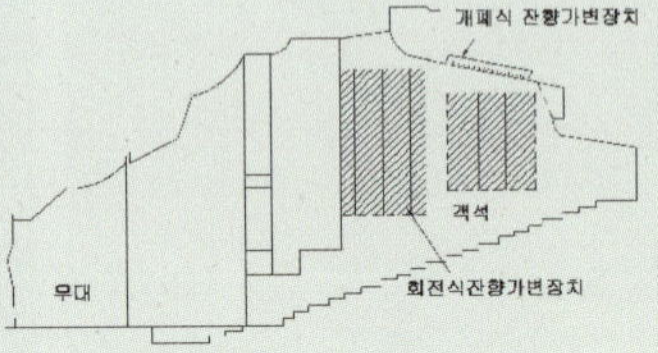

ⓑ 삿포로시(札幌市) 노동자 직업복지센터 플라자홀

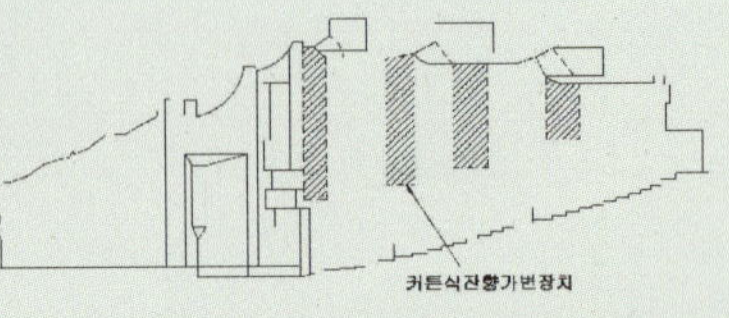

ⓒ 미키시(三木市) 문화회관홀

ⓓ 고양아람누리 아람음악당 콘서트홀 (배너 설치 전/후)

ㅁ 천장 크기를 조절하여 잔향시간 조절 (용적의 변화)

천장은 홀 내에서 많은 면적을 차지하고 있다. 따라서 천장의 크기를 확장하거나 축소하여 홀의 목적에 적합한 잔향시간을 조절할 수 있다.

다음은 미국에 있는 Thomas Hall로서 천장 일부를 하강하여 공연목적에 적합한 잔향시간을 유지하도록 설계한 사례이다.

| 천장의 변형에 따른 잔향시간 조절

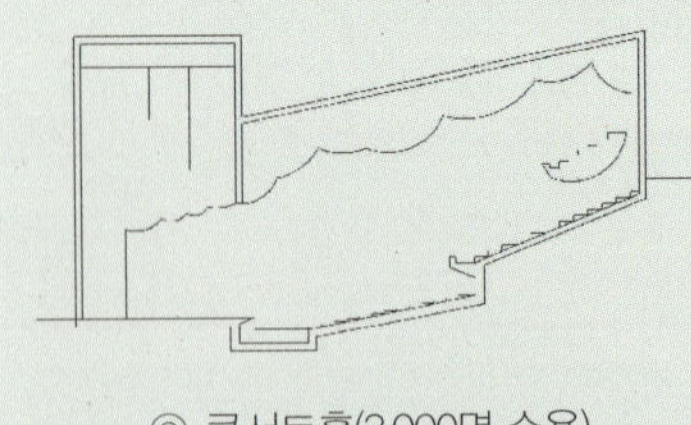
ⓐ 콘서트홀(3,000명 수용)

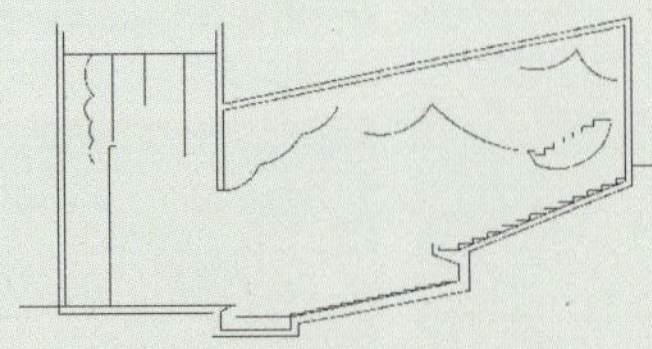
ⓑ 오페라하우스(2,300명 수용)

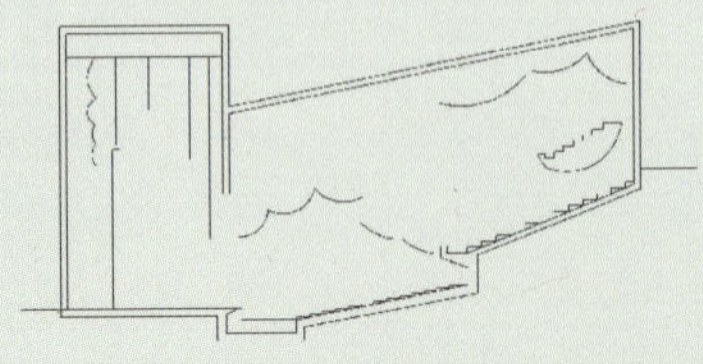
ⓒ 극장(900명 수용)

ㅁ 가동칸막이벽을 이용한 잔향시간 조절

다음은 가동칸막이벽을 이용하여 잔향시간을 조절한 일본 고치현민문화회관의 사례이다.

| 가동칸막이벽을 이용한 잔향시간 조절

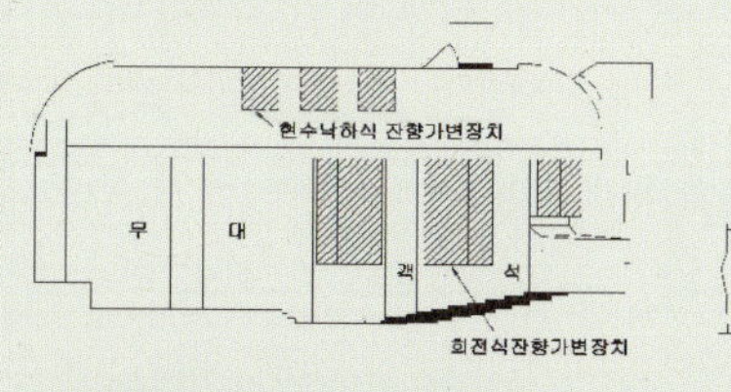

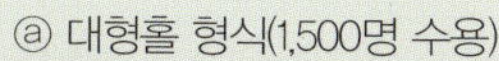
ⓐ 대형홀 형식(1,500명 수용)

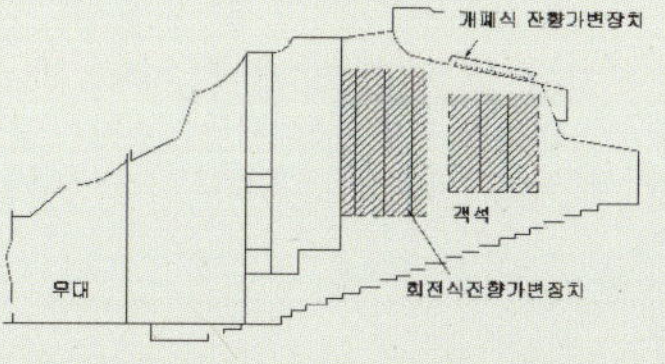

ⓑ 중형홀 형식(1,000명 수용)

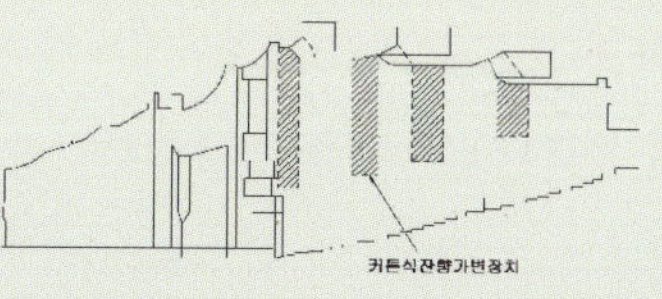

ⓒ 집회실 형식(350명 수용)

ⓓ 도야마시 예술문화회관(일본)

ㅁ 가동칸막이 커튼을 이용한 잔향시간 조절

다음은 가동칸막이 커튼을 이용하여 잔향시간을 조절한 예이다.

| 가동칸막이 커튼을 이용한 잔향시간 조절

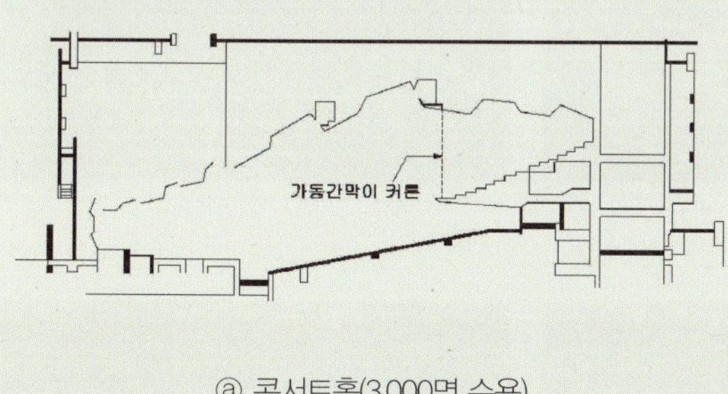

ⓐ 콘서트홀(3,000명 수용)

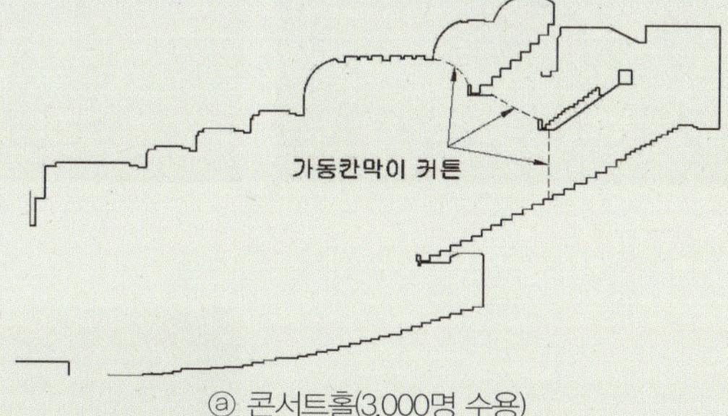

ⓐ 콘서트홀(3,000명 수용)

ㅁ 잔향챔버를 이용한 잔향시간 조절

잔향챔버를 이용한 대표적인 사례는 I.M.Pei가 설계한 댈러스 심포니홀로 장방형의 평면과 평행한 측벽면을 갖고 있으며 후벽은 전통적인 오페라하우스와 같은 반원형이다. 무대 상부에는 가동식의 대형 캐노피(Canopy)가 있고 공연종류에 따라 이 캐노피가 상하로 움직인다. 달라스 심포니홀의 가장 큰 특징은 잔향가변장치로 홀의 상부에 잔향시간을 조절하기 위한 잔향챔버(Reverberation Chamber)가 설치되어 있다는 점이다.

잔향챔버를 구분하는 문을 개폐하여 홀의 체적을 증가시킴으로서 잔향시간을 1.3~3.5초까지 조절 가능하여 다양한 장르의 공연을 소화하도록 하였다. 또한 ARTEC사의 레셀 존슨(Russell Johnson)이 음향설계한 영국 버밍햄 심포니홀은 자동개폐되는 콘크리트문이 오르간 주변과 측벽 상부에 설치되어 잔향챔버와 실내공간을 연결할 수 있도록 되어 있다. 잔향챔버의 문은 공연의 유형에 따라 잔향시간을 적절하게 조절할 수 있도록 개폐가 가능하며, 객석 후벽에 설치된 약 7.5cm 두께의 가변흡음패널에 의해서도 잔향시간 조절이 가능하다. 이 가변 흡음패널은 발코니 뒤의 측벽에 매달려 있으며 레일 위를 움직여서 홀의 내부에 설치하기도 하고 홀의 바깥쪽에 수납할 수도 있다. 가변흡음패널이 홀의 바깥쪽에 수납될 경우 노출면이 반사면이므로 더 많은 음에너지를 홀의 안쪽으로 반사시킬 수 있다. 2005년 3월 ARTEC사의 레셀 존슨이 음향설계하여 개관한 헝가리 국립콘서트홀은 3층 양측 벽면에 58개의 저주파흡음실을 마련하여 문을 여닫을 수 있게 하였다. 3단계로 움직이는 천장의 캐노피(반사판)와 흡음커텐으로 잔향시간을 1.2~1.8초로 조절하는 "움직이는 공연장"을 만들었다.

또한 스위스 Lucerne에 있는 Culture and Congress Centre의 콘서트홀도 위와 동일한 방법으로 잔향챔버를 개폐하여 잔향시간을 조절한다.

| Symphony Hall, Birmingham, UK

ⓐ외부전경

ⓑ벽체부분의 잔향챔버

ⓒ내부전경

ⓓ천장부분의 잔향챔버

Symphony Hall, Dallas, USA |

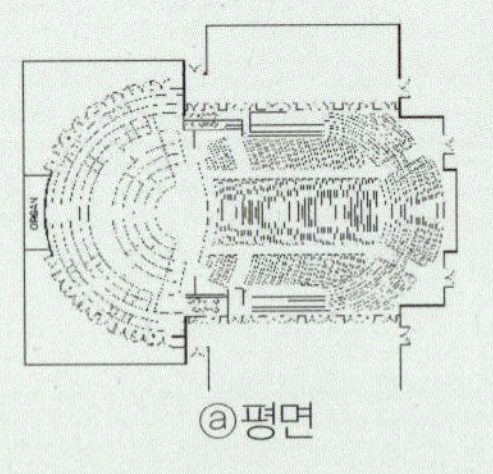

ⓐ평면

ⓑ내부전경

ⓒ천장부분의 잔향챔버

ㅁ 필요한 흡음구조와 사용사례

다목적홀의 잔향시간은 반사판의 유무로 10~20% 정도 변화하도록 설계되어 있다는 점에서 잔향가변장치에 의한 잔향시간의 변화는 20% 정도를 설정하면 적당하다.

| 각종 잔향가변장치 기구

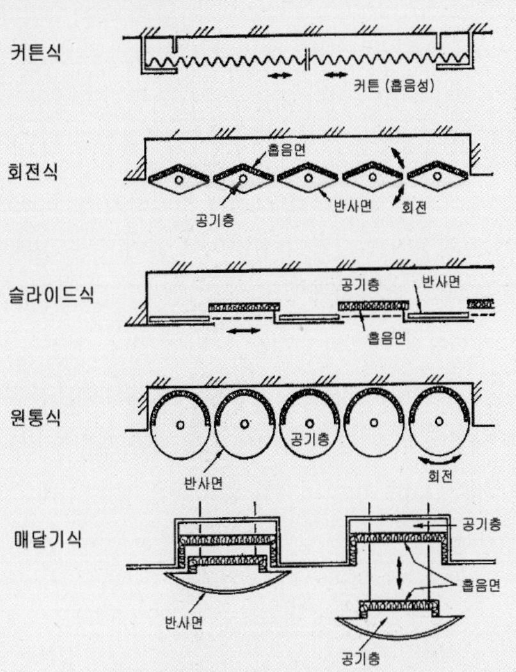

콘서트홀로서 적당한 평균흡음률은 중고음역에서 0.23~0.25 정도이므로 흡음성을 부가했을 때의 평균흡음률은 0.28~0.30 정도로 제한하면 된다. 잔향가변장치를 설치할 수 있는 유효 실내면적을 내장면적의 1/10~1/20 정도로 산출하면 잔향가변장치의 흡음률로서 요구되는 값은 반사면에서 0.05 정도, 흡음면에서 0.80~0.90 정도가 된다.

주파수의 경우 흡음재료 및 배후공기층의 두께를 늘릴수록 저음역에서의 흡음률이 상승하므로 흡음특성과 디자인의 양 관점에서 필요한 구조를 선택한다. 여기서 회전식 잔향가변장치의 사례는 [옆의 그림]과 같으며 원통형의 경우는 주변 길이가 길기 때문에 다른 흡음구조에 비해 흡음력을 크게 할 수 있는 특징이 있다.

| 삿포로교육문화회관 대 홀의 잔향특성 (가변방식에 따른)

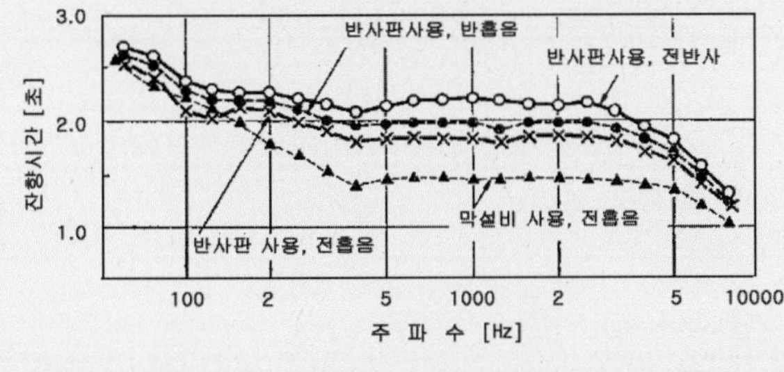

| 원통형매달기 흡음체의 흡음특성

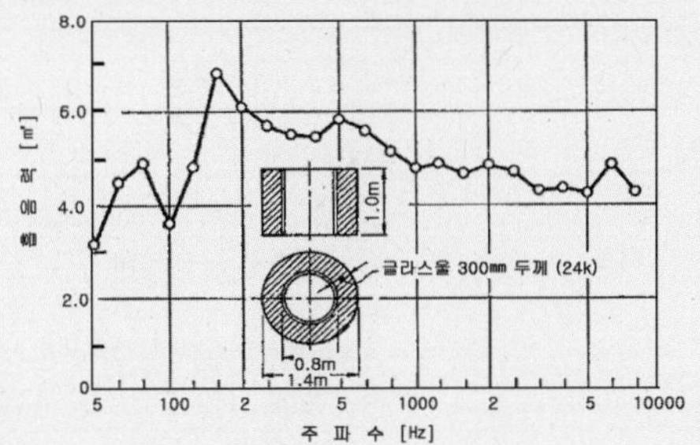

| 회전식 가변흡음구조체의 상세와 그 흡음특성

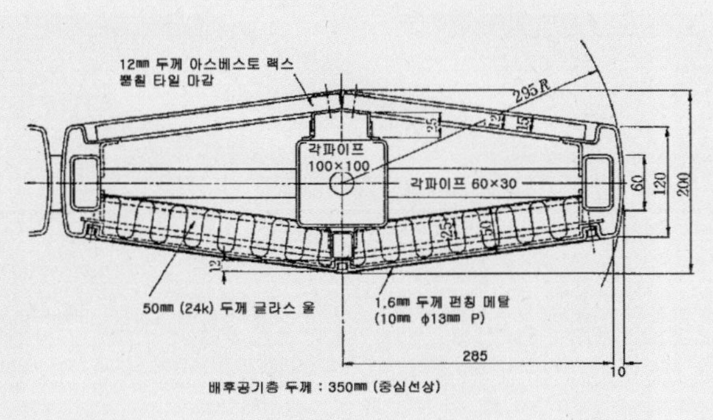

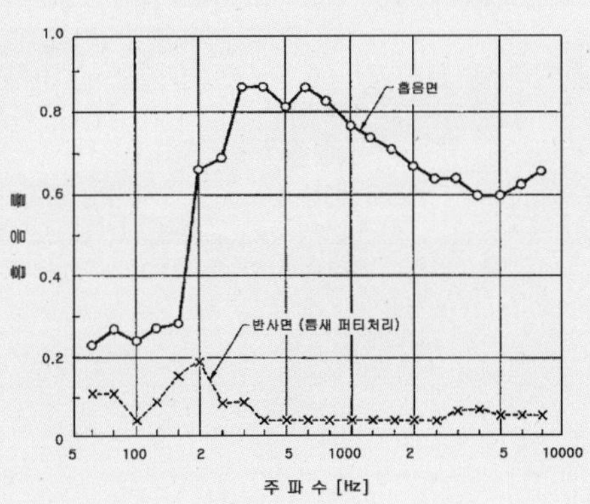

4 소 홀(Small Hall)

소규모 연주회나 각종 발표회, 파티, 강연회 등 다양한 장르를 소화할 수 있는 다목적홀이다. 무대와 무대 축을 구분하는 벽은 회전시킬 수 있다. 또 객석은 가동식이라 평면(1층 정면관람석)형식 또는 무대 객석형식으로 이용이 가능하다. 유연하게 다양한 무대공간 연출이 가능하다.

대 홀과의 동시사용을 고려하여 소 홀은 방진고무에 의한 플로팅구조를 채택하였다. 대·소 홀간의 차음성능은 80㏈ 이상(500㎐) 확보되고 있다. 이동식 관람석과 객석 승강장치를 이용해 일반관람석 형식과 홀 형식이 가능하도록 계획되어 있다. 그리고 무대 측벽에는 회전식 반사판이 설치되어 있어 닫은 상태에서는 음악 홀로, 연 상태에서는 막 형식의 홀로 변환이 가능하다. 평행하게 이루어진 측벽은 플러터에코 방지와 확산을 의도하여 랜덤으로 된 리브와 규칙적으로 이루어진 리브의 반복으로 되어 있다. 천장은 차음층을 마감면으로 하고, 하부에 원호형 반사판을 매달아 음악홀로서 가능한 천장 높이를 확보하도록 계획하였다. 일반관람석 형태로 사용하는 각종 연습의 경우 잔향이 너무 길지 않도록 흡음재를 배치한 결과 잔향시간(공석시, 500㎐)은 일반관람석 형태(평면형식)의 경우 1.4초이며 의자를 설치했을 경우(무대 측벽 : 닫힘) 0.9초이다.

| 소 홀 개요

구분	내용
객석수	수용인원 : 200명(가동석 196석) 전부(바닥 아래 수납) : 100/후부(후부 벽 수납) : 96/휠체어용 공간 : 4
건축음향	• 가동석 이용시 : 0.9초 • 평면(피트)형식 이용시 : 1.4초(공석시, 500Hz)
기 타	• 홀 형식 : 슈박스형 • 무대 : 너비 11.7m/높이 : 6.0m/안길이 : 6.2m • 면적 –가동석 이용시 : 객석 190.0㎡/무대(무대 축 제외) : 70.0㎡ –평면이용시 : 260.0㎡ • 기타 제실 –소분장실 : 1실(S1), 화장대 4(샤워실 · 탈의부스 有) –중분장실 : 1실(S2), 화장대 7(샤워실 · 탈의부스 有) –분장실대기실, 주최자 대기실

| 소 홀 내부 전경

| 부속실 개요

구분	내용
리허설실	수용인원 : 40명/대홀 · 소홀 이용시 리허설, 음악 · 연극 · 댄스 연습 등
연습실1	수용인원 : 30명/바닥면적 54.0㎡/음악 · 연극 · 댄스 연습 등
연습실2	수용인원 : 20명/바닥면적 42.0㎡/음악 · 연극 · 댄스 연습 등
연습실3	수용인원 : 20명/바닥면적 47.0㎡/음악 · 연극 · 댄스 연습 등
회의실	수용인원 : 8명/바닥면적 34.0㎡/회의, 미팅 등
보육실	수용인원 : 12명/바닥면적 28.0㎡/플로어링 보육전용실

| 리허설실 및 연습실

| 회의실 및 보육실

5 주요 도면

| 2층 평면도

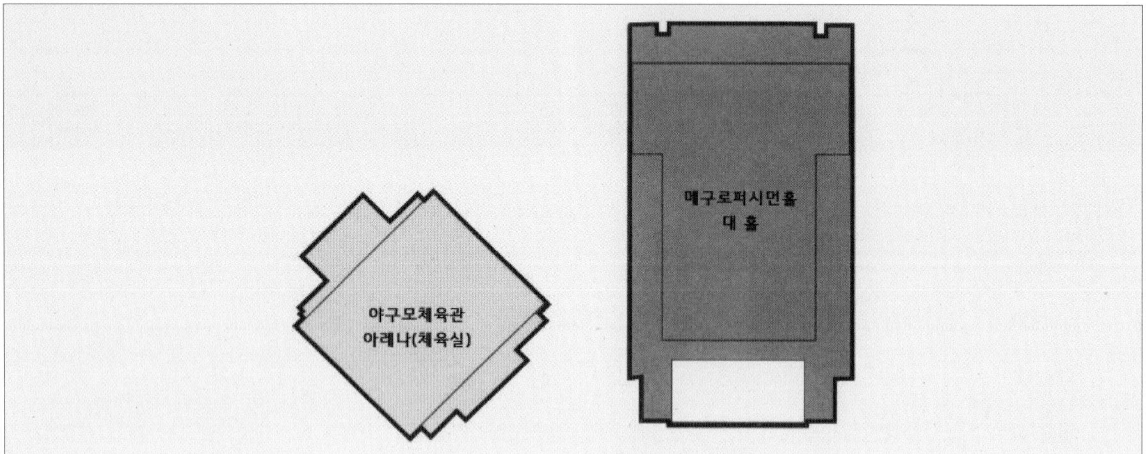

| 1층 평면도

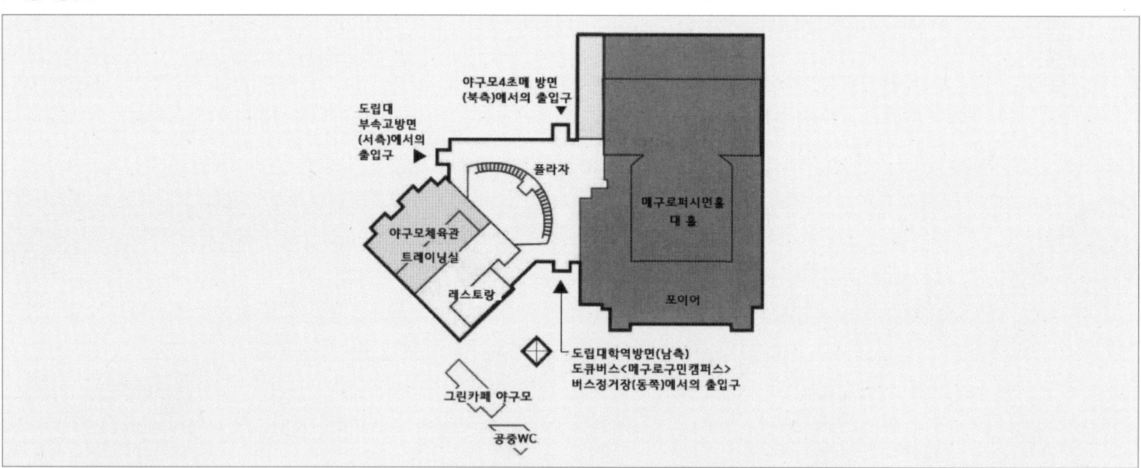

| 지하1층 평면도

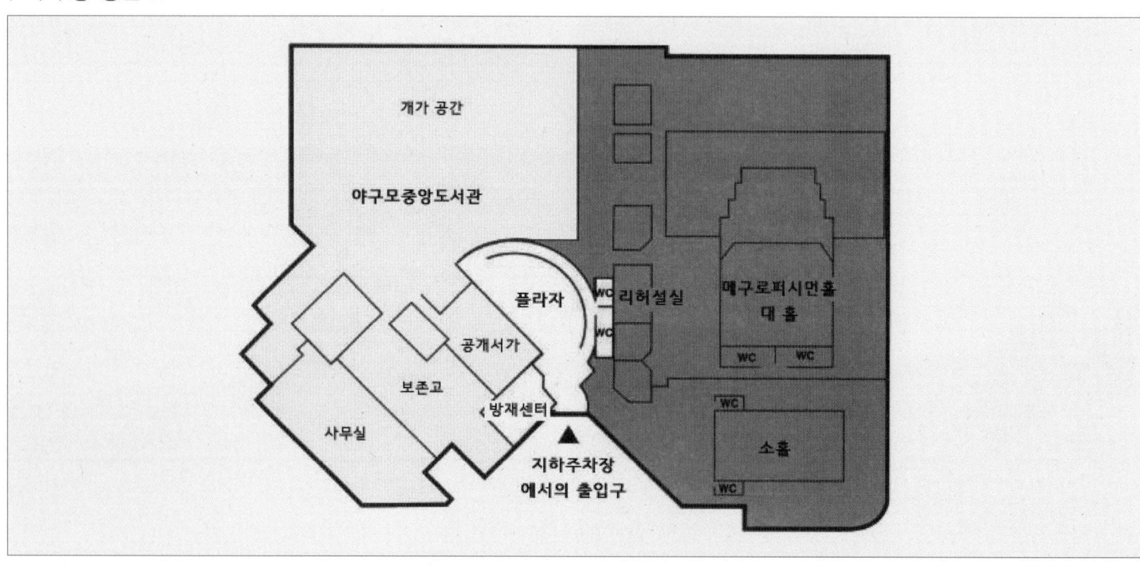

1층 (1층석 후방)

분장실 D6
분장실 D5
세탁실
분장실 대기실
정보 코너
플라자
B1F
주최자 대기실
오픈천장
대 홀 엔트런스
B1F
레스토랑방향
엔트런스 남쪽 입구
B1F
B1F
클로크
포이어
뷔페
카운터테이블
상점

| 대 홀 구역평면도 2, 3층 – (S=1 : 100)

2층 (2층석 전방)

포이어

3층 (2층석 후방)

| 대 홀 구역평면도 지하 1층 – (S=1 : 100)

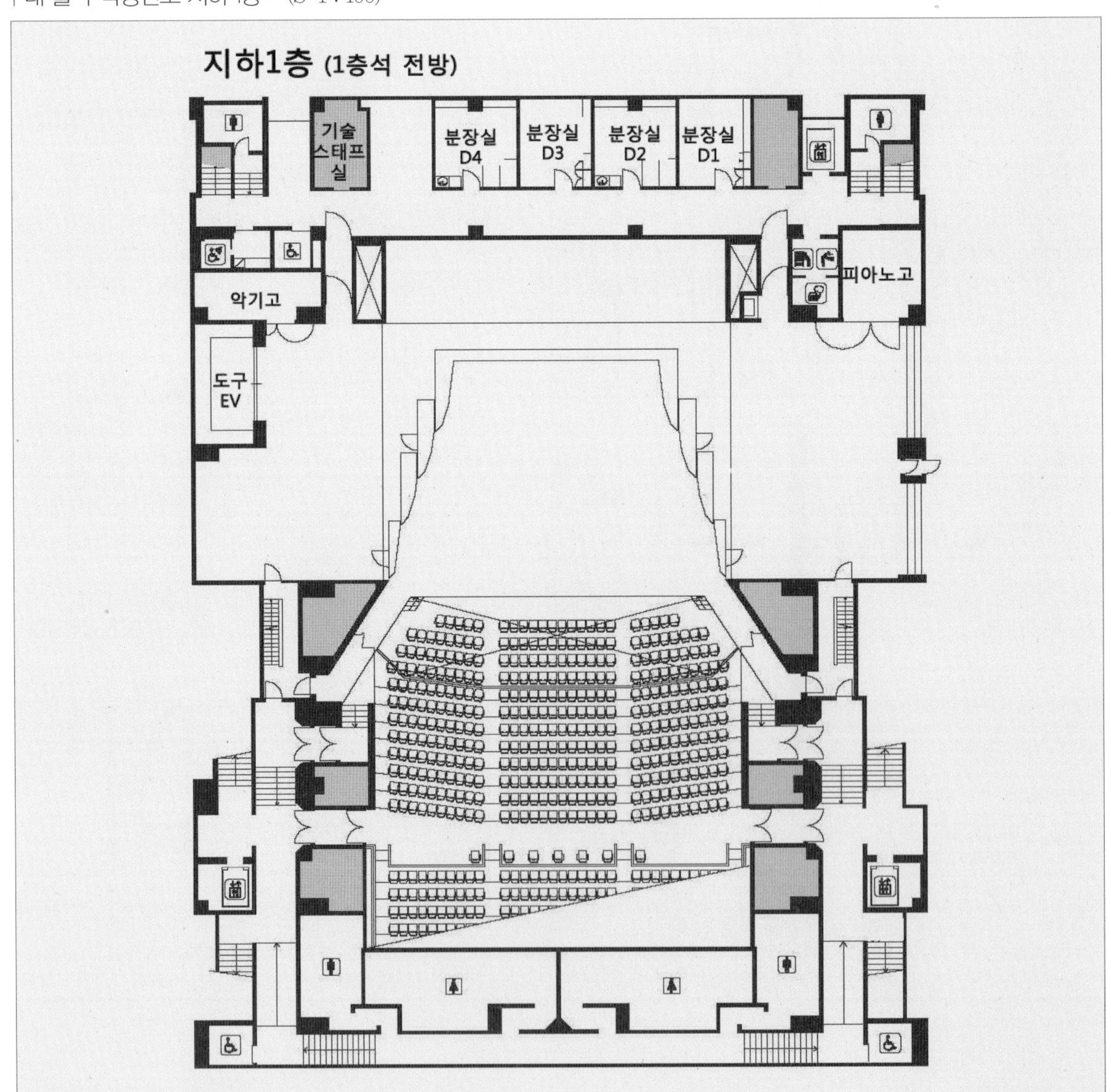

| 대 홀 무대평면도 – (S=1 : 100)

창고

도구 EV

조명반입반

무대조작탁

음향 콘센트반

피아노고

무대단

| 대 홀 무대평면도(반사판 설치) – (S=1 : 100)

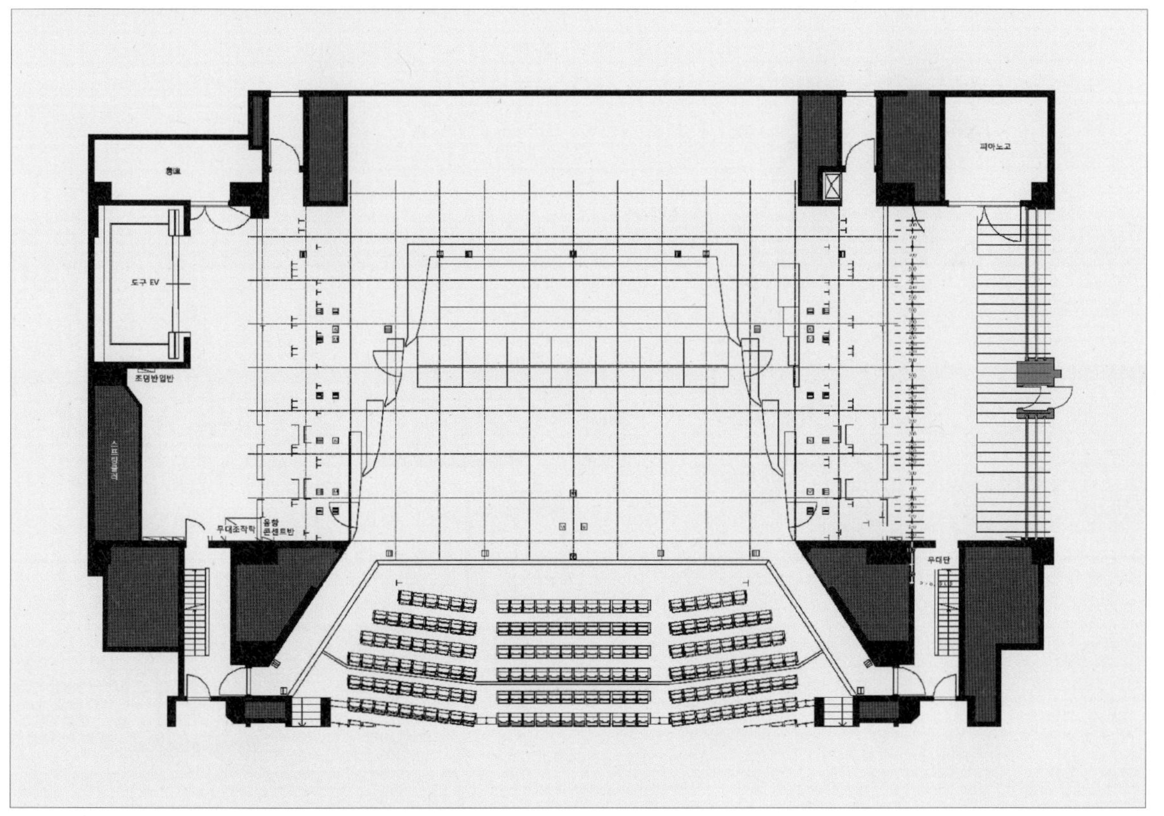

| 대홀 무대단면도

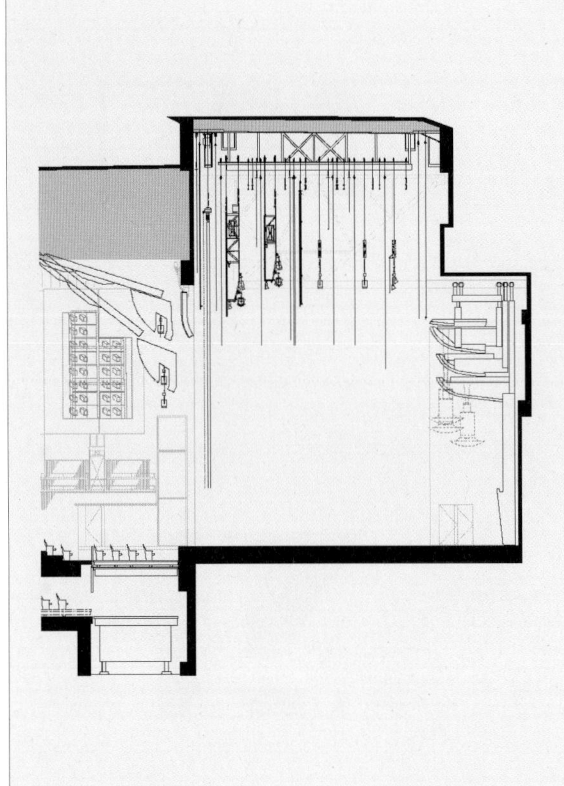

| 소홀 무대평면도

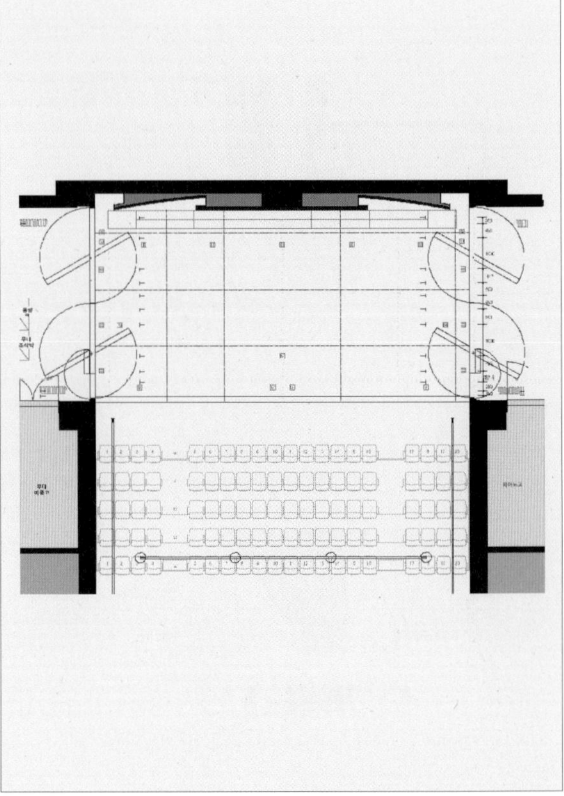

| 소홀 구역평면도

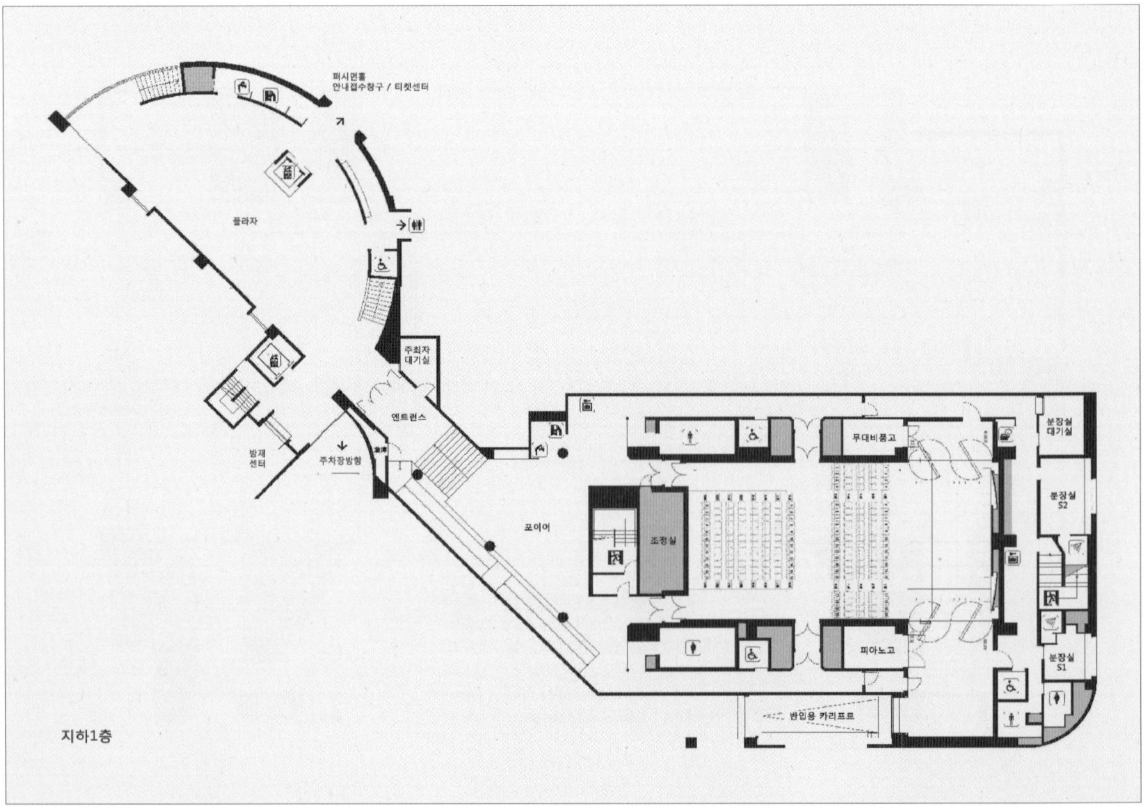

퍼시먼홀
안내접수창구 / 티켓센터
플라자
주최자
대기실
엔트런스
방재
센터
주차장방향
포이어
조정실
무대비품고
피아노고
분장실
대기실
분장실
S2
분장실
S1
반입용 카리프트
지하1층

14

신주쿠문화센터

新宿文化センター / SHINJUKU BUNKA CENTER

대 홀 내부 전경 |

1 신주쿠문화센터 개요

초고층빌딩이 늘어서고 80만명의 구민이 거주하는 유수의 대도시로서 발전을 거듭해온 도쿄·신주쿠(新宿区). 활기와 열정이 넘치는 이 거리에 클래식콘서트, 오페라, 발레, 댄스, 일본무용, 연극 등 다양한 이벤트와 함께 수많은 사람들이 모이고 사랑받아 온 신주쿠구립 신주쿠문화센터가 2008년 3월에 리뉴얼 오픈하였다. 탄생한 연도는 1979년으로 도쿄도전철(東京都電車) 오쿠보차고(大久保車庫) 부지에 세워졌다. 번화가의 이미지가 강한 신주쿠이지만 한적한 주택지도 있어 에도(江戸)부터 메이지(明治)에 걸친 문화사적을 보러 찾아오는 사람이 많은 지구이기도 하다.

그와 같은 역사가 있는 신주쿠 지역에 음악, 무용, 연극 등의 문화활동에 적극적으로 임하는 지역주민이 그 활동에 대한 성과를 발표하는 시설의 필요성을 호소, 문화센터 건설계획이 신주쿠구 성립 25주년을 맞이하여 시작되었다. 구민의 열렬한 요망이 대·소 홀과 함께 전시실, 회의실을 갖춘 문화시설로서 발현된 것이다. 개관 이후 오늘날에 이르기까지 문화센터는 신주쿠를 대표하는 문화·예술활동의 거점으로서 구민뿐 아니라 무대예술을 즐기는 사람들에게 없어서는 안 될 존재가 되었다.

그 중에서도 주목할 만한 것은 1991년에 파이프오르간을 설치함으로서 대 홀이 콘서트홀로서의 평가가 크게 향상된 점이다. 프랑스의 낭만파 오르간의 명인 카바이예 콜(Cavaille-Coll)이 제작한 오르간을 모델로 만든 파이프오르간은 우아하면서 다채로운 잔향으로 청중들을 매료시켜 이 홀만의 오르간 음악콘서트를 제공할 수 있게 하였다. 이 오르간은 "로맨틱 오르간"이라 불린다. 홀 뿐 아니라 건축물 자체도 20년이 경과하면 설비의 개수교환이 필요해지기 마련이다. 이곳 신주쿠문화센터는 2008년 리뉴얼을 실시하여 안전상의 불안감을 해소하였다. 「문화예술창조의 도시 신주쿠」를 내세우며 신주쿠에 거주하는 사람, 일하는 사람, 공부하는 사람, 이런 많은 사람들이 연령, 성별, 국적을 초월해 교류하고 신주쿠 거리에 새로운 문화를 육성해 가고자 하는 신주쿠구의 시책에 따라, 문화센터에서는 의욕적인 공연·예술의 창조를 위해 힘을 쏟고 있다.

외부 전경 |

| 건축물의 개요

구분	내용	위치
소재지	도쿄도 신주쿠구 신주쿠 6-14-1 (東京都新宿区新宿6-14-1)	
공사발주	도쿄도 신주쿠구	
설계/감리	무라타 마사치카(村田政眞) 건축설계사무/재단법인 신주쿠 문화·국제교류재단	
시설규모	• 부지면적 4,995.49㎡ • 연상면적 16,446.00㎡ • 건축면적 3,495.56㎡	
건축구조	철골철근콘크리트조/지상4층, 지하3층	
시설종류	대 홀 : 다목적홀 소 홀 : 연극, 소편성 콘서트 리허설실·회의실·전시실·레스토랑	
기타	구조설계 : 요코야마건축구조설계사무소(横山建築構造設計事務所) 설비설계 : 모리무라협동설계사무소(森村協同設計事務所) 음향설계 : 일본방송협회 종합기술연구소	

2 외관 및 로비

로비 및 휴게공간 |

3 대 홀(Main Hall)

오케스트라를 비롯한 클래식콘서트 및 오페라·발레·뮤지컬 등에 최적인 홀이다. 강연회·각종 행사·연수회·심포지엄 및 음악·연극 등의 연습에도 이용 가능하다. 무대사용의 편이성은 관계자 누구나 인정하는 사항이다. 잔향시간은 1.8초로 소리의 명쾌함은 클래식연주에 있어서 최적이다. 스테이지에서 객석 최후방열까지의 거리가 짧고 깊이를 실감할 수 없을 정도로 입체감 있는 구조로 되어 있다. 국내 주요 오케스트라의 연주회, 오페라공연, 발레공연 등이 적극적으로 개최된다.

붉은색 벽돌의 건물, 레드와인 색상의 융단을 깐 대 홀의 로비 등은 예술적 분위기를 물씬 풍기고 있다.

| 대 홀의 개요

구분	내용
객석수	총 객석수 : 1,802석(휠체어석 28석) −1F : 1,156석 −2F : 646석 −오케스트라 피트 사용시 : 1,668석(134석 감소)
건축음향	• 잔향시간 : 중음역(500Hz) 측정시 −음향반사판 설치 만석시 : 1.80초, 공석시 2.15초 −음향반사판 수납 만석시 : 1.65초, 공석시 1.95초 • 주용도 : 다목적홀 • 형식 : 프로시니엄 형식
기타	• 무대 : 너비 20.0m, 안길이 16.45m, 높이 6.5~9.5m, 그리드까지의 높이 21.5m • 오케스트라 피트 : 너비 21.0m, 안길이 4.3m, 넓이 90.0㎡ • 음향반사판 − 앞 : 너비20.0m, 높이 9.5m − 뒤 : 너비 11.5m, 높이 5.4m • 파이프오르간 : Alfled Kern社(프랑스)−파이프 총수 5,061봉, 70스톱

| 홀 내부

○ 대 홀 파이프오르간

NHK홀과 함께 오르간의 위치가 홀 정면이 아닌 대표적 사례이다. 비대칭형이긴 하지만 오르간 내부구조는 고전적인 수법을 사용하고 있어 공간의 조건에 따라 고안된 디자인이다.

일본 공연장의 파이프오르간은 각지의 문화시설 건설과 함께 그 필요성도 점차 늘어나 다양한 규모의 파이프오르간이 설치되고 있다. 오르간의 사양은 각 포인트를 어떻게 고안하고 컨셉으로 할 것인가가 매우 중요하며, 악기 그 자체의 품질과 함께 충분히 검토해야 한다는 점에서 우리가 참고해야 할 부분이 많다.

다른 악기와 마찬가지로 파이프오르간에도 명기(名器)라 불리는 것이 있는데, 여타 악기와 다른 점은 파이프오르간의 경우 그 장소(설치장소)에 가지 않으면 들을 수 없다는 점이다.

이 말은 건물의 건축공간과 건축음향이 오르간의 디자인이나 소리의 평가에 밀접하게 관련하고 있다는 뜻이기도 하다. 따라서 파이프오르간의 설계와 제작은 건축가 및 건축음향컨설턴트와의 공동작업이 불가피하다.

파이프오르간이라 할지라도 소형으로 가지고 다닐 수 있는 것부터 대형 오르간까지 그 종류는 천차만별이다. 따라서 규모에 따라 명칭을 붙이고 있는데 정확한 구분을 보여주는 것은 아니고 다음과 같이 표기할 수 있다. 『콘티누오(Continuo)』는 소형으로 3~5 종류의 스톱을 가지며 2인이 옮길 수 있을 정도의 사이즈로 첼레스타(Celesta) 정도의 크기라 할 수 있다. 『포지티브(positive)』는 간단한 이동은 어렵지만 연습실이나 소규모 예배당에 주로 설치하는 타입이다. 일반적으로 오르간을 설치하고자 하는 장소에서의 스톱수(음색의 수)에 대해서는 [표1]을 참고하기 바라며 좌석수(수용인원수)로부터 스톱수를 기준으로 하여 나타낸 것이다.

파이프오르간을 설계하고 제작하는 모든 기본은 스톱리스트이다. 일반적으로 영어로는 Specification, 독일어로는 Disposition이라 부른다. 설치장소와 사용목적, 어떠한 음악에 비중을 두느냐를 함께 고려해 구입측의 음악책임자와 빌더, 즉 오르간 제작자가 검토하고 결론을 내린다. 오르간은 만드는 시대에 따라 컨셉은 전혀 다르지만 제작이라는 관점에서 볼 때 필요한 명시사항으로 2종류를 표시할 수 있다. 스톱은 각 건반 디비전(Division)으로 분류해 놓은 것으로 그 명칭의 우측에는 피리(笛)의 최저음 파이프 길이가 피트로 표시되어 있다.

스톱리스트에는 많은 종류의 명칭을 사용하는데, 바로크 당시에 이미 대형 오르간이 존재한 것은 이러한 스톱의 명칭도 17세기 무렵까지는 고안되었다는 점을 말해 준다.

| 무대 파이프오르간

<table>
<tr><th>구분</th><th colspan="3">내용</th></tr>
<tr><td>설계/제작</td><td colspan="3">Alfled Kern社 오르간제작소(프랑스 · 스트라스부르市)</td></tr>
<tr><td>방식</td><td colspan="3">카바이예 콜(Cavaille–Coll)형</td></tr>
<tr><td>조립/조정</td><td colspan="3">Alfled Kern社 오르간제작소/YAMAHA 주식회사</td></tr>
<tr><td rowspan="2">크기</td><td>총중량 26t</td><td>감수자</td><td>Michel Chapuis</td></tr>
<tr><td>5,061봉</td><td>스톱수</td><td>70스톱</td></tr>
<tr><td>연주대</td><td colspan="3">4단 손건반
– 백건(白鍵) : 천연골재 – 흑건(黒鍵) : 흑단(黒檀) – 발건반 : 떡갈나무재</td></tr>
</table>

스톱리스트를 음의 디자인이라고 한다면 조형적인 프레임 만들기는 예술품으로서의 미적가치를 표현하는 것으로, 표면적이 큰 파이프오르간은 주위에 미치는 효과(임팩트)도 크며 서구 각나라의 교회에서 볼 수 있는 오르간에는 건축의 양식 그 자체를 도입한 것을 자주 볼 수 있어 공간과 조화의 필요성을 감지할 수 있다.

각 건반 디비전은 규모에 따라 다른 레이아웃을 하게 된다. 좌우대칭을 기본으로 하고 있는데 이 기본패턴은 내부 구조상 자유롭게 변화시킬 수 없다. 스톱리스트는 각 디비전으로 분류되어 건반 그룹 내의 최장(最長) 파이프가 디비전에서 필요공간의 높이가 된다. 오르간의 얼굴이 되는 프런트파이프의 레이아웃은 현재의 오르간에서 사용되는 프런트파이프 더미가 아니라 실제로 울리는 파이프로 구성된다. 통상 프런트에 세우는 파이프는 각 건반 디비전에 있는 프린시팔(Principals) 계열의 피리를 사용하는데, 중요한 것은 프런트파이프의 배열이 오르간 내부구조를 반영하고 있다는 사실이다.

수용인원과 스톱수 [표1] |

Sitzplätze (좌석)	Register	Anzahl Teilwerke inkl. Pedal
100	3–7	1
200	8–12	2
300	12–20	3
400	20–30	3
500	25–35	3–4
600	30–40	4
700	35–45	4
800	40–50	4
900	45–55	4
1,000	50–60	4–5
1,250	60–70	4–5
1,500	70–80	5
1,750	75–85	6
2,000	80–90	6
2,500	90–100	6

파이프오르간의 연주대는 크게 2종류로 구분하며 대 홀의 경우 연주대를 2대 가지는 곳도 있다. 연주대는 오르가니스트가 가지고 있는 역량을 최대한 구사해서 음악표현을 하는 장소이므로 사용의 편의성이 첫번째 조건이다.

| 파이프의 레이아웃

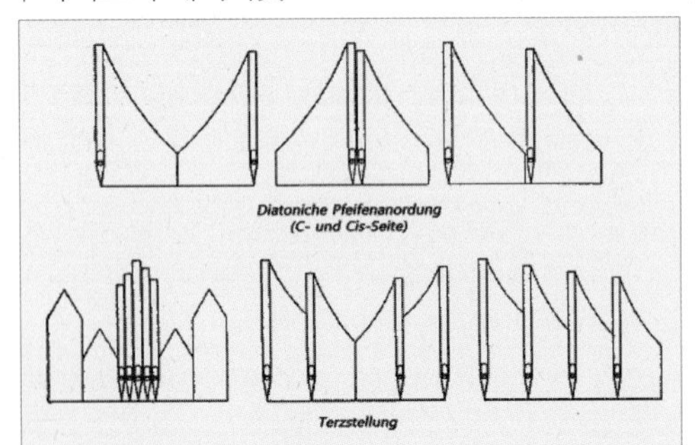

| 프리연주대

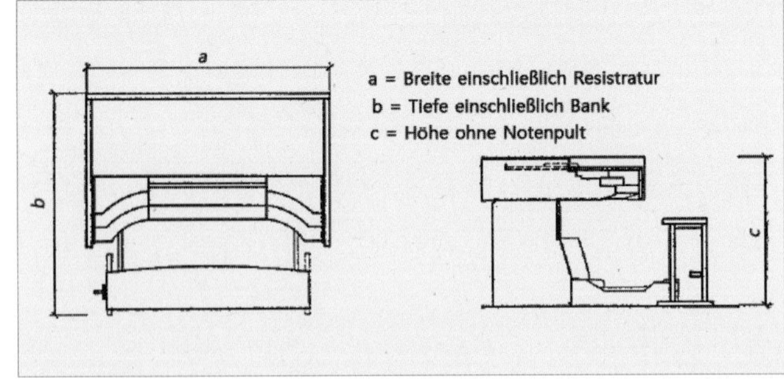

파이프오르간 음색의 근원은 파이프의 가공사이즈 즉 스케일이다. 동일한 음색을 가지는 피리의 옥타브 간을 어떠한 비율로 사이즈 변화시켜 피리를 만드느냐가 음색을 좌우한다.

각 오르간 메이커는 기본이 되는 프린시팔(prinzipal) 계열의 파이프 사이즈를 가지고 있고 모든 피리는 이것을 기본으로 결정한다. 세로축이 반음계별 파이프의 굵기이고 가로축은 건반의 음역을 나타내고 있다. 스톱별 곡선이 의미하는 것은 반드시 동일 비율로 사이즈 변화를 시키고 있지 않다는 것으로, 공간의 잔향과 관련성을 가지고 있는 점에서 오르간 메이커 고유의 기술이라 할 수 있다.

파이프 재질의 대부분은 주석과 납의 합금이다.

고전적인 오르간의 경우는 납 파이프도 많아 모두 음색, 강도와 관련하고 있다. 메탈 타입의 경우 외에는 아연, 구리도 있는데 특히 음의 조정(voicing)을 하는 입 부분은 주석과 납의 합금을 사용하고 있다. 파이프 재질로는 목제파이프도 볼 수 있고 오크재, 소나무계통의 재료 등을 흔히 사용한다.

| 본체삽입 연주대

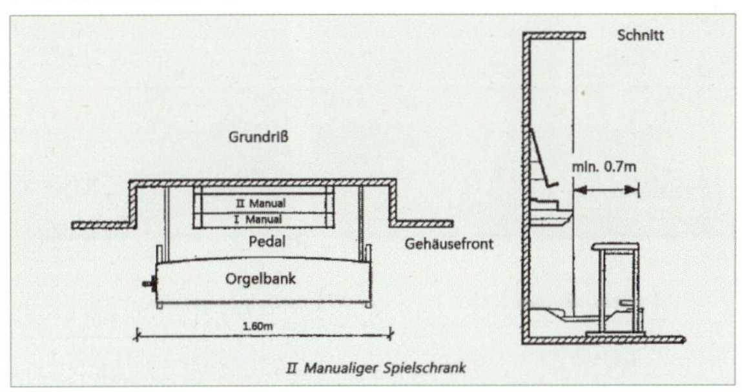

| 공방에서의 조립작업

| 전면파이프 설치

| 내부의 파이프군

| 정음(整音)작업

| 객석 측벽 상부에 파이프오르간 설치

○ 대 홀 객석의자

객석바닥면은 홀의 주요 흡음면으로 그 크기, 구조는 홀의 잔향설계에 지대한 영향을 준다. 사용하기 편한 객석규격은 1좌석당 50㎝×95㎝ 정도인데 통로부분은 건축법규상 객석폭에도 연관되므로 홀 객석의 넓이를 결정하는 경우, 통로도 포함해 1좌석당 객석바닥 면적을 0.7㎡ 정도로 하고 있다.

한편 실내음향적으로는 홀의 잔향시간이 공, 만석시의 조건에 따라 변하지 않는 것이 바람직하다. 때문에 거의 흡음성인 의자를 이용하고 있다.

신주쿠문화센터 대 홀의 의자 유무에 따른 잔향시간의 설계값과 실측값은 [그림1]와 같다.

| 대표적인 홀의 1좌석당의 바닥면적(㎡)

빈	무지크페라인 잘	0.59
뉴욕	카네기홀	0.64
도쿄	NHK홀	0.68
도쿄	도쿄문화회관 대 홀	0.67

| 신주쿠문화센터 대 홀의 좌석 유무에 따른 잔향시간 차이 비교 [그림1]

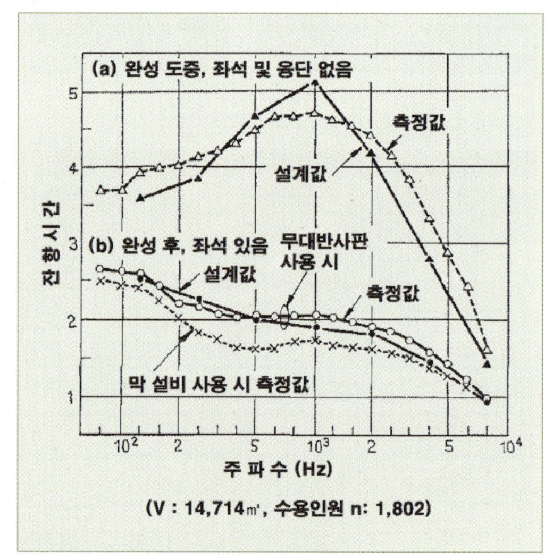

4 소 홀(Small Hall)

문화센터 3층에 자리잡은 소 홀은 클래식을 중심으로 다목적 활용을 위한 공간(강연·행사도 가능)이다. 객석은 통상적인 슬로프뿐만 아니라 평평한 좌석을 모두 가동식으로 하고, 무대도 고정되어 있지 않다.

주용도는 피아노발표회·실내악 등의 연주회, 연극 등의 무대공연, 행사·대회·강습회 등에 이용하고, 합창·실내악 등의 연습에도 활용할 수 있다.

| 소 홀 개요

구분	내용
객석수	총 객석수 : 210석(이동석)/넓이 : 173.5㎡, 바닥은 평면
주용도	각종 연주회 및 연극 등의 무대공연, 식전, 강습회 등의 이벤트에도 이용 가능한 다목적홀
무대	너비 9.7m, 안길이 4.84m, 넓이 64.0㎡, 높이 0.5m 바닥에서 천장까지의 높이 3.5m
피아노	Steinway(풀 콘서트 1대), YAMAHA(풀 콘서트 1대)
기타	① 이벤트에 따라 무대 설치·철거가 가능한 이동식 ② 건축물의 구조상 타시설에 진동이 전달되기 쉽기 때문에 다음의 이벤트에는 사용할 수 없다. • PA(음량장치)를 대량으로 사용하는 공연 • 금관악기·타악기를 사용하는 공연 • 물이나 불, 스모크를 이용하는 공연 • 움직임이 격렬한 무용공연(플라멩코 및 발레, 탭댄스 등)

소 홀 내부모습 |

5 기타시설

| 전시실 개요

구분	내용
수용인 수	100명/면적 266.5㎡ 안치수 14.0m×17.5m 천장높이 2.9m
주용도	전시장, 오케스트라 및 합장 등의 음악연습, 회의장소

전시실 |

| 리허설실 개요

구분	내용
수용인 수	100명/면적 202㎡ 안치수 10m×20m 천장높이 3.2m
주용도	오케스트라 및 발레, 무용 등의 음악연습

| 리허설실

| 회의실

6 주요 도면

| 대 홀 평면도

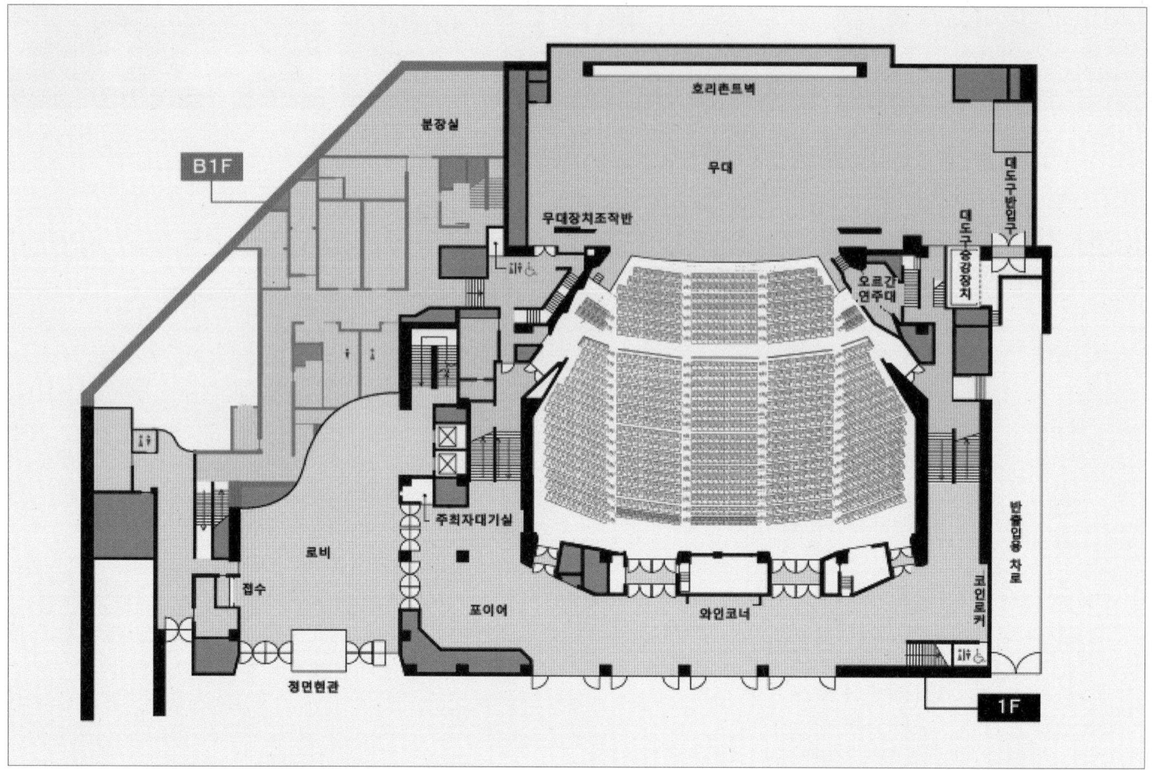

| 소 홀 평면도

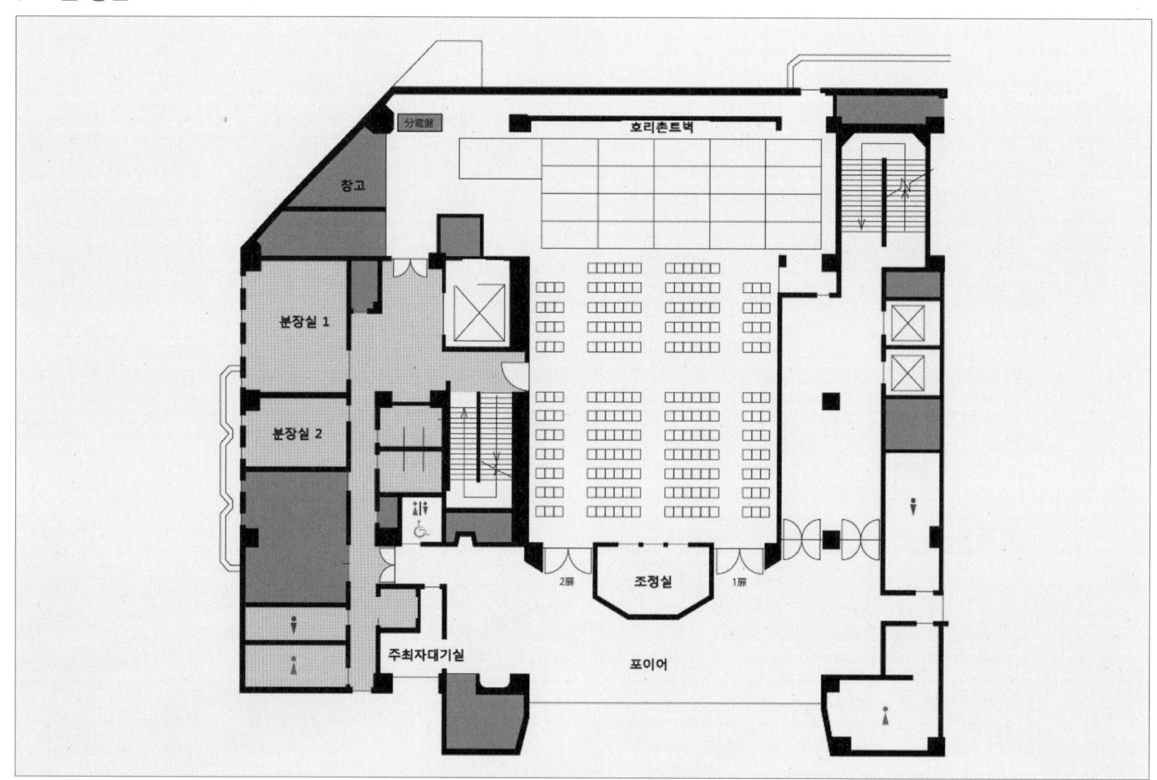

| 전시실 평면도

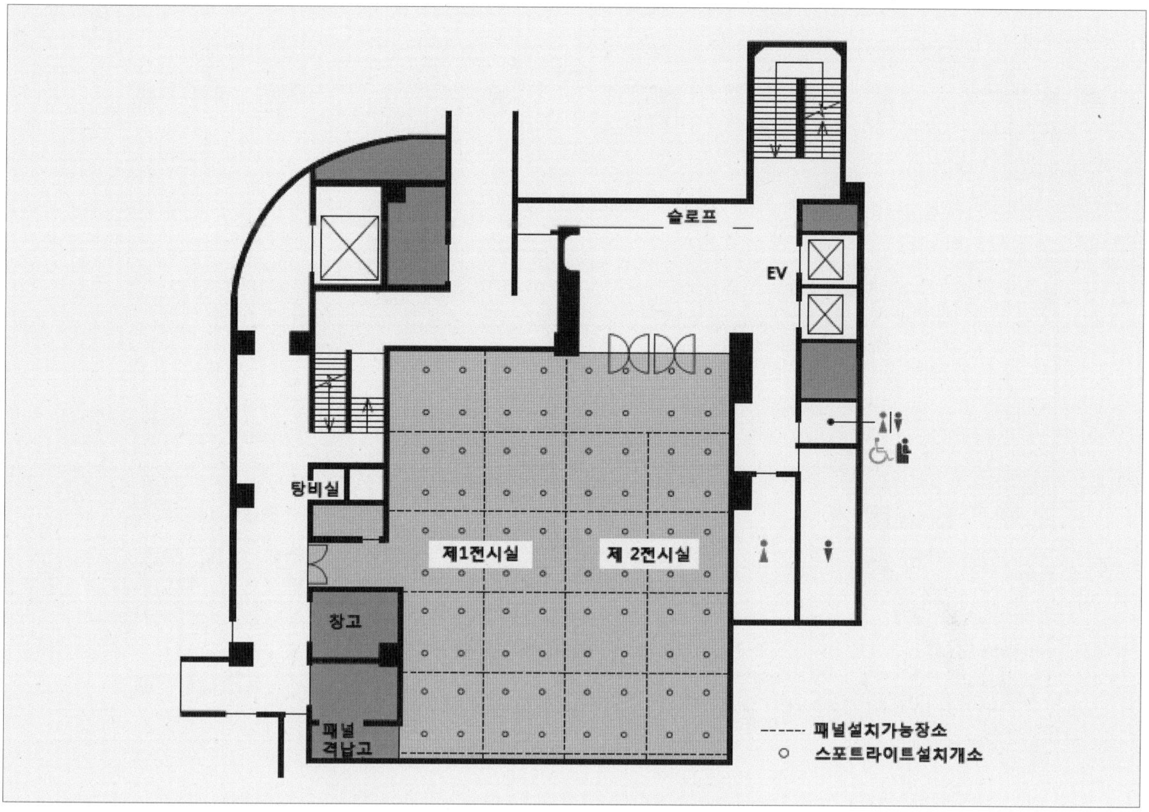

슬로프
EV
탕비실
제1전시실
제 2전시실
창고
패널 격납고
------ 패널설치가능장소
○ 스포트라이트설치개소

| 회의실 평면도

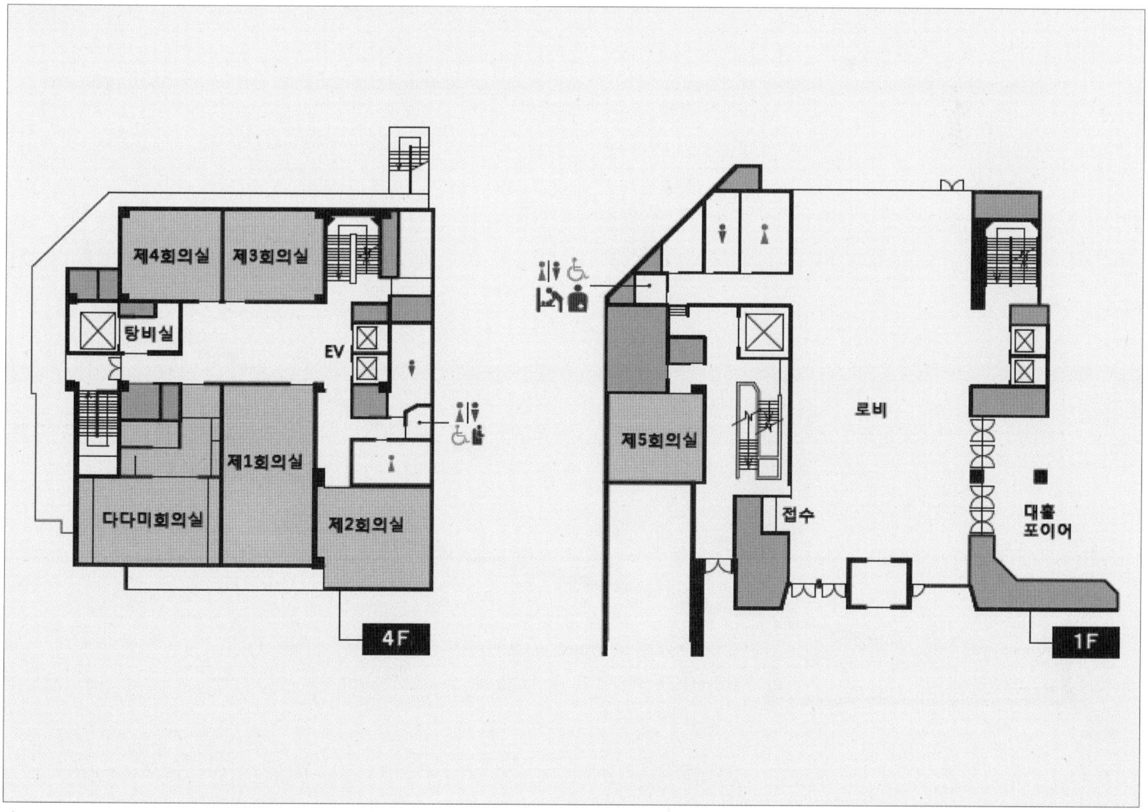

제4회의실
제3회의실
탕비실
EV
제1회의실
다다미회의실
제2회의실
4F

제5회의실
로비
접수
대홀 포이어
1F

| 대 홀 무대평면도

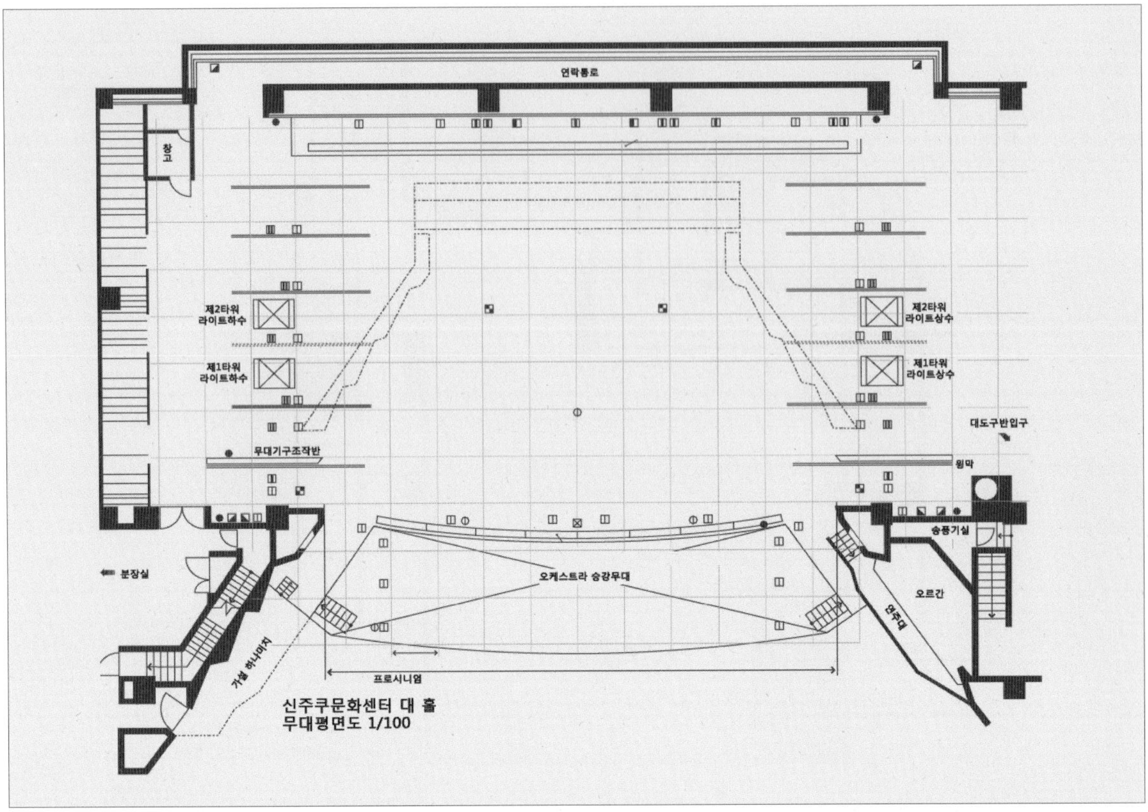

신주쿠문화센터 대 홀
무대평면도 1/100

| 대 홀 객석단면도

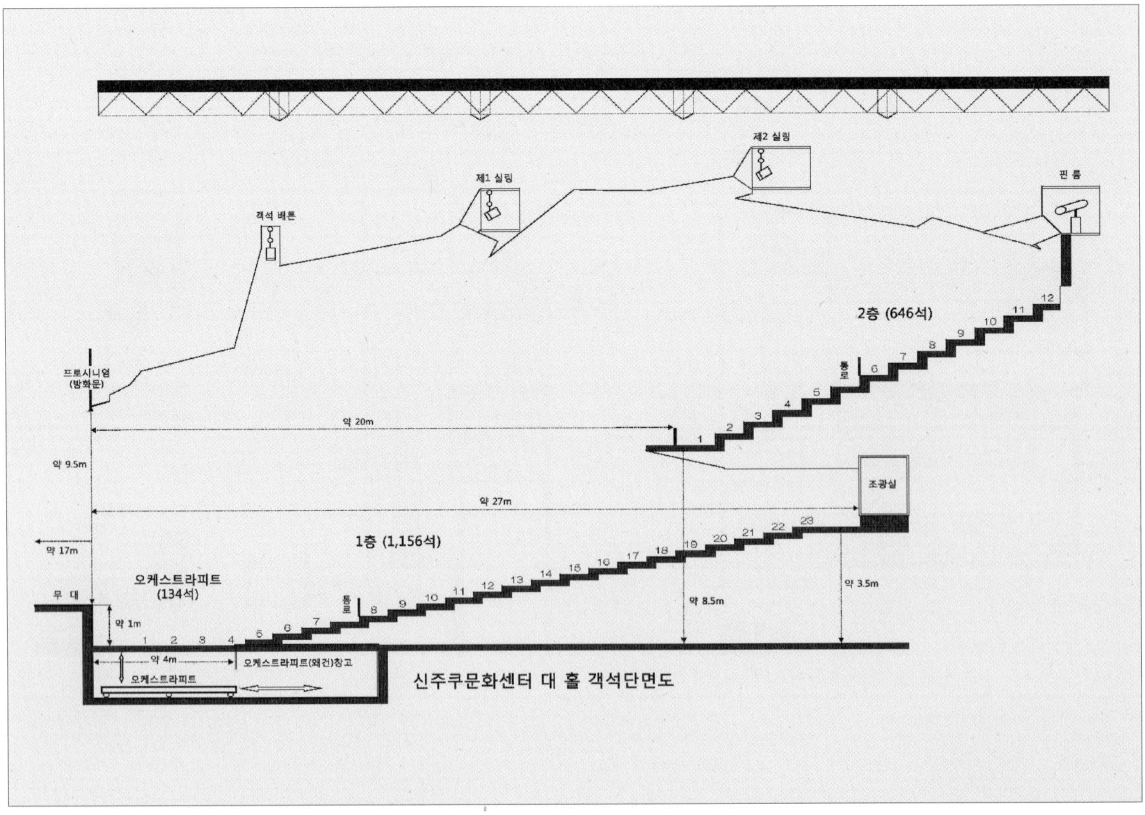

신주쿠문화센터 대 홀 객석단면도

도쿄예술대학 주악당

15

東京藝術大学 奏楽堂 / TOKYO UNIVERSITY OF THE ARTS

주악당 내부 전경 |

1 도쿄예술대학 주악당 개요

1890년 건립 이래 음악교육의 연습, 발표의 장(場)으로서 오랫동안 이용해 온 구(舊)·도쿄음악학교 주악당은 건물의 노후화가 진행되고 음악 연주형태의 확대 등에 대응할 수 없게 되어 1984년 해체, 그 후 우에노공원(上野公園) 안으로 이전(移轉) 재건축하였다.

도쿄예술대학(東京藝術大学) 우에노 캠퍼스는 도로를 사이에 두고 북쪽에 음악학부, 남쪽에 미술학부가 있으며 음악학부 내의 주악당은 이곳을 찾는 사람들을 포용하는 듯 주위환경과 융화되어 세워져 있다. 설계를 담당한 건축가 오카다 신이치(岡田新一)의 일본내 여러 건축 작품들은 독창성이 넘치고 평가도 높다. 도쿄예술대학 주악당(東京藝術大学奏楽堂)은 콘서트홀을 주사용목적으로 새롭게 건설한 건축물로, 홀 전체가 하나의 우수한 악기로서, 사용목적에 적정한 균형잡힌 잔향을 얻는 것을 중점으로 하여 음향특성을 사용목적에 따라 바꿀 수 있도록 객석의 천장 전체를 가동식으로 설계해서 음향공간을 변화시키는 방법을 채택하고 있다.

홀에 설치한 파이프오르간은 고전부터 현대작품까지 연주가능한 프랑스의 Garnier제(製) 오르간으로 무대 전면에 자리하고 있다.

주요 공연은 예술대학 학생 오케스트라 및 예술대학 필하모니아의 정기공연 및 다채로운 시리즈물이 인기가 있으며 외부에서 티켓을 구매하는 사람들도 많다고 한다. 물론 학생들의 연주뿐 아니라 일류 연주가에 의한 콘서트도 여는데, 이와 같은 기획·제작을 담당하는 「연주예술센터」가 맡은 역할은 홀의 다양한 활용에 기여하는 바가 크다. 대학의 시설로서, 음악교육·연구의 장으로서의 기능을 갖추는 것은 물론이고 사회로의 정보제공 및 홍보활동 등도 그 중요성이 더 커지고 있기 때문이다.

| 건축물의 개요

구분	내용	위치
소재지	도쿄도 다이토구 우에노공원 12-8(東京都台東区上野公園12-8)	
공사발주	도쿄예술대학	
설계	도쿄예술대학 시설과/(주)오카다 신이치 설계사무소(岡田新一設計事務所) → 음향설계 : (주)나가타 음향설계(永田音響設計)	
시설규모	• 부지면적 : 32,336.21㎡ • 연상면적 : 6,539.83㎡ • 건축면적 : 2,169.82㎡	
건축구조	철근철골콘크리트조, 일부 철근콘크리트조/지하2층, 지상5층	
시설종류	여러 장르의 연주형식에 대응하는 콘서트홀·강당	

2 외관 및 로비

외부 및 전경 |

| 로비 및 휴게공간

3 주악당(奏楽堂)

도쿄예술대학주악당의 기본컨셉은 다음과 같다.

- 음악교육·연구의 장으로서 기능과 음향효과·설비를 중시, 특히 음향특성에 있어서 탁월한 홀로 만들 것
- 음악교육의 연구 현황 및 장래에 있어서의 발전을 고려할 것
- 일본 예술문화의 발전에 기여하기 위해 일본음악계의 상징이 되어 후세에까지 자부심을 가질 수 있도록 할 것
- 교육·연구의 장이 되는 것에 철저히 대비, 화려한 장식을 피하고 우에노 교지의 주축이 되어 주위의 환경과 조화를 이룬 격조있는 시설을 지향할 것
- 홀은 파이프오르간을 갖춘 콘서트홀을 주체로 오케스트라, 오페라, 합창부터 실내악, 솔로까지 다양한 타입의 서양음악뿐 아니라 방악(일본음악)의 연주·시험 등의 용도에도 대응할 수 있게 하여 각각의 사용목적에 맞는 최적의 음향특성(잔향시간·초기반사음)을 가지는 홀로 만들 것

| 주악당 개요

구분	내용	
객석수	1,102석 (1F 958석, 발코니 144석) 오케스트라피트 사용시 978석	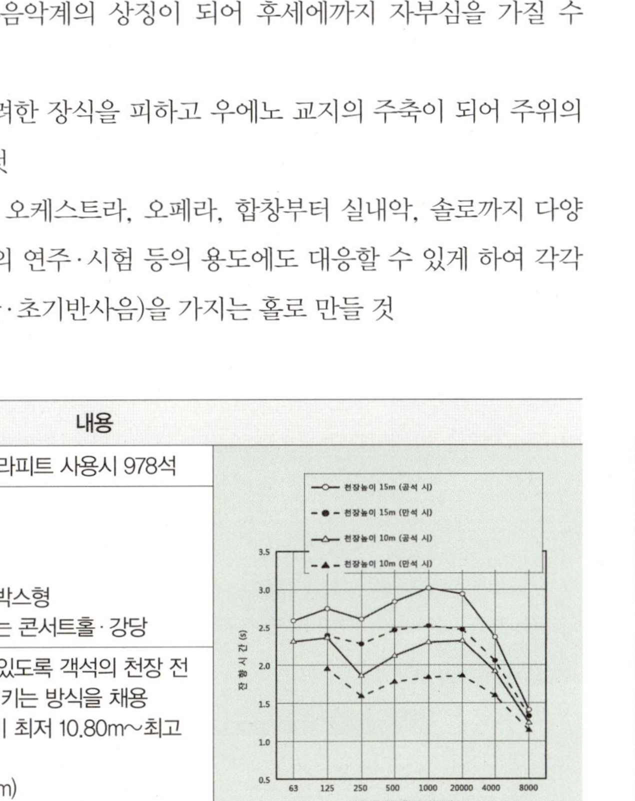 잔향시간 |
건축음향	• 실용적 : 9,600~16,200㎥ • 잔향시간 : 1.70~2.40초(만석시, 500Hz) (천장가변장치에 의해 변경 가능) • 공조소음 : NC-20이하 • 형식 : 슈박스형 • 주용도 : 여러 장르의 연주형식에 대응하는 콘서트홀·강당	
기타	• 서양음악부터 방악(邦楽)까지 대응할 수 있도록 객석의 천장 전체를 가동식으로 하여 음향공간을 변화시키는 방식을 채용 ※가변천장(객석부 천장 3분할, 가변 높이 최저 10.80m~최고 15.80m) • 주무대 (13.50m×21.40m, 개구 폭 19.80m) • 오케스트라 피트 (4.80m×18.0m, 2분할, 4관 편성 대응, 승강 난간, 앞무대로서 사용 가능)	

객석에서 무대를 바라본 Veiw – 내부 전경 |

| 내부 객석 및 측벽

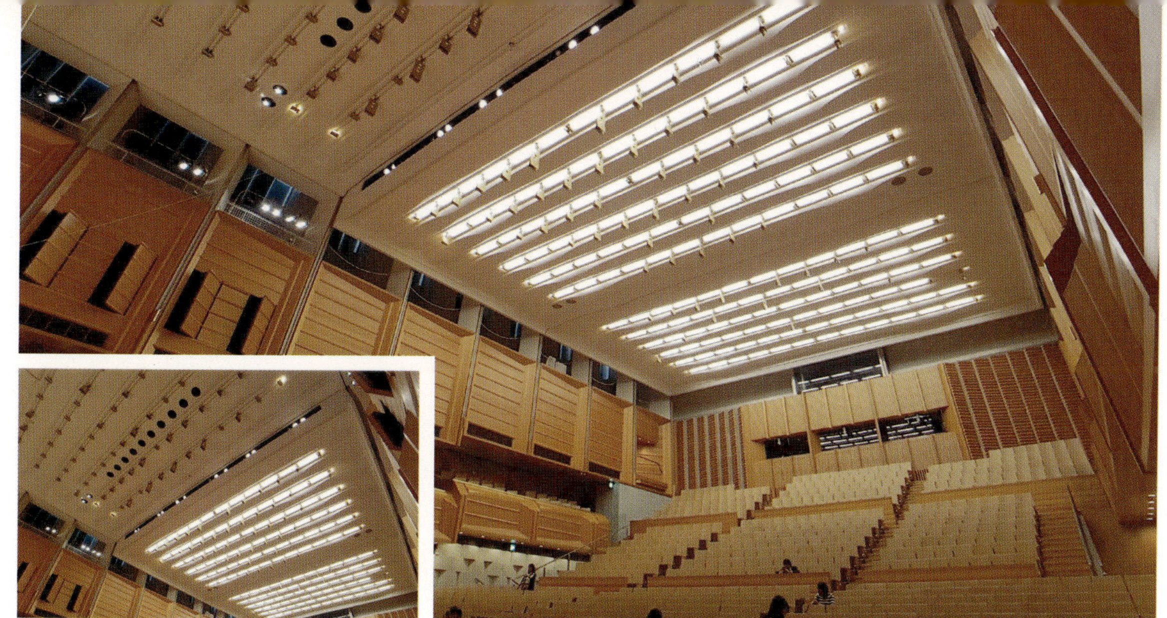

가동식천장 및 외광용 하이사이드 – 객석천장부

○ 콘서트홀 무대바닥의 음향특성

피아노 및 첼로, 콘트라베이스, 팀파니와 같은 악기의 경우 연주시 악기의 진동이 바닥에 직접 전달되기 때문에, 이것을 가진력으로 한 바닥에서 전달되는 소리의 방사가 음향성능에 영향을 줄 것이라고 판단되지만, 이를 제어하기 위한 공학적 규명은 물론 기초적인 음향특성조차 파악되지 않은 것이 현 상황이다. 잘 전달될 수 있도록 홀 설계가 거대한 악기 제작이라면 스테이지바닥은 악기의 일부로 홀의 음향설계의 성공과 실패에 매우 중요한 요소이다.

스테이지바닥의 음향성능에 관한 기술적·음향적 설명이 진전이 없는 큰 이유로서 스테이지바닥에서의 음향방사특성을 측정하는 것에 대한 어려움을 들 수 있다. 즉, 스테이지바닥의 가진원이 악기이기 때문에 가진원으로부터의 방사음이 바닥에서의 방사음보다 훨씬 커서 스테이지바닥만의 소리를 통상의 방법으로 측정하는 것이 어려우며, 따라서 기초적인 물리적 정보를 얻지 못하는 것이다.

따라서 스테이지바닥에 관한 기존 연구의 대부분은 주로 청감시험이나 해석검토 등이다. 교토콘서트홀 건설시에 이루어진 스테이지바닥의 실험용 샘플을 이용한 악기 시험연주에 의한 평가도 명확한 기술적 자료를 주기까지의 성과는 얻지 못하였고 그 외의 검토에서도 마찬가지이다.

스테이지바닥에서의 방사음을 직접 또는 간접적으로 측정하려는 시도는 첼로나 콘트라베이스의 저음 현악기를 대상으로 하여 딱딱한 바닥과 실제 바닥구조의 악기연주시의 음향에너지의 차를 토대로 추정한 사례 및 악기의 가진력측정을 통해 악기를 가진기로 대용하여 방사음을 측정한 사례 등의 여러 가지 견해가 나타내는데, 기본적인 바닥진동 성상이 명확하지 않고 또 부분적인 모델 바닥을 대상으로 한 검증으로 실제 스테이지바닥 구조에 관한 구체적 의견으로는 충분하지 않다.

따라서 스테이지바닥에 관한 실용적 지식을 얻기 위해서는 실제 바닥구조를 대상으로 한 진동·음향성상의 구체적인 설명이 불가피하다. 실제 스테이지바닥에서의 방사음을 이산적 수치계산법을 이용해 측정한 자료를 바탕으로 검토한 자료를 보면, 이 방법은, 바닥의 진동 측정결과와 방사 임피던스의 이론값을 조합시켜 음향방사 파워를 구하는 하이브리드 측정법으로, 종래의 방법에 비해 저음역까지 높은 정확도로 측정할 수 있다. 이 방법은, 소리의 측정을 하지 않고 음원으로부터의 방사파워를 측정할 수 있기 때문에 악기연주시 스테이지바닥에서의 방사파워를 직접 측정하는 것이 가능하다.

| 실측조사한 홀의 스테이지바닥 구조와 진동측정 조건

홀명	정배			초배		바닥판 총두께	장선		멍에		측정조건			
	재료	두께	방향	재료	두께		규격	간격	규격	간격	측정범위	측정 간격	측정 점수	사용피아노
M홀	편백 집성재	36	세로	나왕 합판	15	51	45×89	303	90×90	900	7.65m×7.65m	45㎝	289	YAMAHA CF III
R홀	편백 적층재	25	가로	나왕 합판	18	43	45×75	300	105×105	900	7.0m×7.0m	35㎝	400	KAWAI EX
T홀	편백 집성재	18	세로	베니어	15	33	45×75	300	90×90	900	6.0m×6.0m	30㎝	400	KAWAI EX

일본의 주요 콘서트홀의 스테이지바닥 구조는 대부분의 홀이 바닥판은 정배(上張り)와 초배(下張り)의 이중구조이며, 그 두께는 정배의 경우 24㎜~50㎜, 총 두께는 37㎜~67㎜으로 되어 있어 개별적으로 상당한 차가 있다. 이와 같은 점도 스테이지바닥에 관해 명확한 지식이 없는 하나의 예증이라 말할 수 있다. 또 바닥판이 붙여져 있는 방향도 세로, 가로가 거의 반반씩 이루어져 있으며 멍에는 900㎜ 간격, 장선은 300㎜ 간격의 사례가 많았다.

상기 표는 3군데 홀을 측정대상으로 선정, 주로 바닥판의 두께를 요인으로 하여 추출한 값이며 각각 총두께가 51㎜, 43㎜, 33㎜이다. 바닥판의 붙임방향은 M 홀과 T홀이 세로, R 홀이 가로방향이다.

측정대상으로 한 3군데 홀의 각 스테이지 위에서 피아노 솔로연주를 실시하고, 연주 시의 스테이지바닥의 진동가속도 측정을 통해, 바닥의 진동성상과 바닥으로부터의 방사음을 측정하였으며, T홀에서는 비교용으로서 피아노의 방사파워를 음향인텐시티법에 의해 측정했다. 측정방법은 [그림1]과 같다.

피아노 연주곡목과 주파수범위는 예비검토 결과 음역소리의 영향이 클 것으로 추측되므로 측정에서의 피아노 연주곡은 저음역부터 고음역까지 포함하면서 큰 음량을 얻을 수 있는 곡으로서 베토벤의 피아노소나타 제23번 바단조 작품 57「정열」제 3악장의 첫 40소절로 하였다.

주파수범위는 아래는 44㎐, 위는 2,200㎐ 정도가 된다. 또 곡목연주와는 별개로 단음에 의한 진동측정도 실시하였는데, 단음은 3음(1/3 옥타브밴드 중심주파수 표시에서 63㎐, 250㎐, 1,000㎐)으로 하였다.

다음은 세 홀에서의 피아노연주시 스테이지바닥의 진동가속도 스펙트럼(고정점, 측정범위의 중앙점)과 피아노방사음(측정점은 피아노로부터 객석측으로 약 6.0m의 지점)의 측정결과를 비교한 자료[그림2,3]다. 바닥진동가속도 및 피아노음 모두 1점만 비교한 것인데 바닥의 가속도스펙트럼의 특성은 소리의 스펙트럼과 전체적으로 매우 근사하여 바닥으로부터의 방사가 악기와 동등한 효과를 가진다고 추정된다.

| 측정계통 및 사용기기 [그림1]

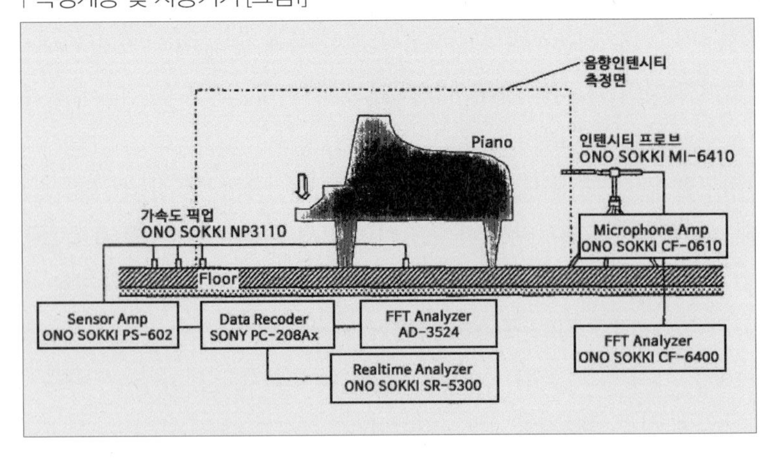

| 연주곡목의 소리 출현빈도 [그림2]
– 그림 속의 ○ 표시는 단음측정시의 타건 위치

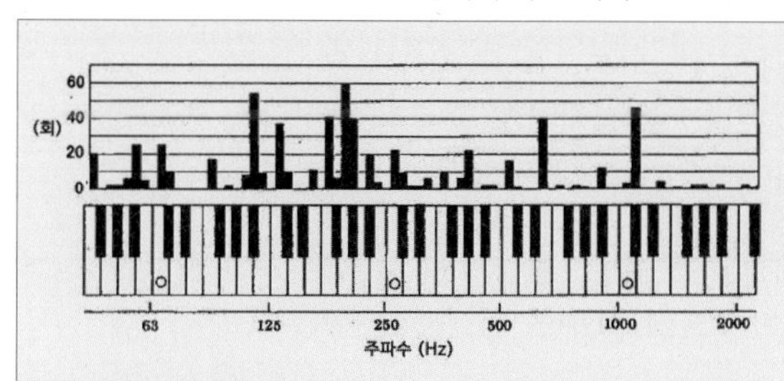

| 피아노음 및 스테이지 바닥 진동가속도의 스펙트럼 [그림3]

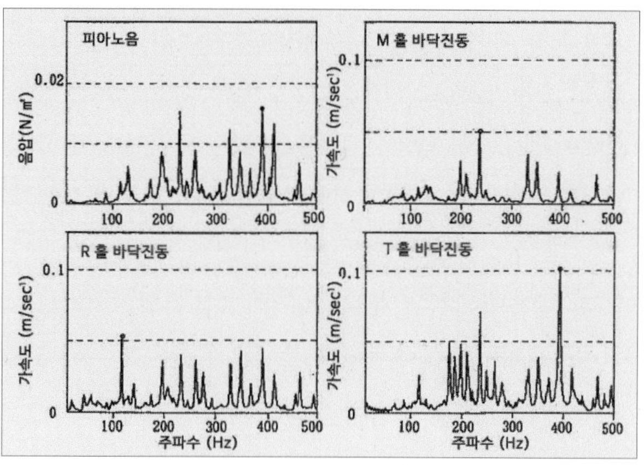

| 피아노연주의 재현성 – 피아노로부터 약 6.0m의 음압레벨

중심주파수(㎐)	63	125	250	500	1K
평균음압레벨(㏈)	36.6	55.8	62.8	61.6	53.1
표준편차(㏈)	0.55	0.51	0.68	0.38	0.44

| 사용피아노의 제원

제조원·형번	너비(㎝)	안길이(㎝)	높이(㎝)	중량(㎏)	그 외
YAMAHA CF III	158	276	102	500	더블 캐스터
KAWAI EX	160	275	103	500	더블 캐스터

측정한 진동가속도 파형의 소리를 실제로 들어본 결과 피아노음과 매우 유사하다는 것을 확인할 수 있었다. 개개의 가속도스펙트럼의 특성은 완전동일한 가진력인데 바닥구조에 따라 상당한 차가 발생한다. 바닥판의 두께가 얇을수록 스펙트럼 피크의 밀도가 높게 나타나고 피크의 대소의 차도 커진다.

세 홀의 스펙트럼 중에서는 R홀(바닥두께 43㎜)이 가장 피아노음에 가까운 스펙트럼이다. 이들 가속도스펙트럼의 특성은 방사음에 크게 반영되므로 매우 중요하며 기본적으로 스펙트럼 특성이 근사한 것이 바람직하다고 판단되지만, 그 상세는 청감시험 등도 포함해 향후 확인할 필요가 있다.

[그림3]은 피아노연주시 바닥의 진동가속도 분포를 나타낸 것이다. 각 주파수의 결과는 최대값을 1로 해서 규준화하고 있다. 이들 결과의 가장 큰 특징은 125㎐ 등의 저음역 진동분포에서 명확한 방향성을 볼 수 있다는 점이다.

R홀에서는 정면을 향해 직교하는 방향으로 진동분포가 나타나고 T홀의 경우는 정면방향으로 진동분포가 향하고 있다.

이들 결과는 모두 바닥판을 붙인 방향의 결과와 동일하며 R홀은 가로붙임, T홀은 세로붙임이다. 세로붙임으로 된 M홀도 다른 두 사례만큼 명확하지는 않지만 역시 판을 붙이는 방향으로 진동분포의 방향성이 나타난다. 이와 같은 진동분포를 음향방사의 관점에서 보면 일종의 어레이(Array)음원이라 할 수 있다. 따라서 진동분포의 방향에 따라 음향방사의 지향성이 발생한다고 판단된다.

스테이지바닥의 평가에 관해 판의 결이 세로붙임이 좋은지 가로붙임이 좋은지에 관한 논의가 있는데, 세로붙임이 객석에 대한 음향면에서 더 낫다고 보는 의견도 있지만 지금까지는 이런 논의의 근거가 명확하지 않았다. 그러나 저음역에서 이와 같은 명확한 소리의 지향성이 발생한다면 판을 붙이는 방향문제도, 스테이지음향의 평가와 함께 중요한 요인이 된다고 할 수 있다.

- 피아노연주시 스테이지바닥의 125㎐ 부근에서의 진동분포에는 명확한 방향성을 볼 수 있으며, 이는 판을 붙이는 방향과 일치한다. 이 진동분포는 어레이음원과 동일한 지향성 효과를 가진다고 볼 수 있으므로, 저음역에서는 세로붙임·가로붙임의 방향이 음향적으로 유의한 영향을 미칠 것으로 여겨진다.
- 스테이지바닥의 음향방사특성은 125㎐ 부근에서 하락이 있고 그 외의 주파수에서는 거의 평탄하다. 이는 계단식 단상의 음향증강 효과와 동일한 특성으로, 직접적인 관계를 생각할 수 있다.
- 스테이지바닥으로부터의 방사파워는 피아노로부터의 소리에 비해 고음역에서는 20㏈ 정도 작은 값이 되지만, 125㎐ 이하의 범위에서는 스테이지 바닥의 판두께에 따라 거의 동등 또는 그 이상이 되기 때문에 청감적으로도 유의한 영향을 미칠 것으로 판단된다.
- 스테이지바닥으로부터의 음향방사를 홀의 음향효과 중 하나로서 용인하고 이를 적극적으로 이용한다는 관점에서는, 40㎜ 전후의 판두께가 피아노음에 가까운 스펙트럼이며 방사효과도 크다는 점에서 바람직하다고 판단된다. 반대로, 바닥으로부터의 방사를 최대한 억제한다는 측면에서는 60㎜ 이상의 판두께로 하는 것이 좋다. 단, 이들에 관한 상세는 향후 청감시험 등도 포함해 더 검토할 필요가 있다.

○ 콘서트홀 파이프오르간

| 파이프오르간 개요

구분	내용
설계/제작	프랑스 Garnier社
파이프 총수	5,368봉
스톱수	76스톱
연주대	3단 손건반, 발건반
완성	1999년 3월

| 파이프오르간 설치 – 무대 정면

홀 출입구 및 객석 도입계단 |

◇ 홀 설계의 역사와 새로운 홀의 건립

음악이란 참으로 이론적인 예술이다. 매우 감각적이면서 매우 과학적이기도 하다. 모든 것이 자연과학의 법칙상에서 성립하고 있기 때문에 같은 예술이라 해도 그림이나 조각과는 전혀 다른 성질을 가지고 있다고 말할 수 있을 것이다.

클라드니(Ernst Florens Friedrich Chladni, 18세기 독일의 물리학자이자 천문학자)의 저서 「Entdeckungen über die Theorie des Klanges(소리 이론의 발견)」에서는 클라드니도형이라 불리는 소리를 가시화한 도형이 나온다. 원래는 1680년 자연철학자인 로버트 훅(Robert Hooke)이 발견한 도형이지만 훗날 이것을 클라드니가 체계화시킨 것이다. 진동이 전해지는 판 위에 알맹이(입자) 형상의 물질을 깔고 현악기의 현으로 판의 테두리를 문질러 문양을 그려낸다. 진동의 변위에 의해 입자가 이동하여 음별로 고유의 형태를 만들어 내는 것이다. 클라드니도형은 앞서 소개한 스탠포드의 뮤직비디오를 비롯해 현재 많은 뮤지션 및 예술가가 사용하고 있는 수법이다.

예를 들면 사진과 음악을 융합시킨 유닛 Resonantia(레소난티아)도 그 중 하나다. 음계를 클라드니도형화하고 사진으로 촬영한 작품을 발표한다. 도레미파솔라시도의 모든 소리가 형태로서 가시화되고 이들이 매우 기하학적인 모양으로 그려지는 점에서 경이롭다. 소리는 진동이며 공기라는 매체가 있기 때문에 비로소 성립하는「자연과학적 현상」이라는 것을 다시 한 번 깨닫게 해준다.

지금까지 소리의 가시화에 대한 이야기를 해 왔다. 이제 쉘와 공간의 관계성에 대해 논의해 보면, 컴퓨터기술의 진화로 소리를 가시화할 수 있는 수단이 발달해 온 한편으로 아직 모르는 부분도 많은 것이 소리의 세계다. 소리와 건축의 역사 및 현황을 토대로 최근 완성된 대조적인 두 콘서트홀의 실례를 보면서 보이지 않는 소리의 성질과 어떻게 대화를 하면서 공간을 만들어 갔는지 그 과정을 시공공정까지 포함하여 알아보면 다음과 같다.

○ 홀 설계의 역사(歷史)

ㅁ 기원전(紀元前)에 있어서의 소리와 건축

소리와 건축의 역사는 아주 옛날까지 거슬러 올라갈 수 있다.

공화정 로마기에 활동한 건축가·건축이론가인 비트루비우스(Marcus Vitruvius Pollio)의 저서「De Architecturra(건축십서)」의 제5서 제4장은「 Harmonikē(조화)는 ……」이라는 한 구절로 시작되고 있다.

—「목소리는, 접해짐으로서 청각에 느껴지는 공기 흐름의 기식(氣息)이다. 이것은, 무한한 둥근 고리(원형)를 이루며 움직인다. …… 중심에서 한없이 넓게 퍼져갈 수 있는 것처럼 …… 같은 원리로 목소리도 이처럼 원형으로 움직이는데, 물에서는 원형은 수평으로 옆으로 움직여, 목소리는 옆으로 나아가는 동시에 또 높은 방향으로도 계단 모양으로 올라간다.」

소리의 성질(性質)을 파문(波紋)으로 비유하면서 상세히 설명하고 있는 제5서는, 그리스의 수학자들의 탐구에서 얻은 소리의 이론인 3개의 선율, Harmonia, Chroma, Diatonon을 주축으로 논리적으로 설명하고 있다.

비트루비우스는, 상승하는 소리의 성질을 살리기 위해서 극장계단석의 형태가 수학적 논리에 근거하고 있다고 지적한 후 소리를 더 좋게 하기 위한 수법을 기술하고 있는 것이다. 예를 들어, 청동항아리를 공연공간의 계단석 아래에 배치하는 수법도 그 중 하나이다. 항아리의 크기 및 배치는 공연공간의 크기에 비례해 결정하고, 항아리의 공명(共鳴)에 의해 음향효과를 높이고 있다고 한다.

이 외에도 극장의 프로포션 및 지붕, 기둥 등의 배치에 대한 상세한 제안이 기록되어 있다.

기원전의 시대임에도 불구하고 소리의 본질에 입각하여 극장의 공간설계를 이에 근거한 것으로 하고자 하는 자세에 깜짝 놀랄만 하다. 비트루비우스의 시대로부터 2,000년 이상이나 지난 지금 소리와 건축과의 관계성은 어떻게 변하였을까.

ㅁ 홀 설계의 현황

6년 전 함부르크 엘프필하모니홀의 설계를 시작하였을 때 주요 요점은 홀의 형상결정에 소리의 성질을 더욱 강력하게 활용하고 싶다는 점과, 현재 선정된 음향전문가와의 컬래버레이션으로는 그것을 실현하는데 한계가 있다는 것이었다. 의뢰받은 소규모의 다목적 홀에 있어서의 설계자와 음향전문가와의 컬래버레이션은 매우 고전적인 수법이 적용되고 있는 것이 현 상황이었다.

홀 설계의 경우 음향전문가가 참여하는 것이 일반적이지만 그 참여방법은 홀의 종류에 따라 크게 달라진다. 일률적인 홀이라 해도 규모나 용도에 따라 요구되는 음향효과에 차이가 있기 때문이다.
예를 들어 클래식음악의 연주가 이루어지는 전용홀인「콘서트홀」, 오페라 및 발레의 상연을 목적으로 하는 극장인「오페라하우스」, 나아가 다목적홀 및 라이브하우스 등 여러 종류의 홀이 존재한다. 음향전문가는 이러한 홀의 특징을 파악하여 어느 정도의 음향을 추구할지를 판단하는 것이다.
이와 더불어 홀의 형상에 따라서도 참여방식은 달라진다.
「슈박스형」이라 이름 붙여진 구두상자와 같은 직방체 형상의 홀의 경우는 비교적 조정이 용이한 한편, 객석이 스테이지를 둘러싸 계단식 밭과 같이 경사진「빈야드형」의 홀은 그 형상으로 인해 소리의 반사음이 다양한 방향에서 오기 때문에 시뮬레이션 하는 것이 매우 어렵다.
1/10 축척의 모형을 사용한 소리의 실험을 실시해 컴퓨터상의 시뮬레이션으로는 확인못한 에코현상 등을 관찰하는 수법을 취하는 것이 일반적이다.

ㅁ 음향컨설턴트(음향전문가)의 탄생

극장의 형태와 소리의 성질과의 관계성은 까맣게 먼 옛날까지 거슬러 올라갈 수 있지만, 홀의 음향학으로서 분야가 확립된 것은 의외로 최근이었다. 물리학자인 월리스 클레멘트 세빈(Wallace Clement Sabine)이 보스턴의 심포니홀(1900년 10월 15일 완공)의 건설에 앞서 음향분야 전문가로서 고용된 것이 그 시작이라고 한다.
세빈은「Reverberation(잔향음)」이라고 이름붙여진 논문으로 음향전문가로서 이름을 날리고 있었는데 그 논문을 쓰기 전에는 사실 소리전문가가 아니었다. 하버드대학 물리학코스의 조교수 시절에 에코가 심했던 하버드대학 포그미술관 강당의 음향개선 프로젝트를 맡아, 이 실적을 인정받아 음향전문가로서 고용되었던 것이다. 그는「Reverberation(잔향음)」중에서 세빈의 법칙이라 불리는 잔향시간(음원이 발음을 멈춘 후, 잔향음이 60㏈ 감쇠하기까지의 시간)을 구하는 방정식을 발표했다. 그 수치는 지금도 여전히 중요한 음향지표로서 사용하고 있다. 지표와는 별개로 양호한 소리를 판단하는 룰이나 알고리즘은 음향전문가에 따라 각기 다르다. 구조처럼 명쾌한 답이 있는 것이 아니라 사람에 따라「좋은 소리」라고 생각하는 조건이 다르기 때문이다. 현재 국제적으로 나가타음향설계, Arup, Marshall Day Acoustics, Kirkegaard Associates 등 많은 음향전문회사가 활동하고 있으며, 각각 독자적인 알고리즘을 보유하고 있다.

ㅁ 음향가시화(音響可視化) 소프트웨어

최근 몇년간 음향 시뮬레이션을 실시할 수 있는 소프트웨어가 진화해 왔다. 음향설계가도 어느 정도의 단계까지는 컴퓨터를 사용한 시뮬레이션을 하고 있다. 그러나 소리를 다루는 방식은 아직 발전중에 있다. 그 대부분이 소리의 파동성을 무시하고 빛과 동일하게 직진 및 기하학적 반사만으로 소리의 전달방식을 기술하는「기하음향」에 의해 해석되고 있다. 소리의 진짜 성질인 파동을 다루는「파동음향」은 아직 연구단계에 있다.
그러한 가운데 소리의 성질을 이용한 설계의 과정은 어떻게 성립할 수 있는 것인지를 최신 프로젝트를 통한 특징적인 수법을 이용해 소리가 가지는 특성을 이끌어 낸 공간결정의 과정을 살펴보기로 하자.

○ 함부르크 엘프필하모니

자연스럽게 만들어진 동굴 같은 좌우 비대칭이 만들어낸 아름다운 커브는 가만히 조개 속을 들여다보고 있는 것처럼 유기적(有機的)이다. [그림4] 빈야드형 홀의 형상은 전통적인 콘서트홀의 모습임에도 불구하고 예스러움은 전혀 느껴지지 않는다. 오히려 뭔가 새로운 시대를 예감시키는 긴장감과 온기가 함께 존재하고 있다. 장식적 조형물은 일절 생략하고 의자와 난간도 매우 제한적인 양상을 띠고 있는데, 일단 조명이 켜지고 콘서트를 보러 관객이 모이면 한순간에 화려함이 꽃을 피운다. 장애물이 없어 어느 좌석도 시야가 확보된다는 객석설계는 부스가 촘촘이 나뉘어져 매우 급한 경사면으로 배열하였다.

함부르크 엘프필하모니의 내장 [그림4] |

관객들은 마치 포도밭의 경사면에 앉아 아름다운 경치를 바라보고 있는 것처럼 가련한 소리에 귀를 기울이는 것이다.

이 신기한 유기성과 친밀성을 만들어 내는 것은 벽을 구성하고 있는 소재의 표정이다. 거칠지만 섬세하게 조각된 표면은 거대한 공간에서 균일성을 없애고 복잡하고 세밀한 음영을 준다. 요철은 천장 쪽이 더 깊은데, 천장에서 매달려 있는 거대한 버섯처럼 보이는 원반에도 요철이 들어가 있다. 이 요철이 반향판의 새로운 모습인 것 같다.

2017년 1월 11일 개관한 콘서트홀이 「엘프필하모니(Elbphilharmonie)」다.

음악을 사랑하는 도시 독일의 함부르크, 엘베(Elbe)강에 면한 부지에 새롭게 완성했다. 설계자는 헤르조그 앤 드뫼롱 (Herzog & de Meuron), 음향설계는 나가타음향설계가 담당하였다.

건물은 콘서트홀(2,150석)뿐 아니라 소규모 홀(500석)과 호텔, 주택, 레스토랑, 거리를 조망할 수 있는 공공공간을 겸비하여, 기존의 붉은 벽돌 창고 위에 유리로 된 건축구조를 올린 총 바닥면적 12만㎡나 되는 거대한 프로젝트다.

ㅁ 대화하는 반향판

약 10,000장의 하나 하나 똑같은 것이 없는 요철보드로서. 소재는 석고혼입강화섬유보드(FG-BOARD)를 여러 장 겹쳐 이것을 잘라낸 것이다[그림5]. 깊이의 배리에이션도 다양하다. 사실 이 요철 패널이야말로 이번 설계의 키포인트이다.

빈야드형의 전통적인 홀은 복잡한 장식물을 통해 부드러운 음향반사효과를 만들어 냈다. 예를 들어 우수한 소리를 가진 홀로서 명성이 높은 빈의 무라인 홀도 네오고딕풍의 장식에 의한 아름다운 내장이 특징이다.

한편 엘프필하모니의 경우는 설계자의 의향에 따라 장식적 요소를 최대한 생략했다. 그러면 어떻게 음향반사조정을 하고 있는 것일까. —그 대답이 되는 것이 갑각류의 껍데기를 이미지화 해서 만들어진 패널의 요철이다.
음향시뮬레이션을 실시한 후에 1/10 축척의 모형으로 요철면까지 상세히 재현하여 에코를 일으키는 원인이 되는 개소를 찾는다. 그 대처로 통상적으로 이루어지는 반사면의 각도변경 등은 하지 않고 홀의 형상은 그대로 유지하면서 요철의 깊이를 컨트롤하는 수법을 만들어 낸 것이다.

모두 다른 형상의 완성 패널 [그림5] |

음향효과를 위해, 2종류의 깊이로 나눠 부드러운 소리를 만들어내는 깊이 10~30㎜의 요철, 에코의 장애를 해소하기 위한 50~90㎜ 깊이의 요철이 설계되어 있다. 그렇게 함으로서 형상의 연속적인 아름다움을 유지하면서도 최대한의 음향효과(잔향음시간은 2.4초)를 이끌어내는데 성공했다.
그러면 이 정도 양의 패널을 다품종 소량생산하여 음향효과를 높이는 깊이의 컨트롤에는 어떤 기술을 이용하는지를 알아보면 다음과 같다.

▫ 제작(Fabrication)과의 연계

건축가와 음향전문가의 접점이 되는 요철 패널설계의 이면에는 협력사인 ONE TO ONE의 존재가 있었다. Benjamin S. Koren이 이끄는 ONE TO ONE은 뉴욕을 거점으로 3개국에 사무소를 둔 건축에 관한 첨단기술을 전문으로 하는 스튜디오이다.
기하학적 계산을 비롯해 정확도 높은 3차원 설계, 나아가 생산으로 이어지는 제작기술을 자랑한다. 프로젝트에서는 요철패널의 설계시공을 매개로 소리와 형태의 대화를 뒷받침하는 중요한 역할을 맡고 있다.
이번에는 설계를 위해 제작된 여러 툴의 개발을 중심으로 이루어졌다. 예를 들어 요철형상을 결정하기 위한 Parametrical Tool(Rhinoceros plug-in으로서 개발)도 그 중 하나이다. Voronoi Grid 형상으로 배열한 요철의 모양은 그리드의 랜덤성, 크기를 파라미터로 조정할 수 있고, 또 여기에 높이를 주어 3차원화한 시점에 6개의 파라미터(포인트가 되는 깊이 및 직경, 각의 처리 등)에 의해 형태를 조정할 수 있도록 되어 있다. [그림6,7]
섬세한 조작을 통해 소리의 매력을 이끌어내는 파라미터를 도출하고자 하는 것이다.

| 요철면이 이끌어내는 소리의 확산모델

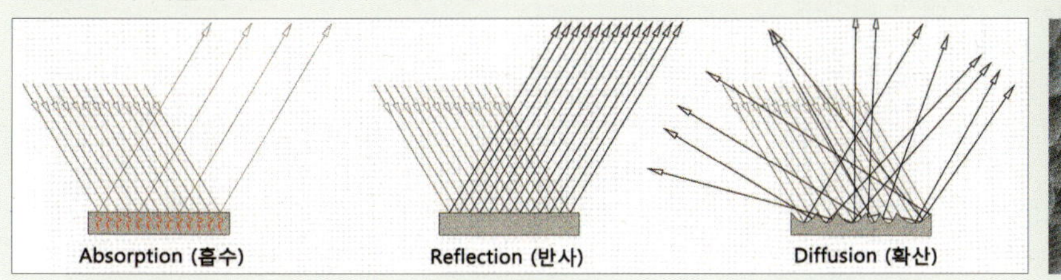

| 패널간 매끄러운 연속성

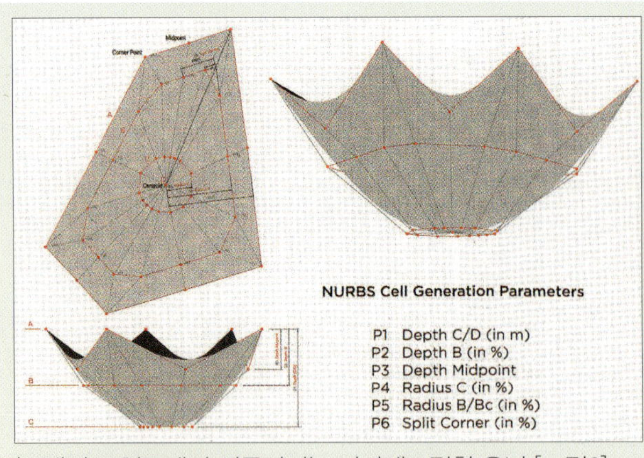

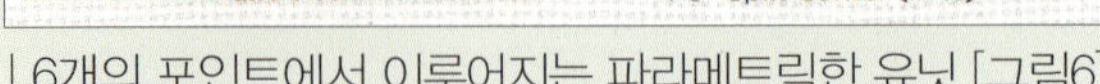
| 6개의 포인트에서 이루어지는 파라메트릭한 유닛 [그림6]

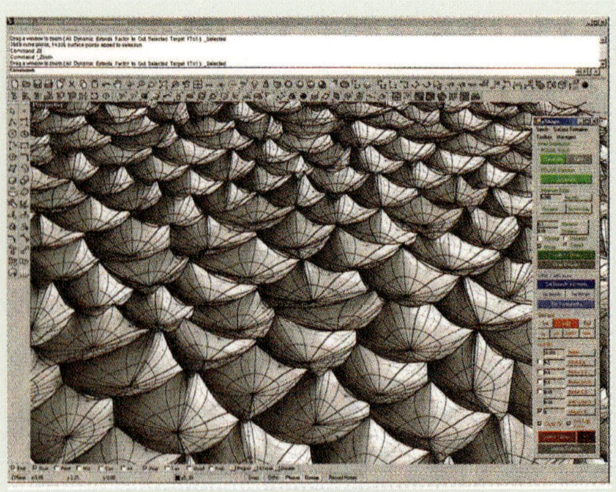
| 컴퓨터로 생성한 100만개의 요철 [그림7]

제작된 패널은 10,287장이나 되고 여기에 시공된 요철은 100만 개 이상이라고 한다. 사람의 수작업으로는 도저히 실현할 수 없는 양이다. 더구나 이웃하는 패널 간을 5㎜로 유지하기 위해서는 높은 정밀도를 필요로 한다. 이를 실현한 것은 5축 및 3축의 절삭가공기술과 오리지널 마테리얼 개발이다. 패널 비율에 따라 공간이 분단된 인상을 받지 않도록 이웃하는 패널의 절삭은 연속성을 유지하기 위한 고안이 이루어져 있다. ONE TO ONE은 그들의 CAM 데이터를 제작, 제조자(Fabricator)인 Knauf Integralfh 측으로 매끄러운 중개를 성공시켰다.

이런 과정을 통해 실현한 요철패널로 덮인 홀은 소리의 성질이 깎아내는 아름다운 리듬을 만들어내고 있다. 소리의 움직임에서 도출된 모습은 설계와 소리를 연결하는 매체로서 새로운 형태를 보여주었다.

○ 가마이시시민홀(釜石市民ホール) TETTO

홀에 들어서면 은은한 나무향기로 휩싸인다. 벽면에서 천장까지 나무로 빙 덮인 이 공간은 완만하게 굽이치는 곡면으로 처리되어 있다. 어느 부분은 완만하게, 또 다른 부분은 크게 물결치는 표정은 불규칙하면서도 어딘가 리드미컬한 움직임을 만들어낸다.

적층된 나무의 섬세한 곡면이 만들어내는 것은 마치 속이 도려내진 줄기 속에 들어간 듯한 부드러운 감각이다. — 2017년 12월 8일 오픈한 이와테현 가마이시시(市)의 가마이시시민홀 TETTO이다. [그림8]

동일본 대지진으로 피해를 입어 사용이 불가능해져 버린 가마이시 시민문화회관을 대신하여 신설되었다. 설계자는 요코미조 마코토(横溝 真)다. 협력자로 ARUP, 나가타음향설계 등이 이름을 올리고 있다. AnS Studio는 음향홀의 형태최적화를 담당했다. 홀은 800석 규모의 다목적홀로 소 홀과 연결하면 70m 정도에 이르는 평면(피트)이 된다.

ㅁ 형상(形狀)을 정하지 않는 형태의 설계도

가마이시시민홀 건립프로젝트가 엘프필하모니와 크게 다른 점은 홀의 형태를 결정하는 과정에 있다. 본 프로젝트는 형태를 정한 후 소리의 해석을 하는 것이 아니라 소리의 움직임을 보면서 형태를 이끌어내는 방법을 취하고 있다. 소위 형(形)을 정하지 않는 형태의 설계수법이라 말할 수 있을 것이다.

「소리의 움직임에서 형태를 가시화하고 싶다」는 설계자의 생각을 컴퓨테이션 수법을 구사하여 실현하였다.

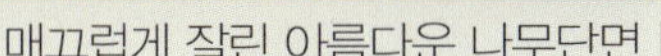

매끄럽게 잘린 아름다운 나무단면 |

가마이시 시민홀 TETTO의 내장 [그림8] |

형(形)을 정하지 않는 형태의 설계과정은 홀의 크기, 소리의 조건, 건축법규, 시공조건 등 다양한 룰을 설정하고 이 공간에 소리를 방사시키는 것으로 시작한다. 방사된 소리는 슈박스형의 벽면에 소리를 반사시키면서 공간이 가지는 소리의 잠재력을 찾아간다.

또 벽, 천장면에 흔들림을 주면서 에코를 일으키는 원인이 되는 개소를 찾아낸다. 벽면은 자기의 모습을 세밀하게 변형시켜 다시 소리를 방사한다. 이리하여 기계학습의 과정을 반복실시함으로서 공간 자체가 소리의 움직임과 형태의 관계성을 풀어낸다. 그리고 홀의 형상은 반향음의 움직임을 가시화하면서 천천히 드러난다.

이번에 건축가가 설정한 룰은 소재의 선정이 중요한 요소 중 하나였다. 목재를 활용한 홀을 만들고 싶다는 생각을 토대로 나무조각을 잘라냈을 때의 아름다운 단면이 보이도록 목가공의 특성에 주목하였다. 바이올린의 형태처럼 보들보들하고 우미한 능선에 의해 형태가 생성되는 룰이다.

컴퓨터의 해석 화면 속에서 춤을 추듯이 서서히 변화해 가는 홀 형상은 마치 살아있는 생물처럼 보인다. 공간에 퍼지는 음선에 호응해 변용하는 형태는 종래의 설계수법과 구분된다.

ㅁ 불연소재(不燃素材)인 LVL 판재의 개발

홀의 내장은 벽과 천장의 인상이 분절되지 않고 연속된 나무의 소재가 압권이다. 앞무대에서 객석후방의 벽면까지 결코 도중에 끊어지지 않고 물결치는 표정은 목재다운 중후함을 보여주면서도 어딘가 경쾌하고 리드미컬한 인상을 준다.

홀의 양벽은 LVL 단판적층재로부터 잘려진 두께 100㎜ 이상이나 되는 나무조각을 다단으로 쌓아 올리고 몰아대듯 적층해 있다.

그러나 설계를 진행하기에 앞서 천장부의 문제에 봉착하게 된다.

같은 재료의 목질로 덮인 공간을 실현하기 위해서는 불연인정을 취득한 LVL재료가 불가피하였다.

기계학습 과정에서 도출한 음향벽 곡면 |

그러나 시장에는 존재하지 않았던 것이다. 그래서 AnS Studio의 협력 하에 재료메이커인 Key-tec(キーテック), 베니어메이커인 Bigwill(ビッグウィル)과 공동으로 불연인정 LVL베니어의 개발에 착수했다.

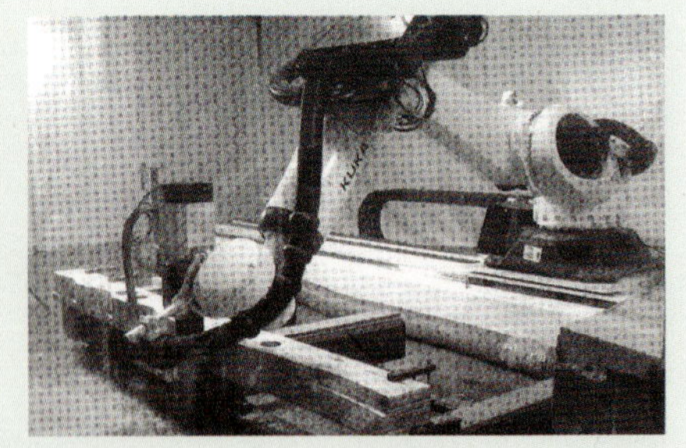

로봇에 의한 절삭가공 |

특히 어려웠던 점은 단판베니어를 평행하게 적층·접착시켜 만들어지는 LVL재를 0.18㎜의 매우 얇은 크로스로 슬라이스 하는 공정이었다.

재료의 생산부터 베니어판 제조까지의 공정을 염두해 두고 조정함으로서 곡면 및 요철면에도 자유자재로 붙일 수 있는 유연한 소재의 개발에 성공한 것이다. 이리하여 비로소 불연인정을 취득한 LVL단판 적층재의 베니어가 실용화되었다.

LVL재(0.18㎜로 슬라이스) |

한편, 벽면의 LVL유닛도 제작에 난항을 겪었다. 왜냐하면 CNC공작기로 이 곡면을 재현하기 위해서는 잘리는 깊이가 커서 한 번의 절삭으로 어렵기 때문이다. 절삭공정을 여러번의 공정으로 나눌 필요가 있었다. 그래서 최신기술로서 로봇에 의한 절삭가공을 시도했다.

CNC공작기를 이용한 가공시간은 사람의 손도 더해지기 때문에 한 유닛당 2시간 이상 걸린다. 그러나 로봇의 경우는 단 10분 정도로 작업을 실현하였다.

어느 연주가에게 소리가 보이는 것 같다는 이야기를 들은 적이 있다. 팡 하고 튀어 나온 소리가 여기저기에 부딪쳐 다시 되돌아오기까지 그 궤적이 보인다는 것이다. 그래서 그들이 처음 홀에서 연주할 때는 리허설에서 소리를 볼 때까지 매우 걱정된다는 것이었다. 연주하는 위치 및 몸의 방향 등 면밀한 조정을 하는 것은 바로 그런 연유 때문이다.

가까운 미래에 홀의 설계는 윤곽으로서 형태를 그리는 수법에서 일탈할 것이다. 스스로 학습하는 컴퓨터와 함께 건축가의 구상력, 연주가의 센스, 음향전문가의 경험치가 협주함으로 도출하는 다이내믹한 설계의 시대가 도래할 것이 틀림없다. 그것은 마치 연주가가 많은 경험을 쌓으며 익힌 소리를 보는 능력을 얻은 것 같은 감각에 가깝다.

| CNC 공작기에 의한 절삭모습

그리고 음환경은 주위의 소재와 공명하면서 항상 약동하며 새로운 가치를 제공해 줄 것이다.

4 주요 도면

| 단면도

객석
연락통로
공조기계
전기

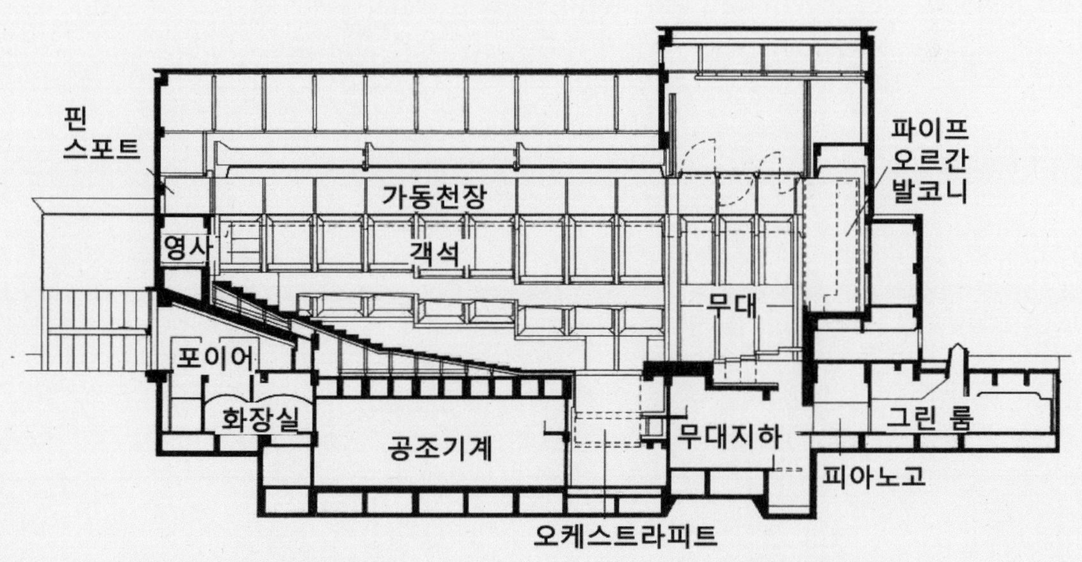

| 평면도-2층

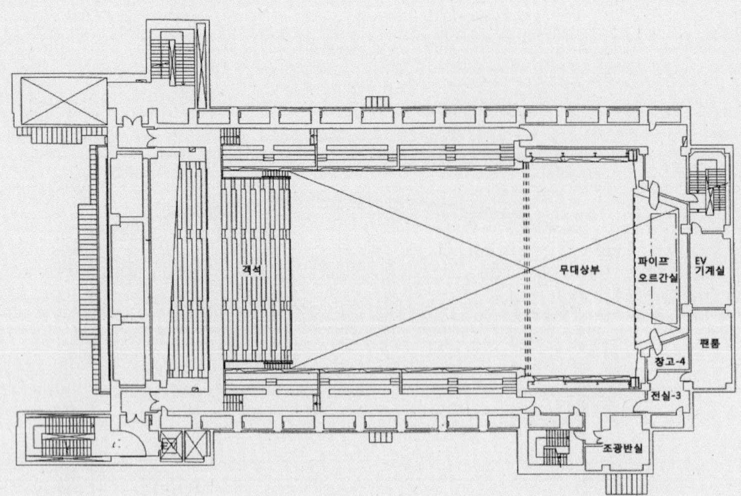

| 평면도-1층

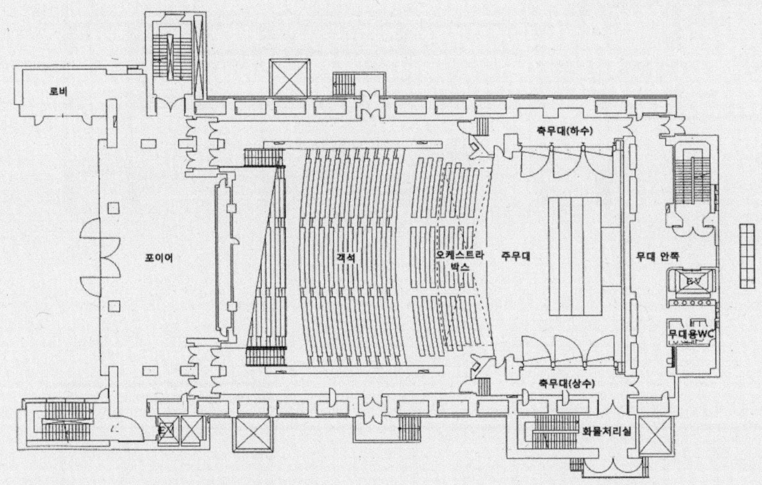

| 평면도-지하1층

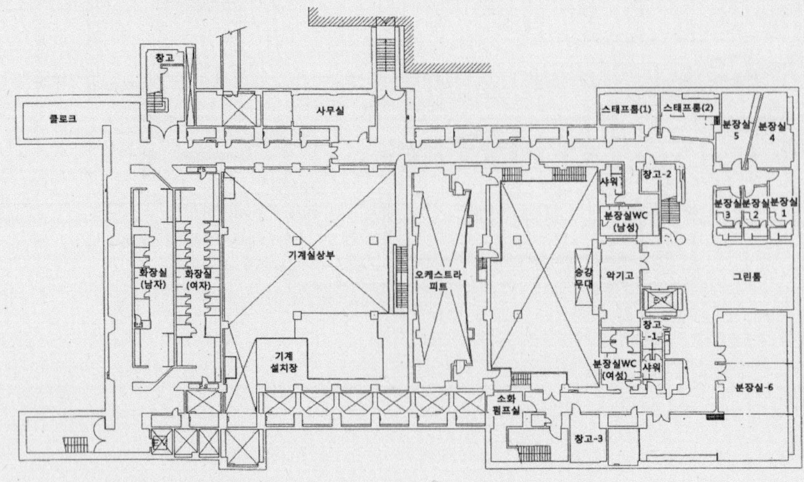

분쿄 시빅홀

文京シビックホール / BUNKYO CIVIC HALL

대 홀 내부 전경 |

1 분쿄 시빅홀 개요

도쿄 분쿄구(文京區) 신청사로서 2000년에 탄생하여 구민에게 사랑받는 새로운 랜드마크가 된 「분쿄시빅센터(文京シビックセンター)」의 「히비키노모리분쿄공회당(響きの森文京公会堂)」(분쿄시빅홀)은 시빅 센터의 상징이라고도 할 수 있는 문화시설로서 수준높은 무대예술을 제공함과 동시에 다양한 문화적 정보의 출발지라는 역할을 담당하고 있다.

분쿄구가 미래도시상으로 내세운 『역사와 문화, 자연에서 육성된 모두가 주역인 도시 「분쿄」』라는 컨셉을 구체적인 형태가 있는 것으로 실현시키기 위해 설립된 공익재단법인 분쿄 아카데미의 활동을 지원하는 것도 분쿄 시빅홀의 중요한 역할 중 하나이다. 그 중에서도 「도쿄 필하모니교향악단」, 「SIENA Wind Orchestra」, 「고도(鼓童)」, 「마키아사미발레단(牧阿佐美バレエ団)」과 같은 예술단체와 홀과 맺고 있는 사업제휴는 수준 높은 무대작품을 항상 관객에게 제공할 뿐 아니라 예술활동의 활성화 및 지속화를 강력하게 지원해 가는 의욕적인 시도로서 주목할 만하다.

홀에서는 분쿄구 공익재단법인 분쿄 아카데미와 사업제휴를 맺은 도쿄 필하모니교향악단을 비롯해 NHK 교향악단, 요미우리일본 교향악단, 도쿄도 교향악단, 신일본필하모니 교향악단 등이 연간 왕성하게 연주를 하고 있다. 최근에는 해외의 연주가 및 오케스트라에 의한 연주회의 개최도 늘어 홀 주최 공연으로서 라덱 비보락(Radek Baborák), 발레리 게르기예프(Valery Gergiev), 유리 테미르카노프(Yuri Temirkanov), 샤를 뒤투아(Charles Dutoit), 레 벵트 프랑수아(Les Vents Francais) 등이 연주하였다.

또 일본 관악합주 콘테스트 전국대회, 도쿄도 합창 콩쿠르 및 NHK 전국 학교 음악 콩쿠르, 취주악에 의한 심포닉 재즈 & 팝 콘테스트의 연주공연장으로도 알려져 있다.

개관 10주년을 맞이한 2010년부터 매년 「다케미쓰 도오루(武滿徹)의 음악」이라는 타이틀의 연주회가 개최되고 있다. 이는 다케미쓰 도오루(武滿徹)가 이곳 출신이고 2010년이 탄생 80주년으로 이를 기념한 기획이다.

그리고 근처 쇼비 뮤직 칼리지(尚美ミュージックカレッジ) 및 도호음악단기대학(東邦音楽短期大学)의 학생에 대한 콘서트 지원 등 신인 육성에도 힘쓰고 있어 미래를 내다본 운영을 위해 노력하는 공공홀로서의 또 다른 역할을 담당하고 있다. 한편 분쿄 시빅홀은 도쿄 메트로 마루노우치선(丸ノ内線)·난보쿠선(南北線)·도영지하철 미타선(三田線)·오에도선(大江戸線)의 4개의 노선으로 둘러싸여 지하철과 직접 연결된다. 우수한 입지조건으로 광역권에서의 관객유치가 가능해졌다.

| 건축물의 개요

구분	내용	위치
소재지	도쿄도 분쿄구 가스가 1-16-21(東京都文京区春日1-16-21) (도쿄시빅센터 2층)	
공사발주	분쿄구(文京区)	
설계	닛켄설계(日建設計) [개수(改修)시] Light Stage	
시설규모	• 부지면적 : 11,323㎡ • 건축면적 : 9,920㎡ • 연면적 : 86,027㎡ • 건물높이 : 145.70m(최고부)	
건축구조	SRC, S조/지상 28층, 지하 3층	
시설종류	대홀 : 대편성 오케스트라, 오페라, 발레 등의 클래식 음악공연 소홀 : 음악회, 연극공연 및 댄스, 오케스트라 리허설, 회의실, 연습실 등	

2 외관 및 로비

로비2층에는 구 분쿄공회당 시절의 그랜드피아노(Steinway & Sons)가 전시되어 있고, Wilhelm Kempff, 가미야 이쿠요(神谷郁代) 등의 사인이 기록되어 있다. 2011년 후지코 헤밍(フジコ·ヘミング)이 솔로 리사이틀을 개최하여 새롭게 이 피아노에 사인을 남겼다.

외부 및 전경 |

외부 및 전경 |

| 로비 및 휴게공간

3 대 홀(Main Hall)

대 홀은, 음향반사판·하나미치 반사판과 홀 객석 측면이 일체화 되어, 거대한 박스를 형성함으로서 수준 높은 음향 공간을 실현하고 있으며, 좌석 수는 1,802석(오케스트라피트 사용 시 1,640석)의 대편성 오케스트라, 오페라, 발레 등의 클래식 음악 공연에 최적이다. 스탠딩 좌석 36석의 사용이 가능하고, 1층 후부에 유리로 칸막이 된 가족 관람석(親子席) 5석을 가진다. 프로시니엄 형의 다목적 음악 홀이기는 하지만, 콘서트홀로의 이용 사례가 많고, 오케스트라피트의 공간이 비교적 넓은 점도 있어, 프로·아마추어를 불문하고 오페라·발레·뮤지컬 등의 공연도 자주 개최된다. 기획 사업에 있어서도, 장르에 관계없이 독자적인 특색을 나타내고 있는데, 한편으로는 지역 커뮤니티 시설로서, 구민 참가의 이벤트·구민 오페라 등을 실시하고 있다.

잔향시간이 공석 시는 2.30초, 만석 시의 경우 약 2.00초로, 지휘자 사도 유타카(佐渡裕)는 「잔향이 훌륭하여, 오케스트라의 소리를 점점 이끌어 내 준다」고 홀 음향의 우수성에 대해 평가하고 있다.

| 대홀의 개요

구분	내용
객석수	총 객석수 : 1,802석(1F : 1,242석　2F : 560석) 오케스트라 피트 사용시 : 162석 감소, 가족 관람석 5석, 휠체어용 공간 6석분
건축음향	잔향시간 : 약 2.30초(공석시), 약 2.00초(만석시 예측값) 주용도 : 대편성 오케스트라, 오페라, 발레 등의 클래식음악 공연에 적합 형식 : 프로시니엄형
무대	형식 : 고정형 크기 : 폭 45.0m×안길이 20.0m(무대 축 25.0m 포함) [프로시니엄] 너비 20.0m×높이 14.0m　[그리드] 높이 26.0m [앞무대 면적] (오케스트라 피트) : 105.0㎡ [음향반사판 설치시 무대면적] 198.20㎡
기타	그 외 제실 : 클로크, 라운지, 주최자대기실(6인), 탕비실(각층), 샤워실(남녀 각 2실), 세탁코너

| 객석에서 본 무대

| 객석 천장

객석 및 측벽 상세 |

○ 콘서트홀 공연공간의 발코니 형태와 음향특성

일반적으로 오디토리움 발코니 아래의 객석은, "저음이 흐릿하다(불분명)", "창문을 통해 듣고 있는 듯한 느낌이 든다", "잔향이 부족하다"와 같이 정성적(定性的)으로는 좋지 않은 음장으로 알려져 있다.

이는 발코니 하부공간이 객석 주공간에 비해 움푹 들어간 형태이기 때문에 유효한 직접음이나 반사음을 얻기 어려운 점, 또 표면상의 실용적이 작아지기 때문에 확산음이 부족한 점 등에 기인하고 있다고 여겨진다. 그러나 지금까지 발코니 하부공간의 음향특성을 정량적(定量的)으로는 거의 확인된 바가 없고, 실제 설계에서도 발코니의 돌출은 어느 정도까지 허용 가능한가 혹은 발코니의 높이는 어느 정도 필요한가와 같은 기본적인 질문에 답하지 못하는 것이 현 실정이다. 유일하게 "발코니의 안길이는 개구부 높이의 1 혹은 2배 이내로 하는 것이 좋다"고 하는 음향계획상의 기준이 제안되고 있지만 이것도 객관적 근거가 부족하여 실제 형상설계에서 유효한 지침은 되지 못한다.

오디토리움에서 발코니 아래의 객석에서 경험할 수 있는 "창문을 통해 듣고 있는 듯한 느낌"과 같은 인상은 발코니에 의해 상방에서의 초기반사음이 차단되는 것이 원인 중 하나로 생각하여 왔는데, 발코니 하부공간에서의 초기반사음 특성과 청각적 효과에 대한 검토를 위한 발코니 아래의 음향특성을 확인하기 위해 실제 오디토리움에서 측정을 실시, 발코니를 가지는 홀과 발코니가 없는 홀에서의 측정결과를 비교해 보니, 발코니 아래에서는 초기반사음의 전 에너지에 대한 연직방향 성분의 비율이 현저하게 저하되는 것을 보여주었다. 이는 객석 주공간 천장방향에서의 초기반사음 도래가 발코니에 의해 차단되기 때문으로 발코니 아래의 음장이 큰 물리적 특징이라고 말할 수 있다.

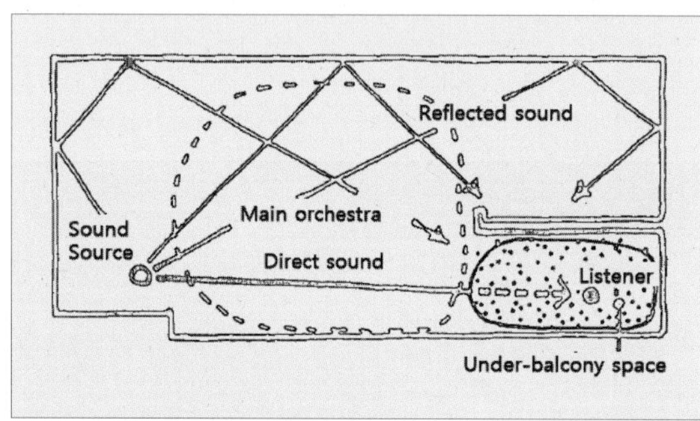

| 오디토리움 발코니 아래의 음장

다음으로 상방에서 도래하는 초기반사음이 공간적 인상에 미치는 영향에 대해 조사하기 위해 실음장의 임펄스응답을 토대로 작성한 자극음장을 이용해 「소리에 둘러싸인 느낌」에 관한 음향심리실험을 실시하였다. 그 결과, 초기반사음의 전 에너지에 대한 횡방향 성분의 비율을 일정하게 한 조건하에서는 연직방향 성분의 비율이 작아질수록 「소리에 둘러싸인 느낌」은 약해지는 것을 확인하였다.

이상의 결과에서 오디토리움의 발코니 아래에서 경험할 수 있는 "창문을 통해 듣고 있는 듯한 느낌"과 같은 인상은 적당한 시간지연으로 상방에서 도래하는 초기반사음이 발코니에 의해 차단되어 반사음의 도래방향에 관한 공간적인 밸런스가 무너지는 것에서 기인하고 있다고 판단할 수 있다.

| D_B/H_B의 값을 가지는 다른 발코니 형태간의 차

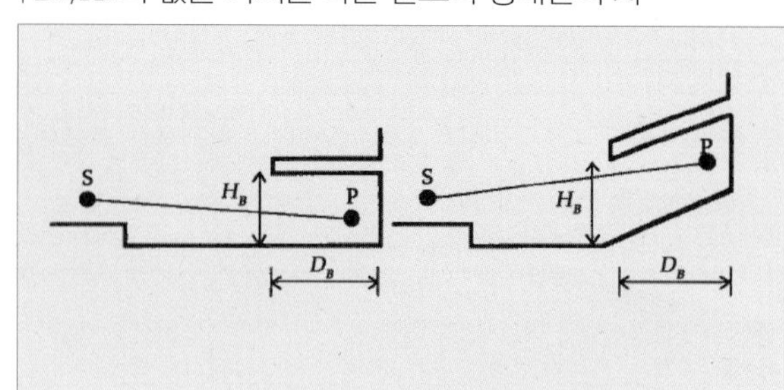

| 돌출부가 있는 모델의 h와 d의 정의

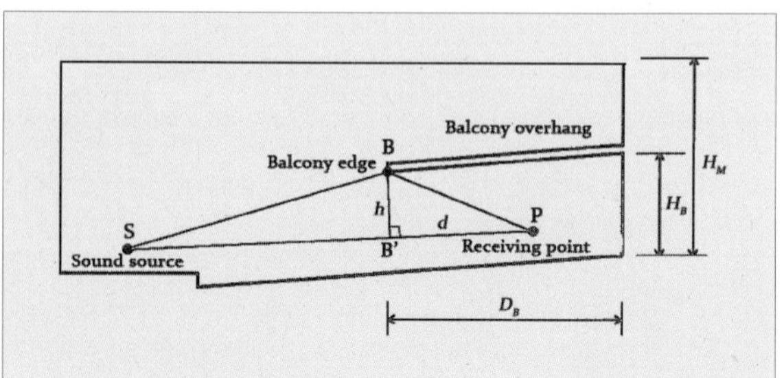

4 소 홀 (Small Hall)

소 홀은 음악회, 연극공연 등 다양한 표현형태에 대응가능한 공간으로서 구민의 발표·감상의 장이 되고 있다. 승강식의 무대를 내리고 전동가동식의 객석을 홀 후방에 수납함으로서 평평한 평면 형태로 댄스나 오케스트라의 리허설에 이용가능하다.

| 소홀 개요

구분	내용
객석수	총 객석수 : 371석 〈전동가동의자〉 325석, 홀 후방에 수납가능/〈이동의자〉 46석
건축음향	잔향시간 : 약 1.30초(공석시), 약 1.00초(만석시 예측값) 주용도 : 음악회, 연극공연 및 댄스나 오케스트라 리허설실로 이용 형식 : 세미오픈형식
기타	• 무대 : 형식-승강식(0~60㎝) 크기-폭 13.0m×안길이 5.0m 천장높이 : 7.0m • 그 외 제실 : 라운지, 주최자대기실, 탕비실, 샤워실(남녀 각 1실)

소 홀 입구 |

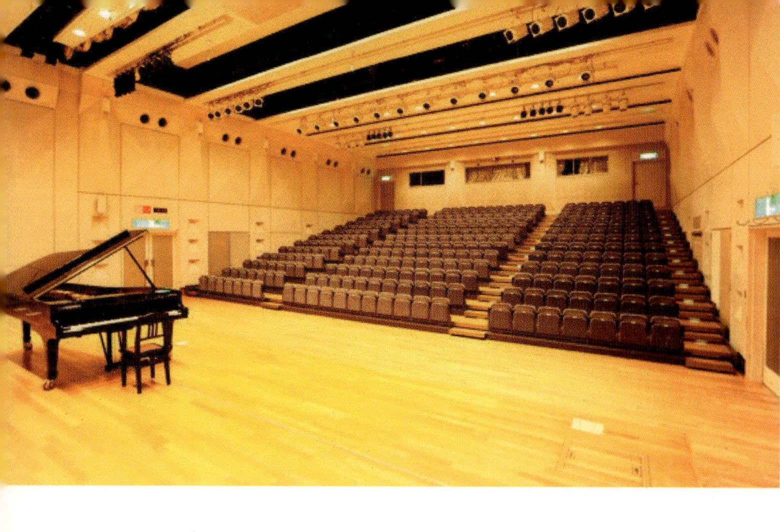

| 소 홀 내부 |

5 기타공간

| 스카이홀

| 다목적실 및 연습실

| 회의실 및 특별응접실

도쿄필하모니교향악단 (Tokyo Philharmonic Orchestra)

도쿄필하모니교향악단(東京フィルハーモニー交響楽団)은 1911년에 창립된 일본에서 가장 오랜 역사를 지닌 오케스트라이다. 악단원은 130여 명이 소속되어 있고 심포니 오케스트라와 극장 오케스트라의 양축으로 활동하고 있다.

명예음악감독에는 아시아가 낳은 세계적인 지휘자 정명훈, 수석지휘자에 이탈리아의 신예 지휘자 안드레아 바티스토니(Andrea Battistoni), 특별 객연지휘자에 피아니스트 겸 작곡가이기도 한 러시아의 예술가 미하일 플레트네프 (Mikhail Pletnev), 정기연주회는 이 세 지휘자를 중심으로 독자의 프로그램을 기획, 해외공연도 적극적으로 실시하며 국내외에서 높은 평가를 얻고 있다.

1989년부터 프랜차이즈 계약을 맺은 Bunkamura 오차드홀을 비롯해 도쿄오페라시티 콘서트홀, 산토리홀에서의 정기연주회를 여는 것 외에 도쿄오페라시티에서의 인기시리즈「평일/휴일 오후의 콘서트」, 연말연시 항례의「제9교향곡」,「신년콘서트」등의 특별연주회, 또 신국립극장 등 일본을 대표하는 오페라극장에서의 오페라·발레 연주를 개최한다. 방송에서는「NHK NEW YEAR 오페라콘서트」,「랄라라♪ 클래식(ららら♪クラシック)」,「타이틀이 없는 음악회(題名のない音楽会)」「TOKYU SILVESTER CONCERT(東急ジルベスターコンサート)」등 TV·라디오에서의 연주 그밖에 사업제휴를 맺은 지방도시 등과 학교 및 기업, 지역에서의 연주 등 연간 실로 400건이 넘는 공연을 하며 전국의 음악팬 약 60만 명에게 음악을 들려주고 있다.

도쿄도 분쿄구(東京都 文京区), 지바현 지바시(千葉県千葉市), 나가노현 가루이자와마치(長野県 軽井沢町), 니가타현 나가오카시(新潟県 長岡市)와 사업제휴를 맺어 각 자치체와의 교육, 창조적 문화교류를 펼치고 있다. (2017년 12월 현재)

◎ 공식 웹사이트 : http://www.tpo.or.jp/ ◎ 공식 페이스북 : https://www.facebook.com/TokyoPhilharmonic
◎ 공식 트위터 : https://twitter.com/tpo1911 ◎ 공식 인스타그램 : http://www.instagram.com/tokyouPhilharmonicorchestra/

6 주요 도면

| 대 홀 단면도

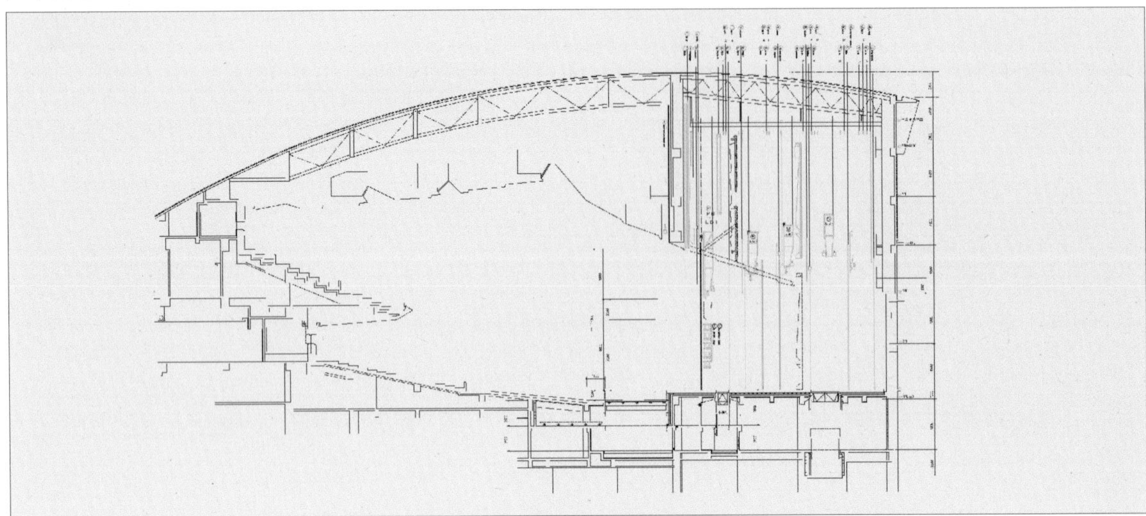

| 소 홀 단면도

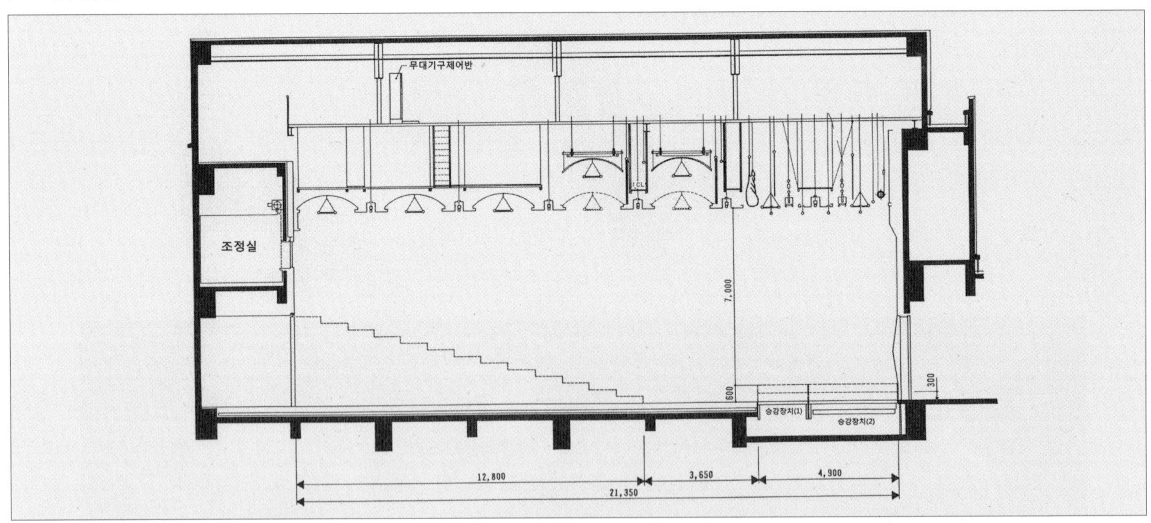

| 대 홀 무대평면도

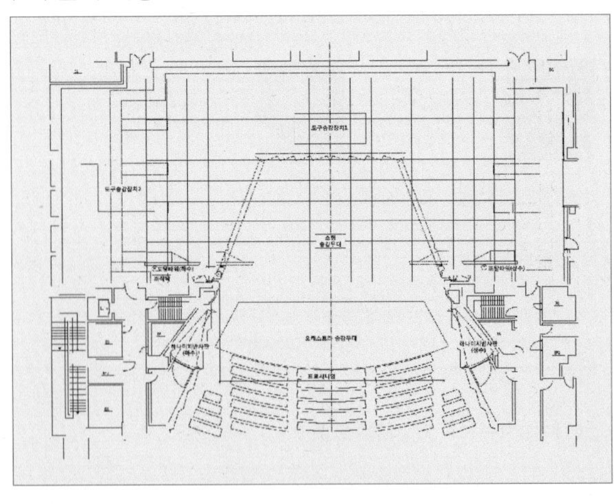

| 소 홀 무대평면도

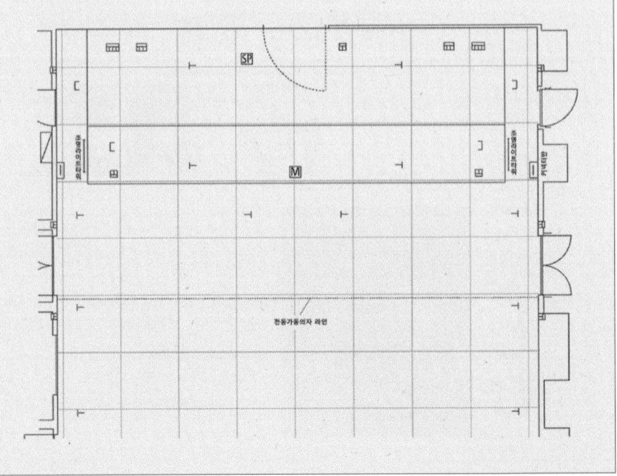

MUZA 가와사키 심포니홀 | 17

ミューザ川崎シンフォニーホール / MUZA KAWASAKI SYMPHONY HALL

1 MUZA 가와사키 심포니홀 개요

가나가와현(神祭川縣) 북동쪽에 위치한 가와사키(川崎)는 도쿄와 요코하마의 중간에 위치한 외곽도시로 게이힌(京濱) 공업지대에 속한다. 제2차세계대전 당시 군수도시로서 폭격으로 도시 전체가 파괴되는 비극을 맞기도 하였다. 가와사키는 도쿄에서 불과 20분 이내에 있는 도시로 동경만(東京灣) 국제무역항의 기능과 함께 교통의 요지이며, 공업도시로서 미국의 피츠버그나 일본의 기타큐슈는 군수용 철강산업의 중심도시로서 명성을 날렸으나, 철강산업의 몰락으로 인한 도시의 침체기를 겪고 나서 도시의 재발전계획을 수립, 도시의 재번영을 이루었다. 이러한 도시의 부흥은 가와사키역의 재개발을 통해 잘 드러나 있다, 도요다 생산시설의 이전으로 인해 방치된 가와사키역 서편에 들어선 가와시키 심포니홀의 건립과 호텔, 레스토랑, 쇼핑시설 등 각종 편의시설이 들어선 가와사키 센트럴 타워로 말미암아 주변이 새롭게 태어났다. 이로써 공연장과 문화공간, 그리고 편의시설이 함께하는 복합문화센터로 변모했다.

MUZA 가와사키 심포니홀은 「음악도시·가와사키」의 상징으로서 "음악을 가장 가까이에서"라는 목표 하에 2004년 7월 1일 탄생했다. 「MUZA」란 "Music"과 사람이 모이는 장소를 의미하는 "ZA(座)"를 합친 합성어로 전 세계로부터 사람들이 모여 음악을 즐길 수 있는 장소가 되도록이라는 염원이 담겨 있다.

심포니홀 내부 전경 |

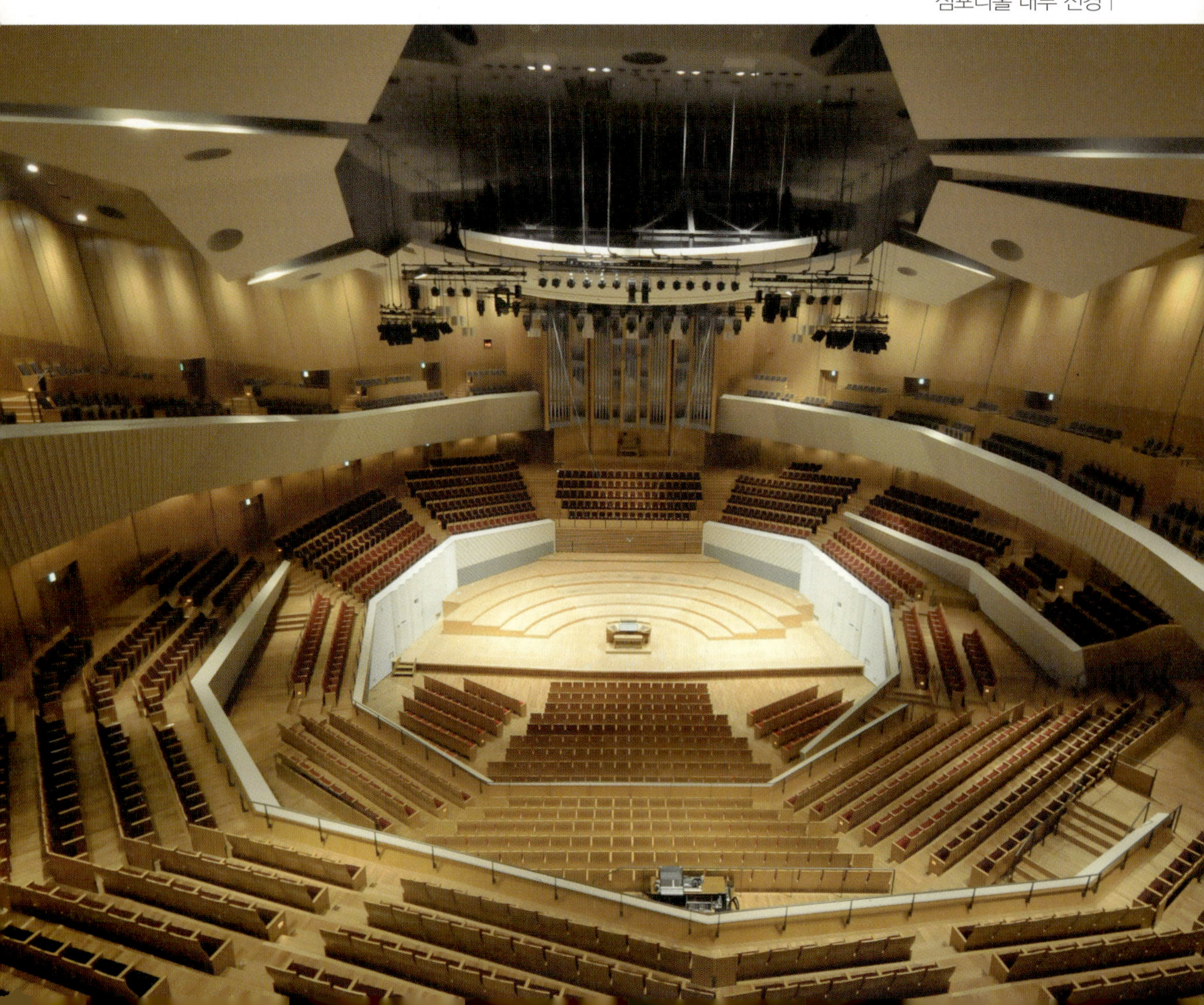

6층까지 오픈천장으로 되어 있는 보행공간 「갤러리아」를 빠져 나가면 멋진 글라스 월이 펼쳐지는데, 오픈공간 「환희의 광장(歓喜の広場)」으로 전개된다. 5층 포이어로 발길을 옮기면 가와사키 출신으로 일본을 대표하는 예술가 오카모토 타로(岡本 太郎)의 위풍당당한 벽화를 볼 수 있다.

그 외에도 피아노발표회 및 워크숍 등의 공간으로 활용할 수 있는 시민교류실, 피아노가 상설된 연습실 등 음악을 즐기는 공간이 충실히 마련되어 있다. 매년 7~8월에 걸쳐 「Festa Summer MUZA Kawasaki」를 개최하는데, 클래식음악의 새로운 감상 및 즐기는 팁을 제안하여 화제를 불러모으고 있다. 마치 살아있는 생물처럼 음악에 맞춰 그 모습을 바꿔 가는 음악공간…. 아름다운 스파이럴 문양과 최첨단의 음향시스템이 만들어내는 풍요로운 잔향을 체험해 보기를 권장한다.

ㅁ 3·11 대지진으로 인한 피해

가와사키 심포니홀에 대하여 언급할 때 끔찍했던 「3·11」(2011년) 재해를 피할 수 없다. 홀이 개관한지 겨우 7년째, 내진설계에 만전을 개했다고 누구나 믿고 있었던 심포니홀이었지만 동일본대지진의 영향으로 「매달기천장 붕괴(천장마감재 등의 낙하)」의 피해를 입었다. 어쩔 수 없이 2년간 휴관을 하고 2013년 4월 모두가 안심할 수 있는 홀로 재탄생하였다.

| 건축물의 개요

구분	내 용	위치
소재지	가나가와현 가와사키시 사이와이구 오오미야초 1310번지 (神奈川県川崎市幸区大宮町1310)	
공사발주	일본생명보험, NTT 도시개발, 오다큐 전철, 케이오 전철, 제일생명보험, 쇼와 쉘 석유, 야마다이 철제상회, 寺田小太郎, 상호물산, 일본예술 문화진흥회	
설계	• 도시기반정비공단 카나가와 지역 지사/(주)마츠다 히라타 설계 • HOK(Helmuth, Obata&Kasabaum Inc.) • (주)ACT 환경계획 • (주)나가타 음향설계	
시설규모	17,243.96㎡(전용면적)	
건축구조	철골조(일부 철골철근콘크리트조)	
시설종류	가와사키 심포니홀 : 음악전용홀 기타 홀 : 시민교류실, 연습실, 기획전시실, 악실 등	

2 외관 및 로비

도쿄역에서 전철로 17분, 요코하마에서 8분 걸리는 인구 120만명의 수도권 위성도시로 JR 가와사키역 서쪽 출구와 곧바로 연결되는 재개발부지에 들어서 있는 가와사키 심포니홀은 현대적인 외관을 자랑한다. 특히 야간에는 타워 전체의 조명과 함께 가와사키역과 연계한 전경이 기존의 공연장에서는 느끼지 못하는 안정감을 불러 오고 있다. 심포니홀의 전면 거리는 "음악의 거리"로 명명, 각종 조각품 및 시설을 설치해 홀을 찾는 많은 관람객들의 사랑을 받고 있다.

| 외관

MUZA 가와사키 심포니홀_MUZA KAWASAKI SYMPHONY HALL

▫ 로비 및 연결통로

가와사키 심포니홀의 로비는 원형타입의 심포니홀을 두 팔을 벌려 맞이하듯 둘러싸고 있다. 이런 로비 형태는 공연장에서 대기 및 휴식공간으로서의 기능과, 새로움을 맞는 설렘을 위한 기대심리의 역할을 한다. 차분한 색상과 디자인으로 관람객을 맞는 로비에서 다시 한 번 가와사키 심포니홀의 참모습을 엿볼 수 있다. 그리고 홀에서 또 다른 특색을 보게 되는데 이는 연결통로이다. 가와사키역에서 심포니홀 입구로 들어서면 웅장하고 단아한 통로가 나오는데 아름다움과 함께 새로운 느낌을 전한다. 연결통로에 장식한 미술품(장식물)에서도 예술미가 물씬 묻어난다.

로비 및 휴게시설 |

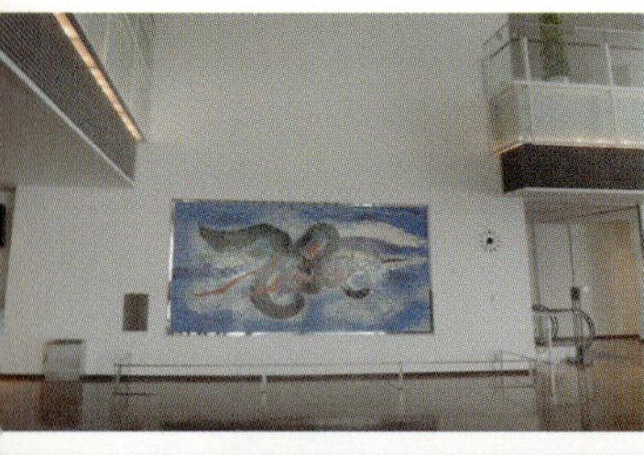

3 심포니홀 (Symphony Hall)

심포니홀은 1,997석이며 최대 시거리 37.0m로 나선구조의 객석공간이 스테이지를 360도 둘러싸는 와인야드(Vineyard) 형식, "포도밭"을 형상화한 형태를 취하고 있다. 마치 중앙에 있는 무대의 사면(四面)을 계단식 밭처럼 객석이 둘러싸고 있는 모양새다. 이는 콘서트홀의 대명제라 할 수 있는「어떤 좌석에서도 최상의 소리를 감상할 수 있도록 하자」에서 출발한 것이라 할 수 있다.

계단식 밭 전면 벽면으로부터의 반사음을 이용하는 방식으로 큰 공간에서도 모든 좌석에 좋은 소리를 전달할 수 있으며, 연주자의 큰 숨소리까지도 들릴 것 같은 임장감은 청중과의 일체감을 한층 더 고조시키고 있다.

클래식음악을 중심으로 한 어쿠스틱한 연주에 최적인 음향공간은 세계적인 음악가들로부터도 높은 평가를 얻고 있다. 동시에 다양한 음악장르에 대응할 수 있는 여러 기능을 갖추고 있다. 이처럼 심포니홀은 실(室) 자체가 큰 악기와처럼 최고의 잔향을 연주할 수 있도록 나날이 진화해 가고 있으며 도쿄교향악단의 거점시설로 왕성한 연주활동을 펼치고 있다.

| 심포니홀 개요

구분	내용
객석수	총 객석수 : 1,997석(휠체어석 10석 포함)
건축음향	• 주용도 : 음악 전용 홀 • 형식 : 와인야드 형식/오픈스테이지 • 잔향시간(만석시, 500Hz) : 2.0초 • 최대 가시거리 : 37.0m • 무대 – 너비 22.0m, 길이 14.0m, 천장높이 22.0m – 오케스트라연주 분할 승강기구(25분할) – 바턴류(조명용, 미술용 등), 흡음막, 화이트스크린(약 400inch) – 승강식 대형 음향반사판 설치, 각종 조명/전기음향설비
기타	① 와인야드 형식: 무대와의 거리가 더 가까워져 연주자와 청중간 일체감이 생긴다. 관객들은 연주자의 표정이 손에 잡힐 듯 보이고, 연주자는 관객들의 반응을 살필 수 있다. ② 가동승강장치: 무대에 계단식 단상의 높이를 자유롭게 바꿀 수 있는「가동 승강장치」를 설치하여 보다 입체적인 시각효과와 음향효과를 창조한다. ③ 무대 천장확산판: 무대 바로 위에 있는 대면적 음향반사판과 객석을 띠처럼 둘러싸는 음향확산패널로 인해 모든 좌석에서 우수한 음향효과를 실현한다.

○ 홀의 특징 및 음향

ㅁ 홀의 특징

객석이 무대를 둘러싸는「와인야드형」이기 때문에 무대와의 거리가 더 가까워져 연주자와 청중간에 일체감이 생긴다. 관객은 연주자의 표정이 손에 잡힐 듯 보이고 연주자는 관객들의 반응을 잘 알 수 있다. 무대에는 스테이지라이저(ひな壇)의 높이를 자유롭게 바꿀 수 있는「가동승강장치」를 설치하여, 보다 입체적인 시각효과와 음향효과를 창출한다.

ㅁ 홀의 음향

무대 바로 위에 있는 대면적의 음향반사판과 객석을 띠처럼 둘러싸는 음향 확산패널에 의해 모든 좌석에서 우수한 음향효과를 보인다. 종래에 소리가 좋지 않다고 지적받던 무대 배면의 P, LA 블록에서도 무대의 직접음과 반사음이 잘 뒤섞여, 뛰어난 임장감을 만끽할 수 있다.

클래식음악 등 PA를 이용하지 않는 연주의 음향효과는 다른 홀에 비해 뛰어나다. 음향 퀄러티면에서 타 홀보다 우수하다는 내용은 다음과 같다.

▷ 피아니시모부터 포르티시모까지 표현할 수 있는 소리의 다이내믹(음량의 범위)함이 크다.

▷ 파이프오르간이나 큰 북의 중저음부터 바이올린 및 피콜로의 고음까지 소리가 깨지지 않고 풍부하게 울린다(주파수대역이 넓다).

▷ 아름다운 잔향과 소리의 선명도(각 악기의 음색을 구분해서 들을 수 있음)의 양면에서 만족할 만한 음향성능을 달성한다.

Muza 가와사키 심포니홀의 무대음향설비에 대하여 음향학자 고모다 모토오(菰田基生)는 다음과 같이 설명하고 있다.

Muza 가와사키 심포니홀의 무대음향설비는 장내와 주변 각 실(室)로의 안내방송 및 강연회 및 식전(式前) 등의 스피치 확성을 주목적으로 설치하여 있으며, 그 외 공연물에 대해서는 이동형 스피커 및 외부로부터 들여온 기재 사용을 상정한다. 스피커는 천장 분산과 승강식 대형 시스템 외에 스테이지사이드, 스테이지프런트, 발코니석 아래 보조용 및 발언자 리바운딩용 스피커를 고정 설치했으며 흡음커튼의 설정과 각 객석 블록의 이용 조건 및 마이크로폰의 사용 조건에 맞춰 구분해 사용하고 있다.

| Placement and Direction of Ceiling Loudspeakers

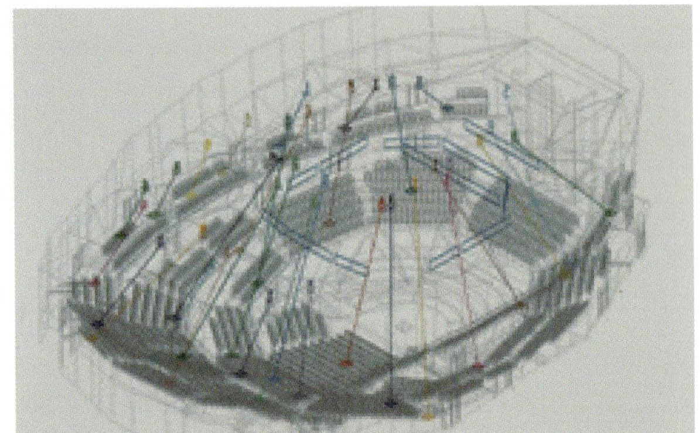

| Canopy, Loudspeakers and Curtains

클래식 콘서트에서 장내방송은 주로 천장 내에 분산배치한 총 33대의 스피커를 사용한다. [오른쪽 그림]은 천장 분산 스피커의 위치와 방향을 표시하고 있다. 객석으로부터는 직접 보이지 않도록 천장 뒷면 박스 내에 설치하며 개구면은 네트(망사) 마감으로 처리했다.

홀의 준공시와 시설의 오픈 이후 안내방송 및 마이크로폰에 의한 스피치 확성음을 체크하였는데, 잔향이 긴 장소에서의 확성음질로는 충분하다는 것을 확인하였다.

강연회에 이용하는 대형 스피커는 노출 매달기 방식으로 좌우에 5대씩 총 10대 있다. 사용하지 않을 때에는 음향반사판 내에 수납할 수 있는 승강기구에 보관한다.

[오른쪽 사진]은 음향반사판으로부터 매달린 상태의 대형 스피커로 배후에 희게 보이는 것은 무대 주변에 매달린 흡음커튼이며, 검게 표현한 것은 배튼에 매달린 무대 조명기구다. 이 대형 스피커를 사용한 경우의 확성음은 깨끗한 음질과 부족한 부분이 없음을 청감상 확인하였다. 흡음커튼에 의해 잔향이 억제되는 효과 또한 크다.

| 삿포로홀

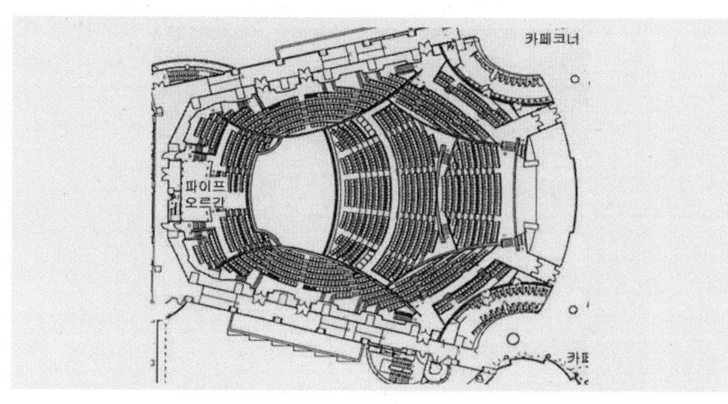

| 베를린 필하모니

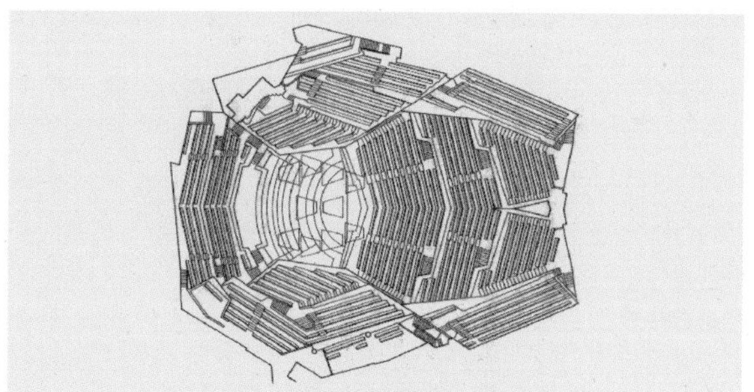

| 산토리홀

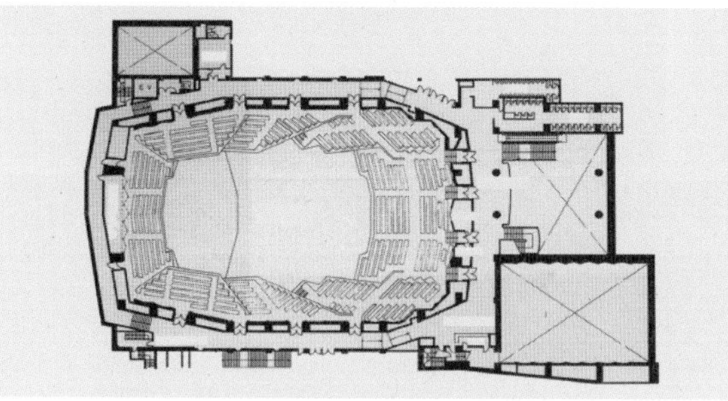

| 파리 필하모니

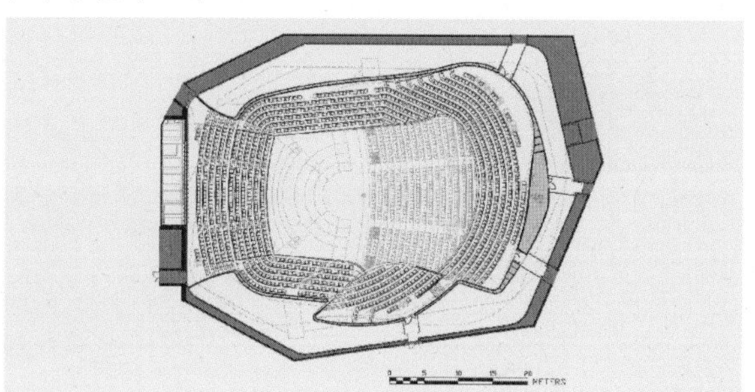

○ 건축음향 및 무대음향설비

가와사키 심포니홀은 와인야드(포도밭) 형식으로 이루어져 있는데 약 2000여개의 전체 객석이 포도밭 형태로 스테이지를 향하고 음악의 울림은 모든 좌석에 골고루 퍼지도록 설계하였다. 이러한 구조는 음향적으로나 시각적으로나 연주자와 청중이 일체가 되어 음악을 공유할 수 있는 형식으로 형태적 특성은 1) 객석과 무대가 가까워짐에 따른 일체감 2) 무대를 둘러싼 객석의 공간감에 의한 친밀감 3) 시선거리를 짧게 할 수 있는 공간 형성 등이 있으며, 단점으로는 1) 수평반사음의 부족으로 인한 충만감 저하 2)지나친 음의 방향감 3)객석에 따라 불균등한 울림 발생 등의 우려가 있다. 대표적 사례를 보면 [위 그림]과 같다.

○ 음향 제 조건에 따른 적정성 검토

객석과 지휘자 위치에서 오케스트라의 여러 악기음이 균등한 음질을 유지해야 하며 객석 모든 좌석에서 균질한 음의 부여, 깨끗한 선율과 강한 음, 음악의 선명함이 적절한 밸런스를 이루어 성립되어야 함으로 설계단계에서 다음과 같은 건축음향평가지수에 대한 검토가 필요하다.

| 각 음향평가지수 구분

구분	음향평가지수	
청취음량	SPL (Sound Pressure Level ; 음압레벨)	객석간의 편차
	G (Overall Strength ; 전에너지레벨)	객석음의 크기
울림의 양	RT (Reverberation Time ; 잔향시간)	실의 울림정도
	EDT (Early Decay Time ; 초기감쇠시간)	실의 울림정도
명료도	C80 (Clarity ; 음악명료도)	음악의 선명함
공간인상	BR(Bass Ratio ; 저음비)	음색의 포근함
음의 확산	LF(Lateral Energy Fration ; 측방/全 방향반사음 레벨비)	음악의 친근감

가와사키 심포니홀 내부 |

○ 시설계획 및 홀 디자인

ㅁ 시설계획

시설계획은 도시기반정비공단의(현재 : 도시재생기구) 시행에 의한 가와사키역 재개발사업으로, 시설 전체의 설계는 마쓰다 히라타 설계(松田平田設計), 콘서트홀에 대해서는 ACT환경계획이 협력하였다. 시설은 27층의 오피스동과 콘서트홀동, 그것을 잇는 갤러리아(Galleria)로 구성되어 있다. 역에서 건물까지를 보행자 데크(Pedestrian Deck)로 연결하는 계획으로, 그곳에서 흘러나오는 사람들의 동선과 시설 전체의 구성 등의 이유tkd 홀 동을 철도 쪽에 배치했다.

건물에서 철도까지 가장 가까운 지점은 30.0m 정도의 거리로 철도 소음진동의 영향을 받기 쉬운 자리다. 그 대책으로 건물의 지중구체면에 판 고무를 붙이는 지중방진공법과 홀의 방진차음구조 등의 중후한 공법을 사용했다. 홀 동의 지하에도 주행식의 기계식 주차장이 있어, 이곳의 소음진동대책도 마찬가지로 큰 과제가 되었다. 이 모두 준공 후 검사에서 홀 내부에서 감지되지 않아, 이들의 대책 효과를 확인할 수 있었다.

□ **홀디자인**

콘서트홀의 기본형상은 무대 주변을 계단밭과 같이 블록으로 나누어진 객석이 둘러싸는 와인야드 형식(포도밭형식)을 채택했다. 디자인 의도는 객석의 계단밭이 나선형태로 상승해 올라가는 형상을 목표로 하였으며 평면형은 비대칭이다.

무대 전방과 1층 객석에 걸쳐 상부에 대형 음향반사판을 설치하여 음향조정이 어느 정도 가능하도록 전동으로 승·하강시켰고 일부 각도가 바뀌도록 이루어져 있다. 나선형태로 구성된 벽, 음향반사판, 거기에 음향반사판을 감싸듯 설치한 천장반사판 등은 객석과 무대로의 반사음이 대등하게, 시간적으로 밸런스 있게 도달하도록 그 형태 및 각도가 세밀하게 컨트롤되고 있다. 또 라이브음악 이외에 확성의 명료성이 중시되는 행사에 대응하기 위해 무대 배후를 둘러싸듯 전동승강식 흡음커튼을 설치, 천장으로부터 무대 주변의 객석 난간 높이까지 내릴 수 있다.

○ **콘서트홀의 형상**

콘서트홀의 형상은 직방체 구조를 가지는 슈박스스타일과 최근 주목되고 있는 와인야드형, 다목적형의 선형(부채꼴) 콘서트홀이 있다.

• **슈박스형 콘서트홀**

빈의 무지크페어라인 잘과 암스테르담 콘세르트헤보 등과 같이 직방체 구조다. 전통적 형식으로 홀 측벽에서의 반사음(초기반사음)과 직접음과의 시간차가 작아 풍부한 잔향 및 명료도가 높은 연주를 제공한다. 역사적으로 입증되고 실적을 쌓아 좋은 소리를 얻기 쉬운 형식이다. 결점은 그와 같은 초기반사음을 얻기 위해 홀의 횡폭을 작게 할 필요가 있기 때문에 수용인원에 제약을 받는다. 통상 1,500석 정도가 적절하다. 좋은 소리의 포인트는 천장을 높게 잡아 반사음을 풍부하게 함으로서, 전 객석에 대한 소리의 차를 적게 하는 것이다. 그러나 경제학적인 관점에서는 수용인원이 2,000~2,500명은 필요하기 때문에 새로 짓는 홀에서 채택하는 경우는 드물다. 동경내에서는 대표적으로 도쿄오페라시티홀이나 키오이홀 등이 있다. 슈박스형은 콘서트홀을 기획할 때 반드시 비판의 대상이 되는데, 소리를 우선시하면 소형이 되어 수용인원이 적어지기 때문에 그 컨셉을 답습해 가며 선형으로 만들어 수용인원을 확보한다.

• **와인야드형**

베를린의 필하모니홀이 최초로 도입한 방식이다. 산토리홀은 이곳을 벤치마킹했으며 이 방식이 최근 많이 쓰여진다. 와인야드형의 컨셉은 무대를 중앙으로 사람과 음악을 공유하는 공동체형성을 목표로 한다.

공급자와 수청자라는 종래의 관계를 바꾸어 연주자와 청중이 대등한 관계로 교류하는 장을 만들고자 하는 것이다. 필하모니홀을 본거지로 하는 베를린 필하모니의 당시 지휘자였던 카라얀도 크게 동조하고 추진하여 필하모니홀을 완성했다. 그리고 그가 산토리홀의 설계기획단계에서 와인야드형을 추천했다. 와인야드형은 앞에서도 서술했듯이 반사음을 보강하기 위해 객석을 많은 블록으로 나누고 블록별 벽면을 청중 근방의 반사벽으로서 반사음을 보완함과 동시에 반사음과 직접음의 시간차를 작게 함으로서 더 고역까지 청감주파수대역을 넓혀 광대역으로 하고 있다. 그러므로 와인야드형의 홀은 소리에 둘러싸인 감각이 풍부하고 광대역으로 현대적인 홀이라 할 수 있다.

심포니홀 내부 |

• **선형(부채꼴) 형상의 홀**

고음질을 목표로 홀의 설계를 슈박스형으로 스타트하더라도 객석수의 제약 때문에 대부분이 선형 형상으로 변해 간다. 오차드홀 등도 슈박스형을 목표로 했는데 스테이지는 약간 좁지만 객석은 선형 형상으로 함으로서 2,150석을 확보하고 있다. 이들 홀의 특징은 초기반사음의 시간지연을 충분히 줄일 수 없으므로 청감적으로 고역이 증가하지 못해 협역(narrow range)이 되는 경향이 있다.

또 이들 홀은 설립목적이 음악전용이 아닌 경우가 많으므로 스테이지가 넓은 점도 있어 잔향이 적은 편이기도 하다.

○ 상주 오케스트라

본 시설의 기본구상단계에서 홀은 대중음악을 주체로 하는 다목적홀로서 계획했지만, 구체적으로 계획을 진행하는 단계에서 요미우리 일본교향악단이 홀의 상주 오케스트라가 된다는 이야기가 나와 홀의 계획방향을 전환하였다. 와인야드형의 콘서트전용홀로 설계한 것도 일본을 대표하는 오케스트라가 프랜차이즈 제휴한다는 전제가 있었기 때문이다.

그러나 이러한 사정은 일단 제쳐두고 공사단계에 들어서면서 요미우리 일본 교향악단은 전속오케스트라직의 철회를 표명, 그 후 가와사키시와 공단·설계자간에 와인야드형홀의 다목적이용 방법을 진지하게 논의하게 되었다. 홀 자체의 계획은 원래 무대설비에 있어서도 요미우리 일본교향악단의 요망을 반영한 설계였기 때문에 그 수정작업도 진행했다.

그 중에서 무대의 오케스트라 계단식 승강장치의 분할형태가 특수하였기 때문에 가와사키시가 도내에 있는 오케스트라에게 히어링을 해달라고 제언한 것을 계기로 도쿄교향악단과의 프랜차이즈 계약에 대한 이야기가 나왔다. 이와 같은 결정은 좋은 소식이었는데, 그 단계에서 가능한 범위에서 도쿄 교향악단*의 요구를 받아들여 일단은 없어진 사무실, 연습실, 악기창고 등을 마련했다. 홀의 음향설계로서는, 도쿄교향악단의 멤버가 동의하는 계단식 승강장치의 분할형태를 수정할 수 있었던 것이 앞으로 이 홀에 있어서 도쿄교향악단이 만들어 가는 잔향에 크게 영향을 미치는 중요한 부분이었다고 생각한다.

| 심포니홀 내부

❖ **도쿄교향악단(가와사키市 프랜차이즈 오케스트라)**

1946년 창립이라는 긴 역사를 가지고 국내외에서 높은 평가를 받고 있는 오케스트라. 2004년에 가와사키 시와 프랜차이즈 제휴를 맺어, MUZA 가와사키 심포니홀을 거점으로 리허설부터 연주회까지 실시하고 있다. 또 「음악의 도시·가와사키」의 오케스트라로서 지역에 기인하는 연주활동에도 힘을 쏟고 있다. MUZA 가와사키 심포니홀과의 최고의 콤비네이션으로 고차원의 음악연주를 이어나간다.

○ 음향조정(튜닝)

이와 같은 경위도 있어서 콘서트홀에 전속오케스트라가 있다는 인식은 크다. 그것은 단지 정기공연을 실행하는 공연장이라는 것과는 의미가 다르다. 준공 후, 바로 도쿄 교향악단의 연습이 시작되었다. 매회 지휘자, 연주곡목이 바뀌고, 연주자들이 점차 홀에 익숙해진 점도 있어서 그때마다 청감적인 인상이 달랐지만, 홀의 음향에 청중들이 실망하는 일은 없을 거라는 확신은 있었다. 파이프오르간(Kuhn社 : 스위스 제조) 설치 후 도쿄교향악단의 멤버로부터 의견을 들으며 음향반사판의 높이와 각도의 조정을 하였다. 처음에는 다른 악기의 소리가 잘 안 들린다는 의견도 있었지만 조정을 해서 연주환경은 대부분 개선되었다. 계단식 승강장치의 사용방법에 대해서는 연주를 통한 조정이 아직 충분하다고는 말할 수 없지만 새롭게 도쿄교향악단의 음악감독에 취임한 Hubert Soudant가 계단식 승강장치의 여러 높이를 시험해 가면서 소리 만들기에 주력하고 있어 기대된다. 현재 클래식 주최공연은 거의 만석으로 좋은 출발을 보이고 있으며 도쿄교향악단의 정기공연도 호조를 띈다. 지방자치단체가 대규모 콘서트홀을 건설하는 이유를 무엇보다 「음악도시 가와사키」의 이미지만들기에 큰 기동력이 되는 전속오케스트라의 존재와 가와사키만의 연주회가 하나의 답변이 될 것이다.

○ 가와사키 심포니홀에서의 음의 제어

가와사키 심포니홀과 같은 공연공간(음악홀/오페라극장/스튜디오/극장 등) 뿐만 아니라 우리의 생활속에서의 음 제어는 다음과 같이 설명할 수 있다.

□ 흡음

내장재료가 가지는 흡음성능을 고려해서 건축음향을 설계해야 하는 건물은 대표적으로 스튜디오, 음악홀, 극장 등이 있는데 이러한 설계는 일반적으로 잔향조정, 잔향설계 등으로 불린다.

이러한 실내공간의 잔향을 조정하기 위해 내장재료를 선정할 때에는 내장재료 그 자체와 그 배후에 설계하는 공기층과의 관계에 따라 흡음구조를 구성하고, 그 흡음구조의 흡음특성에 대한 검토가 필요하다.

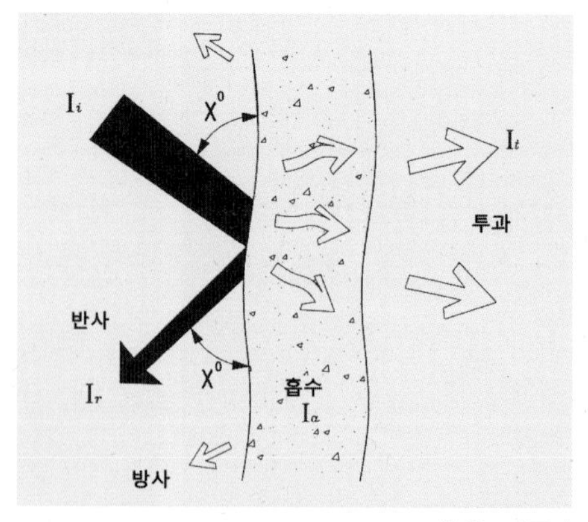

흡음 이론 |

이러한 공간의 경우가 아니라 일상적인 작업공간, 생활공간의 소음제어 또는 쾌적성의 개선을 위해서는 흡음특성을 이해해서 적절한 재료를 선정, 적절한 방법으로 시공하는 정도로 충분하다. 일반적으로는 실내소음의 감소, 울림 등의 차감을 도모하는 것을 목적으로 흡음재료, 구조를 사용하는 것이 대부분이다.

실내 소음차감의 예로는 설비기계실 등의 내장재료로서 다공질 흡음재료를 많이 사용하는 것을 들 수 있다. 이것은 실내의 소음레벨을 낮추는 효과와 함께 근접한 공간으로의 투과음을 작게 해주는 것과 결부하여 차음이라는 시점에서도 효과적인 방법이다. 이 방법에 따른 효과를 실내의 흡음상태와 실내 음압레벨과의 관계로서 단순한 형태로 바꿔 음의 전반에 대한 흡음효과로서 나타내 본다. 무지향성의 점음원이 실내에 있는 경우를 생각해 보면 음은 음원으로부터의 거리와 함께 감쇠하지만, 실내가 흡음구조인 경우와 반사구조인 경우에는 감쇠의 양상이 달라진다.

음원으로부터 어느 거리 이상 멀어지면 실의 흡음성능이 음의 전반에 크게 영향을 미치고, 반사구조의 공간에서는 음원으로부터 얼마 안 되는 거리범위에서 음압레벨의 감쇠가 없어져 일정 레벨에 달한다. 이것은 실의 벽으로부터 음이 반사되어 실내의 음의 세기가 어느 레벨로 유지되기 때문인데 이것을 직접음에 대해 잔향음이라고 부르는 경우가 많다.

소음대책에서는 음원으로부터 멀어짐에 따라 음의 감쇠가 커진다는 것을 생각하면, 가능한 실내의 흡음성능을 높이는 것이 효과적이다. 그러나 스튜디오, 음악홀이 아니더라도 실내에서의 울림의 차감, 발언의 명료함 등을 위해 어느 정도 잔향조정이 요구되는 회의실에서는 과도한 흡음재료·구조의 사용으로 인해 회의에서의 스피치 음이 부자연스러워져 불쾌감이 생기는 경우가 있다.

□ 차음

현재의 도시환경 속에서 주거의 음환경을 생각해보면 실외의 소음원으로서 비행기, 철도, 자동차 등의 교통소음이 있다. 이들 소음원에 둘러싸인 속에서 조용한 생활환경을 확보하기 위해서는 소음원 자체에 대책을 실시하는 것이 가장 효과적이지만 여기에는 역시 한계가 있으므로 건물측에서의 차음대책을 실시할 필요가 있다. 음원을 대상으로 차음하는 방법으로 다음과 같은 차음설계가 있다.

(1) 외부에 면한 벽(외주벽)으로부터 실내로의 음 투과에 대한 차음
(2) 실내로부터 외주벽을 통해 실외로 투과되는 음에 대한 차음
(3) 실과 실 사이의 음 전달 차음

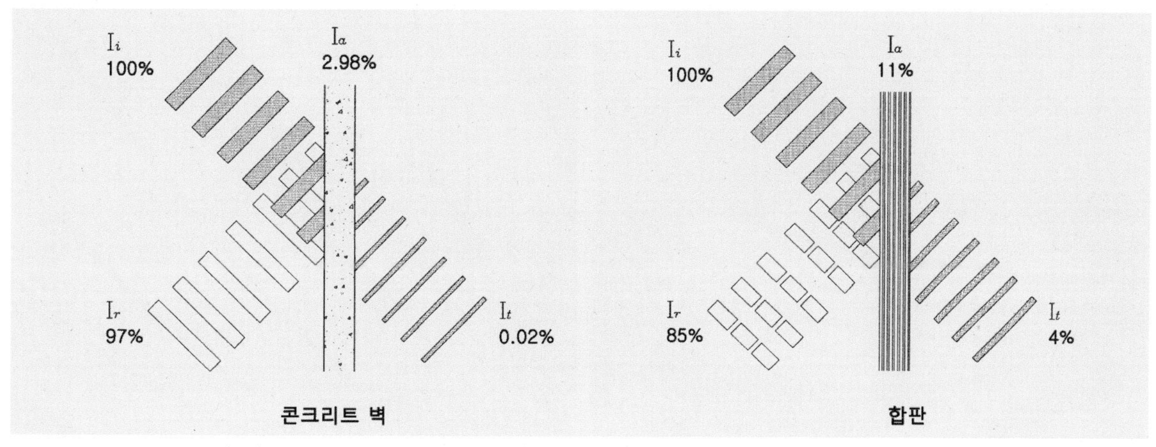

재료별 투과손실 |

차음설계는 STC(Sound Transmission Class)에 의한 설계를 실시하는데, 설계방법에서는 측정된 음향투과손실을 등급화하기 위해서 미국에서 제안한 ASTM(American Society for Testing and Materials), HUD(Department of Housing and Urban Development) 등의 차음성능 평가방법을 이용한다. 벽의 STC는 차음등급 기준선이라는 표준곡선과 1/3 옥타브밴드 16개 주파수의 실측투과손실(Transmission Loss) 곡선의 비교에 의해 다음 방법으로 결정한다. 기준곡선 밑의 모든 주파수 단계별 투과손실과 기준곡선값과의 차가 산술평균적으로 2㏈ 이내가 되도록 하며, 어떤 투과손실값도 기준곡선 밑 8㏈를 초과해서는 안 되는 조건에서 500Hz의 음향투과손실값을 STC값으로 부른다. STC기준곡선은 125~400Hz까지 15㏈ 상승하는 저주파수대역, 400~1,250Hz까지는 5㏈ 상승하는 중간부, 1,250~4,000Hz까지 수평부라고 규정한다.

▫ 방진

지하철 등의 교통기관과 설비기기의 방진, 또는 그에 기인하는 고체전반음의 제어는 진동원 및 영향을 받는 공간까지의 진동전달경로, 음이 방사되는 실내내장표면재에 음이 전달되지 않도록 제어하는 방법으로서 진동원, 내장재 등에 방진공법을 많이 사용하고 있다.

방진공법은 적정하게 설계·시공을 실시하면 외부진동 및 설비기기 등에 기인하는 진동·고체전반음을 가장 쉽게 차감할 수 있는 방법이라 할 수 있다.

○ 심포니홀의 무대구성

무대구성에서 가장 중요한 것은 면적이다. 빈 무지크페라인이나 보스턴 심포니홀의 무대면적이 200㎡ 미만인 것에 비해 근·현대의 경우 200㎡을 넘는 홀이 많다.

후기 로망파의 대편성 오케스트라를 생각해 보면 상수·하수 모두 6Pult씩 현악기를 배치하는 것으로 하고 폭은 18.0~20.0m 정도 필요하다. 빈, 보스턴에서도 스테이지의 폭은 18.0~20.0m이다.

한편 깊이는 현악기 3단, 관악기 3단, 타악기로 12.0m 정도가 필요하다. 솔리스트·합창을 배치하거나 피아노의 원활한 반·출입을 위한 공간을 확보하려면, 더 깊은 스테이지가 필요한 것이다. 그렇다고 무대의 면적은 넓으면 넓을수록 음향적으로 좋은가 하면 그렇지도 않다.

필요 이상 넓은 스테이지에 오케스트라가 퍼지면 치밀한 앙상블을 만들어내기 어렵다.

가와사키 심포니홀 내부모습

| 무대시설

구분	내용
형식	오픈스테이지
최대 시거리	약 37.0m
무대구조	• 무대 : 개구 22.0m, 길이 14.0m, 천장높이 22.0m • 오케스트라 연주용 분할 승강기구(25할) • 바턴류(미술용, 조명용 등), 흡음막, 화이트스크린 • 승강식 대형 음향반사판, 각종 조명 전기음향설비
파이프오르간	• 스위스 Kuhn社, 5248 파이프, 71스톱 • 연주대 4단 손건반 • 발건반(이동 연주대 부속)

가와사키 심포니홀 내부모습

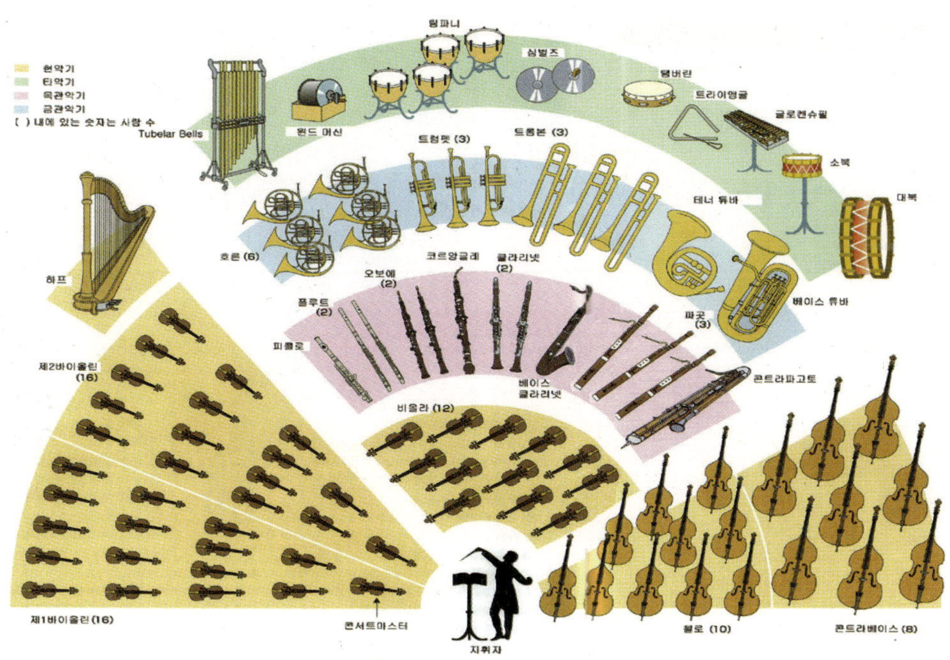

(R.류트라우스의 교향시 「돈키호테」의 경우) 오케스트라의 배치 사례 |

ㅁ 오케스트라 구성에 따른 무대크기 검토

오케스트라 2관 편성 : 50~70명 (최소 연주면적 : 75~105㎡)

오케스트라 3관 편성 : 70~90명 (최소 연주면적 : 105~135㎡)

오케스트라 4관 편성 : 90~120명 (최소 연주면적 : 135~180㎡)

오케스트라 5관 편성 : 120~140명 (최소 연주면적 : 180~210㎡)

| 유명 콘서트홀 무대크기

홀 이름	객석수	무대면적 [㎡]
베를린 필하모니	2,200	170
빈 악우협회대홀	1,680	163
암스테르담 콘세르트헤보우	2,037	162
라이프치히 신게반트하우스	1,900	195
보스턴 심포니홀	2,625	152
뉴욕 카네기홀	2,760	204
도쿄문화회관 대 홀	2,305	230
NHK홀	4,000	200
산토리홀	2,006	250
심포니홀	1,702	260
구마모토현립극장 콘서트홀	1,840	265
동경예술극장 대 홀	2,017	215
오차드홀	2,150	230

| 개관 기념공연 풀 편성을 이룬 무대

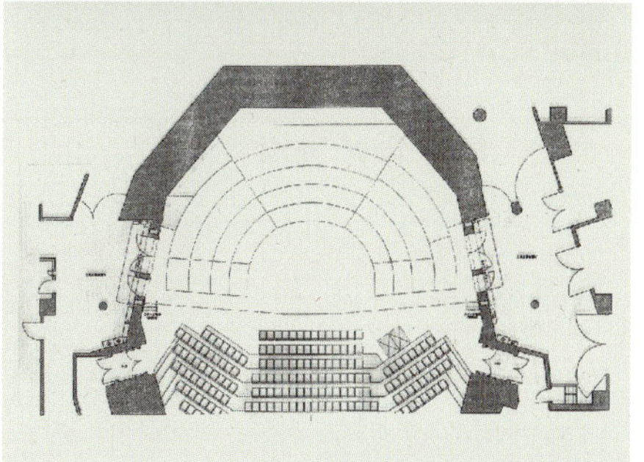

무대모습 |

◇ 오케스트라의 악기배치 변천(變遷)

ㅁ 바로크시대

옛 그림이나 배치표를 보면 오케스트라의 악기배치는 시대 및 지역에 따라 달라 정해진 형태는 없었다는 것을 알 수 있다. 오케스트라 모습의 여명기였던 바로크시대는 바이올린이나 오보에 등의 연주자가 쳄발로를 중심으로 한 통주저음악기를 둘러싸는 형태로 연주하고 있고, 이것이 현재의 오케스트라 배치의 기본이 되었다. 흥미로운 점은 쳄발로를 둘러싸는 연주자들이 청중에게 등을 돌리고 있다는 점이다. 이 시대의 오케스트라 연주자는 어디까지나 왕후귀족을 섬기는 하인과 같은 존재로 스테이지 위의 스타가 아니었던 것이다. 바로크시대의 기본적인 합주형태로서 「콘체르토 그로소(Concerto Grosso/합주협주곡)」이 있는데, 이 편성은 베이스 및 하모니, 리듬을 만들어내는 통주저음 상에 제1바이올린과 제2바이올린의 두 성부가 대화를 하는 「트리오 소나타(Trio Sonata)」가 기반에 있고, 그 편성을 확대시킨 「콘체르토 그로소」는 바이올린 이외의 비올라, 첼로, 콘트라베이스가 통주저음의 역할을 하고 있었다. 제1바이올린과 제2바이올린이 양측에서 대화를 하는 「대향배치」는 이러한 발상에서 탄생했을 것이다.

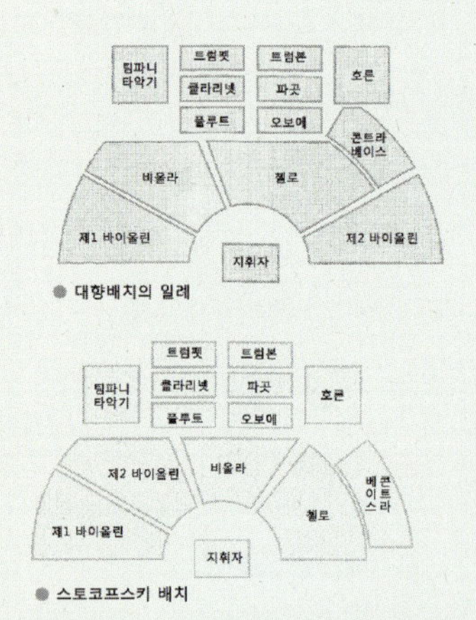

● 대향배치의 일례

● 스토코프스키 배치

ㅁ 지휘자 중심 배치

고전파시대가 되면 통주저음이 쇠퇴해 버리고 신호하는 지휘자의 존재가 필요하게 되었다. 당초에는 콘서트마스터가 활로 신호를 하는 경우가 많았기 때문에 콘서트마스터(지휘자)의 위치를 센터로 하는 형태였다. 이때 흥미로운 점은, 성부가 나뉜 제1바이올린과 제2바이올린뿐 아니라 비올라, 첼로, 콘트라베이스와 같은 다른 현악기도 양 사이드로 나눠져 있는 예를 볼 수 있다는 점이다.

| 멘델스존 「한 여름밤의 꿈」을 연주하는 가디너(John Eliot Gardiner)와 런던교향악단. 첼로 이외의 현악기가 서서 연주하고 있다.

바로크시대의 그림에는 대형 편성의 경우 통주저음이 2팀 양측으로 나뉘어 각각 다른 악기의 멤버가 둘러싸고 있는 배치가 통용되었기 때문에 그러한 흐름에서 양측에 통주저음 악기를 배치했을지도 모른다.

ㅁ 현재 배치 원형의 탄생

19세기에 들어서면 오케스트라의 연주 장소가 스테이지가 없는 왕후 귀족의 살롱에서 많은 청중이 들을 수 있는 콘서트홀로 바뀌기 때문에 어떤 배치로 하면 스테이지 위에서 효과적으로 연주할 수 있을지에 대해 검토하게 되었다. 오케스트라의 인수 및 악기 종류의 증가에도 대응해야 했던 점도 있다. 1835년 작곡가이자 지휘자였던 멘델스존이 라이프치히 게반트하우스 관현악단의 카펠마이스터(Kapellmeister)로 취임하자 현재와 같은 지휘자를 중심으로 부채꼴로 퍼지는 배치를 고안하였다.

이것이 현재의 오케스트라 배치의 원형이 되어 발전해 갔는데 당시 게반트하우스 관현악단을 그린 그림을 보면 바이올린이 서서 연주하고 있다. (바이올린의 좌우 반대 배치도 채용하고 있었다) 바로크시대는 첼로 이외의 현악기가 서서 연주하는 경우가 많았기 때문에 그 관습이 이어졌을지도 모른다. 확실히 바이올린 연주자가 서서 연주하는 편이 소리가 두드러지고 신체의 움직임이 자유로워져 다이내믹한 표현을 가능하게 한다. 가디너(John Eliot Gardiner)는 이러한 사실을 근거로 낭만파의 작품에서 바이올린과 비올라를 서서 연주시키고 있고 전통에 연연하지 않는 쿠렌치스(Teodor Currentzis) 등의 젊은 지휘자도 이 스타일을 사용하고 있다.

| 노링턴(Roger Norrington)이 지휘하는 슈트가르트방송교향악단. 바이올린을 지휘자의 양측에 두는 대향배치로, 여기서는 제1바이올린 옆에 첼로를 위치시키고 있다.

ㅁ 각 오케스트라의 독자적인 배치 시도

낭만파시대 후기에는 각 오케스트라가 음향 및 형태를 중시하여 독자적인 배치에 대해 시행착오를 거치며 그것이 각각의 특색이 되어 갔다. 1881년에 설립된 보스턴교향악단에서는 초대 음악감독에 취임한 조지 헨셀(Sir George Henschel)이 작곡가 브람스의 조언을 얻어 매우 흥미로운 오케스트라의 배치를 고안하고 있다. 그 그림 및 사진을 보면 제1바이올린과 제2바이올린이 대향배치로 되어 있을 뿐 아니라, 첼로와 콘트라베이스도 반반씩 양측에 나눠져 있는 것이다.

물론 첼로와 콘트라베이스는 어느 쪽의 연주자도 같은 파트를 연주하고 있기 때문에 스테레오 효과가 있는 것은 아니다. 좌우로 나뉜 콘트라베이스끼리 소리를 들을 수 없기 때문에, 파트 내에서 섬세한 패시지(passage, 경과구)를 맞추는 것이 어렵다는 단점은 있지만, 이 배열방식은 브람스가 권장했을 정도

이기 때문에 그것을 보충하고도 남을 메리트가 있다.
객석 측에서 봤을 때 깨끗하게 좌우대칭으로 보이는 점은 물론이고 좌우 양측에서 베이스가 들리는 효과는 상상 이상으로 크다. 오디오의 밸런스를 떠올려보면 당연할 것이다. 최근에는 피리어드(Period)에서 로트(Francois-Xavier Roth)와 이머젤(Jos van Immerseel)이 실행하고 있다.

ㅁ 표준으로 자리한 스토코프스키형(Stokovski) 배치

20세기에 들어서 오케스트라의 배열방식에 큰 변화가 나타났다. 레코드 및 라디오의 등장으로 좌우의 스테레오감보다도 각 파트의 분리가 요구된 것이다. 레코딩에서는 나팔의 벨 같은 것을 단 바이올린도 사용되었다. 프롬스의 창시자 헨리 우드(Sir Henry Wood)경은 제1바이올린과 제2바이올린을 나란히 배열하는 배치를 고안하여 1911년부터 적용하였다. 이 배열을 쿠세비츠키(Sergey Koussevitzky) 및 스토코프스키(Leopold Stokovski)도 사용하게 되어 이것을 「스토코프스키형 배치」로서 전 세계에 보급하였다. 전후, 이 「스토코프스키형 배치」는 세계의 스탠다드가 되어 바이올린을 좌우로 나누는 「대향배치(양익배치)」는 클렘페러(Otto Klemperer), 므라빈스키(Yevgeny Mravinsky) 등 일부 완고한 지휘자만이 채택하였다. 그런데 Period Orchestra가 이용한 적도 있어 카를로스 클라이버(Carlos Kleiber) 등 젊은 지휘자도 대향배치를 채택하기 시작한다.

ⓐ클렘페러(Otto Klemperer)도 대향배치를 채용하고 있었다

ⓑ스토코프스키 배치의 창시자, 헨리 우드 경(Sir Henry Wood)

ⓒ현대 가장 보급된 오케스트라배치를 보급한 스토코프스키

그러나 나란히 연주하는 형태에 익숙한 바이올리니스트들을 양쪽으로 분리하여 놓는 것은 쉽지 않다.
1993년에 젊은 래틀이 빈 필에서 이 배열을 요구하여 보이콧 소동까지 발전한 적도 있었다. 현재는 대향배치도 완전히 정착하여 지휘자의 요구에 따라 어느 하나를 선택하게 되었다.

○ 객석의자 설치

가와사키 심포니홀에는 음악홀용 객석의자가 설치되어 있는데, 음악홀에서 객석의자가 공연장의 음향 제조건에 미치는 영향은 대단히 크다.
따라서 공연장에서의 객석의자는 공연장르의 적정잔향시간 만족여부와 직접적으로 영향을 미치는 부분으로 대체적으로 반사재(목재)를 기본골격으로 쿠션이 덧대어져 있는 것을 선택하는 것이 바람직하며, 다음과 같은 기준에 의해 선정되어야 한다.

▷ 대상공간의 사용목적에 적합한 잔향시간의 확보를 위해 객석의자의 흡음율은 건축음향설계시 적용한 각 주파수별 흡음특성과 일치하여야 한다.

▷ 공연공간의 음에너지의 손실을 최소화하여 높은 음량을 확보하고 공간 내 적정반사성을 확보하기 위하여 기존골격이 목재로 이루어진 공연장용 객석의자를 선정하여 적용한다.

객석의자 설치사례 |

◯ 파이프오르간

5248봉의 파이프 수를 자랑하고, 장대하며 모던한 디자인이 특징인 파이프오르간은 스위스의 명문 오르간 빌더인 Kuhn社 제품으로, 1대의 악기로 연주하고 있다고 느껴지지 않을 정도로 오케스트라와 같이 다채롭게 변화하는 음색이 장엄하면서도 풍부한 잔향이 되어 홀 안에 흘러넘친다.
바로크부터 현대까지 폭넓은 장르의 작품연주가 가능하며, 71개의 스톱(음색) 안에는 생황과 퉁소와 같은 일본 고전악기를 연상시키는 것도 있어 새로운 음악창작에 대한 가능성이 기대된다.

스톱수(음색의 수)	71개
파이프 총수	5248봉
건반 범위	손건반 C–c4 (4단), 발건반 C–g1
보조장치	크레센도, 스웰(swell) 기구, 생황·풍량 조정 페달
연주대	메인 연주대 (메인 콘솔), 이동 연주대(리모트 콘솔)
설계·제작·조립	Kuhn社 (스위스)
조음	Raymond Petzold
설치년도	2004년 5월

이동연주대 |

| 파이프오르간 설치상세

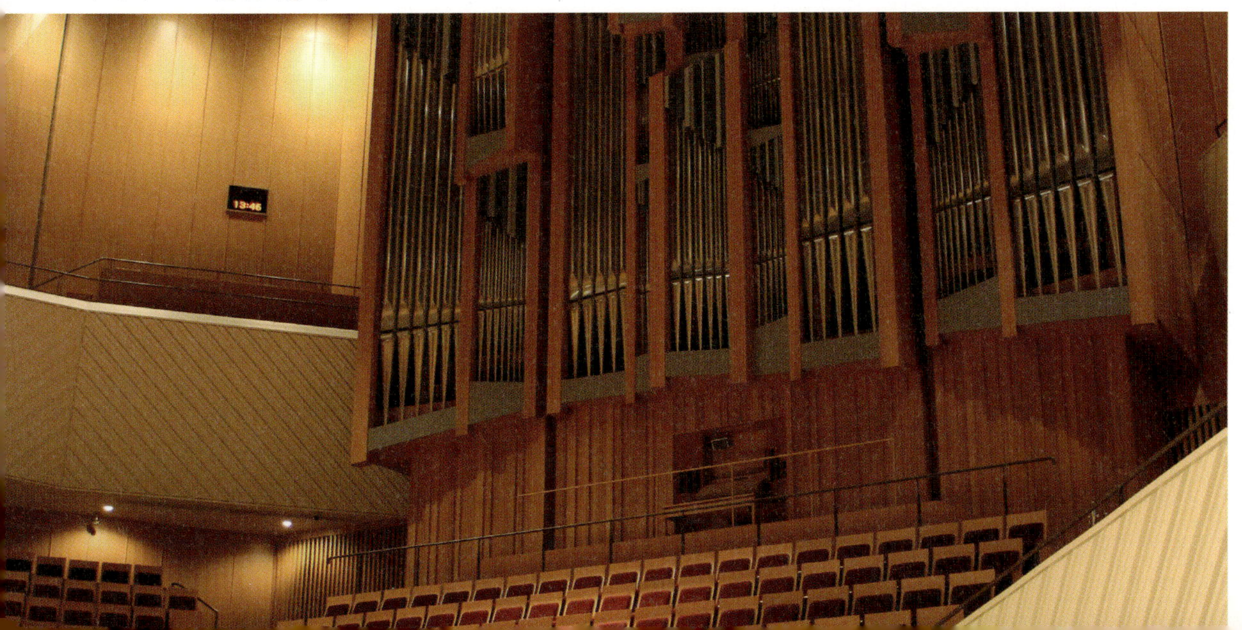

파이프오르간 설치상세 |

4 음악공방

「음악공방」에는 시민교류실과 기획전시실을 비롯한 예술을 즐기고 배우는 장으로서 이용할 수 있는 충실한 시설을 갖추고 있다.

| 음악공방 개요

구분	내용
시민교류실	• 좌석수 : 150석 (가동석) • 실형상규격 : 13.0m×10.50m, 천장높이 2.70~3.90m • 설비 : 대기실 2실, 로비, 포이어
음악문화 · 기획전시실	1실 (면적 213.4㎡)
연수실	4실 (면적 38.4~67.3㎡ : 3실은 연결이용 가능)
연습실	3실 (면적 40.9~70.8㎡)
회의실	3실 (면적 48.7~58.7㎡)

음악공방 입구 |

5 주요 도면

| 가와사키 심포니홀 평면도 (1,997석)

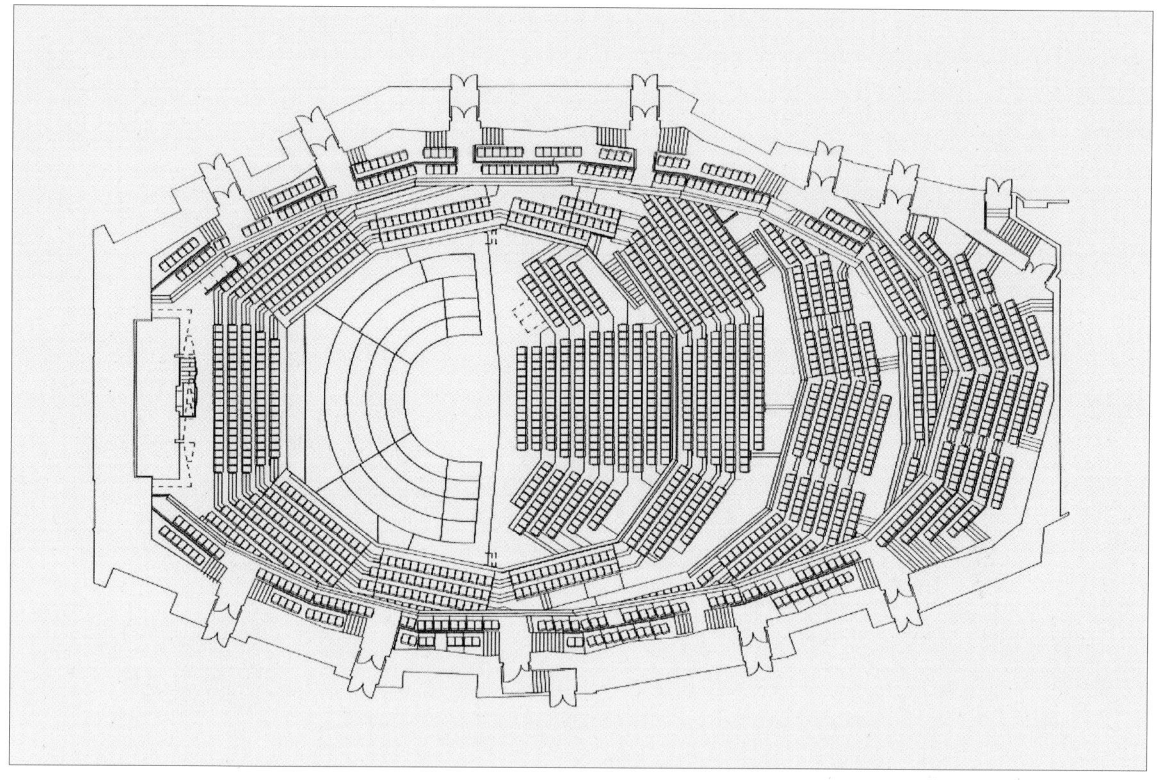

| 부속시설실 평면도

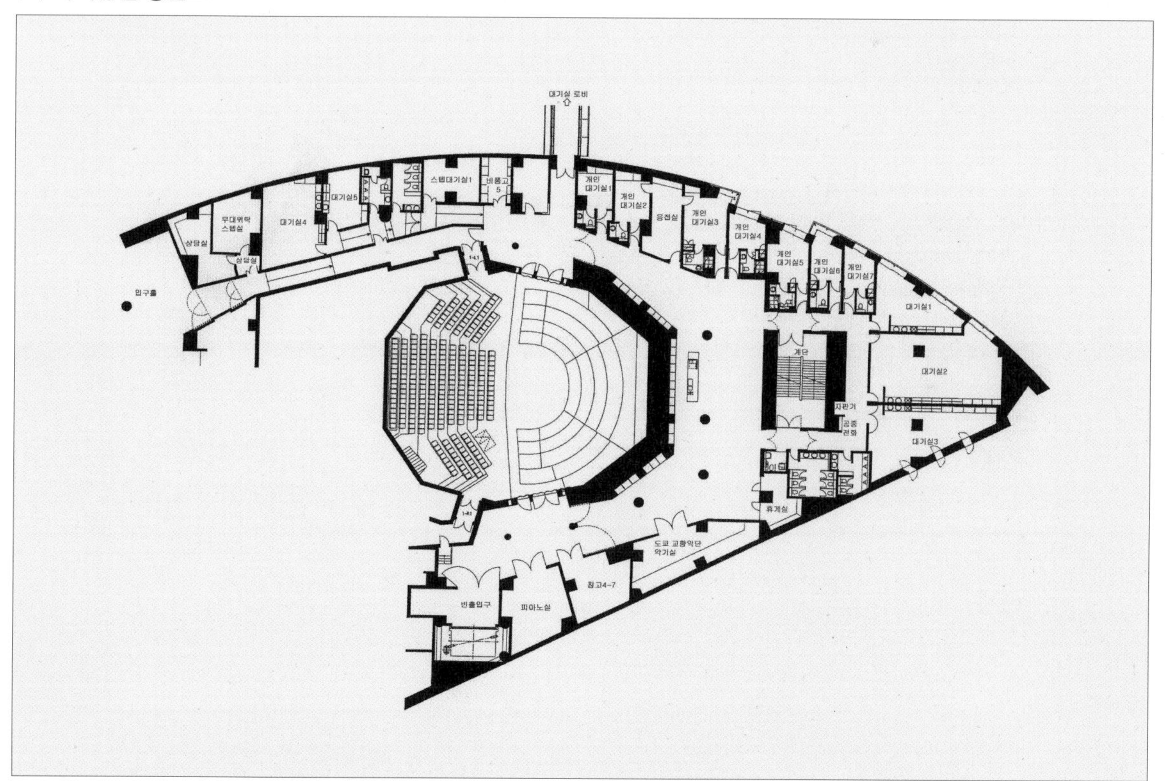

| 가와사키 심포니홀 단면도

| 가와사키 심포니홀 전체단면도

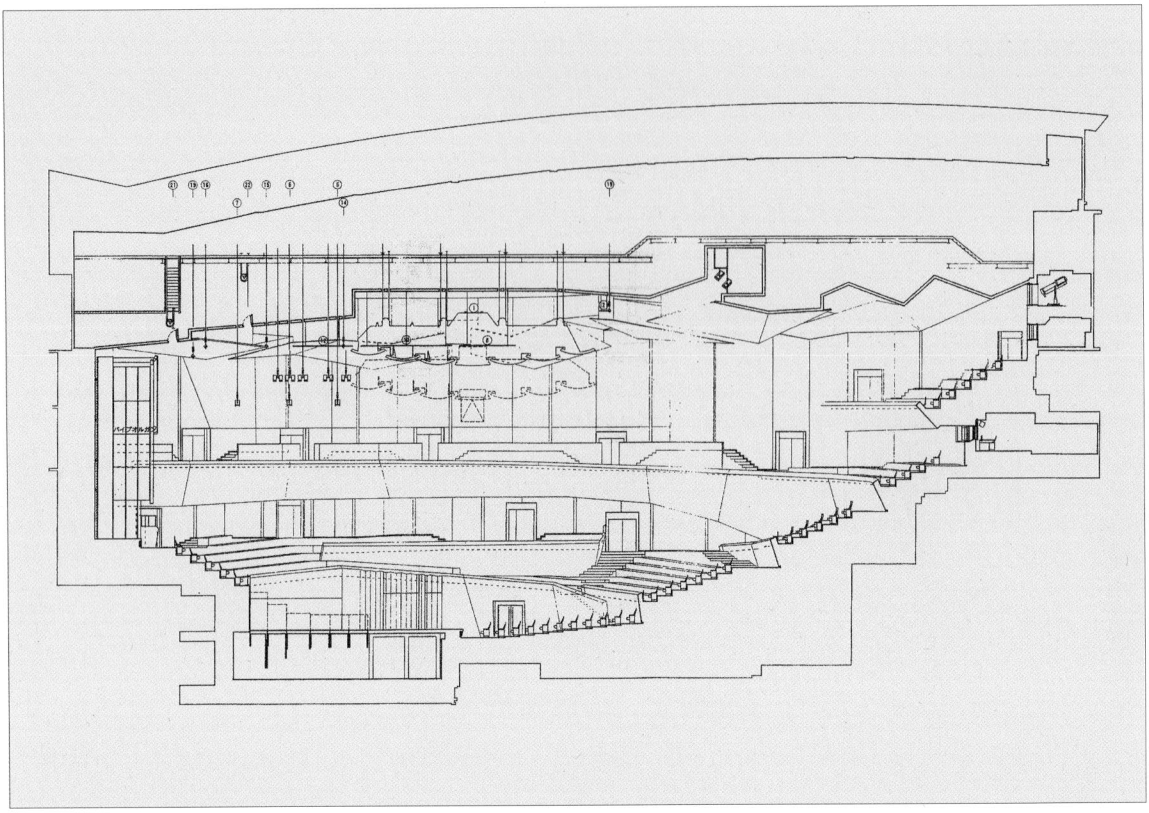

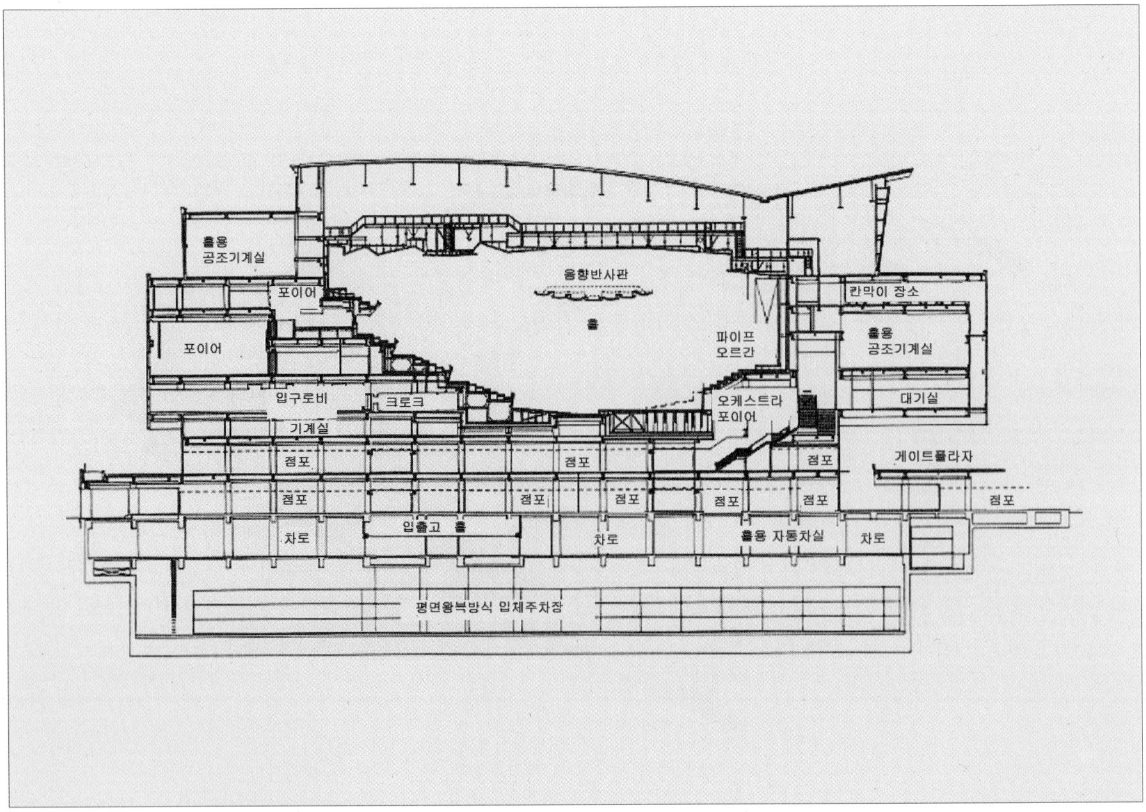

| 음악공방 평면도

MUZA 가와사키심포니 홀
음악공방 평면도

교류실 대기실1
B1~4F用
시민교류실
4F
티켓카운터 종합접수
환희의광장
음악공방로비
교류실 포이어
B 비상계단
기획전시실
연수실4
연수실1
2F
심포니홀
회의실
연수실2
연수실3
휴게 공간
회의실2
연습실2
연습실1
A 비상계단
회의실
연습실3
JR가와사키역

엘리베이터
에스컬레이터
남자화장실
여자화장실
다목적화장실
전화
물마시는곳
자동판매기
비상계단

| 무대평면도

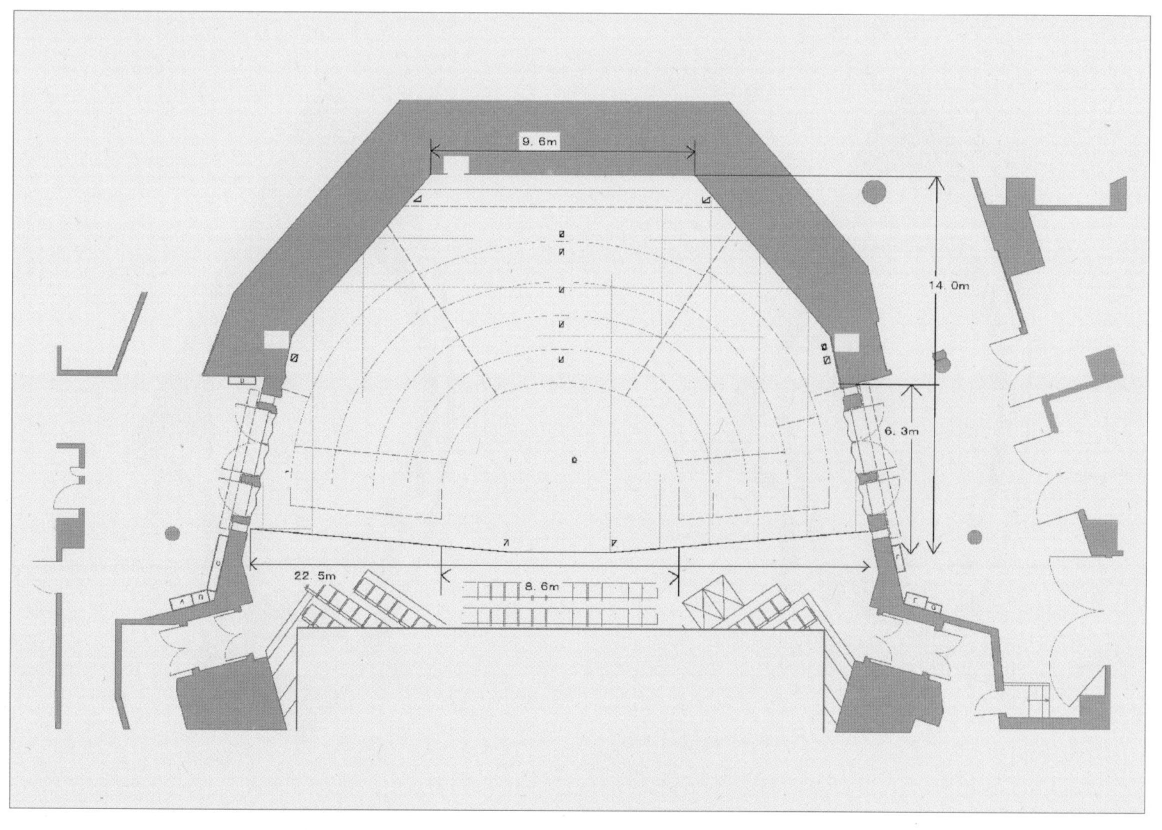

| 홀 1층 (건물 4층)

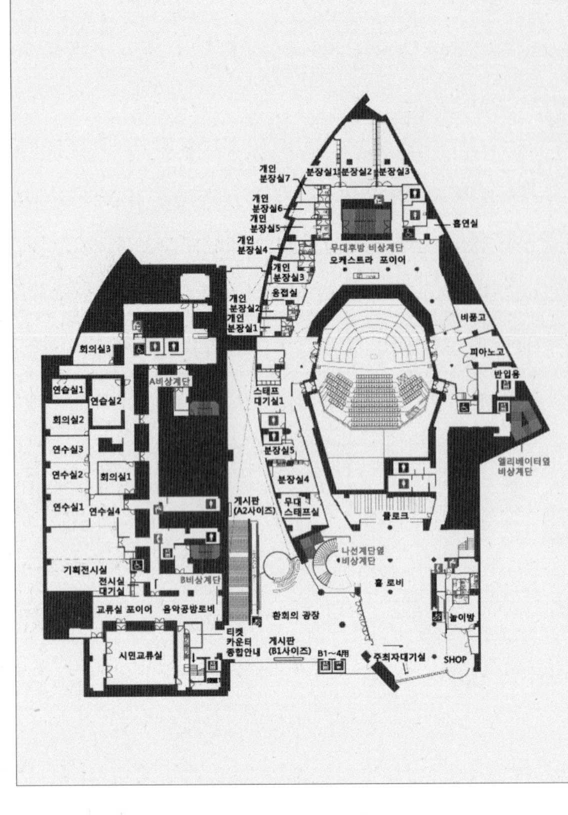

| 홀 2층 (건물 5층)

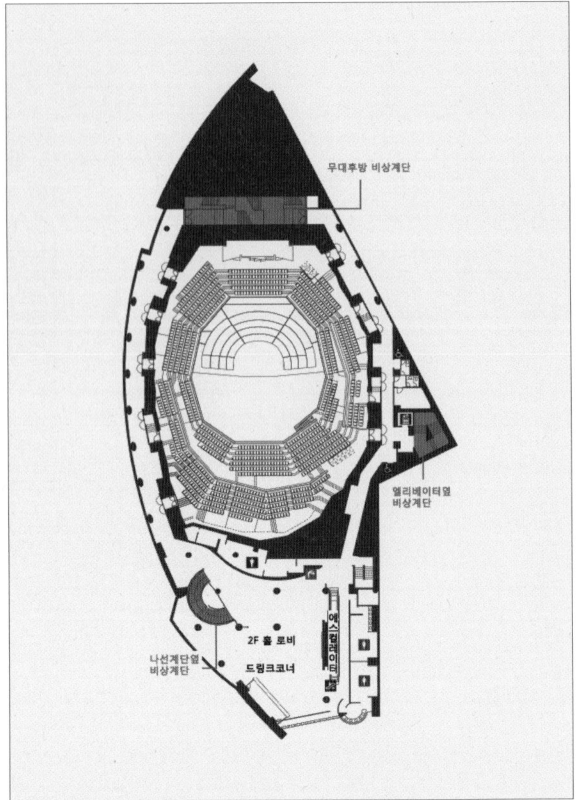

| 홀 3층 (건물 6층)

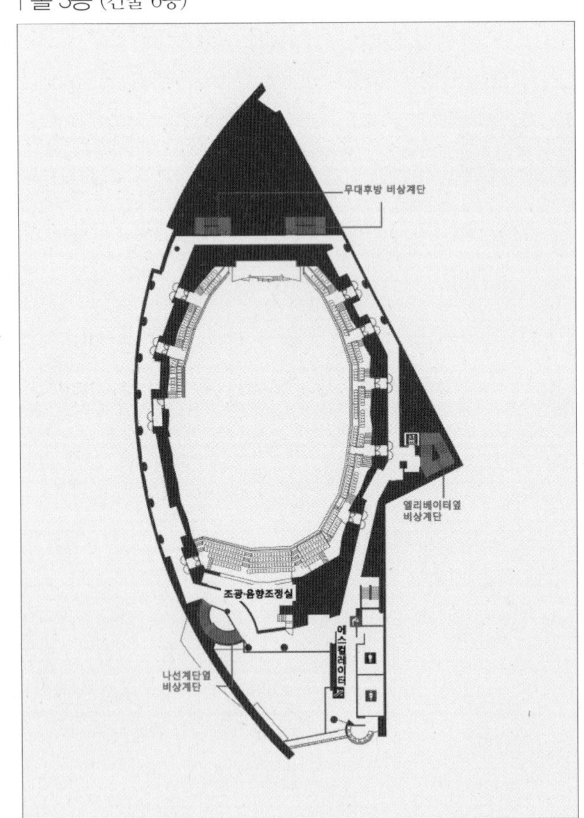

| 홀 4층 (건물 7층)

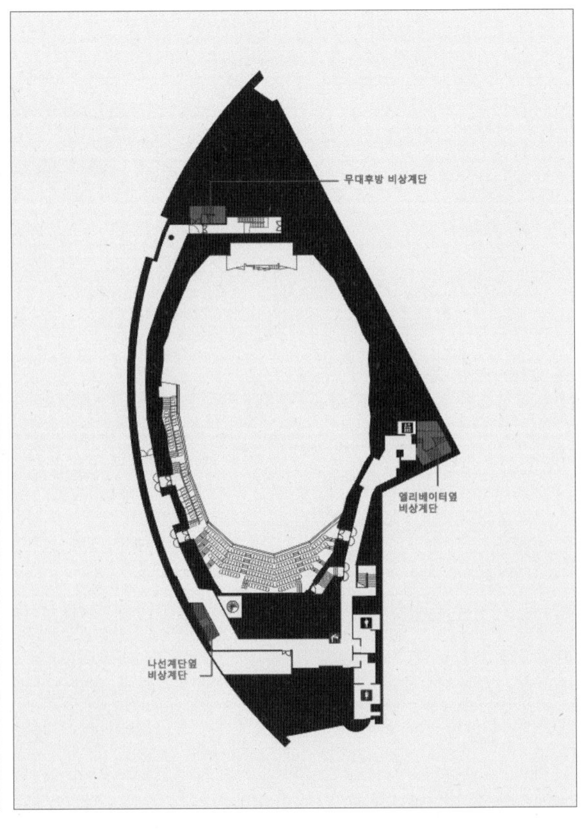

18

사이노쿠니 사이타마예술극장

彩の国さいたま芸術劇場 / SAI-NO-KUNI SAITAMA ARTS THEATER

극장 내부 전경 |

1 사이노쿠니 사이타마예술극장 개요

사이노쿠니 사이타마예술극장(彩の国さいたま芸術劇場)은 우수한 무대예술 등의 예술문화를 가까이 접할 기회를 제공하고 사이타마(埼玉) 시민의 예술문화활동을 지원함으로서 예술 및 문화의 보다 나은 진흥을 도모, 진정 풍요로움과 여유를 실감할 수 있는 사이타마현민(埼玉県民) 문화생활 실현에 기여하는 것을 목적으로 세워진 복합문화시설이다.

연극·음악·무용·영상 등 각자에 적합한 4개의 전문홀과 대·소 12개의 연습실, 전시정보시설, 자료실로 구성되어 있으며 각각의 홀은 목적에 따른 최적의 규모로 설정, 전통적인 극장건축의 공간구성을 갖춤으로서 출연자의 숨소리까지 전달되는 친밀하고 집중도 높은 공간으로 만들어졌다. 또 원형광장 "로톤다(Rotonda)" 및 빛이 쏟아지는 "갤러리아"와 같은 특색있는 공간으로 전체를 연결함으로서, 건축 안에 편안한 스케일의 변화와 빛의 시퀀스를 가진 작은 도시를 만들어냈다.

전용홀 및 충실히 갖추어진 연습실을 살려 음악, 연극, 오페라 등 다채로운 프로그램을 제공하는 것 외에 시민의 문화활동 발표, 무대기술자 육성 워크숍 등 문화를 발신하고 육성시키는 공간으로서 지역에 뿌리내리기 시작하고 있다.

2006년부터는 니나가와 유키오(蜷川幸雄) 예술감독 체제 하에 연극, 댄스, 음악을 중심으로 예술성이 높은 작품을 창조·상연하고, 그 외에 「사이타마 골드 시어터」 및 「사이타마 넥스트 시어터」 등 공공극장만의 고유의 기능을 수행하는 등 〈창조하는 극장〉으로서 사이타마에서 일본 전국, 세계를 향해 예술문화를 발산하고 있다. 또 유럽과 미국의 유명 컨템퍼러리 댄스(Contemporary Dance)·컴퍼니의 수도권에서의 대표적인 공연 극장으로서 정착하고 있다.

▫ 설계시의 주안점

일본에 건설된 대부분의 홀이 강연, 연극, 콘서트로도 사용할 수 있는 다목적홀이기 때문에 음향, 무대장치 등 연기하는 사람은 물론이고 관람하는 사람, 듣는 사람 모두에게 만족을 채워주진 못했다.
이에 대해 본 사이노쿠니 사이타마예술극장(彩の国さいたま芸術劇場)은 장르에 맞춘 전용홀 형식을 채용하여 모든 홀을 중·소규모로 한정하고, 연기 및 음향효과 등이 최대한으로 발휘될 수 있도록 설계되어 있다. 또 개개의 무대예술이 만들어지는 과정을 포함하여 모두 창조, 제작의 기쁨을 느낄 수 있도록 하는 것을 목표로 많은 리허설실·연습실을 설치하고 있다.

▫ 시설의 이념

사이노쿠니 사이타마 예술극장(彩の国さいたま芸術劇場)의 기본 이념은, 다음과 같다.

- 다목적홀에서 전문홀로
- 대관형 시설에서 창조형 시설로
- 대규모 홀에서 중규모 극장복합체로

라는 세가지로 집약된다. 종래의 공공홀이 가지는 문제점을 종합적으로 분석하여 실제 요구되는 시설의 모습을 구상한 것은 건축가(고야마 히사오/香山壽夫)와 기본구상을 한 시미즈 히로유키(清水裕之)를 중심으로 한 위원회이다. 극장은 직접 예술적 의지를 가지고 활동을 전개하는 한편 시민이 자유롭게 교류하고 창작을 할 수 있는 열린 장을 만드는 것, 다시 말하자면 「보고·듣는 극장」에서 「참가·창조하는 극장」으로 일본 공공홀의 큰 흐름 속에 있다. 그러한 극장건축의 새로운 방향성을 사이노쿠니 사이타마예술극장은 명확히 제시하고 있다. 개관 이래 충실한 사업과 다채로운 공연들로 많은 관객에게 감동을 준 극장은 「사이노쿠니(彩の国)」에 어울리는 색감있는 사업을 전개하여 전국을 향해 문화, 예술을 발신하는 장이 되도록 또 무대예술활동의 거점이 되는 것을 지향한다. 음향가가 뽑은 우수 홀 100選에 선정되었으며 2016년에는 Saitama Triennale의 주요공간이 되었다.

| 건축물의 개요

구분	내용	위치
소재지	사이타마현 사이타마시 주오구 우에미네 3-15-1(埼玉県さいたま市中央区上峰3-15-1)	
공사발주	사이타마현(埼玉県)	
설계	고야마 히사오+환경조형연구소(香山壽夫+環境造形研究所) -음향설계 : 이시이 기요테루(石井聖光) 야마하 음향연구소(대홀, 음악홀) -기본구상(극장 건축계획) : 시미즈 히로유키(清水裕之)	
시설규모	• 부지면적 : 약 18,970.30㎡ • 건축면적 : 약 10,765.03㎡ • 연면적 : 약 23,855.81㎡	
건축구조	• 철근콘크리트조, 일부 철골철근콘크리트조, 철골조 • 지하2층, 지상4층, 옥탑1층	
시설종류	• 대 홀 : 연극, 뮤지컬, 오페라, 발레, 댄스 등 • 소 홀 : 연극, 댄스, 음악 등 • 음악홀 : 실내악, 콘서트 등 • 영상홀 : 디지털 영상작품 감상, 심포지엄, 포럼, 낭독 등 • 부속실 : 대·중·소형 리허설실, 대·중·소 연습실	

2 외관 및 로비

열주(列柱)와 반투명한 유리블록으로 둘러싸여 있고 극장의 중앙에 위치하는 원형극장「로톤다」및 유리지붕으로부터 자연광이 들어오는 폭 5m, 길이 100m나 되는 통로「갤러리아」등 내·외장에서 특징적인 면을 많이 볼 수 있다. 그래서 TV드라마의 촬영장소로 사용되는 경우도 많이 있다.

| 외부 및 전경

로비 및 휴게공간 |

3 대 홀(Main Hall)

대 홀은 연극·뮤지컬·오페라·발레·현대무용 등을 위한 프로시니엄형 홀로 대 홀의 프로시니엄 속에는 전통예능의 상연도 포함한다. 객석은 776석인데 육성이 잘 도달하는 최적의 규모로 되어 있다. 중앙부 객석을 감싸듯 발코니석이 뻗어 있고 열주가 전면을 에워싸고 있어 일체감이 느껴지는 극장공간을 창출한다.

대 홀 설계시 감각적으로 상반되는 요소를 어떻게 하나의 공간 안에 정리할 것인가 하는 과제에 대해 근대의 영국과 일본 극장형식의 유사점이 하나의 힌트가 되었다. 구체적으로는 조지왕조의 극장과 에도의 연극극장과의 건축적 공통사항을 추출하여 색채 혹은 디테일로서 현대적으로 해석하면서 디자인에 살려 반영했다.

무대는 약 14.5m 사방의 정방형으로 된 주무대 및 주무대와 동일한 넓이의 후무대, 또 좌우의 측무대로 구성되어 있으며, 무대 전체의 넓이는 객석에 비해 약 2배이다. 주무대의 안길이는 관객의 입장에서 적당한 거리로 보기 편하게 이루어져 있다.

주무대에 있는 4기의 승강기구와 후무대에 수납되는 슬라이딩스테이지, 최고속도 100m/분의 매달기기구에 의해 신속한 장면전환을 연출할 수 있다. 38m의 안길이와 슬라이딩스테이지를 갖춘 무대공간은 단순한 전환의 기능뿐만 아니라 다이내믹한 연출효과를 창출한다.
무대 가득히 차지한 배경막으로의 투사공간 혹은 「영원」을 연상시키는 어둠의 깊이로서 안무대는 매우 다면적으로 활용되는 기구가 되었다.

| 대 홀 개요

구분	내용
객석수	• 총 객석수 : 776석 (오케스트라 피트 사용시 : 680석) −1F : 610석　　−2F : 166석(휠체어용 8석→4인분)
건축음향	• 주용도 : 연극, 무용, 오페라, 뮤지컬, 전통예능 상연 등 • 실용적(V) : 5,745㎥　　• 표면적(S) : 2,555㎡　• V/S : 2.45m • 잔향시간 : 약 1.4초 (500㎐, 만석시), 1.3초(250㎐~2㎑, 공석시) • 객석/무대형식 : 박스형 발코니 형식, 프로시니엄 스테이지 형식(가변) | 잔향시간 주파수특성
기타	① 무대규격 : 37.4m×50.8m(1,300㎡) −주무대 : 14.5m×14.5m　　− 후무대: 18.7m×18.2m −측무대(상수) : 17.5m×17.6m　　− 측무대(하수): 15.5m×10.2m ② 무대 안길이 : 38.0m, 무대 면적 : 1,300㎡　　③ 프로시니엄 개구 : Pw−14.54~12.73m, Ph−9.0m ④ 그리드 높이 : 23.0m　　⑤ 오케스트라 피트 : 97㎡~61㎡ ⑥ 그 외 시설 : 연습실 [(대)연습실 1실(362㎡), (중)연습실 1실(67㎡), (소)연습실 4실)], 분장실(대 3실, 중 2실, 소 3실), 리허설실, 포이어 등

| 대홀 내부 전경

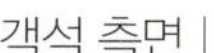
객석 측면 |

| 발코니석 View

4 음악홀(Music Hall)

음악홀은 실내악을 중심의 공연을 주사용목적으로 계획하여 슈박스형의 600석 규모 객석을 가지고 있다.

음악적으로 최적의 음향환경을 갖춘 음악홀은 연주자의 숨결과 함께 풍부한 잔향으로 몸을 감싸준다. 다면체로 형성된 천장부분의 창으로부터 자연광 유입, 음악과 빛으로 휩싸인 장소가 된다. 또한 밝은 색조로 자연스러운 울림을 중요시하고 있다. 높은 창에서 자연광이 들어와 밝고 편안한 분위기의 애프터눈 콘서트 등도 즐길 수 있다.

| 음악홀 내부 전경

| 음악홀 개요

구분	내용
객석수	• 총 객석수 : 604석 －1F : 504석　　　　　　－2F : 100석(이 중 휠체어용 12석→6인분)
건축음향	• 주용도 : 오케스트라, 취주악, 피아노 등의 연주회 • 실용적(V) : 6,863㎥　　• 표면적(S): 2,840㎡　　• V/S : 11.36 • 잔향시간 : 약 2.0초 (만석시), 2.2초(공석 시)　　• 객석 형식 : 슈박스형 | 잔향시간 주파수특성
기타	① 무대규격 : W16.0m×D9.20m×H13.50m ② 무대면적 : 147㎡ ③ 그 외 시설 : 연습실(대 홀과 공용), 분장실(소 2실, 중 4실, 대 1실), 클로크(1층 로비), 뷔페(2층 로비)

콘서트홀은 음악을 아름답게 울리게 한다. 아름답게 울리기 위해서는 홀의 건축적 조건과 소리 전반의 관계를 정확하게 파악해야 하는데, 건축음향에 있어서 소리의 전반을 고려하기 위해서는 소리를 파동적인 소리의 움직임으로서 미크로로 파악하는 것보다 음향에너지의 움직임으로서 거시적으로 파악하는 방법이 효과적인 예측에 보다 접근할 수 있어서 실무적으로 유효한 방법이다.

실내의 소리를 거시적으로 파악하는 경우에 가장 중요한 가정이 완전확산음장의 가정이다. 이 가정은 실내에 있어서 ① 음향에너지의 균일성, ② 음향에너지 흐름의 등방향성의 두 가지 가정으로부터 성립하고 있고, 주벽에 입사하는 소리의 강도 I와 음향에너지밀도 E에 $I = cE/4$ (c는 음속 (m/s))의 관계가 있다. 이 관계를 이용해 정상상태에서의 실내음향에너지밀도를 나타낸 것이 [그림 1]이다.

음원에서 공급된 파워가 주벽에서 흡수되어 균형을 이룬 평형관계에 근거하고 있다.

가장 대략적인 근사이지만 에너지 밸런스식으로부터 도출되는 음향에너지밀도,

$$E=\frac{4W}{cS\overline{\alpha}}$$

를 보면, 일정한 음향출력의 음원이 있을 때 실내의 음압이 평균흡음률과 반비례의 관계에 있고, 소음레벨을 억제하기 위해서는 흡음처리가 중요하다는 소음제어의 원칙을 이해할 수 있다.

일상생활이나 사회활동을 위한 일반적인 공간은 잔향실과 같이 극단적이지 않고 음압레벨분포가 일정하지 않다. 실내음향의 기초이론에서는 이와 같은 음압레벨분포의 대략적인 경향을 직접음의 거리감쇠에 따른 영향과 반사음에 의해 발생하는 확산음의 영향의 합으로서 다음과 같이 나타낸다.

$$E=\frac{W}{4\pi r^2 c}+\frac{W}{c}\frac{4(1-\overline{\alpha})}{S\overline{\alpha}}$$

여기서 은 음원에서 수음점까지의 거리(m).

실내에서 정상적으로 방사하고 있던 소리를 어느 시점에서 정지시키면 소리는 순간적으로 들리지 않는 것이 아니라 서서히 작아진다. 이와 같은 현상이 잔향이다. 잔향현상을 처음 과학적으로 기술한 것이 실내

| 정상상태에서의 음향에너지 (그림 1)

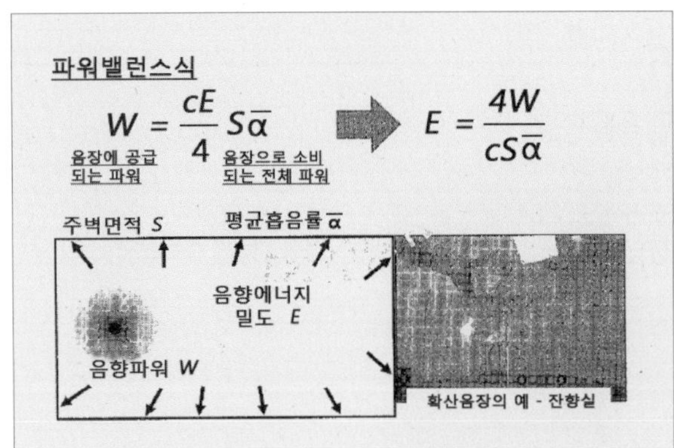

| W. C. Sabine에 의한 잔향실험 (그림 2)

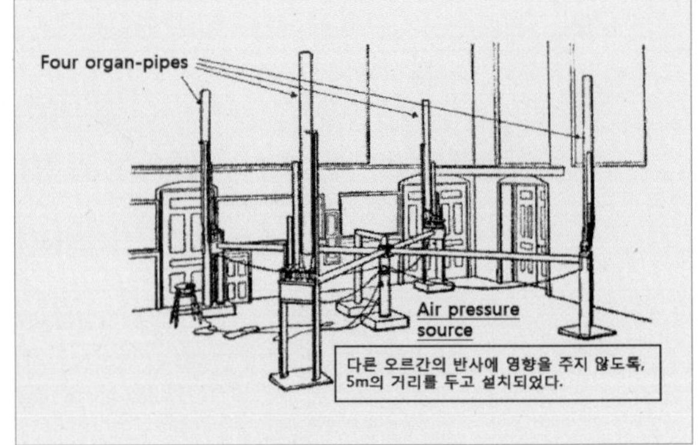

음향학의 시조라 불리는 W. C. Sabine이다. [그림 2]에 W. C. Sabine이 실시한 잔향에 관한 실험 모습을 나타냈다.

음원으로서 4개의 오르간파이프를 이용하고 여기에 일정하게 제어한 공기를 불어넣음으로서 기계적인 음원을 설정하였다.

현재와 같이 잔향시간을 계측하는 편리한 장치는 없었기 때문에 직접 귀를 계측기로서 이용하여 음원을 멈춘 후 들리지 않을 때까지의 시간을 스톱워치로 계측했다고 알려져 있다.

파이프가 4개 있는 것은 소리의 강도를 조절하기 위함으로 귀 감각의 역치가 일정하다는 것을 이용해, 소리 크기의 변화량과 들리지 않을 때까지의 시간의 변화량과의 관계를 조사함으로서 잔향시간을 정량적으로 나타내었다. (잔향시간은 음원에서 소리를 방사하여 실내음장이 정상상태가 된 후에 음원을 정지시키고, 음향에너지 밀도가 1/100만이 될 때까지의 시간(s)이라고 정의한다)

수 년에 걸친 방대한 실험의 결과를 정리하여 얻은 것이 바로 Sabine의 잔향식,

$$T=K\frac{V}{A}$$

T : 잔향시간 (s), V : 실용적(m^3), A : $S\bar{\alpha}$등가흡음면적(m^2), K : 반비례정수로, Sabine이 구한 수치가 $K = 0.164$ 이다.

실험을 실시한 것은 지금으로부터 100년 이상이나 이전으로 현재와 같이 조작이 간편한 전기적 음원이나 계측기기는 존재하지 않은 가운데 음원장치, 계측장치, 분석수법을 고안하여 장기에 걸친 실험을 통해 과학적인 발견을 얻은 노력에 놀라움을 느낀다.

Sabine이 제시한 잔향식에 따르면 잔향시간은 실용적에 비례하고 주벽의 평균흡음률에 반비례하기 때문에 용적이 큰 실은 잔향이 길어지기 쉽다. 잔향이 길면 명료성이 저하되는 등의 문제가 발생하기 때문에 주의가 필요하고, 그러한 경우도 포함하여 흡음을 적절하게 실시하는 것이 중요하다는 실내음향설계의 원칙을 이해할 수 있다.

이 잔향식은 완전확산을 가정한 실내에서의 음향에너지밀도의 시간변화를 물리적으로 고찰함으로서 이론적으로 도출된다. 그 이론에 따르면, 비례정수 K는 상온에서 대략 0.162의 값이 된다.

그 후 잔향식은 Sabine의 잔향식의 물리적 모순을 수정하고, 흡음의 물리메커니즘을 추가하는 형태로 발전하여 Eyring의 잔향식, Euring-Knudsen의 잔향식이 현재 자주 이용되고 있다.

• Eyring의 잔향식

$$T=K\frac{V}{S\{-\log(1-\overline{\alpha})\}}$$

• Eyring–Knudsen의 잔향식

$$T=K\frac{V}{S\{-\log_e(1-\overline{\alpha})\}+4mV}$$

여기서, m : 평면음파가 단위길이를 전반할 때 공기의 음향흡수에 따른 감쇠율(m^{-1})

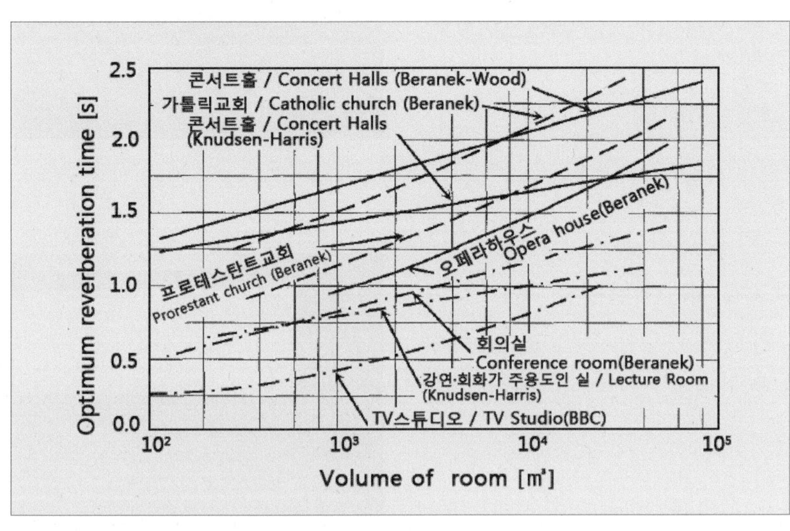

| 사용목적별 최적잔향시간 (그림 3)

5 소 홀(Small Hall)

소 홀은 연극, 음악, 무용 등 다채로운 무대표현의 시도 및 창조력 육성에 적합한 홀로 스테이지·객석의 구성방법에 따라 266석~346석까지 가변한다. 무대와 객석의 경계가 없어 반원형의 계단석도 객석을 둘러싸는 열주갤러리도 모두 연기장소가 될 수 있다.

연기하는 측의 호흡과 관객의 숨결이 반응하는 친밀감과 창조하는 예술가의 창작의욕을 자극하는 공간창조를 소 홀의 설계목표로 하였다. 블랙박스 극장의 막연한 유연성(flexibility)이 아니라 한정되어 강한 의미가 주어진「아무것도 없는 공간」이 소 홀에서의 테마가 되고 있다.

23.0m×22.0m×11.5m의 블랙박스 안에 말발굽형 고정객석과 무대, 객석으로 모두 사용할 수 있는 평면(1층) 관람석을 담고 있다. 고정객석은 노출콘크리트의 열주로 둘러싸여 갤러리가 설치된다.

전면이 대발 형상으로 된 천장과 최대 24.0m의 안길이를 만들어 내는 정면의 가동패널, 자유롭게 난간을 떼어낼 수 있는 철골계단, 바닥면의 트랩, 객석측에 설치된 등장 및 퇴장입구 등 무대연출을 위한 장치가 곳곳에 설치되어 있다.

객석은 절구 형상의 객석을 가지는 오픈스테이지로, 고정석의 제일 앞열과 무대면을 같은 레벨로 구성하고, 팔걸이가 없는 벤치 형상의 좌석을 설치하며 바닥구배가 1 : 2의 급구배인 점 등이 연극공간의 원형을 상기시키는 강한 일체감을 부여한다. 연기자와의 거리가 매우 가까워 관객들은 그곳에서 펼쳐지는 퍼포먼스 속에 자연스럽게 참여하고 있다는 느낌을 받게 된다.

| 소 홀 개요

구분	내용
객석수	• 총 객석수 : 266, 298, 346석 (좌석수 가변식) * 휠체어용 10석(6인분)
건축음향	• 주용도 : 연극, 무용, 재즈, 대중음악 콘서트, 현대음악, 워크숍 등 • 실용적 : 4,929㎥ • 잔향시간 : 약 1.20초 (만석시) • 객석형식 : 말굽형 고정석 + 가동 평면(1층) 관람석 • 무대형식 : 어댑터블 시어터(아레나 형식~프로시니엄 형식)
기타	① 무대 규격 : 너비 7.90m, 안길이 약 7.3~14.9m, 높이 11.5m ② 무대 면적 : 약 60~170㎡ ③ 트랩 : 11 ③ 그 외 시설 : 분장실(대 2실, 중 1실)

| 소 홀 내부 전경

6 영상홀

예술적인 영상작품의 감상 및 발표에 적합한 홀이다. 필름 영상, 디지털 영상작품 등을 상영하는 공간으로 이용할 수 있다. 또 예술문화 계통의 포럼이나 심포지엄 외 낭독 발표 등에도 다양하게 다목적으로 이용할 수 있다.

| 영상홀 개요

구분	내용
객석수	• 총 객석수 : 150석 * (휠체어용 3석)
건축음향	• 주용도 : 필름·비디오 영사, 강연회 • 잔향시간 : 약 0.50~0.60초 (만석 시) • 객석/무대형식 : 원 슬로프 엔드 스테이지 형
기타	① 무대 규격 : W10.7m×D4.0m×H4.0m ② 무대 면적 : 약 40㎡ ③ 그 외 : 연습실(대 홀과 공용), 영상설비 등

| 내부모습

7 부속실

| 리허설실/연습실

| 부속실 개요

구분	내용	구분	내용
대형 리허설실	• 바닥면적 : 397.1㎡(약 17.2m×21.0m) • 대 홀의 주무대+프로시니엄형 공간의 크기 • 수용인원 : 100명	대연습실	• 바닥면적 : 362.1㎡(약 16.2m×20.0m) • 4관 편성 오케스트라도 이용가능한 넓이 • 수용인원 : 100명
중형 리허설실 (2개소)	• 바닥면적 : 166.5㎡(약 10.6m×13.7m) • 수용인원 : 40명	중연습실	• 바닥면적 : 67.4㎡(약 9.2m×7.0m) • 수용인원 : 20명
	• 바닥면적 : 87.9㎡(약 8.8m×8.4m) • 수용인원 : 20명	소연습실 (4개소)	• 바닥면적 : 30.2㎡(약 4.9m×5.7m) • 수용인원 : 7명
소형 리허설실 (3개소)	• 바닥면적 : 21.8㎡(약 3.6m×5.5m) • 수용인원 : 5명		• 바닥면적 : 16.5㎡(약 4.3m×3.8m) • 수용인원 : 3명
	• 바닥면적 : 26.2㎡(약 6.1m×4.4m) • 수용인원 : 6명		• 바닥면적 : 19.2㎡(약 5.5m×3.1m) • 수용인원 : 4명
	• 바닥면적 : 30.2㎡(약 4.9m×5.7m) • 수용인원 : 7명		• 바닥면적 : 13.7㎡(약 4.0m×3.3m) • 수용인원 : 2명

8 주요 도면

| 배치도–1층

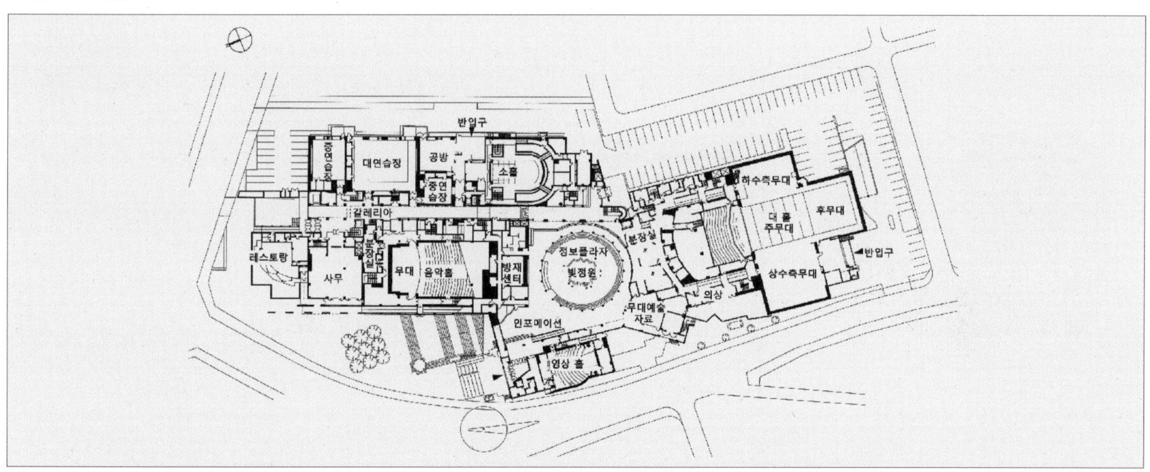

| 배치도–2층

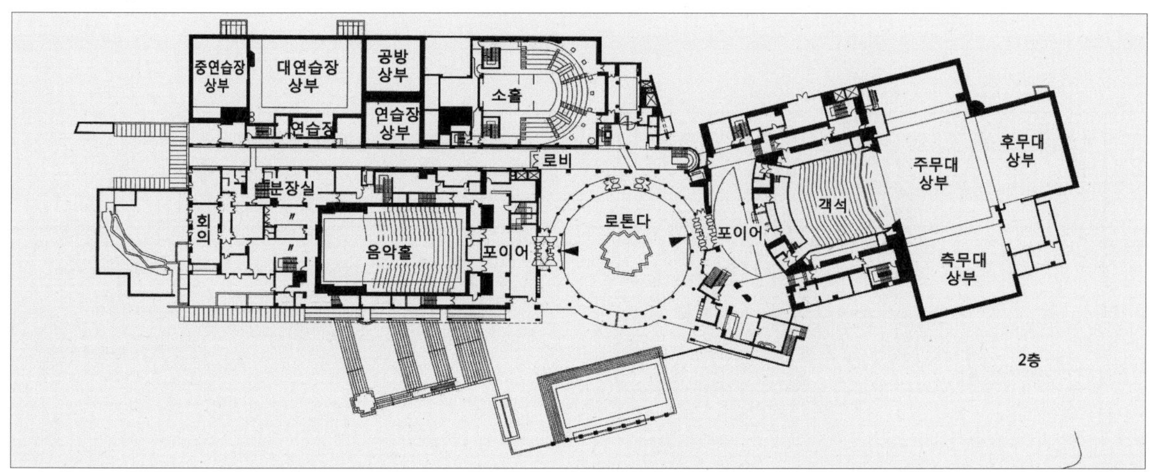

| 단면도

중연습장
대연습장
공방
소홀 무대
객석
레스토랑
사무
분장실
음악홀
로툰다
정보플라자
빛정원
포이어
객석
대홀 주무대
후무대
중연습장
대연습장
무대지하
주차장

| 대 홀 평면도

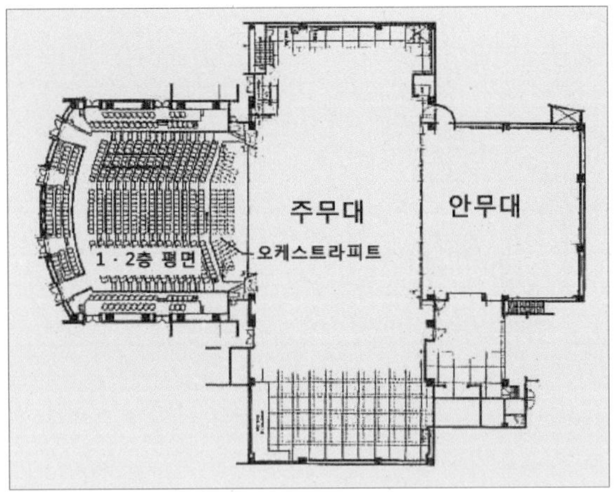

| 대 홀 단면도

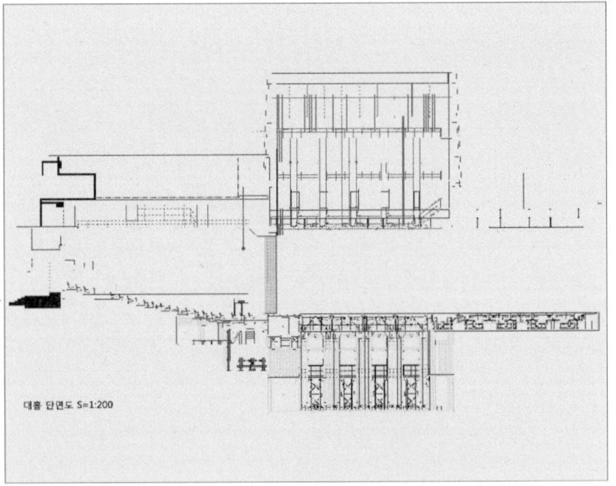

| 음악홀 평면도

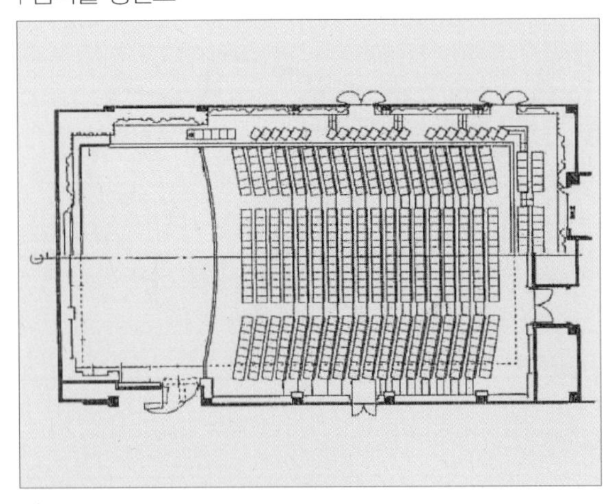

| 음악홀 단면도

| 대 홀 평면도-3층

조광실
포이어상부
오픈천장
감독실
객석
객석상부 오픈천장
무대상부 오픈천장
음향
조정실

| 대 홀 평면도-2층

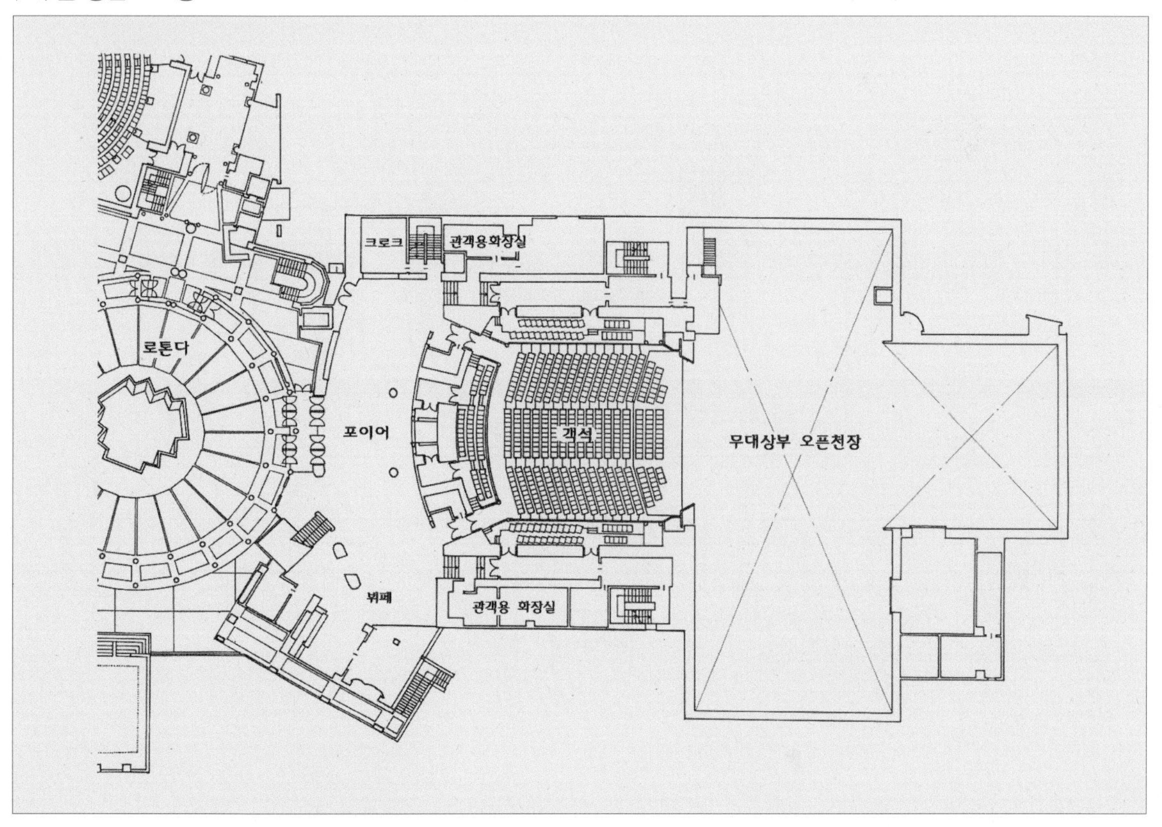

| 대 홀 평면도-1층

| 소 홀 평면도-3층

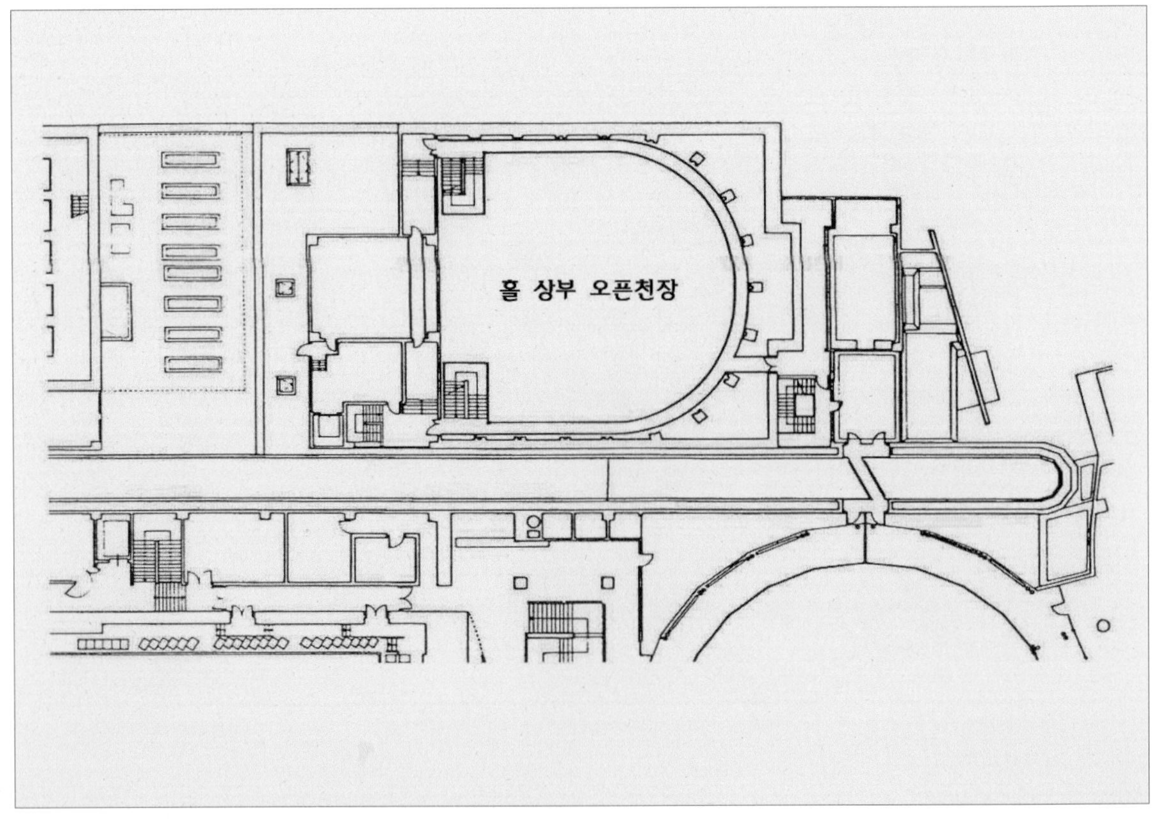

| 소 홀 평면도-2층

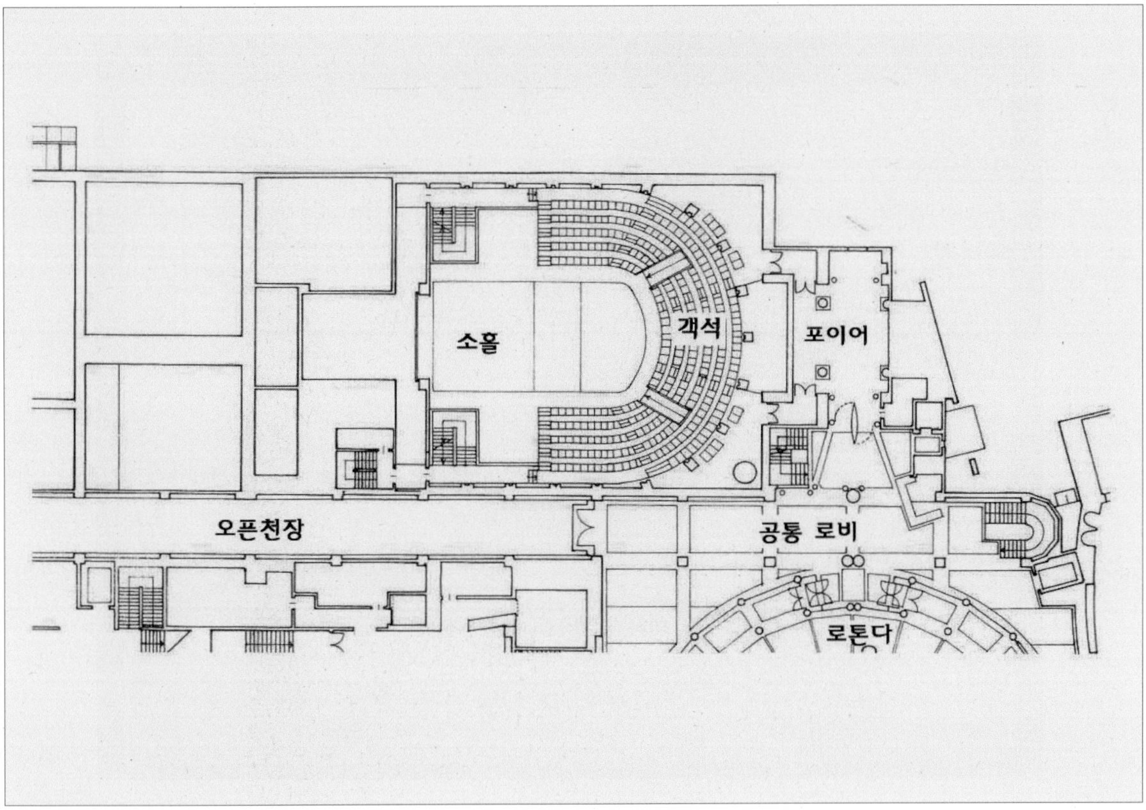

소홀
객석
포이어
오픈천장
공통 로비
로톤다

| 소 홀 평면도-1층

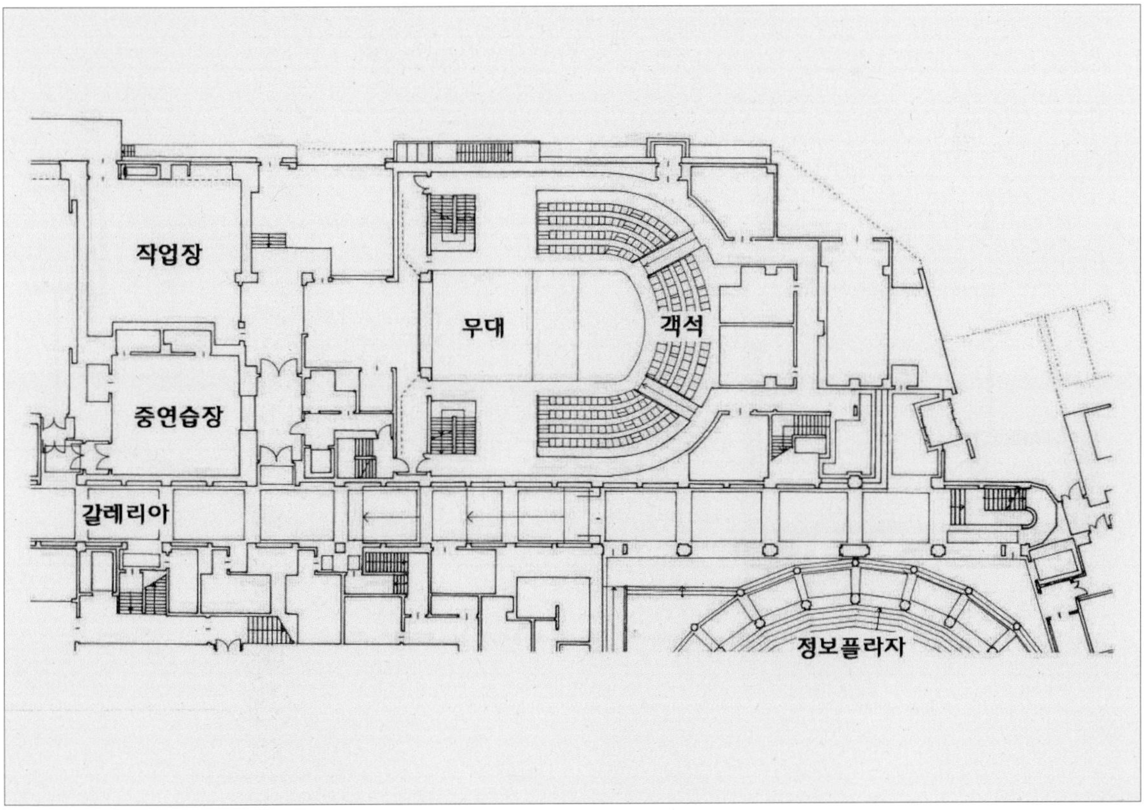

작업장
무대
객석
중연습장
갈레리아
정보플라자

| 소 홀 정면도

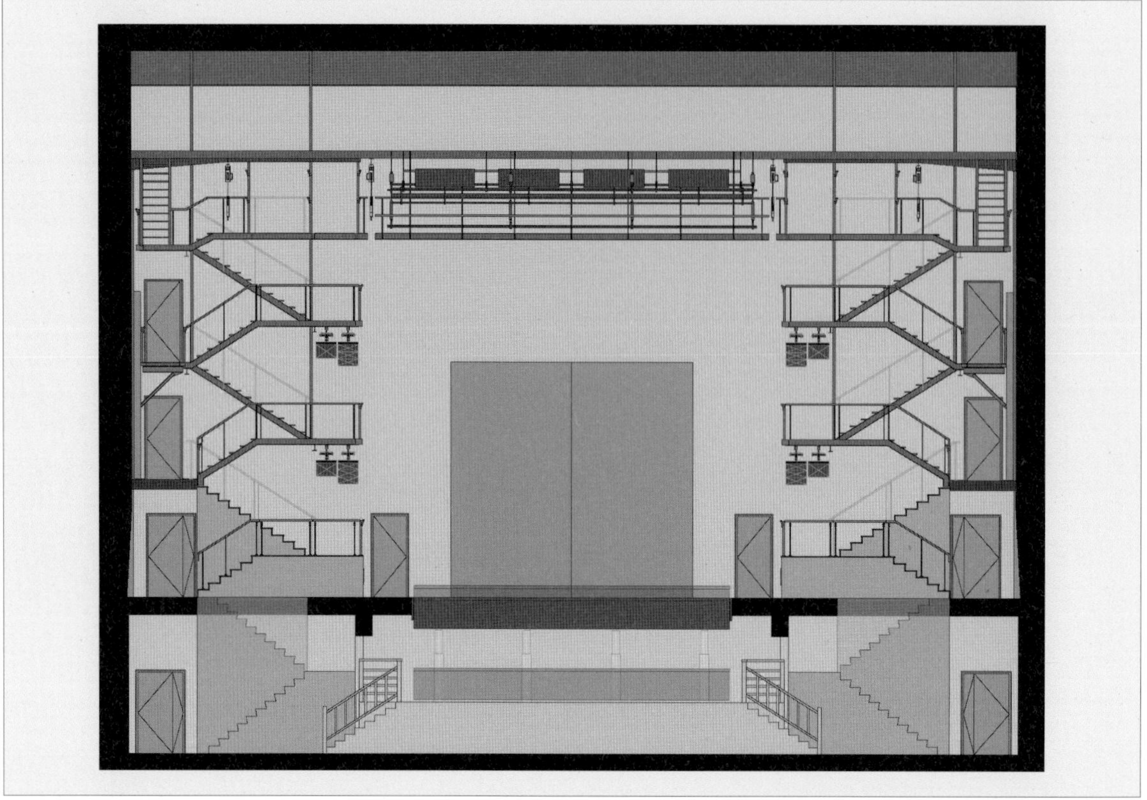

| 소 홀 단면도

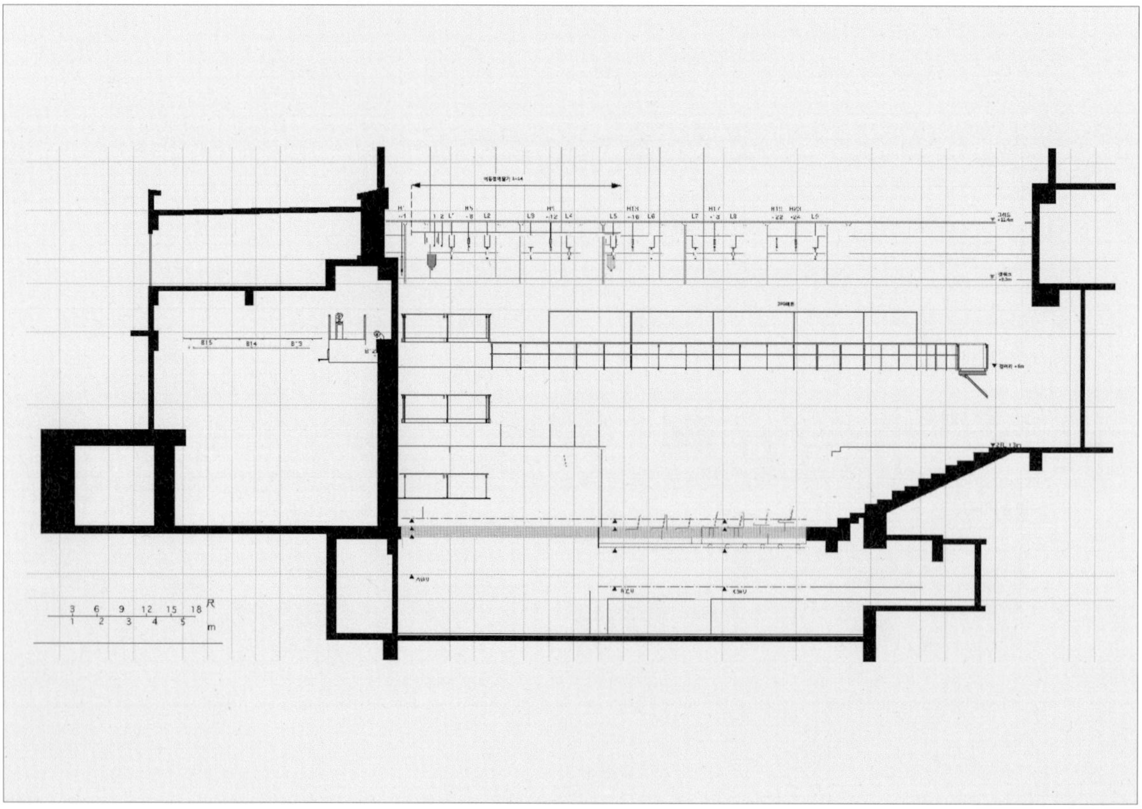

19

KAAT 가나가와예술극장

KAAT 神奈川芸術劇場 / KANAGAWA ARTS THEATRE

극장 내부 전경 |

1 KAAT 가나가와예술극장 개요

요코하마시는 요코하마 개항 150주년(2009년)을 계기로 새로운 도시전략으로서 「창조도시」를 표방하여 그 거점으로서 창조의 요충지라는 컨셉를 내세우고 있다. 조노하나파크(象の鼻パーク)의 정비 및 마린타워의 리뉴얼로 아카렌가(붉은 벽돌)창고, 오오산바시(大さん橋) 국제객선 터미널에서 야마시타공원(山下公園), 모토마치(元町)까지 각 지점을 선이나 면으로 연결하여, 광범위하게 산책을 즐길 수 있는 구역이 되었다. 그리고 2011년 1월 야마시타공원과 차이나타운 사이에 있는 가나가와 현민홀(神奈川県民ホール) 부근에 「가나가와예술극장 · NHK 요코하마방송회관」의 통합시설을 오픈, 새로운 매력이 더해졌다.

본 부지를 포함하는 야마시타초(山下町)의 일대는 원래 가나가와 돔시어터 및 가나가와현 분청사 등이 있던 장소로 가나가와현의 소유지였다. 야마시타초 지구의 재개발사업에는 부지를 A구역, B1구역, B2구역의 3구역으로 분할하여 정중앙에 위치하는 B1구역에 가나가와현 · NHK에 의한 본 시설, 양 옆의 구역에 민간시설의 건설을 기획하였다. 이들 구역은 지구 전체가 잘 조화된 거리모습 및 활기를 창출함과 동시에 구역 내 및 주변구역에 존재하는 많은 역사적 건축물들을 살리도록 도시디자인 지침을 작성하여 설계가 진행되었지만, 경제현황 등의 영향을 받아 B1구역을 먼저 오픈했다. 부지 일대에는 요코하마 최고(最古)의 붉은 벽돌 건축으로 가나가와현 지정 중요문화재인 「구 · 요코하마 거류지 48번관(旧横浜居留地48番館)」이 있고, 신축시설의 건설과 함께 그 보존공사도 함께 실시하였다.

「가나가와예술극장 · NHK 요코하마 방송회관」은 높이 30.0m의 아트리움을 끼고 대 · 소의 두 볼륨으로 구성되어 있다. 큰 볼륨인 1~3층에 NHK 요코하마 방송회관, 4층 이상에 가나가와예술극장의 홀을 배치하고 작은 볼륨에는 가나가와예술극장의 총 4개의 스튜디오가 배치되어 있다.

두 볼륨은 하얀 누에고치를 이미지화 한 피막으로 감싸고 있는 형상을 하고 있는데, 누에고치는 비단 무역의 중심지였던 요코하마에서 연유하였다고 한다. 아트리움에는 홀로 향하는 동선이 얽혀 나선을 그리면서 상승하여 5층의 메인 포이어에 도달한다.

사업자는 도시재생기구 가나가와 지역지사, 설계는 고야마(香山)·APL 종합·APL 디자인설계 공동체, 시공은 가지마건설이 시행하였다. 실내음향 및 소음방지에 관한 컨설팅은 나가타음향설계가 담당하였다. 또, 도쿄대학 명예교수 야스오카 마사히토(安岡 正人)로부터 음향설계, 지하철의 소음·진동대책 등에 자문을 받았다.

▫ NHK 요코하마 방송회관

외관 전경 및 건물 입구 |

NHK 요코하마 방송국은 같은 혼마치도오리(本町通り)에 있었던 구(舊) 요코하마 방송회관에서 새로운 방송회관으로 이전하여 현 시설보다 한발 빠른 11월 27일에 방송을 개시하였다. 「빠져들다(ハマる)·이어지다(つながる)」를 캐치프레이즈로 한 新 방송회관은 방문자와의 교류를 위한 공간으로서 새롭게 「NHK 하트플라자」를 설치, 방송체험코너 및 NHK방송 공개 라이브러리 등 언제 방문해도 즐길 수 있는 코너를 마련하고 있다.

▫ 가나가와예술극장 KAAT (Kanagawa Arts Theatre)

가나가와예술극장(이하, KAAT)은 최대 약 1,300석 수용의 홀, 이동관람석·가동객석 유닛으로 220석의 단상형식 및 단층형식으로 가변하는 대형 스튜디오, 가동차음칸막이벽으로 1실로 바꿀 수 있는 중형 스튜디오, 소형 스튜디오(A), 옥상 테라스가 병설된 소형 스튜디오(B) 등으로 구성된다. 부지의 2블록 항구 측에는 가나가와 현민홀(神奈川県民ホール ; 대 홀 2,488석, 소 홀 433석)이 있는데, 이 두 시설은 일체로 운영되며 객석수가 많은 현민홀의 대 홀에서는 그랜드 오페라·그랜드 발레 등의 공연을 실시하고, KAAT의 홀에서는 연극, 뮤지컬, 댄스 등의 상연을 주로 실시하는 등으로 역할 분담을 한다.

KAAT에서는 「작품을 만들다」(자체사업에 의한 예술의 창조), 「인재를 만들다」(무대기술자 및 아트 매니지먼트 등 인재의 육성), 「마을을 만들다」(NHK 요코하마 방송국 및 인근 시설과 연계한 활기 조성)의 3가지 만들기를 미션으로 삼고 있다.

극장을 찾으면 항상 어딘가에서는 창작활동이 이루어지고 있는 도시형 극장을 지향한다.

KAAT에서는 연극이라고 하더라도 뮤지컬, 스트레이트 플레이, 인형극, 분라쿠(文楽), 라쿠고(落語) 등과 같은 다양한 공연이 이루어진다.

도시의 중심에 건설되는 극장에서는 지금까지보다 더 공연하는 사람과 감상하는 사람과의 새롭고 다양한 관계조성을 요구한다.

공연자는 공연장소를 선택하는 시점에서 관객과의 관계에 어느 정도 제약을 받는다. 이것은 극장 이외의 장소를 선택하는 경우에도 마찬가지인데, 가나가와예술극장에서는 그 새로운 관계성을 다양하게 선택, 디자인할 수 있도록 고안하였다.

| 건축물의 개요

구분	내용	위치
소재지	가나가와현 요코하마시 나카구 야마시타초 281 (神奈川県横浜市中区山下町281)	
공사발주	도시재생기구 가나가와 지역지사	
설계	• 건축설계 : 고야마(香山) · APL 종합 · APL 디자인설계 공동체 • 건축음향 : 나가타음향설계 • 구조설계 : MUSA연구소 / 구조계획연구소 • 설비설계 : 모리무라설계(森村設計)	
시설규모	• 부지면적 : 6,436.61㎡ • 건축면적 약 4,900㎡ • 연상면적 : 24,744.12㎡ (예술극장 18,000㎡) • 건물높이 약 50.0m(NHK 안테나타워 약 110.0m)	
건축구조	철골철근콘크리트조	
방진 · 방음	면진구조, 홀 및 스튜디오는 플로팅구조	
시설종류	메인 홀 : 오페라, 연극, 뮤지컬, 댄스 대형 스튜디오 : 이동관람석 · 가동객석 유닛으로 220석의 단상형식 및 단층 형식으로 가변 중형 스튜디오&소형 스튜디오(A) : 가동차음칸막이벽으로 가변 소형 스튜디오(B) : 옥상 테라스 병설	

2 외관 및 로비

1, 2층에 NHK 요코하마방송회관, 2층 이상에 가나가와현립의 최대 좌석수 1,300석 규모의 연극, 뮤지컬, 댄스 등을 위한 전용극장 및 소극장, 리허설실과 대·중·소의 크기가 다른 스튜디오를 구비하고 있다. 홀의 Entrance를 5층에 두고 그곳으로 유도하는 동선으로서 8층까지 오픈천장을 가지는 큰 아트리움 공간을 설치하고 있다. 남측의 글라스 파사드는 밤이 되면 글라스 1장마다 점등하여 혼마치도오리를 밝게 비춘다. 시설은 혼마치도오리(本町通り)를 따라 미나토미라이선 니혼 오오도오리역(日本大通り駅)과 모토마치·츄카가이역(元町·中華街駅)의 어느 역에서도 도보로 5분 전후의 위치에 자리한다.

외관 전경 및 건물 입구 |

외관 전경 및 건물 입구 |

| 로비

- 좌측 홀의 볼륨은 구릿빛 스터코 마감으로 형상화되어 있으며 우측 스튜디오동의 건물은 갈바륨 강판 물막이판(t=0.4㎜)을 붙인 것으로, 외벽과 같은 마감으로 되어 있다. 두 개의 대면하는 거대 볼륨 사이를 스파이럴 형상으로 배치된 에스컬레이터로 오르게 된다. 8층까지 오픈천장의 아트리움은 스틸 루버의 톱라이트에서 부드러운 빛이 쏟아진다.
- 우측이 NHK 하트플라자 입구로 정면의 흰 볼륨은 3층은 탁아실 및 음향제작실, 4·5층은 분장실, 6·7층은 오픈천장의 뷔페로, 홀 아래부분이 스튜디오의 볼륨과 연결되고 글라스에 분장실내 사람의 모습이 보인다. 좌측 대계단에서 아트리움 주위를 스파이럴 형상으로 세로동선이 이어져 5층의 메인로비까지 관람객을 유도한다.
- 바닥과 벽에는 벽돌타일(200×200㎜, 270×50)을 사용하여 8층 메인로비 안쪽의 대 스튜디오 포이어와 연속성을 띤다. 남측 파사드의 개구부는 특별히 제작된 패턴필름이 사용되었고, 그 내측에 얇은 천으로 막을 설치하여 낮에는 글라스의 모양이 그림자를 비추고, 밤에는 사람의 그림자를 외부에 비춘다. 메인로비 바닥의 패턴도 글라스와 동일한 것을 사용하고 있다.

| 로비

| 로비 |

3 메인 홀 (5F~10F)

KAAT의 핵심인 메인 홀은 3중 발코니를 가지는 말발굽형의 극장이다. 연극, 뮤지컬, 댄스 등에 적합한 최대 약 1,300석 규모의 홀로서 고도의 연출기법에 대응할 수 있는 플렉시블한 가동객석을 가지고, 객석 최후부에서 무대까지의 시선거리는 25.0m 정도로 제한되어 어느 좌석에서 봐도 무대가 가깝게 느껴져 쾌적한 감상환경을 즐길 수 있다. 홀의 최대 특징은 스파이럴리프트를 통해 객석 바닥구배를 가변시킨 메인플로어로서 열(列)마다 높이 변화를 실시하여 제1발코니로 연결되는 표준구배, 제2발코니로 연결되는 급구배, 또 플랫하게 함으로서 무대를 확장하는 등 연출에 따라 구분하여 사용할 수 있다. 음향적으로는 대사의 명확성을 확보하기 위해 연속된 곡면천장, 프런트사이드 타워 및 사이드발코니의 처마 아래에서 객석으로의 초기반사음이 도달하는 형상으로 하였다.

| 표준구배

| 급구배

| 메인 홀 개요

구분	내용
객석수	총 객석수 : 최대 약 1,300석 (표준구배)
건축음향	실용적 : 7,300㎥ 잔향시간 : 1.0초(만석시, 500㎐)
무대	• 무대개구 : 16.4m(폭) · 8.5m(높이), 가동 프로시니엄 타워 프로시니엄 브리지, 승강 헤더 패널 • 무대높이 : 27.3m(그리드), 9.6m(갤러리), 3.0m(무대지하) • 무대 폭 : 38.6m • 무대 안길이 : 31.0m • 주무대면 : 모듈 데크 조립바닥(너비 약 23.6m×안길이 약 16.3m) • 오케스트라 피트 : 안길이 2.9m~5.7m
기타	• 형식 : 3중 발코니를 가지는 말발굽 형식 • 최대 시거리 : 25.0m • 특징 : 스파이럴리프트로 객석 바닥구배를 가변시킨 메인플로어. 열마다 높이 가변을 통해 제1발코니로 연결되는 표준구배, 제2발코니로 연결되는 급구배, 또 평평하게 함으로서 무대를 확장하는 등 연출에 따라 구분 사용이 가능 음향적으로 대사의 명확도 확보를 위해 연속되는 곡면천장, 프런트사이드 타워 및 사이드발코니의 처마 아래에서 객석으로 초기반사음이 도달하는 형상 • 분장실 : 4F(4실), 5F(5실)

1층석 바닥은 열마다 승강무대로서 승강할 수 있고 플랫에서 1층, 2층 객석의 각 발코니에 도달하기까지 자유롭게 구배를 바꿀 수 있다. 프로시니엄 브리지, 프로시니엄 타워, 프런트사이드 타워는 객석에서 보일 때까지 이동할 수 있다. 전용 프로시니엄을 가설하여 객석 측면까지 돌아들어간 오픈무대로서 사용할 수 있다.

□ **객석 형상의 변화**

객석의 「바닥승강 시스템」을 갖추어 다양한 연출에 대응가능성이 풍부한 홀이다. 주요 좌석배치(완구배/급구배/피트형식)는 다음과 같다.

| 표준적인 좌석배치 _ 기준구배 · 완구배

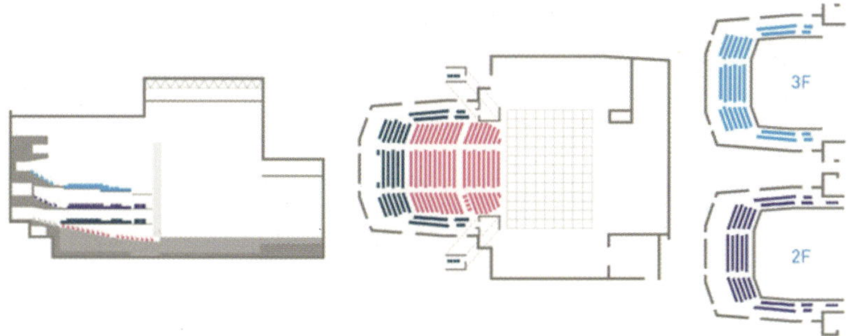

| 일체감을 높인 배치 _ 급구배

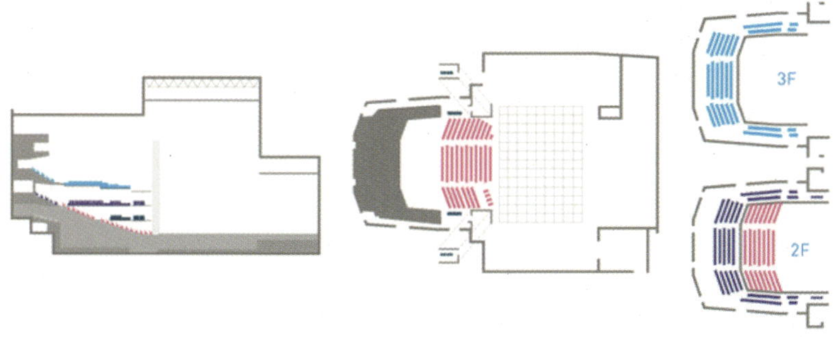

| 1층 관람석(피트형식) 배치

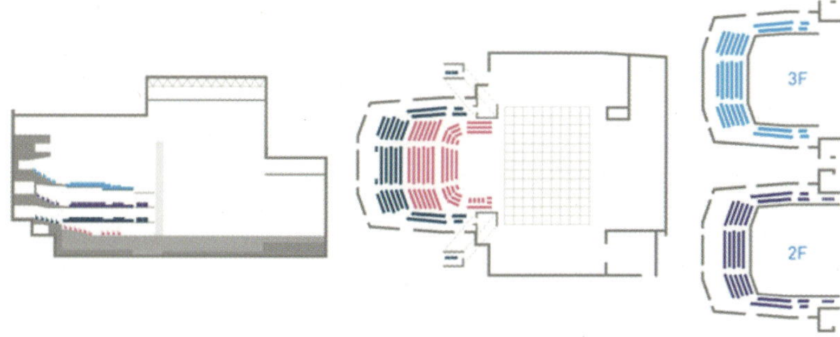

| 도야구치(鳥屋口)(전통예능의 상연을 위한 혼하나미치(本花道) 설치에 대응할 수 있는 패턴) 배치

ㅁ 차음계획과 지하철 소음·진동대책

이와 같이 KAAT의 홀·스튜디오와 NHK방송국과 같은 성격이 다른 시설이 복합된 본 시설에서는 시설 전체의 차음계획이 중요하고, 전면 도로 아래를 지나는 지하철 미나토미라이선의 소음·진동대책도 요구되었다. 이에 대해 우선 KAAT의 홀과 각 스튜디오, NHK방송국의 각 스튜디오에 방진차음구조를 채용함으로써 각 실(室)간 높은 차음성능을 확보하고, 지하철 소음·진동의 저감에 대해서는 이들의 방진차음구조와 건축물 전체에 사용된 면진구조에 따른 복합적인 대책으로 하였다.

KAAT과 같은 복합시설에서는 시설 전체의 차음계획 중 벽체의 차음이 중요하다. [그림1]에 벽체의 차음성능의 기본적 성질을 나타냈다. 단일벽 및 이중벽에 대해서 차음성능의 특징을 정리하고 있는데 요점은 아래와 같다.

- 벽체의 차음성능은 주파수에 따라 달라지므로 투과음은 원음과 음색이 달라진다.
- 벽의 질량이 클수록, 또 주파수가 높을수록 차음성능이 높다. 이 성질을 질량칙이라 부른다.
- 높은 주파수영역이 어느 특정 대역에서 코인시던스 효과에 의해 차음성능이 저하된다.
- 이중벽구조에서는 저주파수영역의 어느 특정 대역에서 공명투과에 의해 차음성능이 저하되는 경우가 있다.

이와 같이 벽체의 차음성능은 구조에 따라 그 값이 달라진다. 특징적인 주파수특성을 가지는 경우가 많기 때문에 설계시에는 부하가 되는 외부 소음의 레벨 및 특성을 파악한 후 적절한 구조를 선택해야 한다. 외벽에는 창문, 출입문 등의 개구부가 차음상의 약점이 되는 경우가 많으므로 특히 주의를 요한다.

각종 구조의 차음특성은 음향투과손실의 실측값으로서 설계자료로 정리되어 있는 것이 많다. [그림2]에 그 사례를 나타낸다.

차음성능의 특징에 대한 요점에서 보듯이 차음성능의 차이는 음색의 차이로 나타난다. 이 효과를 음향투과 시뮬레이션에 의해 실제로 소리를 들어보는 것이 효과적이다.

가장 단순한 시뮬레이션으로는 차음성능의 실측값과 함께 원음의 크기를 주파수대역별로 이퀄라이징 하는 방법이 있다.

실내로의 투과음에는 음원의 위치, 실내의 전반특성이 영향을 미쳐 음색에 변화를 가져온다.

| 벽체의 차음성능의 기초 [그림1]

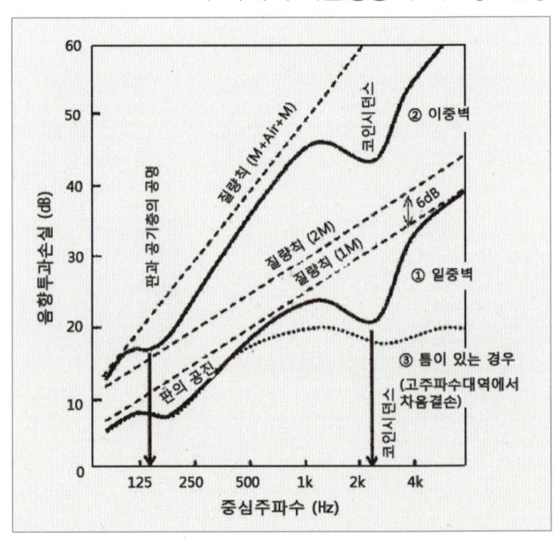

차음에 대해서는 코인시던스 효과에 미치는 음원위치의 영향이 가장 현저하며, 이동하는 음원의 경우 시간적으로 음색의 변화 정도가 시시각각 변한다.

| 설계자료로 보는 차음특성(음향투과손실) [그림2]

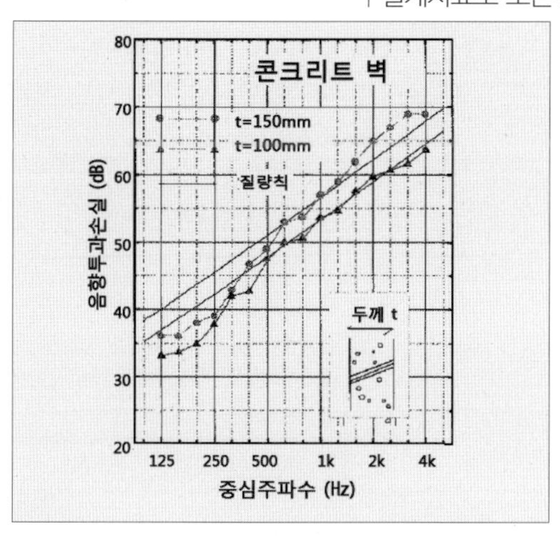

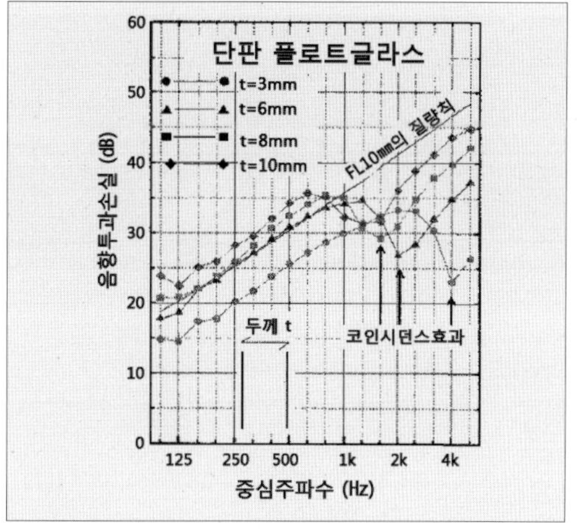

| 이동 음원에 대한 차음의 시뮬레이션 [그림3]

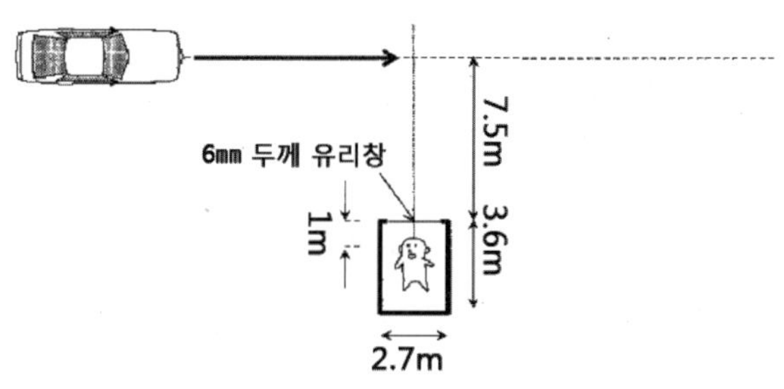

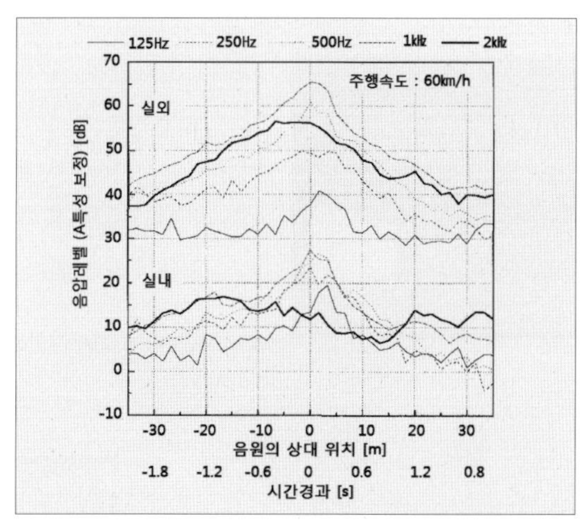

최신 성과에 따르면, 구조진동과 음향전반을 정리해 파동적으로 다루는 수법이 연구되고 있으며, 이들을 이용하면 조금 더 엄밀하게 차음을 시뮬레이션할 수 있다.

[그림3]은 전면도로를 자동차가 주행할 때 실외 및 실내의 소리를 구조-음향 연성해석으로 모의한 결과로 실내·외의 소리를 비교해 들어보면 자동차의 위치에 따라 유리창의 코인시던스 효과가 달라지며, 그 결과로서 음색이 시간적으로 변화해 가는 모습을 확인할 수 있다.

4 각 스튜디오 개요

□ 대형 스튜디오(5F ~ 7F)

| 대형 스튜디오 전경

KAAT 5~7층에 위치하며, 스타디움 형식이다. 소극장(약 220석)으로서 연극, 퍼포먼스 등의 공연이 이루어지는 것 외에 리허설 등 다양한 목적에도 사용할 수 있는 다목적 스튜디오(약 400.0㎡)다.

| 대형 스튜디오 개요

구분	내용
객석수	총 객석수 : 약 220석(롤백 방식 이동객석 · 가동객석 유닛)
무대	• 너비 : 13.0m (오픈스테이지 형식) • 면적 : 405㎡(21.3m×19.0m) • 천장 높이 : 8.9m(그리드), 3.3m(갤러리) • 무대면 : 모듈 데크 조립바닥(폭 18.1m×안길이 12.7m)
기타	• 분장실 : 4F 2실, 5F 2실 • 로비(포이어)는 전방과 후방의 2중 구조로 전방에 코인로커, 후방에 화장실이 있다.

대형 스튜디오 평면 |

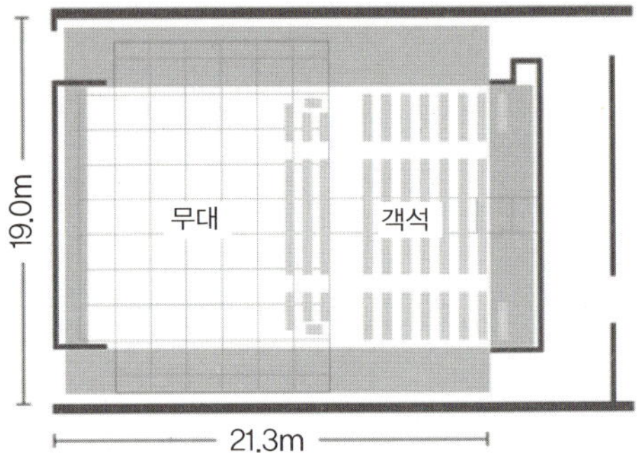

□ 중형 스튜디오 · 소형 스튜디오(A)(3F ~ 4F)

| 중형 스튜디오 · 소형 스튜디오 전경

KAAT 3, 4층에 위치하며 홀 및 본관, 대형 스튜디오에서 공연되는 작품의 리허설, 연습에 이용되고, 그 외 200석 이하의 객석배치 후 댄스 등의 공연이 이루어진다. 중·소 스튜디오간의 가동칸막이를 철거함으로서 소규모의 공연 실시도 가능하다.

| 중형 스튜디오 · 소형 스튜디오(A) 개요

구분	내용
무대	• 면적 : 401㎡(24.3m×16.5m)(평면 형식) • 상설 객석 없음 *가동칸막이 이용시 중형 스튜디오 : 251㎡(16.5m×15.2m)/소형 스튜디오(A) : 147㎡(16.5m×8.9m) • 천장높이 : 5.3m(그리드)
기타	• 분장실 : 중형 스튜디오, 소형 스튜디오(A) 각 2실 • 반출입 : 전용 리프트 안치수 5.5m×2.5m×H2.8m

중형 스튜디오 · 소형 스튜디오 평면 |

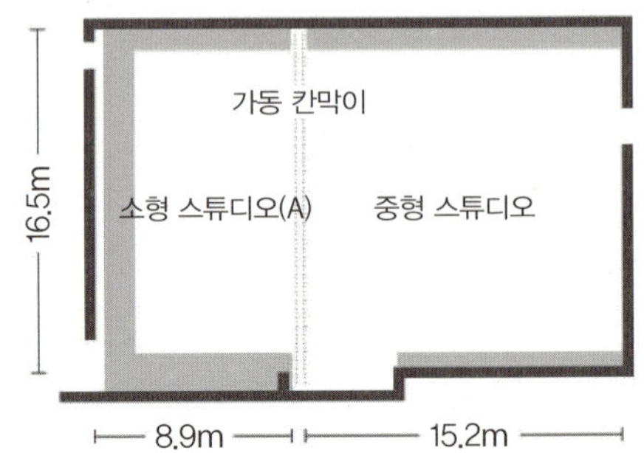

ㅁ 아틀리에 · 소형 스튜디오(B) (8F)

| 아틀리에 · 소형 스튜디오 전경

연극, 댄스 등을 위한 연습실이다. 스튜디오동의 최상층에 있어 밝은 햇살이 들어오는 장점이 있으며 창작을 위한 쾌적한 공간을 제공한다.

| 아틀리에 · 소형 스튜디오(B) 개요

구분	내용
무대	• 면적 : 401㎡(24.30m×16.50m) *가동칸막이 이용시 중형 스튜디오 : 251㎡(16.5m ×15.2m)/소형 스튜디오(A) : 147㎡(16.5m×8.9m) • 천장높이 : 5.3m(그리드)
기타	• 분장실 : 중형 스튜디오, 소형 스튜디오(A) 각 2실 • 반출입 : 전용 리프트 안치수 5.5m×2.5m×H2.8m

아틀리에 · 소형 스튜디오 평면 |

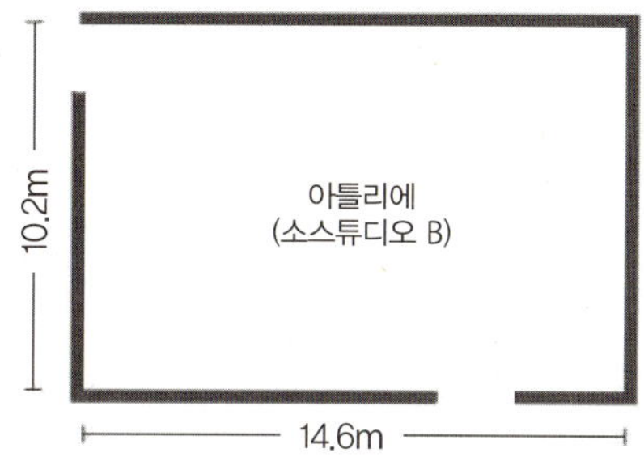

5 주요 도면

| KAAT 가나가와예술극장 전체구성도

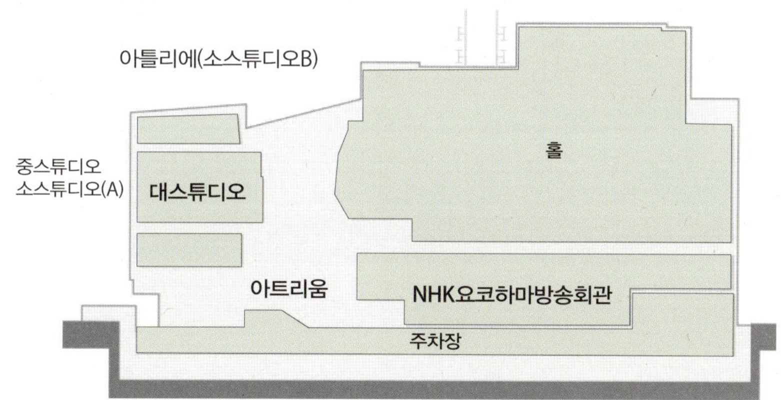

| KAAT 가나가와예술극장 단면도

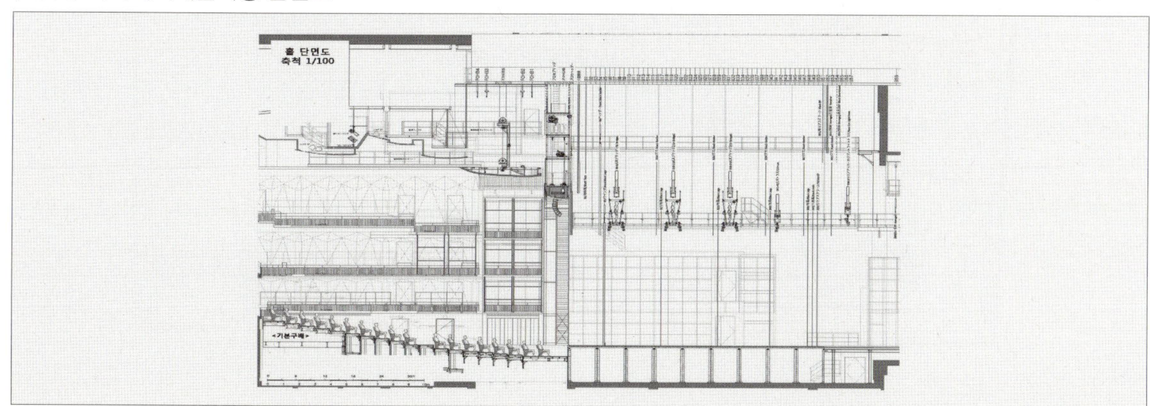

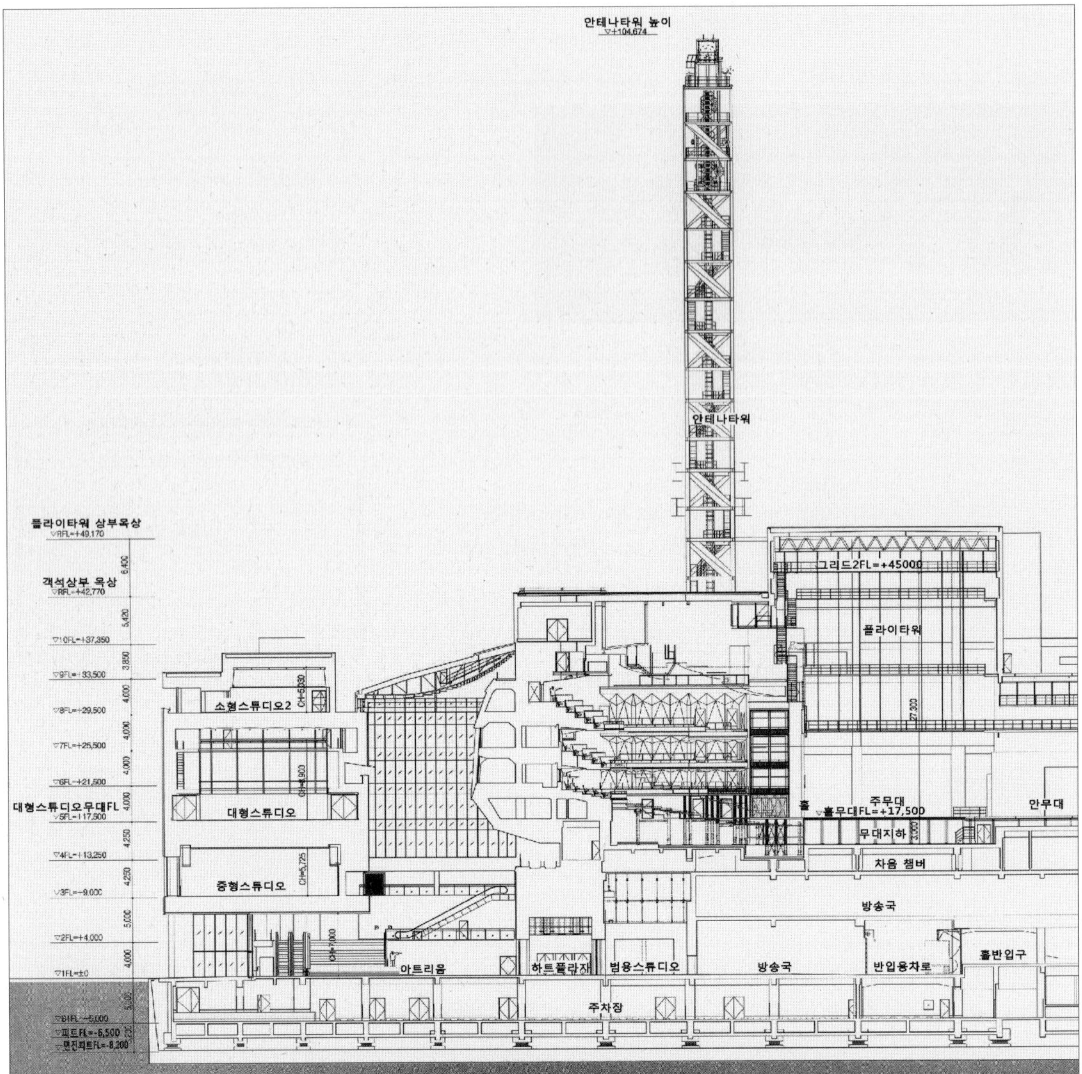

단면 축척 1/550 (붉은 선은 홀 1층 객석의 가변 시 높이)

각층 평면도

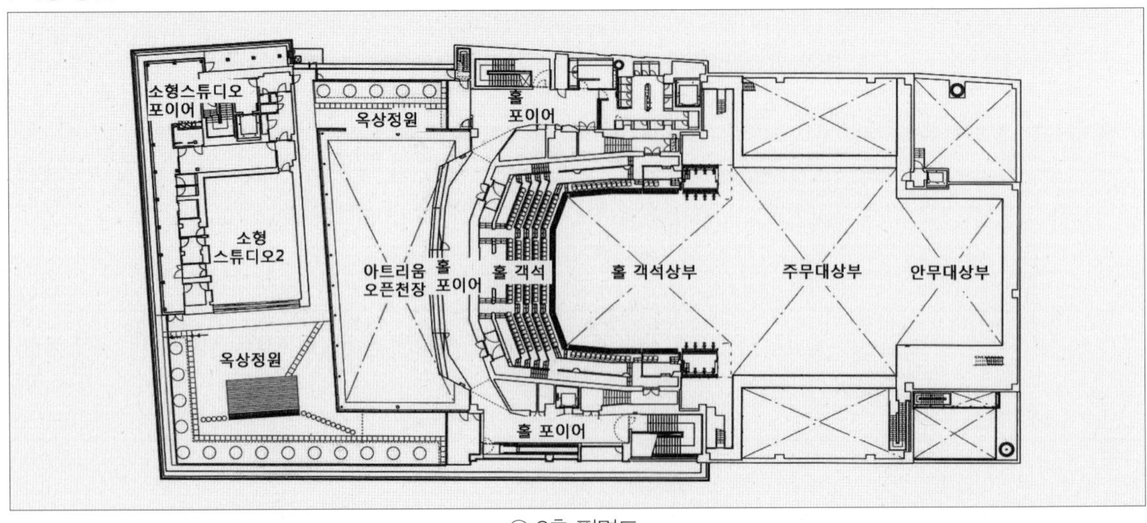

ⓐ 8층 평면도

| 각층 평면도

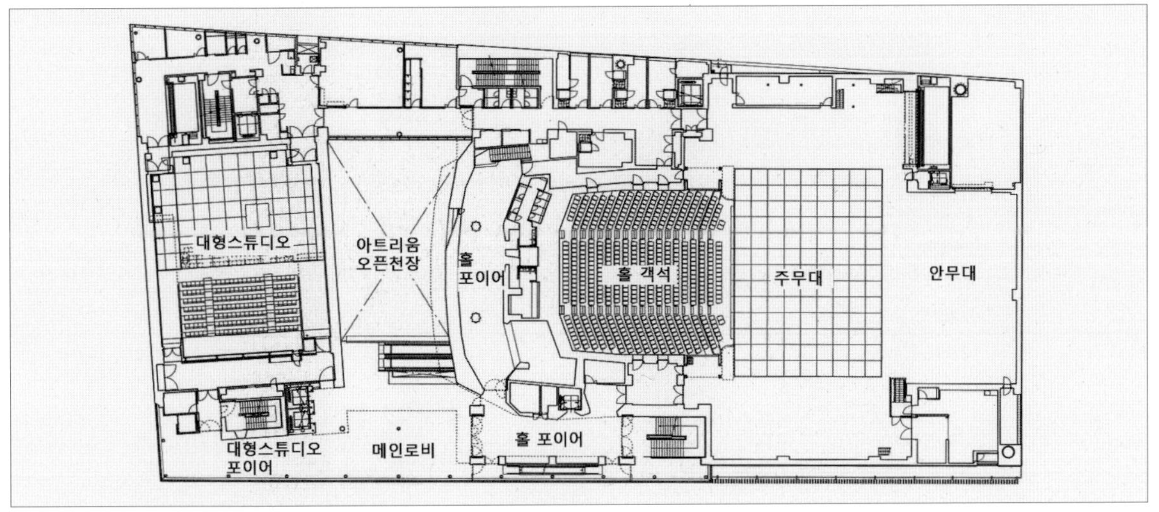

ⓑ 5층 평면도

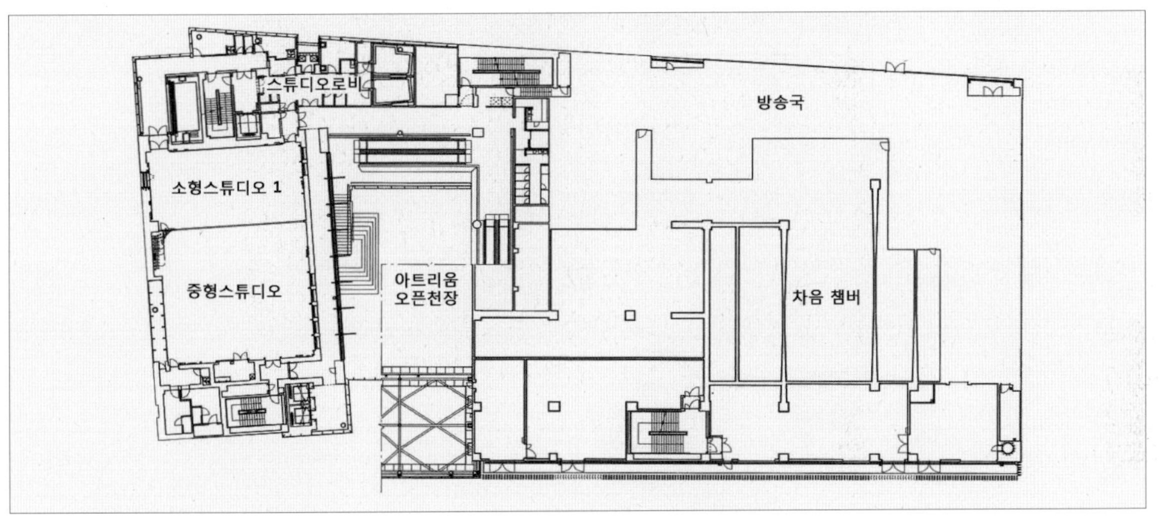

ⓒ 1층 평면도

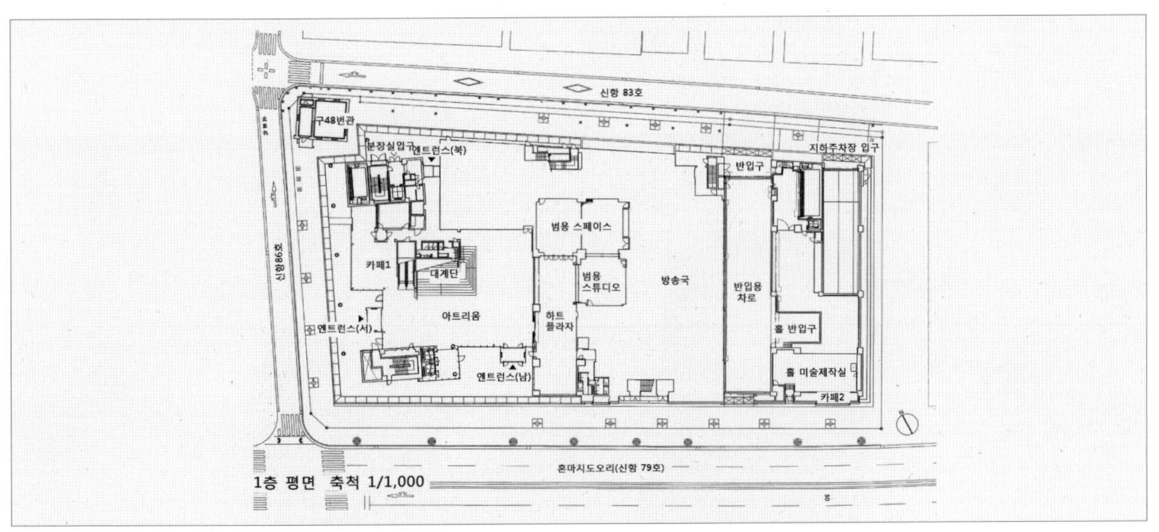

ⓓ 1층 평면도

| 대형 스튜디오 평면도

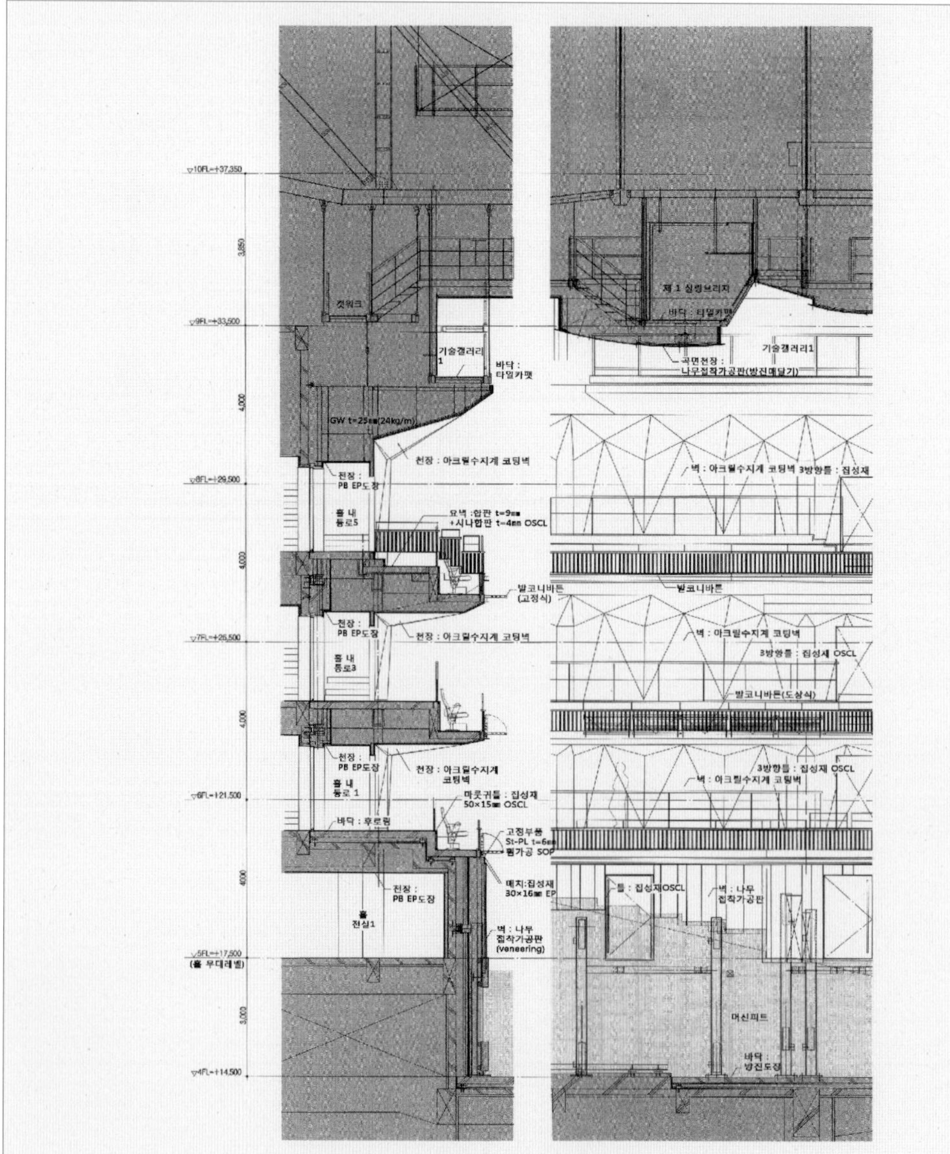
▽10FL=+37,350
3,850
캣워크
▽9FL=+33,500
기술갤러리 1
바닥 : 타일카펫
4,000
GW t=25㎜(24kg/m)
천장 : 아크릴수지계 코팅벽
▽8FL=+29,500
천장 : PB EP도장
홀 내 통로5
요벽 :합판 t=9㎜ +시나합판 t=4㎜ OSCL
4,000
발코니바튼 (고정식)
천장 : PB EP도장
천장 : 아크릴수지계 코팅벽
▽7FL=+26,500
홀 내 통로3
4,000
천장 : PB EP도장
천장 : 아크릴수지계 코팅벽
홀 내 통로 1
▽6FL=+21,500
마룻귀틀 : 집성재 50×15㎜ OSCL
바닥 : 후로링
고정부품 St-PL t=6㎜
4000
천장 : PB EP도장
홀 전실1
메지:집성재 30×16㎜ EP
벽 : 나무 집작가공판 (veneering)
▽5FL=+17,500
(홀 무대레벨)
3,000
▽4FL=+14,500
제 1 실링브리지
바닥 : 타일카펫
곡면천장 : 나무접작가공판(방진매달기)
기술갤러리1
벽 : 아크릴수지계 코팅벽 3방향틀 : 집성재
발코니바튼
벽 : 아크릴수지계 코팅벽
3방향틀 : 집성재 OSCL
발코니바튼(도상식)
3방향틀 : 집성재 OSCL
벽 : 아크릴수지계 코팅벽
틀 : 집성재OSCL
벽 : 나무 집작가공판
머신피트
바닥 : 방진도장

미나토미라이홀

20

横浜みなとみらいホール / MINATOMIRAI HALL

1 미나토미라이홀 개요

1859년 개항한 요코하마는 개항(開港)과 함께 해외의 문화적 영향을 급속도로 받았다. 개항에 따른 문화적 풍경은 요코하마 시내 곳곳에 자리한 유럽풍의 건축물로 잘 알 수 있다. 이러한 이유로 요코하마는 "일본 속의 유럽"이라 불리기도 한다. 일본 특유의 상업시설은 물론이고 바다와 항구가 함께하는 매력적인 도시이다.

"동경의 기능을 요코하마에 모방하자"라는 기본적인 구상 아래 개발계획을 수립하고 이를 실천에 옮기게 되는데, 특히 도쿄 시내로 출퇴근하는 요코하마 시민들의 편의와 도심의 집중현상을 방지하기 위해 계획한 미나토미라이21(MM21)은 "항구의 미래 21"이라는 뜻으로, 이름처럼 미래도시를 테마로 1983년 착공한 이래 쇼핑몰, 업무빌딩, 테마파크, 편의, 문화시설 등을 조성한 곳으로 세계적으로도 성공한 계획도시 모델이 되고 있다. 미나토미라이21은 요코하마市 서구와 중구의 186만㎡ 면적에 건립한 미래도시지역으로「랜드마크타워」,「퀸즈스퀘어 요코하마」「코스모월드」 등 고층 건축물이 밀집되어 사람과 문화가 공존하는 최첨단 요코하마의 모습을 보여준다.

요코하마시에는 이미 음향이 뛰어나기로 정평이 난 가나가와 현립음악당(神奈川県立音楽堂 ; 일본 유명 건축가 마에카와 구니오(前川 國男)의 작품, 마에카와 구니오는 르 코르뷔지에의 제자이다)이 요코하마 항구가 내려다보이는 고지대에 있지만, 객석수가 1,000석 남짓으로 중규모인데다 1962년 건설 후 오랜 시간이 흘렀기 때문에 부대시설 등의 노후화가 문제되어 새로운 문화시설을 희망하고 있었다.

홀 외관 전경 |

| 건축물의 개요

구분	내용	위치
소재지	요코하마시 니시쿠 미나토미라이 2-3-6 (神奈川県横浜市西区みなとみらい2-3-6)	
공사발주	요코하마市	
설계	• 닛켄 설계 (日建設計) • 도쿄대학 다치바나 히데키(橘 秀樹)	
시설규모	• 부지면적 : 44,406.48㎡(전체) • 건축면적 : 44,406.48㎡(전체) • 연상면적 : 18,437.63㎡	
건축구조	철골철근콘크리트조 및 철골조 지하1층, 지상7층	
시설종류	대 홀 : 음악전용홀 소 홀 : 음악전용홀 (다목적 공연) 기타 실 : 음악연습실, 리허설룸, 리셉션룸	

요코하마미나토미라이21 내「퀸즈스퀘어타운」중심시설로서의 위상을 갖는 미나토미라이홀은 당초 계획부터 세계 최고의 음향성능을 겸비한 콘서트홀을 목표로 하고 있었다. 대 홀은 2,020석 규모의 객석으로 음악전용홀로서 슈박스형과 아레나형을 혼합한 형태로 충분한 잔향감을 표현하며 미국 FISK社의 대형 오르간을 설치했다. 소 홀은 440석 규모의 객석으로 이루어진 다목적공연장으로서 슈박스형이며 잔향조정장치를 갖추어 종목에 따라 잔향조정을 가능케 하고 있다. 각층에 배치한 부속시설(음악연습실, 리허설룸, 리셉션룸, 대기실, 분장실 등)은 전문공연장으로서의 역할을 충분히 담당한다.
지하철이 건물의 중심을 관통하는 부지 조건을 고려, 목표치의 실내허용소음값 NC-15를 달성하기 위해 지하철구조면에 방진고무(두께 10㎝)를 설치한 후 70㎝의 콘크리트슬래브를 박는 플로팅 슬래브공법을 채택하여 미나토미라이홀로의 소음, 진동 전반(傳搬)을 차단한다.

2 외관 및 로비

퀸즈스퀘어의 아케이트를 지나면 1층에 위치한 미나토미라홀을 만나게 되는데 홀 입구에서 티켓을 구매할 수 있다. 티켓부스에서는 홀의 연간공연 스케줄 및 최근 공연에 대한 각종 자료를 구할 수 있다. 일본 공연장의 특색 중 하나이지만 공연시작 1시간 정도 전에는 예약이 취소되었거나 미발매된 당일권(當日券)을 판매한다. 홀의 입구는 간결하고 수수하다. 입구를 지나면 2, 3층으로 이동할 수 있는 에스컬레이터가 있는데, 이것을 타고 각층으로 간다. 2, 3층의 로비에 서면 외부로 면한 창을 통하여 요코하마항의 전경을 바라볼 수 있는데, 특히 상징적인 디자인을 하고 있는 파시피코 요코하마와 인터컨티넨털 호텔의 아름다운 광경을 만끽할 수 있다. 이런 풍광을 보면서 마시는 커피 한잔은 미나토미라이홀을 새롭게 느끼게 한다. 로비의 구성은 말 그대로 위대한 공연장의 로비 그대로이며, 간단하고 간결하다. 현란하거나 복잡하지 않아 공연을 위한 생각을 정리할 수 있는 장소로서의 역할을 충실하게 해준다.

横浜みなとみらいホール

横浜みなとみらいホール

| 물품보관실

| 안내소

3 대 홀(Main Hall)

대 홀은 2,020석 규모다. 요코하마에서는 최초로 2,000석 규모의 대형 콘서트전용홀로서 홀에 최적의 음향제조건을 구현한다고 알려진 슈박스형을 기본으로 하고, 무대가 잘 보이는 아레나형의 객석배치를 도입한 「Enclosure형 슈박스형식」을 채택하였다.

무대 최전면에서 3층석 최후면까지의 거리가 33.5m로, 대형 홀이면서 연주자와 가깝게 대할 수 있는 배치이다. 오픈스테이지의 무대 앞도 계단 형상으로 내려가는 설계로서 무대와 객석과의 일체감이 이 홀의 커다란 특징이 되고 있다. 어느 좌석에 앉아도 연주자가 가깝게 느껴지는 설계로 구성되어 있으며, 파이프오르간은 콘서트홀 오르간으로서 최고의 기능을 갖출 것을 염두에 두고 만들어졌다.

유리로 마감한 포이어에는 3군데의 음료 코너가 있어 공연시작 전, 휴식시 편안하게 여유를 즐길 수 있도록 배려했다. 특히 요코하마 항구 야경의 아름다움은 각별하다. 항구가 보이는 홀만이 가지는 특별한 시간을 보낼 수 있다.

대 홀 전경 |

□ **실내 음향설계의 요점 : 잔향과 명료성의 확보**

- 실내 음향설계의 요점 : 잔향과 명료성의 확보
- 측면의 반사음이 객석 전체에 도달하는 슈박스형상을 기본으로 하였다.
- 1층석에 대한 반사음 확보를 위해 사이드발코니 수직벽의 각도, 발코니 높이 등의 최적화를 도모하였다.
- 연주자에게의 반사가 충분하도록 정면반사판 및 무대 측면 발코니처마의 천장을 유효반사면으로 사용하였다.
- 객석 상부에 음향캐노피를 설치하여 음장의 확산과 함께 반사음에 기여하도록 유도하였다.
- 저음역의 잔향시간 확보를 위해 내부마감재의 강성, 중량을 높였다. (면밀도 확보)

| 대 홀 개요

구분	내용
객석수	총 객석수 : 2,020석(1F 1,044석, 2F 682석, 3F 294석) *휠체어용 14석
건축음향	• 실용적 : 22,776㎥(11.3㎥/명) • 잔향시간 : 2.1초(만석시) • 면적 : 1,944㎡(세로 54.0m, 가로 35.0m, 높이 20.0m) • 주용도 : 음악전용홀(클래식) • 형식 : 슈박스형(4면 발코니), 아레나형+발코니2층 잔향시간 3.00 2.00 1.00 0.50 [sec] / 80% 만석 시 (추정값) / 공석 시 (실측값) / 63 125 250 500 1K 2K 4K 8K / 주 파 수 [Hz]
무대	• 형식 : 오픈스테이지, 면적 : 290㎡ • 너비 : 19.5~22.5m, 안길이 : 11.0~13.4m, 천장높이 : 17.8m • 마감 – 바닥 : 노송나무 집성재, t=40mm+합판 후로링, t=12mm+15mm – 7분할 오케스트라승강장치, 피아노승강장치, 6분할 무대승강장치, 스피커승강장치, 조명배튼 4기, 미술배튼 7기, 트러스링 1기
구성	• 형식 : 슈박스형(4면 발코니), 아리나형+발코니2층 • 구성 : 폭 22.5m(1층)/28.2m(2층) • 천장높이 : 11.6~19.1m • 분장실 : 12실, 396㎡ • 객석면적 : 1,768.8㎡(1층석 718.2㎡/2층석 705.5㎡/3층석 345.102㎡) • 객석의자 – 폭 52.0cm –전, 후 간격 92cm – 마감 : 공조의자, 오크, 모켓 특별주문품 • 내부마감 – 바닥 : 오크플로링, t=20mm – 벽 : 화이트오크합판+섬유강화보드, t=21mm×3+12.5mm – 천장 : GRC 성형패널, 섬유강화보드 t=21mm×2+FG(t=8mm+댐핑시트) • 부대시설 : 음악연습실, 아티스트라운지(412㎡), 리허설룸, 리셉션룸, 클로크 1개소(81㎡), 드링크코너(3개소), Entrance 로비 벽화[무라타 노리코(田村 能里子)]
기타	① 진동/소음대책 지하철 진동, 소음 차단을 위해서는 음원 쪽에서 대책을 강구하는 것이 효과적이므로 지하철 사업자와의 협의 후 질량감 있는 콘크리트슬래브 구조 위에 방진궤도를 부설하는 대책을 세웠다. 대 홀과 소 홀, 연습실간의 소음・진동 차단은 공간간의 거리확보, 입체적인 겹침을 피하는 사항 등에 배려했고, 소 홀은 방진박스 구조를 적용함으로써 설계목표치인 NC-15를 달성했다. ② 공조의자 공조송출구를 의자의 등받이에 설치한 공조의자를 채택했다. 공조공기는 바닥 아래의 챔버로부터 유입된 3연1유닛의 의자로 유도-챔버를 통해 의자등받이로 송출한다.

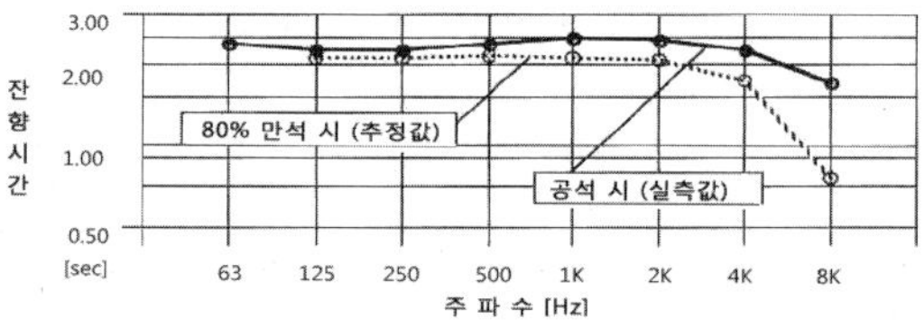

무대 뒤 합창단석

대 홀 내부 모습 |

| 천장 중앙에 샹들리에 설치 – 음의 확산 유도

| 측벽 발코니석 – 양측 벽면에 발코니석 설치(객석과 무대를 둘러싸는 형태)

| 발코니 단면상세도

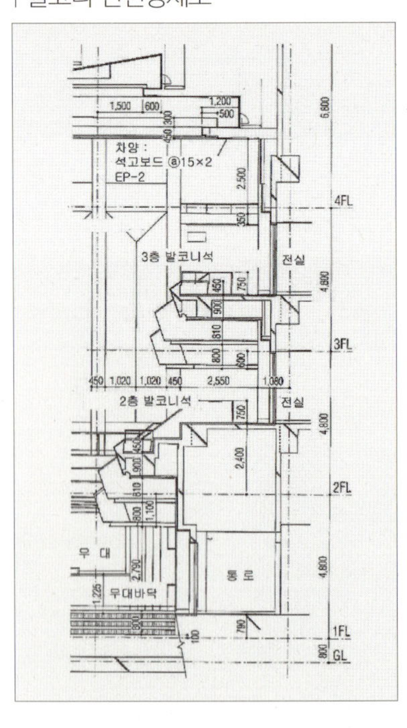

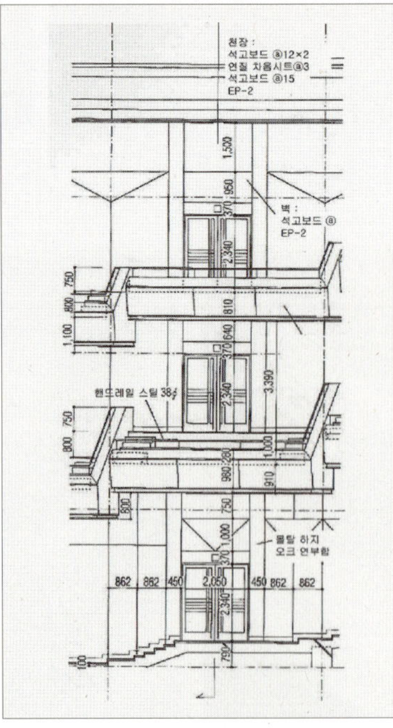

| 공조용 객석의자 설치모습

무대부 – 파이프오르간 설치 |

대 홀 무대 정면에 설치되어 있는 파이프오르간은 미국의 C. B. Fisk社[1] 제품으로 혼두라스 마호가니(Honduras Mahogany)제 케이스에는 요코하마와 관련 있는 갈매기 조각이 새겨져 있다.
눈부시게 빛나는 밝은 음색에 어울리게 「빛」을 의미하는 "루시"라는 애칭을 갖는 요코하마 미나토미라이홀의 상징이다.

☞ 1) 미국 현대 오르간 건조의 선구자. 1961년 Charles Brenton Fisk이 보스턴 근방의 Gloucester에 설립하였다. 전미 각지의 교회 및 음악대학, 콘서트홀은 물론이고 스위스, 일본에서 우수한 족적을 남겼다. 요코하마 미나토미라이홀의 오르간 Op.110은 제3대 사장인 Steven A. Dieck를 중심으로 한 팀의 작업으로 1991년 설계가 계시되어, 홀에 설치한 후 1년여에 걸친 조음작업을 포함하여 7년의 세월을 걸쳐 완성하였다.

파이프오르간 사양 |

외형규격	높이 12.0m×폭 12.0m×길이 3.6m
스 톱 수	62스톱+첼레스타(Celesta), Nightingale, Zimbelstern
파이프수	4,623봉
연 주 대	• 제1~제3손건반 : 각 61건반 (CC–c4) • 페달 : 32건반 (CC–g1) • 메커니컬 키액션(mechanical Key Action) (Servo pneumatic Lever) • 일렉트로닉 스톱액션 • Bombarde, Swell, Tuba는 셔터 부착 • 크레센도(Crescendo) 페달
케 이 스	Honduras Mahogany
건 반	백건반 : 천연 뼈, 흑건반 : 흑색 박달나무
파 이 프	금속제 : 납과 주석의 합금, 나무제 : 포플러
조 율 법	평균율 (a1 =442Hz)

이 악기는 현대의 콘서트홀에 있어서 오르간의 이상을 추구하여 설계하여 바흐 이전의 시대부터 현대에 이르는 다양한 오르간 곡을 각각에 어울리는 음색으로 연주할 수 있다. 초기단계부터 오르간연주를 진행할 것에 맞춰 건축설계를 진행해온 만큼 홀 전체가 하나의 악기와 같이 공명하여 객석에서는 마치 오르간의 음색에 휩싸인 듯한 착각에 빠져든다.
파이프는 전체 4,623봉이다. 전면에 보이는 파이프 외에 안길이 3.6m 4중으로 되어 있는 내부에 재질도 형태도 크기도 다양한 파이프가 가득 나열되어 있다. 나무파이프는 포플러재, 금속파이프는 납과 주석의 합금으로 제작하였으며 첼레스타가 편성되어 있다. 음색을 선택하는 스톱은 62개다. 그 외에도 「첼레스타」 및 벨소리를 조합한 「Zimbelstern」, 새소리와 비슷한 「Nightingale」과 같은 음색도 갖춰져 있다. 또한 음색의 조합(Registration)을 컴퓨터로 기억하는 메모리가 내장되어 있다.

□ 객석의 바닥과 천장구성

음악홀에서의 객석바닥 마감은 대부분의 우리와 일본 홀에서는 바닥에 직접 부착하는 플로어링이지만 고전적 홀인 빈 무지크페라인 대 홀 등에서는 격자틀 위에 바닥재를 설치한 구조로 되어 있어 판진동에 의해 바닥으로부터의 음이 진동전달 효과를 부여해 준다. 그리고 객석에서 무대를 쉽게 바라볼 수 있도록 하기 위해서는 객석의 바닥구배를 급하게 하는 것이 좋다. 그러나 유명 홀에서는 평면형이 많아 구배를 급하게 하면 흡음역으로서의 관객 면적이 커져 음향적으로는 별로 좋지 않다고 여겨져 왔다. 그러나 구배가 심해도 높은 평가를 받고 있는 사례도 있으므로 절대적 요소는 아니라고 판단되며 효과적인 1차반사음의 확보를 위한 방법이 모색되어야 하는데, 객석 관객의 입장에서는 측벽면에 반사되어 돌아온 음이 주요 1차반사음이 된다. 이 경우 벽면이 평평하면 음이 그대로 반사되어 오므로 청감상 딱딱한 음이 되어 버린다. 일반적으로 바람직하고 부드러운 울림의 음을 위해서는 무작위의 좁은 홈을 세로방향으로 위치시키면 효과적이다. 이와 같은 세세한 음향적 특성을 미나토미라이홀의 각 부분에서 잘 보여주고 있다.

슈박스형 홀의 객석천장에는 격자천장이 이용되는 경우가 많은데, 이와 같은 구성은 천장면은 반사음을 객석에 반사시키는 최대의 면이기 때문이다. 격자천정이나 장식을 연출하면 음을 단일의 방향이 아닌 복수의 방향으로 반사시키기 때문에 깊이 있는 음이 된다. 발코니 하부의 천정도 격자로 하면 좋은 효과를 누릴 수 있다. 평평한 단순한 천장에서는 깊이 있는 음이 만들어지기 어렵다. 이와 같은 사례는 고양아람누리 음악당에서도 살펴볼 수 있다.

평행한 벽면 간에서는 소리의 왕복반사에 의해 플러터에코가 발생하는 경우가 있다. 플러터에코는 음성을 청취하는데 방해가 되고 울림 속에 이질적인 음색을 발생시키기 때문에 음향장애로 알려져 있다. 플러터에코를 막기 위해서는 평행한 벽과 같은 왕복반사경로를 만들지 않는 것이 이상적인데, 이와 같은 방법은 건축 설계단계에서의 검토가 필요하다. 보다 일반적인 대책 방법으로는 왕복반사경로상의

| 장방형(직사각형) 리브의 배열

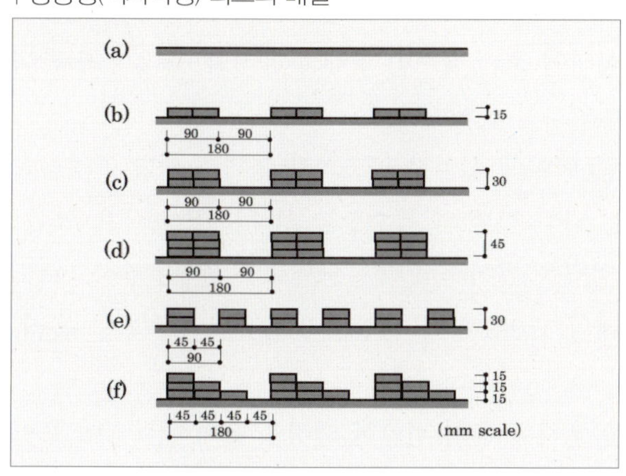

| 난반사율의 이미지

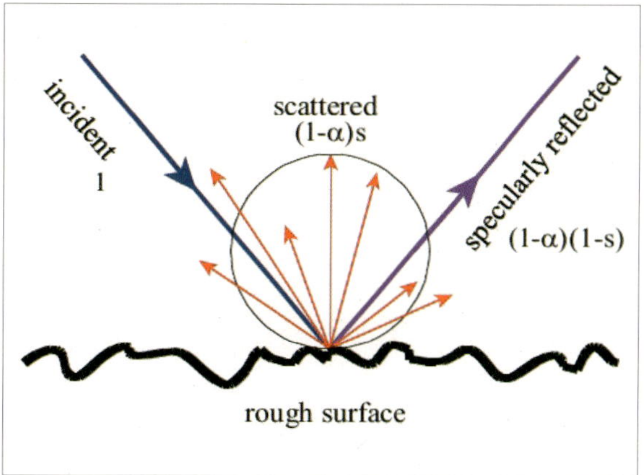

흡음재 설치를 생각해 볼 수 있다. 그러나 흡음부위가 증가하면 실내의 잔향도 잃어버리기 때문에 음악을 용도에 포함하는 실(室) 등에서는 선택할 수 없다. 흡음재를 이용하지 않는 플러터에코 대책으로는 벽면에 요철을 설치하여 반사음을 확산시키는 방법이 있다.

수직입사 난반사율을 산출하여 리브 형상의 확산 정도를 정량적으로 확인하여 음악홀의 음향설계에 적용하였으며, 리브 배열에서의 난반사율을 광대역에서 크게 하기 위해서는 높이가 다른 리브의 조합이 유효하다.

ㅁ 발코니의 구성

무대 옆 발코니는 객석과 무대의 일체감을 높이는 효과가 있어 슈박스형 홀의 하나의 표준이 되어 왔다. 그러나 사이드발코니에서는 난간에 가로막혀 무대가 반 정도 밖에 보이지 않는다는 큰 문제가 있어 슈박스형 홀의 단점이 된다. 이런 문제가 있음에도 불구하고 슈박스형 홀에 사이드발코니가 적용되는 이유는 사이드발코니를 보유한 슈박스형 홀 음이 좋다는 평판 때문이다. 이런 발코니 형상은 미라토미라이홀의 발코니 구성에서도 잘 나타나 있는데, 요철로 구성한 발코니의 형상이 홀의 음향특성

을 유지하는데 매우 큰 역할을 담당한다. 발코니 상부의 벽은 무대로부터의 음을 일단 천장에 반사시키고, 또 천장면의 음을 반사시켜 객석에 전달하는 2차반사음을 만드는 장소이므로 꽤 자유로운 디자인이 가능하다. 하지만 단일하게 되풀이되는 디테일(작은 세로 격자 등)은 특정 주파수대를 증폭시키거나 없애버리므로 피해야 한다. 또 요철 없는 평평하고 큰 벽면도 같은 이유로 피한다.
발코니 구성에 따라 생기는 발코니 하부, 발코니 천장의 깊이는 깊게 하지 않는 것이 음향상으로 좋다. 전기음향으로 확성하는 극장의 발코니석은 깊이를 크게 해도 음향상 지장이 없지만 음악홀의 경우는 홀 천장으로부터 음이 발코니 아래쪽에 도달하지 않기 때문에 발코니 하부의 깊이는 작게 할 필요가 있다.

ㅁ 공조용 객석의자 설치

객석의자 설치시에 전후 간격, 폭을 크게 하는 경향이 있다. 최대 2시간 정도는 계속 앉아 있기 때문에 편안한 의자가 요구되는데, 쿠션이 너무 부드러우면 오히려 불편하므로 적당하게 딱딱할 필요가 있다. 음악홀에서 객석의 관객은 최대의 흡음재 역할을 하므로 홀의 관객 수용 상태에 따라 잔향시간이 달라지는데, 이것은 의자와 관객의 흡음성능이 다르기 때문이다. 만석시와 공석시에 음향적으로 변화가 적은 것이 이상적이므로, 객석 뒷면의 흡음과 공석시에 조금 젖혀진 형태를 유지할 수 있도록 관객과 비슷한 흡음특성을 갖는 음향특성을 보이도록 객석의자를 설계한다.
미나토미라이홀의 객석의자는 공조송출구를 의자의 등받이에 설치한 공조의자로 새로 개발에 성공해 처음 채택했다. 겨울에도 냉방이 공조의 주체가 되는 나라(일본)의 특수성과 지나칠 정도로 요구되는 정숙성을 실현하는 것이 과제였는데, 실물 크기의 실험을 반복하여 체감상으로도 실내음향적으로도 만족할 만한 것이 완성되었다. 공조공기는 바닥 아래의 챔버로부터 유입된 3연1유닛의 의자로 흘러, 의자 내 챔버를 통해 등받이로 송출된다.
홀 내의 NC-15를 달성하기 위해 저속의 풍량으로 공조하여 홀의 편안한 환경을 유지하는 점이 포인트였다.

ㅁ 진동 · 소음대책

미나토미라이홀의 건립계획 당시 지하철이 건물 중심을 관통하는 악조건을 전제하여 목표로 하는 실내허용소음레벨인 NC-15를 달성하기 위한 다양한 검토가 이루어졌다.
지하철의 진동·소음 차단을 위해서는 음원 쪽에서 대책을 강구하는 것이 효과적이라 판단, 지하철 사업자와 협의 하에 질량감 있는 콘크리트슬래브 구조 위에 방진궤도를 부설하는 대책을 지하철측에서 실시했다.
또한 대 홀과 소 홀, 연습실간의 소음 · 진동 차단은 공간간의 거리확보, 입체적인 겹침을 피하는 것 등을 배려했고, 소 홀은 방진박스구조를 채용함으로써 설계목표치인 NC-15를 달성했다.
이와 같이 진동 · 소음의 차단에 있어 발생원에서 차단을 실시한 것이 매우 효과적이었으며, 예산상의 장점도 있어 국내 공연장의 건립시에도 이 방안을 적극으로 도입할 필요가 있다.
대구콘서트하우스 건립공사에 적용한 지하철이나 철도 등에서 발생하는 진동 · 소음의 차단을 위하여 방진구를 설치한 것이 좋은 사례라 할 수 있다.

□ 무대구성

무대는 객석에 음을 균등하고 강하게 보내주는 기능을 한다. 그 목적에 가장 적당한 형태가 무대구성의 기본이 되며, 객석에 있어서 어느 좌석에서든 균등하고 충분히 큰 음을 느끼지 못한다면 음악홀로서의 전문성에 문제가 생긴다.

이와 같은 무대의 역할은 객석으로 음을 보내는 것뿐만 아니라 연주자가 다른 연주자에 맞춰 템포와 세기, 음색을 조정하기 쉽도록(앙상블) 한다.

무대의 정면 폭, 앞뒤 간격이 길면 벽면으로부터의 음의 반사가 느려져 앙상블이 어려워진다. 통상 무대의 크기는 공연장르의 폭을 넓게 하기 위한 목적으로 크게 만들려고 하는데, 음악홀에서는 오히려 작은 편이 음향적으로 바람직하다.

또한 무대를 둘러싼 벽의 형상은 앙상블에 있어서 아주 중요한 구성요소로서 벽이 평평하면 일정방향으로만 반사하기 때문에 앙상블이 어려워진다. 앙상블을 확보하면서 객석으로 음을 보내기 위해서는 벽면을 부드러운 톱니 모양으로 하는 것이 매우 효과적이다. 무대를 둘러싼 벽의 상부 형상으로서의 구성상 특징을 살펴보면, 무대배후의 벽은 파이프오르간을 놓는 곳이 돌출되어 있는 곳이 많은데, 그 돌출부분이 객석에 음을 반사시키는 역할을 한다. 오르간이 없는 경우는 파이프오르간의 연주대(演奏臺)와 비슷한 위치에 돌출부를 설치한다. 돌출면은 벽면과 마찬가지로 앙상블을 위해 요철을 부여한다.

무대바닥구조의 음향상 특징으로는 효과적인 진동음 확보에 있다. 이는 무대의 바닥면을 효과적으로 진동시키면 악기의 음이 증폭되기 때문이다. 피아노나 첼로, 베이스 등과 같이 바닥에 음을 전달하는 것이 전제로 되어 있는 악기도 있어 격자틀 방식을 취하는 것이 일반적인 방법이다.

바닥판은 40㎜ 정도의 두꺼운 판을 각재의 격자틀 위에 설치하는 방법과 12㎜ 정도의 합판 하지 위에 25㎜ 정도의 플로어링을 까는 방법이 있다.

두꺼운 판의 경우는 나무가 건조하여 음이 안정될 때까지 몇 년이나 걸리지만, 표면을 샌딩함으로써 장기간 사용할 수 있는 장점을 지닌다. 플로어링의 경우는 바닥판의 두께를 작게할 수 있기 때문에 안정된 음을 빨리 확보하기 쉽다.

피아노를 운반해야 하므로 바닥판을 붙이는 방식은 쪽매이음으로 하고, 음이 객석으로 나가는 이미지를 연출하기 위해 세로방향으로 판을 붙이는 경우가 많다. 통상 국내공연장 설계에서 무대바닥의 하부구성시 방진고무를 습관적으로 설치하는 경우가 많은데, 음향적인 면에서는 재검토가 필요한 사항이다.

무대의 천장도 무대 벽과 마찬가지로 앙상블에 활용한다. 무대천장은 배튼이나 무대조명, 마이크 등을 매다는 공간으로 무대후벽처럼 톱니형상 구성하면 앙상블 효과가 있다.

아레나형은 앙상블을 형성하는 벽이 적고 무대상부 천장이 매우 높기 때문에 이를 보완하기 위하여 무대상에 반사판을 설치한다. (대표적인 사례는 "베를린 필하모니, 산토리홀, 고양아람누리 음악당 등이 있다)

□ 부속실 구성

음악홀의 대기실 주변은 심플하다. 출연자가 한정되어 있기 때문에 분장이나 의상에 있어서의 비중도 가벼우며 무대도구의 제작공간도 없는 경우가 많다. 교향악단의 프랜차이즈를 섭외한 경우에는 연습용 시설, 리허설 시설을 일상적으로 이용하고, 음악홀 자체도 연습에 사용한다.

○ 출연자대기실

대기실은 보통 개인실과 단체실을 준비해 놓는 것이 일반적이다. 개인실은 방문객이 오기 때문에 응접세트가 필요하다. 보안을 배려한 VIP용 특별실도 대기실 구역에 배치하는 사례가 있다.

대기실에는 대기공간으로서의 장소제공 이외에 샤워, 화장실, 연주준비를 위한 피아노가 구비되어 있다. 대기실의 문이나 벽을 녹색으로 칠해 출연전의 긴장을 완화시키는 풍습이 과거에 행해졌기 때문에 미국에서는 그린룸이라는 이름으로 정착해 갔다.

○ 리허설룸

교향악단의 프랜차이즈를 거느리고 있는 심포니홀은 연습장으로서 리허설룸이 반드시 필요하다. 음악홀의 음향에 맞춰 연주를 만들어 나가기 때문에 리허설룸의 음향상태는 홀의 음향조건과 같아야 한다. (특히 유효층고의 확보는 리허설룸의 음향제조건을 확보하는 매우 중요한 요소다)

○ 무대 후면시설(측무대)

측무대, 그 중에서 특히 왼편의 측무대는 음악감독 또는 부조작반의 스텝, 공연시 무대 출입문을 열어주는 사람 그리고 출연자가 좁은 장소에서 뒤엉키게 된다. 동선이 혼잡한 곳이기 때문에 충분히 기능적인 요소를 신경쓸 필요가 있다.

사람의 동선 외에 피아노의 반출입도 좌측으로부터가 일반적이다. 관객이 보고 있는 앞에서 반출입하는 경우도 있으므로, 반입용 도어를 열었을 때 배후에서 사람이 움직이고 있는 것이 보이지 않도록 하기 위해 시야차단막 등의 설치를 고려해야 한다.

또 스테이지의 문을 열고 닫을 때도 소음이 새어나오지 않게, 측무대공간은 소음차단시설을 설치한다.

○ 피아노창고

음악홀에서 피아노는 최소 2대, 챔발로가 1대 정도 필요하므로 통상 3~4대가 들어갈 공간을 확보한다. 피아노 이동을 위해 바닥은 평면으로 구성하며, 피아노가 벽에 부딪치므로 피아노의 높이까지는 쿠션성이 있는 소재로 악기와 벽을 보호한다. 피아노의 유지관리를 위하여 항온항습시설을 완비한다.

4 소 홀(Small Hall)

미나토미라이홀의 소 홀은 6층에 있다. 메인로비에서 에스컬레이터를 이용하여 소 홀 포이어로 이동한다. 440석 규모의 소 홀은 가동식의 잔향조정판을 갖춘 슈박스형으로 크기는 425㎡(가로 17.0m, 세로 23.0m)이며, 높이는 11.4m의 다목적공연장이다. 유럽 귀족들의 살롱을 연상시키는 친밀한 공간이다.

| 소 홀 개요

구　분	내용	
객 석 수	총 객석수 : 440석	*휠체어석 4석
건축음향	• 주용도 : 다목적공연장 • 면적 : 425㎡(세로 23.0m, 가로17.0m, 높이 11.4m)	• 잔향시간 : 1.6초(만석시) • 형식 : 슈박스형
무　대	면적 : 102㎡, 너비 : 13~13.5m, 안길이 : 6.7~7.0m 조명배튼 3기, 미술배튼 2기	
기　타	분장실 : 4실 (111㎡) 그 외 : 클로크 1개소(38㎡), 드링크코너 1개소, 옥상정원 등	

플로팅 바닥구조에 의해 외부로부터의 소음을 완전하게 차단하며, 실내악 및 피아노·성악 등의 리사이틀, 특히 현악기 등 섬세한 음색의 악기에는 최고의 음향이라 자부한다.

소 홀의 음향적 특성은 형태상 슈박스형 구성으로 음향적으로 매우 유리한 조건에 있다. 무대에서 발생한 음의 유효한 반사, 확산을 위하여 무대벽면의 반사판구성 및 객석벽면의 삼각모양 반사판을 형성하여 있어 효과적인 음향제조건을 구현한다. 잔향시간은 만석시 중음기준 1.60초를 나타낸다.

이러한 소규모 홀의 훌륭한 음향조건은 홀에서 다양한 공연을 가능하게 할 뿐만 아니라, 대 홀의 명성과 함께 미나토미라이홀 전체의 인상에 큰 도움이 된다.

포이어는 우드 덱으로 이루어진 옥상정원이 인접해 있어 공연시작 전이나 휴식시간에 상쾌한 바람을 쐬며 시간을 보낼 수 있다. 5층 로비에서는 아래로 푸른 바다가 보여 감탄사를 연발하며 셔터를 누르는 관람객들도 있다. 대 홀과는 또 다른 분위기가 매력적이다. 그리고 소 홀이 있는 6층에는 연습실(#1~4)과 리셉션룸이 있으며, 부속공간으로는 아티스트라운지, 피아노창고 및 출연자용 엘리베이터를 마련하고 있다.

소 홀 내부 상세 |

5 주요 도면

| 각층 평면도

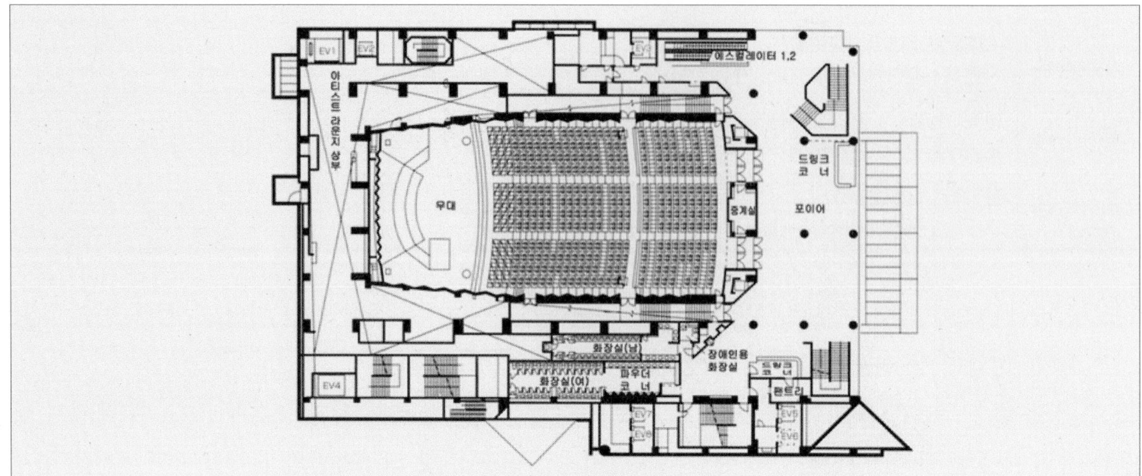

ⓐ 지하1층 평면도

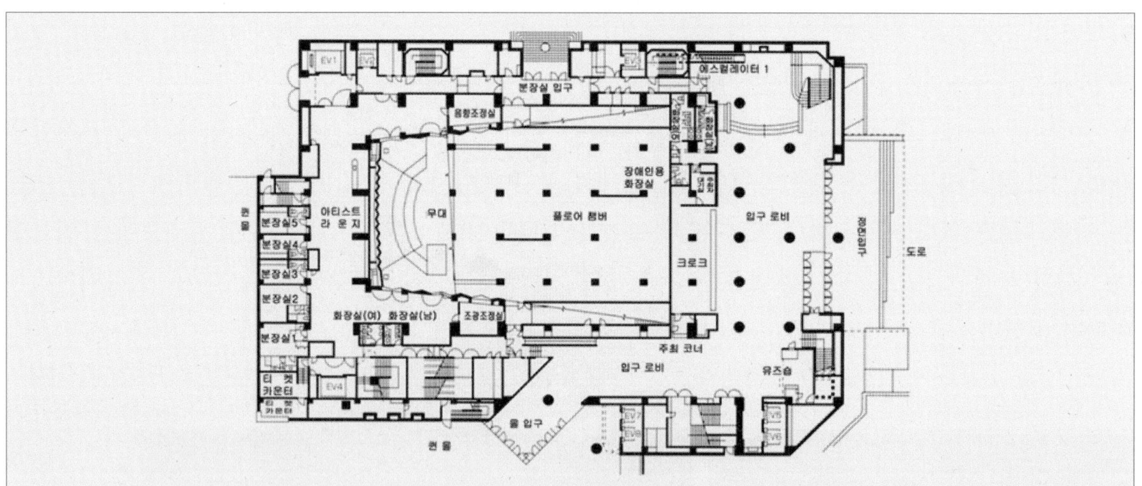

ⓑ 1층 평면도

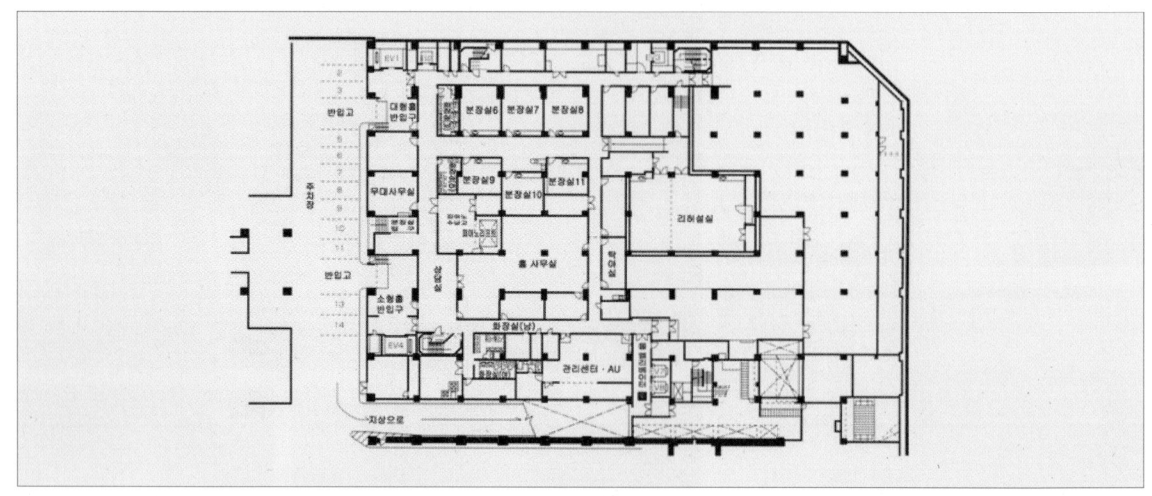

ⓒ 2층 평면도

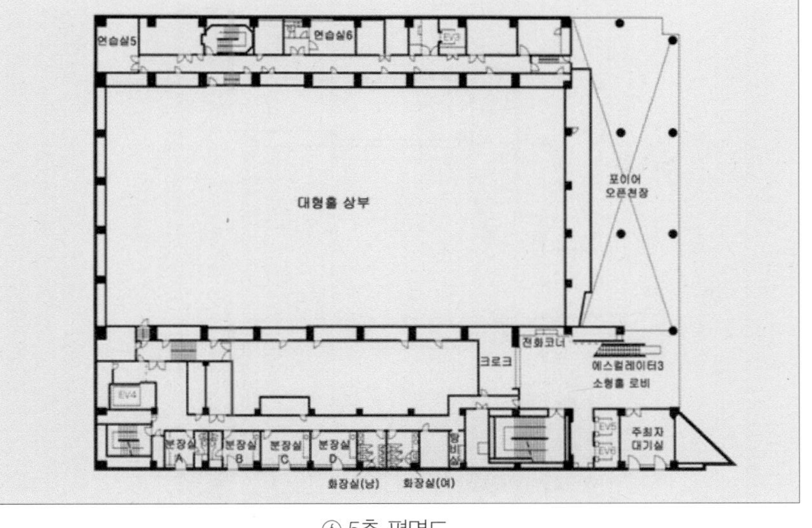

ⓕ 5층 평면도

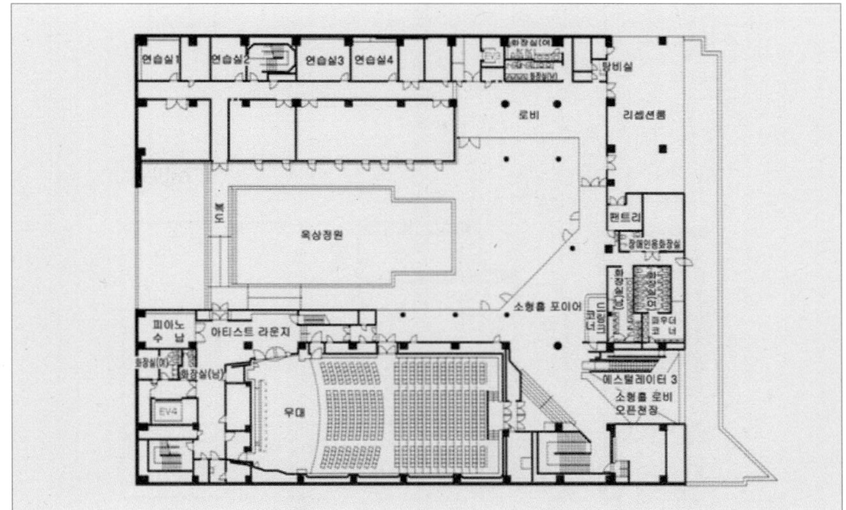

ⓖ 6층 평면도

ⓓ 3층 평면도

ⓔ 4층 평면도

| 단면도

복도
옥상정원
리셉션룸
포이어
포이어
포이어
오르간
대 홀
QUEENS MALL
분장실 1~5
아티스트 라운지
무대
객석
플로어 챔버
입구로비
도로
분장실 입구
지하1층
피아노고
대 홀 분장실
대기실
리허설실

ⓐ 횡단면도

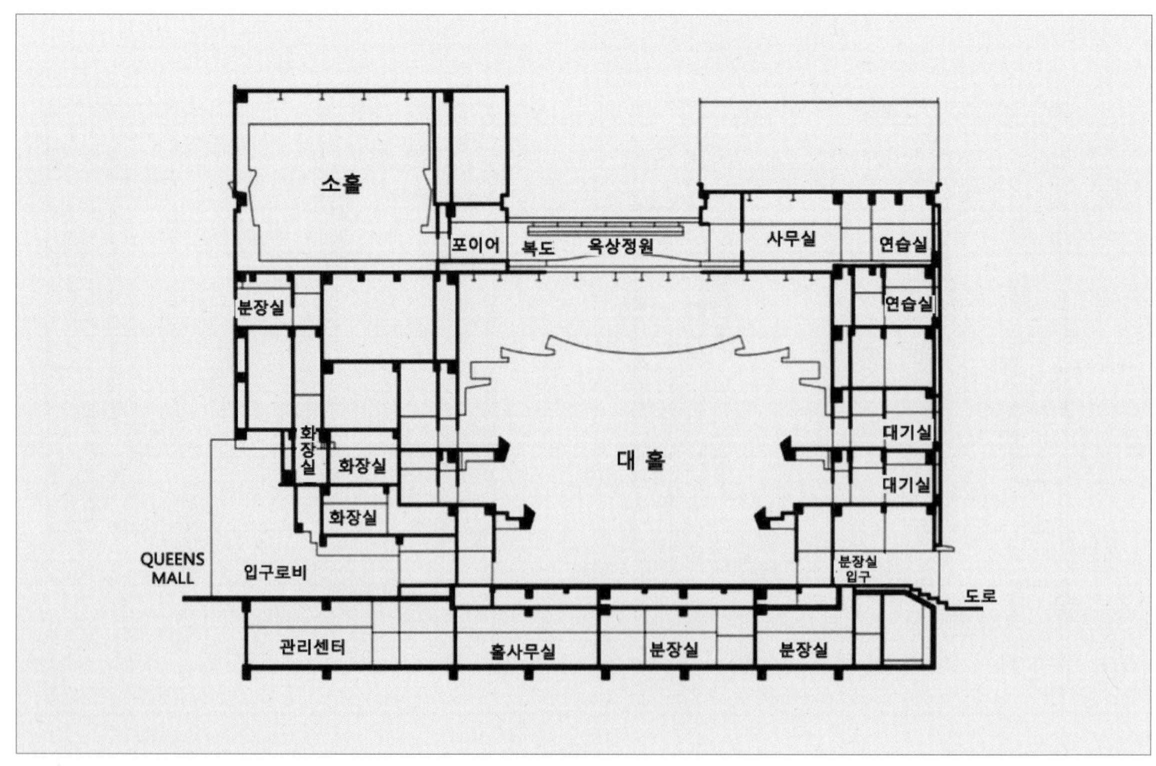

ⓑ 종단면도

| 대 홀 무대평면도

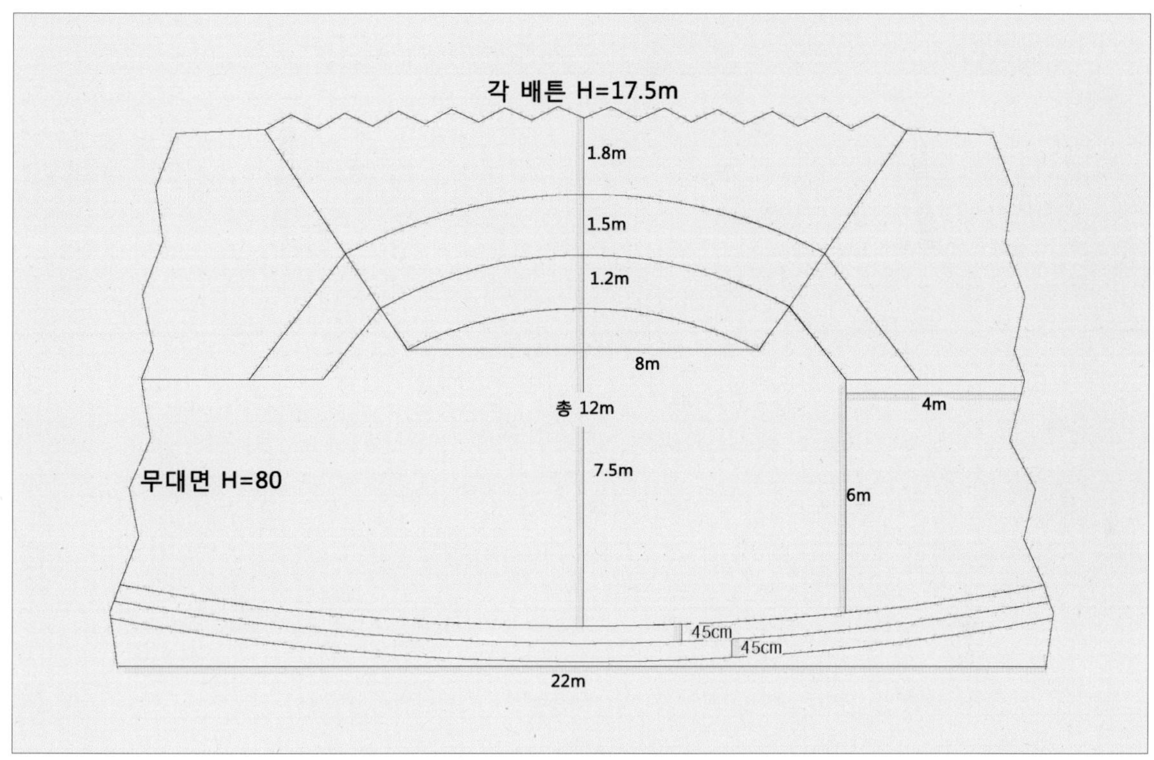

| 대 홀 무대단면도

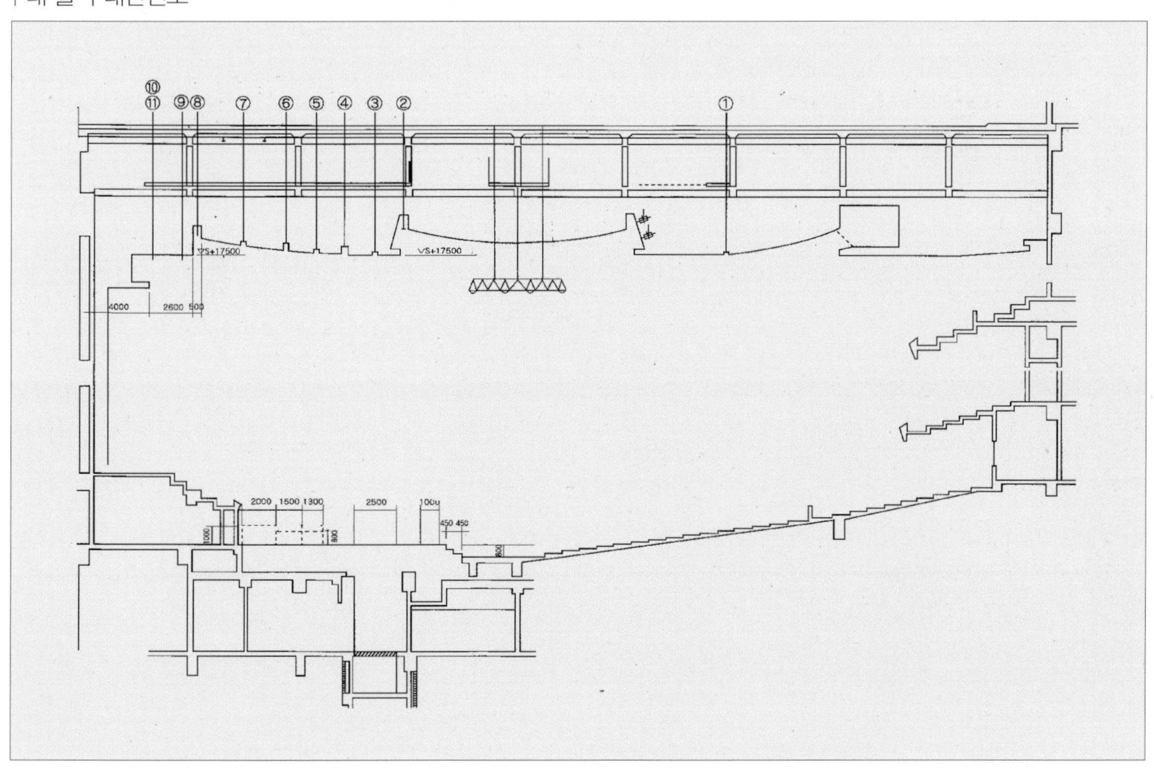

| 소 홀 무대평면도

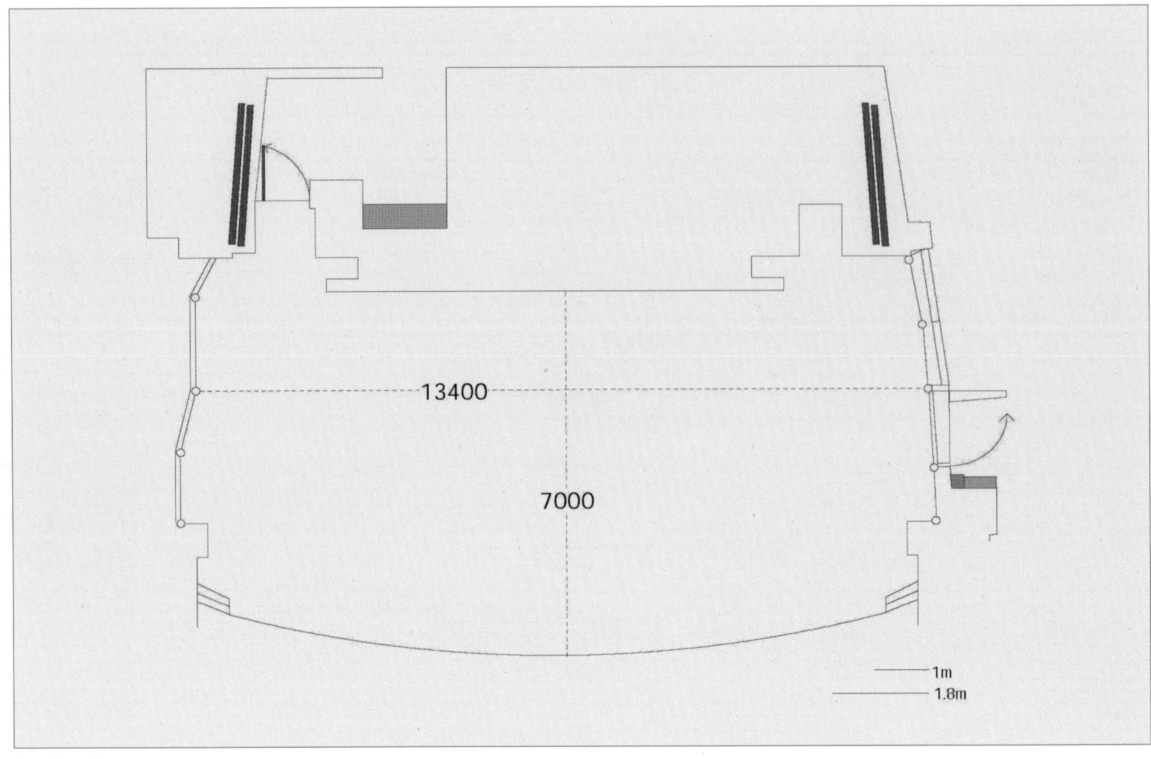

| 소 홀 무대단면도

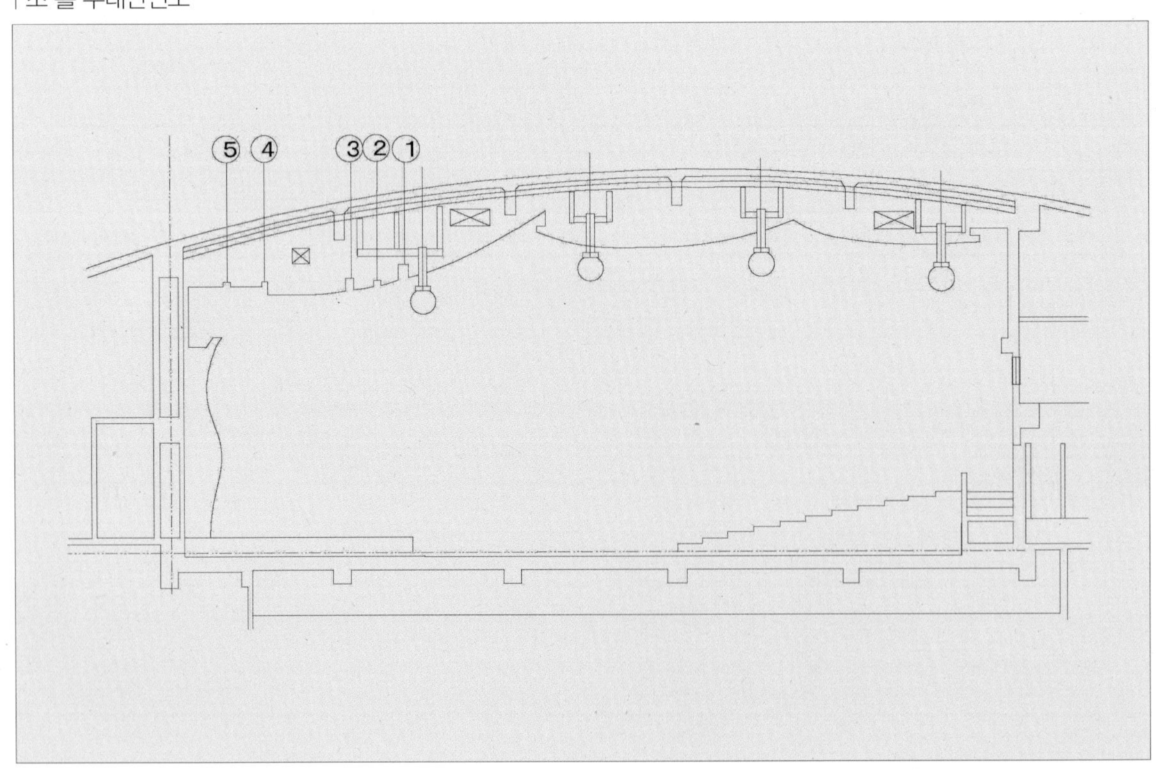

요코스카예술극장 21

横須賀芸術劇場 / YOKOSUKA ARTS THEATRE

극장 내부 전경 |

1 요코스카예술극장 개요

요코스카(横須賀)는 일본 가나가와현(神奈川県)에 있는 항구도시로서 동경에서 남쪽으로 기차로 1시간 30분, 요코하마에서는 50분 정도가 소요되는 거리에 위치한 일본의 가장 큰 군항(軍港) 중 하나이다. 특히 요코스카는 미 7함대가 주둔하고 있는 군항으로서, 미국문화와 일본문화가 어우러진 도시의 문화적 특색을 가지고 있다.

요코스카예술극장은 요코스카시의 중심 시가지 활성화의 일환으로서, 또 요코스카 시민의 생활을 안락하게 만들어주는 공간으로서, 미 해군 하사관 집회소(EM 클럽)의 부지에 1994년 2월에 오픈한 복합시설(극장, 호텔, 쇼핑센터, 사무실, 공동주택 등) 「베이스퀘어 요코스카(ベイスクエアよこすか)」의 주요 시설 중 하나이다. EM 클럽은 전후 일본의 재즈 발상지가 된 곳으로, 종전(終戰) 직후부터 루이 암스트롱 등 세계적인 엔터테이너가 자주 연주하러 오기도 했다. 또 조지 가와구치(ジョージ川口), 하라 노부오(原 信夫) 등 훗날 일본을 대표하는 뮤지션들이 뜨거운 연주를 펼치는 등, 일본 전국에 본토 미국의 향기가 풍기는 음악을 전파해 왔다. 유서 있는 EM 클럽에서 다시 태어난 요코스카예술극장에 대규모 오페라를 상연할 수 있는 넓은 무대와 말굽형의 객석을 가진 1800석 규모의 대극장과 다양한 무대에 대응할 수 있는 600여석의 소극장 요코스카 베이사이드 포켓(ヨコスカ·ベイサイド·ポケット)이라는 두 홀을 가지며, 동시에 최신·최고의 설비를 갖추고 있다. 그 외에 대·소 리허설 실로 구성되어 있다. 대극장은 유럽의 오페라하우스를 연상시키는 말굽형의 4층 발코니 형식으로 「본격적인 오페라가 가능한 다목적 공연장」으로서 모든 설비를 갖추고 있는데, 본무대와 같은 크기의 측무대가 2개 있는 슬라이드식 완전 3면 무대를 가지고 있어 수평이동 기구에 의한 신속한 장면 전환이 가능하다. 주행식 음향반사판 등을 구사하여, 일본 내에서도 톱클래스의 음

향환경을 실현시켜주고 있다. 준공 당시의 잔향시간은 무대 막 설치 후, 공석 시 1.70초(500Hz)이다.

건축설계는 단게 겐조(丹下 健三) 도시건축설계연구소가 담당하였고, 나가타음향설계는 1989년의 기본설계 단계부터 음향 컨설턴트로서 참여하였다. 시의 위촉을 받아 합창과 관현악 모음곡「요코스카(横須賀)」를 작곡한 단 이쿠마(團 伊玖磨)씨가 기본설계부터 관리·운영까지 깊이 관여하고 있고, 1994년 2월에 후지와라 가극단(藤原歌劇団)에 의한 오페라「나비부인」으로 오픈하였다.

재단법인 요코스카 예술문화재단은 이 획기적인 시설을 효율적으로 운영하기 위해 시설의 완성에 앞서 1991년 9월에 요코스카시에 의해 재단법인 요코스카 시어터 센터로 설립되어, 2000년 11월에 현 명칭으로 개칭되었다. 오픈 이래 국내·외 유수의 오페라 및 발레, 클래식 음악 등 수많은 공연이 이루어져, 많은 사람들에게 훌륭한 예술을 선보이며 요코스카의 새로운 상징이 되고 있다.

| 건축물의 개요

구분	내용	위치
소재지	가나가와현 요코스카시 혼마치 3-27 (神奈川県横須賀市本町3-27)	
공사발주	주택도시정비공단 관동지사	
설계	단게 겐조(丹下 健三) 도시건축설계연구소 음향컨설턴트 : 나가타음향설계	
시설규모	부지면적 10,408.79㎡ 연면적 73,707.64㎡ 건축면적 8,740.43㎡	
건축구조	철골 철근콘크리트조 / 지하 3층 지상 20층 (베이스퀘어 요코스카 전체)	
시설종류	요코스카예술극장 : 오페라, 클래식콘서트, 재즈 등 요코스카 베이사이드 포켓 : 다양한 장르에 유연하게 대응하는 소극장으로 구성됨	

2 외관 및 로비

위치는 동경 도심으로부터 전철로 약 1시간 정도 거리의 게이힌 급행선(京浜急行線) 시오이리역(汐入駅)에서 도보로 1분 거리에 위치해 있으며, JR 요코스카역에서도 도보로 10분정도의 거리에 자리 잡고 있으며 베이 스퀘어 요코스카(ベイスクエアよこすか) 4층에 위치하고 있다.

요코스카 예술극장 외관 전경 |

요코스카예술극장 외관 전경

3 요코스카예술극장(横須賀芸術劇場)

요코스카예술극장은 본격적이면서 고도의 음악 예술을 위한 격조 높은 객석과 최신 음향·조명 설비를 갖춘 오페라하우스 시방으로서 설계되었다. 세계의 일류 극장 및 오페라하우스에 필적하는 풍격 있는 분위기를 가지고 있다.

본무대와 같은 크기의 측무대가 좌우에 있는 슬라이드식 완전 3면 무대를 비롯하여, 선진기술의 정수(精髓)를 보여주는 무대 기구는 오페라, 발레, 콘서트, 연극, 뮤지컬 등 모든 무대예술의 상연이 가능하도록 되어 있다.

한편, 1층 관람석을 4층의 발코니가 둘러싸는 말굽형의 객석은 본격적인 오페라극장 시방이다. 어느 좌석에서도 무대가 가깝고, 음향면에서도 우수하여 객석과 무대와의 일체감은 한층 돋보인다. 쏟아지는 박수갈채는 출연자의 열연을 한층 더 상기시켜 관객석과 무대와의 교감을 더해주고 있다. 잔향시간은 오케스

요코스카예술극장 출입구

트라 쉘의 설치 여부와 관객의 착석 여부에 따라 달라지며 만석일 경우 평균 1.40초에서 2.00초를 나타내고 있다.

| 요코스카예술극장의 개요

구분	내용
객석수	총 객석수 : 1806석 (최대 2,000명 규모) (그 외 휠체어용 4석) 1F – 862석 2F – 244석 3F – 196석 4F – 278석 5F – 226석
건축음향	• 실용적 : 19,700㎥ • 잔향시간 : 오케스트라 쉘이 있을 경우 만석시 2.00초 공석시 2.30초 오케스트라 쉘이 없을 경우 만석시 1.40초 공석시 1.70초 • 형식 : 유럽의 오페라하우스를 연상시키는 말발굽형의 4층 발코니 형식 잔향시간주파수특성 |
기타	① 본무대와 크기가 같은 2개의 측무대를 가지는 슬라이드식 완전 3면 무대 ② 주행식 음향반사판, 셀터형 3분할식 등을 구동시킴으로서, 일본내 톱클래스의 음향 환경을 표현 ③ 기타 : 분장실 (13실 : 116명 수용), 리허설실 대(약 300㎡) · 소(약 200㎡)

무대에서 바라본 객석 전경 |

객석 천장 및 객석 모습 |

오페라는 1597년 르네상스 말기에 이탈리아 피렌체의 귀족의 궁정에서 탄생된 이래 현재까지 400년간 그 시대를 반영하면서 몇 번의 절정의 시기를 거듭하면서 발전해 왔고, 금세기에 이르기까지 폭넓은 층의 애호가들의 사랑을 받아왔다.

최근 수 년간 일본에도 드디어 오페라 붐이 시작되었고, 오페라에 관한 정보도 부족함 없이 다양해졌다. 오페라와 극장의 성립을 위해서는 당시의 귀족과 부유계급의 「음악적 욕구」와 「사회적 필요」라는, 뚜렷한 동기부여가 있었다고 알려져 있다. 시작은 르네상스 최후기의 영향을 강하게 받은 시대에 즈음했던 점에 고무되어 많은 그리스 신화 및 전설, 비극과 희극이 대본으로 사용되었다. 초기에는 궁정의 큰 홀, 성 내의 광장이 공연의 장이 되어 원형극장 형식으로 도입되었다.

그러한 배경을 바탕으로 초기의 오페라는 소수의 「고상한 희극」이라고 불릴만큼 귀족과 부자 관객들을 위한, 과대한 무대장치, 멋진 연출의 스펙터클, 합창을 포함하는 다수의 연주자, 스타 가수의 존재감을 표출시키기 위한 매우 많은 비용이 드는 공연이었다. 작곡자보다 비르투오소(virtuoso)가 대접을 받던 상황에서 예술과 거리가 먼 구경거리적인 무대도 많았다고 한다.

현재 볼 수 있는 오페라하우스의 형태는 크게 두 가지로 나눌 수 있다.

하나는 그 발상의 유래와 전통에 근거하며 르네상스 이탈리아 극장이라고 불린다. 18세기 이전의 오페라하우스와 보통의 극장의 차이는 그다지 명확하지 않지만 관객의 구성으로 비교되는 경우가 많다. 말굽형의 1층 정면 관람석, 그것을 둘러싸는 중층의 박스 또는 갤러리석으로 구성되는 점은 공통적으로, 전자는 일류인사 또는 사교계 최고 계급의 손님이 정면 관람석과 박스석의 대부분을 차지하고, 후방 최상부에 하류층을 위한 갤러리석이 마련되어 있었던 것에 반해, 일반 극장은 모든 계층의 관객이 관람하고, 무대 정면 관람석과 갤러리석으로만 구성되었다.

영리를 목적으로 오페라가 흥행하게 된 이후에도 그러한 점은 변함이 없었고, 수용인수가 증가하여 대규모화 된 오페라하우스에서도, 유명 유산(有産) 계급만이 박스석이나 상등석을 차지하는 VIP가 되어 오페라를 지지하는 상황이 오랫동안 이어졌다.

본래 오페라는 음악, 시, 드라마, 미술 등이 종합된 궁극의 무대 상연예술(Performing Art)이었다.

음악은 핵심적인 주요 요소로서 대사가 중심인 연극과는 그러한 점에서 구분되지만, 극장 내부공간에 대해서 음향적 배려는 거의 없었다. 다만 이 시기의 음향 지식은 경험에만 의존하는 빈약한 수준으로, 원형이나 달걀형의 평면이 주류를 이루는 수준이었다.

19세기 후반 런던의 코벤트가든, 파리의 가르니에, 뉴욕의 메트로폴리탄, 드레스덴의 젬퍼오퍼(Semper Oper), 바이로이트 축제극장 등 화재나 전쟁의 피해를 겪은 후에 복구된 경우도 포함하여, 현재도 사용되고 있는 오페라하우스의 대부분이 완성되었다.

이 시기의 오페라하우스 중 어떤 것은, 마침내 이탈리아 타입의 답습으로부터 벗어나, 젬퍼나 바그너의 사상 및 각각의 주체에 따른 새로운 건축형태를 실현시키고 있다. 이러한 제2의 형태는 누구나 평등하게 공연감상에 집중할 수 있도록 객석을 부채꼴 경사면에 배치하고, 중층의 박스 또는 갤러리 석을 폐지하였다.

이 무렵, 특별히 이론이 진전된 것은 아니지만, 빈의 악우협회 대 홀, 암스테르담 콘세르트헤보 등 훌륭한 음향으로 현재도 최고의 명맥을 갖춘 명 콘서트홀이 완성되었다. 적어도 경험의 축적에 근거한 음향상의 배려가 이루어지게 되어, 오페라하우스도 그 영향을 받아 상당히 개선되었다고 볼 수 있다. 제2차세계대전 이후 독일의 대도시 함부르크, 쾰른, 베를린을 비롯해 최신의 파리 바스티유에 이르는 오페라하우스는 제2 형태의 연장선상에서 모든 전통양식으로부터 자유로워졌고, 오히려 다목적 홀을 개량해 필요하고도 충분한 무대설비와 백 스테이지의 제 시설을 정비한 형태에 가깝다고 할 수 있다. 요코스카예술극장은 이러한 제1,2의 형태를 조합한 일본의 대표적인 오페라극장이라 할 수 있다.

다분히 서구적인 음악문화를 가지는 선진국으로서는 보기 드물게, 일본에서는 유럽의 도시 대부분에서 볼 수 있는 극장, 음악 홀, 오페라하우스로 이루어진 문화시설의 요건을 갖추지 못했다. 대도시의 사립극장을 제외하면 다목적의 공공 홀이 그 수요를 채워왔지만, 오케스트라 콘서트 및 오페라 공연에 만족할 수 있는 공연장은 없었다.

| 무대 반입구

| 주행식 무대반사판 가동 모습

주행식 무대반사판 가동 레일 가동 장면 |

1980년대 들어서 마침내 경제적 여유와 음악문화 의식이 고조되어, 우선 클래식 음악전용 혹은 거기에 중점을 둔 홀이 전후 비교적 빠른 시기에 만들어졌고, 노후화 되어 온 기존의 현민 회관, 시 문화센터와 같은 다목적 홀을 보완하는 시설로서 많은 도시에 건설되었다.

그 중에서도 대규모 복합문화시설은 용도가 전문화된 크고 작은 몇 개의 홀을 갖추고, 메인 홀은 오페라의 본격적 공연에도 대응할 수 있는 규모와 무대설비, 부속시설에 박차를 다하고 있다.

이러한 새로운 형태의 문화시설 중의 하나인 요코스카예술극장의 세계 오페라 가창(歌唱) 콩쿨·아시아 예선 등 세계로 열린 기획을 하고 있다.

| 무대 바닥 및 무대 기구 모습

| 오페라극장 무대시설

구분	내용
무대형식	3기의 가동음향 쉘터에 의해 넓이와 용적의 조정이 가능한 컨버커블(가종) 무대
무대치수	개구부 높이 : 16.38m 콘서트 용도 / 개구부 폭 : 18.0m 최소앞뒤간격 : 6.50m 최대앞뒤간격 : 17.30m 오페라용/높이 : 24.6m 앞뒤 간격 : 22.75m 폭(중간) : 32.3m
특기사항	음향쉘터 3단의 총중량은 129톤으로 그 각각이 철제바퀴에 지지된 채 바닥에 설치된 철도용 레일 위에서 좌우 각1기의 모터에 의해 홀의 앞뒤 방향으로 구동된다. 쉘의 이동속도는 2.0m/분이다.

공연공간의 실용적은 공간의 잔향시간 설계에 큰 영향을 주는 조건이다. 즉, 객석 1좌석당의 용적이 클수록 잔향 설계 시의 내장 재료의 선택에 대한 자유도를 높게 설계하기 쉽다.

1 좌석당의 용적이 5㎥ 이하에서는 홀의 흡음력(실 표면적 $S\times$내장 재료의 평균흡음률 $\overline{\alpha}$)의 대부분을 객석부의 흡음력이 차지하기 때문에 내장 벽면의 흡음 조건 검토는 거의 불가능해진다.

단, 동일한 음향출력을 가지는 오케스트라 소리의 객석 내의 에너지를 고려한 경우, 실용적이 늘수록 단위 체적당 음향에너지는 감소하여 객석 내의 소리는 작아진다는 점을 검토하면 극단적으로 큰 용적을 취하는 것은 불가능하다. 잔향시간이 긴 단위 체적 당의 음향에너지가 효과적인 다목적홀 실용적으로는, 1좌석당 8.0~9.0㎥정도가 적정한데, 요코스카예술극장 V/n은 9.85㎥ 이다. 그림1 에 주요 홀의 1좌석당의 실용적 V/n을 나타낸다.

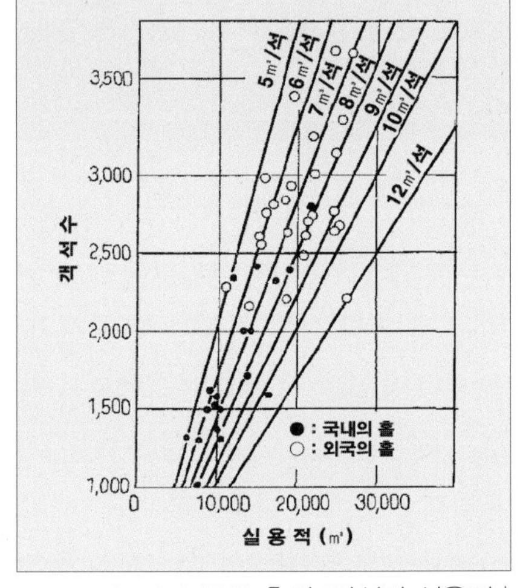

(그림 1) 주요 홀의 1좌석당 실용적 |

4 주요 도면

| 배치도

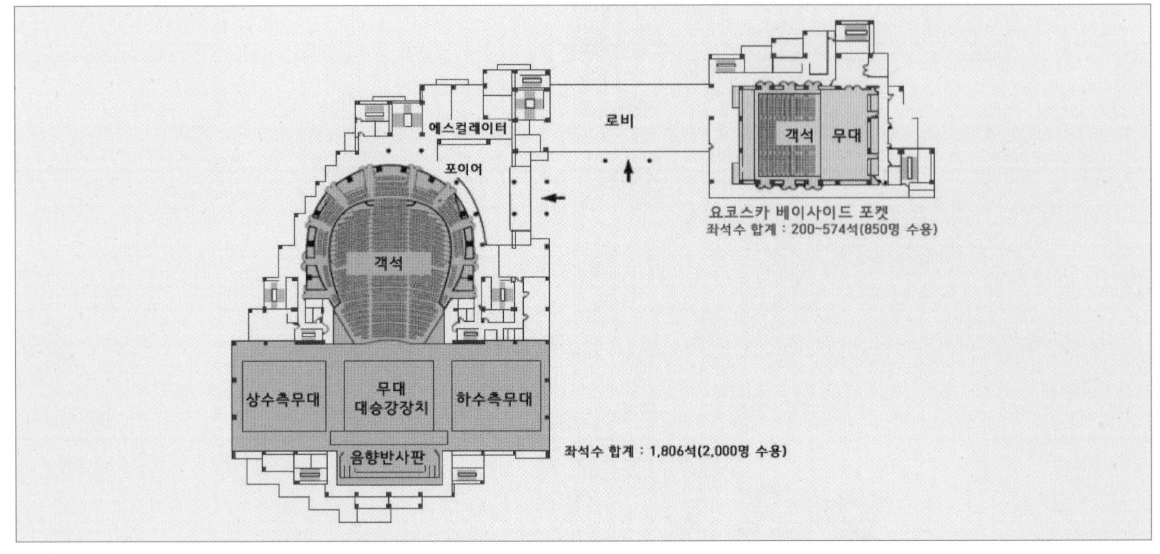

| 2층 평면도

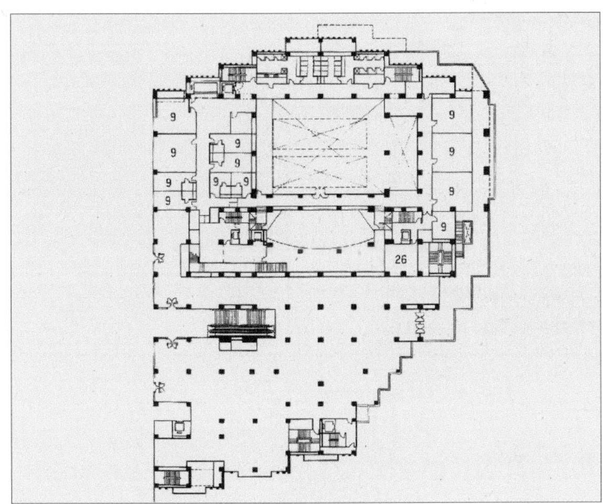

| 3층 평면도

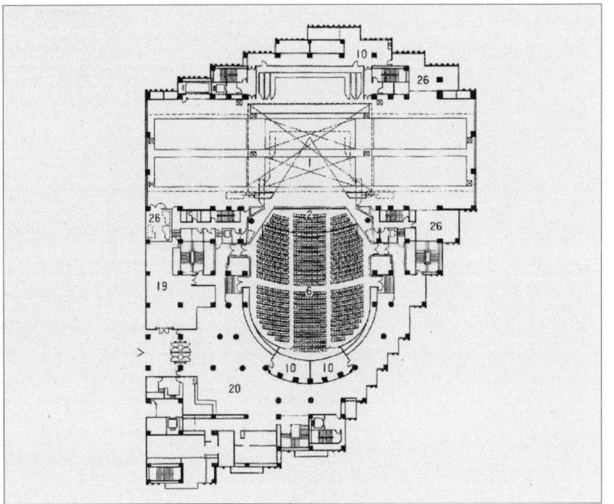

| 4층 평면도

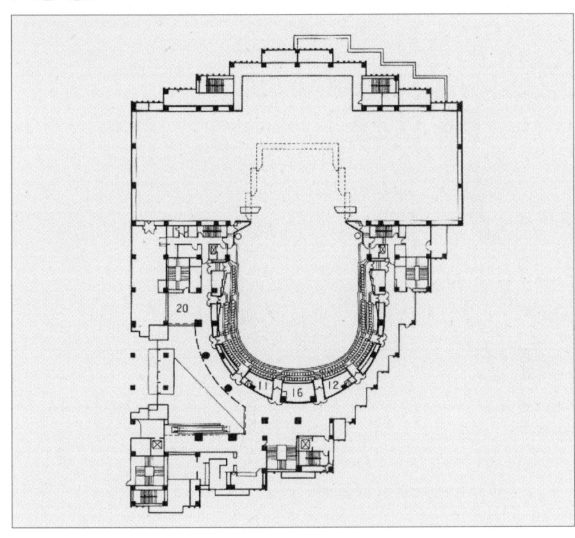

| 5층 평면도

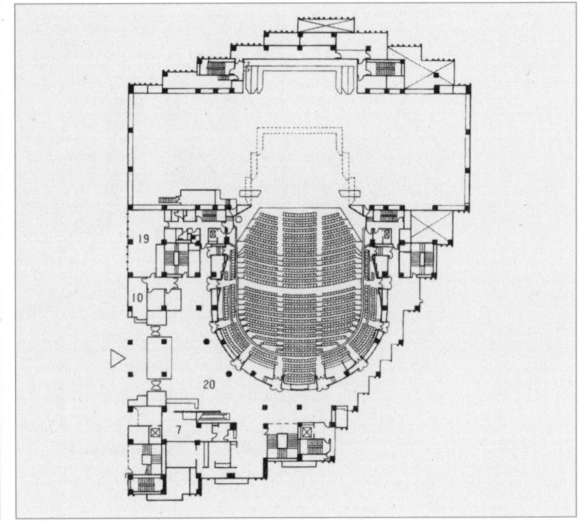

| 시설 겨냥도

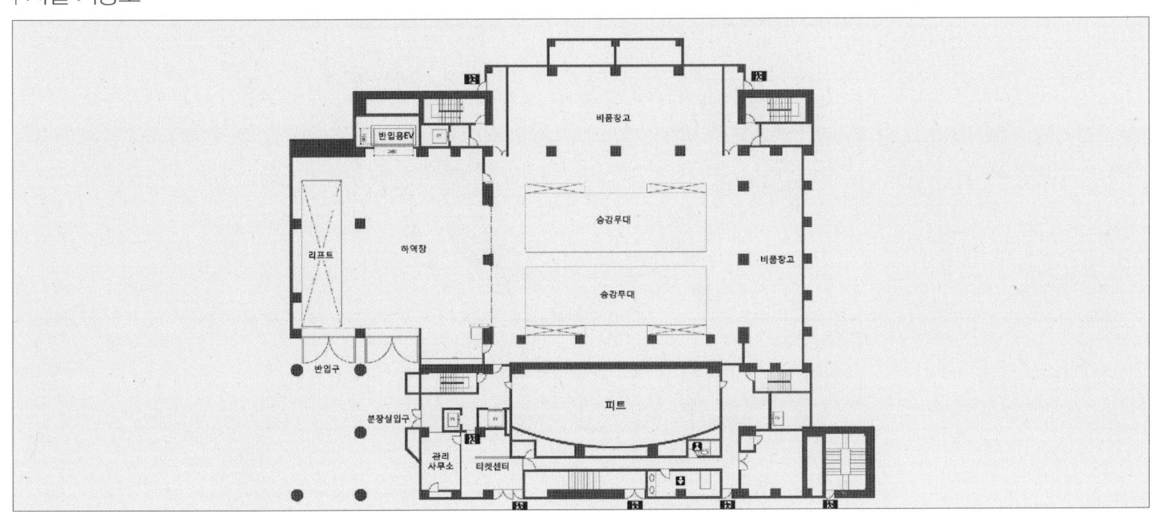

ⓐ 반 입구 · 분장실입구(건축물 1층)

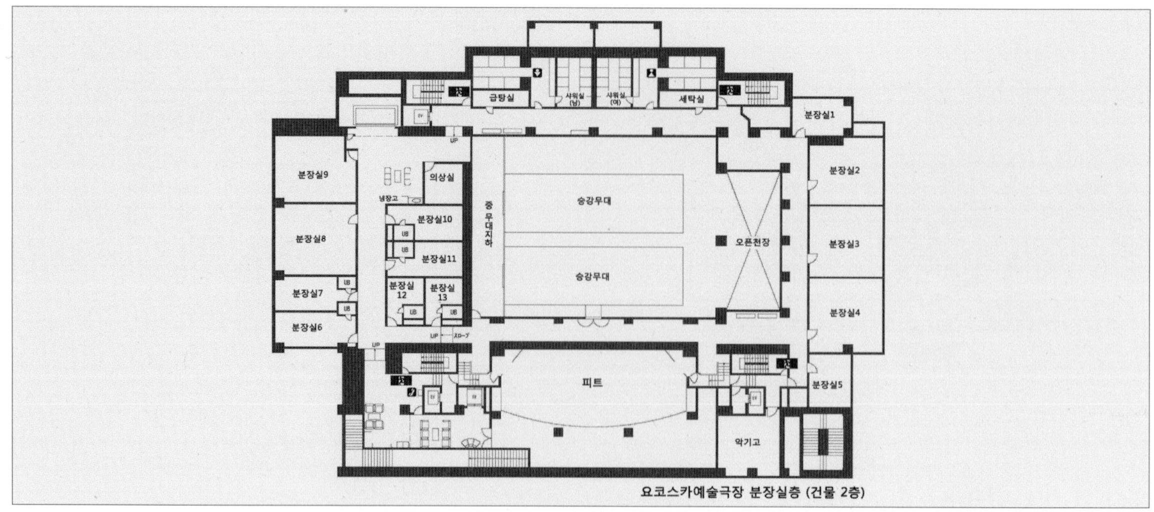

ⓑ 분장실층(건축물 2층)

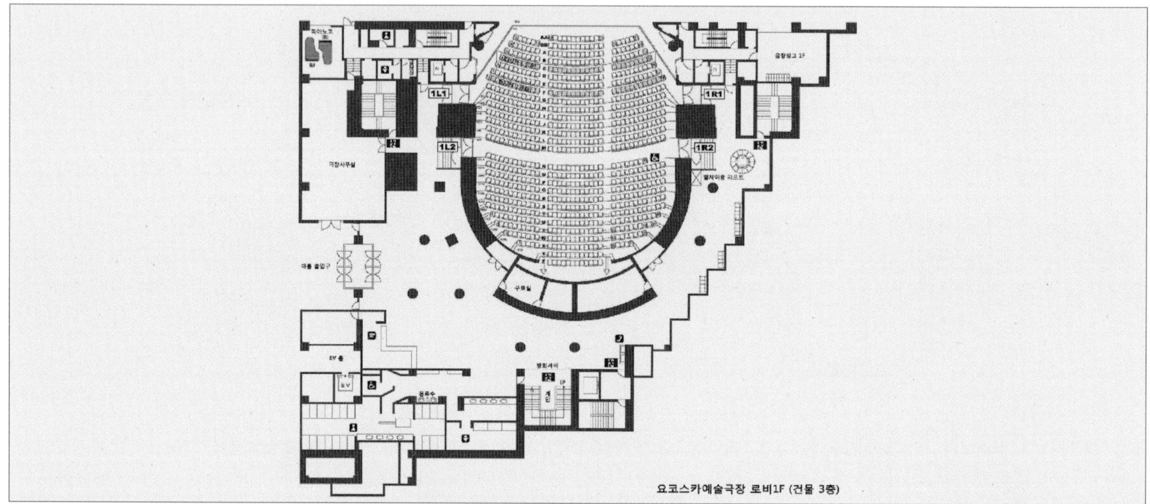

ⓒ 로비 1층(건축물 3층)

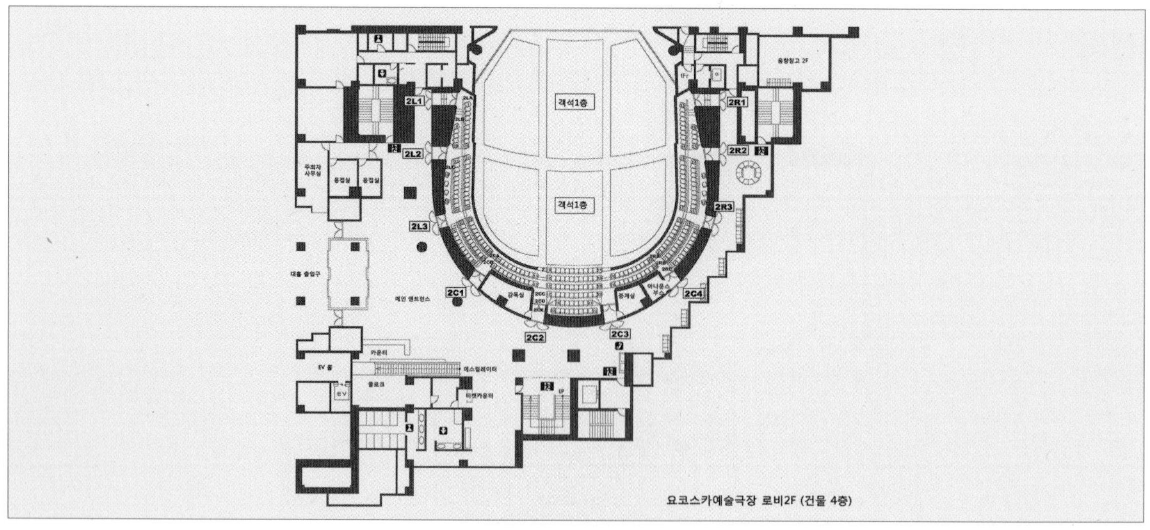

ⓓ 로비 2층(건축물 4층)

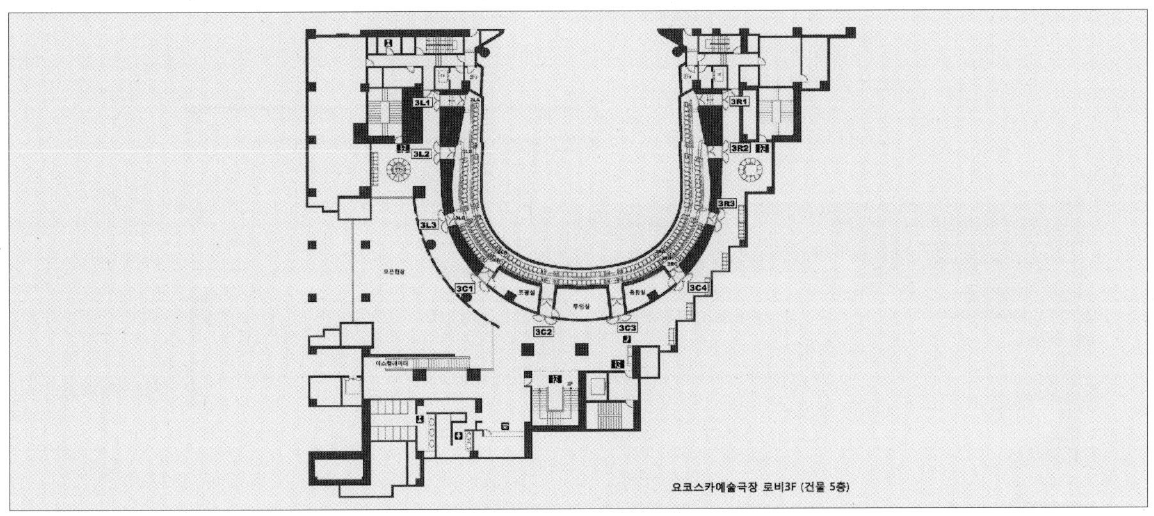

ⓔ 로비 3층(건축물 5층)

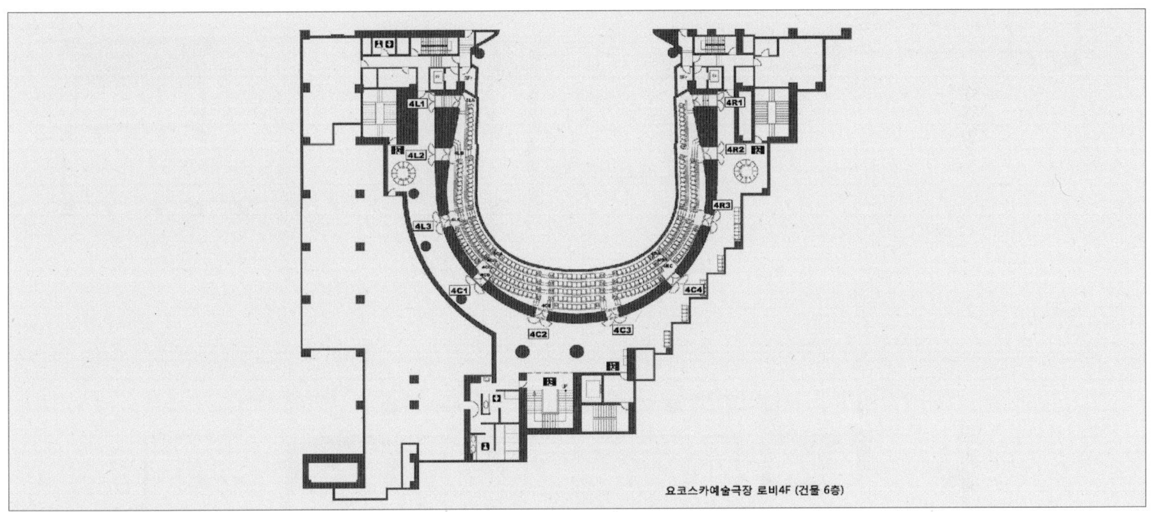

ⓕ 로비 4층(건축물 6층)

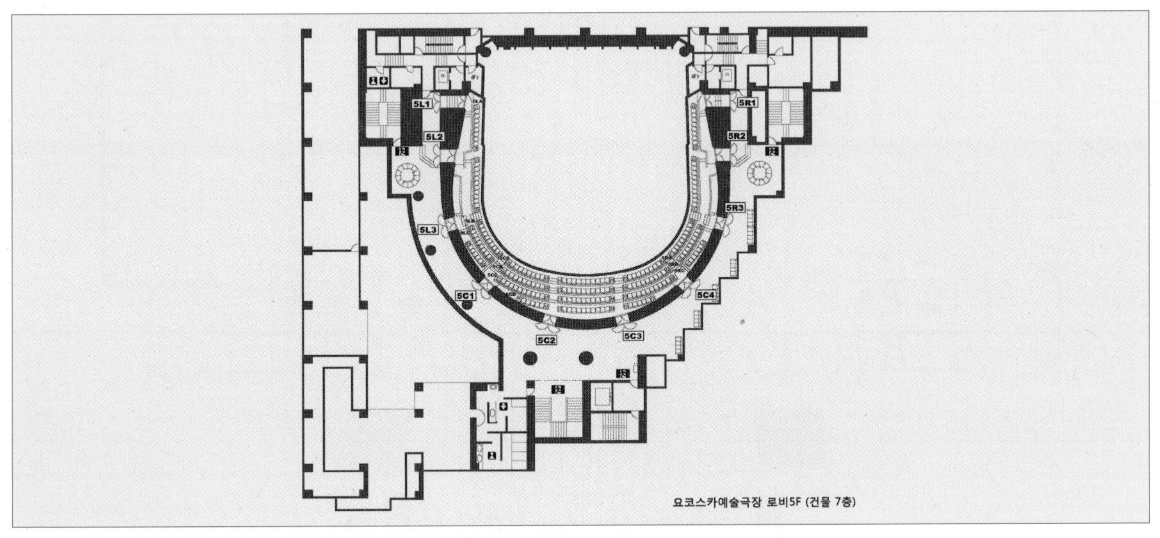

ⓖ 로비 5층(건축물 7층)

무대 단면도

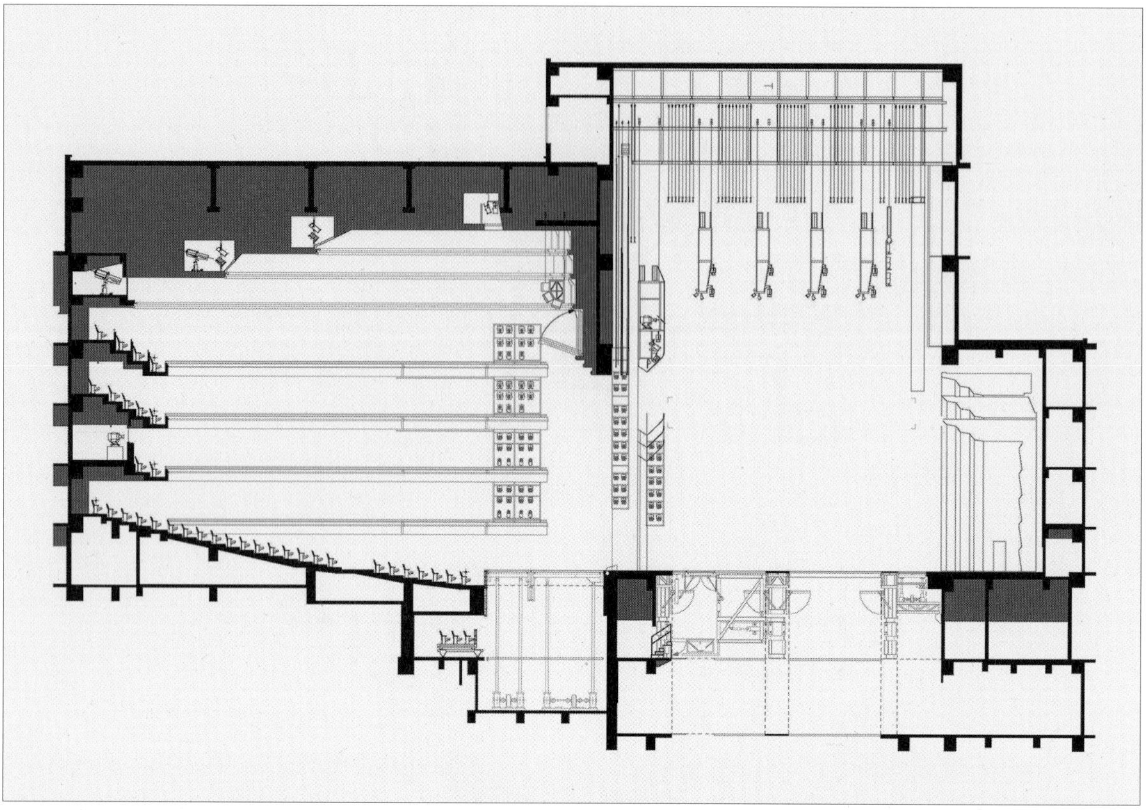

무대 평면도

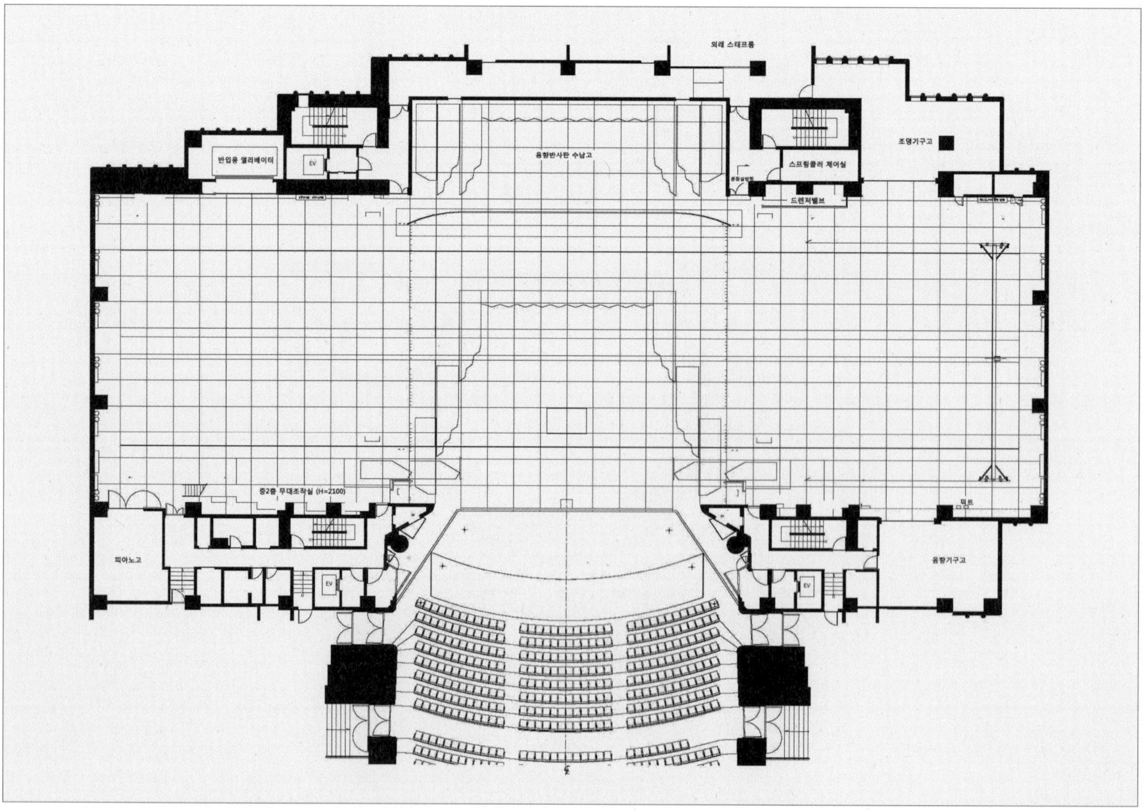

외래 스태프룸
반입용 엘리베이터
EV
음향반사판 수납고
스프링클러 제어실
조명기구고
드렌처밸브
중2층 무대조작실 (H=2100)
피아노고
EV
EV
덕트
음향기구고

22 가나가와 현민홀

神奈川県民ホール / KANAGAWA KENMIN HALL

홀 외관 전경 |

1 가나가와 현민홀 개요

일본 굴지의 대형 문화시설로서 알려진 가나가와 현민홀(神奈川県民ホール)은 1975년에 야마시타공원(山下公園)·요코하마항(横浜港)·차이나타운 등의 주변환경 속에 국제수준의 음악, 무대예술, 그리고 미술을 즐기는 감동공간으로서 탄생하였다.

가나가와 현민홀 건립 이래 유럽의 일류 오페라극장의 방일(訪日) 공연부터 팝 콘서트, 일반인의 이용에 이르기까지 폭넓은 장르의 이벤트가 열리고 있다. 또, 가나가와현(神奈川県) 내 굴지의 규모를 자랑하는 갤러리에서는 일반인의 이용과 더불어 신진 작가의 개인전이 다수 개최되고 있다.

1994년부터 시설의 관리운영을 담당하는 가나가와 예술문화재단(神奈川芸術文化財団)은 오페라 및 발레 공연의 자체 제작, 세계 표준의 첨단 현대무용 공연의 초빙, 신인 미술가의 기획전 등을 통해 가나가와현 내 문화시설의 중심으로서 예술문화의 창조와 진흥을 위해 노력하고 있다.

또한 가나가와 예술문화재단이 주최하는 「가나가와 국제예술페스티벌」의 메인 공연공간으로서의 역할은 물론이고, 세계적인 아티스트를 중심으로 견실한 공연을 개최하여, 예술문화의 창조와 진흥에 이바지하고 있다. 정식명칭은 가나가와현립 현민홀 본관(神奈川県立県民ホール本館)으로 2010년 11월 1일부터 「본관」이라는 명칭이 추가되었다.

개관 당시부터 현재까지 80% 이상의 시설 가동률을 자랑하고 있다. 시설의 안전성과 쾌적성 향상을 위해 2013년 12월부터 2014년 9월에 걸쳐 개수를 진행하여 2014년 10월에 리뉴얼 오픈하였다.

| 건축물의 개요

구분	내용	위치
소재지	요코하마시 나카구 야마시타초 3-1 (横浜市中区山下町3-1)	
공사발주	가나가와현 주택공급공사(神奈川県住宅供給公社)	
설계	(주)니켄설계(日建設計)	
시설규모	• 건축면적 5,845.80㎡ • 연상면적 28,446.60㎡ • 부지면적 10,946.33㎡	
건축구조	SRC조, 일부 S조(대 홀 바닥트러스 · 객석바닥 트러스 철골조) 지하 1층 지상 6층 옥탑 1층	
시설종류	• 대 홀 : 오페라, 발레 등 • 소 홀 : 대회나 강연, 심포지엄 등 • 대회의실, 소회의실, 분장실 등	

2 외관 및 로비

외부 및 전경 |

| 로비 및 휴게공간

3 대 홀(Main Hall)

대 홀은 객석수 2,493석의 3개층으로 구성된 홀로서 넓은 무대와 충실한 무대기구를 갖추어진 오페라나 발레 등의 대대적인 공연에도 대응할 수 있는 다목적 홀이다. 클래식 및 대중음악 공연를 비롯해 각종 대회 등 다채로운 행사가 이루어지고 있다.

| 대 홀의 개요

구분	내용
객석수	• 총 객석수 : 2,493석 (휠체어석 : 6석, 스탠딩석 : 50석, 보조석 : 10석) 1F : 1,509석 2F : 304석 3F : 620석
건축음향	• 잔향시간 : 약 1.80초(공석 시), 약 1.60초(만석 시) • 주용도 : 콘서트, 오페라, 발레등 • 형식 : 프로시니엄 형식
무대	너비 20.0m, 높이 10.0m, 안길이 18.0m, 면적 1,337㎡(오케스트라피트 포함) 플라이스(flies)의 높이 24.0m, 무대지하 깊이 6.45m 오케스트라피트 면적 126㎡(90~100명 수용가능)
기타	① 무대기구 : 대형 승강장치 2기, 오케스트라피트 승강장치, 자주식 음향반사판, 배튼 21봉, 조명·음향설비 ② 시거리 : 1층석 최후부~무대 앞 : 약 32m 2층석 최후부~무대 앞 : 약 33m 3층석 최후부~무대 앞 : 약 36m ③ 기타 시설 : 분장실(8실), 리허설 실 1실(약 14m×약10m)

| 내부 전경

| 측벽에 요철을 설치함으로써 음의 확산을 효과적으로 대처

| 발코니석 View

○ 대 홀의 음향모형실험(音響模型實驗)

홀 등의 건축음향설계를 위한 음향모형실험으로는 설계 순서대로 축척비가 다른 모형실험을 구분해 각 설계단계에서 사용하는 것이 일반적인 방법이다.

기본설계 단계에서는 대체로 실 형태를 결정하는 것이 목적이므로 1/50~1/2 정도의 스케일로 하고, 흡음, 반사의 2가지 정도로 크게 구별하는 정도로 스파크 음원 등을 이용한 에코타임패턴(펄스응답 파형)의 측정을 실시하여, 실 형태에 크게 관계하고 있는 유해한 에코의 유무를 조사한다. 물론, 이와 같은 실험에서는 시뮬레이션의 정도가 낮기 때문에 정확한 정량적인 검토로는 부족하다.

이러한 단계의 모형실험에서는 레이저광 등을 이용한 기하학적인 실험도 보조수단으로서 유효하다. 이와 같은 모형실험의 결과를 토대로 해서 상세설계가 진행되며, 실시안이 만들어진 단계에서 이번에는 1/10 축척의 모형실험을 진행한다.

1/10 축척의 모형실험에서는 상사칙 성립을 위한 실험기술을 구사해 에코타임패턴을 비롯한 잔향시간 이외의 음향특성의 상세한 측정을 실시하고, 실내의 벽, 천장 등의 형태 및 음향처리 방법 등의 세밀한 검토를 실시한다.

이와 같은 실 전체의 모형과는 별개로 벽, 천장의 일부 및 음향반사판 등의 부분적인 모형을 제작하여 더 자세하게 검토하는 것도 유효하다.

여기서 1/10 축척 모형실험의 예로서, 가나가와현민 홀의 모형실험 결과를 완성 후의 실물 홀에서 실시한 측정결과와 비교한 결과는 다음과 같다.

1/10 축척모형의 제작에 앞서 실형을 세밀하게 기하학적 형성을 실시하고, 벽, 바닥, 천장 등의 각 면에서의 흡음특성을 맞추기 위해 실물의 10배의 주파수 영역에서 실물 홀에 이용될 판상재료, 다공질 재료 등과 동일한 흡음특성을 가지는 재료를 선정해 이용하였다.(예를들어, 실물의 벽, 천장에는 두께 6㎜의 석면규산칼슘판이 이용되는데, 모형재료로는 그 1/10의 면밀도를 가지는 재료로 해서 제도용 켄트지를 이용하였다.)

또 좌석에 대해서도 축척한 형태의 모형좌석을 만들고, 다공질재를 붙여 흡음력이 실물의 $(1/10)^2$이 되도록 조절하였다. 이와 같이 경계조건에 관한 상사성에 충분히 주의해서 모형을 만들고, 실험 시에는 이 내부를 가스로 치환하여 매질기체의 음향흡수에 관한 상사성도 성립시켜 측정을 실시하였다.

| 플러터에코의 측정결과

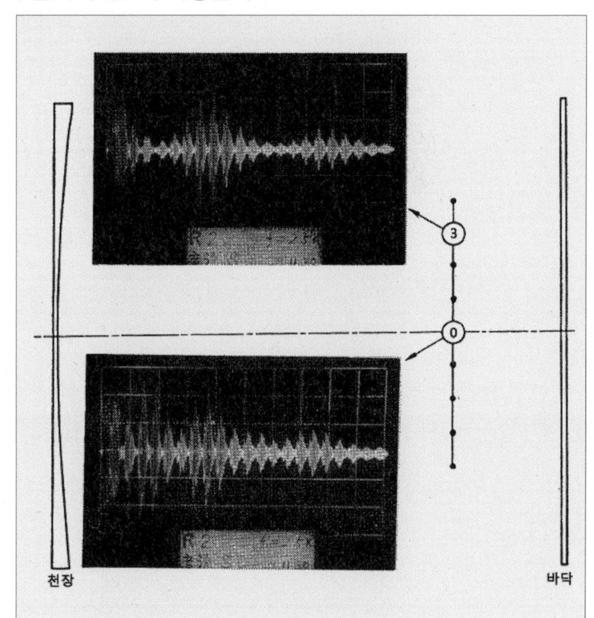

| 가나가와 현민홀의 평면도

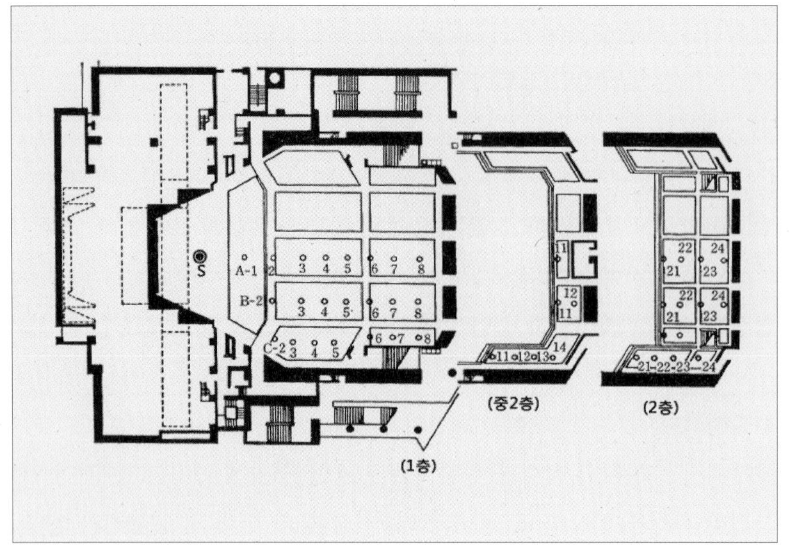

| 잔향시간의 측정결과 (모형/실물) [그림1]

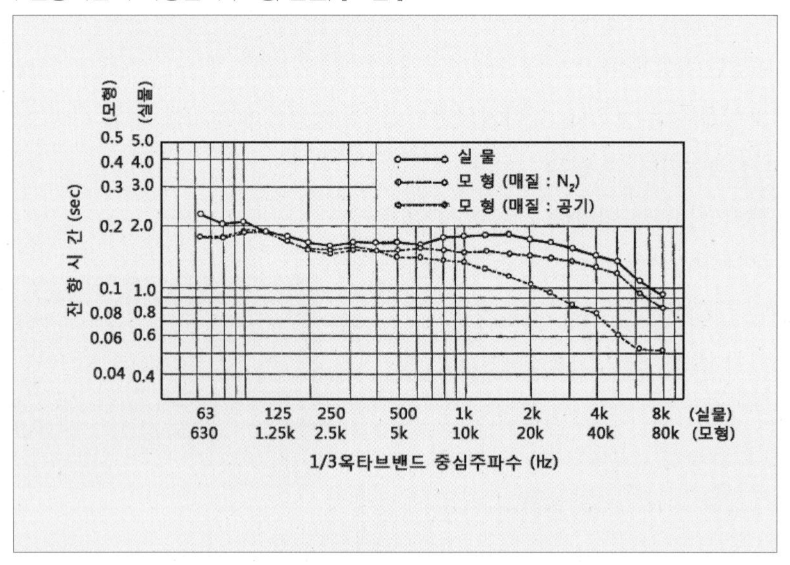

이 실험의 결과로서 먼저 [그림1]에 잔향시간의 측정결과를 나타낸다. 그림 속의 일점 쇄선이 모형 실험에서 N_2 치환을 하였을 때의 결과로서 실선으로 나타낸 실물의 완성 후의 측정결과는 예측값과 일치하였다. 실내음향모형실험은 콘서트홀 등의 계획 시점에서 실내음향 물리량과 음향효과를 확인하기 위한 유효한 수단으로, 주로 1/10 스케일을 채용한 실용기술로서 거의 확립되어 있다.

지금까지 일본에서 많은 유명 콘서트홀 등의 건설 시에는 1/10 스케일의 음향모형실험이 이루어져 왔는데, 1,500~2,000석급의 대 홀의 1/10스케일 모형은 내측치수 전체 길이가 5.0~6.0m에 이르게 되어, 모형제작 비용이나 설치공간 등의 관계로 채용이 어려운 케이스도 적지 않다.

이와 같은 경우, 종래는 1/10 스케일 대신, 1/20 스케일을 채용하는 것이 일반적이었는데, 1/20 스케일 음향모형실험에서는 음향특성면에서, 특히 다룰 수 있는 주파수영역에 대한 충분한 성능을 얻을 수 없다는 문제가 있다.

대 홀 측벽 상세 |

일반적으로 음향모형실험에서 사용되는 마이크로폰이나 마이크로폰 앰프의 측정한계는 100㎑ 정도로, 따라서 1/10 스케일의 음향모형실험에서는 실물크기 환산 10㎑ 부근까지의 측정이 가능하게 된다.

실제 실내음향 계측에서는 통상, 8㎑ 중심 1옥타브대역(상한 주파수 11.3㎑)까지를 다루고 있기 때문에 1/10 스케일 음향모형실험의 고주파한계(실물크기 환산 10㎑)는 이에 가깝고, 그것이, 1/10 스케일이 실내음향모형실험의 기준 스케일로서 채용되어 온 중요한 이유 중 하나로 보고 있다.

일반적으로 실내음장의 각종 물리량을 1옥타브대역 데이터로서 표현하는 경우, 음장특성의 전모를 나타내기 위해서는 적어도 4㎑ 대역까지는 필요하다고 말할 수 있다. 그러나 1/20 스케일의 경우, 그 측정한계는 실물 크기 환산 5㎑ 부근이 되며, 4㎑ 중심 1옥타브 대역의 상한인 5.6㎑에는 미치지 못한다.

따라서 1/20 스케일을 채용하는 경우는 실험에 기대하는 내용을 1/10 스케일 실험의 경우에 비해 제한적으로 하여, 에코를 검출하는 정도의 목적으로 한정하여 실시되는 경우도 적지 않다.

이상과 같은 음향모형의 각 스케일 관련 어려움을 바탕으로 1/16이라는 새로운 모형 스케일에 제안되기도 하는데, 1/16 스케일에 의한 음향모형은 1/10 스케일의 경우의 62.5% 사이즈로, 모형의 공간 부담이나 제작 비용은 1/20 스케일의 경우와 비슷한 수준으로 해결할 수 있으며, 6㎑ 부근까지의 측정이 가능해짐으로써 4㎑ 중심 1옥타브대역의 데이터를 처리할 수 있다는 중요한 장점이 있다. 또, 1.6배는 1/3 옥타브계열의 2스텝분에 해당하므로, 1/10 스케일 모형실험용으로 정비되어 있는 내장재 흡음률이나 음향흡수계수에 관한 1/3 옥타브밴드 데이터를 1/16 스케일용으로 변환하여 활용하는 것도 가능하게 된다.

최근, DVD의 보급에 따라 샘플링 주파수 192㎑의 디지털 오디오용 사운드카드를 쉽게 입수할 수 있는 상황이 되었는데, 1/16 스케일 음향모형실험에서는 이것을 이용해도 4㎑ 대역의 상한인 5.6㎑를 커버할 수 있다는 장점도 있다.

1/16 스케일 실내음향모형실험은 음향모형실험에 관한 중요한 배반(背反)조건에 관해 새로운 균형점을 제안하는 것으로, 1/20 스케일에 가까운 비용과 공간에서 1/10 스케일에 가까운 음향특성 정보를 얻을 수 있는 가능성이 기대된다.

4 소 홀(Samll Hall)

소 홀은 객석수 433석의 실내악 공연공간으로 무대 안쪽에 파이프오르간을 갖추고 있고, 음향효과가 좋아 실내악이나 음악발표회에 적합한 오픈 스테이지형식의 홀이다. 소규모 대회나 강연회, 심포지엄에도 이용되고 있다.

| 소 홀의 개요

구분	내용
객석수	• 총 객석수 : 433석 └, 이중 12석은 가동석으로 휠체어 석 6석분으로 전용 가능
건축음향	• 잔향시간 : 약 1.80초(공석 시), 약 1.40초(만석 시) • 주용도 : 실내악 공연장 • 형식 : 오픈스테이지형
무대	너비 13.0m, 무대 깊이 폭 8.50m, 안길이 6.60m, 높이 7.40m, 면적 66.0㎡
기타	① 무대기구 : 배튼 2봉, 음향·조명설비 ② 시거리 : 객석 최후부~무대 앞 : 약 17.0m ③ 그 외 시설 : 분장실 2실

| 내부 전경

○ 파이프오르간

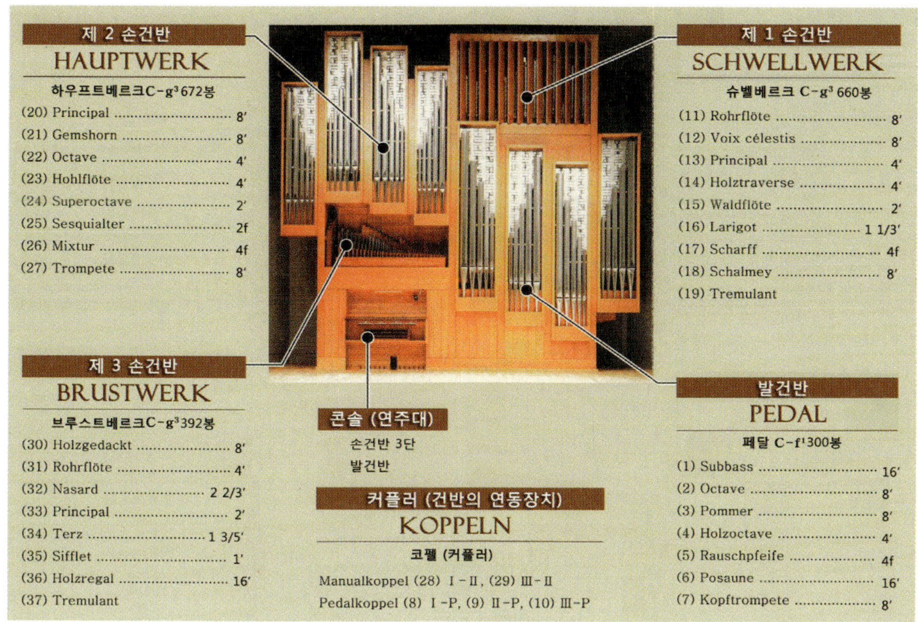

| Johannes Klais Orgelbau[1] (독일 / 본)

- 1974년 9월 설치
- 스톱 수 : 30
- 파이프 수 : 2,024봉

> ▸ 스톱 : 음색을 선택하는 손잡이
> 전하여 음색 그 자체를 나타낸다.
> ※ 표 속 ( )안은 스톱의 번호
> ▸ 손건반의 배열 : 하단부터 제1, 제2, 제3 손건반

☞ 1) **크라이스(Klais)社 : Johannes Klais Orgelbau 독일 / 본 1882년 설립** 독일을 대표하는 공방 중 하나로, 창업 이래 전 세계에 오르간을 건조하고 있다. 젊은 스태프와 숙련된 기술자와의 멋진 팀워크가 공방의 특색이다. 항상 새로운 기술에 대한 도전을 계속하고 있으며, 1998년에는 쾰른대성당의 천장에서 매달린 오르간이 독일 국내에서 화제가 되었다고 한다.

• 주요 실적
독일 : 베토벤 할레(본), 필하모니(쾰른, 뮌헨), 헨델 콘서트홀(할레) 등
일본 : 무사시노음악대학 바흐홀, 교토 콘서트홀 등

▫ 파이프오르간의 구조

파이프오르간의 소리는 병에 숨을 불어넣었을 때와 같은 원리로, 공기의 진동에 의해 발음(發音)한다. 파이프오르간의 세 가지 요소로서 ① 송풍장치인「풀무」, ② 파이프 ② 건반 메카닉을 꼽을 수 있다. 파이프오르간은 소위 관악기의 집합체로서 파이프 하나하나가 특정 음색을 가지는 피리이다. 건반을 누르면 그 파이프 아래에 있는 밸브가 열리고, 풀무에서 공기가 흘러 들어와 소리가 난다. 음색을 고르는 손잡이를「스톱」이라고 하며, 음색 그 자체를 나타내는 단어로서도 사용되고 있다.

오르간 내부에는 같은 종류의 음색으로 저음부터 고음까지 배열한 파이프 열을 하나의 스톱으로 한 것이, 여러 종류나 들어 있다.

파이프오르간은 설치되는 공간에 맞춰 설계되기 때문에 스톱의 종류 및 수는 각각 다르다.

가나가와 현민홀의 파이프오르간에는 30종류의 스톱이 있으며, 손건반의 상부에 배열되어 있다. 오르간 연주자는 연주하는 곡에 맞춰 스톱을 편성하는 작업(registration)을 통해 다양한 음색을 만들어 낸다.

| 파이프오르간의 주요 상세① - 내부에는 많은 파이프가 정연하게 배열되어 있다. 각각의 파이프는 주석과 납 등의 금속 및 나무를 가공한 것으로 재질이나 형상은 다양하다. 현민홀의 파이프오르간에는 2024봉의 파이프가 있다.

3단의 손건반 위에 스톱이 나열되어 있다. |

5 기타공간

| 회의실

대회의실	소회의실
창문을 통해 요코하마 항구를 바라볼 수 있는 스쿨형식의 회의실. 각종 회의, 연수회, 시험, 강연회 등에 이용되고 있다. 대회의실과 병용하는 경우에만 부속 소회의실도 이용 가능하다. • 정원 : 240명 (스쿨 형식) • 폭 16.70m, 안길이 21.0m, 천장높이 2.95m	• 정원 : 24명 • 폭 7.50m, 안길이 8.70m ※ 소회의실은 대회의실과 병용하는 경우에만 사용 가능하다.

| 기타 시설

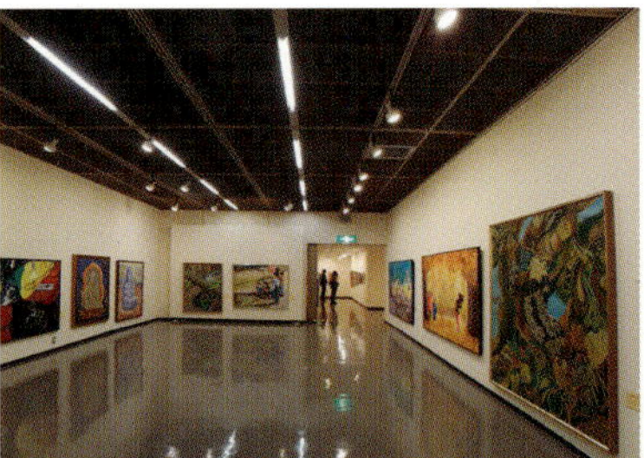

◇ 가나가와 필하모니 관현악단(神奈川フィルハーモニー管弦楽団)

1970년에 발족하여 1978년 7월에 재단법인, 2014년 공익법인으로 변모하기까지 가나가와현·요코하마시를 비롯한 자치체, 기업, 개인으로부터 많은 기부를 받아 공익재단법인으로 인정되었다.

가나가와현의 음악 문화창조를 미션으로 해서 가나가와현 전역을 중심으로 폭넓은 활동을 이어오고 있다. 음악교육에도 적극적으로 아이들을 위한 콘서트를 각지에서 개최하는 등 가나가와 필의 멤버와 아동·학생과의 음악적 교류를 통해 음악의 매력을 전하는 동시에 다음 세대의 가나가와 필의 팬을 늘려가기 위한 대처로서 호평을 얻고 있다. 또한 볼란티어 콘서트 및 출장 콘서트도 매년 개최하고 있다. 지금까지 「안도타메츠구(安藤為次) 교육기념재단 기념상」(1983), 「가나가와 문화상」(1989), 「NHK지역방송문화상」, 「요코하마 문화상」(2007) 등을 수상하였다.

- 상임지휘자 : 가와세 겐타로 / 특별 객연 지휘자 : 고이즈미 가즈히로(小泉和裕)
- 수석 객연 지휘자 : Sascha Goetzel / 명예지휘자 : 겐다 시게오(現田 茂夫)

6 주요 도면

| 외부 입구 및 2층 평면도

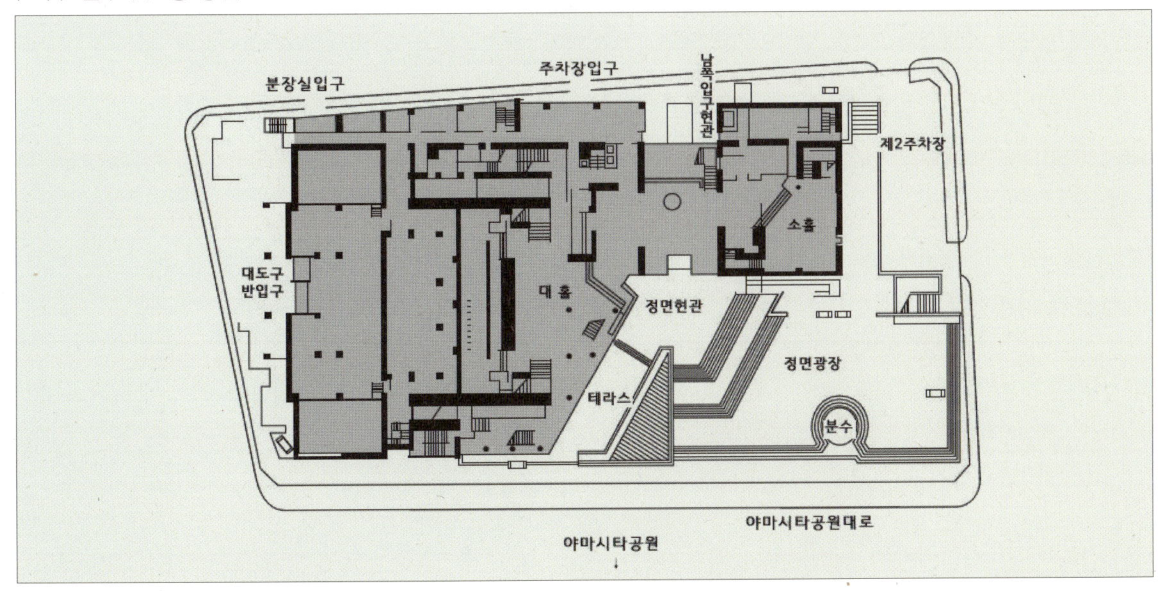

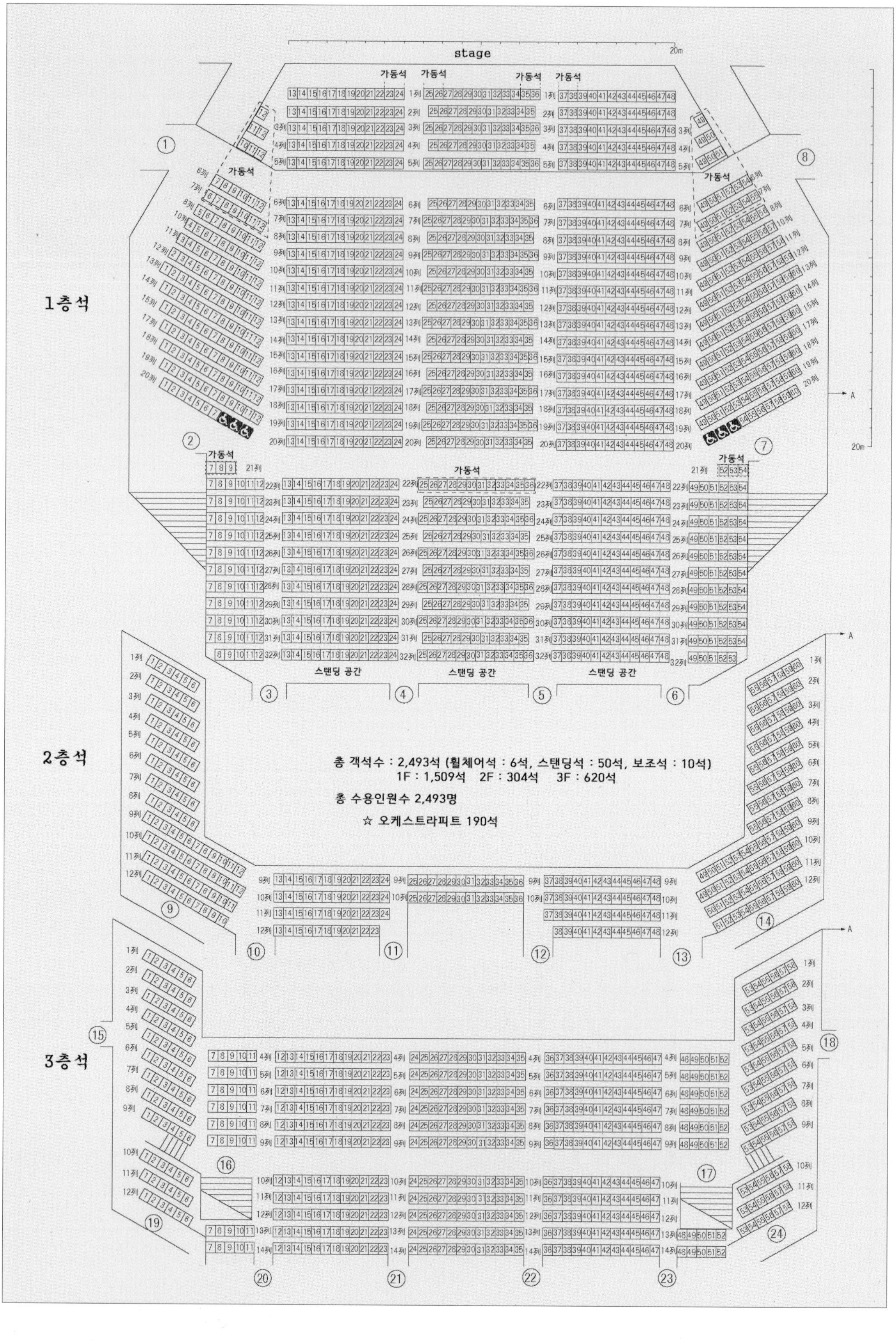

stage

1층석

2층석

3층석

총 객석수 : 2,493석 (휠체어석 : 6석, 스탠딩석 : 50석, 보조석 : 10석)
1F : 1,509석 2F : 304석 3F : 620석

총 수용인원수 2,493명

☆ 오케스트라피트 190석

| 소 홀 좌석표

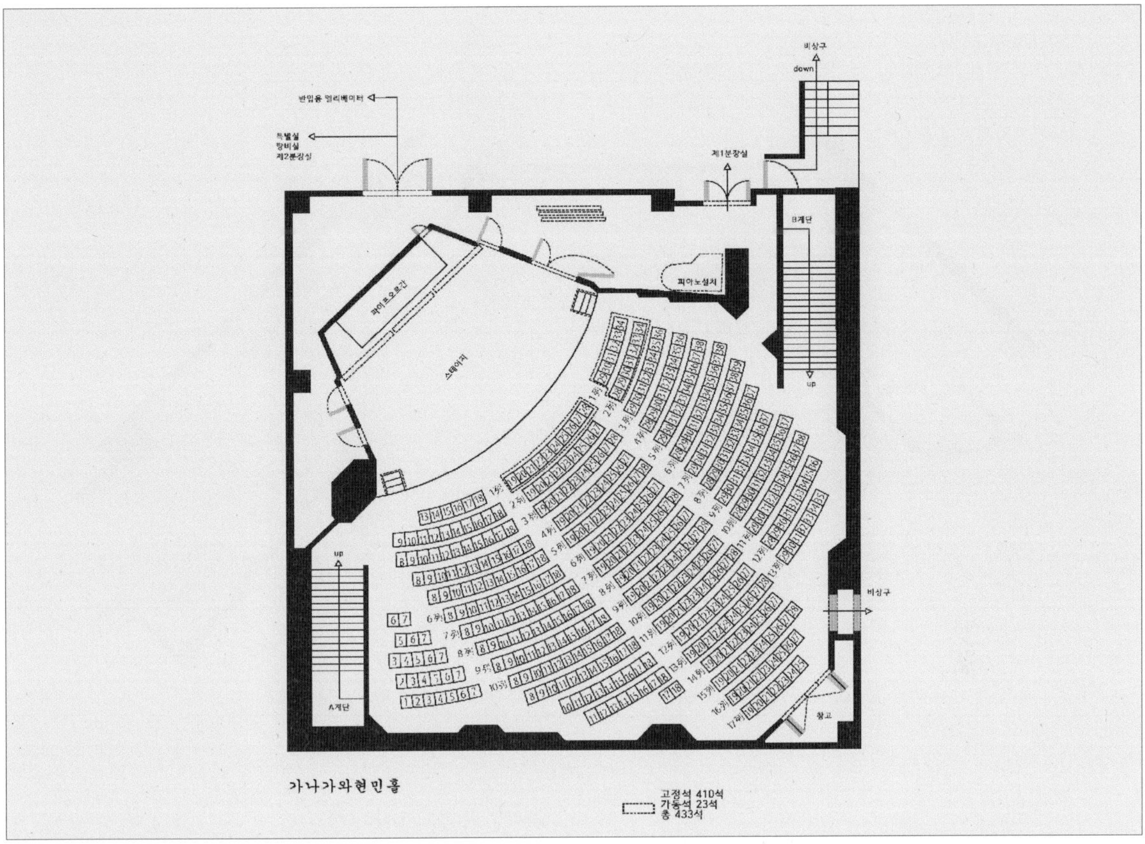

반입용 엘리베이터
특별실
창비실
제2분장실
비상구
down
제1분장실
B계단
피아노오르간
스테이지
피아노설치
up
비상구
A계단
up
창고

가나가와현민홀

고정석 410석
가동석 23석
총 433석

| 대 홀 무대평면도

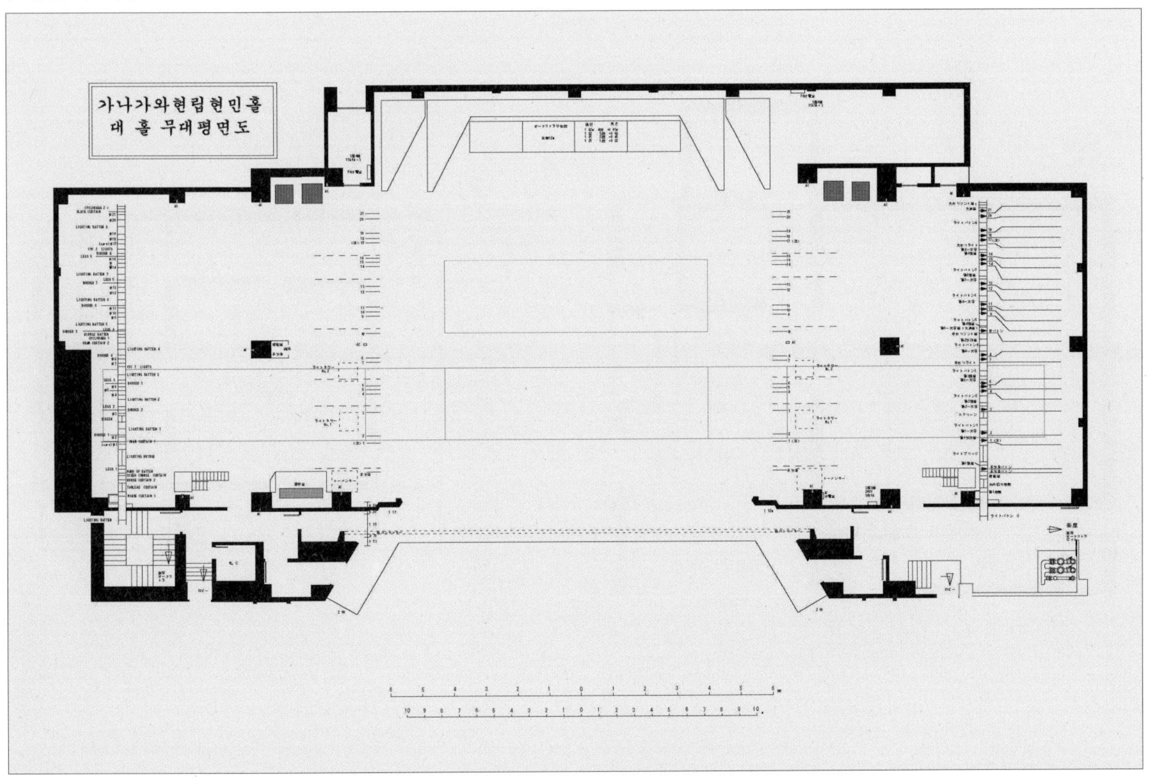

| 소 홀 무대평면도

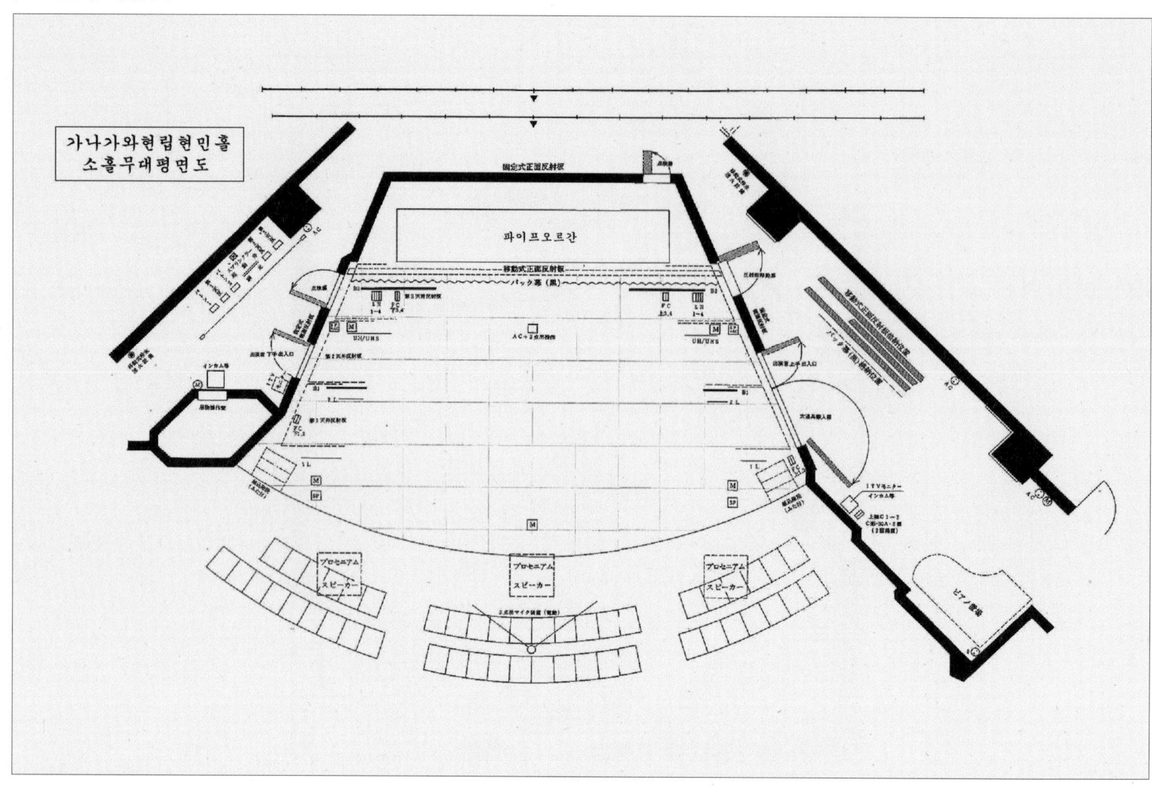

| 갤러리 평면도-1층

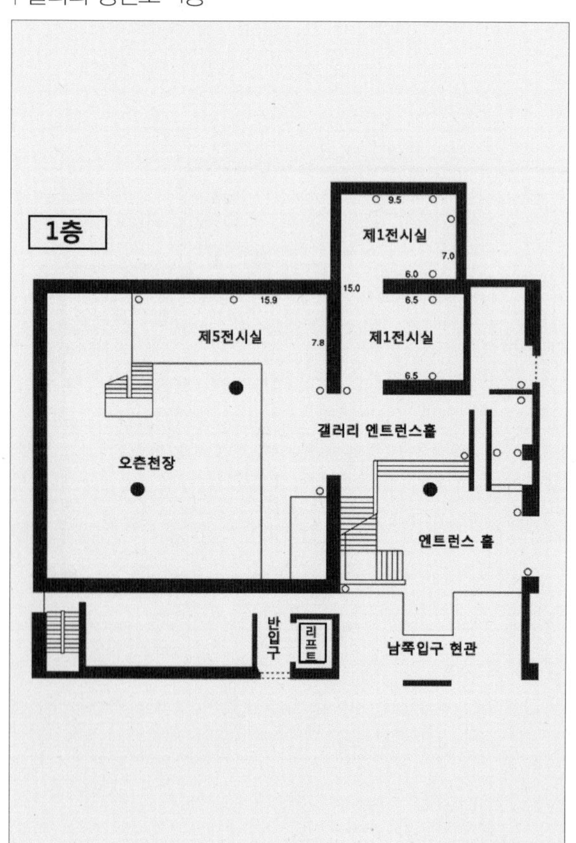

| 갤러리 평면도-지하1층

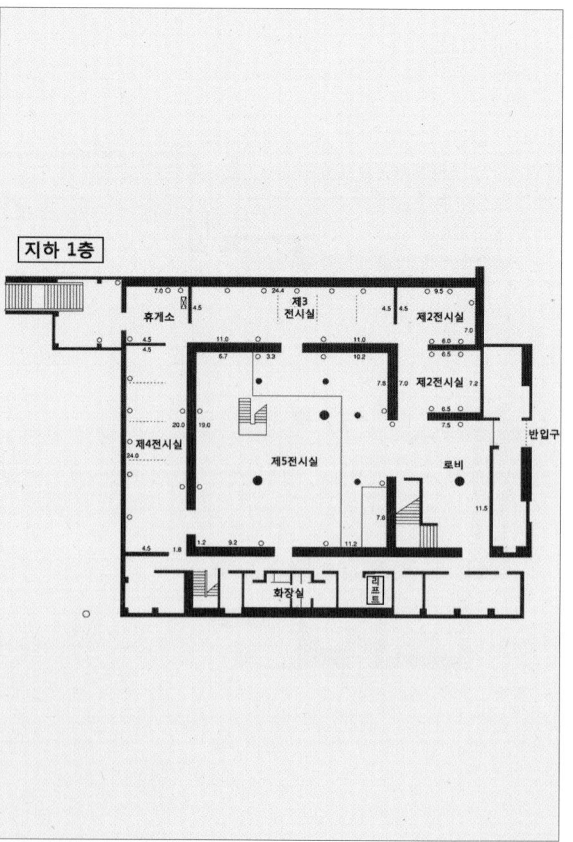

23 도코로자와 시민문화센터 뮤즈

所沢市民文化センター ミューズ / TOKOROZAWA CIVIC CULTURAL CENTRE MUSE

1 도코로자와 시민문화센터 뮤즈 개요

도코로자와시민문화센터 뮤즈(Tokorozawa Civic Cultural Centre Muse)는 콘서트홀, 뮤지컬, 발레, 실내악, 부속실 등 복수의 홀로 구성되는 도코로자와 시립의 복합시설로, 「도코로자와 뮤즈」 또는 「뮤즈(MUSE)」로 약칭되어 불리운다.

문화센터 MUSE는 자연이 풍부한 도코로자와항공 기념공원(所沢航空公園)의 한 구획에 위치하여 좋은 환경을 유지, 발전시키기 위하여 다양한 문화정보 교환의 공간이라는 발상에서, 「정보시장(情報市場」이라고 명명한 광장을 시설군의 중심으로 설정하여 광장을 중심으로 대·중·소 홀, 전시장, 관리동, 레스토랑동이 독립 배치된 건축군(建築群)이다.

오스트리아의 명문 리거(Rieger)社 제의 일본 최대 규모급의 파이프오르간을 갖추고 있는 2,000석의 객석을 지닌 아크 홀(Ark Hall)은 클래식 음악에 최적인 슈박스 타입의 음악홀 설계로, 세계 일류 연주가들의 콘서트를 최고의 음질과 음향으로 감상할 수 있다.

그 외에 말굽형의 다중 발코니 형식의 극장인 마키 홀(Marquee Hall)은 뮤지컬이나 발레 등 다양한 무대예술의 매력을 풍미하고, 살롱풍의 큐브 홀(Cube Hall)은 정방형 평면 세미 돌출 무대의 다목적 홀로 실내악을 위한 최적의 공간을 갖추고 있다.

「더 스퀘어(The Square)」는 면적 400㎡의 규모의 박스형(직사각형)의 전시실로, 중앙의 「정보시장(情報市場)」은 야외극장으로서의 사용도 가능하도록 한쪽 전면이 슬로프화 되어 있다.

드라마 및 영화의 촬영장소로 사용되는 경우도 있으며, 겨울에는 일류미네이션으로 라이트 업 되어 부지 내부를 장식한다. 도코로자와(所沢市)의 예술 출발지로서, 앞으로도 더 큰 활약이 기대되고 있다.

문화센터 내부 전경 |

| 건축물의 개요

구분	내용	위치
소재지	사이타마현 도코로자와시 나미키 1-9-1 (埼玉県所沢市並木1-9-1)	
공사발주	도코로자와시(所沢市)	
설계	이시모토건축사무소(石本建築事務所) 건축음향 : 야마하음향연구소 – 야스오카 마사토(安岡 正人)	
시설규모	• 부지면적 : 22,199.05㎡ • 연면적 : 29,000.59㎡ • 건축면적 : 10,505.53㎡	
건축구조	RC · SRC · S조 건축물의 높이 28.075m / 지상6층, 지하1층	
시설종류	• 대 홀_아크 홀 : 파이프오르간 연주, 오케스트라, 콘서트 • 중 홀_마키 홀 : 연극, 뮤지컬 및 오페레타, 발레 • 소 홀_큐브 홀 : 실내악, 소규모 집회 및 강연 • 부속실 : 전시실, 제2전시실, 리어설실, 연습실,	

2 외관 및 로비

| 도코로자와 시민문화센터 회관

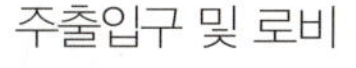

주출입구 및 로비 |

| 마키 홀 외관 및 로비

큐브 홀 외관 및 로비 |

3 대 홀 – 아크 홀(Ark Hall)

2,002석 규모의 콘서트홀로서 클래식음악의 연주를 위한 슈박스 형태의 심포니 홀로 설계되어, 대규모 파이프오르간을 갖추고 있다. 1층석에서 3층석까지(일부 스테이지 면적에서도) 객석이 있어, 대관 이용 시에는「1층석만」과 같은 이용 방식도 가능하다.

아크 홀의 파이프오르간은 빈의 슈테판대성당의 새로운 오르간 등, 세계의 오르간 프로젝트를 맡고 있는 오스트리아의 명문 Riger社가 약 1년 반에 걸쳐 제작되어 일본에서 산토리 홀에 설치된 오르간과 명맥을 같이 하고 있다. 2개의 견실한 스웰 건반을 가지고, 각각 프랑스, 독일의 심포닉 한 울림을 가져, 75개의 스톱과 5563봉의 파이프를 갖춘, 일본에서도 유수의 크기를 자랑한다.

오르간 연주자는 이 스톱을 조합하여 독자의 음색을 만들어 낸다. 연주하기까지, 이 조합을 비밀로 하는 오르간 연주자가 있다고 할 정도로, 스톱의 조합으로 파이프오르간의 음색은 달라진다. 스톱에는 각각의 명칭과 소속 건반, 피트율과 번호가 기록되어 있어, 오르간 연주자는 그것을 보면서 연주에 사용할 스톱의 조합을 결정한다.

뮤즈(MUSE)의 고문으로, 세계적으로 활약 중인 오르간 연주자인 마쓰이 나오미(松居直美)는 아크 홀의 파이프오르간의 매력에 대해 다음과 같이 코멘트하고 있다.「파이프오르간은 그 음색과 잔향에 저절로 홀이 가지고 있는 개성이 드러난다. 아크 홀은 나무의 온기로 가득 찬 홀이므로, 파이프오르간은 매우 온기가 있는 풍부하면서도 긴 잔향을 가지고 있다.」『악기의 왕』이라고 불리는 파이프오르간의 다채로운 잔향과 음색은 스톱의 구성을 통해 탄생된다.

| 대 홀_아크 홀 개요

구분	내용
객석수	• 객석수 : 2,002석 1F : 1,106석(가동석 13석, 휠체어석 6석) 2F : 560석 3F : 336석 • 객석 규격 : 너비 21.5m×안길이 60.0m×높이 18.0m • 객석 바닥면적 : 1,573.5㎡
건축음향	• 주용도 : 콘서트 • 객석 무대형식 : 슈박스 형 • 1석당 실용적 V/N=9.53㎥ • 잔향시간 : 2.20~2.45초(공석 시), 2.18~1.98초(500㎐, 만석 시)
기타	① 무대규격 : 너비 21.58m×길이 14.87m×높이 17.0m (오픈 스테이지) ② 무대 바닥면적 : 291.5㎡ ③ 잔향가변장치 있음. ④ 기타 시설 : 연습실(대형 1실), 분장실 (대 : 3실, 중 : 2실, 소 : 2실), 분장실 응접실, 오케스트라 라운지

| 파이프오르간

| 측면 발코니석/출입구

| 아크 홀 상세도

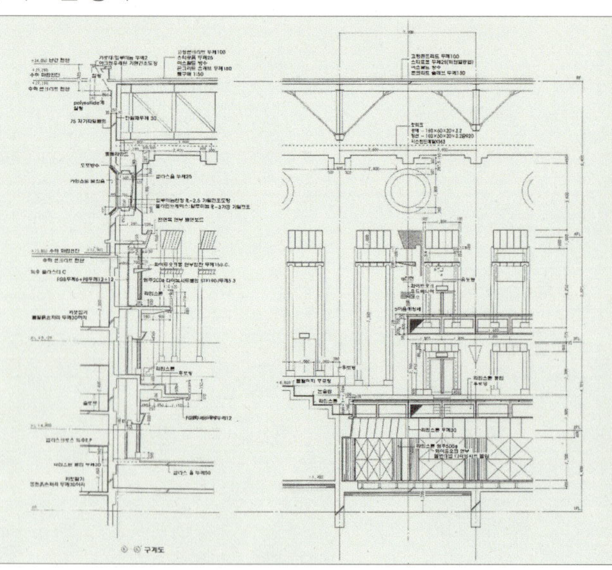

◇ 콘서트홀의 음향평가

아크홀과 같은 콘서트홀의 음향평가 방법은 다음과 같다.

– 음향 측정 (물리적 평가): 잔향시간이나 음압레벨과 같은 물리량에 의한 평가

– 청감 평가 (주관적 평가): 친밀감, 생동감과 같은 심리량에 의한 평가

청감평가에 대한 내용은 다음과 같다.

홀의 음향 상태를 평가할 때 잔향시간이나 음압 레벨과 같은 물리량 외에 심리량에 의한 주관적 평가가 필요하다.

▫ Beranek의 평가방법

1962년 Leo. L. Beranek은 "Rating of Acoustical Quality of Concert Halls and Opera House"라는 논문에서 [표 1]과 같은 평가 척도를 제안하였다. Beranek은 우선 음악의 들리는 상태, 즉 음질을 나타내는 평가어를 몇 개 선택하여, 그것을 지배한다고 생각되는 물리량을 측정하여 각각 평점을 제공하고 그것을 종합하는 방법으로 홀의 음향성능을 평가하고자 하였다. 이를 위해 그는 전 세계에서 대표적인 54개의 콘서트홀과 오페라하우스에서 측정 데이터를 모아, 음악가나 평론가에게 실험을 실시하여 이러한 판정과 잘 일치되었다고 주장하였다. 그러나 그의 평가요소에는 양이효과(兩耳效果)가 포함되지 않은 점 등 그 선택법과 평점 방법에 객관적인 근거가 없으므로 문제는 아직도 많이 남겨져 있다.

| 오케스트라 연주에 대한 평가척도(Beranek) [표 1]

평가어	물리량	평점	최고점
친밀감 (Intimacy)	$\left(\frac{I_r - I_D}{c}\right) \times 1000$	0~20msec→40점 –70msec→0	40
생동감 (Liveness)	$\frac{T_{500}+T_{1000}}{2}$	로만파음악 2.2초, 일반오케스트라 1.9, 클래식 1.7, 바로크 1.5(이것보다 길거나 짧아도 평점이 떨어진다)	15
온화감 (Warmth)	$\frac{T_{125}+T_{250}}{T_{500}+T_{1000}}$	1.2~1.25일 때(이것보다 크거나 작아도 떨어진다)	15
직접음의 크기 (Loudness of Direct Sound)	청취자에서 지휘자까지의 거리(ft)	60ft(이것보다 10ft 벗어난 때마다 –1점)	10
잔향음의 크기 (Loudness of the Reverberant Sound)	$\frac{T_{500}+T_{1000}}{V(ft^3)} \times 10^6$	3.0일 때(크거나 작아도 내려간다)	6
확산도 (Diffusion)	벽, 천장의 불규칙	적당하게	4
융합도 (Balance & Blend)	오케스트라 각 파트의 밸런스	좋은 경우	6
앙상블 (Ensemble)	연주자가 상대를 듣는다.	음악을 듣는다	4
다른 요소에 의한 조정점 (Other Factors)	에코, 소음, 음의 왜곡 등에 대해 어느 정도 감점되지 않으면 0		–50
	발코니 일상에 대하여 직접음을 보강할 반사음의 정도에 따라		+10

○ **친밀감(Intimacy)**

홀 내 객석의 청중들은 시각적인 친밀감과 동시에 청각적인 친밀감을 원하고 있다. 이러한 친밀감은 궁중(宮中)의 Hall과 같은 크기의 음악당이 적절하다. 그러나 현대사회에서는 많은 청중을 수용해야 하므로 시각적인 친밀감은 다소 떨어지더라도 청각적인 친밀감은 확보해야 하는 어려움을 안고 있다. 음향적인 친밀감은 연주자의 음이 청중의 귀에 직접 들어오는 시간과 천장이나 벽에 부딪쳐서 들어오는 제1반사음이 귀에 도달하는 시간차를 msec로 측정하여 양적으로 평가한다. 이를 초기지연시간(Initial-Time Delay Gap)이라 한다.

이 초기지연시간은 20msec 근방이 이상적이고, 70msec가 넘으면 Echo가 들려서 몹시 불쾌감을 유발시켜, 감점의 대상이 된다. 일반적으로 무대 천장면에서의 반사음은 친밀감 평가에는 사용하지 않는다.

○ **생동감(Liveness)**

생동감은 만석 시의 잔향시간을 초단위로 표시하여 평가한다. 특히 홀의 특성을 대표하는 잔향시간은 500㎐와 1,000㎐를 중심으로 하는 1/3 옥타브밴드의 잔향시간 산술평균값으로 표시한다. 일반적으로 이 1.8초가 되어야 전형적인 심포니 오케스트라 연주가 원만하게 이루어지는 생동감을 준다.

○ **온화감(Warmth)**

온화감은 중간음(500~1,000㎐)에 대한 저음부(125~500㎐)의 생동감을 가지고 나타내는데 다음과 같다.

$$\frac{T_{125}+T_{250}}{T_{500}+T_{1000}}$$

이 값이 크면 저음부의 생동감이 많아서 온화감을 준다. Beranek은 적정값으로 1.1~1.25를 제안하였다.

○ **직접음의 크기(Loudness of Direct Sound)**

음의 강도는 복잡한 속성을 가지고 있다. 음의 강도는 직접음의 강도와 간접음의 강도로 구성되는데, 전자를 직접음도 후자를 간접음도라 한다. 직접음도의 척도로서는 지휘자의 위치로부터 청중석까지의 거리를 ft로 표시한 값을 취한다.

○ **잔향음의 크기(Loudness of the Reverberant Sound)**

잔향음의 크기는 실의 체적과 중간 주파수와의 비로 정의되는데 이를 반향음도라고도 한다. 이것은 한 번 또는 여러 번 반사된 음도를 표시한 것으로 정량적으로는 다음 식과 같다.

$$\frac{T_{500}+T_{1000}}{V(ft^3)}\times 10^6$$

이것은 체적이 큰 홀에서 작아져 Fortissimo 악절(樂節)을 연주하는 심포니 오케스트라가 아주 미약하게 들려서 불리하고, 이 값이 너무 작은 홀에서는 너무 커져서 Double Fortissimo 악절은 귀가 아플 정도로 청중이 고통을 느끼게 된다.

Beranek은 적정값으로 2.50~3.50초를 제안하였다.

○ **확산도(Diffusion)**

확산도는 반향음의 방향성에 관한 것으로 무대에서 연주하는 음이 여러 번 반사하여 모든 방향으로 잘 확산해서 청중의 귀에 같은 음도로 들리게 되는 것이 이상적이다. 이 확산도가 좋으려면 잔향시간이 길어야 하고, 벽면과 천장면에 불규칙한 반사면이 있어야 한다. 이것은 음악가나 음악평론가나 음악애호가들의 강평을 들어 결정한다.

○ 융합도(Balance & Blend)

좋은 균형과 융합은 오케스트라의 각 음절 사이에 또한 오케스트라와 보컬, 그리고 기악 독주자 사이에 고루고루 요구된다. 이것도 음악가나 음악평론가나 연주자들의 소감으로부터 평점한다.

○ 앙상블(Ensemble)

이것은 주로 무대 위에서 연주자끼리 서로 다른 연주자의 연주 소리가 잘 분별되어 들리는가를 따져서 평가한다. 이것도 음악지휘자, 연주자들의 소감에 따라 채점한다.

○ 다른 요소에 의한 조정점(Other Factors)

이것은 Echo, 소음, 음색 왜곡 등의 기타 결함에 대해서 감점한다. 전혀 없으면 −0, 약간 있으면 −10점, 심하면 −15~−50점까지 감점한다.

또한 Beranek은 1996년 홀에서 공연되는 음악에 대한 느낌을 표현할 수 있도록 음악가를 대상으로 조사한 결과 18개의 항목을 추출하였다. 그는 이렇게 추출된 평가항목을 가지고 전 세계의 76개 오페라홀에 대한 음향 성능을 평가하였으며 물리적인 음향성능 파라미터와 다음과 같은 관련이 있다고 분석하였다.

| Beranek이 사용한 평가어휘 [표 2]

번호	평가어휘	물리적 파라미터
1	Intimacy or Presence	ITDG
2	Reverberation or Liveness	RT, EDT
3	Spaciousness : Apparent Source Width (ASW)	IACCE, Glow[1]
4	Spaciousness : Listener Envelopment (LEV)	IACCL
5	Clarity	C80
6	Warmth	BR
7	Loudness	Gmid
8	Acoustic Glare	
9	Brilliance	BR
10	Balance	
11	Blend	BR
12	Ensemble	C80
13	Immediacy of Response (Attack)	RT
14	Texture	BR
15	Freedom from Echo	
16	Dynamic Range and Background Noise Level	BNL
17	Extraneous Effects on Tonal Quality	
18	Uniformity of Sound	

☞ 1) **Glow(Low-frequency Strength Factor)** – 125Hz와 250Hz에서 측정된 G값의 평균값이다.

□ Lothar Cremer의 평가방법

Lothar Cremer는 Berlin Philharmonie Hall을 다음과 같은 평가어휘를 사용하여 음향성능을 평가하였다.

| Lothar Cremer가 사용한 평가어휘 [표 3]

Small ↔ Large	Pleasant ↔ Unpleasant
Soft ↔ Hard	Brilliant ↔ Dull
Rounded ↔ Pointed	Vigorous ↔ Muted
Appealing ↔ Unappealing	Blunt ↔ Sharp
Diffuse ↔ Concentrated	Overbearing ↔ Reticent
Light ↔ Dark	Muddy ↔ Clear
Dry ↔ Reverberant	Weak ↔ Strong
Emphasised Treble ↔ Treble not Emphasised	Emphasised Bass ↔ Bass not Emphasised
Beautiful ↔ Ugly	Soft ↔ Loud

□ Michael Barron의 평가방법

1988년 Michael Barron은 영국에 있는 11개의 콘서트홀을 대상으로 다음과 같은 평가어휘를 사용하여 음향성능을 평가하였다.

| British Concert Hall의 평가척도

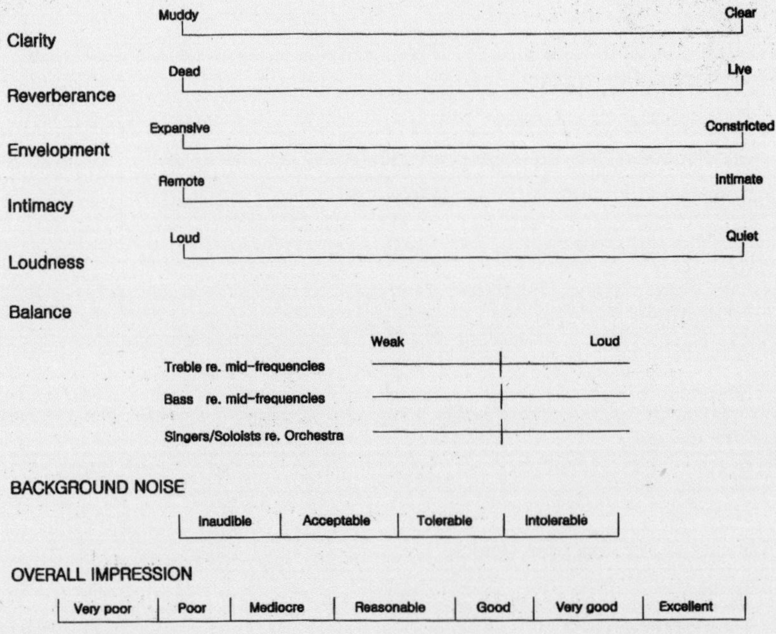

분석결과 「전체적인 인상」-「잔향감」, 「공간감」-「친밀감」이 높은 관련성을 나타냈다.

특히 「잔향감」-「공간감」, 「공간감」-「친밀감」은 높은 상관 관계를 보이는 반면 「잔향감」- 「친밀감」은 낮은 상관관계를 보였다.

4 중 홀 – 마키 홀 (Marquee Hall)

말발굽형의 고전적인 유럽 스타일의 연극 홀로서 영국 셰익스피어 극장인 스완 극장을 참고로 해서 설계되었다. 객석에서 무대가 잘 보이도록 설계되어 있고, 음향반사판을 사용해 콘서트에도 대응 가능하다. 안길이가 있는 스테이지와 충실한 음향·조명 설비가 뮤지컬 및 오페레타, 발레 등 다양한 무대예술의 매력을 남김없이 전달한다.

| 중 홀 – 마키 홀 개요

구분	내용
객석수	• 객석 수 : 798석 (오케스트라피트 사용 시 710석) 1F : 647석, 2F : 109석, 3F : 42석) →1층에 휠체어 공간(3석분)이 있고, 또 1층석 중 10석은 가동석이므로 휠체어석(4석분)으로 전용이 가능 • 객석 규격 : 너비 25.5m×안길이 25.0m×높이 16.0m • 객석 바닥면적 : 950.5㎡
건축음향	• 주용도 : 연극 • 실용적(V) : 8,693㎥ , 표면적(s) : 3,565㎡, V/S : 2.42m. • 잔향시간 : 1.3초(250Hz～2KHz 공석 시)/1.26초(500Hz, 만석 시) • 객석/무대형식 : 다중 발코니 형식, 프로시니엄 스테이지 형 잔향시간 [sec] 3.00 2.00 1.00 0.50 주파수 [Hz] 63 125 250 500 1K 2K 4K 8K P반사판형식 (실측값) 막설비 형식 (실측값)
기타	① 무대 규격 : 너비 14.58m×길이 15.45m×높이 9.45m ② 무대 바닥면적 : 217.5㎡ ③ 기타 시설 : 연습실(중형 2실), 분장실(중 : 3실, 소 : 2실), 샤워실, 세탁실 등

마키 홀 내부 전경 – 중 홀 |

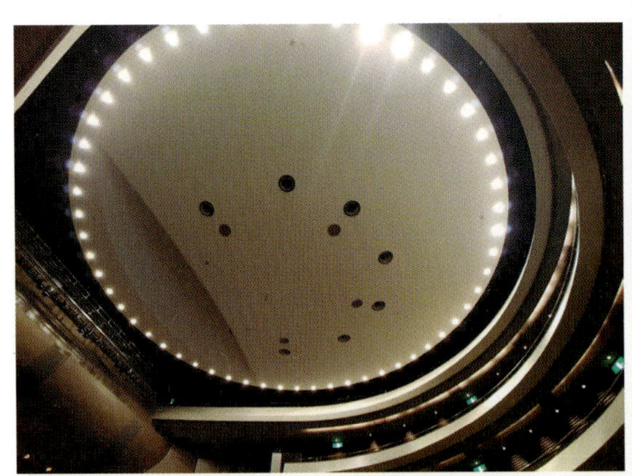

| 마키 홀 상세도

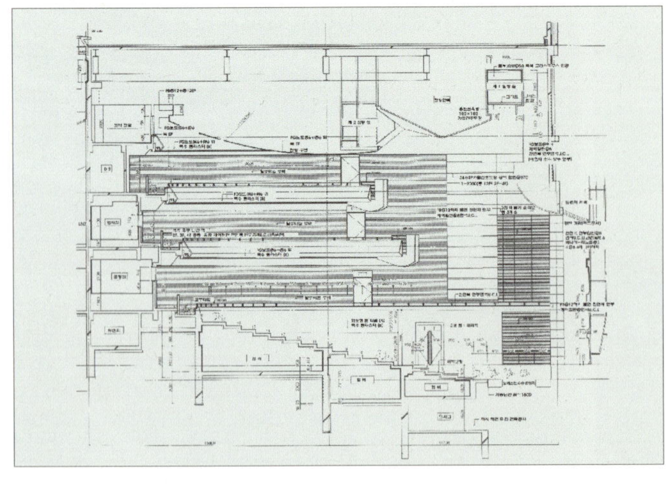

5 소 홀 - 큐브 홀

실내악을 주목적으로 한 살롱풍의 홀로서 객석에는 원 슬로프 형식을 채용하여 스테이지는 2분할 승강 무대로 이용 형태에 따라 변경이 가능하다. 실내악 연주회, 소규모 집회 및 강연회 등도 가능하다.

| 소 홀 – 큐브 홀 개요

구분	내용
객석수	• 객석 수 : 318석 (스테이지 승강무대 미사용 시 342석) →1층석 중 14석은 가동석이므로 휠체어석(4석분)으로 전용이 가능 • 객석 규격 : 너비 18.5m×안길이 15.0m×높이 14.2m • 객석 바닥면적 : 281.2㎡
건축음향	• 주용도 : 다목적 • 실용적(V) : 4,013㎥, 표면적(S) : 1,685㎡, V/S : 2.38m • 잔향시간 : 1.85초(공석 시), 1.70초(500㎐, 만석 시) • 객석 / 무대형식 : 오픈 스테이지형(세미 돌출무대형) 잔향시간 [sec] 3.00 2.00 1.00 0.50 공석 시 (실측값) 80% 만석 시 (추정값) 63 125 250 500 1K 2K 4K 8K 주 파 수 [Hz]
기타	① 무대 규격 : 너비 6.7m× 길이 8.15m× 높이 13.3m ② 무대바닥면적 : 54.3㎡ ③ 기타 시설 : 연습실(중 2실), 분장실(중 : 3실, 소 : 2실)

큐브 홀 내부 전경 – 소 홀 |

| 객석 위치에 따른 무대 모습

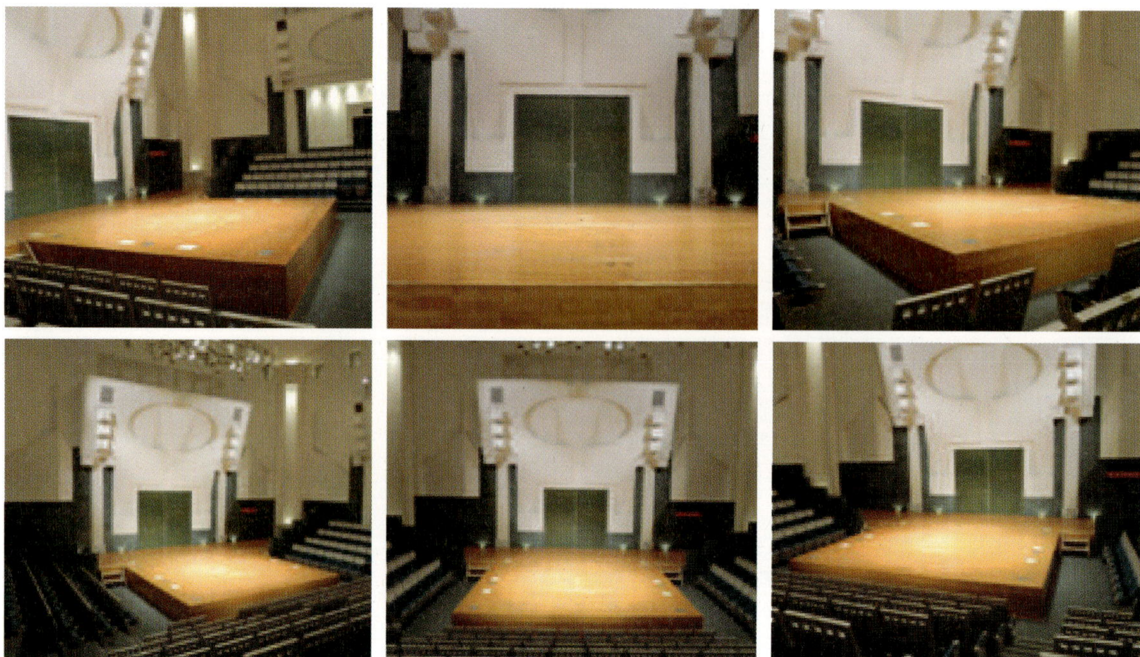

| 큐브 홀 상세도

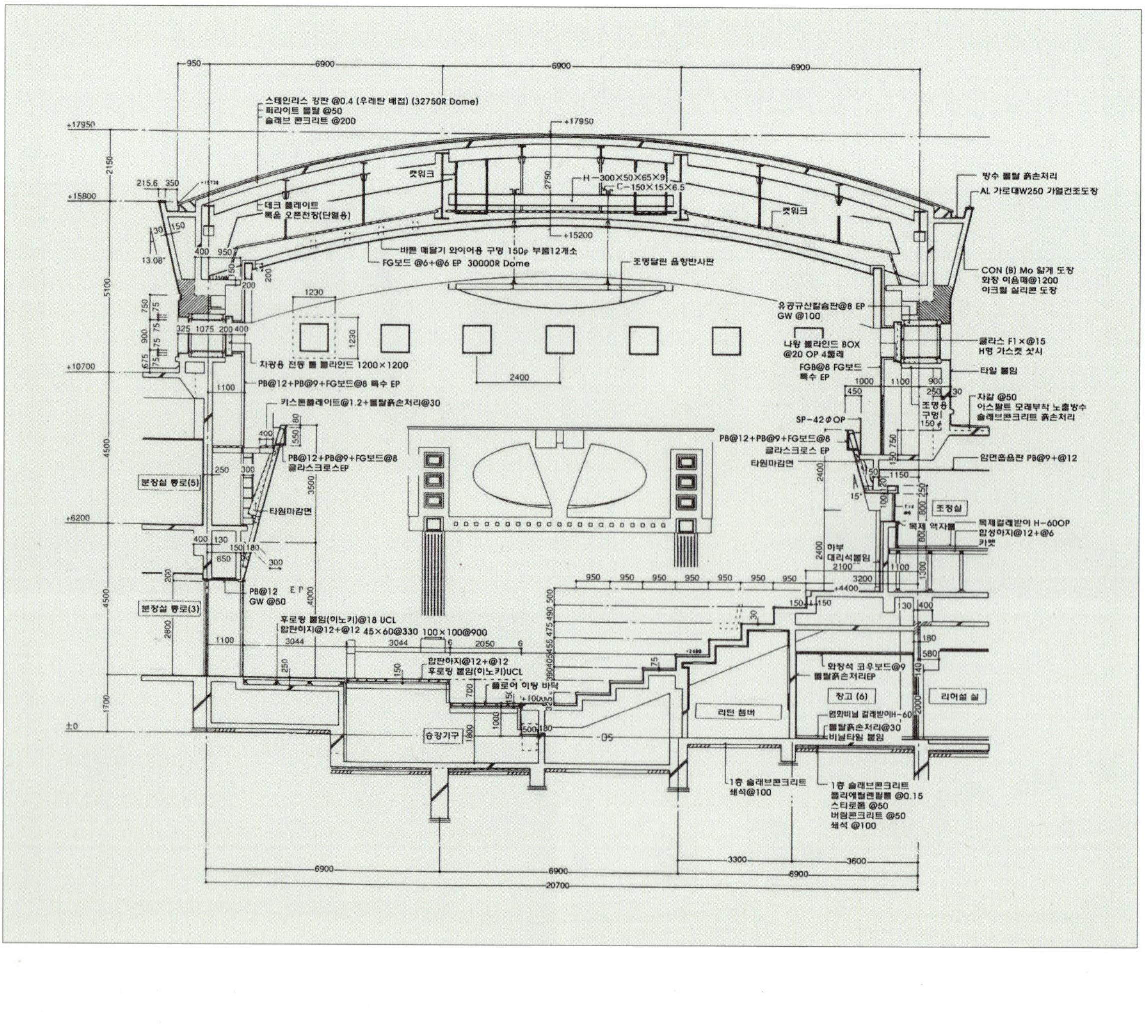

| 부속실 개요

구분	내용	구분	내용
전시실	수용인원 : 200명 / 382.92㎡	다다미실1,2	수용인원 : 8~20명
제2전시실	수용인원 : 150명 / 350㎡	리허설실	수용인원 : 90명 / 180㎡
회의실1~6	수용인원 : 16~48명	연습실 1,2	수용인원 : 40~50명 / 77~98㎡

더 스퀘어 |

6 부속실

약 180m의 패널 전시 공간을 가지고 있으며, 총 면적이 약 400㎡의 갤러리 홀이다. 미술 등의 전시를 비롯해 다양한 리셉션 및 파티, 강연회 등에도 이동식 패널의 활용으로 유연하게 대응할 수 있다.

| 정보시장에서 계단을 올랐을 때 더 스퀘어의 입구

이동식 패널의 설치 예 |

파티 시의 레이아웃 예 |

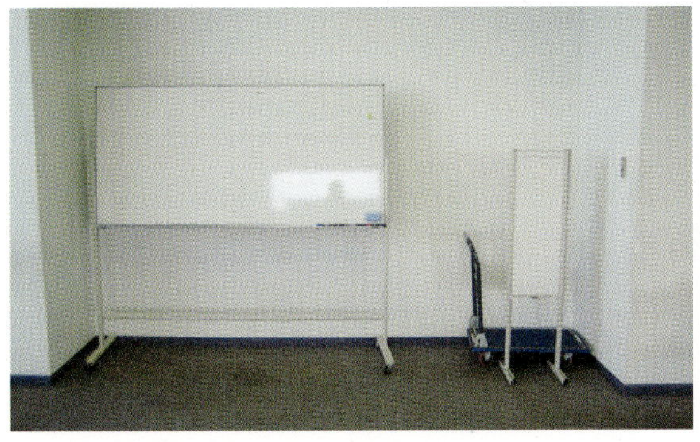

제2전시실 내부 전경 |

7 주요 도면

| 배치도

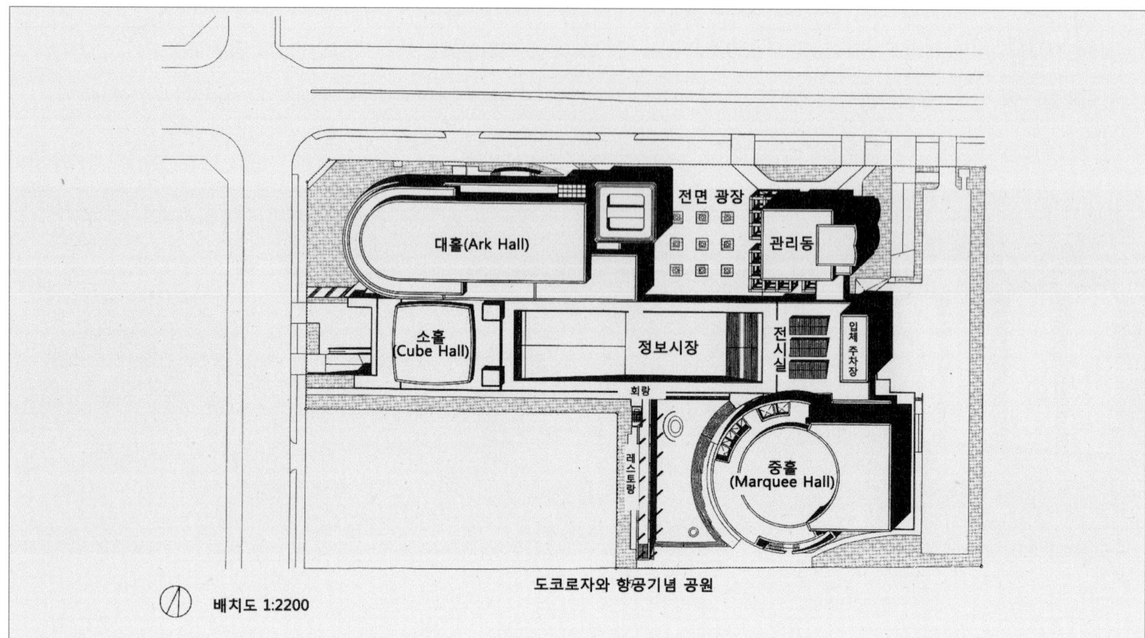

| 남북단면도

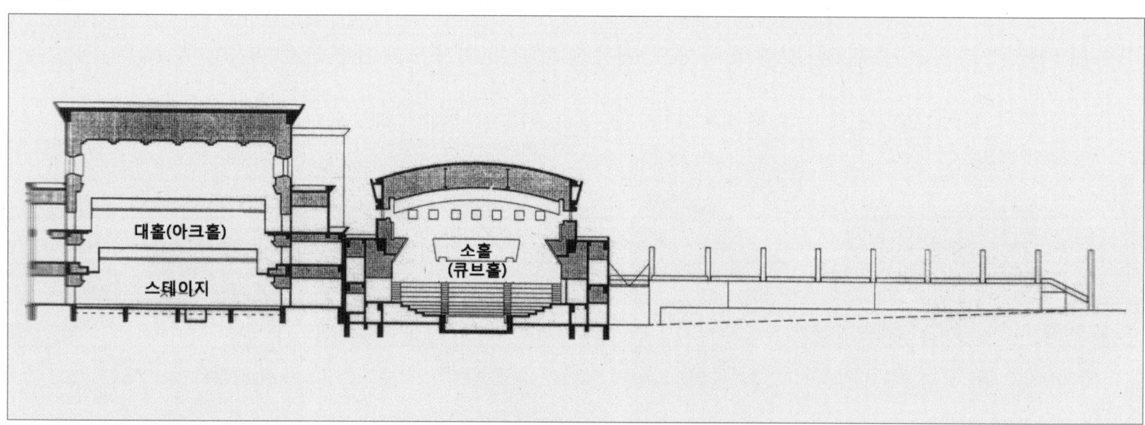

| 동서단면도

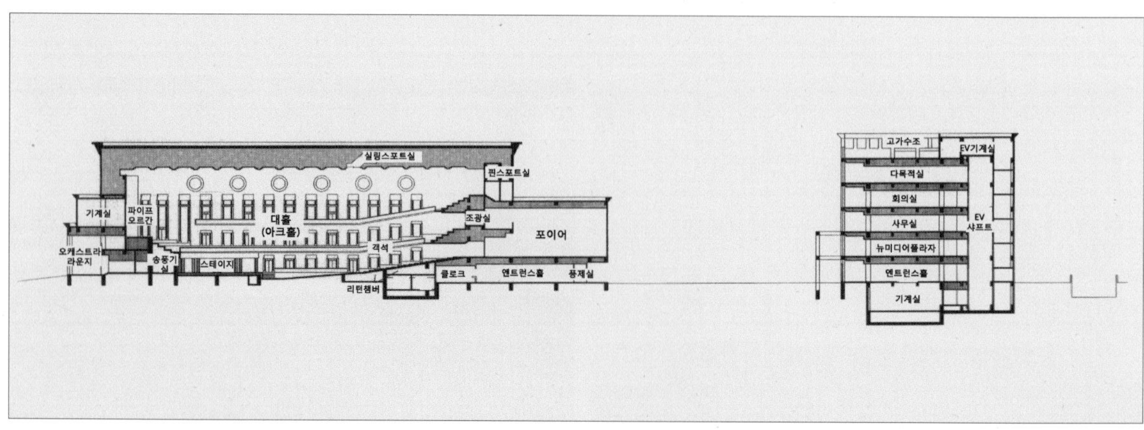

| 북측 입면도

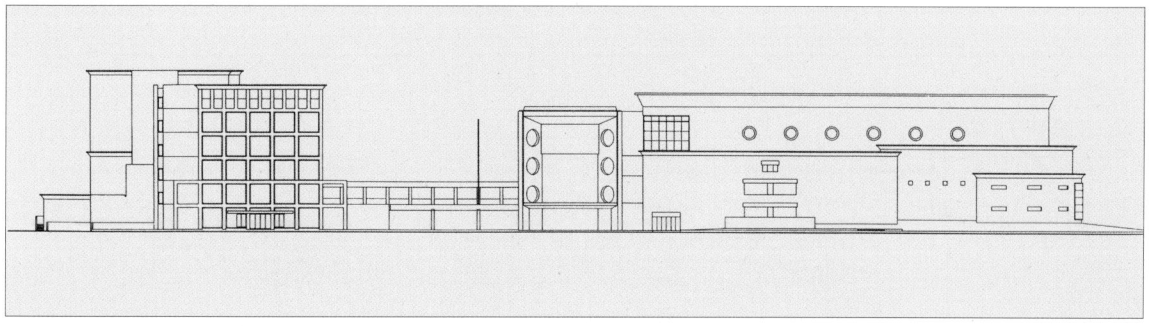

| 아크 홀 남북단면도

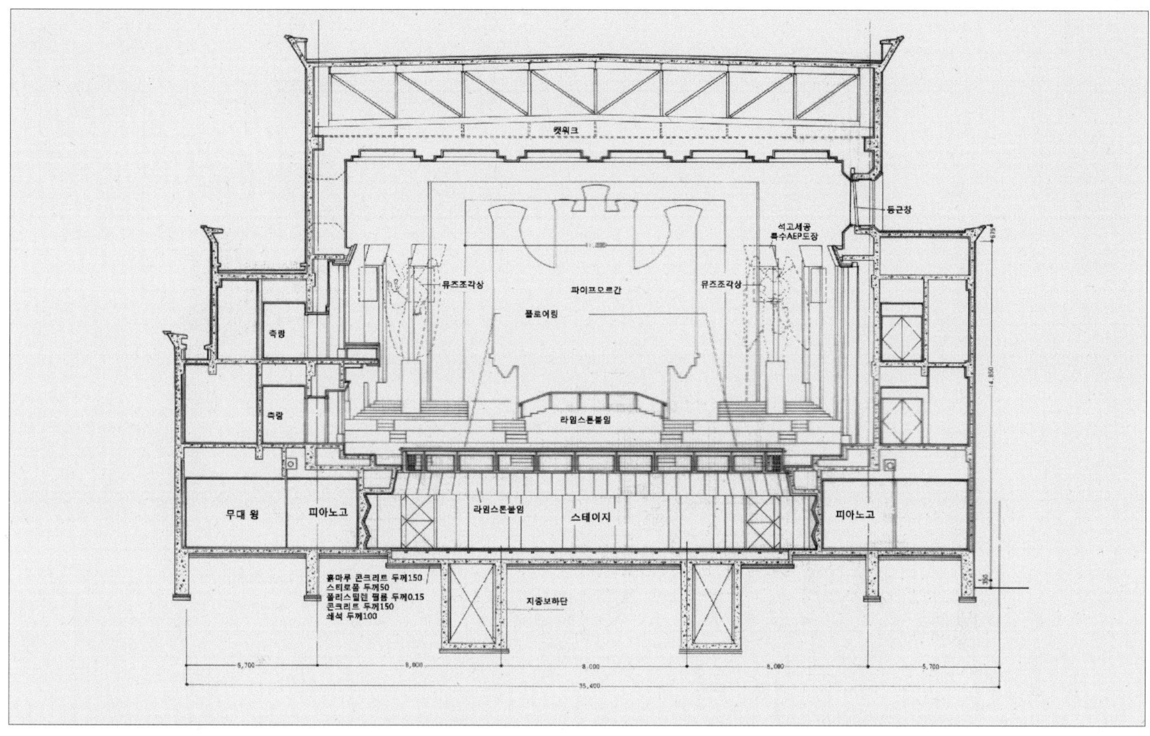

| 아크 홀 동서단면도

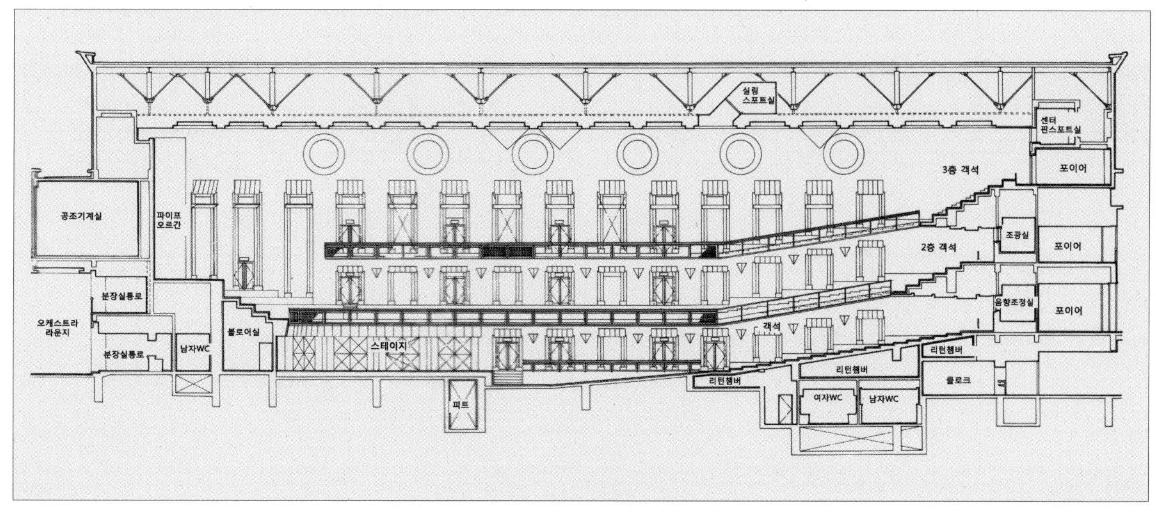

| 지하 평면도

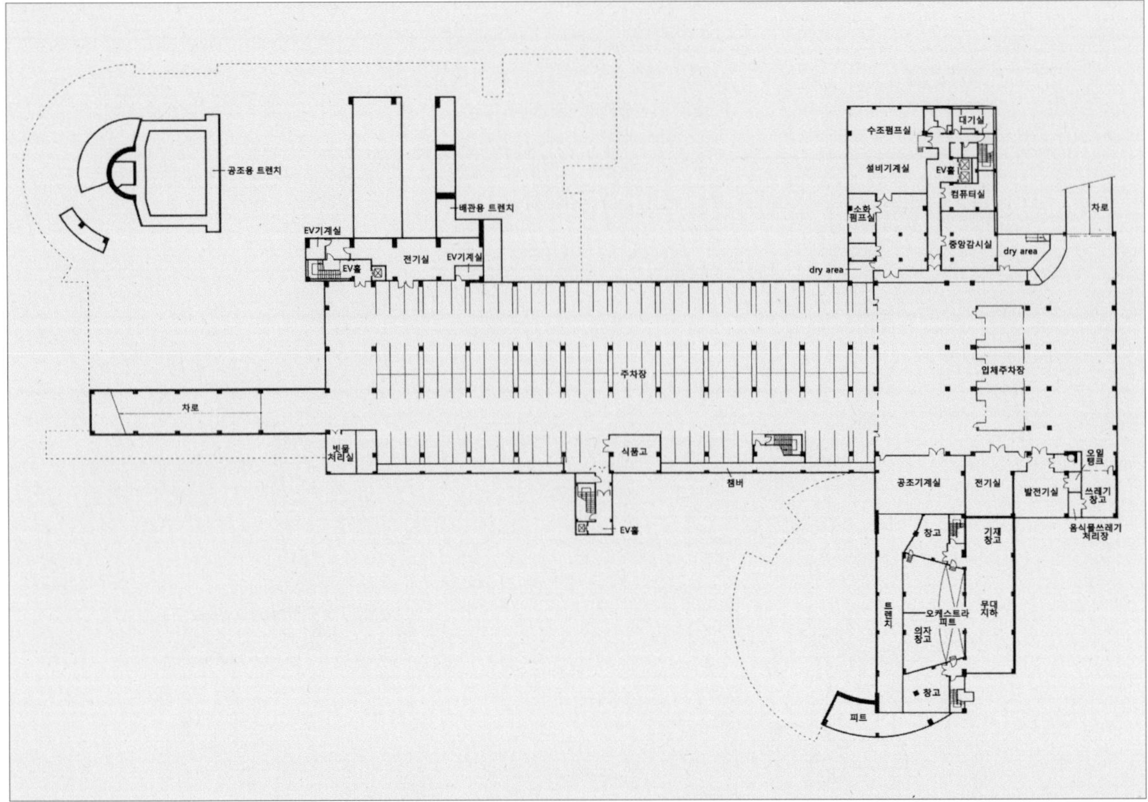

| 평면도-1층

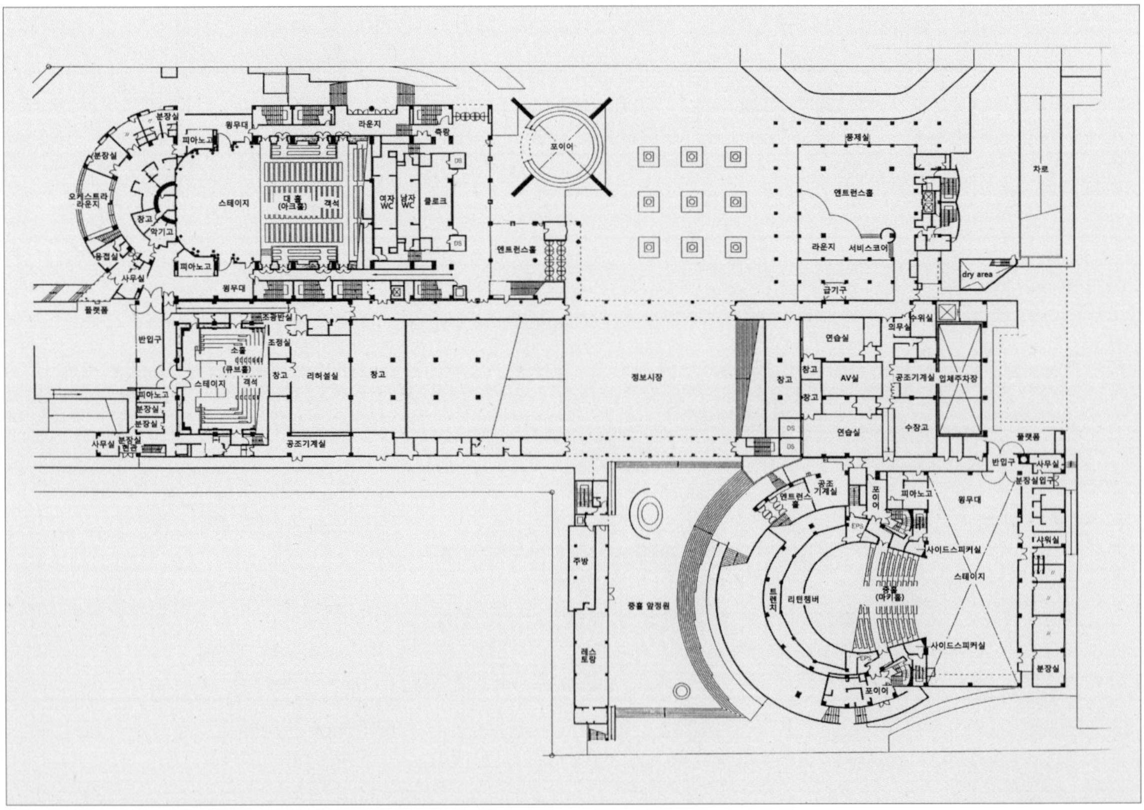

분장실
윙무대
라운지
피아노고
측랑
분장실
포이어
오케스트라 라운지
스테이지
대홀 (아크홀)
객석
여자 WC
남자 WC
클로크
창고
악기고
엔트런스홀
응접실
피아노고
사무실
윙무대
플랫폼
조광반실
반입구
조정실
소홀 (큐브홀)
스테이지
객석
창고
리허설실
창고
피아노고
분장실
분장실
사무실
분장실 현관
공조기계실
정보시장
풍제실
엔트런스홀
라운지
서비스코어
dry area
급기구
의무실
수위실
연습실
창고
AV실
창고
공조기계실
입체주차장
창고
연습실
수장고
플랫폼
반입구
사무실
분장실입구
차로
엔트런스 홀
공조 기계실
포이어
피아노고
윙무대
사워실
주방
중홀 앞정원
트렌치
리턴챔버
사이드스피커실
스테이지
중홀 (마키홀)
사이드스피커실
레스토랑
포이어
분장실

| 평면도-2층

| 평면도-3층

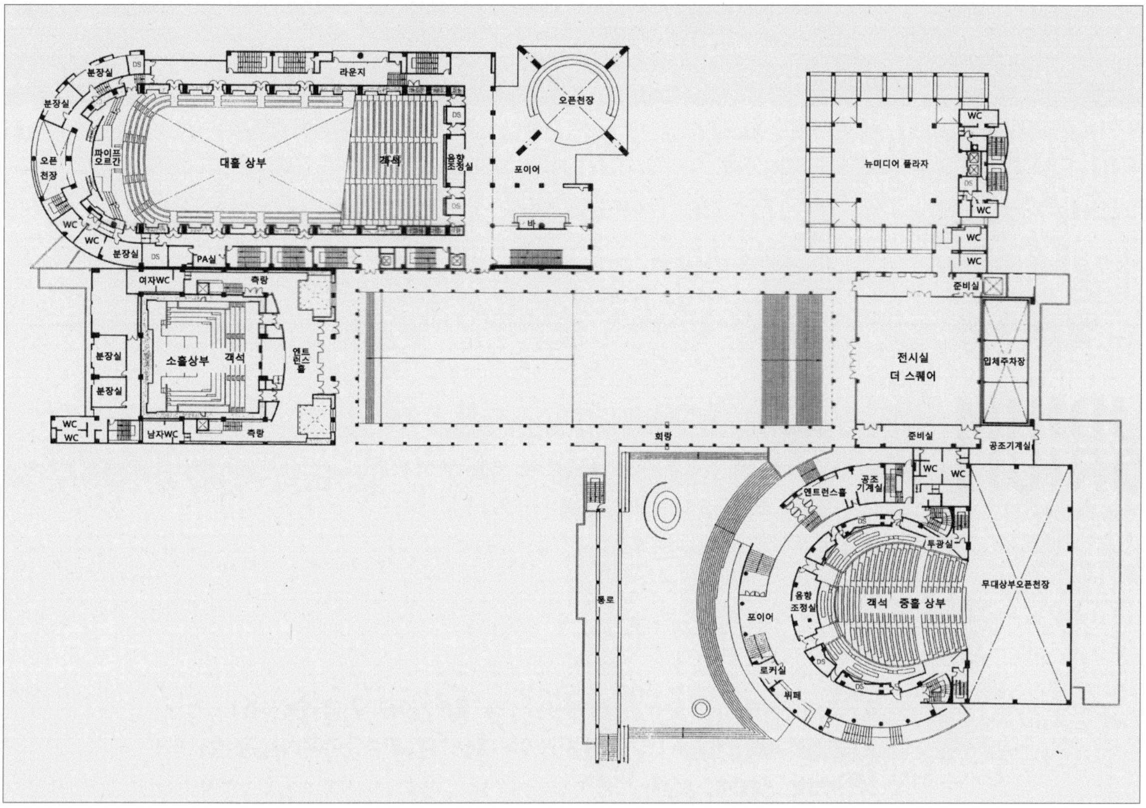

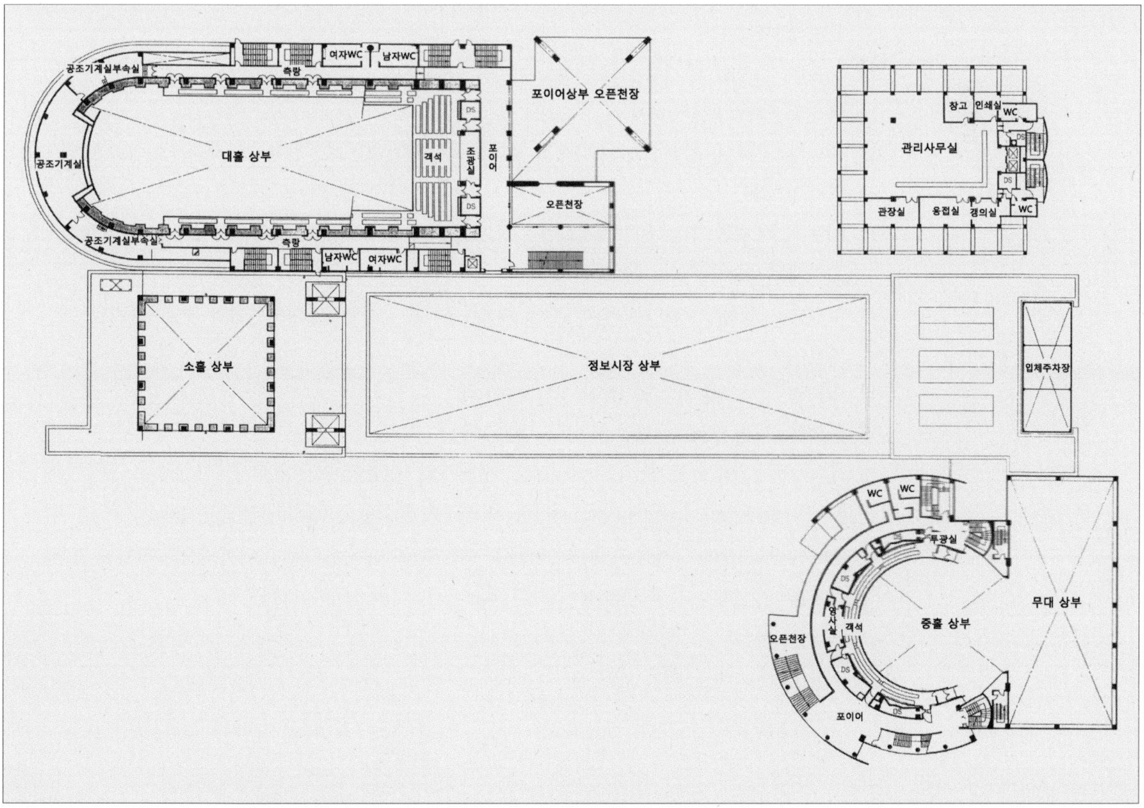

참고문헌

AUDIUM TORIUM
건축음향설계/공연장 순례-일본 I

1. 김재수 ; 건축음향설계(개정3판), 세진사, 2008.2
2. 김재수, 양만우 ; 건축음향설계 방법론, 서우, 2001
3. 김재수 ; 소음진동학(개정2판), 세진사, 2008.8
4. 김재수 ; 건축환경공학(개정3판), 서우, 2008.8
5. 윤장섭 ; 건축음향계획론, 동명사, 1987
6. 강성훈 ; 음향 시스템 이론 및 설계, 음향기술산업연구소, 1999
7. 김남돈, 김대군, 김재수 ; "가변형 시스템을 갖는 다목적 홀의 건축음향설계"
8. 김남돈, 김대군, 김재수 ; "가변형 시스템을 갖는 다목적 홀의 건축음향성능평가"
9. 김남돈, 최둘, 김재수 ; "가변형 시스템을 갖는 다목적 홀의 주관적 음향 성능평가"
10. 김남돈, 윤재현, 김재수 ; "가청화를 이용한 G 예술회관 대공연장의 음향성능 평가에 관한 연구", 한국소음진동공학회 학술발표대회, 2007.5.10
11. 김남돈, 윤재현, 김재수 ; "G 예술회관 대공연장의 건축음향설계", 한국소음진동공학회 학술발표대회, 2007.5.10
12. 윤재현, 주덕훈, 김재수 ; "음향성능 개선을 위한 소규모 다목적홀의 건축음향성능 평가", 한국소음진동공학회 학술발표대회, 2007.11.15
13. 주덕훈, 윤재현, 김재수 ; "H 다목적 홀의 건축음향설계", 대한건축학회 학술발표대회 27권, 2007.10.26
14. 김재수, 윤재현, 김남돈 ; "가청화를 이용한 건축음향성능 평가기법", (사)한국음향재료협회 음향재료기술 2권 1호, 2007.7.
15. 김재수 ; "음향시뮬레이션 프로그램의 특성과 소개", (사)한국음향재료협회 음향재료기술 2권 2호, 2007.12.
16. 永田穂, 日本音響學會 編 建築音響, コロナ社
17. 永田穂, 新版 建築の音響設計, オーム社, 1991
18. イェソスフうエルト, Spatial Hearing, 空間音響, 鹿島出版社, 1986
19. M. David Egan, Concepts in Architectural Acoustics , McGraw-Hill, 1972
20. Michael Carron, Aditorium Acoustics and Architectural Design, E & FN SPON, 1993
21. Heinrich Kuttruff, Room Acoustics, Elsevier Applied Science, 1991

22. Ando Y., "Concert Hall Acoustics", Applied Science PuC. Ltd., 1970
23. Vern O. Knudsen and Cyril M. Harris, "Acoustical Designing in Architecture", John Wiley and Sons, New York, 1962
24. Leslie L.Doelle, Environmental Acoustics, McGRAW-Hill Cook Company, 1972
25. Yoichi Ando, Dennis Noson, Music and Concert Hall Acoustics. Academic Press, 1997
26. Yoichi Ando, Architectural Acoustics, Springer, 1998
27. 『ぴあｍａｐホール・劇場・スタジアム』(全国版),
28. 『ぴあｍａｐホール・劇場・スタジアム』(ハンディ首都圏版),
29. 신국립극장 제공 안내자료
30. 동경예술극장 제공 안내자료
31. http://www.yamaha.co.jp
32. 미나토미라이홀 제공 안내자료
33. 도쿄국제포럼 안내책자
34. 요코스카예술극장 제공 안내책자
35. 永田音響設計 [ニュースの書庫]
36. 『新国立劇場 NEW NATIONAL THEATRE TOKYO HEART OF THE CITY』(新建築社,1999)
37. 『(建築設計資料). コンサートホール』(建築資料研究社)
38. 『公共ホール』(建築計画・設計シリーズ12), 市ケ谷出版社
39. 『劇場・ホールⅠ』(専用ホール) (DA建築図集シリーズ), 彰国社
40. 『THEATERS & HALLS』現代建築集成／劇場・ホール, メイセイ出版
41. 『演劇の劇場』建築設計資料
42. 『日本の現代劇場 設計事例集』
43. 『建築設計資料集成』
44. 『GA JAPAN150』
45. 『MOSTLY CLASSIC』
46. 「도쿄필하모니교향악단」 팸플릿 자료
47. 「NHK 교향악단」 홈페이지 (https://www.nhkso.or.jp/)

참고문헌

AUDIUM TORIUM
건축음향설계/공연장 순례-일본 I

48. 「일본필하모니교향악단」 홈페이지 (www.japanphil.or.jp/)
49. 劇場演出空間技術協会 JATET JOURNAL
50. 「가나가와 현민홀」 팸플릿 자료
51. 「가와사키심포니홀」 팸플릿 자료
52. 「도쿄예술대학주악당」 팸플릿 자료
53. 『TOKYO コンサートホール・ガイド』
54. 「建築音響の基礎理論：音を生かす・音を抑える空間のつくり方」
55. 「平行壁間のフラッターエコー低減に関する基礎的研究 1,2」
56. 「ホールの室内音響性能と建築条件」
57. 「建築音響および騒音に関する模型実験」
58. 「NHKホールの建築設計」
59. 「新NHKホールパイプオルガンの音響設計」
60. 「音楽と音量」
61. 「建物の部位別遮音性能の測定」
62. 「音楽ホールにおける防振技術と音場制御 -東京国際フォーラムにおける実施例-」
63. 「ホールの残響可変装置」
64. 「パイプオルガンの製作」
65. 「ピアノ演奏時のステージ床の振動・音響放射特性の測定』,
66. 「オーディトリウムにおけるバルコニー下部空間の初期反射音特性と空間的印象」
67. 「オーディトリウムのバルコニー形態と初期反射音特性」
68. 「建築音響の基礎理論：音を生かす・音を抑える空間のつくり方」
69. 『建築と都市 a+u』
70. 『新建築』, (新建築社, 2009/05)
71. 『NA建築家シリーズ / 伊藤豊雄』
72. 『建築技術 716』
73. 『集合住宅の騒音防止設計入門』,
74. 마루모전기 실적자료 (http://www.marumo.co.jp/index.html) (도면참조)

75.「コンサート・ホールの音を訪ねて」
76. 각 홀의 홈페이지 참조
www.t-bunka.jp/ (도쿄문화회관) www.nntt.jac.go.jp/ (신국립극장)
www.geigeki.jp/ (동경예술극장) www.nhk-sc.or.jp/nhk_hall/ (NHK홀)
www.triphony.com/ (스미다트리포니홀) www.operacity.jp/concert/ (도쿄오페라시티콘서트홀)
www.suntory.co.jp/suntoryhall/ (산토리홀) www.bunkamura.co.jp/orchard/ (오차드홀)
www.suginamikoukaidou.com/ (스기나미공회당) za-koenji.jp/ (극장고엔지)
www.shibu-cul.jp/ (시부야구종합문화센터 오와다) www.t-i-forum.co.jp/ (도쿄국제포럼)
www.persimmon.or.jp/ (메구로퍼시먼홀) www.regasu-shinjuku.or.jp/bunka-center/ (신주쿠문화센터)
www.geidai.ac.jp/event/sogakudo (도쿄예술대학주악당) bunkyocivichall.jp/ (분쿄시빅홀)
www.muzakawasaki.com/hall/index.html (가와사키심포니홀) www.saf.or.jp/arthall/ (사이노쿠니사이타마예술극장) www.kaat.jp/ (KAAT가나가와예술극장) www.yaf.or.jp/mmh/ (요코하마미나토미라이홀)
www.yokosuka-arts.or.jp/ (요코스카예술극장) www.kanagawa-kenminhall.com/ (가나가와현민홀)
www.muse-tokorozawa.or.jp/ (도코로자와시민문화센터 뮤즈)
77. 김남돈 ; 공연장의건축음향설계. 사례 (일본편), 공간예술사, 2010.2
78. 김남돈 ; UAC 리모델링 건축음향설계 사례, 도서출판어코스텍공간, 2010.6
79. 김남돈 ; 건건축음향설계. 공연장순례 (유럽편), 공간예술사, 2014.1
80. 김남돈 ; 건축음향설계. 공연장순례 (한국편), 공간예술사, 2016.10
81. 김남돈 ; 세계의공연장 80選, 공간예술사, 2016.11

설계단계
Designing

■ 차음 계획
. 공간 운영 및 용도 검토
. 외부 발생 소음에 대한 검토
. 실내 소음/차음 설계 목표 설정 검토
. 각 구성부분 차음 소재 선정 검토
. 차음 및 소음 유입 시뮬레이션 검토

■ 건축음향 계획
. 공간 운영 및 용도 검토
. 음향 목표 수립
. 적정 규모에 의한 평면, 단면 계획
. 주요 마감재 선정
. 음향 시뮬레이션 검토

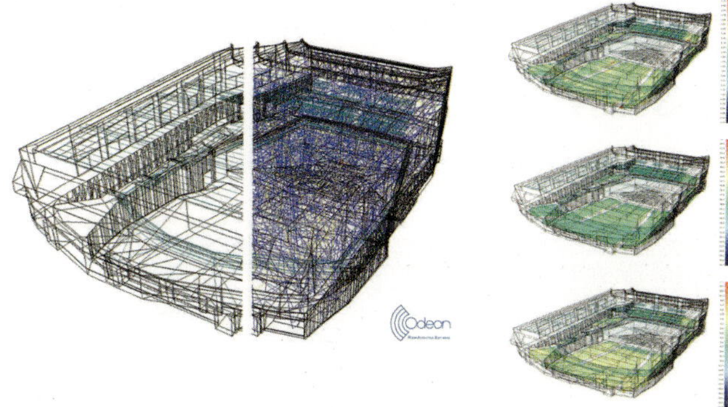

시공단계
Construction

■ 시공 중 미세 조정 실시
. 실시 설계도면 검토 및 보완
. 현장 시공 예정 마감재 등 제품 적정성 검토
. 음향, 기계, 조명 장비의 적정 여부 재확인

■ 건축음향 측정
. 배경 소음 측정
. 플로터에코(Flutter Echo) 발생 검토
. 단계별 실내 음향 성능 측정
. 각 구간별 차음 성능 측정

준공단계
Completion

■ 실내 음향 최종 측정 평가
. 플로터에코(Flutter Echo) 발생 검토
. 실의 잔향감 및 명료도 측정

■ 차음 성능 최종 측정 평가
. 배경 소음 측정
. 각 구간별 차음 성능 측정

시설관리
Facility Managemen

■ 정기 점검 실시
. 건축음향 : 시공물에 대한 관리 확인
. 전기음향 : 배관 배선 및 장비 관리 확인
. 무대설비 : 배관 배선 및 장비 관리 확인

■ 건축음향 측정
. 음향 성능 유지 확인을 위한 점검
. 사용감에 따른 차음 손실 여부 확인(실내 소음도 유지)
. 음향 제조건 유지 확인을 위한 측정(잔향감 및 명료도)

SHINHWA'S PROJECTS

Better than, the best Shinhwa's mind

인간중심의 공간문화 창조를 목표로 신화인테리어는 30년간 실내건축에서 설계, 시공 등의 모든 분야에 축적된 경험과 KNOW-HOW를 바탕으로 최근 공연장, 문화시설 등 전문 콘서트 홀의 시공경험을 통하여 공간음향과 접목되는 건축시설의 발전에 노력하고 있습니다.

동대문 디자인 플라자 & 파크, KBS 월드 공연장, 삼성전자 인재개발원 콘서트홀, 대구 콘서트 하우스, 경북도청신청사 본청 및 콘서트홀 등 다양한 실적을 바탕으로 문화공간의 창조에 힘쓰며 고객에게 만족을 드리는 것에서 한발 더 나아가 고객의 성공적인 발전에 기여하고자 합니다.

KBS 월드 공연장

KBS 월드 공연장

동대문디자인플라자 & 파크

대구 콘서트 하우스

삼성전자 인재개발원 콘서트

경북도청신청사 콘서트

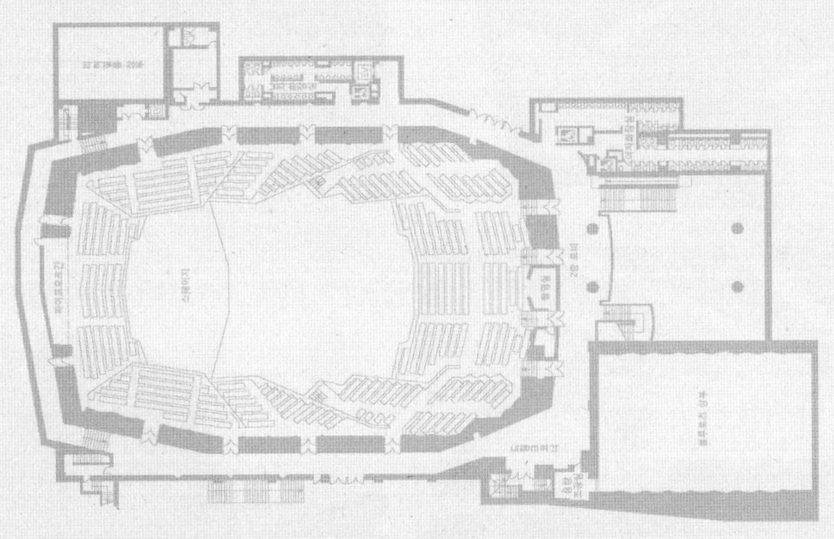